FÍSICO-QUÍMICA

Blucher

WALTER J. MOORE

Professor de Físico-Química da University of Sydney, Austrália e da Indiana University, EUA

FÍSICO-QUÍMICA

volume 2

TRADUÇÃO DA 4.ª EDIÇÃO AMERICANA

Supervisão: IVO JORDAN
Professor Titular do Instituto de Química da Universidade de São Paulo

Tradução: HELENA LI CHUN, IVO JORDAN e MILTON CAETANO FERRERONI
Professores do Instituto de Química da Universidade de São Paulo

Physical Chemistry
A edição em língua inglesa foi publicada por
PRENTICE-HALL, INC., NEW JERSEY, EUA

Físico-Química - vol. 2

8ª reimpressão - 2015

Blucher

Rua Pedroso Alvarenga, 1245, 4º andar
04531-934 - São Paulo - SP - Brasil
Tel.: 55 11 3078-5366
contato@blucher.com.br
www.blucher.com.br

FICHA CATALOGRÁFICA

Moore, Walter John
M813f Físico-química [por] Walter J. Moore;
v.2- tradução da 4ª ed. Americana: Helena
Li Chun [e outros] supervisão: Ivo Jordan.
- São Paulo: Blucher, 1976.

Título original: Physical Chemistry

v.ilust.

Bibliografia.

ISBN 978-85-212-0044-4

1. Físico-Química.

75-1163 CDD-541.3

Índices para catálogo sistemático:

1. Físico-Química 541.3

Conteúdo

10

Eletroquímica: iônica

A matéria elétrica consiste em partículas extremamente sutis uma vez que ela pode atravessar a matéria comum, mesmo os metais mais densos, com tal facilidade e liberdade que não sofre qualquer resistência perceptível. Caso alguém duvide que a matéria elétrica passe através da substância de corpos ou apenas ao longo de suas superfícies, um choque de um grande vaso de vidro eletrizado através de seu próprio corpo provavelmente o convencerá.

Benjamin Franklin
(1749)[1]

Todas as interações químicas são elétricas ao nível atômico, de modo que num certo sentido toda a Química é eletroquímica. Num sentido mais restrito, a Eletroquímica passou a ser o estudo das soluções de eletrólitos e dos fenômenos que ocorrem em eletrodos imersos nessas soluções. A eletroquímica de soluções requer um interesse especial porque foi deste campo que surgiu a Físico-Química como uma ciência distinta. Sua primeira revista, *Zeitschrift für physikalische Chemie*, foi fundada por Wilhelm Ostwald em 1887 e os primeiros volumes eram principalmente dedicados às pesquisas em Eletroquímica realizadas por Ostwald, Van't Hoff, Nernst, Kohlrausch, Arrhenius e outros pesquisadores dessa escola.

10.1. Eletricidade

William Gilbert, médico da rainha Elizabeth, introduziu a palavra *elétrico* em 1600 (do grego, *ἤλεκτρον*, *âmbar*), aplicando-a a corpos que, quando esfregados com peles, atraíam pequenos pedaços de papel ou pena. Gilbert relutou em admitir a possibilidade da "ação a distância" e em seu trabalho *De Magnete* apresentou uma teoria engenhosa para a atração elétrica.

> Um eflúvio é exalado pelo âmbar e libertado pelo atrito. Pérolas, cornalina, ágata, jaspe, calcedônia, coral, metais e similares são inativos quando esfregados, mas não haverá também algo emitido por eles pelo calor e pelo atrito? Existe na verdade, mas o que é emitido dos corpos densos é espesso e vaporoso (e deste modo não é suficientemente móvel para causar atrações). A exalação, então (. . .), chega ao corpo a ser atraído e, tão logo ele é atingido, une-se ao elétrico atrativo. Como nenhuma ação pode ser realizada pela matéria senão pelo contato, esses corpos elétricos parecem não se tocar; todavia, necessariamente, algo é fornecido de um ao outro para entrarem em contato próximo, sendo, portanto, a causa que determina a ação recíproca.

Investigação posterior revelou que materiais, como o vidro, após serem esfregados com seda, exerciam forças opostas às do âmbar. Deste modo, distinguiram-se duas va-

[1] Benjamin Franklin, "Opinions and Conjectures Concerning the Proporties and Effects of Electrical Matter, Arising from Experiments and Observations, Made at Philadelphia, 1749"

riedades de fluido elétrico: o vítreo e o resinoso. Foram projetadas, então, máquinas de atrito para produzir elevados potenciais eletrostáticos e usados para carregar capacitores na forma das garrafas de Leiden.

Benjamin Franklin (1747) simplificou o assunto propondo a teoria de um só fluido, segundo a qual corpos atritados entre si adquirem um excesso ou uma deficiência de fluido elétrico, dependendo de suas atrações relativas pelo mesmo. A diferença de carga resultante determinaria as forças observadas. Franklin estabeleceu a convenção de que o tipo vítreo de eletricidade é positivo (fluido em excesso) e o tipo resinoso é negativo (deficiência de fluido).

Em 1791, Luigi Galvani colocou, acidentalmente, em contato o nervo exposto de uma perna de rã, parcialmente dissecada, com uma máquina de descarga elétrica. A nítida convulsão da perna conduziu à descoberta de eletricidade galvânica(2) pois, logo a seguir, se verificou ser dispensável a máquina elétrica e que a contração poderia ser produzida simplesmente pondo em contato, por meio de uma tira metálica, as extremidades do nervo e da perna. A ação era aumentada quando dois metais diferentes completavam o circuito. Galvani, um médico, denominou o novo fenômeno "eletricidade animal" e acreditava ser característica apenas dos tecidos vivos.

Alessandro Volta, um físico, professor de Filosofia Natural em Pávia, logo descobriu que a eletricidade poderia ter uma origem inanimada. Empilhando metais diferentes em contato com papel umedecido, foi capaz de carregar um eletroscópio. Em 1800, construiu sua famosa *pilha*, consistindo em muitas placas consecutivas de prata, zinco e pano umedecido em solução salina. Dos terminais da pilha conseguia obter os choques e as descargas previamente observados apenas com dispositivos eletrostáticos.

A novidade da pilha de Volta gerou um entusiasmo e um assombro como os causados pela pilha atômica em 1945. Em maio de 1800, Nicholson e Carlisle decompuseram a água por meio da corrente elétrica, o oxigênio aparecendo num dos pólos da pilha e o hidrogênio, no outro. A seguir, foram decompostas soluções de vários sais e, em 1806 e 1807, Humphry Davy usou uma pilha para isolar sódio e potássio de seus hidróxidos. A teoria de que os átomos são mantidos num composto pela atração entre cargas de sinais opostos imediatamente ganhou larga aceitação.

10.2. Leis de Faraday e equivalentes eletroquímicos

Em 1813, Michael Faraday, então com 22 anos de idade e aprendiz de encadernador, entrou para a Royal Institution como assistente do laboratório de Davy. Nos anos seguintes, realizou a série de pesquisas que constituíram os fundamentos de eletroquímica e do eletromagnetismo. Faraday estudou intensamente a decomposição de soluções de sais, ácidos e bases por meio da corrente elétrica. Com a assistência de William Whewell, inventou uma elegante nomenclatura usada nesses estudos: *eletrodo, eletrólise, eletrólito, íon, ânion* e *cátion.* O eletrodo *para o qual* os cátions se movem numa célula é chamado *catodo.* O eletrodo *para o qual* os ânions se movem é chamado *ânodo.*

Faraday prosseguiu estudando quantitativamente a relação entre a quantidade de eletrólise, ou da ação química produzida pela corrente, e a quantidade de eletricidade. A unidade de quantidade de eletricidade é agora coulomb (C) ou ampère-segundo (As). Seus resultados podem ser resumidos da seguinte maneira(3):

(2)Vans Gravesande e Adanson independentemente descobriram, em 1750, descargas intensas do peixe elétrico

(3)*Phil. Trans. Roy. Soc. London, Ser. A* **124**, 77 (1834)

A potência química de uma corrente de eletricidade está na proporção direta da quantidade absoluta de eletricidade que passa (...). As substâncias em que estes (eletrólitos) se dividem, sob a influência da corrente elétrica, formam uma classe geral extremamente importante. São corpos que entram em combinação, estão diretamente associados às partes fundamentais da doutrina da afinidade química e cada um deles mantém uma proporção definida em que sempre se originam numa ação eletrolítica. Propus chamar (...) os números representando as proporções em que as substâncias são produzidas de *equivalentes eletroquímicos*. Assim, hidrogênio, oxigênio, cloro, iodo, chumbo e estanho são íons; os três primeiros são ânions e os dois metais, cátions; 1, 8, 36, 125, 104 e 58 são aproximadamente seus equivalentes eletroquímicos.

Os equivalentes eletroquímicos não só coincidem como são os mesmos que os equivalentes químicos. Penso que não me iludo em considerar a doutrina de uma ação eletroquímica definida como da mais alta importância. Através de seus fatos, esta doutrina atinge mais diretamente e mais de perto, do que qualquer fato ou conjunto de fatos anteriores, a magnífica idéia de que a afinidade química ordinária é uma mera conseqüência das atrações elétricas de diferentes espécies de matéria.

Reconhecemos, hoje em dia, que os íons em solução podem apresentar mais que uma carga elementar e que o equivalente eletroquímico é a massa atômica M dividida pelo número de cargas do íon $|z|$. A quantidade de eletricidade constante sempre associada a um equivalente de reação eletroquímica é chamada de faraday (F) e é igual a 96 478 C. Então, as leis de Faraday da eletrólise podem ser resumidas pela equação

$$\frac{m}{M} = \frac{It}{|z|\mathrm{F}} = \frac{Q}{|z|\mathrm{F}}, \tag{10.1}$$

onde m é a massa do elemento de massa atômica M libertada no eletrodo pela passagem da corrente I através da solução durante o tempo t.

O fato de uma quantidade definida de carga elétrica, ou de um múltiplo inteiro pequeno da mesma, estar sempre associada a cada átomo carregado em solução sugere fortemente que a própria eletricidade apresenta natureza atômica. Por isso, em 1874, G. Johnstone Stoney dirigiu-se à British Association como se segue:

A natureza nos apresenta uma única quantidade definida de eletricidade, a qual é independente dos corpos particulares sobre quais atua. Para deixar isto claro, expressarei a lei de Faraday nos seguintes termos (...): para cada ligação química que é rompida num eletrólito, uma certa quantidade de eletricidade atravessa o eletrólito, a qual é sempre a mesma em todos os casos.

Em 1891, Stoney propôs que esta unidade natural de eletricidade deveria receber um nome especial, *elétron*[4]. Portanto, 1 mol de elétrons seria igual a 1 F de carga elétrica; assim

$$\mathrm{F} = Le \tag{10.2}$$

10.3. Coulômetros

A medida cuidadosa da quantidade de reação química determinada pela passagem de uma certa quantidade de carga elétrica através de uma célula eletrolítica fornece uma medida precisa da quantidade de carga elétrica que passa. O dispositivo usado para a medida da quantidade de carga que passou é chamado de *coulômetro*.

Um exemplo é o *coulômetro de prata*, que emprega eletrodos de platina em uma solução aquosa de nitrato de prata. O aumento de massa no catodo é medido após a passagem da corrente através da solução de $AgNO_3$. A reação no catodo pode ser escrita

[4]Mais tarde foi descoberta uma partícula elementar com uma carga $-e$ e a esta partícula foi dado o nome de *elétron*. A unidade de carga e é $1{,}6021 \times 10^{-19}$ C, a carga do próton

da seguinte maneira

$$Ag^+ + e^- \longrightarrow Ag$$

Um átomo-grama de prata (107,870 g) é depositado no catodo para cada faraday que atravessa o coulômetro. Então, 1 C é equivalente a:

$$\frac{107{,}870}{96\,487} = 1{,}118 \times 10^{-3} \text{ g de prata}$$

10.4. Medidas de condutividade

Um dos primeiros problemas teóricos na eletroquímica foi saber de que modo as soluções de eletrólitos conduziam a corrente elétrica.

Sabia-se que os condutores metálicos obedeciam à Lei de Ohm:

$$I = \frac{\Delta\Phi}{R}, \tag{10.3}$$

onde I é a corrente (ampères), $\Delta\Phi$ é a diferença de potencial elétrico entre os terminais do condutor (volts) e a constante de proporcionalidade R é a *resistência* (ohm). A resistência depende das dimensões do condutor. Assim, para um condutor de seção transversal uniforme,

$$R = \frac{\rho l}{A}, \tag{10.4}$$

onde l é o comprimento e A, a área da seção transversal do condutor e a resistência específica $\rho\,(\Omega \cdot \text{m})$ é chamada de *resistividade*. O recíproco da resistência é a *condutância* (Ω^{-1}) e o recíproco da resistividade é a *condutância específica* ou *condutividade* κ $(\Omega^{-1} \cdot \text{m}^{-1})$.

Os primeiros estudos da condutividade de soluções foram realizados com correntes contínuas bastante grandes. A ação eletroquímica resultante era tão grande que se obtinham resultados erráticos, parecendo que a Lei de Ohm não era obedecida, isto é, a condutividade parecia depender de $\Delta\Phi$. Este resultado era em grande parte devido à *polarização* dos eletrodos da célula da condutividade, isto é, o afastamento das condições de equilíbrio no eletrólito circundante.

Essas dificuldades foram vencidas mediante o uso da ponte de corrente alternada (c.a.), tal como é mostrada na Fig. 10.1. Com freqüências alternadas na região de áudio [1 000 a 4 000 hertz (Hz)], o sentido da corrente varia tão rapidamente que os efeitos de polarização são eliminados. Uma das dificuldades que surge com a ponte de corrente alternada é que a célula funciona como um capacitor em série com um resistor, de modo que, mesmo quando os braços dos resistores estão balanceados, existe um desbalanço residual devido às capacitâncias. Este efeito pode ser parcialmente superado inserindo um capacitor variável no outro braço da ponte. Todavia, para trabalhos muito precisos são necessários maiores refinamentos[5].

O ponto de balanço da ponte é indicado por meio de um osciloscópio de raios catódicos. A tensão do ponto médio da ponte, depois de filtrada e amplificada, alimenta as placas verticais do osciloscópio. Uma pequena fração do sinal de entrada da ponte alimenta as placas horizontais através de um circuito de defasagem apropriado. Quando

[5]T. Shedlovsy, *J. Am. Chem. Soc.* **54**, 1 411 (1932); W. F. Luder, *J. Am. Chem. Soc.* **62** 89 (1940); J. Braunstein e G. D. Robbins, *J. Chem. Ed.* **48**, 52 (1971). Os últimos autores analisam as fontes de capacitância nas medidas com pontes c.a. de soluções eletrolíticas e mostram que a principal capacitância está em série com o eletrólito, sendo proveniente da carga e da descarga da dupla camada elétrica na superfície dos eletrodos (ver Sec. 11.19)

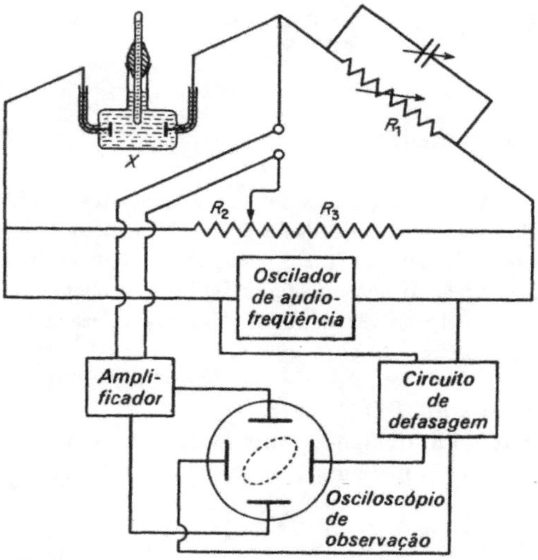

Figura 10.1 Ponte de Wheatstone de corrente alternada (c.a.) para a medida da condutância de eletrólitos

os dois sinais estão em fase adequada, o balanço da capacitância é indicado pelo fechamento da elipse na tela do osciloscópio e o balanço da resistência é indicado pela inclinação da elipse em relação à posição horizontal.

Uma célula de condutividade típica é também mostrada na Fig. 10.1. Em vez de medir suas dimensões, costuma-se agora calibrar essas células antes de usá-las com uma solução de condutividade conhecida, tal como cloreto de potássio 1 M. A célula deve estar bem termostatizada, pois a condutividade aumenta com a temperatura.

Tão logo se dispôs de dados de condutividade merecedores de confiança, tornou-se claro que as soluções de eletrólitos obedeciam à Lei de Ohm. A resistência era independente da diferença de potencial(6) e a menor tensão elétrica aplicada era suficiente para permitir a passagem da corrente elétrica. Neste sentido, qualquer teoria de condutividade de soluções eletrolíticas deverá sempre explicar o seguinte fato: o eletrólito está sempre pronto para conduzir a eletricidade e esta capacidade não é algo produzido pelo campo elétrico aplicado.

Por esta razão, a engenhosa teoria proposta em 1805 por C. J. von Grotthuss deve ser julgada inadequada. Supôs que as moléculas de um eletrólito eram polares, apresentando extremidades positivas e negativas. Um campo elétrico aplicado as alinharia segundo uma cadeia e então determinaria que as moléculas nos terminais da cadeia se dissociassem. Os íons livres assim formados seriam descarregados nos eletrodos e, a seguir, haveria uma troca de parceiros ao longo da cadeia. Antes que uma condução posterior pudesse ocorrer, cada molécula deveria girar sob a influência do campo de modo a reconstituir a cadeia original orientada. Apesar de sua imperfeição, a teoria de Grotthuss foi valiosa no sentido de enfatizar a necessidade da existência de íons livres na solução para explicar a condutividade observada. Veremos mais tarde que um mecanismo semelhante ao de Grotthuss realmente ocorre em alguns casos.

Em 1857, Clausius propôs que colisões especialmente energéticas entre as moléculas não-dissociadas em eletrólitos mantinham em equilíbrio um pequeno número de par-

(6)Na presença de intensidades de campo elétrico elevadas, todavia, afastamentos da Lei de Ohm são observados

tículas carregadas. Estas partículas, supunha-se, eram responsáveis pela condutividade observada.

10.5. Condutâncias molares

De 1869 a 1890, Friedrich Kohlrausch e colaboradores publicaram uma longa série de investigações cuidadosas sobre a condutividade. As medidas foram realizadas dentro de um intervalo grande de temperaturas, pressões e concentrações.

Uma das características típicas deste trabalho consciencioso foi a exaustiva purificação da água usada como solvente. Após 42 destilações sucessivas sob vácuo, obtiveram uma *água de condutividade* com $\kappa = 4{,}3 \times 10^{-6}\ \Omega^{-1} \cdot m^{-1}$ a 18 °C. A água destilada ordinária, em equilíbrio com o dióxido de carbono do ar, apresenta uma condutividade de cerca de $70 \times 10^{-6}\ \Omega^{-1} \cdot m^{-1}$.

A fim de reduzir as condutividades a uma base comum de concentração, uma função chamada *condutância molar* foi definida por:

$$\Lambda = \frac{\kappa}{c} \tag{10.5}$$

Nesta definição, a unidade usual de concentração c é mol/cm^3. Para especificar Λ, devemos especificar a fórmula do soluto na solução com a concentração c. Assim, $\Lambda(MgSO_4) = 2\Lambda(\frac{1}{2}MgSO_4)$.

Alguns valores de Λ se encontram no gráfico da Fig. 10.2. Na base de suas condutividades, podemos distinguir duas classes de eletrólitos. Eletrólitos fortes, tais como a maioria dos sais e ácidos, como o clorídrico, o nítrico e o sulfúrico, apresentam elevadas condutâncias molares, que aumentam apenas moderadamente com o aumento da diluição. Eletrólitos fracos, como o ácido acético e outros ácidos orgânicos e amoníaco em solução aquosa, apresentam condutâncias muito mais baixas em concentrações elevadas, porém os valores aumentam grandemente com o aumento da diluição.

O valor de Λ, extrapolado a concentração nula, é denominado *condutância molar a diluição infinita*, Λ_0. A extrapolação é feita facilmente para os eletrólitos fortes, porém é impossível de ser realizada com precisão para eletrólitos fracos por causa do rápido aumento de Λ nas diluições elevadas, nas quais as medidas experimentais se tornam muito incertas. Constatou-se que os dados para eletrólitos fortes são bem representados pela equação empírica,

$$\Lambda = \Lambda_0 - k_c c^{1/2}, \tag{10.6}$$

onde k_c é uma constante experimental.

Kohlrausch descobriu certas relações interessantes entre os valores de Λ_0 para diferentes eletrólitos: a diferença de Λ_0 para pares de sais contendo um íon comum era sempre aproximadamente constante. Por exemplo, a 298,15 K e em unidades de $\Omega^{-1} \cdot cm^2 \cdot mol^{-1}$, tem-se

	Λ_0		Λ_0		Λ_0
NaCl	128,1	$NaNO_3$	123,0	NaOH	246,5
KCl	149,8	KNO_3	145,5	KOH	271,0
	21,7		22,5		24,5

Portanto, qualquer que seja o ânion, existe uma diferença aproximadamente constante entre os valores de Λ_0 dos sais de potássio e de sódio. Este comportamento pode ser explicado facilmente se Λ_0 for a soma de dois termos independentes, uma característica do ânion e outra do cátion. Assim,

$$\Lambda_0 = \Lambda_0^+ + \Lambda_0^-, \tag{10.7}$$

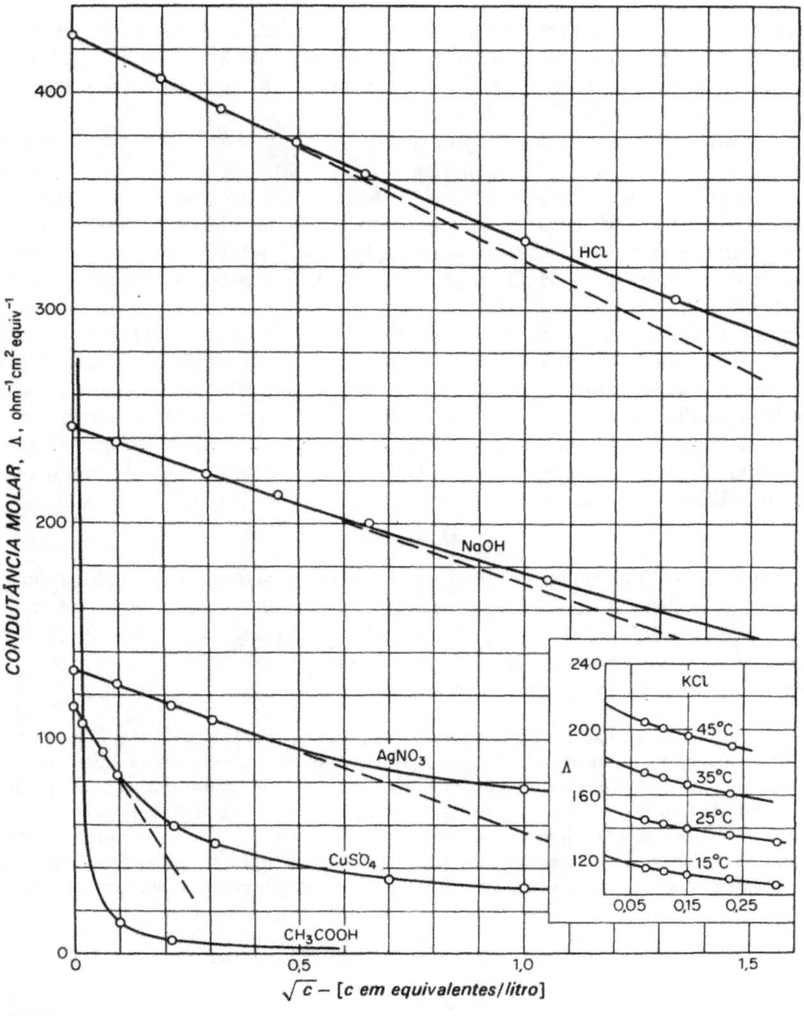

Figura 10.2 Condutâncias molares a 298,15 K de eletrólitos em solução aquosa em função das raízes quadradas das concentrações. O retângulo mostra a variação de Λ com a temperatura para KCl

onde Λ_0^+ e Λ_0^- são as *condutâncias iônicas molares* à diluição infinita. A Eq. (10.7) representa a *Lei de Kolhrausch da migração independente dos íons.*

Esta lei permite o cálculo de Λ_0 para eletrólitos fracos, como os ácidos orgânicos, a partir dos valores de seus sais, que são eletrólitos fortes. Por exemplo, a 298,15 K,

$$\Lambda_0(\text{HAc}) = \Lambda_0(\text{NaAc}) + \Lambda_0(\text{HCl}) - \Lambda_0(\text{NaCl})$$
$$= 91{,}0 + 425{,}0 - 128{,}1 = 387{,}9\ \Omega^{-1}\cdot\text{cm}^2\cdot\text{mol}^{-1}$$

10.6. Teoria da ionização de Arrhenius

De 1882 a 1886, Julius Thomsen publicou dados de calores de neutralização de ácidos e bases. Verificou que o calor de neutralização de um ácido forte por uma base forte em solução diluída era sempre praticamente constante, sendo igual a cerca de 57,7 kJ por equivalente a 298,15 K. Os calores de neutralização de ácidos e bases fracos eram mais baixos e, de fato, a "força" de um ácido se mostrava proporcional a seu calor de neutralização por uma base forte, tal como NaOH.

Estes resultados e dos dados disponíveis de condutividade conduziram Svante Arrhenius a propor, em 1887, uma nova teoria para o comportamento das soluções eletrolíticas. Sugeriu que na solução existe um equilíbrio entre as moléculas não-dissociadas do soluto e os íons que delas provêm pela dissociação eletrolítica. Os ácidos e as bases fortes sendo quase que completamente dissociados, sua interação era, em todos os casos, equivalente a $H^+ + OH^- \rightarrow H_2O$, explicando assim a constância do calor de neutralização dos mesmos.

Enquanto Arrhenius elaborava sua teoria, apareceram os estudos de Van't Hoff sobre a pressão osmótica, os quais forneceram uma confirmação relevante das novas idéias. Convém lembrar (Sec. 7.14) que Van't Hoff constatou que as pressões osmóticas de soluções diluídas de soluções de não-eletrólitos freqüentemente obedeciam à equação $\Pi = cRT$. As pressões osmóticas de eletrólitos eram sempre maiores que as previstas por esta equação, freqüentemente por um fator de dois, três ou mais, de modo que uma equação modificada foi escrita na forma:

$$\Pi = icRT \tag{10.8}$$

O *fator i* de Van't Hoff para eletrólitos fortes se aproximava do número de íons que seriam formados se as moléculas do soluto se dissociassem de acordo com a teoria de Arrhenius. Assim, para NaCl, KCl e outros eletrólitos uni-univalentes, $i = 2$; para $BaCl_2$, K_2SO_4 e outros espécies uni-bivalentes, $i = 3$; para $LaCl_3$, $i = 4$.

Em 13 de abril de 1887, Arrhenius escreveu a Van't Hoff:

> "É verdade que Clausius admitiu que apenas uma pequena quantidade de eletrólito dissolvido está dissociada e que todos os outros físicos e químicos o seguiram; porém, a única razão para esta hipótese, até onde posso compreender, é uma forte aversão contra uma dissociação numa temperatura tão baixa, sem que tenham sido opostos quaisquer fatos reais à mesma. (...) Em diluição extrema, todas as moléculas de um sal estão completamente dissociadas. O grau de dissociação pode ser simplesmente encontrado segundo esta hipótese, tomando a relação entre a condutância equivalente da solução em questão e a condutância equivalente na mais extrema diluição".

Assim, Arrhenius escrevia o grau de dissociação α como

$$\alpha = \frac{\Lambda}{\Lambda_0}\cdot \tag{10.9}$$

O fator i de Van't Hoff **também pode** ser relacionado a α. Se se dissolver uma molécula do soluto capaz de se dissociar em ν íons, o número total de partículas será $i = 1 - \alpha + \nu\alpha$. Portanto,

$$\alpha = \frac{i - 1}{\nu - 1} \tag{10.10}$$

Os valores de α para eletrólitos fracos calculados a partir das Eqs. (10.9) e (10.10) apresentavam uma boa concordância.

Através do cálculo da constante de equilíbrio para a ionização, Ostwald obteve a *lei da diluição*, a qual governa a variação da condutância molar Λ com a concentração. Para um eletrólito binário AB com grau de dissociação α e cuja concentração é c, temos:

$$AB \rightleftharpoons A^+ + B^-$$

$$c(1 - \alpha) \qquad \alpha c \qquad \alpha c$$

$$K = \frac{\alpha^2 c}{(1 - \alpha)}$$

Da Eq. (10.9), segue-se portanto que

$$K = \frac{\Lambda^2 c}{\Lambda_0(\Lambda_0 - \Lambda)} \tag{10.11}$$

Esta equação era obedecida de perto pelos eletrólitos fracos em soluções diluídas, como mostra o exemplo apresentado na Tab. 10.1. Neste caso, a lei da diluição é obedecida em concentrações abaixo de cerca de 0,1 molar, aparecendo discrepâncias em concentrações mais elevadas, porque os K calculados não mais permanecem constantes.

Tabela 10.1 Verificação da lei de diluição de Ostwald. Ácido acético a 25 °C, Λ_0 = 387,9*

c ($mol \cdot dm^{-3}$)	Λ ($\Omega^{-1} \cdot cm^2 \cdot mol^{-1}$)	% Dissociação [$100\alpha = 100(\Lambda/\Lambda_0)$]	Eq. (10.11) $K \times 10^5$ ($mol \cdot dm^{-3}$)
1,011	1,443	0,372	1,405
0,2529	3,221	0,838	1,759
0,06323	6,561	1,694	1,841
0,03162	9,260	2,389	1,846
0,01581	13,03	3,360	1,846
0,003952	25,60	6,605	1,843
0,001976	35,67	9,20	1,841
0,000988	49,50	12,77	1,844
0,000494	68,22	17,60	1,853

*D. A. MacInnes e T. Shedlovsky, *J. Am. Chem. Soc.* **54**, 1 429 (1932)

A evidência acumulada conquistou, gradualmente, a aceitação da teoria de Arrhenius, embora os químicos da época ainda achassem difícil acreditar que uma molécula estável poderia se dissociar espontaneamente em íons quando colocada em água. Esta crítica, de fato, era justificada e logo tornou-se evidente que o solvente deve desempenhar mais do que um papel puramente passivo na formação de uma solução iônica.

10.7. Solvatação de íons

Sabemos agora que os próprios sais cristalinos são formados de um arranjo regular de íons, de modo que não há problemas de "dissociação iônica" quando são postos em solução. O processo de dissolução simplesmente permite a separação entre os íons. Esta separação é particularmente fácil em soluções aquosas devido à elevada constante dielétrica da água, ε = 78,5 a 298,15 K. Se compararmos a energia necessária para separar dois íons, como Na^+ e Cl^-, de uma distância de 0,2 nm ao infinito, em água e no vácuo, encontramos:

Vácuo

$$\Delta E = \int_{0,2}^{\infty} F dr = \int_{0,2}^{\infty} \frac{e_1 e_2}{4\pi\epsilon_0 r^2} dr$$

$$= \frac{(1,60 \times 10^{-19})^2}{4\pi(8,854 \times 10^{-12})(2 \times 10^{-10})}$$

$$= 1,15 \times 10^{-18}\ \text{J}$$

$$= 7,19\ \text{eV}$$

Água

$$\Delta E = \int_{0,2}^{\infty} \frac{e_1 e_2}{4\pi\epsilon_0 \epsilon r^2} dr = \frac{\Delta E\,(\text{vácuo})}{\epsilon}$$

$$= \frac{1,15 \times 10^{-18}}{78,5}$$

$$= 1,47 \times 10^{-20}\ \text{J}$$

$$= 0,0915\ \text{eV}$$

Um argumento semelhante foi usado por Born[7] para estimar a energia de solvatação de um íon de raio a. Quando este íon é transferido de um meio com constante dielétrica ε_1 a um de constante dielétrica ε_2, a variação da energia livre elétrica é:

$$\Delta G_e = \frac{-z^2e^2}{8\pi\epsilon_0 a}\left[\frac{1}{\epsilon_1} - \frac{1}{\epsilon_2}\right] \tag{10.12}$$

Com $\varepsilon_1 = 1$ para um íon no vácuo, a Eq. (10.12) fornece o valor da energia livre de solvatação do íon. Todavia, a equação não é exata porque as constantes dielétricas no interior da solução não são válidas nas vizinhanças imediatas de um íon. Latimer[8] e colaboradores tentaram corrigir este efeito usando um raio efetivo para os íons, que é maior que o raio no cristal, excluindo deste modo um volume de solvente ao redor de cada íon do solvente maciço de constante dielétrica ε_2. Para casos univalentes, adicionaram arbitrariamente 0,085 nm a a para os cátions e 0,010 nm para os ânions. A Tab. 10.2 fornece os valores calculados de ΔG_e para um certo número de íons.

Tabela 10.2 Energias livres de hidratação de íons calculadas (kJ · mol^{-1} a 293 K)

	Li^+	Na^+	K^+	Rb^+	Cs^+	F^-	Cl^-	Br^-	I^-
Equação de Born	−1 004	−699	−515	−460	−418	−515	−377	−347	−310
Equação de Latimer	− 481	−377	−305	−280	−255	−477	−351	−326	−293
Número de hidratação médio*	4	3	2	1	—	3	2	—	0,7

*J. O'M. Bockris, *Quart. Rev. London* **3**, 173 (1949)

O número de hidratação N_w de um íon é definido como sendo o número de moléculas de água que perderam seus graus de liberdade translacionais em virtude de sua associação com o íon. Diferentes métodos fornecem valores aproximadamente concordantes para N_w. Íons pequenos se ligam mais à água do que íons grandes e cátions mais à água do que ânions, porque a carga positiva é mais efetiva em polarizar as nuvens eletrônicas negativas das moléculas do solvente.

O raio iônico de Na^+ em cristais é de cerca de 0,095 nm e o de K^+, de cerca de 0,133 nm. Em soluções aquosas, esta ordem se inverte e os raios efetivos dos íons hidratados são 0,24 nm para Na^+ e 0,17 para K^+. Como conseqüência direta dessa diferença no tamanho dos íons hidratados, as membranas das células vivas são geralmente muito mais permeáveis aos íons de K^+ que aos íons de Na^+. É típico que o interior da célula apresenta uma concentração maior de íons K^+ que o exterior, o inverso sendo verdadeiro para os íons Na^+. Estes gradientes de concentração iônicos estão associados às diferenças no potencial elétrico através das membranas de células. Muitos mecanismos fisiológicos importantes estão assim baseados na hidratação dos íons e nos conseqüentes efeitos sobre mobilidades iônicas.

10.8. Números de transporte e mobilidades

A fração da corrente conduzida por um dado íon em solução é denominado *número de transporte* ou *número de transferência* do referido íon.

(7) M. Born, *Z. Physik* **1**, 45 (1920)
(8) W. M. Latimer, K. S. Pitzer e C. M. Slansky, *J. Chem. Phys* **7**, 108 (1939)

A partir da equação de Kohlrausch (10.7), os números de transporte t_0^+ e t_0^- do cátion e do ânion em diluição infinita podem ser escritos segundo

$$t_0^+ = \frac{\Lambda_0^+}{\Lambda_0}, \qquad t_0^- = \frac{\Lambda_0^-}{\Lambda_0} \tag{10.13}$$

A *mobilidade* u de um íon é definida como sua velocidade na direção de um campo elétrico de intensidade unitária. As unidades SI são $m \cdot s^{-1}/V \cdot m^{-1}(m^2 \cdot s^{-1} \cdot V^{-1})$. A condutividade κ pode ser definida por $\boldsymbol{i} = \kappa \boldsymbol{E}$, onde i é a corrente através da área unitária e $\boldsymbol{E}$ é o campo elétrico. Segue-se, então, que

$$\kappa = Cu|ze|, \tag{10.14}$$

onde C é o número de transportadores de carga por unidade de volume e $|ze|$ é o valor absoluto da carga. Caso existam vários transportadores diferentes, adicionamos suas contribuições de modo a dar $\kappa = \Sigma C_i |z_i e| u_i$. Observamos, assim, que dois fatores determinam sempre a condutividade: a concentração das cargas móveis e a mobilidade dos transportadores de carga.

A condutividade calculada para a carga de 1 faraday (1 F) na unidade de volume é a condutância molar Λ_i. Portanto, quando $N|ze| = \text{F}$ na Eq. (10.14), $\kappa = \Lambda_i$. Então,

$$\Lambda_i = \text{F}u_i = t_i \Lambda \tag{10.15}$$

Esta relação se aplica a cada íon da solução. Conhecendo o número de transporte t_i de um íon, podemos portanto calcular sua mobilidade a partir da condutância molar Λ da solução.

10.9. Medida de números de transporte — Método de Hittorf

O método de Hittorf se baseia nas variações de concentração na vizinhança dos eletrodos causadas pela passagem da corrente através do eletrólito. A Fig. 10.3 ilustra o princípio do método por meio de uma célula dividida em três compartimentos. A situação dos íons antes da passagem de qualquer corrente é representada esquematicamente em a, cada sinal + ou – indicando um equivalente do íon correspondente.

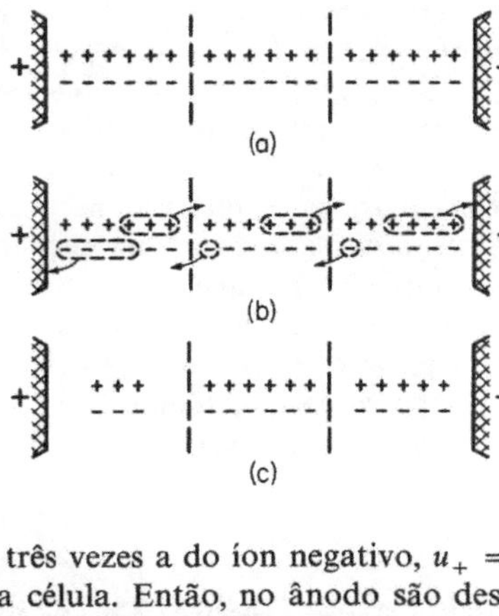

Figura 10.3 Número de transporte (método de Hittorf)

Suponhamos que a mobilidade do íon positivo é três vezes a do íon negativo, $u_+ = 3u_-$, e que 4 F de carga elétrica passam através da célula. Então, no ânodo são descarregados quatro equivalentes de íons negativos e, no cátodo, quatro equivalentes de íons positivos. Além disso, 4 F devem passar através de qualquer plano divisório do eletrólito paralelo aos eletrodos. Como os íons positivos caminham três vezes mais depressa que os íons negativos, 3 F são transportados através do plano da esquerda para direita pelos íons positivos, enquanto 1 F está sendo transportado da direita para esquerda pelos íons negativos. Esta transferência é indicada na parte *b* da figura. A situação final é mostrada na parte *c*. A variação do número de equivalentes ao redor do ânodo é $\Delta n_a = 6-3 = 3$ e nas vizinhanças do cátodo é $\Delta n_c = 6-5 = 1$. A relação dessas variações de concentração é necessariamente igual à relação das mobilidades iônicas: $\Delta n_a/\Delta n_c = u_+/u_- = 3$.

Suponhamos que a quantidade de eletricidade Q, que atravessa a célula, foi medida com um coulômetro em série com a célula. Desde que os eletrodos sejam inertes, Q/F equivalentes de cátions foram então descarregados no cátodo e Q/F equivalentes de ânions, no ânodo. A perda líquida ou resultante do soluto no compartimento catódico é:

$$\Delta n_c = \frac{Q}{\mathrm{F}} - t_+\frac{Q}{\mathrm{F}} = \frac{Q}{\mathrm{F}}(1 - t_+) = \frac{Qt_-}{\mathrm{F}}$$

Portanto,

$$t_- = \frac{\Delta n_c}{Q/\mathrm{F}}, \qquad t_+ = \frac{\Delta n_a}{Q/\mathrm{F}}, \tag{10.16}$$

onde Δn_a é a perda resultante de soluto no compartimento anódico. Como $t_+ + t_- = 1$, ambos os números de transporte podem ser determinados através de medidas em qualquer um dos compartimentos, mas é útil fazer ambas as análises para verificação.

10.10. Números de transporte — Método da fronteira móvel

Este método se baseia no trabalho antigo de Oliver Lodge (1886), que usou um indicador para seguir a migração dos íons num gel condutor. As aplicações mais recentes dispensaram o gel e o indicador, usando um aparelho, como o da Fig. 10.4, para acompanhar o movimento da fronteira móvel existente entre duas soluções líquidas. O eletrólito a ser estudado, CA, é introduzido no aparelho numa camada acima de uma solução de um sal com ânion comum, $C'A$, e com um cátion de mobilidade consideravelmente menor que a do íon C^+. Como exemplo, uma camada de uma solução de KCl poderia ser introduzida acima de uma camada de uma solução de $CdCl_2$. A mobilidade do Cd^{2+} é consideravelmente mais baixa que a do K^+. Quando uma corrente atravessa a célula, os íons A^- se dirigem para baixo ao ânodo enquanto os íons C^+ e C'^+ se movem para cima em direção ao cátodo. Uma fronteira nítida é preservada entre as duas soluções porque os íons C'^+, que se movem mais lentamente, nunca podem ultrapassar os íons C^+. Por outro lado, os íons C'^+, que seguem os mais rápidos, não podem ficar para trás, pois, se começassem a se atrasar, a solução atrás da fronteira se tornaria mais diluída e então sua resistência mais elevada e, portanto, o conseqüente aumento da queda de potencial determinariam o aumento na velocidade iônica. Mesmo nas soluções incolores, uma fronteira nítida é visível, em virtude dos diferentes índices de refração das duas soluções.

Suponhamos que a fronteira se move de uma distância x durante a passagem de Q coulombs. Então, o número de equivalentes transportados é Q/F dos quais t_+Q/F são conduzidos pelos íons positivos. O volume da solução varrido pela fronteira durante a passagem de Q coulombs é $t_+Q/\mathrm{F}cz_+$. Se a for a área da seção reta do tubo, $xa = t_+Q/\mathrm{F}cz_+$, ou seja,

$$t_+ = \frac{\mathrm{F}xacz_+}{Q} \tag{10.17}$$

10.11. Resultados das experiências de transferência

A Tab. 10.3 resume alguns números de transporte medidos experimentalmente. Com esses valores, é possível calcular por meio da Eq. (10.15) as condutâncias molares

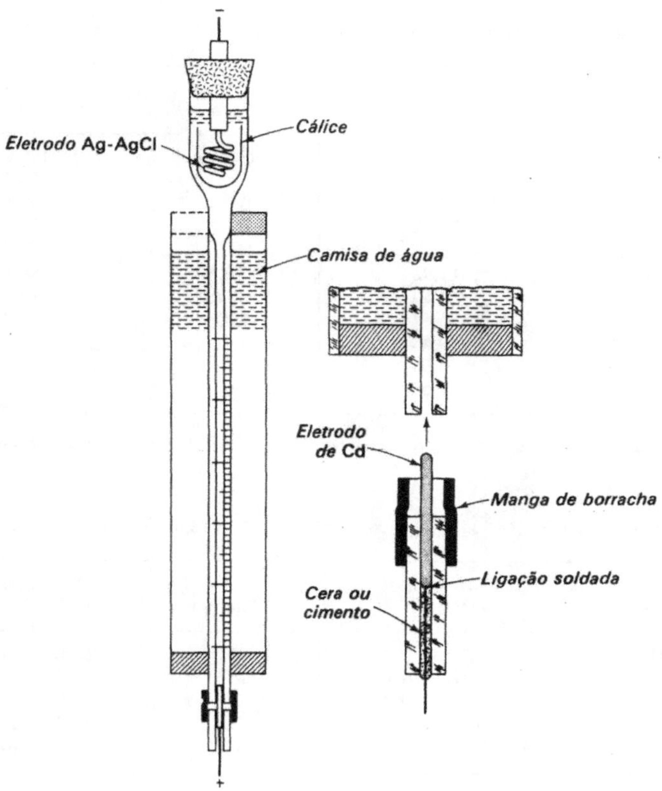

Figura 10.4 Célula para a medida do número de transporte pelo método da fronteira móvel [D. P. Shoemaker e C. W. Garland, *Experiments in Physical Chemistry* (New York: McGraw-Hill Book Company, 1967), p. 185]

Tabela 10.3 Números de transporte de cátions em soluções aquosas a 298,15 K*

Normalidade da solução	$AgNO_3$	$BaCl_2$	LiCl	NaCl	KCl	KNO_3	$LaCl_3$	HCl
0,01	0,4648	0,440	0,3289	0,3918	0,4902	0,5084	0,4625	0,8251
0,05	0,4664	0,4317	0,3211	0,3876	0,4899	0,5093	0,4482	0,8292
0,10	0,4682	0,4253	0,3168	0,3854	0,4898	0,5103	0,4375	0,8314
0,50		0,3986	0,300		0,4888		0,3958	
1,00		0,3792	0,287		0,4882			

*L. G. Longsworth, *J. Am. Chem. Soc.* **57**, 1 185 (1935); **60**, 3 070 (1938)

iônicas, algumas das quais são dadas na Tab. 10.4. Usando a regra de Kohlrausch, essas condutâncias podem ser combinadas para obter os valores das condutâncias molares Λ_0 para uma variedade de eletrólitos. Por exemplo, $\Lambda_0(\frac{1}{2}BaCl_2)$ seria dado por 63,64 + + 76,34 = 139,98.

Como os íons em solução estão indubitavelmente hidratados, os números de transporte observados não são realmente os dos íons nus, mas dos íons solvatados. As mobilidades iônicas podem ser calculadas a partir das condutâncias molares por meio da Eq.

Tabela 10.4 Condutâncias iônicas molares a diluição infinita, Λ_0, 298,15 K*

Cátion	$10^4\Lambda_0^+$ ($\Omega^{-1}\cdot m^2\cdot mol^{-1}$)	Ânion	$10^4\Lambda_0^-$ ($\Omega^{-1}\cdot m^2\cdot mol^{-1}$)
H^+	349,82	OH^-	198,0
Li^+	38,69	Cl^-	76,34
Na^+	50,11	Br^-	78,4
K^+	73,52	I^-	76,8
NH_4^+	73,4	NO_3^-	71,44
Ag^+	61,92	CH_3COO^-	40,9
$\frac{1}{2}Ca^{2+}$	59,50	ClO_4^-	68,0
$\frac{1}{2}Ba^{2+}$	63,64	$\frac{1}{2}SO_4^{2-}$	79,8
$\frac{1}{2}Sr^{2+}$	59,46		
$\frac{1}{2}Mg^{2+}$	53,06		
$\frac{1}{3}La^{3+}$	69,6		

*D. MacInnes, *Principles of Electrochemistry* (New York: Reinhold Publishing Corp., 1939)

Tabela 10.5 Mobilidades de íons em soluções aquosas a 298,15 K

Cátions	Mobilidade ($m^2\cdot s^{-1}\cdot V^{-1}$)	Ânions	Mobilidade ($m^2\cdot s^{-1}\cdot V^{-1}$)
H^+	$36,30 \times 10^{-8}$	OH^-	$20,52 \times 10^{-8}$
K^+	$7,62 \times 10^{-8}$	SO_4^{2-}	$8,27 \times 10^{-8}$
Ba^{2+}	$6,59 \times 10^{-8}$	Cl^-	$7,91 \times 10^{-8}$
Na^+	$5,19 \times 10^{-8}$	NO_3^-	$7,40 \times 10^{-8}$
Li^+	$4,01 \times 10^{-8}$	HCO_3^-	$4,61 \times 10^{-8}$

(10.15). Alguns resultados são apresentados na Tab. 10.5. O efeito da hidratação é mostrado no conjunto dos valores para Li^+, Na^+, K^+. Embora Li^+ seja, fora de dúvida, o menor íon nu, ele possui a menor mobilidade, isto é, a resistência ao seu movimento através da solução é a maior. Esta resistência deve ser, em parte, devida à camada de moléculas de água fortemente ligada pelo intenso campo elétrico criado pelo pequeno íon.

10.12. Mobilidades dos íons hidrogênio e hidroxila

A Tab. 10.5 revela que, com duas exceções, as mobilidades iônicas em solução aquosa não diferem quanto à ordem de grandeza, todas estando ao redor de $6 \times 10^{-8} m^2\cdot s^{-1}\cdot V^{-1}$. As exceções são os íons de hidrogênio e de hidroxila com mobilidades anormalmente elevadas de $36,3 \times 10^{-8}$ e $20,5 \times 10^{-8}\ m^2\cdot s^{-1}\cdot V^{-1}$, respectivamente.

A alta mobilidade do íon de hidrogênio é observada apenas em solventes hidroxílicos, como a água e os álcoois, nos quais é fortemente solvatado, formando, por exemplo, em água o íon hidrônio, OH_3^+. Acredita-se que se trata de um exemplo de condutividade do tipo de Grotthuss superposto ao processo normal de transporte. Assim, o íon OH_3^+ é capaz de transferir um próton a uma molécula de água vizinha, segundo

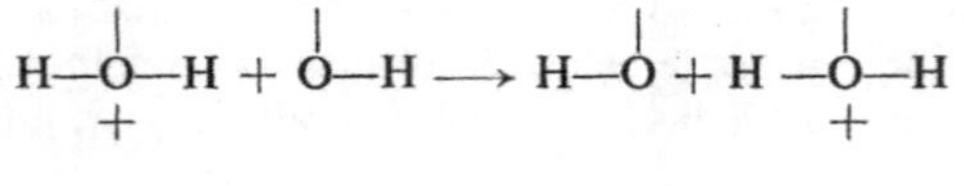

399

Este processo pode ser seguido pela rotação da molécula doadora de modo que a mesma se encontra de novo na posição de aceitar um próton; assim

$$
\begin{array}{ccc}
H & & H \\
| & \longrightarrow & | \\
H{-}O & & O{-}H
\end{array}
$$

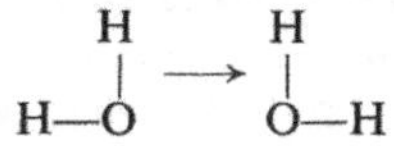

Acredita-se também que a elevada mobilidade do íon hidroxila em água seja causada por uma transferência de próton entre os íons hidroxila e moléculas de água,

$$
\begin{array}{cccc}
H & H & H & H \\
| & | & | & | \\
O + H{-}O & \longrightarrow & O{-}H + O
\end{array}
$$

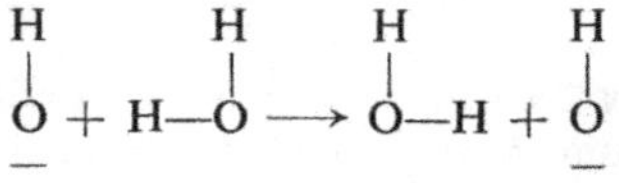

Os prótons desempenham um papel importante nos fenômenos elétricos dos sistemas vivos e os mecanismos exatos, segundo os quais se movem, estão sendo ativamente investigados. Eigen[9] sugeriu que a forma predominante do próton na água é o íon $H_9O_4^+$, consistindo em um íon hidrônio OH_3^+ unido a três moléculas de água por ligações de hidrogênio (Sec. 15.29), segundo

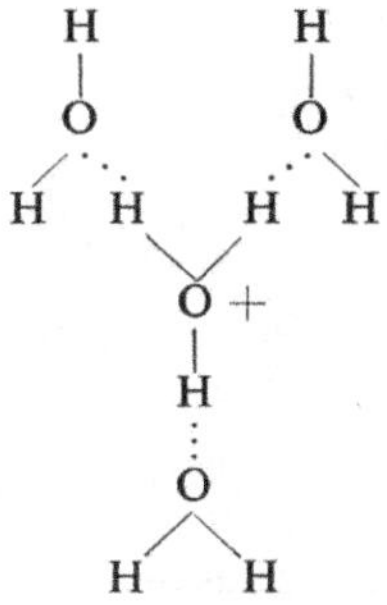

Outras moléculas de água podem estar mais fracamente unidas a este complexo, porém a estrutura indicada apresenta uma estabilidade excepcional. Quando um próton passa ao longo de uma ligação de hidrogênio, forma-se um novo íon hidrônio, que inicialmente não está coordenado com suas três moléculas de água. Existe, portanto, um certo tempo necessário para a rotação das moléculas de água antes de se estabelecer esta camada de coordenação em torno do OH_3^+ recentemente formado. A nova formação do complexo $H_9O_4^+$ é, supõe-se, o estágio lento que determina a mobilidade global dos prótons na água[10]. É uma espécie de "difusão estrutural" da água ligada ao OH_3^+. A mobilidade do próton em gelo é de cerca de 50 vezes mais elevada que em água na temperatura de 273 K. Na estrutura do gelo, um próton pode simplesmente saltar de um sítio para o próximo na estrutura rígida, de modo que não existe migração de água associada a seu movimento. Portanto, a mobilidade mais elevada no gelo reflete a verdadeira velocidade de transferência do próton ao longo da ligação de hidrogênio[11]. Esta é tão rápida que sugere um efeito túnel mecânico-quântico do H^+ de um sítio para o próximo (Sec. 13.22).

10.13. Difusão e mobilidade iônica

A velocidade v de um íon de carga Q num campo elétrico E está relacionada à sua mobilidade u por $v = Eu$. A força motriz nesta migração iônica é o negativo do gradiente

[9]M. Eigen, *Proc. Roy. Soc. London, Ser. A* **247**, 505 (1958)
[10]B. E. Conway, J. O'M. Bockris e H. Linton, *J. Chem. Phys.* **24**, 834 (1956)
[11]B. E. Conway and J. O'M. Bockris, *J. Chem. Phys.* **28**, 354 (1958)

do *potencial elétrico* Φ: $E = -\partial\Phi/\partial x$. Mesmo na ausência de um campo elétrico externo, os íons podem migrar se existir uma diferença de *potencial químico* μ entre diferentes partes do sistema. A migração de uma substância sob a ação de uma diferença de potencial químico é chamada *difusão*. Assim como a força elétrica (por carga unitária) sobre cada partícula é igual ao gradiente negativo do potencial elétrico, a força difusiva é igual ao gradiente negativo do potencial químico. Portanto, em uma dimensão, a força que age sobre uma partícula de espécie i é dada por

$$F_i = -\frac{1}{L}\left(\frac{\partial \mu_i}{\partial x}\right)_T$$

Como μ_i se refere a 1 mol de partículas, foi necessária a divisão pelo número de Avogadro L. A velocidade sob a ação de uma força unitária é u/Q, de modo que $v_i = (-u_i/LQ_i)(\partial\mu_i/\partial x)$. O escoamento de matéria resultante através de uma seção transversal unitária na unidade de tempo, ou seja, o *fluxo*, é pois

$$S_{ix} = -\frac{u_i}{Q_i}\frac{c_i}{L}\cdot\left(\frac{\partial \mu_i}{\partial x}\right)_T,$$

onde c_i é a concentração molar. Para uma solução suficientemente diluída,

$$\mu_i = RT\ln c_i + \mu_i^{\ominus}, \quad \text{e} \quad \left(\frac{\partial \mu_i}{\partial x}\right)_T = \frac{RT}{c_i}\left(\frac{\partial c_i}{\partial x}\right)_T$$

Portanto,

$$S_{ix} = -kT\frac{u_i}{Q_i}\left(\frac{\partial c_i}{\partial x}\right)_T.$$

Em 1855, Fick estabeleceu empiricamente sua Primeira Lei da Difusão, segundo a qual o fluxo S_{ix} é proporcional ao gradiente de concentração:

$$S_{ix} = -D_i\frac{\partial c_i}{\partial x}, \tag{10.18}$$

onde o fator de proporcionalidade D_i é o *coeficiente de difusão*, que é dado por

$$D_i = \frac{kT}{Q_i}u_i \tag{10.19}$$

ou, da Eq. (10.15), por

$$D_i = \frac{RT}{\mathrm{F}^2}\frac{\Lambda_i}{|z_i|}$$

Esta equação, deduzida por Nernst[12] em 1888, mostra que experiências de difusão podem fornecer informações acerca de mobilidades iônicas de maneira análoga às obtidas de dados de condutividade[13]. A Eq. (10.19) obviamente se aplica apenas à difusão de uma única espécie iônica. Um exemplo experimental seria a difusão de uma pequena quantidade de HCl dissolvida numa solução de KCl. As concentrações de Cl^- seriam constantes através de todo o sistema e a experiência mediria apenas a difusão dos íons H^+. Em outros casos, como na difusão de sais de uma solução concentrada a uma diluída, é necessário usar um conveniente valor médio dos coeficientes de difusão dos íons para representar o total D. Por exemplo, Nernst mostrou que, para eletrólitos do tipo CA, o valor médio apropriado é:

$$D = \frac{2D_C D_A}{D_C + D_A}$$

[12] *Z. Physik. Chem.* **2**, 613 (1888)

[13] Métodos experimentais para a medida de coeficientes de difusão são discutidos em detalhes por A. L. Geddes e R. B. Pontius, "Determination of Diffusivity", em *Technique of Organic Chemistry*, vol. 1, Parte 2, 3.ª ed., ed. A. Weissberger (New York: Interscience Publishers, 1960), pp. 895-1 006

10.14. Deficiências da teoria de Arrhenius

Após a controvérsia sobre a dissociação iônica, começou-se a perceber que a teoria de Arrhenius era insatisfatória em vários pontos, nenhum dos quais havia sido oposto à mesma por seus furiosos oponentes originais.

O comportamento dos eletrólitos fortes apresentava muitas anomalias. A lei de diluição de Ostwald não era rigorosamente seguida pelos eletrólitos moderadamente fortes, como o ácido dicloroacético, embora concordasse bem com os dados relativos a ácidos fracos, como o ácido acético. Também os valores para o grau de dissociação α de eletrólitos fortes, obtidos das relações de condutância, não concordavam com os obtidos dos fatores i de Van't Hoff e as "constantes de dissociação" calculadas por meio da lei da ação das massas estavam longe de ser constantes. Além disso, os espectros de absorção de soluções diluídas de eletrólitos fortes não revelavam a existência de moléculas não-dissociadas.

Outra discrepância se observava nos calores de neutralização de ácidos e bases fortes. Embora um dos primeiros suportes para a teoria da ionização fosse a constância desses valores de ΔH para diferentes pares ácido-base, um exame mais crítico indicou que os valores de ΔH eram, na realidade, demasiadamente concordantes para satisfazer à teoria. Segundo Arrhenius, deveriam existir pequenas diferenças na extensão da ionização de ácidos, tais como HCl, H_2SO_4 e HNO_3, numa dada concentração e essas diferenças deveriam se refletir nas correspondentes diferenças dos valores de ΔH; todavia, tais diferenças não foram de fato observadas.

Já em 1902, uma possível explicação de muitas deficiências da teoria simples da dissociação foi sugerida por Van Laar, o qual chamou atenção para as fortes forças eletrostáticas, que devem estar presentes numa solução iônica, e para sua influência no comportamento dos íons dissolvidos. Em 1912, S. R. Milner apresentou uma discussão detalhada deste problema, porém seus excelentes resultados não foram extensamente compreendidos.

Em 1923, P. Debye e E. Hückel elaboraram uma teoria que constitui a base para o tratamento moderno de eletrólitos fortes. Esta teoria parte da hipótese de que em eletrólitos fortes o soluto está completamente dissociado em íons. Os desvios do comportamento ideal observados, isto é, os aparentes graus de dissociação menores que 100%, são inteiramente atribuídos às interações elétricas entre os íons em solução. Esses desvios são, portanto, maiores para os íons de maior carga e em soluções mais concentradas.

A teoria da interação elétrica pode ser aplicada a problemas de equilíbrio e também aos importantes problemas de transporte da teoria da condutividade elétrica. Antes de descrever essas aplicações, vamos discutir a nomenclatura e as convenções empregadas para as propriedades termodinâmicas de soluções eletrolíticas.

10.15. Atividades e estados padrões

Como foi mostrado na Sec. 8.17, o estado padrão para um componente considerado como um soluto B está baseado na Lei de Henry. No limite, quando $X_B \to 0$, $a_B \to X_B$ e o coeficiente de atividade $\gamma_B \to 1$. O afastamento de γ_B da unidade constitui uma medida, de quanto o comportamento do soluto se desvia do previsto pela Lei de Henry. A Lei de Henry implica a ausência de interação entre moléculas do soluto (o componente B "vê" apenas o solvente A que o circunda). Portanto, os desvios dos coeficientes de atividade da unidade medem os efeitos das interações entre as espécies do soluto em solução.

São necessárias duas modificações na definição do estado padrão dada na Sec. 8.17 antes de usá-la para soluções de eletrólito. A composição das soluções eletrolíticas é quase sempre expressa em molalidades em vez de frações molares. Além disso, é necessário considerar o efeito da dissociação do eletrólito, por meio da qual uma molécula do soluto adicionado ao solvente fornece duas ou mais moléculas ou íons na solução. Assim, para NaCl em água, a forma-limite da Lei de Henry seria[14]

$$f_B = km_B^2, \tag{10.20}$$

onde f_B e m_B são a fugacidade e a molalidade de NaCl. Para um eletrólito que na dissociação fornece ν partículas,

$$f_B = km_B^{\nu}$$

O estado padrão usual para um eletrólito em solução é ilustrado na Fig. 10.5, para o caso do NaCl. É um estado hipotético no qual o soluto existiria em molalidade unitária e sob a pressão de 1 atm, mas teria ainda um ambiente típico de uma solução extremamente diluída, que segue a Lei de Henry [Eq. (7.32)].

A atividade de B é, portanto,

$$a_B = \frac{f_B}{f_B^{\ominus}} \quad \text{onde} \quad f_B^{\ominus} = k$$

$$a_B = \gamma_B m_B$$

Não utilizamos um símbolo especial para distinguir essas atividades e estados padrões das baseadas na escolha da fração molar como a variável de composição. Está claro que não são idênticas, porém não haverá confusão porque em todo este capítulo usaremos apenas molalidades.

10.16. Atividades iônicas

No caso das soluções eletrolíticas, seria aparentemente mais conveniente empregar as atividades das diferentes espécies iônicas; todavia, existem sérias dificuldades na execução de tal procedimento. A exigência da neutralidade elétrica global da solução impede qualquer aumento da carga devido aos íons positivos sem um aumento igual da carga

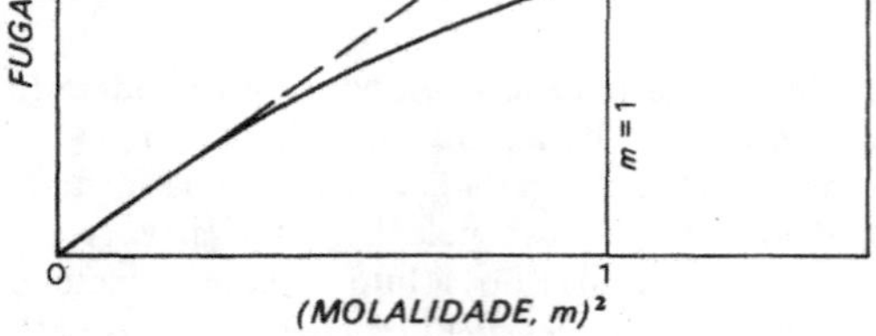

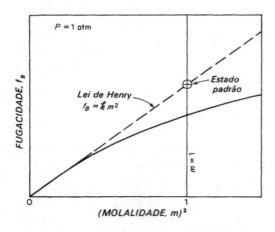

Figura 10.5 Definição do estado padrão para um eletrólito 1:1, como NaCl, em solução, baseada na Lei de Henry das soluções diluídas

[14]Consideremos uma molécula que em solução se dissocia segundo $B \rightarrow 2A$. Então, a constante de equilíbrio é $K_a = a_A^2/a_B$. Em solução muito diluída, a dissociação é praticamente completa e $a_A \rightarrow m_A$. Portanto, $a_B = K_a^{-1}m_A^2$. Mas, quando a dissociação é completa, m_A é o dobro da molalidade de B inicialmente adicionado, $2m_B^0$, de modo que $a_B = K_a^{-1}(2m_B^0)^2$

dos íons negativos. Por exemplo, podemos variar a concentração de uma solução de cloreto de sódio adicionando números iguais de íons de sódio e de cloro. Se pudéssemos adicionar apenas íons de sódio ou de cloro, a solução adquiriria uma carga elétrica. As propriedades dos íons em tal solução carregada seriam, então, consideravelmente diferentes das que existem na solução normal não-carregada. Não existe uma maneira de separar os efeitos devidos aos íons positivos dos devidos aos íons negativos que os acompanham numa solução não-carregada. Por este motivo, não existe um modo de *medir* atividades iônicas individuais.

No entanto, é conveniente definir uma expressão para a atividade de um eletrólito em termos dos íons nos quais o mesmo se dissocia. Consideremos, por exemplo, um soluto como o NaCl dissociado em solução segundo $NaCl \rightarrow Na^+ + Cl^-$. A atividade a do NaCl é diretamente mensurável através da pressão osmótica, abaixamento do ponto de congelação ou de outros meios. Se denotarmos a atividade do cátion por a_+ e a do ânion por a_-, podemos escrever *como definições*:

$$a = a_+ a_- = a_\pm \qquad (10.21)$$

Lembrando que uma atividade é sempre uma relação entre a fugacidade e a fugacidade em um estado-padrão que podemos escolher livremente, podemos considerar[15] a Eq. (10.21) como definindo os estados padrões para as atividades iônicas individuais convencionais a_+ e a_-. A quantidade $a_\pm$, a *média geométrica* de a_+ e a_-, é chamada *atividade média* dos íons.

Para tipos mais complexos de eletrólitos, essas definições podem ser generalizadas. Consideremos um eletrólito que se dissocia segundo

$$C_{\nu+}A_{\nu-} \longrightarrow \nu_+ C^+ + \nu_- A^-$$

O número total de íons é $\nu = \nu_+ + \nu_-$. Podemos então escrever

$$a = a_+^{\nu_+} a_-^{\nu_-} = a_\pm^{\nu} \qquad (10.22)$$

Por exemplo,

$$La_2(SO_4)_3 \longrightarrow 2La^{+3} + 3SO_4^{-2}$$

$$a = a_{La}^2 a_{SO_4}^3 = a_\pm^5$$

Podemos também definir coeficientes de atividade iônica individuais γ_+ e γ_- por

$$a_+ = \gamma_+ m_+ \quad \text{e} \quad a_- = \gamma_- m_- \qquad (10.23)$$

O coeficiente de atividade medido experimentalmente é $\gamma_\pm$, a média geométrica dos coeficientes de atividade iônica individuais, onde

$$\gamma_\pm^{\nu} = \gamma_+^{\nu+} \gamma_-^{\nu-} \qquad (10.24)$$

A Eq. (10.22) pode ser então escrita segundo

$$a = m_+^{\nu+} m_-^{\nu-} \gamma_+^{\nu+} \gamma_-^{\nu-}$$

$$a_\pm = a^{1/\nu} = (m_+^{\nu+} m_-^{\nu-} \gamma_+^{\nu+} \gamma_-^{\nu-})^{1/\nu} \qquad (10.25)$$

Substituindo a Eq. (10.24) na (10.25), obtemos

$$\gamma_\pm = \frac{a_\pm}{(m_+^{\nu+} m_-^{\nu-})^{1/\nu}}. \qquad (10.26)$$

Esta equação se aplica a qualquer solução em que os íons sejam adicionados juntos como um sal único, ou separadamente como uma mistura de sais.

[15]Um outro modo de considerar a Eq. (10.21) é o que equivale a fazer $\Delta G^\ominus = 0$ para a reação $NaCl \rightarrow Na^+ + Cl^-$, pois então $K = a_+ a_-/a = e^{-\Delta G^\ominus/RT} = 1$. Em outras palavras, escolhemos os estados padrões de Na^+ e Cl^- de tal modo que $\Delta G^\ominus = 0$

Para uma solução de um único sal de molalidade m, temos

$$m_+ = \nu_+ m \quad \text{e} \quad m_- = \nu_- m.$$

Neste caso, a Eq. (10.26) se torna

$$\gamma_\pm = \frac{a_\pm}{m(\nu_+^{\nu_+}\nu_-^{\nu_-})^{1/\nu}} = \frac{a_\pm}{m_\pm}. \tag{10.27}$$

No caso de $La_2(SO_4)_3$, por exemplo, $\nu_+ = 2$ e $\nu_- = 3$, de modo que

$$\gamma_\pm = \frac{a_\pm}{m(2^2 \cdot 3^3)^{1/5}} = \frac{a_\pm}{108^{1/5} m}. \tag{10.28}$$

O coeficiente de atividade definido pela Eq. (10.27) se torna unitário em diluição infinita.

As atividades podem ser determinadas por vários métodos diferentes. Entre os mais importantes, situam-se as medidas das propriedades coligativas de soluções, como o abaixamento do ponto de congelação e a pressão osmótica; as medidas de solubilidade de sais pouco solúveis e os métodos baseados na força eletromotriz de células eletroquímicas. Estes últimos métodos serão descritos no próximo capítulo.

10.17. Coeficientes de atividade a partir de pontos de congelação

Para uma solução de dois componentes, com o soluto (1) e o solvente (0), a equação de Gibbs-Duhem (7.10) relativa aos potenciais químicos numa solução binária pode ser escrita da seguinte forma

$$n_1\, d\mu_1 + n_0\, d\mu_0 = 0.$$

Combinando-a com a Eq. (8.41), resulta

$$n_1\, d\ln a_1 + n_0\, d\ln a_0 = 0.$$

A Eq. (7.35) aplica-se à solução ideal. Para uma solução diluída, não-ideal, temos

$$\frac{d\ln a_0}{dT} = \frac{\Delta H_f}{RT^2}.$$

O abaixamento do ponto de congelação é $\Delta T = T_0 - T$ e, como $T^2 \approx T_0^2$, temos

$$-d\ln a_0 = \frac{\Delta H_f}{RT_0^2}\, d(\Delta T).$$

Portanto,

$$d\ln a_1 = -\left(\frac{n_0}{n_1}\right) d\ln a_0 = \left(\frac{n_0}{n_1}\right)\left(\frac{\Delta H_f}{RT_0^2}\right) d\,(\Delta T) = \frac{1}{mK_F}\, d\,(\Delta T),$$

onde K_F é a constante do abaixamento do ponto de congelação molal e m é a molalidade do soluto.

Da Eq. (10.27),

$$a_1 = a_\pm^\nu = \gamma_\pm^\nu m^\nu (\nu_+^{\nu_+}\nu_-^{\nu_-})$$

de modo que

$$d\ln a_\pm = d\ln \gamma_\pm m = d\ln\gamma_\pm + d\ln m = \frac{d\,(\Delta T)}{\nu m K_F}. \tag{10.29}$$

Seja $j = 1 - (\Delta T/\nu m K_F)$, a partir do que resulta;

$$dj = \frac{-d\,(\Delta T)}{\nu m K_F} + \left(\frac{\Delta T}{\nu m^2 K_F}\right) dm$$

ou seja,

$$\frac{d(\Delta T)}{\nu m K_F} = -dj + (1-j)\frac{dm}{m}\,.$$

Comparando esta equação com a Eq. (10.29), obtemos

$$d \ln \gamma_{\pm} = -dj - j\, d \ln m\,. \qquad (10.30)$$

À medida que m tende para zero, a solução se aproxima da idealidade e $\gamma_{\pm} \to 1$ enquanto $j \to 0$ (uma vez que para uma solução ideal $\Delta T/\nu m K_F = 1$). Portanto, integrando a Eq. (10.30), resulta

$$\begin{aligned} \int_1^{\gamma_\pm} d \ln \gamma'_{\pm} &= \int_0^m -j\, d \ln m' - \int_0^j dj' \\ \ln \gamma_{\pm} &= -j - \int_0^m \left(\frac{j}{m'}\right) dm' \end{aligned} \qquad (10.31)$$

A integração nesta expressão pode ser efetuada graficamente a partir de uma série de medidas do abaixamento do ponto de congelação em soluções de concentrações baixas conhecidas. Colocamos então num gráfico j/m em função de m, extrapolamos à concentração nula e medimos a área sob a curva. Um tratamento análogo é aplicável a dados de pressão osmótica.

10.18. Força iônica

Muitas propriedades das soluções iônicas dependem das interações eletrostáticas entre as cargas dos íons. A força eletrostática entre um par de íons duplamente carregados é quatro vezes a força entre um par de íons com cargas unitárias. Para incluir tais efeitos da carga iônica, introduziu-se uma função da concentração iônica muito útil, denominada *força iônica* I e definida por

$$I = \tfrac{1}{2} \sum m_i z_i^2 \qquad (10.32)$$

O somatório é tomado para todos os diferentes íons da solução, multiplicando-se a molalidade de cada um pelo quadrado de sua carga.

Por exemplo, uma solução 1,00 molal de NaCl apresenta uma força iônica $I = (1/2)(1{,}00) + (1/2)(1{,}00) = 1{,}00$ e, numa solução 1,00 molal de $La_2(SO_4)_3$, a força iônica é igual a

$$I = \tfrac{1}{2}[2(3)^2 + 3(2^2)] = 15{,}0.$$

Em soluções diluídas, os coeficientes de atividade de eletrólitos, as solubilidades de sais pouco solúveis, as velocidades das reações iônicas e outras propriedades correlatas se tornam funções da força iônica.

Se usarmos a concentração molar c, em vez da molalidade m,

$$c = \frac{m\rho}{1 + mM}\,,$$

onde ρ é a densidade da solução e M, a massa molecular do soluto. Em soluções diluídas, esta relação se aproxima de $c = \rho_0 m$, onde ρ_0 é a densidade do solvente. Portanto,

$$I = \tfrac{1}{2} \sum m_i z_i^2 \approx \frac{1}{2\rho_0} \sum c_i z_i^2 \qquad (10.33)$$

10.19. Coeficientes de atividade obtidos experimentalmente

A Tab. 10.6 apresenta um resumo dos coeficientes de atividade médios obtidos por vários métodos(16), que estão colocados no gráfico da Fig. 10.6. Para fins de comparação, na Fig. 10.6 são apresentados também os coeficientes de atividade de um não-eletrólito típico, a sacarose. Como comportamento característico, observa-se nesta figura que os coeficientes de atividade de eletrólitos fortes diminuem acentuadamente com o aumento da concentração em soluções diluídas, passando, porém, por um mínimo para então aumentar de novo nas soluções mais concentradas. A interpretação deste comportamento constitui um dos principais problemas da teoria dos eletrólitos fortes.

Tabela 10.6 Coeficientes de atividade médios molais de eletrólitos

m	0,001	0,002	0,005	0,01	0,02	0,05	0,1	0,2	0,5	1,0	2,0	4,0
HCl	0,966	0,952	0,928	0,904	0,875	0,830	0,796	0,767	0,758	0,809	1,01	1,76
HNO_3	0,965	0,951	0,927	0,902	0,871	0,823	0,785	0,748	0,715	0,720	0,783	0,982
H_2SO_4	0,830	0,757	0,639	0,544	0,453	0,340	0,265	0,209	0,154	0,130	0,124	0,171
NaOH						0,82		0,73	0,69	0,68	0,70	0,89
$AgNO_3$			0,92	0,90	0,86	0,79	0,72	0,64	0,51	0,40	0,28	
$CaCl_2$	0,89	0,85	0,785	0,725	0,66	0,57	0,515	0,48	0,52	0,71		
$CuSO_4$	0,74		0,53	0,41	0,31	0,21	0,16	0,11	0,068	0,047		
KCl	0,965	0,952	0,927	0,901		0,815	0,769	0,719	0,651	0,606	0,576	0,579
KBr	0,965	0,952	0,927	0,903	0,872	0,822	0,777	0,728	0,665	0,625	0,602	0,622
KI	0,965	0,951	0,927	0,905	0,88	0,84	0,80	0,76	0,71	0,68	0,69	0,75
LiCl	0,963	0,948	0,921	0,89	0,86	0,82	0,78	0,75	0,73	0,76	0,91	1,46
NaCl	0,966	0,953	0,929	0,904	0,875	0,823	0,780	0,730	0,68	0,66	0,67	0,78

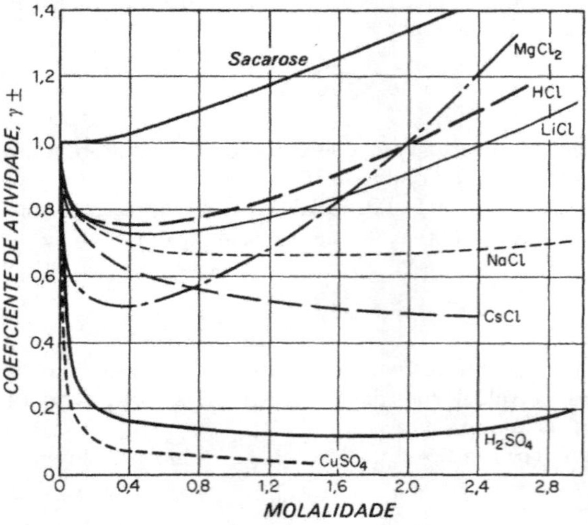

Figura 10.6 Coeficientes de atividade molais médios de eletrólitos com valores para a sacarose mostrados para fins de comparação

(16)Uma tabulação extensa é dada por H. S. Harned e B. B. Owen em *The Physical Chemistry of Electrolytic Solutions* (New York: Reinhold Publishing Corp., 1950)

Podemos explicar, de um modo geral, porque o coeficiente de atividade em função da concentração passa por um mínimo. Consideremos, para isso, o potencial químico de um soluto iônico, dado por

$$\mu = \mu^{\ominus} + RT \ln \gamma m$$

As atrações interiônicas diminuem a energia livre dos íons e, portanto, γ tende a diminuir. Por outro lado, os íons também exercem forças atrativas sobre as moléculas de água, de modo que a energia livre da água é diminuída[17] e, como mostra a relação de Gibbs-Duhem (Sec. 8.18), este efeito aumenta o coeficiente de atividade do soluto. Estes dois efeitos que se opõem podem conduzir a um mínimo nas curvas de γ em função de m. Na realidade, porém, os efeitos nas soluções concentradas são demasiadamente complicados para ser analisados por meio de qualquer modelo simples.

10.20. **Revisão de eletrostática**

A lei da gravitação de Newton foi apresentada na p. 3 do primeiro volume. Uma equação de forma exatamente análoga governa a força eletrostática entre duas cargas Q_1 e Q_2, separadas pela distância r, no vácuo. A intensidade da força é dada por

$$F = \frac{Q_1 Q_2}{Kr^2} \tag{10.34}$$

Esta é a Lei de Coulomb. Existem disponíveis duas escolhas para a constante de proporcionalidade K. Quando K é posta igual à unidade, a Eq. (10.34) define a unidade de carga em unidades eletrostáticas (ues). Neste caso, a força entre duas cargas, cada uma de 1 ues, separadas de uma distância de 1 cm é de 1 dina. No sistema SI, a unidade carga é o coulomb e a constante K é a escrita segundo $4\pi\varepsilon_0$, de modo que a Eq. (10.34) se torna

$$F = \frac{Q_1 Q_2}{4\pi\epsilon_0 r^2} \tag{10.35}$$

A quantidade ε_0 é chamada *permissividade do vácuo* e apresenta o valor de $8{,}854 \times \times 10^{-12}\ C^2 \cdot N^{-1} \cdot m^2$ (ou $C^2 \cdot J^{-1} \cdot m^{-1}$). Com a ligeira inconveniência de incluir o fator extra na Lei de Coulomb, obtemos assim consistência entre as unidades elétricas e mecânicas no sistema SI. A força entre duas cargas de 1 C separadas pela distância de 1 m é igual a 1 N. Além disso, o joule = newton-metro = volt-coulomb.

O campo elétrico **E** é, em qualquer ponto, a força exercida sobre a carga de prova unitária (1 C) colocada neste ponto. O campo na distância r de uma carga Q situada na origem do sistema de coordenadas é então dado por

$$\mathbf{E} = \frac{Q\,\mathbf{r}}{4\pi\epsilon_0 r^3} \tag{10.36}$$

Esta equação indica que o sentido do campo vetorial devido a uma carga positiva é o mesmo do sentido do vetor a partir da origem até o ponto de medida [Fig. 10.7(a)]. A grandeza absoluta do campo é escrita segundo

$$|E| = \frac{Q}{4\pi\epsilon_0 r^2}$$

O campo devido a qualquer coleção de cargas pode ser obtido somando simplesmente os campos devidos a cada carga individual. Como a força (e o campo) é quantidade vetorial, a soma deve ser feita vetorialmente. Um campo elétrico unitário exerce a força

[17]Por exemplo, se o número de hidratação de NaCl for aproximadamente 6, numa solução 1,0 molal de NaCl apenas cerca de 49/55 da água é "solvente livre"

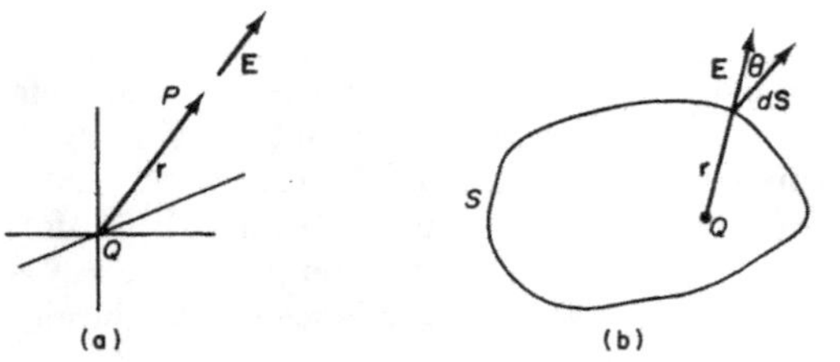

Figura 10.7 (a) O campo elétrico em P devido a uma carga positiva Q na origem é igual em grandeza à força **F** atuando sobre a carga de prova unitária colocada em P. O sentido do campo é o do vetor de Q para P e a grandeza do campo é $|E| = Q/4\pi\varepsilon_0 r^2$. (b) Para ilustrar o teorema de Gauss, mostramos uma superfície arbitrária S circundando uma carga elétrica Q. Associado a cada elemento de área de superfície $d\mathbf{S}$, existe um vetor normal a esta área $d\mathbf{S}$. O fluxo do campo elétrico através de $d\mathbf{S}$ é então $\mathbf{E} \cdot d\mathbf{S} = \mathbf{E} \cos \theta dS$, onde θ é o ângulo entre a direção do campo e a da normal a $d\mathbf{S}$

de 1 N numa carga de 1 C. A unidade da intensidade do campo é, portanto, newton por coulomb ou, como joule = volt-coulomb = newton-metro, a unidade é geralmente dada em volt por metro, $V \cdot m^{-1}$.

Em qualquer ponto no espaço, o campo elétrico é especificado por um único vetor. Se a carga de prova for deslocada, poderemos desenhar vetores indicando o sentido do campo em cada ponto. Quando se unem esses vetores, obtém-se a representação das *linhas de força* características do campo vetorial. (Os vetores do campo são dados pelas tangentes às linhas de força em qualquer ponto.) O número de linhas, passando através de uma pequena área unitária normal à direção de **E**, é proporcional à intensidade do campo E. Assim, em regiões onde as linhas de força são densas, o campo é mais elevado que em regiões onde as linhas de força são rarefeitas. A Fig. 10.8 mostra esta representação gráfica do campo na vizinhança de várias distribuições de carga.

Do mesmo modo como a Eq. (1.11) representava a força mecânica como o gradiente do potencial U, o campo elétrico pode ser representado pelo gradiente do potencial elétrico Φ. Em termos das três componentes do campo vetorial, temos

$$E_x = -\frac{\partial \Phi}{\partial x}, \qquad E_y = -\frac{\partial \Phi}{\partial y}, \qquad E_z = -\frac{\partial \Phi}{\partial z} \tag{10.37}$$

ou, em termos de notação vetorial,

$$\mathbf{E} = -\text{grad}\,\Phi = -\nabla\Phi \tag{10.38}$$

O sinal negativo indica que a carga positiva se deslocará de um potencial mais elevado a um menos elevado e o trabalho deve ser realizado sobre a carga para deslocá-la no sentido oposto. É geralmente mais fácil realizar cálculos matemáticos com a função escalar de potencial $\Phi(x, y, z)$ e é um procedimento simples calcular, a partir de Φ, o campo em qualquer ponto por meio das Eqs. (10.37) ou (10.38). Da Eq. (10.37), se torna evidente que a unidade de potencial é o *volt*.

Vamos agora demonstrar o teorema de Gauss referindo-nos à Fig. 10.7(b), que mostra uma superfície fechada S circundando uma carga Q. O número de linhas de força passando pelo elemento de superfície $d\mathbf{S}$ é $\mathbf{E} \cdot d\mathbf{S} = E \cos \theta dS$, onde θ é o ângulo entre **E** e a normal a d**S**. O elemento do ângulo sólido $d\omega$ subtendido por d**S** na carga Q é $ds \cos \theta / r^2$ e o ângulo sólido total subtendido pela superfície fechada S em qualquer ponto dentro da superfície é 4π. Portanto, podemos escrever a partir da Eq. (10.36),

$$\int \mathbf{E} \cdot d\mathbf{S} = \int E \cos \theta \, dS = \frac{Q}{4\pi\epsilon_0} \int d\omega = \frac{Q}{\epsilon_0} \tag{10.39}$$

que é o teorema de Gauss.

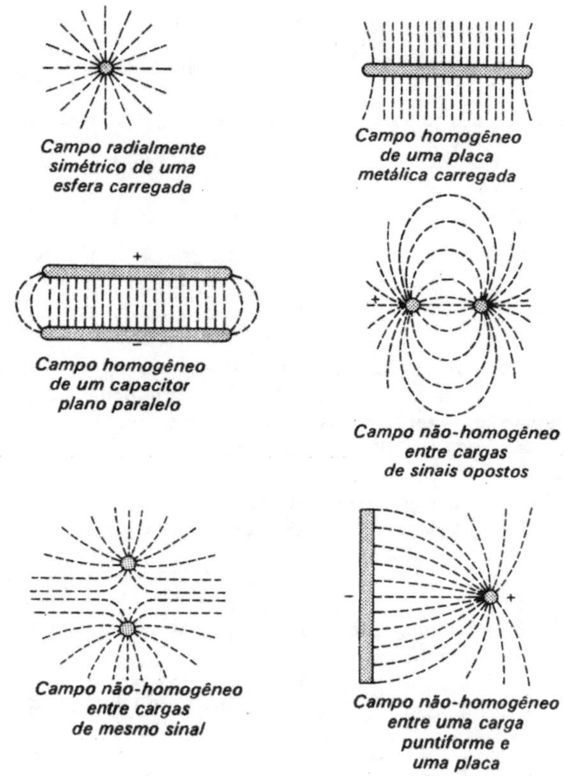

Figura 10.8 Linhas de força de diferentes campos elétricos

Quando a superfície S envolve não uma carga individual, mas uma distribuição de cargas de densidade variável ρ, o teorema é escrito segundo

$$\int \mathbf{E} \cdot d\mathbf{S} = \frac{1}{\epsilon_0} \int \rho \, dV, \tag{10.40}$$

onde a densidade de carga é integrada em relação ao volume V contido pela superfície.

Aplicaremos agora o teorema da divergência da análise vetorial à Eq. (10.40). A divergência de qualquer vetor $\mathbf{E}$ é:

$$\operatorname{div} \mathbf{E} = \nabla \cdot \mathbf{E} = \frac{\partial E_x}{\partial x} + \frac{\partial E_y}{\partial y} + \frac{\partial E_z}{\partial z} \tag{10.41}$$

A divergência de um vetor é um conceito simples em termos da física[18]. Consideremos um elemento de volume diferencial $dV = dxdydz$. A divergência do vetor $\mathbf{E}$ é então o fluxo de $\mathbf{E}$ de dV por unidade de volume. Em termos de linhas de força, seria o número de linhas que deixam dV menos o número de linhas que entram em dV. Portanto, podemos ver desde logo que o teorema da divergência é dado por

$$\int \operatorname{div} \mathbf{E} \, dV = \int \mathbf{E} \cdot d\mathbf{S} \tag{10.42}$$

A integral da divergência de $\mathbf{E}$ em relação ao volume encerrado pela superfície S é igual à integral da componente normal de $\mathbf{E}$ em relação à superfície S.

[18]Deduções matemáticas mais detalhadas da Eq. (10.42) podem ser encontradas em qualquer texto que inclua análise vetorial, como, por exemplo, em M. L. Boas, *Mathematical Methods in the Physical Sciences* (New York: John Wiley & Sons, Inc., 1966), p. 242

Das Eqs. (10.40) e (10.42), obtemos

$$\int \operatorname{div} \mathbf{E}\, dV = \frac{1}{\epsilon_0} \int \rho\, dV$$

Como as integrais são as mesmas qualquer que seja o volume tomado, temos

$$\operatorname{div} \mathbf{E} = \frac{\rho}{\epsilon_0}$$

Exprimindo agora **E** como $-\operatorname{grad} \Phi$, da Eq. (10.40) resulta

$$\operatorname{div} \operatorname{grad} \Phi = \nabla\nabla \cdot \Phi = \frac{-\rho}{\epsilon_0}$$

$$\nabla^2 \Phi = \frac{-\rho}{\epsilon_0} \tag{10.43}$$

Esta é a famosa equação de Poisson da eletrostática. O operador div grad $= \nabla^2$ é conhecido por "nabla quadrado" e freqüentemente denominado *operador laplaciano*. Caso a região seja isenta de carga, $\rho = 0$, e a Eq. (10.43) se torna

$$\nabla^2 \Phi = 0 \tag{10.44}$$

que é a equação de Laplace.

O operador laplaciano ∇^2 pode ser escrito em coordenadas cartesianas segundo

$$\nabla^2 \equiv \frac{\partial^2}{\partial x^2} + \frac{\partial^2}{\partial y^2} + \frac{\partial^2}{\partial z^2} \tag{10.45}$$

É um exercício interessante[19] transformar esta expansão em coordenadas polares esféricas para obter

$$\nabla^2 \equiv \frac{\partial^2}{\partial r^2} + \frac{2}{r}\frac{\partial}{\partial r} + \frac{1}{r^2}\frac{\partial^2}{\partial \theta^2} + \frac{\cos\theta}{r^2 \operatorname{sen}\theta}\frac{\partial}{\partial \theta} + \frac{1}{r^2 \operatorname{sen}^2\theta}\frac{\partial^2}{\partial \phi^2} \tag{10.46}$$

10.21. Teoria de Debye-Hückel

A teoria de Debye e Hückel se baseia na hipótese de os eletrólitos fortes se encontrarem completamente dissociados em íons. Os desvios do comportamento ideal observados são então atribuídos a interações elétricas entre os íons. Para obter teoricamente as propriedades de equilíbrio das soluções iônicas, é necessário calcular a energia livre extra proveniente dessas interações eletrostáticas.

Se os íons se encontrassem distribuídos completamente ao acaso no interior da solução, as probabilidades de encontrar um íon positivo ou um íon negativo na vizinhança de um dado íon seriam as mesmas. Tal distribuição ao acaso não apresentaria energia eletrostática uma vez que, em média, as configurações atrativas seriam exatamente contrabalançadas pelas repulsivas. É evidente que esta não pode ser a situação física real, pois na vizinhança imediata de um íon positivo é mais provável encontrar um íon negativo que outro positivo. Realmente, não fora o fato de os íons estarem sendo continuamente batidos pelas colisões moleculares, uma solução iônica poderia adquirir uma estrutura bem ordenada semelhante a de um cristal iônico. Os movimentos térmicos efetivamente impedem qualquer arranjo ordenado completo, mas a situação final é um compromisso dinâmico entre as interações eletrostáticas, tendendo a produzir configurações ordenadas, e as colisões cinéticas, tendendo a destruí-las. Nosso problema é calcular o potencial elétrico médio Φ de um dado íon na solução devido a todos os outros íons. Conhecendo Φ, podemos calcular o trabalho que deve ser despendido para carregar reversivelmente os íons até este potencial, e este trabalho será a energia livre extra devida

[19]A transformação é feita com detalhes em H. Hameka, *Introduction to Quantum Theory* (New York: Harper & Row, Publishers, 1967), Apêndice A

às interações eletrostáticas. A energia livre extra está diretamente relacionada com o coeficiente de atividade iônico uma vez que ambos constituem uma medida dos desvios da idealidade.

Como a teoria de Debye-Hückel é uma *teoria eletrostática*, nada impede seu uso para o cálculo de coeficientes de atividade de íons únicos, não sendo, portanto, necessário fazer referência às dificuldades anteriormente mencionadas na definição termodinâmica dessas quantidades. A termodinâmica se ocupa com as relações entre quantidades mensuráveis. A eletrostática se baseia num modelo abstrato para fenômenos naturais (cargas puntiformes, campos eletrostáticos, etc.). Como em computações baseadas em qualquer modelo, será posteriormente necessário combinar as quantidades calculadas de tal modo a fornecer um valor previsto para qualquer *quantidade mensurável.*

10.22. Equação de Poisson-Boltzmann

Em média, um dado íon será circundado por uma distribuição esfericamente simétrica de outros íons, formando a *atmosfera iônica.* A Fig. 10.9 representa um íon central com uma seção de uma casca esférica na distância r. A distância de maior aproximação de qualquer outro íon ao central é designada por a. Desejamos calcular o potencial eletrostático médio $\Phi(r)$ devido ao íon central e de sua atmosfera circundante. O valor de $\Phi(r)$ é determinado pela densidade de carga elétrica média ρ, a qual pode variar do ponto para ponto no interior da solução. Esta densidade de cargas é igual ao número de cargas em qualquer região pequena da solução dividida pelo volume desta região; assim $\rho = Q/dV$.

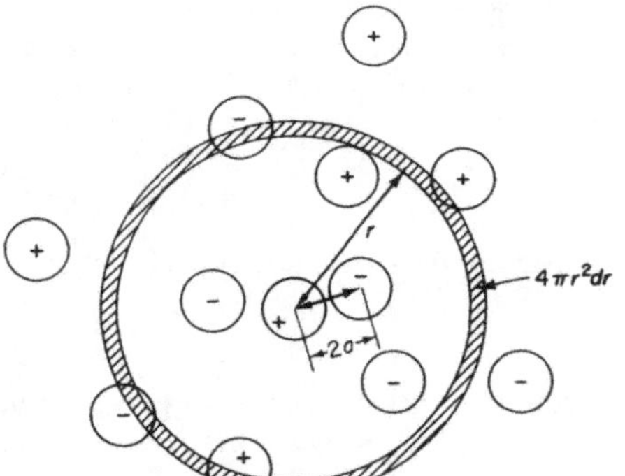

Figura 10.9 Um íon central positivo de raio a circundado por uma atmosfera iônica de íons positivos e negativos de raio a. O problema consiste em calcular, a partir da teoria eletrostática, o potencial elétrico no íon central devido à atmosfera iônica circundante

O potencial Φ está relacionado à densidade de cargas ρ pela equação diferencial de Poisson. No caso de uma distribuição esfericamente simétrica de cargas ao redor do íon central, o potencial Φ é função de r apenas. Portanto, neste caso, a equação de Poisson (10.43) se torna

$$\frac{1}{r^2}\frac{d}{dr}\left(r^2\frac{d\Phi}{dr}\right) = \frac{-\rho}{\epsilon_0\epsilon} \tag{10.47}$$

O uso da constante dielétrica ordinária (macroscópica) ε é uma falha básica do modelo de Debye-Hückel uma vez que moléculas dipolares do solvente, presentes na vizinhança imediata de um íon, não são capazes de se orientar livremente num campo elétrico externo e, conseqüentemente, a constante dielétrica efetiva (microscópica) pode ser muito menor que a do interior do solvente[20].

[20]E. Hückel, *Physik. Z.* **26**, 93 (1925)

Para obter soluções para $\Phi(r)$ da Eq. (10.47), é necessário calcular a densidade de carga ρ em função de Φ e substituí-la na equação. Debye e Hückel usaram o teorema de Boltzmann (Sec. 5.9) para calcular ρ. A Eq. (5.29) mostra que, se C_i for o número médio de íons de espécie i na unidade de volume da solução, o número de íons C_i', que no volume unitário apresenta uma energia E superior à média, será dado por

$$C_i' = C_i\, e^{-E/kT} \tag{10.48}$$

O trabalho necessário para trazer um íon de carga Q_i para uma região de potencial Φ é $Q_i\Phi$. Como através de toda a solução de íons positivos e negativos este trabalho é, em média, nulo, podemos fazer a energia extra acima da média E igual a $Q_i\Phi$ na Eq. (10.43). Então, resulta

$$C_i' = C_i\, e^{-Q_i\Phi/kT} \tag{10.49}$$

A densidade de carga ρ na região do potencial Φ é simplesmente o somatório do número de íons por unidade de volume dada pela Eq. (10.49) para todas as diferentes espécies de íons na solução, cada um multiplicado pela propria carga Q_i. Assim,

$$\rho = \sum C_i' Q_i = \sum C_i Q_i\, e^{-Q_i\Phi/kT} \tag{10.50}$$

Combinando as Eqs. (10.47) e (10.50) obtemos então

$$\frac{1}{r^2}\frac{d}{dr}r^2\left(\frac{d\Phi}{dr}\right) = -\frac{1}{\epsilon_0\epsilon}\sum C_i Q_i\, e^{-Q_i\Phi/kT} \tag{10.51}$$

O tratamento de Debye-Hückel considera agora uma solução tão diluída que raramente os íons estão muito próximos uns dos outros. Neste caso, a energia potencial interiônica é geralmente pequena e, de fato, muito menor que a energia térmica média, de modo que $Q_i\Phi \ll kT$. Então, o fator exponencial da Eq. (10.50) pode ser expandido em série como se segue:

$$e^{-Q_i\Phi/kT} = 1 - \frac{Q_i\Phi}{kT} + \frac{1}{2!}\left(\frac{Q_i\Phi}{kT}\right)^2 - \cdots$$

Considerando os termos superiores ao segundo desprezíveis, a Eq. (10.50) se torna

$$\rho = \sum C_i Q_i - \frac{\Phi}{kT}\sum C_i Q_i^2$$

O primeiro termo desta expressão se anula em virtude da exigência da neutralidade elétrica e, com $Q_i = z_i e$, vem

$$\rho = -\frac{e^2\Phi}{kT}\sum C_i z_i^2 \tag{10.52}$$

Convém notar que $\Sigma C_i z_i^2$ está intimamente relacionado com a *força iônica* que foi definida como $I = \frac{1}{2}\Sigma m_i z_i^2$.

Esta linearização da distribuição de Boltzmann é o segundo problema sério no modelo de Debye-Hückel, uma vez que a hipótese de a energia eletrostática $z_1 e\Phi$ ser muito menor que a energia térmica kT só se torna válida numa distância do íon central igual a cerca do diâmetro de uma molécula H_2O. Nas vizinhanças do íon central nas concentrações mais elevadas ($> 10^{-2}$ a 10^{-3} mol · dm^{-3}), podemos esperar $z_1 e\Phi \geq kT$. Nestes casos, a função de distribuição linear

$$\frac{C_i'}{C_i} = 1 - \frac{z_i e\Phi}{kT}$$

forneceria valores absurdos para o número de íons presentes na atmosfera iônica.

A deficiência do modelo de Debye-Hückel em concentrações diferentes das baixas é ainda mais profunda que as falhas até aqui mencionadas. Rejeitar a aproximação linear e usar em seu lugar a equação de Boltzmann exata (10.49) é saltar da frigideira para o fogo. A aplicação da equação de Boltzmann admitiu que podemos fazer a energia potencial, que aparece na Eq. (10.48), igual à energia eletrostática $z_i e\Phi$, onde Φ é dado pela equação de Poisson[(21)]. Esta equação, todavia, se baseia na idéia de uma distribuição de densidade de carga ρ contínua ou média em relação ao tempo. Se realmente computarmos, a partir do fator de Boltzmann, as contribuições a Φ devidas a íons em diferentes cascas esféricas ao redor do íon central, constataremos num caso típico de um eletrólito 1-1 forte na concentração de 10^{-2} mol · dm^{-3} que 0,8 íon na primeira camada apresentará uma contribuição de 50% ao potencial eletrostático total da atmosfera iônica. Em outras palavras, *um* íon contrário se encontrará presente na atmosfera em 80% do tempo. Tal distribuição de uns poucos íons localizados forneceria grandes flutuações na densidade de carga média em relação ao tempo ρ. Desta forma, falta consistência matemática ao modelo de Debye-Hückel pelo menos até que as concentrações caiam abaixo de cerca de 3×10^{-3} mol · dm^{-3} para eletrólitos 1-1.

À medida que continuamos a dedução das equações de Debye-Hückel devemos ter sempre em mente os fatos de que não apenas o procedimento da linearização é inaceitável, a não ser para íon grandes e baixas concentrações ($< 10^{-2}$ a 10^{-3} mol · dm^{-3}), como também o abandono da linearização não conduz a qualquer aperfeiçoamento da teoria.

Substituindo a Eq. (10.51) em (10.47), obtemos a *equação de Poisson-Boltzmann* linearizada

$$\frac{1}{r^2}\cdot\frac{d}{dr}\left(r^2\frac{d\Phi}{dr}\right) = \frac{e^2\Phi}{\epsilon_0\epsilon kT}\sum C_i z_i^2$$

$$\frac{d}{dr}\left(r^2\frac{d\Phi}{dr}\right) = b^2 r^2\Phi \qquad (10.53)$$

onde

$$b^2 = \frac{e^2}{\epsilon_0\epsilon kT}\sum C_i z_i^2 \qquad (10.54)$$

A quantidade b^{-1} apresenta as dimensões de um comprimento e é chamada *comprimento de Debye*. É uma medida aproximada de *espessura da atmosfera iônica*, isto é, a distância dentro da qual o campo eletrostático se estende com intensidade apreciável. Valores de b^{-1} em várias concentrações para diferentes tipos de eletrólitos são apresentados na Tab. 10.7.

A Eq. (10.53) pode ser facilmente resolvida fazendo a substituição $u = r\Phi$, dando $d^2u/dr^2 = b^2u$, de modo que:

$$u = Ae^{-br} + Be^{br} \qquad (10.55)$$

$$\Phi = \frac{A}{r}e^{-br} + \frac{B}{r}e^{br},$$

onde A e B são constantes de integração a serem determinadas a partir das condições de contorno. Em primeiro lugar, Φ deve se anular quando r tende para o infinito, de modo que

$$0 = \frac{Ae^{-\infty}}{\infty} + \frac{Be^{\infty}}{\infty}.$$

Isto só pode ser verdadeiro se $B = 0$, uma vez que o limite de e^r/r, quando r tende para infinito não é nulo. Então permanece

$$\Phi = \frac{A}{r}e^{-br} \qquad (10.56)$$

[(21)]Esta hipótese foi discutida por muitos autores, incluindo J. G. Kirkwood, *J. Chem. Phys.* **2**, 767 (1934); J. C. Poirier em *Chemical Physics of Ionic Solutions*, editado por B. G. Conway e R. G. Barradas (New York: John Wiley & Sons, Inc., 1934), p. 767

Tabela 10.7 Comprimento de Debye (nm) (raio efetivo da atmosfera iônica) em soluções aquosas a 298 K

Concentração $mol \cdot dm^{-3}$ \ Tipo do sal	1:1	1:2	2:2	1:3
10^{-1}	0,96	0,55	0,48	0,39
10^{-2}	3,04	1,76	1,52	1,24
10^{-3}	9,6	5,55	4,81	3,93
10^{-4}	30,4	17,6	15,2	12,4

Este potencial consiste em potencial coulombiano comum A/r multiplicado por um fator de blindagem, e^{-br}. O *potencial coulombiano de blindagem* tem sido utilizado numa grande variedade de outras aplicações interessantes como no trabalho de Niels Bohr sobre colisões nucleares no estado sólido[22] e na teoria da condutividade de ligas de Mott e Friedel[23].

O valor de A pode ser determinado substituindo a Eq. (10.56) na (10.47)

$$\rho = \frac{-Ab^2\epsilon_0\epsilon}{r}e^{-br}$$

que fornece a densidade de carga da atmosfera iônica em função de r. Como a carga total da atmosfera iônica deve ser igual e de sinal contrário à do íon central, resulta

$$\int_a^\infty 4\pi r^2 \rho(r)\, dr = -z_i e$$

$$Ab^2\epsilon_0\epsilon \int_a^\infty 4\pi r\, e^{-br}\, dr = z_i e$$

que fornece

$$A = \frac{z_i e}{4\pi\epsilon_0\epsilon}\frac{e^{ba}}{1 + ba}\,. \tag{10.57}$$

O resultado final para o potencial Φ, de acordo com esta equação, é então

$$\Phi = \frac{z_i e}{4\pi\epsilon_0\epsilon}\frac{e^{ba}}{1 + ba}\frac{e^{-br}}{r} \tag{10.58}$$

O potencial na Eq. (10.58) se compõe de duas partes, a saber: a contribuição do próprio íon central, que é $z_i e/4\pi\varepsilon_0\varepsilon r$, e a devida à atmosfera iônica. A contribuição da atmosfera iônica é:

$$\Phi' = \frac{z_i e}{4\pi\epsilon_0\epsilon r}\left(\frac{e^{ba}}{1 + ba}e^{-br} - 1\right) \tag{10.59}$$

Como os íons da atmosfera iônica não podem se aproximar do íon central mais que $r = a$, o potencial que existe no sítio do íon central devido à atmosfera iônica é obtido da Eq. (10.59) fazendo $r = a$. Assim,

$$\Phi'_{r=a} = \frac{-z_i e}{4\pi\epsilon_0\epsilon}\left(\frac{b}{1 + ba}\right) \tag{10.60}$$

[22] N. Bohr, *The Penetration of Atomic Particles through Matter* (Copenhague; Munksgaard, 1953)

[23] J. Friedel, *Advan. Phys.* **3**, 446 (1954)

Em soluções extremamente diluídas, como mostra a Tab. 10.7, $b \approx 10^6\ \text{cm}^{-1}$ de modo que com $a \approx 10^{-8}$ cm, $ba \ll 1$ e a Eq. (10.60) se torna

$$\Phi'_{r=a} = \frac{-z_i e b}{4\pi\epsilon_0\epsilon} \qquad (10.61)$$

O potencial extra devido à atmosfera iônica está relacionado com a entalpia livre extra da solução iônica, a partir da qual se pode calcular o valor do coeficiente de atividade.

10.23. Lei-limite de Debye-Hückel

Imaginemos que um dado íon seja introduzido na solução num estado sem carga (este processo requer uma energia elétrica desprezível). A seguir, aumentemos gradualmente a carga Q até seu valor final ze. No caso de diluição extrema, o potencial Φ é constante e é dado pela Eq. (10.61)[24], de modo que a energia elétrica exigida *por íon* é:

$$\Delta G = \int_0^{ze} \Phi\, dQ = \int_0^{ze} \frac{-bQ}{4\pi\epsilon_0\epsilon}\, dQ = -\frac{bz^2e^2}{8\pi\epsilon_0\epsilon} \qquad (10.62)$$

Com a hipótese de que os desvios da solução iônica diluída da idealidade são causados inteiramente pelas interações elétricas, pode-se agora mostrar que esta entalpia livre elétrica extra por íon é simplesmente dada por $kT \ln \gamma_i$, onde γ_i é o coeficiente de atividade iônica convencional. O potencial químico de uma espécie iônica i pode ser escrita segundo

$$\mu_i = RT \ln a_i + \mu_i^{\ominus}$$

$$\mu_i = \mu_i\,(\text{ideal}) + \mu_i\,(\text{elétrica})$$

Como

$$\mu_i\,(\text{ideal}) = RT \ln m_i + \mu_i^{\ominus}$$

e

$$a_i = \gamma_i m_i$$

$$\mu_i\,(\text{elétrica}) = RT \ln \gamma_i$$

Esta é a entalpia livre elétrica extra por mol. A entalpia livre extra por íon é portanto igual a $kT \ln \gamma_i$, mas esta expressão é igual à expressão dada por (10.62). Conseqüentemente

$$\ln \gamma_i = -\frac{z_i^2 e_i^2 b}{8\pi\epsilon_0\epsilon kT} \qquad (10.63)$$

Substituindo o valor de b dado pela Eq. (10.54)

$$b = \left(\frac{e^2}{\epsilon_0\epsilon kT} \sum C_i z_i^2\right)^{1/2}$$

[24]Se tomarmos Φ dado pela Eq. (10.60), a entalpia livre elétrica extra seria

$$\Delta G = -\frac{z^2e^2}{8\pi\epsilon_0\epsilon}\frac{b}{1 + ba} \qquad (10.61a)$$

e a expressão final obtida para o coeficiente da atividade na Eq. (10.66) seria

$$\ln \gamma_\pm = -|z_+z_-| \left(\frac{e^2}{8\pi\epsilon_0\epsilon kT}\right)\left(\frac{b}{1 + ba}\right) \qquad (10.66a)$$

e, como C_i e c_i estão relacionados por $C_i = c_i L$, vem

$$b = \left(\frac{L^2 e^2}{\epsilon_0 \epsilon RT} \sum c_i z_i^2\right)^{1/2}$$

Nas soluções diluídas que estão sendo consideradas, $c_i = m_i \rho_0$, onde ρ_0 é a densidade do solvente, de modo que a força iônica (10.32) pode ser introduzida, fornecendo

$$b = \left(\frac{2L^2 e^2 \rho_0}{\epsilon_0 \epsilon RT}\right)^{1/2} I^{1/2} = BI^{1/2} \tag{10.64}$$

Como os coeficientes de atividade iônica individuais não podem ser medidos, calcula-se o coeficiente de atividade médio para obter uma expressão que possa ser comparada com os dados experimentais. Da Eq. (10.24),

$$(\nu_+ + \nu_-) \ln \gamma_\pm = \nu_+ \ln \gamma_+ + \nu_- \ln \gamma_-$$

Portanto, da Eq. (10.63)

$$\ln \gamma_\pm = -\left(\frac{\nu_+ z_+^2 + \nu_- z_-^2}{\nu_+ + \nu_-}\right) \frac{e^2 b}{8\pi\epsilon_0 \epsilon kT}$$

Como $|\nu_+ z_+| = |\nu_- z_-|$,

$$\ln \gamma_\pm = -|z_+ z_-| \left(\frac{e^2 b}{8\pi\epsilon_0 \epsilon kT}\right) \tag{10.65}$$

O fator de valência pode ser calculado, como se segue, para diferentes tipos de eletrólitos:

Tipo	Exemplo	Cargas iônicas	Fator de valência $\lvert z_+ z_- \rvert$
uni-univalente	NaCl	$z_+ = 1,\ z_- = -1$	1
uni-bivalente	$MgCl_2$	$z_+ = 2,\ z_- = -1$	2
uni-trivalente	$LaCl_3$	$z_+ = 3,\ z_- = -1$	3
bi-bivalente	$MgSO_4$	$z_+ = 2,\ z_- = -2$	4
bi-trivalente	$Fe_2(SO_4)_3$	$z_+ = 3,\ z_- = -2$	6

Transformemos agora a Eq. (10.65) para logaritmos de base decimal e introduzamos os valores das constantes universais. Se e for tomado igual a $1{,}602 \times 10^{-19}$ C, R deve ser $8{,}314\ \text{J} \cdot \text{K}^{-1} \cdot \text{mol}^{-1}$. Resulta então a *lei-limite* de Debye-Hückel para o coeficiente de atividade

$$\log \gamma_\pm = -1{,}825 \times 10^6 |z_+ z_-| \left(\frac{I\rho_0}{\epsilon^3 T^3}\right)^{1/2} = -A|z_+ z_-| I^{1/2} \tag{10.66}$$

Para a água a 298 K, $\varepsilon = 78{,}54$, $\rho_0 = 0{,}997\ \text{kg} \cdot \text{dm}^{-3}$ e a equação se torna

$$\log \gamma_\pm = -0{,}509 |z_+ z_-| I^{1/2} \tag{10.67}$$

Na dedução da lei-limite admitimos conseqüentemente que a análise se aplica apenas a soluções diluídas. Não se deve esperar, pois, que a equação continue válida para soluções concentradas. Todavia, à medida que as soluções se tornam mais e mais diluídas, a equação deve representar os dados experimentais cada vez mais exatamente. Esta esperança foi satisfeita por numerosas medidas, de modo que a teoria de Debye-Hückel pode ser considerada bem confirmada para soluções diluídas. Por exemplo, na Fig. 10.10, alguns coeficientes de atividade experimentais foram colocados em gráfico em função das raízes quadradas das forças iônicas. Esses dados foram obtidos a partir das solubi-

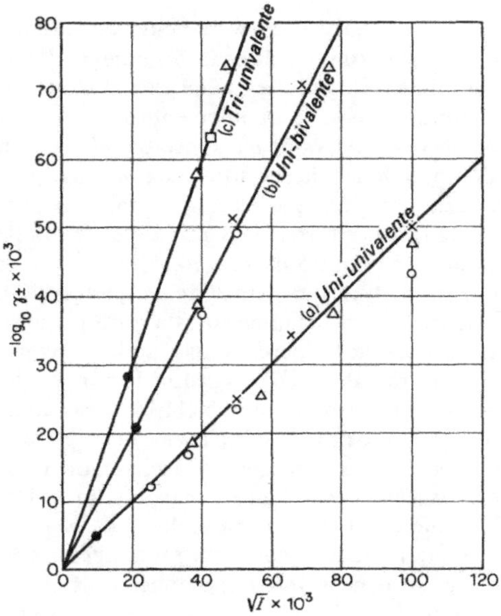

Figura 10.10 Coeficientes de atividade de sais pouco solúveis em soluções salinas [segundo Brønsted e LaMer, *J. Am. Chem. Soc.* **46**, 555 (1924)]

lidades[25] de sais complexos poucos solúveis na presença de sais adicionados, como NaCl, $BaCl_2$ e KNO_3. As retas indicam as curvas teóricas previstas pela lei-limite e se torna evidente na figura que os coeficientes angulares limites são obedecidos em forças iônicas baixas.

Outra verificação experimental feita com sucesso foi a medida de coeficientes de atividade do mesmo eletrólito em solventes de constantes dielétricas diferentes[26].

A teoria de Debye-Hückel é interessante em muitos aspectos; todavia, é de pouco uso quantitativo para calcular propriedades das soluções eletrolíticas, a não ser no caso de diluição extrema. A teoria foi grandemente aperfeiçoada e tornada mais clara por meio da teoria da associação iônica (Sec. 10.25), a qual remove inconsistências e algumas das imprecisões. A teoria geral mecânico-estatística de soluções iônicas concentradas, como a teoria geral do estado líquido, constitui ainda um dos maiores desafios para gerações futuras de químicos teóricos.

10.24. Teoria da condutividade

A teoria de atração interiônica foi também aplicada por Debye e Hückel à condutividade elétrica das soluções. Uma teoria mais aperfeiçoada foi apresentada por Lars Onsager, em 1928, para cargas puntiformes e estendida por Fuoss e Onsager em 1955 a esferas carregadas. O cálculo da condutividade é um problema difícil, razão pela qual nos contentaremos apenas com uma discussão qualitativa[27].

Sob a influência de um campo elétrico, um íon não se move em linha reta através da solução mas numa série de etapas em ziguezagues, semelhantes às do movimento

[25] O método se encontra descrito em S. Glasstone, *An Introduction to Electrochemistry* (Princeton, N.J.: D. Van Nostrand Co, Inc., 1942), p. 175

[26] H. S. Harned *et al.*, *J. Am. Chem. Soc.* **61**, 49 (1939)

[27] Um tratamento definitivo sobre o assunto se encontra na obra *Electrolytic Conductance* por R. M. Fuoss e F. Accascina (New York: Interscience Publishers, 1959)

browniano. O efeito permanente da diferença de potencial assegura um deslocamento médio dos íons na direção do campo. Opondo-se à força elétrica sobre o íon, aparece em primeiro lugar a resistência de atrito do solvente. Embora o solvente não seja um meio contínuo, usa-se freqüentemente a Lei de Stokes para estimar este efeito, a qual é dada por $F = 6\pi\eta a v$, onde η é a viscosidade do meio, a é o raio iônico e v é a velocidade iônica. Como as moléculas do solvente e os íons apresentam aproximadamente o mesmo tamanho, é mais provável que os íons se movam por saltos de um a outro "buraco" no líquido.

Além deste *efeito viscoso*, dois efeitos elétricos importantes devem ser considerados. Como é mostrado na Fig. 10.11(a), um íon em qualquer posição estática está circundado por uma atmosfera iônica de carga oposta. Quando o íon salta para uma nova posição, tenderá a arrastar consigo esta aura de carga oposta. A atmosfera iônica, todavia, apresenta uma certa inércia e não pode se reajustar instantaneamente à nova posição de seu íon central. Por isso, ao redor do íon em movimento, a atmosfera se torna assimétrica, como é mostrado na Fig. 10.11(b). Atrás do íon existe, então, um acúmulo de carga oposta, que exerce uma resistência eletrostática, diminuindo a velocidade iônica na direção do campo. Este retardamento é chamado de *efeito de assimetria*. Será obviamente maior em concentrações iônicas mais elevadas. Uma segunda ação elétrica que diminui a mobilidade dos íons é o chamado *efeito eletroforético*. Os próprios íons que compõem a atmosfera ao redor do íon central também estão se deslocando, em média, no sentido oposto sob a influência do campo aplicado. Como estão solvatados, tendem a transportar consigo as moléculas do solvente a eles associados, de modo que existe um escoamento resultante do solvente no sentido oposto ao movimento de qualquer íon central (solvatado) dado, o qual é assim obrigado a "nadar contra a corrente".

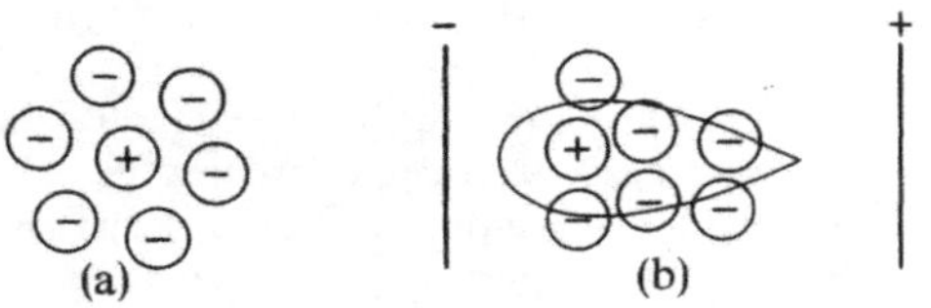

Figura 10.11 (*a*) Atmosfera iônica de um íon em repouso; (*b*) nuvem assimétrica ao redor de um íon em movimento

O movimento em estado estacionário de um íon pode ser obtido equacionando-se a força elétrica motriz à soma dos retardamentos por atrito, assimetria e eletroforese. Onsager calculou cada um desses termos obtendo então a equação teórica da condutância molar para o caso-limite de soluções diluídas:

$$\Lambda = \Lambda_0 - [A\Lambda_0 + B]c^{1/2} = \Lambda_0 - Sc^{1/2} \tag{10.68}$$

A equação contém um parâmetro empírico $\Lambda_0(T)$, e A e B envolvem a viscosidade η e a constante dielétrica ε do solvente, o tipo da carga do eletrólito, a temperatura e constantes universais. Para um eletrólito 1:1, a Eq. (10.68) se torna

$$\Lambda = \Lambda_0 - \left(\frac{8{,}204 \times 10^5}{(\epsilon T)^{3/2}}\Lambda_0 + \frac{82{,}50}{(\epsilon T)^{1/2}\eta}\right)c^{1/2} \tag{10.69}$$

Nestas equações, c é a concentração do soluto *ionizado* em moles por decímetro cúbico. Se a dissociação não for completa, c deve ser calculado a partir do grau de ionização α. Estritamente falando, a teoria de Onsager permite prever somente o coeficiente angular S da curva de condutância no limite quando $c \to 0$. Isto é satisfeito muito bem para solutos de vários tipos de sais em solventes de constantes dielétricas e temperaturas diversas. Todavia, como uma equação para o cálculo de condutâncias, ela não é de grande utilidade para concentrações acima de 10^{-3} mol · dm^{-3} para eletrólitos 1:1 ou mesmo para concentrações menores no caso de tipos de eletrólitos de carga mais elevada.

10.25. Associação iônica

Uma dificuldade real que surge nessas teorias eletroquímicas é obter uma resposta difinitiva à pergunta: "O que é o grau de dissociação de um eletrólito em solução?"

Não existe tal dificuldade para um gás como $N_2O_4 \rightleftharpoons 2NO_2$. Quando uma molécula de N_2O_4 se dissocia em duas moléculas de NO_2, o NO_2 em média existirá durante um tempo considerável (da ordem de segundos) antes de se recombinar com outro NO_2. Durante este tempo, o NO_2 caminha livremente 1 km ou mais através do gás num percurso em ziguezague devido às colisões moleculares. Na maior parte do tempo, ou está definitivamente dissociado ou definitivamente associado. Todas as medidas feitas com o gás (densidade, espectros de absorção, capacidade calorífica etc.) fornecem o mesmo valor para o grau de dissociação.

No caso de uma molécula, como HNO_3 em água, a situação é diferente em dois aspectos. A dissociação da molécula para fornecer H^+ (hidratado) e NO_3^- exige a separação de íons de cargas opostas. A atração eletrostática entre esses dois íons diminui de um modo relativamente lento à medida que se separam, de modo que uma certa espécie de associação ainda existirá mesmo quando estão separados de vários diâmetros moleculares. Além disso, as velocidades de dissociação e recombinação de moléculas ou complexos de íons em solução são extremamente elevadas. Assim, a vida média de um complexo ou de um íon dissociado pode ser apenas da ordem de 10^{-10} s em lugar de 1 s, como ocorre num gás. Neste tempo curto, poucos íons podem realmente se tornar livres e a etapa mais provável depois de sua separação é uma reassociação quase imediata. Portanto, um método que forneça um dado valor para o grau de dissociação de HNO_3 em soluções está sujeito a dar um resultado completamente diferente do obtido de um segundo método de medida. Por exemplo, em soluções concentradas, os espectros Raman revelam bandas para ambos HNO_3 e NO_3^-. Poderíamos calcular o grau de dissociação a partir das intensidades dessas bandas[28], mas encontraríamos um valor diferente a partir de medidas de pressão osmótica ou de condutância. Por meio de estudos de raios X de soluções iônicas concentradas podemos às vezes obter informação direta acerca da associação iônica[29]. A Fig. 10.12 mostra alguns resultados obtidos com uma solução concentrada de cloreto de érbio. Existe um arranjo octaédrico de moléculas de H_2O mantido firmemente em torno do íon Er^{3+} assim como pares definidos de íons Er^{3+}—$(Cl)_2$.

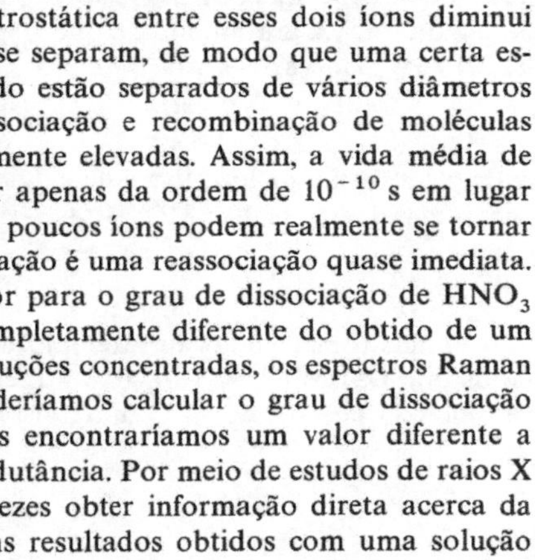

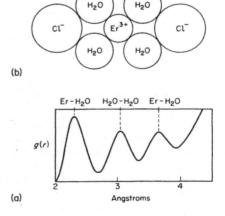

Figura 10.12 (*a*) Curvas de distribuição radial de raios X (Sec. 19.2). Resultados da difração de raios X de soluções concentradas de $ErCl_3$. (*b*) Modelo planar de uma solução ao redor do íon Er^{3+}. Existem também moléculas de H_2O acima e abaixo do Er^{3+} dando um complexo octaédrico

[28]A constante de dissociação de HNO_3 a 298 K, $K_a = [a(H^+)a(NO_3^-)]/a(HNO_3)$, é calculada como sendo igual a $K_a = 21{,}4$ a partir de dados espectrais. Ver O. Redlich, *Chem. Rev.* **39**, 333 (1946)

[29]G. W. Brady, *J. Chem. Phys.* **33**, 1 079 (1960)

A *teoria de associação iônica* para soluções mais concentradas foi desenvolvida independentemente por N. Bjerrum e por R. M. Fuoss e C. Kraus. Esses autores consideram que *pares iônicos* definidos, embora transitórios, são reunidos por atração eletrostática. A formação de pares será tanto maior quanto menor for a constante dielétrica do solvente e menor for o raio, pois ambos esses fatores tendem a aumentar as atrações eletrostáticas.

O grau de associação pode se tornar apreciável mesmo num solvente de elevada constante dielétrica ε, como a água. Bjerrum calculou que numa solução aquosa um molar, íons uni-univalentes com diâmetros de 0,282 nm estão 13,8 % associados e aqueles com diâmetro de 0,176 nm se encontram 28,6 % associados. Esta associação na forma de pares iônicos baixaria drasticamente o valor dos coeficientes de atividade iônica.

A falta de obediência à equação de condutância de Onsager por soluções diluídas de sais MA de íons multivalentes é uma evidência de uma apreciável associação iônica e, neste caso, constantes de associação quantitativas podem ser obtidas a partir de dados de condutâncias. Admitindo-se que o par iônico não contribui para a condutância, a Eq. (10.68) pode ser escrita segundo

$$\Lambda = \alpha[\Lambda_0 - S(\alpha|z|c)^{1/2}], \tag{10.70}$$

onde α é a fração de íons livres de carga z na concentração c. A constante de dissociação para um sal 2:2, $MA \rightleftharpoons M^{2+} + A^{2-}$ é

$$K = \frac{\gamma_\pm^2 \alpha^2 c}{(1 - \alpha)} \tag{10.71}$$

Vamos tomar como um exemplo uma análise de alguns dados de $MgSO_4$ apresentados por Davies[30]. A Tab. 10.8 fornece os valores de Λ medidos dentro de um intervalo de concentração c. O grau de dissociação obtido da Eq. (10.70) para o sal 2:2 é

$$\alpha = \frac{\Lambda}{133{,}06 - 343{,}1(\alpha c)^{1/2}}$$

Tabela 10.8 Associação iônica de $MgSO_4$ aquoso a 298,15 K de dados de condutância

$c \times 10^4$ ($mol \cdot dm^{-3}$)	Λ ($\Omega^{-1} \cdot cm^2 \cdot equiv^{-1}$)	α	pK'
1,6196	127,31	0,9891	2,141
3,2672	124,27	0,9791	2,125
5,3847	121,34	0,9689	2,090
8,5946	117,85	0,9563	2,046
12,011	114,92	0,9459	2,003
16,759	111,61	0,9339	1,956

A quarta coluna fornece a raiz quadrada da força iônica e a última, os valores de pK', sendo K' a constante de equilíbrio na Eq. (10.71) sem a correção dos coeficientes de atividade ($pK = -\log_{10} K$). Observa-se que a associação dos íons é apreciável mesmo nas soluções diluídas consideradas. Deixaremos como um exercício (Problema 18) a verificação dos dados K' em relação à lei-limite de Debye-Hückel para o coeficiente de atividade de $\gamma_\pm$.

A associação iônica é um fator básico que deve ser considerado em qualquer estudo de soluções iônicas aquosas. Em solventes de menor constante dielétrica, será mesmo

[30] C. W. Davies, *Ionic Associations* (Londres: Butterworth & Co., Ltd., 1962)

mais importante. Muitos fatores específicos, como o tamanho dos íons, a polarizabilidade e o efeito da estrutura da água, devem ser levadas em consideração na interpretação dos valores de pK para a associação iônica e não se deve, portanto, cometer o erro em acreditar que a força iônica pode servir de uma cobertura geral para estes efeitos iônicos específicos.

Em soluções mais concentradas, podemos obter curvas de condutância molar em função da concentração como a representada na Fig. 10.13. Os mínimos de tais curvas são explicados pela teoria da associação iônica[(31)]. Os pares iônicos (+ −) são eletricamente neutros e não contribuem para a condutância molar, a qual por isto diminui à medida que mais pares são formados. Quando a solução se torna ainda mais concentrada, íons

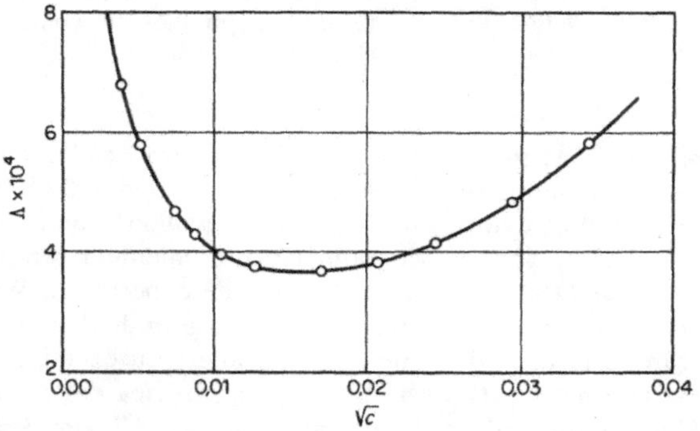

Figura 10.13 Condutância molar de nitrato de tetraisoamilamônio em dioxano-água [Fuoss e Kraus, *J. Am. Chem. Soc.* **55**, 2 387 (1933)]

triplos, (+ − +) ou (− + −), começam a ser formados de alguns dos pares de íons. Em virtude de apresentarem uma carga resultante, estes tripletes contribuem para a condutância molar, a qual por isto aumenta a partir de seu valor mínimo.

10.26. Efeitos de campos elevados

A Lei de Ohm pode ser escrita na forma

$$i = \kappa E \tag{10.72}$$

onde i é a densidade de corrente (em unidade SI: $A \cdot m^{-2}$). A validade desta lei implica que a condutividade κ seja uma constante independente da intensidade do campo elétrico E. As medidas, todavia, demonstram que a validade da Lei de Ohm para eletrólitos se restringe na realidade a valores de E relativamente baixos e, em 1927, Wien mostrou que desvios da Eq. (10.72) ocorrem com intensidades de campo situadas na região de $10^7\ V \cdot m^{-1}$. Alguns resultados são apresentados para $MgSO_4$ na Fig. 10.14(a).

Estes efeitos da intensidade do campo podem ser explicados facilmente na base do modelo da atmosfera iônica da Fig. 10.11. O movimento de um íon através da solução deve seguir um caminho em ziguezague, semelhante ao movimento browniano, ao qual se superpõe uma *velocidade direcional* na direção do campo aplicado. Após cada pequeno salto, a atmosfera iônica, que circunda o íon, é restabelecida dentro de um tempo de relaxação característico da ordem de $(10^{-10}/cz)$ s a 25 °C, onde c é dado em $mol \cdot dm^{-3}$. Se, porém, o campo elétrico se torna suficientemente elevado, a velocidade direcional

[(31)]R. Fuoss e C. Kraus, *J. Am. Chem. Soc.* **55**, 21 (1933)

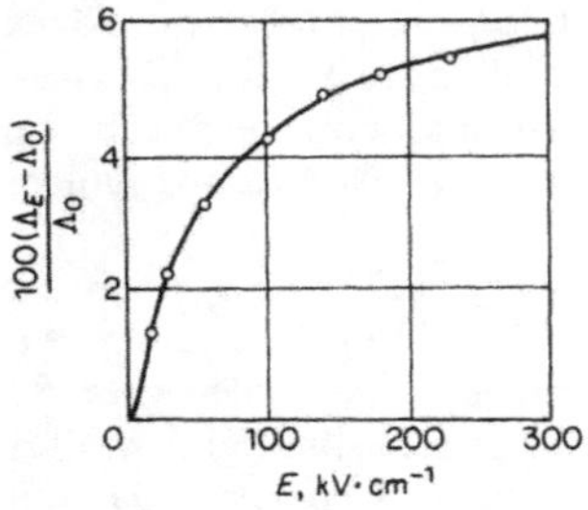

Figura 10.14(a) Primeiro efeito de Wien: efeito do campo elétrico sobre a condutância de soluções de $MgSO_4$

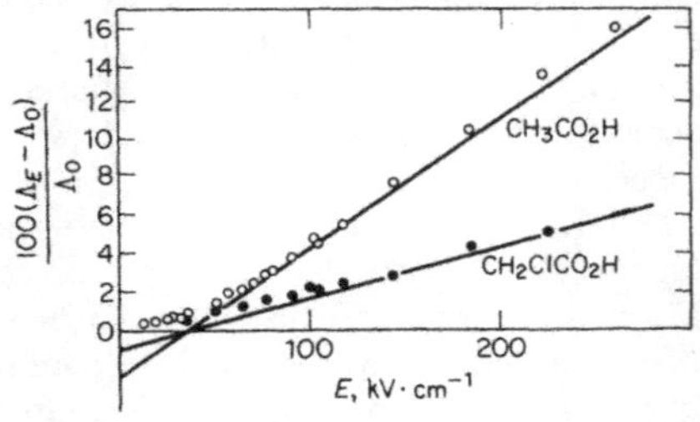

Figura 10.14(b) Segundo efeito de Wien: efeito do campo elétrico sobre a dissociação de eletrólitos fracos

na direção do campo se torna maior que as velocidades térmicas ao acaso e a atmosfera iônica é deixada para trás, não podendo reconstituir-se ao redor do íon em movimento. Então, os efeitos eletroforético e de relaxação sobre a mobilidade desaparecem e a condutividade observada se eleva acima de seu valor correspondente a campos baixos.

Um segundo efeito de campos elevados, também descoberto por Wien, é o chamado *efeito de dissociação no campo*. Consiste no aumento de grau de dissociação α de um eletrólito fraco num campo elétrico de grande intensidade. Um exemplo deste efeito para ácido acético é mostrado na Fig. 10.14(b). Uma análise teórica deste efeito realizada por Onsager[32], em 1934, foi ampliada e simplificada por Bass[33], em 1968. Admite-se que o processo de dissociação ocorre em dois estágios, a saber, a ruptura da ligação covalente para formar um par iônico de Bjerrum e a subseqüente separação do par iônico. Para o ácido acético:

$$CH_3COOH \rightleftharpoons CH_3COO^-H^+ \rightleftharpoons CH_3COO^- + H^+$$

O campo elevado age sobre o segundo estágio. Onsager encontrou que para um campo elevado atuando sobre um eletrólito fraco 1:1, a relação entre as constantes de dissociação com o campo e na ausência do mesmo é

$$\frac{K(E)}{K(0)} = \left(\frac{2}{\pi}\right)^{1/2} (8b)^{-3/4} \exp{(8b)^{1/2}}, \tag{10.73}$$

onde

$$b = \frac{e^3\,|E|}{8\pi\epsilon_0 \epsilon k^2 T^2}$$

Este é um resultado particularmente interessante porque prevê definitivamente um efeito de campo não-linear e, portanto, pode ser a base de importantes mecanismos fisiológicos, como o "disparo" de chuveiros de impulsos elétricos ao longo da fibras nervosas. Embora as diferenças de potencial através de membranas de nervos em repouso sejam apenas de cerca de 7×10^{-2} V apenas, a espessura das membranas será de apenas 7×10^{-7} cm, de modo que o campo elétrico efetivo pode atingir o valor de 10^5 V · cm^{-1} exigido para apreciáveis efeitos de dissociação de Wien sobre as constituintes da membrana. É certamente uma surpresa constatar que este fenomeno eletroquímico bastante esotérico foi a base para a condução nervosa[34].

(32)L. Onsager, *J. Chem. Phys.* **2**, 599 (1934)

(33)L. Bass, *Trans. Faraday Soc.* **64**, 2 153 (1968)

(34)L. Bass e W. J. Moore, em *Structural Chemistry and Molecular Biology*, editado por A. Rich e N. Davidson (San Francisco: W. H. Freeman, 1968)

10.27. Cinética das reações iônicas

As forças eletrostáticas entre os íons, que são tão importantes ao determinar propriedades de soluções iônicas como coeficientes de atividade e condutâncias, também apresentam importantes efeitos especiais sobre as constantes de velocidade de reações entre íons. Podemos esperar que as reações entre íons de mesmo sinal sejam mais lentas e as entre íons de sinais opostos sejam mais rápidas que as reações análogas nas quais um ou ambos os reagentes não apresentem cargas. A constante dielétrica ε do meio também é importante em reações iônicas uma vez que, quanto menor for ε, maior será a interação eletrostática.

Um modelo teórico simples, mostrado na Fig. 10.15, nos permite estimar as grandezas de alguns desses efeitos eletrostáticos. Quando a separação entre dois íons de cargas $z_A e$ e $z_B e$ é bastante grande, a interação eletrostática é nula, porém, dentro de uma distância r, a força entre esses íons é dada por

$$F = \frac{z_A z_B e^2}{4\pi\epsilon_0 \epsilon r^2}$$

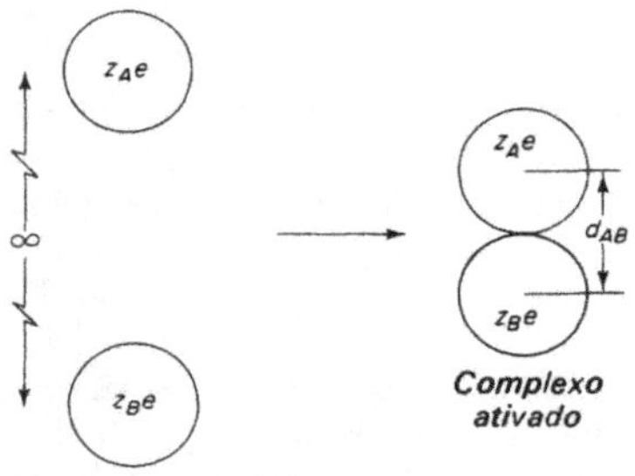

Figura 10.15 Um modelo simples para uma reação entre dois íons de cargas $z_A e$ e $z_B e$, num meio de constante dielétrica ε. Este modelo é conhecido como modelo de esferas duplas

Para diminuir esta separação de uma distância dr é necessário realizar o trabalho

$$dw = \frac{-z_A z_B e^2}{4\pi\epsilon_0 \epsilon r^2} dr$$

O trabalho eletrostático total necessário para trazer os íons da separação infinita até seu diâmetro de colisão d_{AB} é

$$w = -\int_{\infty}^{d_{AB}} \frac{z_A z_B e^2 \, dr}{4\pi\epsilon_0 \epsilon r^2} = \frac{z_A z_B e^2}{4\pi\epsilon_0 \epsilon \, d_{AB}} \tag{10.74}$$

Para calcular o efeito deste termo sobre a constante de velocidade usamos a expressão (9.67) da teoria do estado de transição

$$k_2 = \frac{kT}{h} e^{-\Delta G^{\ddagger}/RT}$$

A energia livre de ativação $\Delta G^{\ddagger}$ é a soma de uma parte não eletrostática e uma parte eletrostática dada pela Eq. (10.74)

$$\Delta G^{\ddagger} = \Delta G_0^{\ddagger} + \Delta G_E^{\ddagger} = \Delta G_0^{\ddagger} + \frac{z_A z_B e^2 L}{4\pi\epsilon_0 \epsilon \, d_{AB}}$$

Substituindo esta $\Delta G^{\ddagger}$ na Eq. (9.67) e tomando os logaritmos, obtemos

$$\ln k_2 = \ln k_0 - \frac{z_A z_B e^2}{4\pi\epsilon_0 \epsilon kT} \tag{10.75}$$

Esta equação prevê que $\ln k_2$ deve ser uma função linear de $1/\varepsilon$, quando as velocidades da mesma reação são medidas numa série de solventes de diferentes ε. Os dados experimentais estão em boa concordância com esta previsão a não ser nos casos em que ε é tão baixa que a associação iônica se torna um fator de complicação.

10.28. Efeitos salinos na cinética de reações iônicas

O trabalho pioneiro de efeitos salinos sobre reações iônicas foi realizado por J. N. Brønsted antes da existência da teoria de Debye-Hückel. Este trabalho foi uma das primeiras aplicações da idéia do complexo ativado à interpretação quantitativa das velocidades de reação[35]. Vamos formular o problema em termos da teoria do estado de transição.

Consideremos a reação entre os íons A^{z_A} e B^{z_B}, z_A e z_B sendo as cargas iônicas, a qual procede através do complexo ativado $(AB)^{z_A+z_B}$.

$$A^{z_A} + B^{z_B} \rightarrow (AB)^{z_A+z_B} \rightarrow \text{produtos}$$

$$\textit{Exemplo:}\quad Fe^{3+} + I^- \rightarrow (Fe\text{—}I)^{2+} \rightarrow Fe^{2+} + \tfrac{1}{2}I_2$$

Admite-se o complexo estar em equilíbrio com os reagentes, mas, como estamos lidando com íons, é necessário exprimir a constante de equilíbrio em termos de atividades e não de concentrações:

$$K^\ddagger = \frac{a^\ddagger}{a_A a_B} = \frac{c^\ddagger}{c_A c_B}\cdot\frac{\gamma^\ddagger}{\gamma_A\gamma_B}$$

Os a e γ são as atividades e os coeficientes de atividade. A concentração dos complexos ativados é $c^\ddagger = c_A c_B K^\ddagger(\gamma_A\gamma_B)/\gamma^\ddagger$. De (9.61), a velocidade da reação é $-(dc_A/dt) = k_2 c_A c_B = (kT/h)c^\ddagger$. A constante de velocidade é então

$$k_2 = \frac{kT}{h}K^\ddagger\frac{\gamma_A\gamma_B}{\gamma^\ddagger} = \frac{kT}{h}\cdot\frac{\gamma_A\gamma_B}{\gamma_\ddagger}e^{\Delta S\ddagger/R}e^{-\Delta H\ddagger/RT} \qquad (10.76)$$

Em soluções diluídas, os termos de coeficiente de atividade podem ser estimados a partir da teoria de Debye-Hückel. Da Eq. (10.67), a 298 K e em solução aquosa, $\log_{10}\gamma_i = -0{,}509 z_i^2 I^{1/2}$. Tomando o logaritmo decimal da Eq. (10.76) e usando a expressão de Debye-Hückel obtemos

$$\log_{10}k_2 = \log_{10}\frac{kT}{h}K^\ddagger + \log_{10}\frac{\gamma_A\gamma_B}{\gamma^\ddagger}$$

$$= B + [-0{,}509z_A^2 - 0{,}509z_B^2 + 0{,}509(z_A + z_B)^2]I^{1/2}$$

$$\log_{10}k_2 = B + 1{,}018 z_A z_B I^{1/2} \qquad (10.77)$$

onde a constante $\log_{10}(kT/h)K^\ddagger$ foi escrita igual a B.

A equação de Brønsted (10.77) prevê que o gráfico do $\log_{10} k_2$ em função da raiz quadrada da força iônica deve ser uma reta. Para uma solução aquosa a 298 K, o coeficiente angular é praticamente igual a $z_A z_B$, o produto das cargas iônicas. Três casos especiais podem ocorrer, a saber:

1. Se z_A e z_B apresentarem o mesmo sinal, $z_A z_B$ é positivo e a constante de velocidade aumenta com a força iônica.
2. Se z_A e z_B apresentarem sinais diferentes, $z_A z_B$ é negativo e a constante de velocidade diminui com a força iônica.
3. Se um dos reagentes não apresentar cargas, $z_A z_B$ é nulo e a constante de velocidade é independente da força iônica.

Estas conclusões teóricas foram verificadas num certo número de estudos experimentais. Alguns exemplos são ilustrados na Fig. 10.16. A variação de k_2 com I é chamada *efeito cinético salino primário*. A força iônica I é calculada a partir de $\Sigma\frac{1}{2}m_i z_i^2$, e o somatório se estende a todas as espécies iônicas presentes na solução e não meramente aos íons reagentes.

[35] *Z. Physik. Chem.* **102**, 169 (1922). O trabalho prévio foi revisto por V. K. LaMer, *Chem. Rev.* **10**, 185 (1932)

Figura 10.16 Variações das velocidades de reações iônicas com a força iônica. Os círculos representam valores experimentais; as retas são as teóricas de acordo com a Eq. (10.77)

(1) $2[Co(NH_3)_3Br]^{2+} + Hg^{2+} + 2H_2O \longrightarrow 2[Co(NH_3)_5H_2O]^{3+} + HgBr_2$

(2) $S_2O_8^{=} + 2I^- \rightarrow I_2 + 2SO_4^{=}$

(3) $[NO_2NCOOC_2H_5]^- + OH^- \longrightarrow N_2O + CO_3^{=} + C_2H_5OH$

(4) *Inversão da sacarose*

(5) $H_2O_2 + 2H^+ + 2Br^- \longrightarrow 2H_2O + Br_2$

(6) $[Co(NH_3)_5OH]^{2+} + OH^- \longrightarrow [Co(NH_3)_5OH]^{2+} + Br^-$

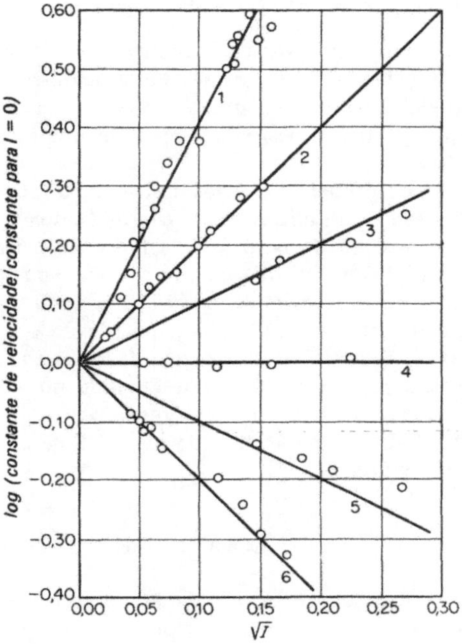

A maioria dos primeiros trabalhos sobre reações iônicas é relativamente inútil, porque o efeito salino não era compreendido. É agora prática corrente no estudo da velocidade de uma reação iônica adicionar um considerável excesso de um sal inerte, como NaCl, à solução, de modo que a força iônica se mantenha efetivamente constante no decorrer da reação. Utilizando-se água pura, a variação da força iônica, à medida que a reação se processa, pode conduzir a constantes de velocidade erradas.

Devemos esperar que a equação de Brønsted, a qual parece ser tão bem confirmada pelos dados da Fig. 10.16, não possa ser obedecida em concentrações salinas muito além do intervalo da validez da teoria de Debye-Hückel. Realmente, em soluções mais concentradas, não é possível resumir todos os efeitos salinos num simples fator de força iônica. Interações específicas entre os íons em solução poderão, neste caso, influenciar as velocidades de reação. Por exemplo, na reação

$$S_2O_8^{2-} + 2I^- \longrightarrow 2SO_4^{2-} + I_2$$

o efeito salino segue, de um modo geral, a equação de Brønsted, mas é fortemente dependente da identidade do cátion com a magnitude do efeito diminuindo na ordem Cs > > Rb > K > Na > Li. Para reações entre íons de mesma carga, o efeito salino freqüentemente parece ser governado predominantemente pelas concentrações e cargas dos íons adicionados que apresentam sinal oposto ao dos íons reagentes[36]. A associação iônica é também um fator importante na velocidade de reação, especialmente quando estão envolvidos íons multivalentes, quer como reagentes, quer como íons adicionados[37].

[36] A. R. Olson e T. R. Simonson, *J. Chem. Phys.* **17**, 1 167 (1949)

[37] C. W. Davies, *Prog. Reaction Kinetics* **1**, 161 (1961), apresentou um grande número de exemplos interessantes

10.29. Catálise ácido-base

Entre os casos mais interessantes de catálise homogênea estão as reações catalisadas por ácidos e bases. Esta catálise ácido-base é da mais alta importância, governando as velocidades de um grande número de reações orgânicas e de muitos dos processos da química fisiológica, pois é provável que muitas enzimas atuem como catalisadores ácido--base.

Os primeiros estudos neste campo foram os de Kirchhoff, em 1812, sobre a conversão do amido em glicose pela ação de ácidos diluídos, e os de Thénard, em 1818, sobre a decomposição de peróxido de hidrogênio em soluções alcalinas. A investigação clássica de Wilhelmy, em 1850, lidou com a velocidade da inversão da sacarose por catalisadores ácidos. A hidrólise de ésteres, catalisada tanto pelos ácidos como pelas bases, foi largamente estudada na última metade do século XIX. A atividade catalítica de um ácido nestas reações tornou-se uma das medidas aceitas da força de um ácido, freqüentemente usada por Arrhenius e por Ostwald nos primórdios da teoria da ionização.

A Tab. 10.9 fornece alguns dos resultados de Ostwald para a inversão da sacarose e a hidrólise de acetato de metila. Se escrevermos o ácido como *HA*, estas reações são as seguintes

$$C_{12}H_{22}O_{11} + H_2O + HA \longrightarrow C_6H_{12}O_6 + C_6H_{12}O_6 + HA$$
$$CH_3COOCH_3 + H_2O + HA \longrightarrow CH_3COOH + CH_3OH + HA$$

A velocidade da reação pode ser escrita como $dx/dt = k'[CH_3COOCH_3][H_2O][HA]$. Como a água se encontra presente em grande excesso, sua concentração é efetivamente constante. Então, a velocidade se reduz a $dx/dt = k''[HA][CH_3COOCH_3]$, onde k'' é agora chamado *constante catalítica*. Os valores da Tab. 10.9 estão todos referidos a $k'' = 100$ para HCl.

Tabela 10.9 Dados de Ostwald de constantes catalíticas de diversos ácidos

Ácido	Condutividade relativa	k'' (éster)	k'' (açúcar)
HCl	100	100	100
HBr	101	98	111
HNO_3	99,6	92	100
H_2SO_4	65,1	73,9	73,2
CCl_3COOH	62,3	68,2	75,4
$CHCl_2COOH$	25,3	23,0	27,1
HCOOH	1,67	1,31	1,53
CH_3COOH	0,424	0,345	0,400

Ostwald e Arrhenius mostraram que a constante catalítica de um ácido é proporcional a sua condutância molar. Concluíram que a natureza do ânion não era importante, sendo o único catalisador ativo o íon H^+. Em outras reações, todavia, foi necessário considerar o efeito do íon OH^- e também a velocidade da reação não-catalisada. Resultou dessas considerações uma equação com três termos para a constante de velocidade observada, a saber: $k_2 = k_0 + k_{H^+}[H^+] + k_{OH^-}[OH^-]$. Como em soluções aquosas $K_w = [H^+][OH^-]$,

$$k_2 = k_0 + k_{H^+}[H^+] + \frac{k_{OH^-}K_w}{[H^+]} \qquad (10.78)$$

Como K_w é da ordem de 10^{-14}, em ácido $0,1N[OH^-]$ é igual a 10^{-13} e, em base $0,1N[OH^-]$, é 10^{-1}. Existe assim uma variação de 10^{12} vezes em $[OH^-]$ e $[H^+]$ ao passar de um ácido diluído a uma base diluída. Portanto, a catálise OH^- será desprezível em ácidos diluídos e a catálise H^+ será desprezível em bases diluídas, exceto na eventualidade pouco comum de as constantes catalíticas para H^+ e OH^- diferirem de pelo menos 10^{10}. Através de medidas em soluções ácidas e básicas, é portanto possível calcular geralmente k_{H^+} e k_{OH^-} separadamente.

Se $k_{H^+} = k_{OH^-}$, obtém-se um mínimo na constante de velocidade global no ponto neutro. Se k_{H^+} ou k_{OH^-} forem muito baixos, não existe um aumento em k_2 no lado correspondente do ponto neutro. Estas e outras variedades de curvas da constante de velocidade em função do pH, provenientes de diferentes valores relativos de k_0, k_{H^+}, k_{OH^-}, são mostradas na Fig. 10.17.

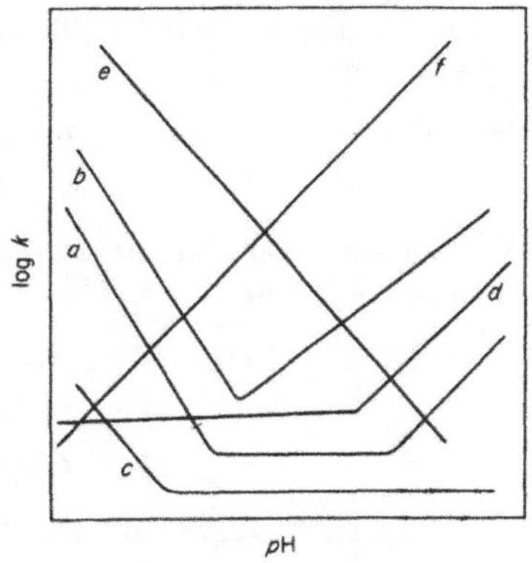

Figura 10.17 Catálise ácido-base: a influência do pH sobre as constantes de velocidade. As reações são identificadas no texto

Exemplos de cada um dos diferentes tipos foram estudados experimentalmente[38]. Incluem os seguintes:

a) a mutarrotação da glicose;
b) a hidrólise de amidas, γ-lactonas e ésteres, e a halogenação do cetonas;
c) a hidrólise de ortoacetatos de alquila;
d) a hidrólise de β-lactonas, decomposição de nitramida, halogenação de nitroparafinas;
e) a inversão de açúcares, hidrólise de éster diazoacético, acetais;
f) a despolarização de álcool diacetona e decomposição de nitrosoacetoamida.

10.30. Catálise ácido-base geral

A influência da adição de sais sobre o efeito primário já foi apresentada. Além desta dependência direta da velocidade de reação da força iônica, existe uma influência indireta que é importante nas reações catalisadas. Em soluções de ácidos e bases fracas, sais adicionados, mesmo que não possuam um íon comum, podem alterar a concentração do íon H^+ ou OH^- através de seu efeito sobre os coeficientes de atividade. Para um ácido $HA \rightarrow H^+ + A^-$,

$$K_a = \frac{a_{H^+} a_{A^-}}{a_{HA}} = \frac{c_{H^+} c_{A^-}}{c_{HA}} \cdot \frac{\gamma_{H^+} \gamma_{A^-}}{\gamma_{HA}} .$$

[38] Ver A. Skrabal, *Z. Elektrochem.* **33**, 322 (1927); R. P. Bell, *Acid-Base Catalysis* (New York: Oxford University Press, 1941); e *The Proton in Chemistry* (Ithaca: Cornell University Press, 1959)

Qualquer alteração na força iônica da solução afeta os termos γ e, portanto, a concentração H^+. Conseqüentemente, se a reação for catalisada por íons H^+ ou OH^-, a velocidade será dependente da força iônica em virtude do *efeito cinético salino secundário*. Ao contrário do efeito primário, o secundário não altera a *constante de velocidade*, desde que esta seja calculada a partir das concentrações H^+ e OH^- verdadeiras.

O aspecto mais amplo da natureza dos ácidos e das bases apresentado no trabalho de Brønsted e Lowry implica que não somente H^+ e OH^- mas também ácidos e bases não-dissociados podem ser catalisados efetivos. A característica essencial da catálise por um ácido é a transferência de um próton do ácido ao substrato[39] e a catálise por uma base envolve a aceitação de um próton pela base. Assim, na nomenclatura de Brønsted-Lowry, o substrato atua como uma base na catálise ácida, ou como um ácido na catálise básica. No caso da catálise pelo íon-hidrogênio em solução aquosa, o ácido é realmente o íon hidrônio, OH_3^+.

Por exemplo, a hidrólise de nitramida é suscetível à catálise básica, mas não à ácida, o mecanismo sendo,

$$NH_2NO_2 + OH^- \longrightarrow H_2O + NHNO_2^-$$
$$NHNO_2^- \longrightarrow N_2O + OH^-$$

Não apenas o íon OH^- mas também outras bases podem agir como catalisadores; por exemplo, o íon acetato,

$$NH_2NO_2 + CH_3COO^- \longrightarrow CH_3COOH + NHNO_2^-$$
$$NHNO_2^- \longrightarrow N_2O + OH^-$$
$$OH^- + CH_3COOH \longrightarrow H_2O + CH_3COO^-$$

A velocidade de reação de diferentes bases B é sempre dada por $v = k_B(B)(NH_2NO_2)$. Brønsted constatou que existe uma relação entre a constante catalítica k_B e a constante de dissociação K_B da base, a saber,

$$k_B = CK_b^\beta \qquad (10.79)$$

ou

$$\log k_B = \log C + \beta \log K_b,$$

onde C e β são constantes para bases de um dado tipo de carga. Assim, quanto mais forte a base, maior é a constante catalítica[40]. A Fig. 10.18 apresenta dados sobre a decomposição de nitramida, que estão em boa concordância com a relação de Brønsted (10.79).

A hidrólise da nitramida exibe *catálise básica geral*. Outras reações fornecem exemplos de *catálise ácida geral*, com uma relação análoga à (10.79) entre k_A e K_a. Algumas reações ocorrem também com ambas as catálises gerais, a ácida e a básica.

Já que um solvente como água pode atuar seja como um ácido, seja como uma base, ela mesma é freqüentemente um catalisador. O que se acreditou inicialmente ser uma reação não-catalisada, representada por k_0 na Eq. (10.78), é em muitos casos uma reação catalisada pelo solvente atuando como ácido ou base.

A equação de Brønsted é um caso especial de uma regra mais geral conhecida como *relação linear de energia livre*, a qual mostra uma dependência linear entre a energia livre de ativação $\Delta G^\ddagger$ e a energia livre da reação $\Delta G^\ominus$. Em séries homólogas de reações, podemos então esperar que, quanto maior for a afinidade, medida por $\Delta G^\ominus$ para a reação, maior será a velocidade da reação medida por $\Delta G^\ddagger$. A equação de Brønsted é equivalente a

$$\Delta G^\ddagger = \beta\, \Delta G^\ominus + C$$

[39] Substância cuja reação está sendo catalisada

[40] Para bases polibásicas, é necessário fazer uma correção. Ver R. P. Bell, *Acid-Base Catalysis* (New York: Oxford University Press, 1941), p. 83

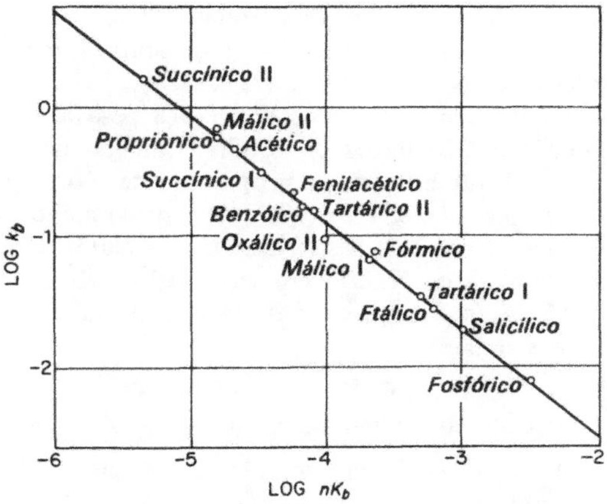

Figura 10.18 Catálise básica geral para a decomposição de nitramida

Qualquer catálise ácido-base envolve aspectos intermediários de ambos, o ácido e a base, porém, se um estágio apresentar uma constante de velocidade muito menor que outros, a cinética pode parecer ser catalisada tanto pelo ácido como pela base, dependendo qual dos dois reage no estágio lento do mecanismo. Um exemplo é a condensação aldólica de acetaldeído catalisada por bases, que apresenta o seguinte mecanismo[(41)]:

$$CH_3CHO + B \underset{k_{-1}}{\overset{k_1}{\rightleftharpoons}} CH_2 \cdot CHO^- + A$$

$$CH_3CHO + CH_2CHO^- \overset{k_2}{\rightleftharpoons} CH_3CHO^- \cdot CH_2CHO$$

$$A + CH_3CHO^- \cdot CH_2CHO \rightleftharpoons CH_3CHOHCH_2CHO + B$$

O primeiro estágio é muito mais lento que os outros dois, de modo que a reação exibe catálise geral pela base *B*.

PROBLEMAS

1. Após a passagem de uma corrente elétrica durante 40 min, 8,95 mg de prata foram depositados num coulômetro. Calcular a corrente média *I*. Se a medida da massa for precisa até $\pm 0{,}01$ mg e a do tempo, $\pm 0{,}1$ s, qual a precisão da medida de *I*?

2. Uma célula de condutividade cheia com uma solução 0,1 molar de KCl a 25 °C apresentou uma resistência de 24,36 Ω. A condutividade κ da solução 0,1 molar de KCl é 1,1639 $\Omega^{-1} \cdot m^{-1}$, usando-se água com $\kappa = 7{,}5 \times 10^{-6}\ \Omega^{-1} \cdot m^{-1}$ para fazer as soluções. Enchida com uma solução 0,01 molar de ácido acético, a resistência da célula foi igual a 1 982 Ω a 25 °C. Calcular a condutância molar Λ da solução 0,01 molar de ácido acético.

3. Uma solução de LiCl foi eletrolisada numa célula de Hittorf. Com a passagem da quantidade de eletricidade de 0,05000 F, a massa de LiCl no comportamento anódico diminuiu de 0,6720 g. Computar o número de transporte t^+ do íon Li^+.

4. Uma solução 4,000 molal de $FeCl_3$ foi eletrolisada entre eletrodos de platina. Após a eletrólise, uma parte da solução retirada do compartimento catódico do aparelho de Hittorf apresentava as concentrações 3,15 molal em $FeCl_3$ e 1,00 molal em $FeCl_2$. Qual o número de transporte de Fe^{3+}.

[(41)] R. P. Bell, *The Proton in Chemistry* (Ithaca: Cornell University Press, 1959)

5. Uma corrente de 10,00 mA passou através de uma solução de $AgNO_3$ numa célula de Hittorf com eletrodos de prata durante 80,0 min. Após a eletrólise, a massa da solução catódica foi igual a 40,28 g e foi titulada com 86,00 cm^3 de uma solução 0,0200 molar de KSCN. A solução anódica pesava 40,40 g e exigiu na titulação 112,00 cm^3 da solução 0,0200 molar de KSCN. Calcular o número de transporte de Ag^+.

6. A solubilidade de propionato de sódio NaOPr em água é 9,80 $mol \cdot dm^{-3}$ a 25 °C e $\log \gamma_\pm = -0{,}2454 + 0{,}103\,c$ nas proximidades desta concentração c em $mol \cdot dm^{-3}$. Calcular $\Delta G^\ominus(298)$ para NaOPr(c) → NaOPr (solução aquosa). Qual seria a molalidade aproximada de NaOPr em seu estado padrão na solução?

7. As seguintes condutividades foram medidas para ácido cloroacético em solução aquosa a 25 °C.

$c^{-1}(dm^3 \cdot mol^{-1})$	16	32	64	128	256	512	1 024
Condutância molar, Λ	53,1	72,4	96,8	127,7	164	205,8	249,2

Se $\Lambda_0 = 362\,\Omega^{-1} \cdot cm^2 \cdot mol^{-1}$, estão estes dados de acordo com a Lei de Diluição de Ostwald [Eq. (10.11)]? Ajustam-se à equação da condutância de Onsager [Eq. (10.68)]? Comparar o valor experimental do coeficiente angular limite S com o valor teórico previsto pela Eq. (10.69).

8. A condutividade de uma solução saturada de AgCl em água pura, a 20 °C, é $1{,}26 \times 10^{-4}\,\Omega \cdot m^{-1}$ mais elevada que a da própria água. Calcular a solubilidade de AgCl em água a 20 °C.

9. A partir dos coeficientes de atividade molais médios $\gamma_\pm$ dados na Tab. 10.6, calcular a atividade iônica média $a_\pm$ e a atividade a_2 em soluções 0,100 molal de $AgNO_3$, $CuSO_4$ e $CaCl_2$.

10. A partir da equação de Born (10.12), estimar a entalpia livre ΔG_e na transferência dos íons Na^+ e K^+ em soluções aquosas no citoplasma para a vizinhança lipídica de uma membrana ($\varepsilon = 5$), sabendo que os raios iônicos são 0,095 e 0,133 nm, respectivamente. Pode-se deduzir a partir da equação de Born expressões para ΔH_e e ΔS_e da transferência? (Admitir que apenas as constantes dielétricas são funções de T.)

11. Algumas condutâncias iônicas molares Λ_0 em $\Omega^{-1} \cdot cm^2 \cdot mol^{-1}$ são dadas em três temperaturas na tabela abaixo

°C	H^+	Li^+	K^+	$\frac{1}{2}Ca^{2+}$	Cl^-	I^-
0	225	19,4	40,7	31,2	41,0	41,4
25	350	38,7	73,5	59,5	76,35	76,8
45	441	58,0	103,5	88,2	108,9	108,6

A viscosidade da água em centipoises é 1,792 a 0 °C; 0,894 a 25 °C; e 0,599 a 45 °C. Podem as variações de Λ_0 com T ser explicadas satisfatoriamente em termos dos movimentos de íons esféricos através de uma solução de viscosidade η? Caso contrário, que outros fatores deveriam ser sugeridos para ser levados em consideração?

12. O coeficiente da difusão de KCl em água a 25 °C no limite de diluição extrema é de $1{,}962 \times 10^{-5}\ cm^2 \cdot s^{-1}$. Como este valor se compara com o calculado a partir das condutâncias iônicas molares da Tab. 10.4 através da relação de Nernst-Einstein [Eq. (10.19)]?

13. Calcular a "espessura da atmosfera iônica" de acordo com a teoria de Debye-Hückel para soluções 0,1 e 0,01 molais de um eletrólito 1:1 numa mistura etanol-água de 70% a 25 °C ($\varepsilon = 38{,}5$). Comparar estes valores com os em solução aquosa dados na Tab. 10.7.

14. A solubilidade de AgCl em água a 25 °C é de $10^{-4{,}895}\ mol \cdot dm^{-3}$. Por meio da teoria de Debye-Hückel, calcular $\Delta G^\ominus$ para a mudança: AgCl(c) → $Ag^+ + Cl^-$(aq).

Calcular a solubilidade de AgCl em uma solução de KNO_3 na qual a força iônica é $I =$ $= 0{,}010\ \text{mol}\cdot\text{dm}^{-3}$.

15. Sabendo que água pura possui uma condutividade $\kappa = 6{,}2 \times 10^{-6}\ \Omega^{-1}\cdot\text{m}^{-1}$ a 298 K, calcular κ de uma solução saturada com CO_2 em água a 298 K, no caso de a pressão CO_2 ser 20 torr e a constante de equilíbrio de $H_2O(l) + CO_2(aq) \rightarrow HCO_3^- + H^+$ ser $K_c = 4{,}16 \times 10^{-7}$. A solubilidade de CO_2 em água segue a Lei de Henry com $k = 0{,}0290$ $\text{mol}\cdot\text{dm}^{-3}\cdot\text{atm}^{-1}$(42).

16. A partir dos seguintes abaixamentos do ponto de congelação de soluções aquosas de NaCl, calcular $\gamma_\pm$ na escala molal para NaCl numa solução 0,05 molal.

Molalidade	0,01	0,02	0,05	0,10	0,20	0,50
Abaixamento do ponto de congelação, K	0,0361	0,0714	0,1758	0,3470	0,6850	1,677

17. A diferença de potencial através da membrana do nervo de um axônio gigante da lula é $\Delta\Phi = 70\ \text{mV}$ e a espessura da membrana é 7,0 nm. Se a constante dielétrica da membrana for $\varepsilon = 5$, calcular a variação de pH da membrana quando a mesma é instantaneamente despolarizada a $\Delta\Phi = 50\ \text{mV}$ por um impulso elétrico. Basear a análise na Eq. (10.73) para o efeito Wien.

18. Considere os valores da Tab. 10.8 de pK' para a dissociação $MgSO_4 \rightarrow Mg^{2+} +$ $+ SO_4^{2-}$ em solução aquosa diluída a 298 K. Estes valores não foram corrigidos para $\gamma_\pm$ como na Eq. (10.71). Calcule $\gamma_\pm$ a partir da lei-limite de Debye-Hückel e, partir dai, K de K'.

19. De acordo com Bjerrum, um par de íons de cargas opostas formará um complexo eletrostático quando a distância entre os mesmos se torna menor que um valor crítico q. Da função de distribuição de Boltzmann, o número de íons do tipo i numa casca esférica de espessura dr na distância r do íon central j é

$$dN_i = N_i \exp\left(\frac{-z_i e\Phi}{kT}\right) 4\pi r^2\, dr\,,$$

onde o potencial eletrostático devido ao íon central é $\Phi = z_j e/4\pi\varepsilon_0 \varepsilon r$. Mostrar que o parâmetro de Bjerrum q é $q = |z_i z_j| e^2/8\pi\varepsilon_0 kT$. Calcular q para pares de íons 1:1 e 2:2 em meios de constantes dielétricas $\varepsilon = 80$ e 30. Comentar brevemente os resultados.

20. Bjerrum calculou o grau de associação $1-\alpha$ de pares iônicos, integrando a lei de distribuição (como obtida no Problema 19) entre os limites a, a distância de maior aproximação de um par de íons considerados como esferas rígidas, e q, a distância máxima de associação eletrostática. Repetir este cálculo para mostrar que

$$1 - \alpha = 4\pi L c \int_a^q \exp\left(\frac{-z_i z_j e^2}{4\pi\epsilon_0 \epsilon k T r}\right) r^2\, dr$$

onde c é dado em moles por centímetro cúbico(43). Calcular a integral e, portanto, $1-\alpha$ para os quatro casos citados no Problema 19 com $a = 0{,}20\ \text{nm}$ e $c = 10^{-5}\ \text{mol}\cdot\text{cm}^{-3}$.

21. As condutâncias molares Λ de nitratos fundidos foram medidas em várias temperaturas e representadas por $\Lambda = A\,[\exp(-B/T)]$, com os seguintes resultados

	$LiNO_3$	$NaNO_3$	KNO_3
$A\ (\Omega^{-1}\cdot\text{mol}^{-1}\cdot\text{cm}^2)$	968	706	657
B (K)	1 795	1 608	1 784

A. E. Stearn e H. Eyring(44) deduziram a seguinte equação a partir da teoria do estado de transição

$$\Lambda_i = \frac{|z_i| eF\bar{l}^2}{6h} \exp\left(\frac{-\Delta G^\ddagger}{RT}\right),$$

(42)Ver D. A. MacInnes e D. Belcher, *J. Am. Chem. Soc.* **55**, 2 630 (1933)

(43)H. Bjerrum, *Kgl. Danske Videnskab. Selskab, Mat. Fys. Medd.* (7), 9 (1926)

(44)*J. Phys. Chem.* **44**, 955 (1940)

onde $\overline{l^2}$ é a distância de salto média quadrática no líquido fundido e Λ_i é a condutância molar iônica de um íon de carga z_i. Discutir o ajuste desta equação com os dados experimentais para os nitratos.

22. A dependência da temperatura de Λ a volume constante, e sob pressão constante, e a dependência da pressão a temperatura constante forneceram os seguintes coeficientes para $LiNO_3$ a 400 °C:

$$RT^2\left(\frac{\partial \ln \Lambda}{\partial T}\right)_P = 14{,}2\ \text{kJ}\cdot\text{mol}^{-1}$$

$$RT^2\left(\frac{\partial \ln \Lambda}{\partial T}\right)_V = 13{,}7\ \text{kJ}\cdot\text{mol}^{-1}$$

$$-RT\left(\frac{\partial \ln \Lambda}{\partial P}\right)_T = 0{,}5\ \text{cm}^3\cdot\text{mol}^{-1}$$

Calcular $\Delta H^\ddagger$, $\Delta U^\ddagger$, $\Delta S^\ddagger$ e $\Delta V^\ddagger$ para o processo de migração a 400 °C. Usar os dados do Problema 21 como necessários.

23. Um cilindro metálico de 1 m de comprimento e 0,3 m de diâmetro apresenta uma barra metálica cilíndrica coaxial de 0,04 m de diâmetro. O espaço entre a barra e o cilindro é enchido com uma solução 0,5 molal de KCl e uma corrente de 2 A passa do cilindro interno para o externo. Deduzir uma expressão para a densidade de corrente em função de r, $f(r)$, onde r é a distância a partir do eixo do cilindro. Deduzir $E(r)$, onde E é o campo elétrico. Qual a diferença de potencial $\Delta\Phi$ entre os dois cilindros? Qual a resistência R entre os dois cilindros?

24. A constante de velocidade k_2 para a reação $S_2O_3^{2-} + 2I^- \rightarrow 2SO_4^{2-} + I_2$ foi medida para várias forças iônicas I a 25 °C fornecendo:

$I(\text{mol}\cdot\text{dm}^{-3})$	0,00245	0,00365	0,00645	0,00845	0,01245
$k_2(\text{dm}^3\cdot\text{mol}^{-1}\cdot\text{s}^{-1})$	1,05	1,12	1,18	1,26	1,39

Pergunta-se se estes resultados obedecem à equação de Brønsted [Eq. (10.77)].

25. A constante de velocidade catalítica k_c para a troca de ^{18}O entre acetona e água numa solução de um ácido HA a 298 K é de esperar que deva incluir termos para catálise H^+ específica e catálise ácido-base geral:

$$k_c = k_H[H^+] + k_{HA}[HA] + k_A[A^-]$$

Os k_c foram medidos para várias relações $[HA]/[A^-]$:

$[HA]/[A^-]$	0,2	0,2	1,0	1,0
$k_c\ (\text{s}^{-1})$	$1{,}5 \times 10^4$	$2{,}7 \times 10^4$	$4{,}3 \times 10^4$	$4{,}8 \times 10^4$
$[HA]\ (\text{mol}\cdot\text{dm}^{-3})$	0,0225	0,100	0,0135	0,050

Calcular cada uma das constantes de velocidade k_H, k_{HA} e k_A e discutir brevemente um mecanismo provável para a reação[45].

26. Como regra geral, a constante de dissociação K_H de um ácido HA medida em H_2O é maior que K_D do ácido DA medida em água pesada. Por exemplo, para ácido acético HAc, $K_H/K_D = 3{,}33$ a 25 °C. Como se interpretaria esta diferença? Se o pH de uma solução HAc em H_2O é 6,0, qual seria o valor de pD de uma solução de mesma concentração molar de DAc em D_2O?

27. A constante de velocidade da reação $H^+ + OH^- \rightarrow H_2O$ a 25 °C foi medida por um método de relaxação ultra-sônica, sendo $k_r = 1{,}3 \times 10^{11}\ \text{dm}^3\cdot\text{mol}^{-1}\cdot\text{s}^{-1}$. Se esta velocidade for explicada em termos de um processo controlado por difusão de acordo com a Eq. (9.79), qual seria o valor do diâmetro de colisão d_{12}? Como se interpretaria este valor calculado de d_{12}?

[45] W. C. Gardiner, *Rates and Mechanisms of Chemical Reactions* (New York: W. A. Benjamin, Inc., 1969)

11

Interfaces

O corpo de um unicórnio, que está inteiramente livre de veneno, repele qualquer coisa venenosa. Colocando-se uma aranha viva dentro de um círculo, formado por uma fita da pele de um unicórnio, a aranha não será capaz de atravessá-la. Todavia, se o círculo for composto de alguma substância envenenada, a aranha não terá dificuldade em atravessá-lo, que é homogêneo à sua própria natureza.

Basil Valentine
(1960)[1]

Quando o nervo óptico de uma lagartixa é cortado, novas fibras nervosas brotarão do toco e encontrarão seu caminho para o cérebro, de modo a restabelecer as ligações originais e a restaurar a visão normal do animal[2]. Milhares de contatos definidos são então formados como resultado da identificação específica entre as extremidades das fibras nervosas e certas superfícies de células no cérebro. Uma renovação semelhante de contatos nervosos tem sido observada em muitos animais de sangue frio, mas, por razões ainda desconhecidas, esta renovação não ocorre nos mamíferos. Este exemplo é apenas um dos muitos fenômenos interfaciais importantes em sistemas vivos, de modo que uma compreensão da Físico-Química de superfícies é essencial na pesquisa em biologia molecular.

Na interpretação dos fenômenos de superfície, como na teoria das soluções, o problema teórico geral é calcular as propriedades do sistema em termos das estruturas eletrônicas e das interações resultantes entre as moléculas. Sendo um problema difícil nas soluções homogêneas, torna-se ainda mais difícil nas regiões de superfícies e nas interfaces entre duas fases diferentes, onde o sistema não é homogêneo. No Cap. 6, de fato, uma fase foi definida como sendo uma parte de um sistema que é "inteiramente homogênea". Contudo, é claramente uma contradição dizer que a matéria bem no interior de uma amostra se encontra sob as mesmas condições nas proximidades da superfície. Por exemplo, na superfície de um líquido em contato com seu vapor, as moléculas estão sujeitas a uma atração resultante dirigida para o interior do líquido. Por isso todas as superfícies líquidas, na ausência de forças externas, tendem a se contrair à área mínima. Por exemplo, volumes de líquidos livremente suspensos assumem a forma esférica para atingir a relação mínima entre a área e o volume. É então necessário introduzir novas variáveis de estado para desenvolver a teoria termodinâmica e estatística das interfaces.

Thomas Graham, em 1861, introduziu o termo *colóide* para descrever suspensões de um material num outro, os quais não se separavam após um repouso prolongado. Os colóides consistem, assim, em uma *fase dispersa* e um *meio de dispersão.* Materiais dispersos com um tamanho de partícula menor que cerca de 0,2 μm são geralmente classificados como encontrando-se no estado coloidal. O limite de resolução de um microscópio com luz comum é da ordem de 0,2 μm, de modo que a observação direta de par-

(1) *The Triumphal Chariot of Antimony* (Londres: Thomas Bruster, 1660)
(2) R. W. Sperry, *Proc. Natl. Acad. Sci.* **50**, 703 (1963); *J. Neurophysiol.* **8**, 15 (1945)

tículas coloidais normalmente requer o uso de um microscópio eletrônico, embora partículas maiores possam ser visualizadas a partir da luz espalhada na observação contra um campo escuro.

As suspensões coloidais são chamadas *sóis*. Se a fase dispersa maciça entra espontaneamente no meio de dispersão, formam-se *sóis liofílicos*. Exemplos desses sóis são soluções de altos polímeros, como proteínas em água ou borracha em benzeno. Essas soluções exibem muito das propriedades físicas das suspensões coloidais devido à elevada massa molecular do soluto. Suspensões coloidais de materiais essencialmente insolúveis são chamadas *sóis liofóbicos*. Podem ser preparados por métodos de condensação ou de dispersão. Em termos mais simples, essas suspensões devem sua estabilidade ao fato de que as partículas possuem cargas elétricas de mesmo sinal, não podendo, deste modo, aproximarem-se umas das outras o suficiente para coalescer.

Como o pequeno tamanho da partícula das dispersões coloidais conduz a elevadas relações superfície/volume, as propriedades de superfície são de importância primordial no estudo de colóides.

11.1. Tensão superficial

O sistema apresentado na Fig. 11.1(a) é um líquido em contato com seu vapor. Para aumentar a área da interface, é necessário trazer moléculas do interior para a superfície, de modo que trabalho deve ser realizado contra as forças coesivas do líquido. Segue-se daí que a energia livre molar na região da superfície de um líquido é maior que no interior do mesmo.

Em 1805, Thomas Young mostrou que as propriedades mecânicas da superfície podiam ser relacionadas às de uma membrana hipotética esticada sobre a superfície. Supõe-se encontrar esta membrana num estado de tensão. Uma *tensão* é uma pressão negativa e pressão é força por unidade de área, de modo que a tensão superficial é força por unidade de comprimento. A tensão superficial atua paralelamente à superfície e puxa para dentro de modo a se opor a qualquer tentativa feita no sentido de aumentar a área da superfície. A unidade da tensão superficial no sistema SI é newton por metro ($N \cdot m^{-1}$).

Na realidade, uma interface separando duas fases α e β deve ser uma região com uma certa espessura finita, na qual existe uma variação gradual das propriedades de α às de β. A grande contribuição de Young foi mostrar que, no que diz respeito às suas propriedades mecânicas, tal região interfacial pode ser substituída pelo modelo conceitual de uma membrana esticada de espessura infinitesimal. A posição deste plano divisor entre as duas regiões é chamada *superfície de tensão*. Pode ser aprovado rigorosamente que as

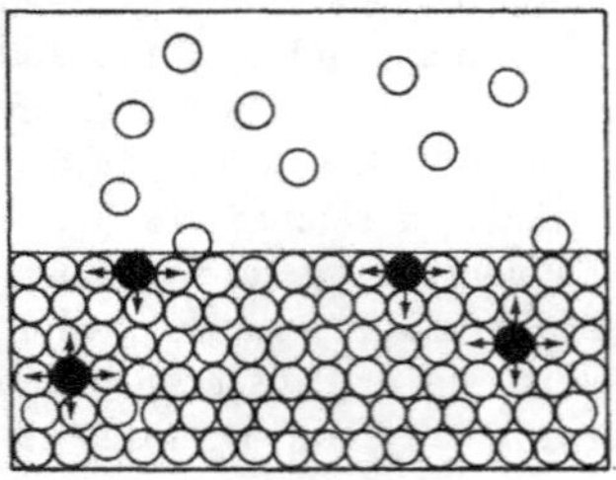

Figura 11.1(a) Interface líquido-vapor. Trabalho deve ser realizado sobre o sistema para aumentar sua superfície trazendo moléculas do interior até a superfície

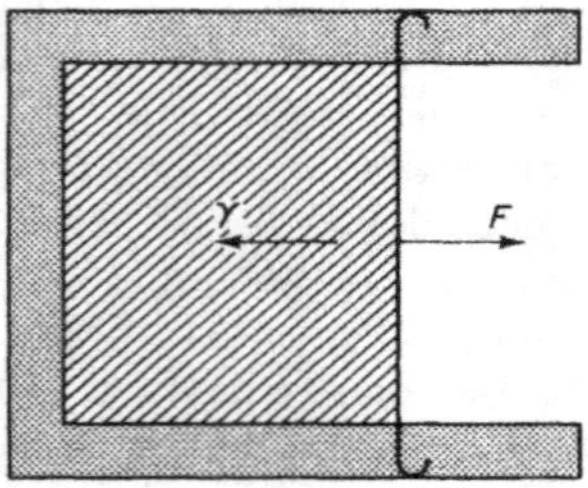

Figura 11.1(b) Interface líquido-vapor vista de cima. Trabalho deve ser realizado contra a tensão superficial para aumentar a área da superfície

propriedades da camada superficial são suficientes para estabelecer completamente (1) a posição desta superfície de tensão e (2) o valor da tensão superficial que nela atua[3].

11.2. Equação de Young e Laplace

A idéia de uma tensão superficial foi um destes grandes conceitos simplificadores que abrem o desenvolvimento futuro de um campo científico. Por meio deste conceito, Young, e mais tarde independentemente Laplace, foi capaz de deduzir explicitamente as condições para o equilíbrio mecânico numa superfície curva geral entre duas fases. A Fig. 11.2 mostra uma superfície esférica com raio de curvatura r. Consideremos um elemento $\delta\mathscr{A}$ da superfície e as forças que nele atuam. A pressão (força por unidade de área) através do elemento $\delta\mathscr{A}$ é $P'' - P'$, de modo que a força que age sobre ele é $(P'' - P')\,\delta\mathscr{A}$. A componente da força na direção z é $(P'' - P')\,\delta\mathscr{A}\cos\alpha = (P'' - P')\,\delta\mathscr{A}'$. O somatório desta componente da força z sobre toda a área da calota esférica é, portanto, $(P'' - P')\,\pi a^2$.

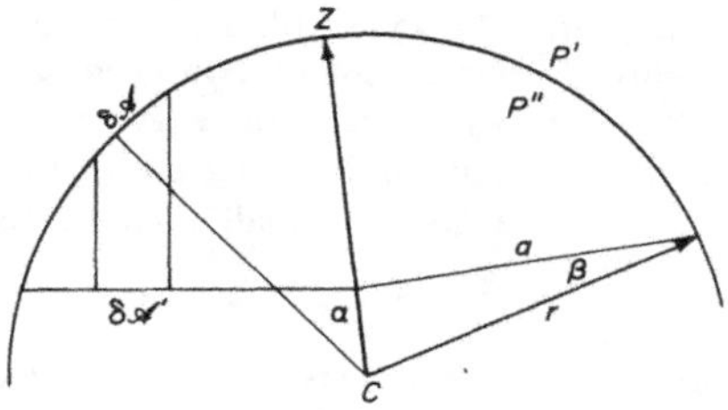

Figura 11.2 Dedução da equação de Young e Laplace

A tensão superficial exerce uma força $\gamma\delta l$ sobre cada elemento δl da circunferência na base da calota e a componente desta força ao longo de CZ é $-\gamma\cos\beta\,\delta l$. A força total F na direção CZ devido à tensão superficial se torna $-\gamma\cos\beta(2\pi a)$ ou, como $\cos\beta = a/r$, $F = -2\pi\gamma a^2/r$. Como o sistema é simétrico em torno de CZ, a soma de todas as forças normais a CZ deve ser nula. A condição para o equilíbrio é, portanto, que as componentes z também se cancelam, ou

$$(P'' - P')\pi a^2 - \frac{2\pi\gamma a^2}{r} = 0$$

Esta expressão fornece a equação de Young e Laplace para uma superfície esférica,

$$P'' - P' = \frac{2\gamma}{r} \tag{11.1}$$

Esta equação mostra, como uma conseqüência da existência da tensão superficial, que, numa superfície esférica de curvatura r, o equilíbrio mecânico é mantido entre dois fluidos sob pressões diferentes P'' e P'. (Convém notar que o fluido no lado côncavo de uma superfície se encontra numa pressão P'', que é maior que P' exercida no lado convexo.) Naturalmente, no caso de uma superfície plana, o raio de curvatura tende para infinito, e a condição de equilíbrio é simplesmente $P'' = P'$. Uma superfície geral pode ser caracterizada por dois raios de curvatura em qualquer ponto, r_1 e r_2, e para este caso a equação de Young e Laplace se torna

$$P'' - P' = \gamma\left(\frac{1}{r_1} + \frac{1}{r_2}\right) \tag{11.2}$$

[3]Uma demonstração é dada por R. Defay, I. Prigogine, A. Belleman e D. M. Everett, *Surface Tension and Adsorption* (Londres: Longmans, Green & Company, Ltd., 1966), p. 4

Como um exemplo da Eq. (11.1), consideremos uma gotícula de mercúrio de raio $r = 10^{-4}$ m. Para a interface mercúrio-ar, $\gamma = 4{,}76 \times 10^{-3}\ \mathrm{N \cdot m^{-1}}$ a 293 K. Portanto,

$$P'' - P' = \frac{2(476 \times 10^{-3})}{10^{-4}} = 9{,}52 \times 10^{3}\ \mathrm{N \cdot m^{-2}}$$

ou

$$\frac{9{,}52 \times 10^{3}}{1{,}01325 \times 10^{5}} = 9{,}51 \times 10^{-2}\ \mathrm{atm}$$

(Note que esta é a diferença na pressão hidrostática através da interface e, naturalmente, não se refere à pressão de vapor de mercúrio.)

11.3. Trabalho mecânico num sistema capilar

Consideremos na Fig. 11.3 um arranjo de dois cilindros ligados entre si, cada um apresentando um êmbolo separado. O pequeno êmbolo no cilindro à esquerda nos permite variar tanto o volume como a área da superfície do sistema à direita. O sistema a direita contém um líquido com volume V'' e sob pressão P'' separado pela superfície SS' de seu vapor de volume V' sob a pressão P'. Desloquemos o êmbolo à esquerda de modo a causar um ligeiro afastamento no êmbolo à direita. Se $d\mathscr{A}$ for a variação na área da interface SS', o trabalho realizado sobre o sistema é

$$dw = -P'\,dV' - P''\,dV'' + \gamma\,d\mathscr{A} \tag{11.3}$$

Esta equação é a expressão geral para o trabalho mecânico realizado num sistema capilar. Se o modelo de tensão superficial for considerado mecanicamente equivalente ao sistema real, a superfície SS' não pode ser arbitrária, mas deve coincidir com a *superfície de tensão* de Young. O trabalho realizado numa superfície *plana*, todavia, é independente de sua posição, de modo que a Eq. (11.3) seria verdadeira para qualquer superfície plana SS' arbitrariamente definida.

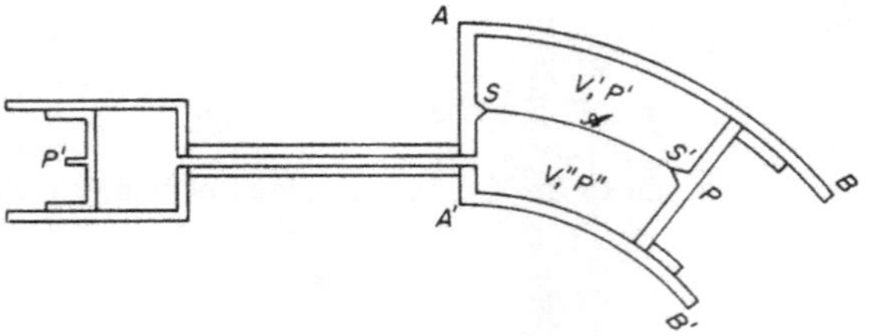

Figura 11.3 Trabalho mecânico realizado sobre um sistema capilar. O êmbolo da direita está submetido à ação da tensão superficial e da pressão hidrostática

Da Eq. (11.3), a primeira lei da termodinâmica aplicada ao sistema com a superfície SS' seria

$$dU = dq + dw = dq - P'\,dV' - P''\,dV'' + \gamma\,d\mathscr{A} \tag{11.4}$$

Como $dA = dU - T\,dS - S\,dT$, a Eq. (11.4) fornece

$$dA = -S\,dT - P'\,dV' - P''\,dV'' + \gamma\,d\mathscr{A} \tag{11.5}$$

De $dG = dA + V\,dP + P\,dV$, a Eq. (11.5) dá

$$dG = -S\,dT + V'\,dP' + V''\,dP'' + \gamma\,d\mathscr{A} \tag{11.6}$$

Da Eq. (11.6), vemos que

$$\left(\frac{\partial G}{\partial \mathscr{A}}\right)_{T,P} = \gamma \tag{11.7}$$

A Eq. (11.7) estabelece que a tensão superficial é igual à derivada parcial da energia livre de Gibbs em relação à área da superfície a T e sob P constantes[4].

11.4. Capilaridade

O conhecimento dos fenômenos capilares começa quando bebês em banheiros descobrem que certas coisas se molham e outras não. As crianças são ensinadas que a água se eleva em tubos finos como resultado da "ação capilar", freqüentemente apresentada como uma conseqüência de atração da superfície sólida pelas moléculas de um líquido.

A ascensão ou a depressão de líquidos em tubos capilares e suas aplicações à medida da tensão superficial podem ser tratadas quantitativamente como uma conseqüência da equação fundamental (11.2). Se um líquido se eleva num capilar de vidro, tal como a água, ou é abaixado, como o mercúrio, isto depende da grandeza relativa das forças de coesão entre as próprias moléculas líquidas e as forças de adesão entre o líquido e as paredes do tubo. Estas forças determinam o ângulo de contato θ que o líquido faz com as paredes do tubo (Fig. 11.4). Se este ângulo for menor de 90°, diz-se que o líquido molha a superfície e se forma um menisco côncavo; um ângulo de contato maior que 90° corresponde a um menisco convexo. A ocorrência de um menisco côncavo conduz à ascensão capilar, como é mostrado na Fig. 11.4. Assim que se forma o menisco, a pressão P' sob a superfície curva é menor que P'' acima da mesma, mas esta P'' é a mesma que a pressão na superfície plana. O líquido então sobe no tubo até que o peso da coluna líquida contrabalance exatamente a diferença da pressão $P'' - P'$ e restaure o equilíbrio hidrostático. *A coluna líquida age como um manômetro que registra a diferença de pressão através do menisco curvo.*

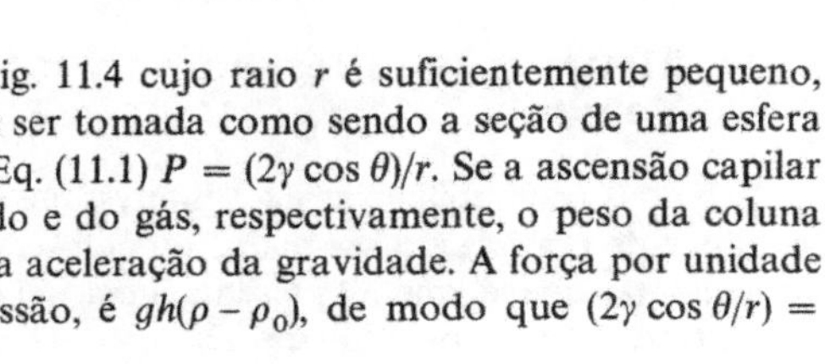

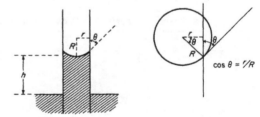

Figura 11.4 Ascensão capilar de um líquido que molha as paredes de um tubo

Consideremos o tubo cilíndrico da Fig. 11.4 cujo raio r é suficientemente pequeno, de modo que a superfície do menisco pode ser tomada como sendo a seção de uma esfera com raio R. Então, como $\cos\theta = r/R$, da Eq. (11.1) $P = (2\gamma\cos\theta)/r$. Se a ascensão capilar é h e se ρ e ρ_0 são as densidades do líquido e do gás, respectivamente, o peso da coluna líquida cilíndrica é $\pi r^2 gh(\rho - \rho_0)$, onde g é a aceleração da gravidade. A força por unidade de área, que equilibra a diferença de pressão, é $gh(\rho - \rho_0)$, de modo que $(2\gamma\cos\theta/r) =$ $= gh(\rho - \rho_0)$ e

$$\gamma = \frac{1}{2}gh(\rho - \rho_0)\frac{r}{\cos\theta} \tag{11.8}$$

[4]Note que isto não é o mesmo que energia livre por área unitária, como às vezes é erroneamente afirmado

A Eq. (11.8) deverá ser corrigida para o peso do líquido acima do fundo do menisco. Numa primeira aproximação, o menisco é um hemisfério de raio r com volume $(2/3)\pi r^3$, de modo que o volume do líquido considerado será $\pi r^3 - \frac{2}{3}\pi r^3 = \frac{1}{3}\pi r^3$ e a Eq. (11.8) se torna

$$\gamma = \frac{g(\rho - \rho_0)r}{2\cos\theta}\left(h + \frac{r}{3}\right) \tag{11.9}$$

Para capilares largos, não constitui mais uma boa aproximação admitir uma forma esférica para o menisco, e fatores de correção gráficos ou tabelados têm sido computados. Feitas todas as correções necessárias, o método da ascensão capilar é provavelmente o meio mais exato para medir a tensão superficial, apresentando uma precisão de até cerca de 2 partes em 10^4. Outros métodos, como o da pressão máxima da bolha, o do peso da gota e o do anel de duNoüy, são discutidos em obras de referência(5) e em problemas no fim deste capítulo.

Para dar uma idéia de intervalo dos valores de tensões superficiais, apresentamos uma pequena seleção de dados na Tab. 11.1. Líquidos com tensões superficiais excepcionalmente elevadas são aqueles em que as forças coesivas são grandes. O problema teórico é calcular a tensão superficial diretamente a partir da teoria básica das forças intermoleculares. As tensões superficiais de gases inertes liquefeitos são os mais acessíveis a cálculos teóricos(6).

Tabela 11.1 Tensões superficiais de líquidos

A. Tensões superficiais de substâncias puras a 293 K ($N \cdot m^{-1} \times 10^4$)

Isopentano	137,2	Iodeto de etila	299,0
Níquel-carbonila	146,0	Benzeno	288,6
Éter dietílico	171,0	Tetracloreto de carbono	266,6
n-Hexano	184,3	Iodeto de metileno	507,6
Etilmercaptano	218,2	Dissulfeto de carbono	323,3
Brometo de etila	241,6	Água	727,5

B. Tensões superficiais de metais líquidos e sais fundidos ($N \cdot m^{-1} \times 10$)

	K	γ		K	γ
Ag	1 243	8	AgCl	725	1,26
Au	1 343	10	NaF	1 283	2,60
Cu	1 403	11	NaCl	1 273	0,98
Hg	273	4,7	NaBr	1 273	0,88

11.5. Aumento da pressão de vapor de gotículas — Equação de Kelvin

Uma das conseqüências mais interessantes da tensão superficial é o fato de a pressão de vapor de um líquido ser maior quando o mesmo se encontra na forma de pequenas gotículas de que quando apresenta uma superfície plana. Este resultado foi deduzido pela primeira vez por William Thomson (Kelvin)(7).

(5)A. W. Adamson, *Physical Chemistry of Surfaces* (New York: Interscience Publishers 1968), Cap. 1

(6)A saber: J. G. Kirkwood e F. P. Buff, *J. Chem. Phys.* **17**, 338 (1949). Ver também S. Ono e S. Kondo, "Molecular Theory of Surface Tension of Liquids", em *Handbuch der Physik*, editado em Flügge, vol. X (Berlim: Springer Verlag, 1960), p. 134

(7)*Phil. Mag.* (4) **42**, 448 (1871)

Consideremos uma gota esférica de um líquido puro com uma curvatura $1/r$ em equilíbrio com seu vapor. Da Eq. (11.1) a condição para equilíbrio mecânico é

$$dP'' - dP' = d\left(\frac{2\gamma}{r}\right) \tag{11.10}$$

Para o equilíbrio físico-químico entre duas fases,

$$\mu_i' = \mu_i'' \quad \text{ou} \quad d\mu_i' = d\mu_i''$$

De

$$d\mu_i = -S_i\,dT + V_i\,dP$$

em temperatura constante temos $V_i'\,dP' = V_i''\,dP''$. Combinando isto com a Eq. (11.10) resulta:

$$d\left(\frac{2\gamma}{r}\right) = \left(\frac{V_i' - V_i''}{V_i''}\right) dP' \tag{11.11}$$

Se desprezarmos o volume molar do líquido V_i'' em comparação com V_i' e tratarmos o último como o volume do gás ideal, $V_i' = RT/P'$, a Eq. (11.11) se torna

$$d\left(\frac{2\gamma}{r}\right) = \frac{RT}{V_i''}\frac{dP'}{P'}$$

Esta equação é integrada (tomando V_i'' constante) da curvatura nula ($1/r = 0$) na qual $P' = P_0$, a pressão de vapor normal, até a curvatura $1/r$, na qual a pressão de vapor é P, fornecendo então a *equação de Kelvin.*

$$\ln\frac{P}{P_0} = \frac{2\gamma}{r}\frac{V_i''}{RT} = \frac{2M\gamma}{RT\rho r}, \tag{11.12}$$

onde $V_i'' = M/\rho$, sendo M a massa molecular, ρ, a densidade do líquido. Uma equação semelhante pode ser deduzida para a solubilidade de pequenas partículas por meio da relação entre a pressão de vapor e a solubilidade desenvolvida na Sec. 7.5.

A aplicação da Eq. (11.12) para gotícula de água fornece as seguintes relações de pressão calculadas (água a 293 K com $P_0 = 17{,}5$ torr):

r (mm)	10^{-3}	10^{-4}	10^{-5}	10^{-6}
P/P_0	1,001	1,011	1,114	2,95

As conclusões da equação de Kelvin têm sido verificadas experimentalmente. Portanto, não pode existir dúvida de que pequenas gotículas de um líquido apresentam uma pressão de vapor maior que a da massa do líquido e que pequenas partículas de um sólido possuem uma solubilidade maior que o sólido maciço.

Estes resultados conduzem ao problema bastante curioso de como novas fases podem surgir das antigas. Por exemplo, se um recipiente cheio de vapor de água numa pressão ligeiramente inferior à da saturação for resfriado bruscamente, talvez por expansão adiabática, como na camada de nuvem de Wilson, o vapor pode se tornar supersaturado em relação à água líquida. Encontra-se, então, num estado metaestável e podemos esperar que ocorra a condensação. Um modelo molecular razoável de condensação seria aquele em que diversas moléculas de vapor de água se juntassem para formar uma gotícula diminuta e que este embrião de condensação crescesse pela agregação de moléculas adicionais de vapor que, por acaso, se chocassem com o mesmo. A equação de Kelvin, todavia, indica que esta diminuta gotícula, tendo um diâmetro menor que 10^{-6} mm, apresentaria uma pressão de vapor muitas vezes maior que a do líquido maciço. No que diz respeito aos embriões, o vapor não se apresentaria de maneira alguma supersaturado. Tais embriões deveriam imediatamente reevaporar e a emergência de uma nova fase na pressão de equilíbrio, ou mesmo moderadamente acima da mesma, deveria ser impossível.

Existem dois modos de escapar deste dilema. Em primeiro lugar, conhecemos a base estatística da segunda lei da termodinâmica. Em qualquer sistema em equilíbrio, existem sempre flutuações em torno da condição média e, quando o sistema contém poucas moléculas, estas flutuações podem ser relativamente grandes (Cap. 5). Então, existe sempre uma chance de que uma flutuação apropriada possa conduzir a formação de um embrião de uma nova fase, ainda que o mesmo tivesse apenas uma existência curta. A probabilidade de tal flutuação é $e^{-\Delta S/k}$, onde ΔS é o desvio da entropia de seu valor de equilíbrio. Este mecanismo de flutuação é chamado *nucleação espontânea*. Em muitos casos, todavia, a probabilidade $e^{-\Delta S/k}$ é muito pequena e então é mais provável que partículas de pó atuem como núcleos para a condensação em vapores em soluções supersaturadas.

11.6. Tensão superficial de soluções

Consideremos soluções aquosas como exemplos. Substâncias que abaixam acentuadamente a tensão superficial da água, como os ácidos graxos, contêm um grupo hidrofílico polar e um grupo hidrofóbico não-polar. O grupo hidrofílico, por exemplo, —COOH em ácidos graxos, torna a molécula razoavelmente solúvel se o resíduo não-polar não for demasiadamente grande. Os resíduos hidrocarbonetos de ácidos graxos se encontrariam extremamente "desconfortáveis" no interior de uma solução aquosa (num estado de elevada energia livre) e um trabalho pequeno é necessário para trazê-los do interior até a superfície. Este quadro qualificativo leva à conclusão de que sempre que um soluto abaixa a tensão superficial de um líquido, as camadas superficiais da solução são enriquecidas neste soluto. Diz-se que o soluto é *positivamente adsorvido* na superfície.

Por outro lado, solutos, tais como sais iônicos, geralmente aumentam a tensão superficial de soluções aquosas acima do valor correspondente à água pura, embora esses aumentos sejam menores que as diminuições produzidas por ácidos graxos e compostos similares. A razão do aumento observado é que os íons dissolvidos, em virtude das atrações íon-dipolo, tendem a puxar as moléculas de água para o interior da solução. Então, para criar uma nova superfície, é necessário realizar um trabalho adicional contra as forças eletrostáticas. Segue-se que em tais soluções as camadas da superfícies se encontram mais pobres em soluto. O soluto é, neste caso, dito *adsorvido negativamente* na interface.

Exemplos de curvas da tensão superficial em função da concentração são apresentados na Fig. 11.5. Estes dados mostram o efeito do aumento de tamanho do lado hidrofóbico da cadeia numa série de aminoácidos.

11.7. Formulação de Gibbs da termodinâmica de superfícies

A fim de fornecer uma discussão quantitativa das propriedades de superfícies de soluções, vamos seguir a análise elegante da termodinâmica de superfícies apresentada por Willard Gibbs.

A Fig. 11.6 representa duas fases α e β separadas por uma região interfacial. A posição exata desta região depende da escolha que fazemos para traçar os planos-limites AA' e BB'. Vamos posicionar estes planos de modo que seja satisfeita a seguinte condição: não existe apreciável heterogeneidade nas propriedades da fase maciça α até a superfície AA' nem nas da fase maciça β até a superfície BB'. Em particular, a concentração de qualquer componente i até AA' é uniformemente c_i^α e a de qualquer componente i até BB' é uniformemente c_i^β. Dentro da região interfacial, as propriedades do sistema variam continuamente das de α puro em AA' às de β puro em BB'. Em virtude do alcance bastante curto das forças intermoleculares, a espessura da região interfacial geralmente não será maior que cerca de dez diâmetros moleculares.

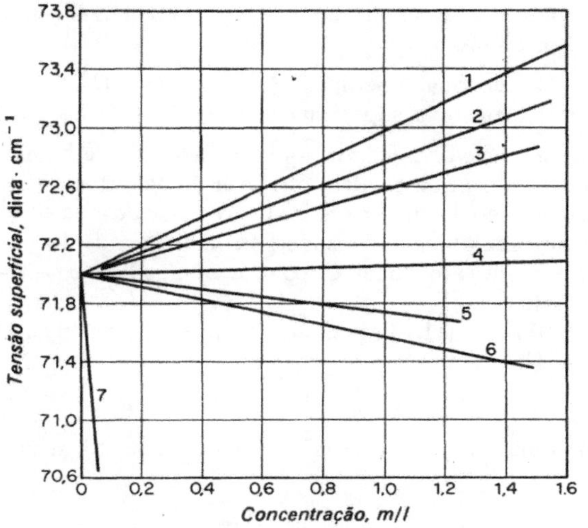

Figura 11.5 Tensão superficial a 298 K de soluções aquosas de aminoácidos. 1. glicina; 2. β-alanina; 3. α-alanina; 4. ácido β-aminobutírico; 5. ácido ε-aminocapróico; 6. ácido 1-aminobutírico; 7. ácido 1-aminocapróico [J. R. Pappenheimer, M. P. Lepie e J. Wyman, *J. Am. Chem. Soc.* **58**, 1 851 (1936)]

Figura 11.6 Diagrama para a definição de uma superfície de fase

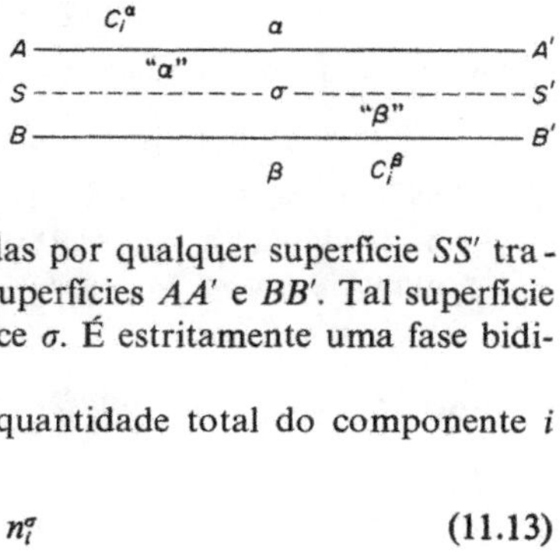

As fases α e β podem ser arbitrariamente separadas por qualquer superfície SS' traçada dentro da região interfacial e paralelamente às superfícies AA' e BB'. Tal superfície SS' é chamada *fase superficial* e é designada pelo índice σ. É estritamente uma fase bidimensional e sua área será denotada por $\mathscr{A}$.

Da conservação da massa, podemos escrever a quantidade total do componente i do sistema como

$$n_i = n_i^\alpha + n_i^\beta + n_i^\sigma \tag{11.13}$$

Em termos das concentrações c,

$$n_i^\alpha = c_i^\alpha V^\alpha \quad \text{e} \quad n_i^\beta = c_i^\beta V^\beta$$

Em outras palavras, definimos n_i^α e n_i^β por meio da convenção de que a composição das fases maciças continua constante exatamente até a interface SS'. Devemos enfatizar que n_i^σ pode ser positivo ou negativo para manter a conservação da massa de i na expressão (11.13) relativa a n_i.

Gibbs definiu a *adsorção* de i na interface como

$$\Gamma_i = \frac{n_i^\sigma}{\mathscr{A}} \tag{11.14}$$

Esta quantidade apresenta as dimensões de uma concentração de superfície (quantidade de substância por unidade de área) e pode, evidentemente, ser positiva ou negativa de acordo com n_i^σ.

Podemos estender o tratamento das Eqs. (11.13) e (11.14) a outras variáveis extensivas do sistema. Por exemplo:

$$\text{energia superficial } U^{\theta} = U - U^{\alpha} - U^{\beta}$$
$$\text{entropia superficial } S^{\theta} = S - S^{\alpha} - S^{\beta} \quad \text{etc.}$$

A escolha da superfície divisora até aqui tem sido arbitrária, mas, para fazer as propriedades mecânicas do sistema modelo obedecer às do sistema real, a divisão deve ser feita na superfície de tensão definida na Sec. 11.1. No caso de uma superfície plana, todavia, o trabalho realizado para aumentar a superfície não depende do posicionamento da superfície de tensão e neste caso podemos colocar a superfície de Gibbs SS' em qualquer posição que desejamos.

Das Eqs. (6.4), (11.7) e (11.13), podemos escrever a função de Gibbs superficial segundo

$$dG^{\sigma} = -S^{\sigma}\, dT + \gamma\, d\mathscr{A} + \sum \mu_i\, dn_i^{\sigma} \tag{11.15}$$

Notando que no equilíbrio $\mu_i^{\sigma} = \mu_i^{\alpha} = \mu_i^{\beta}$. À temperatura T constante, a Eq. (11.15) se torna

$$dG^{\sigma} = \gamma\, d\mathscr{A} + \sum \mu_i\, dn_i^{\sigma} \tag{11.16}$$

Se integrarmos esta expressão a γ e μ_i constantes (ou aplicarmos o teorema de Euler, Sec. 7.2),

$$G^{\sigma} = \gamma\mathscr{A} + \sum \mu_i\, n_i^{\sigma}$$

Quando esta expressão é diferenciada, obtemos

$$dG^{\sigma} = \gamma\, d\mathscr{A} + \mathscr{A}\, d\gamma + \sum \mu_i\, dn_i^{\sigma} + \sum n_i^{\sigma}\, d\mu_i \tag{11.17}$$

Combinando a Eq. (11.17) com a (11.16)

$$\sum n_i^{\sigma}\, d\mu_i + \mathscr{A}\, d\gamma = 0 \tag{11.18}$$

(A dedução que acaba de ser dada é análoga à que conduziu à Eq. (7.10), equação de Gibbs-Duhem.) Dividindo a Eq. (11.18) por $\mathscr{A}$ e introduzindo Γ_i definido em (11.14) obtemos a importante *equação da tensão superficial de Gibbs.*

$$d\gamma = -\sum \boldsymbol{\Gamma}_i\, d\mu_i \tag{11.19}$$

A forma explícita desta equação para uma solução de dois componentes é

$$d\gamma = -\boldsymbol{\Gamma}_1\, d\mu_1 - \boldsymbol{\Gamma}_2\, d\mu_2 \tag{11.20}$$

À primeira vista, poderia parecer que podemos usar a equação de Gibbs para determinar a *adsorção* de cada componente a partir da variação da tensão superficial com a composição, como, por exemplo, da Eq. (11.20)

$$\boldsymbol{\Gamma}_1 = -\left(\frac{\partial\gamma}{\partial\mu_1}\right)_{T,\mu_2}$$

Todavia não podemos fazer isso, porque não podemos variar independentemente μ_1 e μ_2. Se a superfície não for plana, poderíamos realmente ter um outro grau de liberdade, a saber, a curvatura da superfície, mas com superfícies planas não podemos determinar as adsorções absolutas Γ_i a partir da equação de Gibbs.

11.8. Adsorções relativas

O problema mencionado acima foi resolvido por Gibbs introduzindo a idéia de adsorções relativas. Coloquemos a superfície divisora da Fig. 11.6 numa posição tal que a adsorção de um dos componentes (digamos, 1) seja nula. As adsorções de todos os outros componentes $i \neq 1$ nesta superfície são suas adsorções relativas à do componente 1 e são escritas segundo $\Gamma_{i,1}$. Então, como $\Gamma_{1,1} = 0$, a Eq. (11.20) se torna

$$d\gamma = -\Gamma_{2,1}\, d\mu_2$$

ou

$$\Gamma_{2,1} = -\left(\frac{\partial \gamma}{\partial \mu_2}\right)_T \tag{11.21}$$

Esta equação é chamada *isoterma de adsorção de Gibbs* (*relativa*). Para uma solução ideal, definida por $\mu_2 = \mu_2^\ominus + RT \ln c_2$, temos

$$\Gamma_{2,1} = -\frac{1}{RT}\left(\frac{\partial \gamma}{\partial \ln c_2}\right)_T \tag{11.22}$$

Um exemplo[8] da aplicação da Eq. (11.22) consiste no tratamento dos dados de tensão superficial de soluções etanol (2) e água (1) a 25 °C. Os dados se encontram na Tab. 11.2. Tomando-se o vapor como uma mistura de gases ideais com P_2 sendo a pressão parcial do etanol, $\mu_2 = \mu_2^\ominus(T) + RT \ln P_2$, e a Eq. (11.22) se torna

$$\Gamma_{2,1} = -\frac{1}{RT}\left(\frac{\partial \gamma}{\partial \ln P_2}\right)$$

Fazendo o gráfico de γ em função de $\ln P_2$, obtêm-se os coeficientes angulares dados na tabela. Os valores computados de $\Gamma_{2,1}$ são apresentados nas duas últimas colunas da Tab. 11.2 em unidades de $mol \cdot cm^{-2}$ e $moléculas \cdot nm^{-2}$.

Tabela 11.2 Dados de pressões de vapor e tensões superficiais de soluções de etanol-água e sua aplicação ao cálculo da adsorção superficial de Gibbs de etanol na superfície das soluções

Fração molar etanol X_2	Pressões parciais (torr) Água P_1	Etanol P_2	Tensão superficial γ $(dina \cdot cm^{-1})$	$-d\gamma/d \ln P_2$	Adsorção superficial $\Gamma_{2,1}$ $mol \cdot cm^{-2} \times 10^6$	moléculas nm^{-2}
0	23,75	0,0	72,2	0,0	0,0	0,0
0,1	21,7	17,8	36,4	15,6	6,3	3,8
0,2	20,4	26,8	29,7	16,0	6,45	3,9
0,3	19,4	31,2	27,6	14,6	5,9	3,6
0,4	18,35	34,2	26,35	12,6	5,1	3,1
0,5	17,3	36,9	25,4	10,5	4,25	2,6
0,6	15,8	40,1	24,6	8,45	3,4	2,06
0,7	13,3	43,9	23,85	7,15	2,9	1,75
0,8	10,0	48,3	23,2	6,2	2,5	1,50
0,9	5,5	53,3	22,6	5,45	2,2	1,33
1,0	0,0	59,0	22,0	5,2	2,1	1,27

Diversos métodos experimentais têm sido desenvolvidos para verificar a equação de adsorção de Gibbs. Um dos primeiros foi o método direto de J. W. McBain[9] que montou um micrótomo em movimento rápido para remover uma fatia da camada superficial (cerca de 0,05 mm de espessura) da solução e transferi-la com auxílio de uma colher a um tubo de amostragem para análise. Calculou, então, $\Gamma_{2,1}$ a partir da relação

$$\Gamma_{2,1} = \frac{m_1}{\mathscr{A}}\left[\left(\frac{m_2}{m_1}\right) - \left(\frac{c_2'}{c_1'}\right)\right]$$

[8] E. A. Guggenheim e N. K. Adam, *Proc. Roy. Soc. London, Ser. A* **139** 231 (1933)
[9] J. W. McBain e L. A. Wood, *Proc. Roy. Soc. London, Ser. A* **174** 286 (1940)

onde m_2/m_1 é a relação entre massas do solvente e soluto na amostra da superfície e c'_2/c'_1 é a relação entre suas concentrações (em massas por unidade de volume) no interior da solução. Um outro método usado se baseia na utilização de solutos contendo traçadores radiativos que são emissores β de pequeno poder de penetração(10). Os diferentes métodos fornecem adsorções em boa concordância com as calculadas a partir da equação de Gibbs.

11.9. Películas superficiais insolúveis

Em 1765, Benjamin Franklin, após fazer algumas observações sobre o espalhamento de óleos na superfície de uma lagoa em Clapham Common, estimou que a camada mais fina que poderia ser formada apresentava a espessura de "2,5 nm". Mais tarde, Pockels(11) e Rayleigh(12) descobriram que algumas substâncias pouco solúveis se espalhavam sobre a superfície de um líquido para formar películas de espessura exatamente igual a uma molécula, isto é, uma *película unimolecular* ou uma *monocamada.*

Em 1917, Irving Langmuir desenvolveu um método para a medida direta da *pressão superficial* exercida por películas superficiais sobre líquidos. Os aspectos essenciais do instrumento utilizado, a *balança de película*, são mostrados na Fig. 11.7. Uma *barreira fixa*, que pode ser uma tira de mica, flutua sobre a superfície da água e está suspensa por um fio de torsão. Nas extremidades da barreira flutuante estão presas fitas de folha de platina ou fibras com cera, que estão deitadas sobre a superfície da água e ligam a extremidade da barreira às beiras do tanque, impedindo assim a passagem da película superficial para trás da barreira. Uma *barreira móvel* repousa sobre as bordas do tanque e está em contato com a superfície de água. Um certo número de barreiras móveis existe para limpar a superfície por varredura.

Numa experiência típica, coloca-se sobre a superfície limpa da água uma quantidade diminuta de uma substância insolúvel, que se espalha. Por exemplo, pode ser usada uma solução diluída de ácido esteárico em benzeno; o benzeno então vaporiza rapidamente

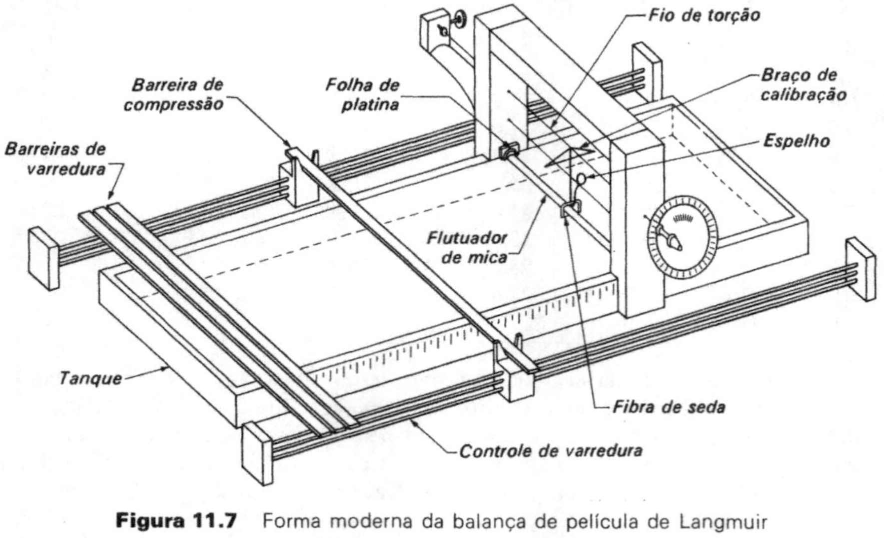

Figura 11.7 Forma moderna da balança de película de Langmuir

(10)G. Nilsson, *J. Phys. Chem.* **61**, 1 135 (1957)
(11)A. Pockels, *Nature* **43**, 437 (1891)
(12)Rayleigh, *Proc. Roy. Soc. London, Ser. A* **47**, 364 (1890); *Phil. Mag.* **48**, 337 (1899)

deixando uma película de ácido esteárico. Então, avança-se a barreira móvel em direção à barreira flutuante. A película superficial exerce uma pressão sobre o flutuador, empurrando-o para trás. A seguir, o fio de torsão ligado a uma escala circular calibrada é girado até que o flutuador volte a sua posição original. A força exigida para isso dividida pelo comprimento do flutuador é a força por unidade de comprimento ou pressão superficial.

A pressão superficial é simplesmente um outro modo de exprimir a diminuição da tensão superficial causada pela película superficial. De um lado do flutuador se encontra uma superfície aquosa limpa com a tensão γ_0 e, do outro lado, a superfície de água coberta numa certa extensão de moléculas de ácido esteárico, com uma tensão superficial mais baixa, γ. A pressão superficial f é simplesmente o negativo da variação da tensão superficial; assim,

$$f = -\Delta\gamma = \gamma_0 - \gamma \tag{11.23}$$

Substâncias diferentes exibem, na forma de películas monomoleculares, uma grande variedade de isotermas da pressão superficial em função de área (isotermas $f-\mathscr{A}$). Às vezes, a película se comporta como um gás bidimensional e, outras vezes, como um líquido ou sólido bidimensional. Além disso, existem outros tipos de monocamadas que não apresentam análogos exatos no mundo tridimensional. Todavia, podem ser reconhecidas como sendo fases superficiais definidas através das descontinuidades no diagrama $f-\mathscr{A}$ que assinala sua ocorrência. Se a película superficial se comporta como um gás bidimensional, temos uma equação[13] semelhante à tridimensional $PV = nRT$:

$$f\mathscr{A} = n^\sigma RT \tag{11.24}$$

Se introduzirmos a área excluída b^σ, um análogo bidimensional da correção de volume excluído b de Van Der Waals, a equação de estado se torna

$$f(\mathscr{A} - n^\sigma b^\sigma) = n^\sigma RT$$

11.10. Estrutura das películas superficiais

O tipo da isoterma $f-\mathscr{A}$ que se observa quando um composto orgânico é espalhado sobre água depende da estrutura do composto. Não é fácil, todavia, deduzir a conformação exata e o empacotamento das moléculas na camada superficial. No caso de moléculas com grupos polares nas extremidades e cadeias longas de hidrocarbonetos, o grupo hidrofílico da extremidade está situado na água e a cadeia de hidrocarboneto, no ar. Esta conclusão foi obtida por Langmuir como resultado de sua primeira observação de que a área superficial por molécula era a mesma, cerca de 0,20 nm^2, para películas superficiais densamente empacotadas de todos os ácidos graxos normais de C_{14} até C_{18}.

As isotermas $f-\mathscr{A}$ para ácido esteárico $C_{17}H_{35}COOH$ e ácido hexatriacontanóico normal $C_{35}H_{11}COOH$ são mostrados na Fig. 11.8(a), assim como para o ácido isoesteárico. Para fins de comparação, as medidas com triparacresilfosfato são, também, apresentadas. Extrapolando-se a porção linear íngreme da curva $f-\mathscr{A}$, que se acredita corresponder à compressão de uma camada superficial densamente empacotada, para $f = 0$, as áreas para os dois ácidos de cadeia reta são as mesmas, mas a área de um ácido com uma única ramificação na extremidade da cadeia de hidrocarboneto é consideravelmente maior. Na Fig. 11.8(b) são apresentadas as estruturas destas moléculas na orientação superficial que ocorre no empacotamento mais denso.

[13]Isto pode ser demonstrado, repetindo a dedução da Sec. 4.4 para o caso bidimensional. Encontramos $f\mathscr{A} = \frac{1}{2}NmC^2 = E_K$ e $E_k = RT$

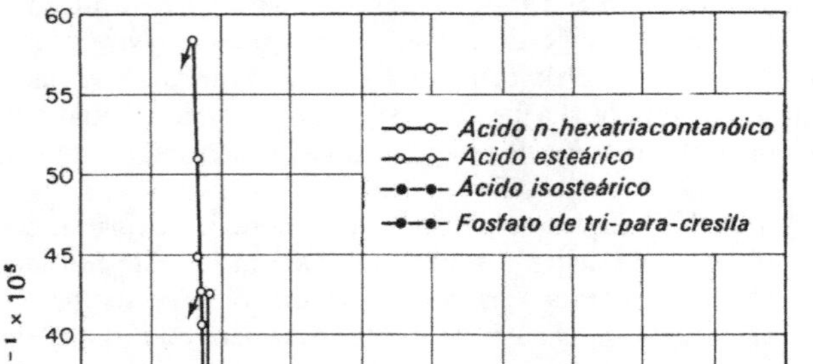

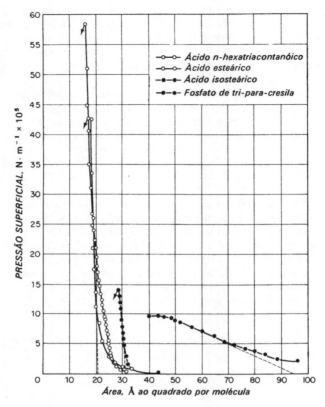

Figura 11.8(a) Curvas de pressão-área de quatro películas mostrando as pressões de colapso (*flexas pequenas*) e as seções transversais de moléculas (*pontos mais baixos das linhas tracejadas*). A compressibilidade da película está relacionada com a inclinação das curvas. A película de fosfato de tri-*para*-cresila entra em colapso lentamente [H. E. Ries, *Sci. Am.* **244**, n.º 3, 152 (1961); H. E. Ries e W. A. Kimball, *Proc. 2nd. Int. Conf. Surface Activity* (Londres. Butterworth, 1957), p. 75]

Estas estruturas de monocamadas estão estreitamente relacionadas com a estrutura de películas de sabão ou detergentes. Quando uma película de sabão se torna mais fina, atinge finalmente o estágio de "película escura" – sua espessura está agora abaixo da exigida para dar cores por interferência. A espessura-limite para películas escuras de estearato de sódio é de cerca 5,0 nm. Isto é aproximadamente o dobro do comprimento da molécula completamente esticada e a estrutura da película é uma folha bimolecular onde os grupos polares extremos se encontram em contato e as cadeias não-polares estão expostas para o exterior, como é mostrado na Fig. 11.9(a).

Uma das mais interessantes aplicações dos estudos de películas superficiais foi feita em 1925 por Gorter e Grendel[14]. Eles encontraram que os lipídios extraídos das membranas das células vermelhas podiam se espalhar sobre água até uma espessura de cerca da metade da própria membrana. Admitindo, de acordo com Langmuir, que a camada de lipídios era monomolecular, eles concluíram que a membrana era essencialmente uma dupla camada de moléculas de lipídios, provavelmente com algumas moléculas de

[14] *J. Expl. Med.* **41**, 439 (1925)

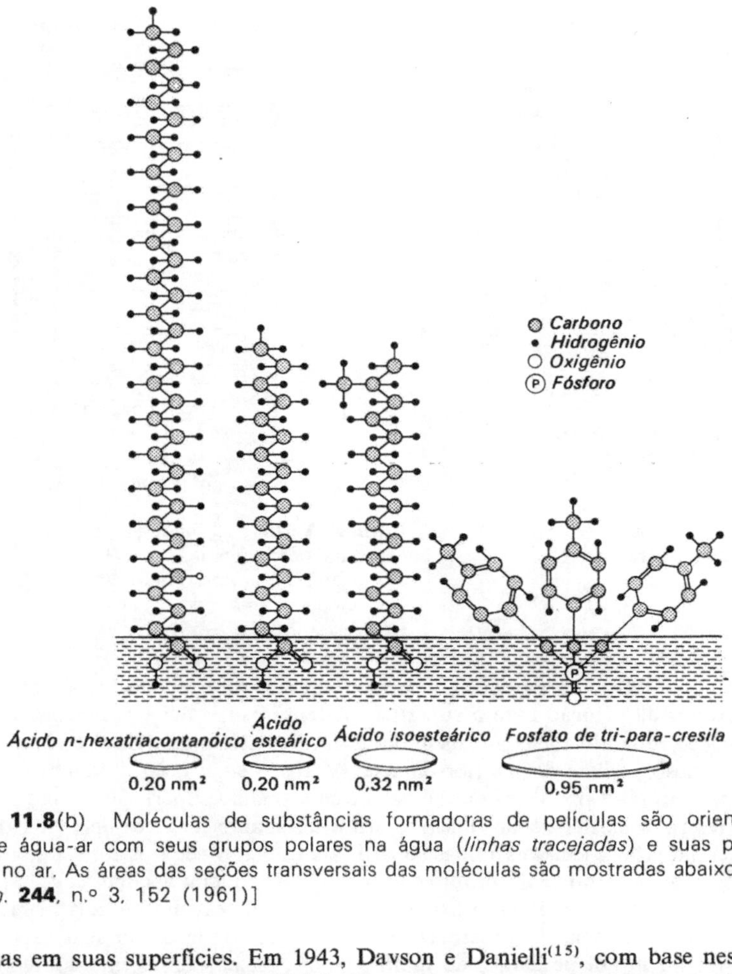

Figura 11.8(b) Moléculas de substâncias formadoras de películas são orientadas numa interface água-ar com seus grupos polares na água (*linhas tracejadas*) e suas porções não-polares no ar. As áreas das seções transversais das moléculas são mostradas abaixo [H. E. Ries, *Sci. Am.* **244**, n.º 3, 152 (1961)]

proteínas em suas superfícies. Em 1943, Davson e Danielli[15], com base neste trabalho e dados das baixas tensões superficiais de membranas, apresentaram o modelo para as membranas externas de células animais mostrado na Fig. 11.9(b). Esse modelo tem sido largamente aceito pelos biologistas, mas se encontra certamente submetido a severos ataques, principalmente com base na evidência da microscopia eletrônica, a qual indica que a microestrutura da membrana persiste mesmo após a extração da maioria dos lipídios. Estes estudos sugerem que as proteínas da membrana formam um reticulado estrutural nos interstícios do qual estão presos os constituintes de lipídios.

11.11. Propriedades dinâmicas das superfícies

Se fosse possível medir a tensão superficial γ de uma solução, exatamente no momento após a retirada de sua camada superficial com um micrótomo de McBain, encontraríamos um valor diferente do de equilíbrio ou estático. A razão deste efeito é evidente:

[15]H. Davson e J. F. Danielli, *Permeability of Natural Membranes* (New York: The Macmillan Company, 1943)

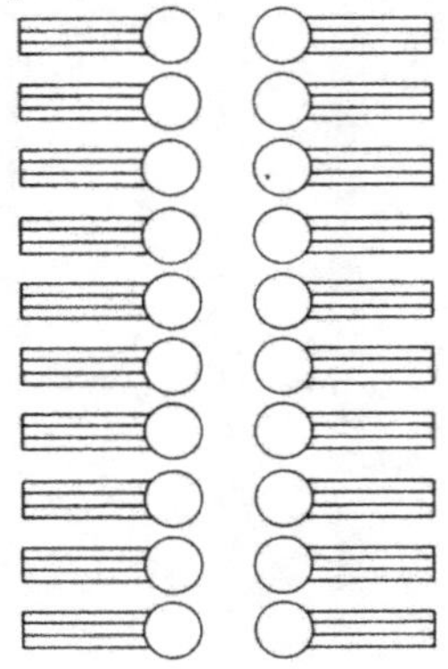

Figura 11.9(a) Uma película escura de sabão de área mínima

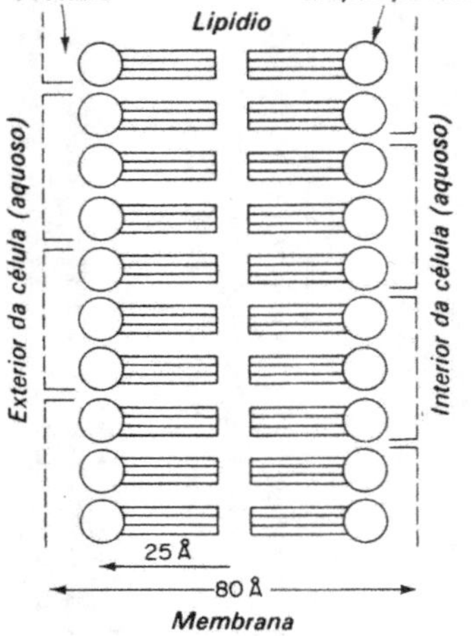

Figura 11.9(b) O modelo "paucimolecular" da estrutura de membrana da célula [H. Davson e J. F. Danielli, *Permeability of Natural Membranes*, 2.ª edição (Cambridge e New York: Cambridge University Press, 1953)]

não houve tempo suficiente para restabelecer o equilíbrio de adsorção por difusão do soluto do interior da solução para a superfície. A tensão superficial puramente *dinâmica* seria o valor de γ quando todas as adsorções $\Gamma_{i,1} = 0$, isto é, quando a composição da superfície é a mesma que a do interior da fase. A tensão superficial dinâmica é um fato importante na teoria dos processos de velocidade em camadas superficiais. Aqui, podemos apenas nos referir à existência de uma literatura fascinante neste campo, que trata de tópicos tais como jatos oscilantes, ondas superficiais e colisão de jatos com superfícies[16].

Outro grupo importante de propriedades dinâmicas inclui a *viscosidade superficial* e fenômenos correlatos. Em 1869, o físico belga, cego, Plateau notou pela primeira vez a diferença entre a viscosidade superficial e a no interior de fases em suas experiências sobre o amortecimento de oscilações de agulhas de bússola suspensas em e sobre líquidos. Se um elemento de superfície $dxdy$ escoa no seu plano xy com a velocidade $u(y)$ na direção x, ele experimenta uma resistência de atrito F (força) dos elementos de monocamadas adjacentes, dada por

$$F = \eta^{\sigma} \frac{du}{dy} dx\, dy,$$

onde η^{σ} é o *coeficiente de viscosidade superficial* (Sec. 4.24). Quais são as dimensões da viscosidade superficial e quais suas unidades SI?

Medidas de viscosidade superficial são úteis no estudo de monocamadas, porque variações em η^{σ} são freqüentemente indicadores sensíveis de transições de fase na superfície. Interações moleculares em películas de proteínas e proteolipídios também se refletem em η^{σ} e podem fornecer indícios para fatores importantes na formação de membranas naturais. Até o presente, todavia, não existe qualquer teoria molecular detalhada acerca de η^{σ}. O problema é, evidentemente, ainda mais difícil que o cálculo de uma propriedade

(16) Uma bibliografia detalhada é dada por R. Defay e I. Prigogine, *Surface Tension and Adsorption* (Londres: Longmans, Green & Company, Ltd., 1968), p. 68

de equilíbrio, como a tensão superficial, e dificilmente podemos esperar uma solução satisfatória em menos do que uma geração.

Em líquidos puros, uma viscosidade superficial η^σ diferente da η maciça ainda não foi demonstrada. Os efeitos observados por Plateau na realidade eram devidos à adsorção das impurezas dissolvidas na superfície. O físico italiano Marangoni[17] foi o primeiro a mostrar que uma agulha de bússola em movimento sobre uma superfície deveria deixar atrás de si uma área varrida, limpa (com tensão superficial γ_2) e tenderia a concentrar em sua frente substâncias surfactantes adsorvidas (com tensão superficial γ_1) (Fig. 11.10). Então, $\gamma_1 < \gamma_2$ e o movimento da agulha deveria ser amortecido pela pressão superficial resultante. Este *efeito Marangoni* tende, também, estabilizar películas e superfícies contra deformações dilatacionais (variação em área) e é responsável pela maior parte da viscosidade dilatacional de películas superficiais (distinta da viscosidade de cisalhamento previamente discutida).

Muitos dos fascinantes fenômenos superficiais dinâmicos estão relacionados a similares diferenças locais em tensão superficial. Exemplos clássicos são a *dança da cânfora*, onde um pequeno pedaço de cânfora se desloca sobre uma superfície de água, e as *lágrimas de vinho forte*, onde gotículas ricas em álcool se formam nas paredes de copos de vinho[18]. Movimentos semelhantes devidos à tensão superficial são provavelmente importantes em fenômenos biológicos, tais como, o transporte de bactérias ou entidades subcelulares em tecidos, pinocitose, descarga de secreção de grânulos e vesículas, e o comportamento de secreções mucosas no pulmão. Nestes sistemas, as interfaces entre membranas de células proteolipídicas e o citoplasma fornecem o ambiente para efeitos dinâmicos de tensões superficiais.

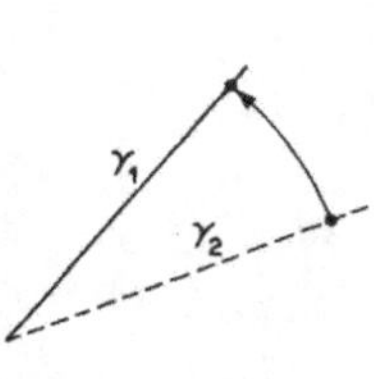

Figura 11.10 Efeito Marangoni de uma agulha em movimento sobre uma superfície. À medida que a agulha se move em sentido contrário ao do relógio deixa atrás de si uma superfície limpa $\gamma_2 > \gamma_1$

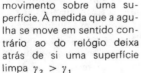

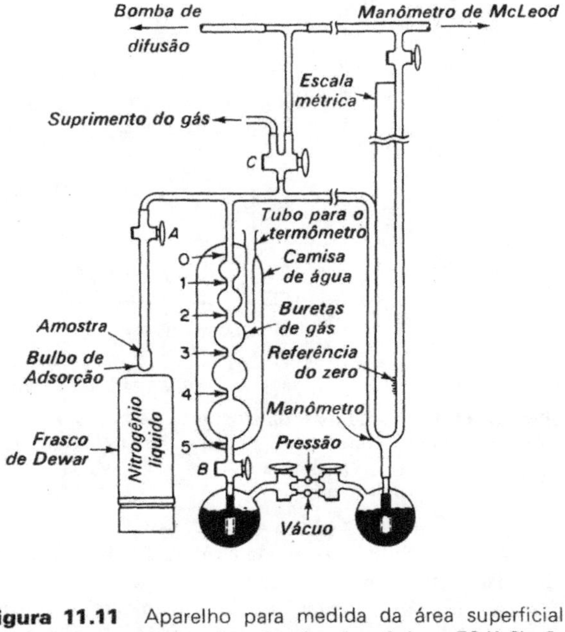

Figura 11.11 Aparelho para medida da área superficial de sólidos através da adsorção de nitrogênio a 78 K [L. G. Joyner, em *Scientific and Industrial Glassblowing* — (Pittsburgh: Instrument Publ. Co., 1949)]

[17]Ver L. E. Scriven e C. V. Sternling "The Marangoni Effects", *Nature* **187**, 186 (1960)
[18]H. J. Tress, *Trans. Soc. Glass Technol.* **38**, 89 (1954)

11.12. Adsorção de gases em sólidos

Os métodos experimentais do estudo de sistemas gás-sólido são tão diferentes dos usados em sistemas gás-líquido que os dados de adsorção obtidos parecem pertencer a duas disciplinas bem diferentes até se descobrir a teoria termodinâmica unificadora. Um aparelho experimental de um método volumétrico para o estudo da adsorção de gases em sólidos é mostrado na Fig. 11.11. O vapor do adsorbato está contido numa bureta de gás calibrada e sua pressão, medida com um manômetro. O adsorvente está contido num tubo de amostras termostatado e separado do adsorbato por meio de uma torneira ou separador. Todos os volumes do aparelho são calibrados. Quando o vapor é admitido à amostra do adsorvente, a quantidade adsorvida pode ser calculada a partir da leitura da pressão após ser atingido o equilíbrio. Uma série de medidas em pressões diferentes fornece a isoterma de adsorção.

Na Fig. 11.12 são apresentadas duas isotermas típicas. Em vez da pressão, a *pressão relativa* $P/P^{\bullet}$ é usada como abscissa, sendo $P^{\bullet}$ a pressão de vapor ao adsorbato na temperatura da isoterma. Estas isotermas ilustram duas espécies de comportamento de adsorção, que geralmente podem ser distinguidas. O caso de nitrogênio sobre sílica-gel a 78 K é um exemplo de *adsorção física* ou *fisiossorção.* O caso de oxigênio sobre carvão a 150 K é uma típica *adsorção química* ou *quimiossorção.*

Figura 11.12 Isotermas de adsorção exibindo adsorção física (N_2 sobre sílica a 77 K) e adsorção química (O_2 sobre carvão a 150 K). A escala de pressão para O_2 é expandida 10 vezes de modo que vai de 0 a 0,1

A adsorção física é devida à operação de forças entre a superfície sólida e as moléculas do adsorbato, que são semelhantes às forças de Van Der Waals entre moléculas. Estas forças não são orientadas e relativamente não-específicas. Conduzem, finalmente, à condensação do vapor ao líquido, quando P se torna igual a $P^{\bullet}$. As energias de adsorção envolvidas são da ordem de 300 a 3 000 $J \cdot mol^{-1}$. A adsorção aumenta rapidamente em altas $P/P^{\bullet}$, conduzindo finalmente à condensação na superfície. Em pressões relativas ao redor de 0,8, mesmo antes de ocorrer a condensação, podem existir diversas camadas superpostas de adsorbato sobre a superfície. A adsorção física é, geralmente, reversível, isto é, diminuindo a pressão, o gás adsorvido é dessorvido ao longo da mesma curva de

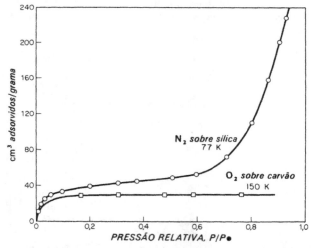

adsorção. Uma exceção a esta regra é observada quando o adsorvente contém muitos poros finos em capilares[19].

Contrastando com a adsorção física, a adsorção química é o resultado de forças de ligação muito mais intensas, comparáveis às que conduzem à formação de compostos químicos. Tal adsorção pode ser encarada como a formação de uma espécie de composto superficial. As energias de adsorção variam de cerca de 40 até 400 $kJ \cdot mol^{-1}$. Em temperaturas baixas, a quimiossorção é raramente reversível. Geralmente, o sólido deve ser aquecido a temperaturas mais elevadas e bombeado em alto vácuo para remover o gás adsorvido quimicamente. Às vezes, o gás que é dessorvido não é o mesmo que foi adsorvido; por exemplo, após a adsorção de oxigênio em carvão a 150 K, o aquecimento e o bombeamento determinarão a dessorção de monóxido de carbono. Por outro lado, o hidrogênio quimiossorvido sobre níquel, presumivelmente com a formação de ligações superficiais Ni—H, pode ser recuperado como H_2. A adsorção química se completa quando a superfície se cobre de uma monocamada adsorvida. Às vezes, uma camada fisicamente adsorvida pode se formar sobre uma camada subjacente adsorvida quimicamente. O mesmo sistema pode exibir adsorção física numa temperatura e adsorção química numa outra mais elevada. Assim, nitrogênio é adsorvido fisicamente sobre ferro a 78 K e quimiossorvido com a formação de nitreto de ferro superficial na temperatura de 800 K.

O modo mais direto de distinguir a adsorção física da química é através do exame dos espectros infravermelhos das moléculas adsorvidas, como é mostrado na Fig. 11.13(a). A Fig. 11.13(b) mostra os espectros infravermelhos de acetileno em solução e do mesmo gás adsorvido sobre sílica e sílica recoberta de paládio. O espectro da absorção sobre sílica é semelhante ao em solução, com exceção de um pequeno deslocamento para freqüências mais baixas, mas o espectro da absorção sobre paládio é completamente dife-

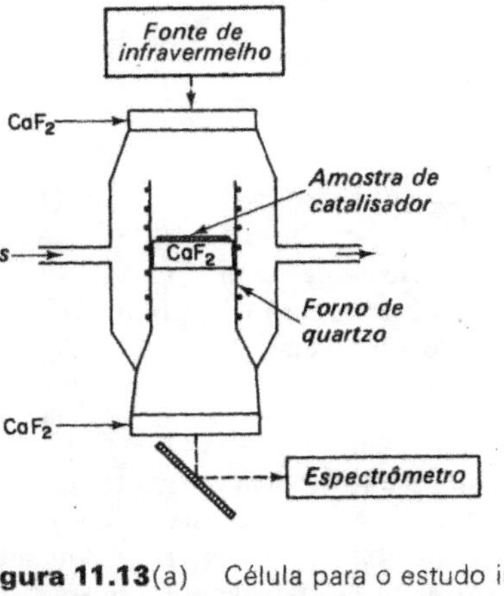

Figura 11.13(a) Célula para o estudo infravermelho de gases adsorvidos quimicamente [R. P. Eischens e W. S. Pliskin, *Advan. Catalysis* **10**, 1 (1958)]

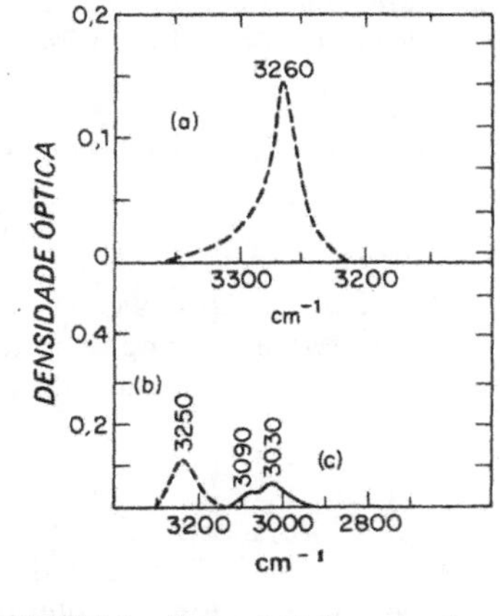

Figura 11.13(b) Espectro infravermelho: (a) acetileno em solução líquida; (b) acetileno sobre vidro silicatado poroso; (c) acetileno sobre vidro silicatado poroso coberto com paládio

[19]Assim como a pressão de vapor de líquidos com superfícies convexas (isto é, gotículas) é maior que a de superfícies planas, a pressão de vapor de líquidos com superfícies côncavas é menor. A variação é dada pela equação de Kelvin. Portanto, a condensação em capilares é facilitada enquanto a evaporação de capilares é inibida. Quando ocorre a condensação capilar, a isoterma de adsorção exibe histerese na dessorção

rente. Podemos concluir que o último caso é uma adsorção química com formação de novas ligações enquanto o primeiro caso é o de uma adsorção física típica[20].

11.13. A isoterma de adsorção de Langmuir

A primeira teoria quantitativa da adsorção de gases foi apresentada em 1916 por Irving Langmuir, que baseou seu modelo nas seguintes hipóteses:

1. A superfície sólida contém um número fixo de sítios de adsorção. No equilíbrio em qualquer temperatura e pressão de gás, uma fração θ de sítios é ocupada por moléculas adsorvidas e uma fração $1-\theta$ não se encontra ocupada.
2. Cada sítio pode manter apenas uma molécula adsorvida.
3. O calor de adsorção é o mesmo para todos os sítios e não depende da fração coberta θ.
4. Não existe interação entre moléculas situadas em sítios diferentes. A probabilidade de uma molécula condensar sobre um sítio não ocupado ou abandonar um sítio ocupado não depende de os sítios vizinhos estarem ou não ocupados.

Podemos deduzir a isoterma de adsorção de Langmuir a partir de uma discussão cinética sobre a condensação e a evaporação de moléculas gasosas da superfície. Assim, se θ é a fração da área da superfície coberta por moléculas adsorvidas num tempo qualquer, a velocidade de evaporação de moléculas da superfície é proporcional a θ ou igual a $k_d\theta$, onde k_d é uma constante numa temperatura T constante. A velocidade de condensação de moléculas na superfície é proporcional à fração da superfície que está vazia, $1-\theta$, e à velocidade com que as moléculas colidem com a superfície, a qual, numa dada temperatura, varia diretamente com a pressão do gás. A velocidade de condensação é, portanto, igual a $k_aP(1-\theta)$. No equilíbrio, a velocidade de condensação é igual à velocidade de evaporação; assim,

$$k_d\theta = k_aP(1-\theta)$$

Resolvendo esta equação em relação a θ, obtemos

$$\theta = \frac{k_aP}{k_d + k_aP} = \frac{bP}{1+bP}, \qquad (11.25)$$

onde b é a relação das constantes k_a/k_d, chamada *coeficiente de adsorção.*

A isoterma de Langmuir da Eq. (11.25) é posta num gráfico na Fig. 11.14(a). Às vezes, é mais conveniente colocá-la em gráfico na forma de uma reta[21].

$$\frac{1}{\theta} = 1 + \frac{1}{bP} \qquad (11.26)$$

A Fig. 11.14(b) mostra alguns dados para a adsorção de gases em sílica postos em gráficos nesta forma. As boas retas indicam que as adsorções satisfazem à isoterma de Langmuir.

Dois casos-limite da isoterma de Langmuir são freqüentemente de interesse. Quando, por exemplo, $bP \ll 1$, isto é, quando a pressão é baixa ou o coeficiente de adsorção é muito pequeno,

$$\theta = bP$$

Esta dependência linear de θ de P é sempre encontrada na região de baixa pressão da curva de adsorção. Quando $bP \gg 1$, em pressões elevadas ou com adsorção particular-

[20]L. H. Little, H. Sheppard e D. J. C. Yates, *Proc. Roy. Soc. London, Ser. A* **259**, 242 (1960)

[21]Semelhantes gráficos recíprocos foram mais tarde introduzidos na cinética enzimática por H. Lineweaver e D. Burk, *J. An. Chem. Soc.* **56**, 658 (1934). Ver Sec. 9.42

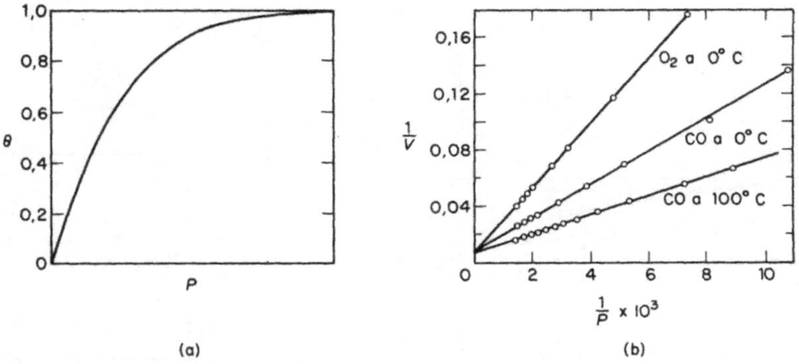

Figura 11.14 (a) Isoterma de Langmuir. (b) Adsorção de gases sobre sílica grafada de acordo com a Eq. (11.26). O volume adsorvido (proporcional a θ) é dado em cm^3 (CNTP) por grama e a pressão é dada em torr [E. C. Markham e A. F. Benton, *J. Am. Chem. Soc.* **53**, 497 (1931)]

mente intensa em pressões menores, a isoterma se reduz a

$$1 - \theta = \frac{1}{bP}$$

Esta expressão é válida na região superior achatada da isoterma: a fração de superfície livre se torna inversamente proporcional à pressão.

11.14. Adsorção em sítios não-uniformes

Mesmo a superfície sólida mais lisa ainda é rugosa na escala de 1 nm. O exame das faces de clivagem de cristais pelas técnicas ópticas(22) mais refinadas revela que apresentam superfícies semelhantes a terraços. As experiências de emissão fotelétrica ou termoiônica de metais indicam que as superfícies são retalhos de áreas de diferentes funções de trabalho. F. C. Frank(23) elucidou o mecanismo através do qual, freqüentemente, os cristais crescem de vapor ou de solução. Os novos átomos ou moléculas não são depositados em superfícies planas, mas em irregularidades na superfície associadas com *discordâncias* na estrutura cristalina. A estrutura da superfície resultante é uma réplica em miniatura da configuração de crescimento espiral de um templo babilônico (Sec. 18.23).

O calor de adsorção freqüentemente diminui marcadamente com o aumento da cobertura da superfície. Resultados típicos são mostrados na Fig. 11.15. Este efeito obviamente indica uma superfície não-uniforme. A falta de uniformidade, todavia, pode ou existir previamente nos diferentes sítios de adsorção ou ser causada pelas forças repulsivas entre átomos ou moléculas adsorvidas. Especialmente no caso de a ligação entre a superfície e o adsorbato ser parcialmente iônico, como a evidência mais recente sugere, as repulsões podem se tornar grandes, diminuindo notadamente o calor de adsorção em coberturas mais elevadas.

Como o modelo para a isoterma de Langmuir é um conjunto de sítios de adsorção uniformes, não é nada surpreendente que, em vista da não-uniformidade das superfícies reais, muitos casos de adsorção forte não se ajustem a esta isoterma. Em alguns exemplos, uma isoterma empírica devida a Freundlich apresenta mais sucesso e é dada por

$$\theta = KP^{1/m}, \tag{11.27}$$

(22) S. Tolansky, *Multiple Beam Interferometry* (Londres: Methuen & Co., Ltd., 1948)
(23) F. C. Frank, *Advan. Phys.* **1** (1952)

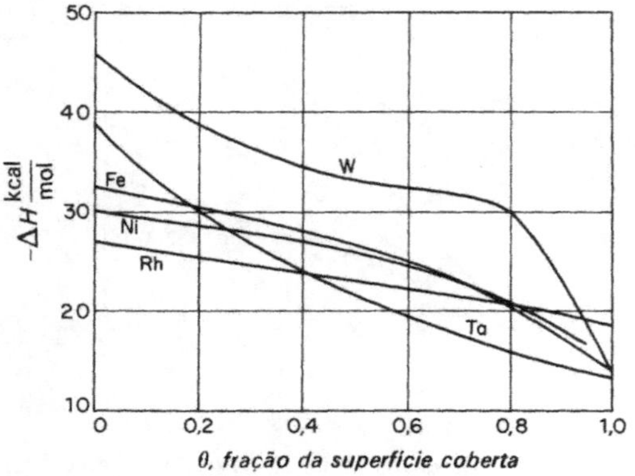

Figura 11.15 Calor de adsorção de hidrogênio sobre superfícies metálicas limpas [O. Beeck, *Discussions Faraday Soc.* **8**, 118 (1950)]

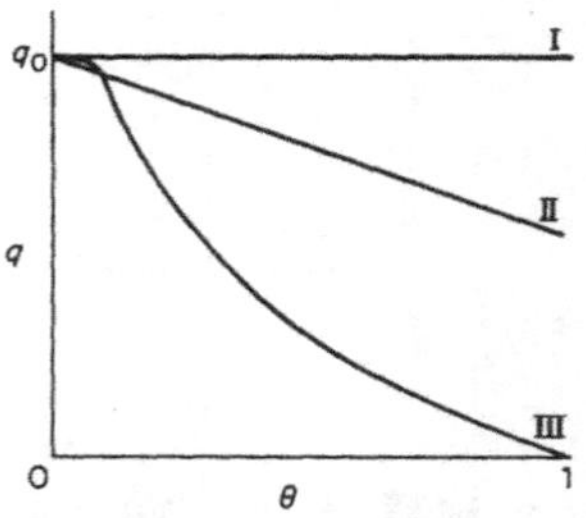

Figura 11.16 Variação do calor de adsorção com a cobertura da superfície: curvas q^a-θ para várias isotermas. I. Langmuir. II. Temkin. III. Freundlich

onde K é uma constante e m, um número maior que a unidade. Pode-se mostrar[24] que a Eq. (11.27) corresponde a uma superfície não-uniforme na qual o calor de adsorção q^a diminui com $\log \theta$.

Uma variação linear de q^a com θ está, geralmente, mais de acordo com a experiência.

$$q^a = q_0^a(1 - \alpha\theta)$$

Este comportamento de q^a corresponde à isoterma de Temkin,

$$\theta = \frac{RT}{q_0^a \alpha} \ln (A_0 P), \tag{11.28}$$

onde α e A_0 são constantes para um dado sistema a T constante. A adsorção química de N_2 e H_2 sobre ferro deve seguir a isoterma de Temkin.

A variação de q^a com θ para as três isotermas enunciadas são apresentadas na Fig. 11.16.

11.15. Catálise de superfície

Muitas reações, que são lentas numa fase homogênea, gasosa ou líquida, procedem rapidamente quando se dispõe de uma superfície sólida conveniente. O exemplo mais antigo desta *ação de contato* ou *catálise de contato* foi a desidrogenação de álcoois por metais estudada por Van Marum em 1796. Em 1817, Davy e Döbereiner investigaram a incandescência de certos metais numa mistura de ar e gases combustíveis, e, em 1825, Faraday trabalhou com a combinação catalítica de hidrogênio e oxigênio. Estes estudos forneceram os fundamentos experimentais da cinética heterogênea.

Um exemplo interessante foi encontrado[25] na bromação de etileno: $C_2H_4 + Br_2 \rightarrow$ $\rightarrow C_2H_4Br_2$. Esta reação se dá facilmente em recipiente de vidro a 200 °C. Pensou-se, inicialmente, que se tratava de uma combinação homogênea comum, porém a velocidade parecia aumentar em recipientes de reação menores. Quando o recipiente era enchido com tubos ou pérolas de vidro, a velocidade era consideravelmente aumentada. Este

[24] G. Halsey, *Advan. Catalysis* **4**, 259 (1952)

[25] R. G. W. Norrish, *J. Chem. Soc.*, 3 006 (1923)

método é freqüentemente usado para detectar reações em paredes. Um aumento de velocidade num recipiente assim enchido indica que uma parte considerável da reação observada é heterogênea, no material de enchimento e nas paredes, de preferência à reação homogênea que se dá apenas na fase gasosa.

A decomposição do ácido fórmico ilustra o fato de geralmente as reações de superfície serem específicas. Assim, quando o vapor do ácido passa através de um tubo de vidro aquecido, cerca da metade da reação é desidratação e a outra, desidrogenação.

1) $HCOOH \longrightarrow H_2O + CO$

2) $HCOOH \longrightarrow H_2 + CO_2$

Se o tubo for enchido com Al_2O_3, apenas a reação 1 ocorre; mas, se for enchido com ZnO_2, o único resultado é a reação 2. Portanto, diferentes superfícies podem acelerar diferentes caminhos paralelos e, desta maneira, determinar realmente a natureza dos produtos.

Uma reação de superfície pode geralmente ser dividida nas seguintes etapas elementares:

1. difusão dos reagentes para a superfície;
2. adsorção dos reagentes na superfície;
3. reação química na superfície;
4. dessorção dos produtos da superfície;
5. difusão dos produtos para longe da superfície.

Estes são estágios consecutivos, de modo que, se qualquer um deles for muito mais lento que todos os outros, este será o que determinará a velocidade da reação global. As etapas 1 e 5 geralmente são rápidas. Somente no caso de catalisadores extremamente ativos podem determinar a velocidade global. As dependências da temperatura da difusão e da reação química são dadas, respectivamente, por $T^{1/2}$ e $e^{-E/RT}$. Portanto, se uma reação catalítica aumenta apenas ligeiramente com a temperatura, pode ser controlada por difusão. As etapas 2 e 4 apresentam geralmente velocidades específicas mais elevadas que a 3, mas são conhecidas reações em que elas podem ser os estágios determinantes da velocidade da reação. Geralmente, porém, a reação na superfície, etapa 3, é que determina a velocidade. Em alguns casos, em lugar de a reação se processar inteiramente na superfície, uma molécula de fase fluida pode reagir com as espécies adsorvidas.

A cinética de muitas reações de superfície pode ser tratada com sucesso na base das seguintes hipóteses:

1. A etapa determinante da velocidade é a reação de moléculas adsorvidas.
2. A velocidade da reação por unidade da área da superfície é proporcional a θ, a fração da superfície aberta.
3. O valor de θ é dado pela isoterma de Langmuir.

Exemplos da cinética com estas hipóteses são dados no Problema 15.

11.16. **Adsorção ativada**

Freqüentemente, a barreira da energia potencial que deve ser vencida antes que possa ocorrer adsorção é pequena ou desprezível, e a velocidade da adsorção é governada pela velocidade de suprimento do gás à superfície. Todavia, algumas vezes, uma energia de ativação, E_a, considerável pode ser exigida pela adsorção e sua constante de velocidade, $k_a = A \exp(-E_a/RT)$, pode se tornar suficientemente pequena para determinar a velocidade global de uma reação de superfície. A adsorção que requer uma apreciável energia de ativação é chamada *adsorção ativada.*

A adsorção química de gases em metais, geralmente, não requer uma energia de ativação apreciável. O trabalho de J. K. Roberts[26] mostrou que a adsorção de hidrogênio em filamentos metálicos cuidadosamente limpos procede rapidamente, mesmo a 25 K, para formar uma monocamada fortemente ligada de átomos de hidrogênio adsorvidos. O calor de adsorção é próximo ao que é o esperado para a formação de ligações covalentes de metal-hidreto.

Uma exceção importante a este tipo de comportamento foi encontrada na adsorção de nitrogênio num catalisador de ferro ao redor de 373 K[27]. Esta adsorção é uma adsorção ativada lenta e parece ser o estágio determinante da velocidade na síntese de amônia sobre estes catalisadores. Se S é a superfície do catalisador, a reação pode ser representada como se segue:

$$N_2 \longrightarrow \left.\begin{matrix} N \\ N \end{matrix}\right\} S$$

$$\cdots\cdots \longrightarrow NH\} S \longrightarrow NH_2\} S \longrightarrow NH_3\} S \longrightarrow NH_3$$

$$H_2 \longrightarrow \left.\begin{matrix} H \\ H \end{matrix}\right\} S$$

Reação de superfície — Dessorção

Adsorção ativada

A adsorção e a ativação de hidrogênio foram eliminadas como sendo a etapa mais lenta, porque a reação de troca $H_2 + D_2 \rightleftharpoons 2HD$ ocorre no catalisador mesmo na temperatura de ar líquido, presumivelmente através da dissociação de H_2 e D_2 em átomos adsorvidos. Então, verificou-se que os hidrogênios no NH_3 são facilmente trocados com o deutério de D_2 no catalisador à temperatura ambiente. Isto indica que processos envolvendo ligações N—H não são os prováveis de ser determinantes da velocidade. O único estágio lento possível parece ser a adsorção ativada do próprio N_2, que, portanto, deverá governar a velocidade da reação importante de síntese da amônia. A idéia de que a adsorção ativada lenta de N_2 era a etapa determinante da velocidade foi reforçada por medidas de velocidade de adsorção com técnicas de microbalança em vácuo[28]. Neste ponto, todavia, surgiram algumas dificuldades no modelo da adsorção ativa, quando se verificou que a adsorção química de N_2 era acelerada pela adsorção química simultânea de H_2[29]. Realmente, durante a síntese de NH_3, a velocidade de adsorção de N_2 é cerca de dez vezes a velocidade da síntese.

Uma análise nova do mecanismo levada a efeito por Taylor e colaboradores[30] indicou que a maioria do nitrogênio na superfície se encontrava na forma de radicais imina (—NH) adsorvidos. Portanto, todas as seguintes reações deveriam ser consideradas:

$$\begin{aligned} N_2 &\longrightarrow 2N\ (ads) \\ H_2 &\longrightarrow 2H\ (ads) \\ N\ (ads) + H\ (ads) &\longrightarrow NH\ (ads) \\ NH\ (ads) + H\ (ads) &\longrightarrow NH_2\ (ads) \\ NH_2\ (ads) + H\ (ads) &\longrightarrow NH_3\ (ads) \end{aligned}$$

[26] J. K. Roberts, *Some Problems in Adsorption* (Londres: Cambridge University Press, 1939)
[27] P. H. Emmett e S. Brunauer, *J. Am. Chem. Soc.* **62**, 1 732 (1940)
[28] J. J. F. Scholten e P. Zweitering, *Trans. Faraday Soc.* **56**, 262 (1960)
[29] K. Tamaru, *Trans. Faraday Soc.* **59**, 979 (1963)
[30] A. Osaki, H. S. Taylor e M. Boudart, *Proc. Roy. Soc. London, Ser. A* **258**, 47 (1960)

11.17. Mecânica estatística da adsorção

A teoria mecânico-estatística da isoterma de adsorção não é apenas fascinante por si mesma mas também ilustra o tipo do tratamento teórico que pode ser aplicado a outros campos, como a soluções de altos polímeros, a transições de fase e ao ferromagnetismo. Um modelo unidimensional que será discutido é apresentado na Fig. 11.17 juntamente com o simbolismo usado. Consiste em um conjunto linear de sítios do reticulado, alguns ocupados, outros vazios, com uma energia de interação $U = w$ entre cada par de sítios vizinhos ocupados e $U = 0$ entre sítios ocupados situados um longe do outro. Este modelo é chamado *reticulado gasoso unidimensional* uma vez que os átomos adsorvidos nos sítios podem ser trocados livremente uns com os outros. Este problema estatístico, pela primeira vez discutido por Ising em 1925, com relação à teoria do ferromagnetismo, foi descrito na Sec. 6.11.

x x ¦ o o ¦ x ¦ o ¦ x x x ¦ o

$M = 10$ $N = 6$ $M - N = 4$ $Q = 5$ $N_{xx} = 3$

Figura 11.17 Modelo da seção de um reticulado unidimensional com *M* sítios e *N* moléculas adsorvidas. Os sítios ocupados são designados por *x* e os vazios, por *o* (Os dois sítios das extremidades são considerados para formar um par *ox*)

O problema unidimensional é uma excelente ilustração da potência do método do *ensemble canônico* da mecânica estatística. O problema dificilmente poderia ser tratado por meio do *ensemble* microcanônico porque envolve uma *interação entre partículas.* Seguiremos a dedução dada por Hill[31].

Uma configuração de *N* moléculas sobre *M* sítios com *Q* pares do tipo *ox* terá uma energia de interação total de

$$N_{xx}w = \left(N - \frac{Q}{2}\right)w$$

Seja $g(N, M, Q)$ o peso estatístico deste estado energético, isto é, existem g maneiras de arranjar *N* moléculas nos *M* sítios, de modo que existam *Q* pares do tipo *ox*. Então, da Eq. (5.36), a função de partição *Z* é

$$\begin{aligned} Z(N, M, T) &= z^N \sum_Q g(M, N, Q) \exp\{-[N - (Q/2)]w/kT\} \\ &= (ze^{-w/kT})^N \sum_Q g(M, N, Q)(e^{w/2kT})^Q , \end{aligned} \qquad (11.29)$$

onde z é a função de partição para uma única molécula adsorvida e a soma é tomada para todos os valores possíveis de *Q* para os valores dados de *M* e *N*.

Consideremos, em primeiro lugar, o que sucede à Eq. (11.29) quando $w = 0$. Este caso corresponde ao *modelo de adsorção de Langmuir* no qual não existe interação entre as moléculas adsorvidas. A Eq. (11.21) então se torna

$$Z(N, M, T) = z^N \sum_Q g(M, N, Q) = z^N \frac{M!}{N!(M - N)!}, \qquad (11.30)$$

uma vez que $M!/N!(M-N)!$ é exatamente igual ao número total de configurações de *M* e *N* dados (o número de permutação de *M* sítios dividido pelo número de permutações dos sítios ocupados vezes o número de permutações de sítios não ocupados).

Como a área da superfície $\mathscr{A}$ é proporcional ao número de sítios *M*, podemos escrever $d\mathscr{A} = \alpha\, dM$, onde α é um fator de proporcionalidade. Se usarmos o potencial

[31]T. Hill, *An Introduction to Statistical Thermodynamics* (Reading, Mass.: Addison-Wesley Publishing Co., Inc., 1960), Cap. 14

químico μ *por molécula*, a Eq. (11.15) se torna

$$dG^\sigma = -S^\sigma\, dT + \gamma\, d\mathscr{A} + \sum \mu\, dN$$

Para a superfície de fase, as energias livres de Gibbs e Helmholtz são as mesmas, de modo que da Eq. (5.44)

$$G^\sigma = -kT \ln Z^\sigma$$

obtemos

$$\left(\frac{\partial G^\sigma}{\partial N}\right)_T = \mu = -kT\left(\frac{\partial \ln Z^\sigma}{\partial N}\right)_T$$

Da Eq. (11.30) e da fórmula de Stirling,

$$\frac{\mu}{kT} = -\left(\frac{\partial \ln Z}{\partial N}\right)_{M,T} = \ln \frac{N}{z(M-N)} = \ln \frac{\theta}{z(1-\theta)},$$

onde $\theta = N/M$ é a fração dos sítios cobertos.

Se a fase adsorvida se encontrar em equilíbrio com o gás sob a pressão P,

$$\mu = \mu^0 + kT \ln P$$

ou

$$\frac{\mu}{kT} = \frac{\mu^0}{kT} + \ln P = \ln \frac{\theta}{z(1-\theta)}$$

ou

$$\theta(P, T) = \frac{b(T)P}{1 + b(T)P},$$

que é a isoterma de adsorção de Langmuir da Eq. (11.25) com

$$b(T) = z(T)\, e^{\mu^0/kT} \tag{11.31}$$

Retornemos agora ao caso da energia da interação entre os sítios vizinhos, $w > 0$. Quando estamos lidando com aproximadamente 1 mol de moléculas gasosas e sítios de adsorção, no somatório da Eq. (11.29), M, N e Q são números enormemente grandes. Poderemos computar $g(M, N, Q)$ na Eq. (11.29) subdividindo o arranjo linear dos sítios em grupos de x e de o, como é mostrado na Fig. 11.17. No exemplo apresentado na figura, temos $(Q + 1)/2$ grupos de x e $(Q + 1)$ grupos de o, uma vez que um par ox ocorre em cada fronteira entre um grupo x e um grupo o. De quantas maneiras podemos arranjar os $N\,x$ nos grupos $(Q + 1)/2$? Cada grupo x deve conter pelo menos um x; portanto, o número de arranjos é o número de maneiras de distribuir os restantes $N - (Q + 1)/2\,x$ entre $(Q + 1)/2$ grupos ou, se desprezarmos a unidade em comparação com os números grandes,

$$\frac{N!}{(Q/2)!\,[N - (Q/2)]!}.$$

O número correspondente dos $(M - N)\,o$ é dado pela mesma expressão, substituindo-se N por $(M - N)$. Então, g é o *dobro* do produto desses dois números de distribuição, já que cada ordenamento linear particular poderia ser escrito tanto para trás como para frente, tal como é mostrado. Portanto,

$$g(N, M, Q) = \frac{2N!\,(M - N)!}{[N - (Q/2)]!\,[M - N - (Q/2)]!\,[(Q/2)!]^2} \tag{11.32}$$

Substituímos agora esta expressão para g na Eq. (11.29) e calculamos o termo máximo no somatório

$$Z(N, M, T) = (z\, e^{-w/kT})^N \sum_Q t(N, M, Q) \tag{11.33}$$

com

$$t(N, M, Q) = g(e^{w/2kT})^Q \tag{11.34}$$

Da Eq. (11.34), a condição de que t tenha seu valor máximo t^* é que

$$\frac{\partial \ln t}{\partial Q} = 0 = \frac{\partial \ln g}{\partial Q} + \frac{w}{2kT} \tag{11.35}$$

A fórmula de Stirling aplicada à Eq. (11.32) fornece para os termos não-constantes (os que contém Q):

$$\ln g = -\left(N - \frac{Q}{2}\right)\ln\left(N - \frac{Q}{2}\right) - \left(M - N - \frac{Q}{2}\right)\ln\left(M - N - \frac{Q}{2}\right) - Q\ln\left(\frac{Q}{2}\right)$$

Então, a Eq. (11.35) fornece

$$\frac{\partial \ln g}{\partial Q} = -\frac{w}{2kT} = \frac{1}{2}\ln\left(N - \frac{Q^*}{2}\right) + \frac{1}{2}\ln\left(M - N - \frac{Q^*}{2}\right) - \ln\left(\frac{Q^*}{2}\right), \tag{11.36}$$

onde Q^* é o valor de Q que corresponde ao termo máximo t^* no somatório.

Denotando a fração de sítios ocupados por $\theta = N/M$ e fazendo $y = Q^*/2M$, a Eq. (11.36) se torna

$$\frac{(\theta - y)(1 - \theta - y)}{y^2} = e^{-w/kT} \tag{11.37}$$

A solução da equação do segundo grau (11.37) fornece

$$y = \frac{2\theta(1 - \theta)}{\beta + 1}, \tag{11.38}$$

onde

$$\beta = [1 - 4\theta(1 - \theta)(1 - e^{-w/kT})]^{1/2}.$$

Temos agora em termos de θ e w o valor de Q que torna t um máximo. Como foi feito na Sec. 5.9, ao deduzirmos a distribuição de Boltzmann, substituiremos o somatório da Eq. (11.33) por seu termo máximo para calcular o logaritmo da função de partição Z,

$$\ln Z = N\ln(z\, e^{-w/kT}) + \ln t^*$$

O potencial químico da espécie adsorvida então se torna

$$-\frac{\mu}{kT} = \left(\frac{\partial \ln Z}{\partial N}\right)_{M,T} = \ln(z\, e^{-w/kT}) + \left(\frac{\partial \ln t^*}{\partial N}\right)_{M,T}$$

ou

$$-\frac{\mu}{kT} = \ln(z\, e^{-w/kT}) + \left(\frac{\partial \ln g^*}{\partial N}\right)_{M,T},$$

onde g^* é o valor de g correspondente ao termo máximo t^*. Das Eqs. (11.32) e (11.38)

$$\frac{\partial \ln g^*}{\partial N} = \frac{N[M - N - (Q^*/2)]}{(M - N)[N - (Q^*/2)]} = \frac{\theta(1 - \theta - y)}{(1 - \theta)(\theta - y)}$$

e portanto

$$-\frac{\mu}{kT} = \ln(z\, e^{-w/kT}) + \frac{\theta(1 - \theta - y)}{(1 - \theta)(\theta - y)}$$

ou

$$\lambda z\, e^{-w/kT} = \frac{1 - \theta}{\theta}\left(\frac{\theta - y}{1 - \theta - y}\right),$$

onde $\lambda = e^{\mu/kT}$.

Introduzindo y da Eq. (11.38), obtemos

$$x \equiv \lambda z\, e^{-w/kT} = \frac{\beta - 1 + 2\theta}{\beta + 1 - 2\theta}. \tag{11.39}$$

Para um gás ideal

$$\mu = \mu^0 + kT \ln P$$

ou

$$\lambda = e^{\mu/kT} = e^{\mu^0/kT}P$$

Portanto λ é proporcional à pressão do gás num sistema de adsorção de modo que (11.39) é a equação da isoterma de adsorção correspondente ao modelo unidimensional de Ising. A Fig. 11.18 mostra um gráfico da Eq. (11.39) para o caso $w = 0$ (isoterma de adsorção de Langmuir) e um caso com uma energia de interação atrativa entre as partículas adsorvidas. A situação física correspondente mais diretamente a um modelo unidimensional seria a adsorção das unidades numa longa cadeia de um polímero.

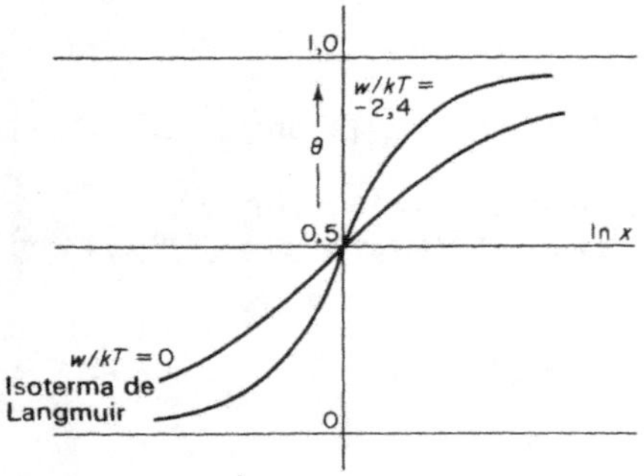

Figura 11.18 Isotermas de adsorção computadas na base do modelo unidimensional de Ising

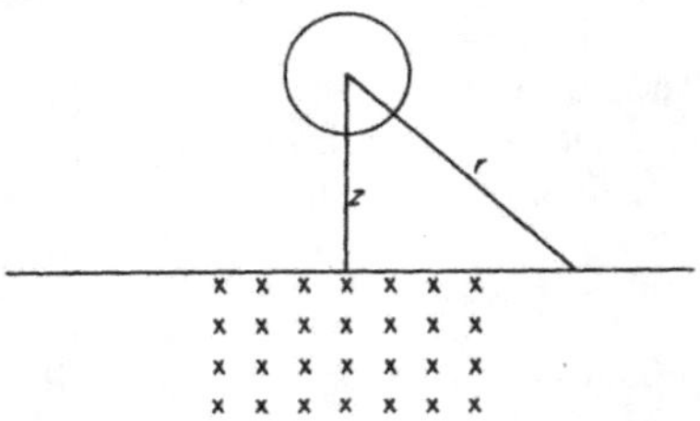

Figura 11.19 Cálculo da interação de uma molécula na fase gasosa com uma superfície sólida estendida. A integração de uma energia potencial $U = Ar^{-6}$ em relação a todas as interações entre a molécula gasosa e a superfície estendida na distância z conduz a uma energia de interação da forma Bz^{-3} (ver Prob. 17)

O processo de adsorção de uma molécula de um gás numa superfície de um sólido é sempre acompanhado de um decréscimo de entropia, uma vez que alguns graus de liberdade do estado gasoso são inevitavelmente perdidos na adsorção. Contudo, a diminuição da entropia pode ser menor que a diminuição para a condensação ao líquido. Geralmente, $\Delta U < 0$, quando as moléculas são adsorvidas. Podemos considerar o ΔU como a medida da diminuição na energia potencial U das moléculas quando as mesmas passam ao estado adsorvido. Existirá uma curva de energia potencial para uma molécula que se aproxima de uma superfície sólida bastante semelhante às curvas mostradas na Fig. 4.4 para a interação de um par de moléculas, mas a distância da interação efetiva será mais extensa no caso da superfície. Os principais termos da energia atrativa corresponderão às forças de dispersão de London (ou de Van Der Waals) vistas na Sec. 19.7. Em vez da dependência de r^{-6} do potencial de London entre um par de moléculas existirá uma dependência r^{-3} para a interação de London entre uma molécula e um sólido, como é mostrada na Fig. 11.19. Esta interação de alcance mais longo é a razão básica por que gases são adsorvidos em superfícies sólidas em pressões bem abaixo daquelas em que condensam na forma de líquidos ou sólidos. No caso de moléculas dipolares, existirá, também, uma interação elétrica entre os dipolos adsorvidos e o campo elétrico na superfície.

11.18. Eletrocapilaridade

A presença de uma carga elétrica resultante em uma superfície abaixa a tensão superficial, porque a repulsão entre cargas de mesmo sinal diminui o trabalho necessário para realizar a extensão da área da superfície. Em 1875, G. Lippmann[32] realizou as primeiras medidas quantitativas deste efeito por meio de seu *eletrômetro capilar*, apresentado na Fig. 11.20. Este aparelho consiste em uma célula eletroquímica com um eletrodo de mercúrio contido num tubo capilar e um eletrodo de referência não-polarizável (como o eletrodo de calomelanos mostrado). Uma fonte de tensão externa permite o ajuste do potencial elétrico entre o eletrodo capilar de mercúrio e o terminal de mercúrio de eletrodo de calomelanos.

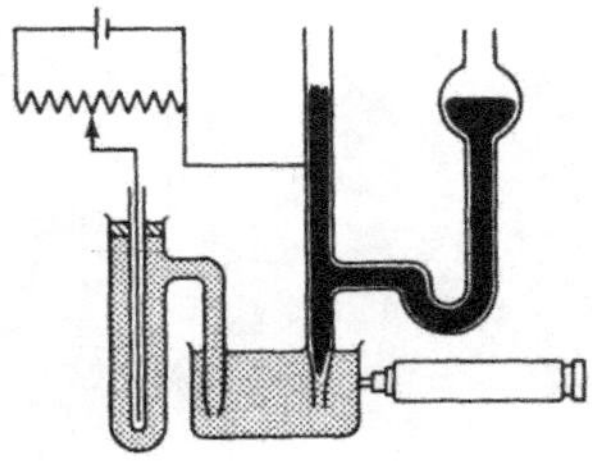

Figura 11.20 O aparelho de Lippmann para observar o efeito eletrocapilar. Um telescópio de baixo poder de resolução focaliza o menisco de mercúrio no eletrodo capilar

O eletrodo de mercúrio em contato com uma solução de um sal não-reativo pode ser considerado como se comportando como um *eletrodo polarizado ideal*. Entre o mercúrio e a solução não ocorre transferência de elétrons ou de íons e, portanto, o único efeito de uma diferença de potencial elétrico aplicado $\Delta\Phi$ é a variação da densidade de carga $Q/\mathscr{A}$ na superfície do mercúrio. À medida que $Q/\mathscr{A}$ varia, a tensão superficial γ do mercúrio também varia e a posição do menisco do mercúrio no capilar (observada com um microscópio de baixo poder de resolução) é deslocada. A variação em γ é medida pela variação da altura do reservatório de mercúrio necessária para restaurar a posição original do menisco. Obtém-se, então, a curva de γ em função de Φ, chamada *curva eletrocapilar*. Alguns exemplos dessas curvas são dados na Fig. 11.21.

O eletrodo não-polarizado ideal[33] e o eletrodo polarizado ideal são casos-limites que podem ser tratados de maneira exata pela termodinâmica. Os trabalhos de David Grahame[34] e outros forneceram um tratamento termodinâmico exato da dupla camada elétrica em eletrodos polarizados ideais. Uma relação básica é a equação de Lippmann,

$$\left(\frac{\partial\gamma}{\partial\Phi}\right)_{T,P,\mu} = -\frac{Q}{\mathscr{A}} \tag{11.40}$$

De acordo com esta equação, o coeficiente angular da tangente à curva eletrocapilar fornece a densidade de carga superficial no eletrodo. Vamos apenas nos referir ao trabalho de Grahame para a dedução da Eq. (11.40), que se baseia na equação de Gibbs (11.18). Todavia, podemos apreciar o significado da Eq. (11.40) reescrevendo-a com uma condição de equilíbrio a T, P e composição constantes:

$$\mathscr{A}\, d\gamma + Q\, d\Phi = 0$$

Esta equação indica que a variação da energia livre de Gibbs devida à variação de γ é exatamente contrabalançada pela variação devido à variação no potencial elétrico da carga Q na superfície.

[32] *Ann. Chem. Phys.* **5**, 494 (1875)
[33] A ser discutido no Cap. 12
[34] D. C. Grahame e R. W. Whitney, *J. Am. Chem. Soc.* **64**, 1 548 (1942)

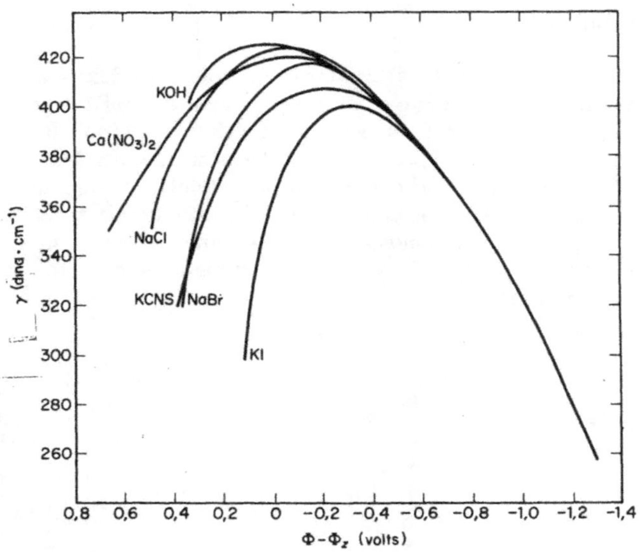

Figura 11.21 Curvas eletrocapilares para mercúrio e diferentes eletrólitos a 18 °C. Os potenciais são referidos a Φ de um eletrólito (fluoreto de sódio) sem adsorção específica [D. C. Grahame, *Chem. Rev.* **41**, 441 (1947)]

Da Eq. (11.40) notamos que o máximo da curva eletrocapilar corresponde à densidade de carga superficial nula. Para muitos eletrólitos, o potencial de carga nula na superfície de mercúrio é de cerca 0,5 V (referido ao eletrodo normal de calomelanos em KCl), mas para outros eletrólitos desvia-se consideravelmente deste valor. Nestes casos, *adsorção específica de íons* pode ocorrer na superfície de mercúrio. Eletrodos de mercúrio têm sido mais usados nestes estados porque são uniformes, puros e livres de esforços. A teoria básica é igualmente aplicável a outros eletrodos e a superfícies de membranas, mas os problemas experimentais são mais difíceis.

A *capacidade da dupla camada* é definida por

$$C = \frac{1}{\mathscr{A}}\left(\frac{\partial Q}{\partial \Phi}\right)_{T,P,\mu} = \left(\frac{\partial^2 \gamma}{\partial \Phi^2}\right)_{T,P,\mu} \qquad (11.41)$$

Medidas de capacidade com técnicas de ponte de corrente alternada são freqüentemente usadas para obter dados experimentais sobre duplas camadas.

Eletrodos polarizados têm sido largamente usados em estudos fisiológicos, como, por exemplo, para medir diferenças de potencial de repouso através de membranas das células do nervo e do músculo, e os potenciais de ação responsáveis pela condução de eletricidade através de nervos e a contração de músculos.

11.19. Estrutura da dupla camada

A teoria termodinâmica da dupla camada pode ser usada para fornecer informação a respeito das adsorções relativas dos íons na interface, mas não pode revelar a distribuição estatística destas cargas iônicas. Como no caso da teoria das soluções iônicas, desenvolvida nos trabalhos de Milner, Debye e Hückel, a introdução de equações eletrostáticas é exigida para desenvolver uma teoria estatística da dupla camada. Sob um aspecto, todavia, a teoria eletrostática da dupla camada é mais flexível que a teoria para soluções iônicas, uma vez que cada íon pode interagir com um eletrodo plano independentemente de sua interação com outros íons. Por isso, podemos separar efeitos devidos ao campo elétrico dos efeitos devidos a concentrações iônicas, uma separação que não é realmente possível na teoria de soluções de íons mutuamente interagentes.

O modelo mais antigo da dupla camada foi apresentado em 1879 por Helmholtz, que sugeriu o quadro mostrado na Fig. 11.22, consistindo em uma camada de íons numa superfície sólida e uma camada de íons de carga oposta rigidamente mantida na solução.

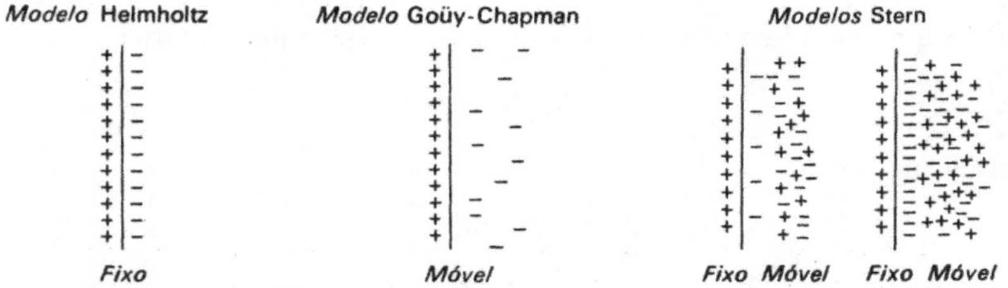

Figura 11.22 Modelos de duplas camadas elétricas

O potencial elétrico correspondente a esta distribuição de cargas é mostrado na Fig. 11.23(a). A dupla camada Helmholtz é equivalente a um simples capacitor de placas paralelas. Se λ for a distância separando as placas de cargas opostas e ε, a constante dielétrica do meio, a capacidade por unidade de área da interface é $\varepsilon\varepsilon_0/\lambda$. Se $Q/\mathscr{A}$ for a densidade de carga superficial, a diferença de potencial $\Delta\Phi$ através da dupla camada é

$$\Delta\Phi = \frac{\lambda Q}{\varepsilon_0 \varepsilon \mathscr{A}}$$

O modelo de Helmholtz para a dupla camada é basicamente inadequado porque a agitação térmica das moléculas líquidas dificilmente permitiria esta formação rígida de cargas na interface.

A teoria de uma dupla camada difusa com uma distribuição estatística de íons num campo elétrico foi apresentada por Goüy, em 1910, e por Chapman, em 1913. Este trabalho foi contemporâneo ao de Milner sobre soluções iônicas (1912) e é bem anterior ao de Debye e Hückel, realizado em 1923.

A equação de Poisson-Boltzmann neste caso (comparar com Sec. 10.22) é unidimensional. Assim, sendo x a distância a partir da superfície sólida e n_i^0 a concentração de íons da espécie i no interior da solução (onde $\Phi \to 0$ quando $x \to \infty$), temos

$$\frac{d^2\Phi}{dx^2} = -\frac{1}{\varepsilon_0 \varepsilon} \sum z_i e n_i^0 \exp -\frac{z_i e \Phi}{kT} \qquad (11.42)$$

Esta equação está sujeita à usual hipótese não-satisfatória de que existe uma constante dielétrica ε efetivamente constante mesmo na vizinhança de um eletrodo carregado.

Para o caso de um eletrólito binário simétrico com $z_- = -z_+$, a Eq. (11.42) se torna

$$\frac{d^2\Phi}{dx^2} = -\frac{1}{\varepsilon_0 \varepsilon} z e n^0 \left[\exp\left(-\frac{ze\Phi}{kT}\right) - \exp\left(\frac{ze\Phi}{kT}\right)\right]$$

$$\frac{d^2\Phi}{dx^2} = \frac{2zen^0}{\varepsilon_0 \varepsilon} \operatorname{senh}\left(\frac{ze\Phi}{kT}\right) \qquad (11.43)$$

Seguindo o método de Verwey e Overbeek[35], escrevemos

$$y = \frac{ze\Phi}{kT}$$
$$w = \frac{ze\Phi_0}{kT} \tag{11.44}$$
$$\kappa^2 = \frac{2n^0e^2z^2}{\varepsilon_0\varepsilon kT}$$
$$\xi = \kappa x,$$

onde Φ_0 é o potencial na interface ($x = 0$). A Eq. (11.43) então se torna

$$\frac{d^2y}{d\xi^2} = \text{senh } y$$

Integrando uma vez

$$\frac{dy}{d\xi} = -2\,\text{senh}\left(\frac{y}{2}\right) + C_1$$

Para $\xi = 0$, $dy/d\xi = 0$ e $y = 0$, fornecendo $C_1 = 0$. Integrando de novo

$$\ln\frac{e^{y/2} - 1}{e^{y/2} + 1} = -\xi + C_2$$

A constante C_2 é obtida da outra condução de contorno: $y = w$ para $\xi = 0$, assim

$$C_2 = \ln\frac{e^{w/2} - 1}{e^{w/2} + 1}$$

Portanto, a solução final é

$$e^{y/2} = \frac{e^{w/2} + 1 + (e^{w/2} - 1)e^{-\xi}}{e^{w/2} + 1 - (e^{w/2} - 1)e^{-\xi}} \tag{11.45}$$

Embora esta equação pareça um tanto complicada, verificamos que, colocando-a num gráfico, fornece um decréscimo aproximadamente exponencial de Φ através da dupla camada, como é mostrado na Fig. 11.23(b). A quantidade κ^{-1} (análoga à espessura da atmosfera iônica de Debye) é uma medida da espessura da dupla camada. Os valores computados a 25 °C para diferentes concentrações iônicas e valências são apresentados na Tab. 11.3.

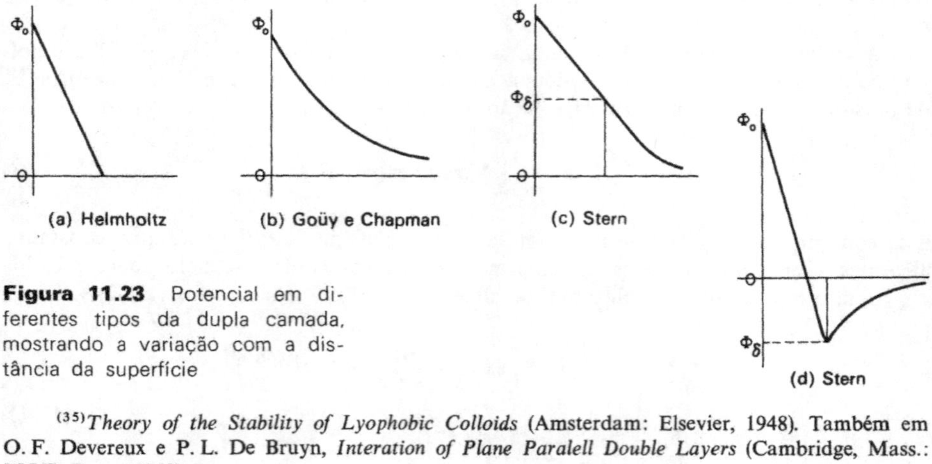

Figura 11.23 Potencial em diferentes tipos da dupla camada, mostrando a variação com a distância da superfície

[35] *Theory of the Stability of Lyophobic Colloids* (Amsterdam: Elsevier, 1948). Também em O. F. Devereux e P. L. De Bruyn, *Interation of Plane Paralell Double Layers* (Cambridge, Mass.: M.I.T. Press, 1963)

Tabela 11.3 Espessura da dupla camada calculada da teoria de Goüy-Chapman

c (mol·dm^{-3})	$z = 1$ (κ^{-1} cm)	$z = 2$ (κ^{-1} cm)
10^{-5}	10^{-5}	$0,5 \times 10^{-5}$
10^{-3}	10^{-6}	$0,5 \times 10^{-6}$
10^{-1}	10^{-7}	$0,5 \times 10^{-7}$

Conhecendo a função potencial $\Phi(x)$, podemos calcular a carga por unidade de área da superfície (ou na camada difusa)

$$\frac{Q}{\mathscr{A}} = -\int_0^\infty \rho\, dx = -\varepsilon_0\varepsilon \int_\theta^\infty \frac{d^2\Phi}{dx^2}\, dx = -\varepsilon_0\varepsilon \left(\frac{d\Phi}{dx}\right)_{x=0}$$

Portanto, a densidade de carga superficial pode ser obtida do coeficiente angular inicial da função de potencial.

Um sério defeito da teoria de Goüy-Chapman é que ela trata os íons como cargas puntiformes. Conduz, por isso, a valores absurdamente elevados para a concentração da carga nas vizinhanças imediatas da interface. Em 1924, Stern[(36)] forneceu uma correção conveniente na forma de uma camada adsorvida de íons com espessura δ aproximadamente igual aos diâmetros iônicos. Admite-se esta camada ser mantida fixa na superfície. A função potencial $\Phi(x)$ para a modificação de Stern do modelo de Goüy-Chapman é também apresentada na Fig. 11.23. Existe uma queda linear de potencial na camada rígida de Stern seguida de uma queda do tipo de Goüy-Chapman na camada difusa. A queda de potencial total na camada difusa é denotada por Φ_δ.

As propriedades das duplas camadas são fundamentais para a análise teórica do comportamento coloidal e a repulsão entre duplas cargas carregadas com o mesmo sinal é responsável pela estabilidade de sóis liofóbicos.

11.20. **Sóis coloidais**

A preparação de sóis liofóbicos pode ser dividida em (a) métodos de dispersão e (b) métodos de condensação. Os métodos de dispersão incluem a simples moagem em moinhos de bola, dispersão elétrica fazendo saltar um arco através do meio de dispersão entre eletrodos do material a ser disperso[(37)] e passagem de vibrações ultra-sônicas através de suspensões grosseiras. Os métodos de condensação estão baseados em variações na solubilidade com a temperatura do solvente ou na formação de partículas coloidais por reações químicas de precipitação.

Se a condensação de uma segunda fase num meio de dispersão fornece ou não uma suspensão coloidal estável é um problema complexo, que envolve a cinética da nucleação a partir de uma fase homogênea supersaturada e o subseqüente crescimento dos núcleos por meio da difusão dos reagentes às suas superfícies. A estabilidade da dispersão depende da velocidade de agregação das partículas para formar agregados que precipitam do sol. Um fator importante é a extensão da supersaturação inicial, uma vez que mais núcleos são formados em supersaturação mais elevada e geralmente este efeito conduz a um menor tamanho de partícula final. A formação de sóis em reações de precipitação é promovida por uma pequena concentração de eletrólitos, pois íons em solução tendem a neutralizar a carga elétrica nas partículas do sol, facilitando assim sua coagulação. Por exemplo,

[(36)]O. Stern. *Z. Elektrochem.* **30**, 508 (1924)
[(37)]V. M. Bredig, *Z. Elektrochem.* **4**, 514, 547 (1898)

a reação

$$2H_2S + SO_2 \longrightarrow 3S + 2H_2O$$

conduz facilmente à formação de sóis de enxofre estáveis, porque não se formam produtos iônicos. Por outro lado,

$$AgNO_3 + KBr \longrightarrow AgBr + KNO_3$$

conduz a um precipitado de AgBr, uma vez que os íons K^+ e NO_3^- diminuem a repulsão elétrica entre as partículas da AgBr.

Geralmente, as partículas num sol apresentam uma distribuição em tamanho bastante larga, mas métodos têm sido desenvolvidos para produzir *sóis monodispersos* de tamanho de partícula uniforme. Esses sóis são convenientes para estudos teóricos. A idéia básica na preparação de um sol monodisperso é ajustar a condição de condensação ou precipitação de modo que a autonucleação ocorre uma só vez durante um curto período de tempo, após o qual os embriões crescem de uma solução de menor supersaturação. Bons exemplos deste procedimento são encontrados no trabalho de LaMer[(38)]. A microscopia eletrônica é o meio mais direto para examinar a forma das partículas de sóis. Um exemplo é apresentado na Fig. 11.24.

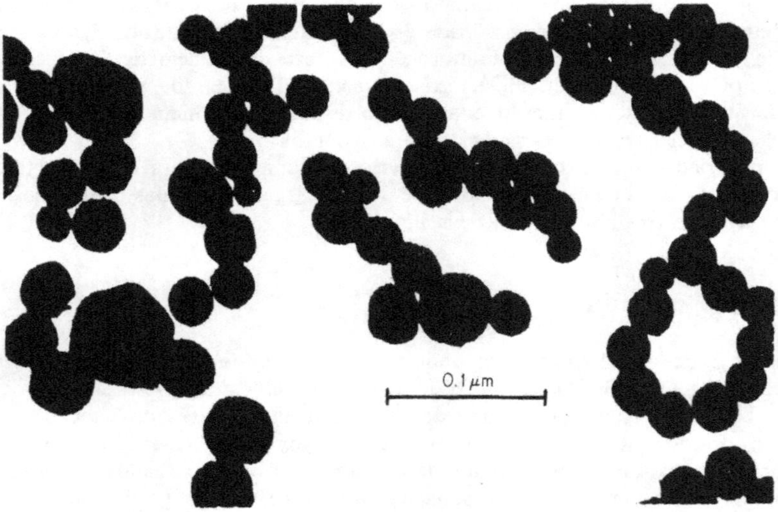

Figura 11.24 Um sol de ouro protegido por cátions mostrado no início da floculação (professor Heinrich Thiele, Universidade de Kiel)

A razão para a estabilidade dos sóis está no fato de as partículas se encontrarem circundadas por duplas camadas elétricas que se repelem. Assim, o sol típico é extremamente sensível à concentração e a cargas dos íons do meio de dispersão. Por exemplo, se uma solução 10^{-3} molar de KI é titulada com uma solução 10^{-1} molar de $AgNO_3$, forma-se um sol de AgI, no qual as partículas apresentam duplas camadas difusas negativas, devido à adsorção preferencial de íons I^-. Quando a concentração dos íons I^- na solução é reduzida acerca de 10^{-10} molar, o sol coagula rapidamente. Por outro lado,

(38) V. K. LaMer e R. H. Dinegan, *J. Am. Chem. Soc.* **72**, 4 847 (1950); e V. K. LaMer, *Ind. Eng. Chem.* **44**, 1 270 (1952)

se uma solução 10^{-3} molar de $AgNO_3$ é titulada com uma solução 10^{-1} molar de KI, obtém-se um sol carregado positivamente devido ao excesso da adsorção de íons Ag^+. Este sol coagula quando a concentração dos íons I^- atinge 10^{-6} molar.

11.21. Efeitos eletrocinéticos

Quando duas soluções iônicas são separadas por uma membrana ou barreira porosa, através da qual se imprime um campo elétrico ou uma diferença da pressão, um certo número de efeitos eletrocinéticos interessantes são observados. Um arranjo experimental esquemático é apresentado na Fig. 11.25. A temperatura e a composição são mantidas uniformes através das soluções e as duas regiões diferem apenas na pressão hidrostática ΔP e o potencial elétrico $\Delta\Phi$. Esta situação requer o uso de métodos da termodinâmica de não-equilíbrio.

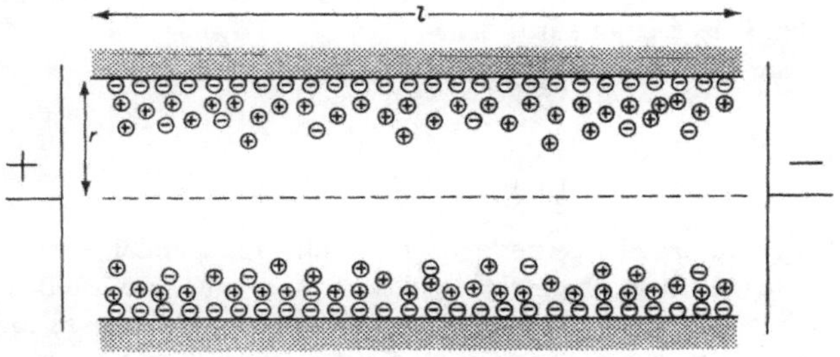

Figura 11.25(a) Um modelo para escoamento eletrosmótico e pressão eletrosmótica através de um único tubo capilar [G. Kortüm, *Lehrbuch der Elektrochemie* (Weinheim: Verlag Chamie, 1966), p. 403]

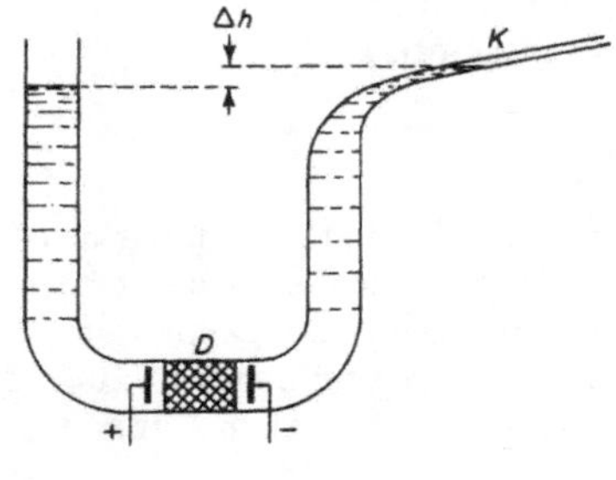

Figura 11.25(b) Aparelho para a medida da pressão eletrosmótica (esquemático). Um campo elétrico aplicado através de uma parede porosa em *D* determina uma diferença de pressão Δh no equilíbrio

Se o fluxo de carga for a corrente I e o fluxo matéria é a vazão volumétrica do líquido J, as equações fenomenológicas podem ser escritas segundo

$$I = L_{11}\,\Delta\Phi + L_{12}\,\Delta P$$

$$J = L_{21}\,\Delta\Phi + L_{22}\,\Delta P$$

com a relação de Onsager

$$L_{12} = L_{21}$$

Os efeitos eletrocinéticos são agora definidos da seguinte maneira:

1. *Potencial de escoamento*, a diferença do potencial por diferença da pressão unitária para corrente elétrica nula.

$$\left(\frac{\Delta\Phi}{\Delta P}\right)_{I=0} = -\frac{L_{12}}{L_{11}}$$

2. *Eletrosmose*, o escoamento da matéria por unidade de corrente elétrica, quando a pressão é uniforme.

$$\left(\frac{J}{I}\right)_{\Delta P=0} = \frac{L_{21}}{L_{11}}$$

3. *Pressão eletrosmótica*, a diferença de pressão por unidade de diferença de potencial, quando o escoamento de matéria é nulo.

$$\left(\frac{\Delta P}{\Delta \Phi}\right)_{J=0} = -\frac{L_{21}}{L_{22}}$$

4. *Corrente de escoamento*, o escoamento de corrente por escoamento de matéria unitário à diferença de potencial nula.

$$\left(\frac{I}{J}\right)_{\Delta\Phi=0} = \frac{L_{12}}{L_{22}}$$

Como uma conseqüência da relação de Onsager, cada efeito osmótico está relacionado a um efeito de escoamento:

$$\left(\frac{\Delta \Phi}{\Delta P}\right)_{I=0} = -\left(\frac{J}{I}\right)_{\Delta P=0} \tag{11.46}$$

$$\left(\frac{\Delta P}{\Delta \Phi}\right)_{J=0} = -\left(\frac{I}{J}\right)_{\Delta\Phi=0} \tag{11.47}$$

Como todos os quatro efeitos podem ser medidos independentemente, estas relações foram verificadas experimentalmente[(39)] e descobriu-se que são válidas. Já que foram deduzidas da termodinâmica do não-equilíbrio, devem ser válidas para todos os sistemas, qualquer que seja a estrutura da barreira que separa as soluções.

Fenômenos eletrocinéticos foram usados freqüentemente para obter informação sobre as propriedades das duplas camadas em interfaces membrana-solução. Este cálculo requer a introdução de um modelo da dupla camada, ou do tipo Helmholtz ou Stern, como está mostrado na Fig. 11.23. Um cálculo desta espécie[(40)] forneceu para a pressão eletrosmótica

$$\left(\frac{\Delta P}{\Delta \Phi}\right)_{J=0} = \frac{8\varepsilon_0 \varepsilon \zeta l}{r^2}$$

no caso de um tubo capilar de comprimento l e raio r, onde ζ é o potencial efetivo através da dupla camada. A constante dielétrica ε na dupla camada provavelmente não seja a mesma do interior da solução ε, e o *potencial zeta* ζ é o resultado de um processo de estimar a média, bastante bruto, aplicado a uma dupla camada num estado de não-equilíbrio (escoamento). Podemos tomar ζ como sendo aproximadamente igual a Φ_δ da Fig. 11.23.

PROBLEMAS

1. A tensão superficial do mercúrio líquido é de 470 dina · cm^{-1} a 273 K. Calcular, a partir da Eq. (11.9), a depressão capilar de um tubo de 1 mm de diâmetro se o ângulo de contato for 140°.

2. Mostrar que, para um sistema de um componente, a entalpia superficial é $H^\sigma = G^\sigma + TS^\sigma = \gamma - T(d\gamma/dT)$. A tensão superficial γ de mercúrio líquido a 288 K é de 487 dina · cm^{-1} e a 273 K é de 470 dina · cm^{-1}. Calcular G^σ, H^σ e S^σ para mercúrio a 280 K.

3. Uma equação empírica para as tensões superficiais de líquidos puros é $\gamma = \gamma_0(1 - T_R)^{11/9}$, onde T_R é a temperatura reduzida T/T_c e γ_0 é uma constante caracte-

(39) D. G. Miller, *Chem. Rev.* **60**, 15 (1960)

(40) A. Sheludko, *Colloid Chemistry* (Amsterdam: Elsevier, 1966), p. 141

rística do líquido. Mostrar que, quando esta equação é válida, $S^\sigma = \frac{11}{9}(\gamma_0/T_c)(1 - T_R)^{2/9}$. Calcular γ_0 e S^σ para vários líquidos listados na Tab. 11.1 usando dados tabelados para T_c.

4. Para um cristal cúbico contendo 10^{21} átomos, a energia de coesão é 10 eV por átomo da superfície a 300 K. Se a energia de coesão por átomo da superfície se mantém constante, qual o tamanho do cristal em que a energia de coesão é exatamente igual a energia térmica $3\,kT$ por átomo no cristal? É razoável esperar-se que a energia de coesão por átomo de superfície seja constante?

5. Qual a pressão necessária para eliminar água capilar, a 20 °C, dos poros de um filtro de vidro sinterizado com um diâmetro uniforme de poros de 0,20 μm. Apresentar um desenho esquemático de um aparelho para medir a distribuição dos tamanhos de poro de um filtro.

6. Se bolhas de ar de 10^{-3} mm de diâmetro sem outro núcleo estiverem presentes em água justamente abaixo do ponto de ebulição, até que temperatura a água poderá ser superaquecida antes de se iniciar a ebulição?

7. Em virtude da elevada tensão superficial da água, macromoléculas como as proteínas em solução aquosa podem exibir o fenômeno da *interação hidrofóbica*, por meio da qual os grupos hidrofóbicos entram em contato uns com os outros de modo a diminuir a extensão total da interface entre a água e os grupos não-polares. Se a tensão interfacial efetiva for 70 dina · cm^{-1}, calcular o ΔG por mol da interação hidrofóbica entre moléculas de proteínas de $M = 60\,000$, admitindo que 25% da área não-polar de cada molécula pode estar envolvida numa *interação hidrofóbica*. Poderia citar quaisquer fatores que foram desprezados na estimativa de ΔG?

8. Poderá somente a tensão superficial explicar a elevação da seiva nas plantas? Explicar, usando estimativas numéricas apropriadas. Se a conclusão for negativa, dizer que outros fatores são necessários para explicar a elevação?

9. Deduzir uma equação para a solubilidade de partículas pequenas da equação de Kelvin para a pressão de vapor de pequenas gotas. Sabendo que a solubilidade maciça de dinitrobenzeno em água é 10^{-3} mol · dm^{-3} a 25 °C, estimar a solubilidade dos cristalitos de 0,01 μm de diâmetro. A tensão interfacial é tomada igual a 25,7 dina · cm^{-1}.

10. As tensões superficiais de soluções diluídas de fenol em água a 303 °K são:

% peso fenol	0,024	0,047	0,118	0,471
γ, dina · cm^{-1}	72,6	72,2	71,3	66,5

Calcular Γ_2 da isoterma de adsorção de Gibbs para uma solução 0,100%.

11. O coeficiente de atividade médio de KCl em solução aquosa 0,002 molal é $\gamma_\pm =$ $= 0{,}9648$ a 25 °C. Qual o tamanho das gotículas de uma solução 0,002 M de KCl que, a 25 °C, estariam em equilíbrio com a superfície plana de água pura?

12. Em 1923, D. B. Macleod[41] sugeria uma equação empírica para a tensão superficial

$$M\gamma^{1/4} = \mathscr{P}(\rho_l - \rho_v)$$

onde ρ_l e ρ_v são as densidades do líquido e do vapor, e a constante $\mathscr{P}$ foi chamada de *paracoro* por S. Sugden[42]. O paracoro é uma função aditiva de átomos e grupos numa molécula e é aproximadamente independente de T. Usando os valores apropriados do paracoro dados por O. R. Quale[43] e os dados apropriados de densidade, calcular γ a 20 °C para acetato de etila, brometo de etila e iodeto de etila; comparar os dados obtidos com os valores experimentais.

(41) *Trans. Faraday Soc.* **19**, 38 (1923)
(42) *J. Chem. Soc.* **22**, (1924)
(43) *Chem. Rev.* **53**, 439 (1953)

13. Uma equação empírica devida a Szyszkowski fornece a tensão superficial de soluções aquosas diluídas de compostos orgânicos segundo

$$\frac{\gamma}{\gamma_w} = 1 - 0{,}411 \log_{10}\left(1 + \frac{X}{a}\right),$$

onde γ_w é a tensão superficial da água, X é a função molar do soluto e a é uma constante característica do composto orgânico. Para ácido valérico normal, $a = 1{,}7 \times 10^{-4}$. Calcular a área média ocupada pela molécula de ácido valérico normal adsorvida na superfície de uma solução aquosa, a 25 °C, quando $X = 0{,}01$.

14. Mostrar como a isoterma de adsorção de Gibbs pode ser usada no tratamento termodinâmico da adsorção de gases em superfícies sólidas para obter a equação

$$df = \frac{RTv}{sV_m}\, d \ln P\,,$$

onde f é a pressão superficial ($-\Delta\gamma$), v é o volume do gás adsorvido por unidade de massa do sólido, s é a área do sólido por unidade de massa e V_m é o volume molar do gás. Supor que o gás adsorvido segue a equação de estado $f = b - a\mathscr{A}$, onde a e b são constantes e $\mathscr{A}$ é a área por molécula. Calcular a isoterma de adsorção $P - v$ resultante[44].

15. Explicar as seguintes observações do ponto de vista das propriedades de adsorção das moléculas dos reagentes e produtos, baseadas nas isotermas de Langmuir. a) A decomposição de NH_3 sobre W é de ordem nula. b) A decomposição de N_2O sobre Au é de primeira ordem. c) A recombinação de átomos H sobre Au é de segunda ordem. d) A velocidade de decomposição de NH_3 sobre Pt depende de $P(NH_3)/P(H_2)$. e) A velocidade de decomposição de NH_3 sobre Mo é fortemente retardada por N_2, mas não tende para zero à medida que a superfície se torna saturada com nitrogênio.

16. Consideremos a expressão mecânico-estatística (11.31) para o coeficiente de adsorção na isoterma de adsorção de Langmuir. Consideremos também a adsorção de argônio da fase gasosa sobre uma superfície uniforme de um cristal no qual os átomos adsorvidos são livremente móveis. Calcular $b(T)$, tratando a fase adsorvida como gás bidimensional, e $\theta(P,T)$ para $P = 1$ atm, $\theta = 200$ K e $\Delta\varepsilon_0$ (adsorção) $= 0{,}35$ eV.

17. Com relação à Fig. 11.19, calcular a interação de uma molécula da fase gasosa com uma superfície sólida estendida, sob a hipótese de que a energia potencial atrativa entre a molécula gasosa e cada átomo da superfície apresenta a forma $U = -Ar^{-6}$. Calcular a interação entre o gás criptônio e o criptônio sólido admitindo que A foi tomado da expressão de Lennard Jones na Eq. (4.15) com $\varepsilon/k = 171$ K e $\sigma = 0{,}36$ nm. Em que temperatura a energia potencial atrativa calculada seria igual a $(3/2)kT$?

18. O ΔH de adsorção quando a quantidade de substância adsorvida é mantida constante é chamado *calor isostérico de adsorção* ΔH_V. A adsorção de N_2 sobre carvão é $0{,}894\ cm^3$(CNTP)$\cdot g^{-1}$ sob $P = 4{,}60$ atm e a 194 K e sob $P = 35{,}4$ atm e a 273 K. Calcular ΔH_V e, portanto, $\Delta S_V^\ominus$ e $\Delta G_V^\ominus$, para a adsorção a 273 K. Discutir brevemente os fatores que determinam $\Delta S_V^\ominus$. Seria $\Delta S_V^\ominus$ maior se a área superficial específica do carvão fosse maior?

19. A partir dos dados da Fig. 11.21, calcular a densidade de carga superficial quando $\Phi - \Phi_z = -1{,}0$ V. Exprimir a densidade de carga coulomb por metro quadrado e também em cargas elementares por centímetro quadrado.

20. Usando o tratamento da viscosidade dado na Sec. 4.24 como um modelo e a simples expressão de Helmholtz dada na p. 463 para a diferença de potencial através da dupla camada, mostrar que o escoamento eletrosmótico através de um capilar é dado

[44] W. D. Harkins e G. Jura, *J. Am. Chem. Soc.* **68**, 1 941 (1946)

por:

$$J = \frac{AE\varepsilon\varepsilon_0 \, \Delta\Phi}{\eta},$$

onde η é a viscosidade e A, a área da seção transversal do tubo. Se $\Delta\Phi$ para uma interface água/vidro é −0,050 V, calcular o escoamento eletrosmótico de água através de um capilar de vidro de 1 cm de comprimento e 1 mm de diâmetro quando $E = 100 \text{ V} \cdot \text{cm}^{-1}$.

21. Calcular a massa molecular média e a área molecular de albumina de ovo a partir dos dados abaixo [(H. Bull, *J. Am. Chem. Soc.* **67**, 4 (1945)]. Estes dados se referem a uma monocamada de albumina de ovo espalhada numa balança de superfície a 25 °C.

Π ($\text{mN} \cdot \text{m}^{-1}$)	0,07	0,11	0,18	0,20	0,26	0,33	0,38
$\mathscr{A}$ ($\text{m}^2 \cdot \text{mg}^{-1}$)	2,00	1,64	1,50	1,45	1,38	1,36	1,32

22. Os dados abaixo foram obtidos por McBain e Britton (1930) para a adsorção de etileno em carvão ativo a 273 K. Mostrar por meio de um gráfico conveniente que estes resultados se ajustam à isoterma de Langmuir. A partir do gráfico, determinar os valores das duas constantes da isoterma de Langmuir e calcular a área superficial de 1 g de carvão. (Uma molécula de etileno pode ser admitida a ocupar a superfície de 0,21 nm^2.)

Pressão C_2H_4(atm)	4,0	9,7	13,4	19,0	27,1
C_2H_4 ads · g/g de carvão	0,163	0,189	0,198	0,206	0,206

12

Eletroquímica — Eletródica

Se uma peça de zinco e uma de cobre forem colocadas em contato, formarão uma combinação elétrica fraca, na qual o zinco será positivo e o cobre, negativo; isto pode ser aprendido com o uso de um delicado eletrômetro condensador; ou colocando-se limalhas de zinco nos orifícios de uma placa de cobre, por meio de um eletrômetro comum; todavia, o poder da combinação pode ser mais bem exibido nas experiências, chamadas experiências de Galvani, *ligando-se os dois metais, que devem estar em contato, com o nervo e o músculo do membro de um animal recentemente desprovido de vida, por exemplo, um sapo; no momento em que se completa o contato, ou é feito o circuito, um metal tocando o músculo e o outro, o nervo, serão produzidas violentas contrações no membro do animal.*

Humphrey Davy[1]

No Cap. 10 consideramos a Físico-Química das soluções de eletrólitos, que chamamos de *iônica.* Agora, consideraremos a termodinâmica e a cinética dos processos que ocorrem em eletrodos imersos nestas soluções e ligadas entre si através de um condutor externo. A reação na superfície de um eletrodo é uma transferência de cargas, geralmente na forma de elétrons para ou de moléculas neutras ou íons. Um eletrodo atuando como fonte de elétrons é um *cátodo*; um eletrodo atuando como um sumidouro de elétrons é um *ânodo.*

Um par de eletrodos imerso numa solução iônica e ligado por um condutor metálico externo constitui uma *célula eletroquímica* típica. Quando a célula é usada para fornecer energia elétrica, isto é, quando converte a energia livre de uma transformação física ou química em energia livre elétrica, é chamada *célula galvânica ou pilha.* Uma célula, na qual um suprimento externo de energia elétrica é usado para realizar uma transformação física ou química, é denominada *célula eletrolítica.*

12.1. Definições de potenciais

A fim de discutir fenômenos de eletrodo, é necessário começar com definições precisas para as várias diferenças de potencial que podem ocorrer nos sistemas bastante complexos, constituídos de diversas fases e interfaces. Para isso, usaremos um conjunto de definições e símbolos, devido, principalmente, a Erich Lange, que têm sido largamente adotados por escritores no campo em questão.

Consideremos em primeiro lugar efeitos puramente eletrostáticos. É necessário enfatizar que é sempre possível definir e medir uma diferença de potencial eletrostático entre dois pontos da mesma fase, ou entre duas peças de mesma substância química.

(1)*Elements of Chemical Philosophy* (Londres: J. Johnson & Co., 1812). Este interessante trabalho tem sido chamado o "primeiro livro-texto de Físico-Química"

Não podemos, porém, medir uma diferença de potencial eletrostático entre dois pontos em fases diferentes ou entre duas peças de substâncias químicas diferentes. Uma diferença de potencial é medida através do trabalho necessário para deslocar a carga-prova de um a outro ponto. Na teoria da eletrostática, o trabalho é determinado pela distribuição de cargas elétricas puntiformes num meio através do qual a carga-prova se desloca. Se, porém, a carga-prova se deslocar através de uma interface entre duas fases diferentes, existirão contribuições ao trabalho devido à diferença no potencial químico causada pela interação local da carga-prova com os meios circundantes quimicamente diferentes. Não existe um modo de separar este "termo de trabalho químico" do "termo de trabalho eletrostático". Portanto, surge a impossibilidade de medir uma diferença de potencial puramente eletrostática entre fases diferentes, uma restrição primeiro apontada por Gibbs[(2)] e reenfatizada por Guggenheim[(3)].

Com esta restrição em mente, consideremos na Fig. 12.1(a) uma massa esférica de uma substância material homogênea (fase α) situada no vácuo. A esfera apresenta uma carga resultante Q, de modo que o potencial eletrostático $\mathcal{V}$ em qualquer ponto fora da esfera na distância R de seu centro é $Q/4\pi\varepsilon_0 R$. (O potencial em $R = \infty$ é tomado como $\mathcal{V} = 0$.) Vamos trazer agora a carga de prova unitária do infinito ($\mathcal{V} = 0$) até a superfície da fase α, parando num ponto distante da mesma cerca de 10^{-6} cm, de modo que as forças de imagem e quaisquer transformações químicas em α devido à aproximação da carga se tornem desprezíveis. A variação do potencial $\mathcal{V}$ com a distância é geralmente a mostrada na Fig. 12.1(b), sendo $\mathcal{V} \propto 1/R$ até distâncias de 10^{-5} a 10^{-6} cm da superfície da fase, tornando-se então $\mathcal{V}$ aproximadamente constante devido às interações de curto alcance. O *potencial externo* ou *potencial Volta* ψ é definido como sendo o trabalho necessário para trazer a carga de prova do infinito até, digamos, 10^{-6} cm da superfície. Este potencial ψ é uma quantidade mensurável porque é uma diferença de potencial elétrico entre dois pontos de mesmo meio (neste caso, o vácuo).

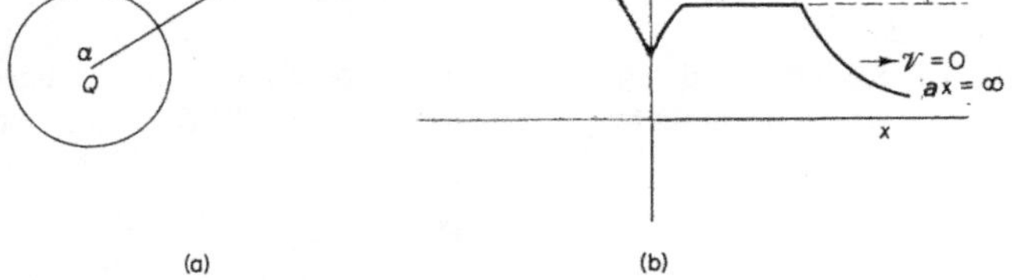

(a) (b)

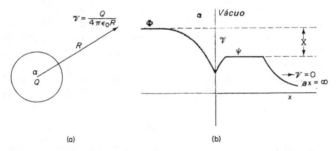

Figura 12.1 (a) Potencial eletrostático no vácuo a uma distância R do centro de uma esfera uniformemente carregada de fase α. (b) Potenciais eletrostáticos medidos pelo trabalho realizado sobre uma carga de prova positiva trazida de $x = \infty$ no vácuo até o interior da fase α

A superfície da fase α é geralmente o lugar geométrico de uma dupla camada de cargas, que pode se originar de diversas causas. No caso da água, por exemplo, constatou-se que os dipolos moleculares se orientam com suas extremidades positivas para fora da superfície e suas extremidades negativas apontando para a superfície. Em metais, elétrons energéticos podem parcialmente escapar dos mesmos para dar origem a uma película

(2) *Collected Works of J. Williard Gibbs, Vol.* 1. *Thermodynamics* (New Haven: Yale University Press, 1906, p. 429

(3) *J. Phys. Chem.* **33**, 842 (1929). Ver também *A Commentary on the Scientific Writings of J. Williard Gibbs, Vol.* 1 *Thermodynamics*, editado por F. G. Donnan e A. Haas (New Haven: Yale University Press, 1936), pp. 181-211, 331-349

eletrônica negativa na superfície com a compensação dos íons metálicos positivos exatamente abaixo da superfície, de modo a formar uma camada dipolar com seu lado negativo para fora. Estas camadas dipolares não contribuem para a carga resultante da fase, mas, mesmo assim, trabalho deve ser realizado para transportar a carga de prova através de tais camadas de dipolos. Portanto, para trazer a carga de prova de um ponto exatamente fora da superfície para o interior do meio α requer um trabalho adicional. A variação de potencial elétrico, resultante da camada dipolar superficial, é chamada *potencial de superfície* χ.

O *potencial interno* é então definido por

$$\Phi = \psi + \chi \, ,$$

onde ψ é devido primeiramente à carga Q e χ, aos dipolos da superfície. O *potencial interno* Φ é também chamado *potencial Galvani.* Tanto Φ como χ não são mensuráveis experimentalmente, porque a carga de prova num meio α determinará rearranjos das estruturas eletrônicas na substância real α do tipo que podemos chamar *químicos* e o termo de trabalho químico não pode ser distinguido dos devidos aos potenciais puramente eletrostáticos χ e Φ. Podemos exprimir os resultados das interações químicas pelo potencial químico μ.

O trabalho total realizado em transportar a carga-prova de $R = \infty$ até o interior da fase α é, naturalmente, uma quantidade mensurável, mesmo que não possamos medir separadamente suas partes eletrostática e química. Este trabalho mensurável nos permite definir o *potencial eletroquímico* $\bar{\mu}_i$. Se computarmos $\bar{\mu}_i$ para um mol de um componente i na fase α podemos escrever formalmente

$$\bar{\mu}_i = \mu_i + z_i F \Phi \, , \tag{12.1}$$

onde z_i é o número de cargas (incluindo o sinal) dos íons do componente i, e F é a constante de Faraday. Deve-se notar que o índice "i" atribui uma identidade química da carga-prova eletrostática abstrata anteriormente mencionada. Por exemplo, poderia ser um íon Na^+ e a fase α poderia ser uma solução de NaCl, ou poderia ser o íon Cu^{2+} com a fase α como sendo uma peça de cobre. Freqüentemente, toma-se o componente "i" como sendo o elétron. Na Física do Estado Sólido, o potencial eletroquímico de um elétron é chamado *energia de Fermi.*

A condição de equilíbrio da Sec. 6.4 para componentes não-carregados pode ser agora generalizada para componentes carregados. No equilíbrio para o componente i entre as fases α e β,

$$\bar{\mu}_i^{\alpha} = \bar{\mu}_i^{\beta} \tag{12.2}$$

Como $\bar{\mu}_i$ e ψ são quantidades mensuráveis, existe um outro potencial mensurável de alguma importância, a saber

$$\Upsilon_i = \bar{\mu}_i - z_i F \psi \tag{12.3}$$

Este potencial Υ_i é chamado *potencial real* ou *função de trabalho.* É medido através do trabalho necessário para transportar o componente carregado "i" do interior de uma fase até um ponto exatamente fora do alcance de quaisquer efeitos superficiais, isto é, até cerca de 10^{-6} cm da superfície da fase. A função de trabalho pode ser determinada por métodos fotelétricos ou termoiônicos.

Se considerarmos a fase α em contato com uma outra fase β (em vez do vácuo), podemos usar os potenciais precedentes para definir as várias diferenças de potenciais entre as duas fases. Se α apresentar uma certa concentração de superfície σ de cargas fixas, podemos, de um modo geral, esperar que cargas de sinal oposto se encontrem distribuídas em β nas proximidades da interface, de modo a se atingir, da melhor maneira possível, a neutralidade elétrica local. Deste modo, produz-se uma *dupla camada elétrica,* cujas propriedades são da maior importância em muitos fenômenos coloidais e de superfície. O potencial através da dupla camada será $\Delta\Phi$, a diferença de potencial Galvani, que não pode ser medida diretamente.

A dificuldade conceitual do presente assunto provém da aplicação de equações diferenciais deduzidas de uma teoria eletrostática baseada em cargas puntiformes em meios fluidos homogêneos e sem estrutura (caracterizados por constantes dielétricas ε) a sistemas químicos reais compostos de moléculas e íons, os quais por si mesmos possuem "microestruturas" elétricas não-inertes em relação às cargas de prova. Tornando-se familiar com as definições e a nomenclatura que foram apresentadas, muitas das dificuldades tradicionais se tornam menos pronunciadas. Em particular, encontrar-se-á uma solução para a controvérsia histórica se for o potencial Galvani ou o potencial Volta que determina a força eletromotriz de uma célula eletroquímica, sendo então possível interpretar a epígrafe paradoxal com a qual H. Davy contribuiu para o presente capítulo.

12.2. Diferença de potencial elétrico de uma célula galvânica

A Fig. 12.2 mostra uma célula típica. Um eletrodo de zinco está imerso numa solução 1,0 m de $ZnSO_4$ e um eletrodo de cobre está imerso numa solução 1,0 m de $CuSO_4$. As duas soluções estão separadas por uma barreira porosa, que permite o contato elétrico mas evita a mistura excessiva das soluções por interdifusão. Esta célula é representada pelo diagrama

$$Zn \,|\, Zn^{2+}\,(1{,}0\,m) \,|\, Cu^{2+}\,(1{,}0\,m) \,|\, Cu\,, \qquad \text{(A)}$$

onde os traços verticais denotam as separações das fases.

É sempre possível medir a diferença de potencial elétrico entre duas peças da mesma espécie de metal. Por isso ligamos a cada eletrodo um fio de cobre e conectamos estes condutores de cobre a um voltômetro ou qualquer outro dispositivo para medir esta diferença de potencial. Na célula da Fig. 12.2, o eletrodo de cobre é o terminal positivo observado.

A diferença de potencial Galvani $\Delta\Phi$ da célula é igual, em sinal e grandeza, ao potencial elétrico do terminal condutor metálico da direita menos o de um terminal idêntico da esquerda; assim

$$\Delta\Phi = \Phi_R - \Phi_L \qquad (12.4)$$

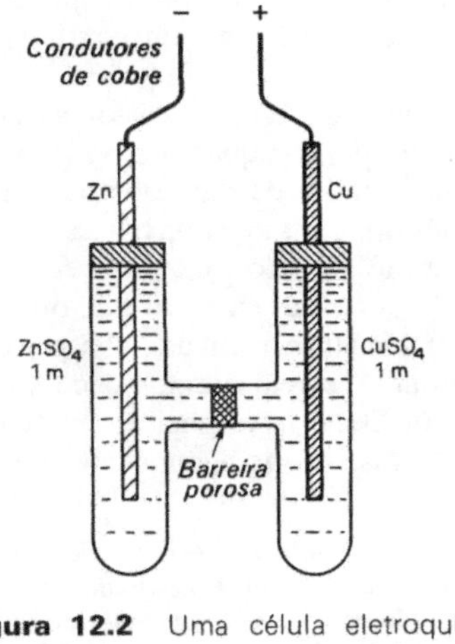

Figura 12.2 Uma célula eletroquímica típica

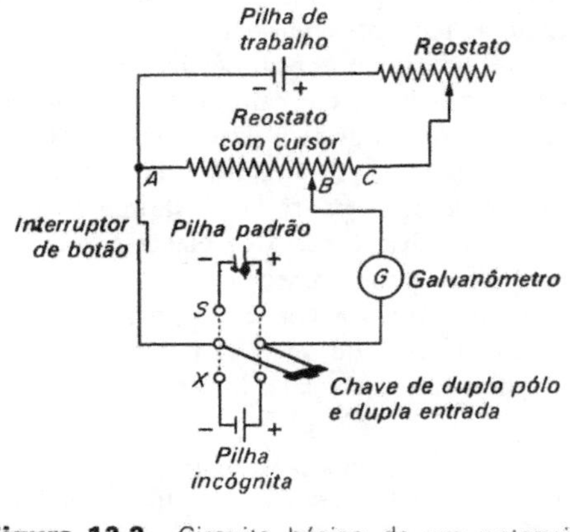

Figura 12.3 Circuito básico de um potenciômetro de leitura direta

Convém notar que não podemos medir separadamente Φ_R e Φ_L, mas sua diferença é uma quantidade diretamente mensurável. O significado de "esquerda" e "direita" se refere à célula *como está escrita* em (A); obviamente, não tem nada a ver com a disposição da célula real na mesa de laboratório.

A seguir, necessitamos estabelecer uma convenção que relaciona a forma escrita da célula com a reação química que ocorre na mesma. Se a equação para uma reação química típica for escrita segundo

$$\tfrac{1}{2}Zn + \tfrac{1}{2}Cu^{2+} \longrightarrow \tfrac{1}{2}Zn^{2+} + \tfrac{1}{2}Cu, \qquad (B)$$

o diagrama da célula (A) significa que esta reação (B) se realizará quando a eletricidade positiva atravessar a célula da esquerda para a direita[(4)]. Caso os eletrodos da célula escrita segundo (A) sejam ligados através de um resistor externo, e a eletricidade positiva escoar através do eletrólito da célula da esquerda para direita, a diferença de potencial elétrico $\Delta\Phi$ será positiva.

Por outro lado, se a reação de célula for escrita segundo

$$\tfrac{1}{2}Cu + \tfrac{1}{2}Zn^{2+} \longrightarrow \tfrac{1}{2}Cu^{2+} + \tfrac{1}{2}Zn, \qquad (C)$$

o diagrama da célula correspondente será

$$Cu\,|\,Cu^{2+}\,|\,Zn^{2+}\,|\,Zn \qquad (D)$$

O processo que ocorre na célula experimental obviamente deve ser o mesmo qualquer que seja a maneira como a célula é especificada no papel. Na célula mostrada na Fig. 12.2, a não ser que a relação $[Zn^{2+}]/[Cu^{2+}]$ se torne extremamente pequena, ocorre oxidação no eletrodo de zinco.

12.3. Força eletromotriz (fem) de uma célula

A força eletromotriz (fem) E de uma célula é definida como sendo o valor-limite da diferença de potencial elétrico $\Delta\Phi$ quando a corrente através da célula tende para zero.

$$E = \Delta\Phi_{(I\to 0)} \qquad (12.5)$$

A definição de fem estabelece que a diferença de potencial seja medida quando nenhuma corrente é extraída da célula através dos condutores externos. Na prática, é possível medir E em condições tais que a corrente retirada da célula é tão pequena que pode ser considerada desprezível. O método, introduzido por Poggendorf, usa um circuito conhecido como *potenciômetro.*

Um circuito potenciométrico básico é apresentado na Fig. 12.3. O resistor variável (potenciométrico) AC é calibrado com uma escala, de modo que qualquer posicionamento do cursor corresponde a uma certa tensão elétrica. Com a chave de duplo pólo e dupla entrada ligada à pilha padrão na posição S, colocamos o reostato variável na leitura de tensão da pilha padrão e ajustamos o reostato auxiliar até que não passe mais corrente através do galvanômetro G. Neste ponto, a diferença de potencial entre A e B, ou seja, o valor IR ao longo da seção AB do reostato variável contrabalança a fem da pilha padrão. Então, colocamos a chave na posição da pilha incógnita X e reajustamos o curso do reostato variável até que não passe corrente através de G. Desta nova posição, podemos ler diretamente na escala do resistor variável, a fem da pilha que desejamos determinar.

[(4)]Podemos também exprimir a regra da seguinte maneira: a reação que ocorre no eletrodo da esquerda da célula é escrita no sentido de indicar que elétrons são fornecidos ao circuito externo (isto é, um processo de oxidação) e a reação que ocorre no eletrodo da direita é escrita no sentido de indicar uma aceitação de elétrons do circuito externo (isto é, um processo de redução)

A pilha padrão mais utilizada é a pilha de Weston, mostrada na Fig. 12.4, que pode ser escrita segundo

$$Cd(Hg) \mid CdSO_4 \cdot \tfrac{8}{3}H_2O\ (s),\ Hg_2SO_4\ (s) \mid Hg$$

A reação de célula é

$$Cd(Hg) + Hg_2SO_4\ (s) + \tfrac{8}{3}H_2O\ (l) \longrightarrow CdSO_4 \cdot \tfrac{8}{3}H_2O\ (s) + 2Hg\ (l)$$

e sua fem em volts na temperatura de θ °C é dada por

$$E = 1{,}01845 - 4{,}05 \times 10^{-5}(\theta - 20) - 9{,}5 \times 10^{-7}(\theta - 20)^2$$

Portanto, a 20 °C, E = 1,01845 V e, a 25 °C, E = 1,01832 V. O pequeno coeficiente de temperatura de E é uma vantagem desta célula. Como as células individuais podem apresentar forças eletromotrizes ligeiramente diferentes, as pilhas padrões usadas no laboratório devem ser calibradas pelo National Bureau of Standards ou comparadas com as pilhas calibradas por esta instituição.

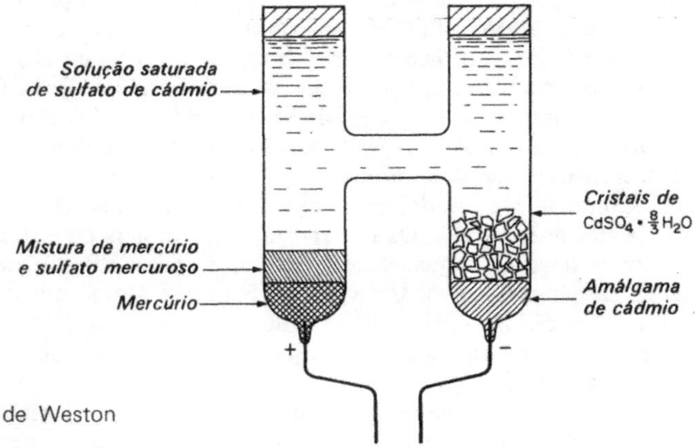

Figura 12.4 Pilha padrão de Weston

A exatidão do método de compensação para a medida de uma fem é limitada apenas pela exatidão da fem da pilha padrão E e pelas várias resistências-circuito. A precisão do método é determinada principalmente pela sensibilidade do galvanômetro usado para detectar o balanço entre a fem desconhecida e a padrão (de funcionamento), e pela precisão do controle de temperatura. Como não é difícil balancear o circuito de modo que menos que 10^{-12} A sejam retirados da pilha, está satisfeita para todos os fins práticos a condição especificada pela definição da fem, isto é, a medida de $\Delta\Phi$ quando $I \to 0$.

Podemos formalmente exprimir a fem em termos das diferenças de potencial Galvani entre as diferentes fases da célula. Por exemplo, para a célula mostrada na Fig. 12.2, quando $I \to 0$,

$$E = (\Phi_{Cu} - \Phi_{Cu^{2+}}) + (\Phi_{Cu^{2+}} - \Phi_{Zn^{2+}}) + (\Phi_{Zn^{2+}} - \Phi_{Zn}) + (\Phi_{Zn} - \Phi'_{Cu})$$

O Φ'_{Cu} se refere ao terminal de cobre do eletrodo de zinco. Portanto,

$$E = \Phi_{Cu} - \Phi'_{Cu} = \Delta\Phi_1 + \Delta\Phi_2 + \Delta\Phi_3 + \Delta\Phi_4$$

Assim, cada $\Delta\Phi$ contribui à fem e a velha controvérsia relativa à origem da fem se reduz à questão das grandezas relativas dos termos $\Delta\Phi$. Como estes não podem ser medidos, o único meio para resolver a questão seria calcular as $\Delta\Phi$ a partir de alguma espécie de modelo.

12.4. Polaridade de um eletrodo

Quando se liga uma pilha a um potenciômetro e se contrabalançam os potenciais, deve-se, naturalmente, ligar os terminais + e – da pilha aos terminais + e – do potenciômetro, respectivamente. A polaridade dos terminais do potenciômetro é determinada pela maneira como os terminais + e – da pilha padrão se encontram ligados. Para obter o ponto de equilíbrio, o eletrodo + da pilha padrão deve ser ligado através do circuito externo ao eletrodo + da pilha incógnita.

Não há necessidade de se preocupar em decidir qual dos eletrodos de uma pilha é o + e qual é o –. O eletrodo + é o que está ligado ao terminal + do potenciômetro, quando o equilíbrio é obtido. Se, por acaso, o – da pilha tiver sido ligado ao + do potenciômetro, não é possível obter o equilíbrio do circuito, de modo que não se terá preocupações em qualquer medida. Dessa maneira, poucos minutos de experimentação permitem indicar qual é o eletrodo + e qual é o –.

Poder-se-ia, todavia, perguntar como Edward Weston sabia que o eletrodo de cádmio era negativo, quando construiu sua primeira pilha padrão em 1892. A resposta recua até a escolha entre os fluidos elétricos vítreo e resinoso. Quando Franklin propôs a teoria do fluido único, escolheu o vítreo como sendo o fluido elétrico, e esta espécie de eletricidade se tornou *positiva*. A espécie de eletricidade resinosa foi então considerada como sendo o resultado de uma deficiência do fluido elétrico e, por isso, chamada *eletricidade negativa*. Franklin poderia ter feito a escolha oposta, uma vez que a atribuição de nomes foi completamente arbitrária.

Como foi verificado, vivemos num mundo que não é simétrico no que concerne às eletricidades + e –. Os transportadores comuns de eletricidade positiva são os íons positivos pesados enquanto os portadores comuns de eletricidade negativa são os elétrons, muito mais leves. Um íon positivo é um átomo que perdeu um ou mais elétrons. Se hoje em dia tivéssemos de fazer de novo a escolha de Franklin, provavelmente inverteríamos os sinais para evitar a dificuldade semântica de ter transportadores negativos num fluido positivo.

De qualquer maneira, a escolha do + e do – é consistente em toda a teoria da eletricidade. Quando dizemos que um fio de cobre ligado ao eletrodo de cádmio da pilha de Weston é mais negativo que o fio de cobre ligado ao eletrodo de mercúrio, estamos dizendo que o primeiro contém um excesso da mesma espécie de eletricidade que foi encontrada no âmbar esfregado com pele de gato.

12.5. Pilhas reversíveis

Um eletrodo imerso numa solução constitui uma *meia-pilha*. Assim, $Zn|Zn^{2+}$ (0,1 m) é uma meia-pilha. A pilha comum é uma combinação de duas meias-pilhas.

Estaremos principalmente interessados numa classe de pilhas chamadas *pilhas reversíveis*. Estas podem ser reconhecidas pelo seguinte critério: a pilha é ligada a um arranjo potenciométrico para a medida da fem pelo método da compensação. A fem da pilha é medida (a) com uma pequena corrente escoando através da célula num dado sentido, (b) a seguir, com um escoamento imperceptível da corrente e (c), finalmente, com uma pequena corrente em sentido oposto. Se a pilha for reversível, sua fem varia apenas ligeiramente durante esta seqüência e não existe descontinuidade no valor da fem no ponto de balanço (b). A reversibilidade implica que qualquer reação química que ocorre numa pilha pode se dar em ambos os sentidos, de acordo com o da corrente, e que, no ponto nulo, a força motriz da reação é exatamente equilibrada pela fem compensadora do potenciômetro. Se uma pilha é reversível, segue-se que as meias-pilhas que a compõe são ambas reversíveis.

Uma fonte de irreversibilidade em pilhas é a *junção líquida*, como a da pilha de Daniell da Fig. 12.2. Na junção entre $ZnSO_4$ e $CuSO_4$ temos a seguinte situação:

Zn^{2+}	Cu^{2+}
(1,0 *m*)	(1,0 *m*)
SO_4^{2-}	SO_4^{2-}

Se passarmos uma pequena corrente através da célula da esquerda para direita, ela será transportada através da junção pelos íons Zn^{2+} e SO_4^{2-}. Mas, se atravessarmos o ponto de balanço e passarmos uma pequena corrente no sentido oposto, ela será transportada através da junção da direita para esquerda pelos íons Cu^{2+} e SO_4^{2-}. Portanto, uma pilha com tal junção líquida é inerentemente irreversível.

Para que possamos aplicar a termodinâmica reversível a essas pilhas, é necessário eliminar a junção líquida. Podemos fazer isso com considerável sucesso por meio de uma *ponte salina*. Este dispositivo consiste em um tubo de ligação cheio de uma solução concentrada de um sal, geralmente KCl. A solução pode estar contida num gel (por exemplo, ágar-ágar) a fim de diminuir a mistura com as soluções das duas meias-pilhas. Agora, a maior parte da corrente será transportada através da junção pelos íons K^+ e Cl^-. Existirão ainda alguns efeitos irreversíveis, onde a ponte entra nas duas soluções, mas estes são considerados como mínimos. Quanto à junção líquida, é "eliminada" por este dispositivo, a pilha é escrita com um traço duplo vertical no centro; assim,

$$Zn|\,Zn^{2+}\,||\,Cu^{2+}\,|\,Cu$$

O melhor meio para evitar efeitos irreversíveis é evitar junções líquidas, usando um único eletrólito. A pilha de Weston realiza isto com uma solução de $CdSO_4$, que também se encontra saturada com o Hg_2SO_4 pouco solúvel. Discutiremos mais tarde outros exemplos de pilhas sem junções líquidas. Mesmo em tais pilhas, todavia, variações na concentração do eletrólito ao redor dos eletrodos em conseqüência da reação de pilha podem introduzir pequenos efeitos irreversíveis.

12.6. Energia livre e fem reversível

O trabalho elétrico realizado sobre uma carga Q, quando seu potencial é variado de uma quantidade $\Delta\Phi$, é $Q\,\Delta\Phi$. Consideremos uma pilha em que $|z|$ equivalentes do reagente são convertidos nos produtos. Então, $|z|\,F$ coulombs de carga elétrica atravessam a célula. Se $E > 0$, das Eqs. (12.4) e (12.5), $\Phi_R > \Phi_L$. Neste caso, $|z|\,F$ coulombs de carga são transferidos através da pilha de Φ_L até Φ_R. Portanto, o trabalho elétrico realizado sobre a pilha é $-|z|\,FE$.

Sob condições reversíveis, o trabalho realizado sobre a célula é $w = \Delta A$, onde A é a energia livre de Helmholtz (Sec. 3.13). Considerando-se o trabalho mecânico (PV) realizado sob pressão constante sobre todas as diferentes fases da pilha, é possível escrever

$$\Delta A = -\sum_\alpha P^\alpha\,\Delta V^\alpha - |z|\,FE$$

Mas, da Eq. (3.35)

$$\Delta G = \Delta A + \sum_\alpha P^\alpha\,\Delta V^\alpha$$

Portanto,

$$\Delta G = -|z|\,FE \qquad (12.6)$$

Nestas condições, *a fem reversível é igual ao decréscimo de entalpia livre da reação da pilha* por carga unitária (isto é, por coulomb, se a entalpia livre for dada em joule).

No caso da pilha de Daniell, $E = 1{,}100$ V a 25 °C. Portanto, para a reação

$$\text{Zn} + \text{CuSO}_4\ (1\ m) \longrightarrow \text{Cu} + \text{ZnSO}_4\ (1\ m)$$

$$\Delta G = -2(96\,487)(1{,}100) = -212\,300\ \text{V}\cdot\text{C (J)}^{(5)}$$

Uma reação só pode se processar espontaneamente se $\Delta G < 0$. Então, apenas se $E > 0$ uma reação de pilha pode se dar espontaneamente, de modo que a pilha pode servir como uma fonte de energia elétrica. Quando $E > 0$, a reação da pilha pode portanto se processar como está escrita. Neste caso, ocorre oxidação no eletrodo da esquerda e os íons positivos resultantes migram através da pilha da esquerda para direita. Os elétrons escoam através do circuito externo da esquerda para a direita. Para a pilha de Daniell, portanto, quando funciona como uma célula galvânica temos

$$\begin{array}{c} -e \longrightarrow \\ - \ \overline{\qquad\qquad\qquad\qquad} \ + \end{array}$$

$$\text{Zn}\left|\begin{array}{l} \longleftarrow \text{SO}_4^{2-} \\ \text{Zn}^{2+} \longrightarrow \end{array}\right|\begin{array}{l} \longleftarrow \text{SO}_4^{2-} \\ \text{Cu}^{2+} \longrightarrow \end{array}\bigg|\,\text{Cu}$$

12.7. Entropia e entalpia das reações de pilha

A aplicação da equação de Gibbs-Helmholtz (3.52) à relação $\Delta G = -|z|\,FE$ permite-nos calcular os ΔH e ΔS da reação da pilha a partir do coeficiente de temperatura da fem reversível. (Notar que o calor absorvido na reação de uma *pilha reversível* é $T\Delta S$ e não ΔH.) Assim,

$$\Delta S = -\left(\frac{\partial\,\Delta G}{\partial T}\right)_P = zF\left(\frac{\partial E}{\partial T}\right)_P \qquad (12.7)$$

Como, em T constante

$$\Delta H = \Delta G + T\,\Delta S\,,$$

segue-se que

$$\Delta H = -|z|\,FE + |z|\,FT\left(\frac{\partial E}{\partial T}\right)_P \qquad (12.8)$$

Vamos aplicar estas relações à pilha padrão de Weston. A 25 °C,

$$E = 1{,}01832\ \text{V}$$

e

$$\frac{dE}{dT} = -5{,}00 \times 10^{-5}\ \text{V}\cdot\text{K}^{-1}$$

Portanto,

$$\Delta G = -2(96\,487)(1{,}01832) = -196\,509\ \text{J}$$

$$\Delta S = 2(96\,487)(-5{,}00 \times 10^{-5}) = -9{,}65\ \text{J}\cdot\text{K}^{-1}$$

e

$$\Delta H = -196\,509 - 2\,876 = -199\,385\ \text{J}$$

Neste exemplo, $T\Delta S = (298{,}5 \times -9{,}649)\text{J} = 2\,876$ J.

O estudo da dependência da temperatura da fem de pilhas conduziu Nernst à sua descoberta da terceira lei da termodinâmica[6].

[5]Outra unidade útil é o *volt Faraday* (V · F); 1V · F = 96 487 J. Notar especialmente que $1\text{V}\cdot\text{F}\cdot\text{mol}^{-1} = 1$ eV por molécula. Para a pilha de Daniell, $\Delta G = -2(1{,}100) = -2{,}200\text{V}\cdot\text{F}$ a 25 °C

[6]Ver A. Sommerfeld, *Thermodynamics and Statistical Mechanics*, Lectures on Theoretical Physics, Vol. 5 (New York: Academic Press, Inc., 1956), pp. 71-75, 113-121

12.8. Tipos de meias-pilhas (eletrodos)

Uma das meias-pilhas mais simples consiste em um *eletrodo metálico* em contato com uma solução contendo íons do metal, como, por exemplo, prata em uma solução de nitrato de prata. Esta meia-pilha é representada por $Ag|Ag^+(c)$, onde c é a concentração dos íons de prata e o traço vertical denota a fronteira de contato das fases. A reação que ocorre neste eletrodo é a dissolução ou a deposição do metal segundo $Ag \rightleftharpoons Ag^+ + e$.

Às vezes é conveniente formar um eletrodo metálico usando um amálgama em lugar do metal puro. Um amálgama líquido apresenta vantagem de eliminar efeitos não-reprodutíveis devido a tensões nos metais sólidos ou polarização na superfície do eletrodo[7]. Em alguns casos, um eletrodo de amálgama diluído pode ser empregado com sucesso, enquanto que o metal puro reagiria violentamente com a solução, como, por exemplo, no caso da semipilha de amálgama de sódio $NaHg(c_1)|Na^+(c_2)$. Se o amálgama for saturado com o soluto metálico, o eletrodo é equivalente a um eletrodo metálico sólido porque o potencial químico de um componente em sua solução saturada é igual ao potencial químico de soluto puro[8]. Se o amálgama não for saturado, existem métodos para calcular a fem de um eletrodo metálico puro a partir de uma série de medidas a diferentes concentrações de amálgama.

Eletrodos de gases podem ser construídos colocando-se uma placa de um metal não-reativo (inerte), geralmente platina ou ouro, em contato simultâneo com a solução e uma corrente do gás. O eletrodo de hidrogênio consiste em uma fita de platina exposta a uma corrente de hidrogênio e parcialmente imersa numa solução ácida. O hidrogênio, provavelmente, se dissocia em átomos na superfície catalítica da platina, sendo as reações de eletrodo conseqüentemente:

$$\tfrac{1}{2}H_2 \longrightarrow H$$

$$H \longrightarrow H^+ + e$$

total:

$$\tfrac{1}{2}H_2 \longrightarrow H^+ + e$$

O eletrodo de cloro opera analogamente formando-se íons de cloro negativos na solução segundo $(1/2)Cl_2 + e \rightarrow Cl^-$. O cloro passa para a solução sobre um eletrodo de metal inerte.

Em *eletrodos não-metálicos-não-gasosos*, o metal inerte se encontra em contato com uma fase líquida ou sólida. Um exemplo é a semipilha bromo-brometo: $Pt|Br_2|Br^-$.

Em um *eletrodo de óxido-redução*, um metal inerte mergulha numa solução contendo íons em dois estados diferentes de oxidação, por exemplo, íons férricos e ferrosos, como na meia-pilha $Pt|Fe^{2+}, Fe^{3+}$. Quando elétrons são fornecidos ao eletrodo, a reação é $Fe^{3+} + e \rightarrow Fe^{2+}$. Como a função dos eletrodos é aceitar ou doar elétrons aos íons da solução, num certo sentido todos os eletrodos são de óxido-redução. A diferença entre o eletrodo de prata e o eletrodo férrico-ferroso é que no primeiro a concentração do estado de oxidação mais baixo, prata metálica, não pode ser variada.

Os *eletrodos metal-sal insolúvel* consistem em um metal em contato com um de seus sais pouco solúveis; na meia-pilha, este sal está, por sua vez, em contato com uma solução contendo um ânion comum. Um exemplo é a meia-pilha prata-cloreto de prata:

(7)A elevada sobretensão de hidrogênio em mercúrio (Sec. 12.27) auxilia a eliminar a polarização

(8)A própria fase sólida pode por si mesma ser uma liga de mercúrio com metal, caso em que a atividade do metal no amálgama líquido é definitivamente menor que a do metal puro. O sistema cádmio-mercúrio é dessa espécie

$Ag|AgCl|Cl^-(c_1)$. A reação de eletrodo pode ser considerada em dois estágios:

$$AgCl(s) \rightleftharpoons Ag^+ + Cl^-$$
$$Ag^+ + e \rightleftharpoons Ag(s)$$

Ou, globalmente,

$$AgCl(s) + e \rightleftharpoons Ag(s) + Cl^-$$

Tal eletrodo é termodinamicamente equivalente a um eletrodo de cloro ($Cl_2|Cl^-$) no qual o gás se encontra sob uma pressão igual à pressão de dissociação de AgCl segundo $AgCl \rightleftharpoons Ag + (1/2)Cl_2$. Este é um fato útil em vista das dificuldades experimentais envolvidas no uso de eletrodos de gases reativos. O eletrodo metal-sal insolúvel é reversível em relação ao ânion comum.

Os *eletrodos metal-óxido insolúvel* são semelhantes do tipo metal-sal insolúvel. Um exemplo é o eletrodo de antimônio-trióxido de antimônio, $Sb|Sb_2O_3|OH^-$. Uma barra de antimônio é recoberta com uma camada fina de óxido e mergulhada numa solução contendo íons OH^-. A reação de eletrodo é

$$Sb(s) + 3OH^- \rightleftharpoons \tfrac{1}{2}Sb_2O_3 + \tfrac{3}{2}H_2O(l) + 3e$$

O eletrodo é reversível em relação aos íons OH^-. Como íons OH^- e H^+ podem estabelecer rapidamente o equilíbrio, este eletrodo é também reversível a respeito dos íons H^+.

12.9. Classificação das células eletroquímicas

Quando duas meias-pilhas apropriadas são ligadas entre si, obtemos uma *célula eletroquímica.* A ligação é feita colocando as soluções das meias-pilhas em contato, de modo que os íons possam passar pelas mesmas. Se as duas soluções forem as mesmas, não há junção líquida e temos uma *célula sem transferência.* Quando as duas soluções são diferentes, o transporte de íons através da junção determinará variações irreversíveis nos dois eletrólitos e temos uma *célula com transferência.*

O decréscimo da entalpia livre $-\Delta G$, que fornece a força motriz numa célula, pode ser proveniente de uma reação química ou de uma mudança física. Células nas quais a força motriz é dada por uma variação de concentração (quase sempre um processo de diluição) são chamadas *células de concentração.* A variação na concentração pode ocorrer no eletrólito ou nos eletrodos. Exemplos da variação de concentração em eletrodos são encontrados em eletrodos de amálgamas ou de ligas com concentrações diferentes do soluto metálico e nos eletrodos de gás com pressões diferentes de gás.

As várias células eletroquímicas podem ser classificadas como se segue:

Células eletroquímicas
- Células químicas
  - Sem transferência
  - Com transferência
- Células de concentração
  - Células de concentração de eletrólito
    - Sem transferência
    - Com transferência
  - Células de concentração de eletrodo

12.10. A fem padrão das pilhas

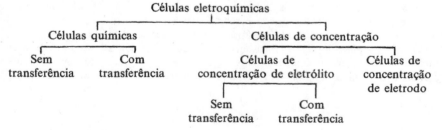

Consideremos a reação de célula (ou de pilha) generalizada: $aA + bB \rightleftharpoons cC + dD$. Por comparação com a Eq. (8.14), a variação da entalpia livre em termos de atividades dos reagentes e produtos é

$$\Delta G = \Delta G^{\ominus} + RT \ln \frac{a_C^c\, a_D^d}{a_A^a\, a_B^b}$$

Como $\Delta G = -|z|\,FE$

$$E = E^{\ominus} - \frac{RT}{|z|\,F} \ln \frac{a_C^c\, a_D^d}{a_B^b\, a_A^a} \tag{12.9}$$

A Eq. (12.9) é chamada equação de Nernst[9].

Quando as atividades de todos reagentes e produtos são iguais à unidade, o valor da fem é $E^{\ominus} = -\Delta G^{\ominus}/|z|\,F$. Este valor $E^{\ominus}$ é chamado *fem padrão* da pilha. Está relacionado com a constante de equilíbrio de reação da célula, pois

$$E^{\ominus} = -\frac{\Delta G^{\ominus}}{|z|\,F} = \frac{RT}{|z|\,F} \ln K_a \tag{12.10}$$

A determinação da fem padrão da pilha é, portanto, um dos mais importantes procedimentos em eletroquímica. Ilustraremos um método útil por meio de um exemplo típico.

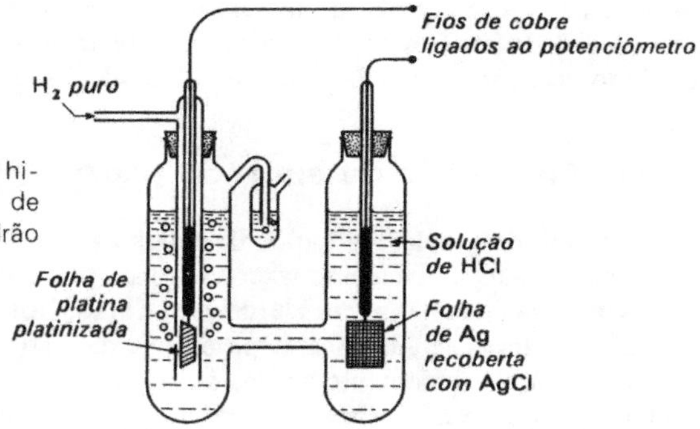

Figura 12.5 Arranjo do eletrodo de hidrogênio e eletrodo de prata-cloreto de prata para a determinação da fem padrão

Consideremos a célula mostrada na Fig. 12.5, que consiste em um eletrodo de hidrogênio e de um eletrodo de prata-cloreto de prata imersos numa solução de ácido clorídrico:

$$\mathrm{Pt(H_2)\,|\,HCl}(m)\,|\,\mathrm{AgCl\,|\,Ag}$$

Esta é uma pilha sem junção líquida. As reações de eletrodo são:

$$\tfrac{1}{2}\mathrm{H_2} \rightleftarrows \mathrm{H^+} + e$$

$$\mathrm{AgCl} + e \rightleftarrows \mathrm{Ag} + \mathrm{Cl^-}$$

A relação global, conseqüentemente, é:

$$\mathrm{AgCl} + \tfrac{1}{2}\mathrm{H_2} \rightleftarrows \mathrm{H^+} + \mathrm{Cl^-} + \mathrm{Ag}$$

Da Eq. (12.9), a fem da reação é:

$$E = E^{\ominus} - \frac{RT}{F} \ln \frac{a_{\mathrm{Ag}}\, a_{\mathrm{H^+}}\, a_{\mathrm{Cl^-}}}{a_{\mathrm{AgCl}}\, a_{\mathrm{H_2}}^{1/2}}$$

Fazendo as atividades das fases sólidas iguais à unidade e escolhendo a pressão de hidrogênio de modo que $a_{\mathrm{H_2}} = 1$ (para gás ideal, $P = 1$ atm), obtemos a equação

$$E = E^{\ominus} - \frac{RT}{F} \ln a_{\mathrm{H^+}}\, a_{\mathrm{Cl^-}}$$

[9]Nernst apresentou uma expressão semelhante em termos de concentrações em vez de atividades

Introduzindo a atividade média dos íons definida pela Eq. (10.21), temos

$$E = E^{\ominus} - \frac{2RT}{F} \ln a_{\pm} = E^{\ominus} - \frac{2RT}{F} \ln \gamma_{\pm} m \tag{12.11}$$

Rearranjando,

$$E + \frac{2RT}{F} \ln m = E^{\ominus} - \frac{2RT}{F} \ln \gamma_{\pm}$$

De acordo com a teoria de Debye-Hückel, em soluções diluídas, $\ln \gamma_{\pm} = Am^{1/2}$, onde A é uma constante. Portanto, para soluções diluídas, nossa equação se torna

$$E + \frac{2RT}{F} \ln m = E^{\ominus} - \frac{2RTA}{F} m^{1/2}$$

Colocando-se num gráfico a quantidade do primeiro membro desta expressão em função de $m^{1/2}$ e extrapolando-se a reta obtida para $m = 0$, a interseção com a ordenada ($m = 0$) fornece o valor de $E^{\ominus}$[10]. Para a célula em questão, obtém-se $E^{\ominus} = 0{,}2225$ V a 25 °C.

Uma vez determinada a fem padrão desta maneira, a Eq. (12.11) pode ser usada para calcular coeficientes de atividade médios de HCl a partir das fem E medidas em soluções de diferentes modalidades m. Este método tem sido a mais importante fonte de dados precisos de coeficientes de atividade iônicas.

12.11. Potenciais de eletrodo padrão

Em vez de tabelar os dados de todas as numerosas células que têm sido medidas, seria muito mais conveniente fazer uma lista dos *potenciais de eletrodo isolados* das diferentes meias-células. As fem de células, então, poderiam ser obtidas simplesmente tomando as diferenças entre esses potenciais de eletrodo. O estado dos potenciais de eletrodo isolados é semelhante ao das atividades de íons únicos. Em 1899, Gibbs salientou que não é possível estabelecer qualquer procedimento experimental para medir uma diferença de *potencial elétrico* entre dois pontos em meios de composição química diferente, como, por exemplo, um eletrodo metálico e o eletrólito circundante. O que de fato sempre medimos é uma diferença de potencial entre dois pontos de mesma composição química, com os dois terminais de latão de um potenciômetro.

Consideremos um íon de cobre em: (a) cobre metálico e (b) uma solução de sulfato de cobre. Seu estado é determinado por seu ambiente químico, geralmente expresso pelo seu potencial químico μ, e por seu ambiente elétrico, expresso pelo seu potencial elétrico Φ. Todavia, não existe qualquer meio de separar experimentalmente esses dois fatores, uma vez que não existe um meio de separar a eletricidade da matéria e os fenômenos que chamamos "químicos" são todos de origem "elétrica". Assim, podemos medir apenas o *potencial eletroquímico* de um íon $\bar{\mu} = \mu + zF\Phi$. Às vezes, pode ser conveniente fazer uma separação arbitrária desta quantidade em duas partes, mas não existe qualquer meio de dar esta separação um significado experimental.

Embora não possamos medir potenciais de eletrodo absolutos isolados, podemos resolver o problema de reduzir as forças eletromotrizes das células a uma base comum, exprimindo todos os valores em relação ao mesmo eletrodo de referência. A escolha de um estado de referência convencional não afeta os valores das diferenças entre os potenciais de eletrodo, isto é, as forças eletromotrizes das células. O eletrodo de referência considerado é o *eletrodo padrão de hidrogênio*, ao qual se atribui por convenção o valor

[10]A. S. Brown e D. A. McInnes, *J. Am. Chem. Soc.* **57**, 1 356 (1935). Na prática, uma extensão da forma da teoria de Debye-Hückel é freqüentemente usada para dar uma função de extrapolação um pouco melhor

$E^{\ominus} = 0$. É o eletrodo de hidrogênio em que (a) a pressão de hidrogênio é 1 atm (estritamente, fugacidade unitária, mas o gás pode ser tomado como ideal), (b) a solução contém íon-hidrogênio na atividade iônica média ($a_{\pm}$) igual a 1. Assim,

$$\text{Pt}\,|\,\text{H}_2\,(1\text{ atm})\,|\,\text{H}^+(a_{\pm} = 1)$$

Quando uma pilha é formada combinando-se qualquer eletrodo X com o eletrodo padrão de hidrogênio, o potencial do eletrodo X medido em relação ao do eletrodo padrão de hidrogênio tomado igual a zero é chamado *potencial de eletrodo relativo* ou, abreviadamente, *potencial de eletrodo* de X. Então, se o eletrodo X for positivo em relação ao *eletrodo padrão de hidrogênio*, o potencial de eletrodo de X é positivo. O sinal do potencial de eletrodo sempre é o sinal observado de sua polaridade quando o eletrodo está acoplado com o *eletrodo padrão de hidrogênio*[(11)].

Por exemplo,

$$\text{Pt}\,|\,\text{H}_2(1\text{ atm})\,|\,\text{H}^+(a_{\pm} = 1)\,||\,X^+\,|\,X$$

Então, a fem é

$$E = \Phi_R - \Phi_L$$

$$E(X^+/X) - E^{\ominus}(\text{H}_2/\text{H}^+) = E(X^+/X)$$

No caso de a fem ser a fem padrão $E^{\ominus}$, o potencial do eletrodo é o *potencial do eletrodo padrão*. Quando nos referimos a um *potencial de eletrodo*, geralmente temos em mente este potencial padrão, que é o dado nas tabelas. O potencial de eletrodo para qualquer outra escolha de atividade pode ser calculado a partir da Eq. (12.9).

Por exemplo, o eletrodo do zinco pode ser escrito segundo

$$\text{Zn}^{2+}\,|\,\text{Zn}$$

Esta notação nos permite lembrar que a meia-pilha (eletrodo) está escrita à direita, do modo que a pilha completa é

$$\text{Pt}\,|\,\text{H}_2\,|\,\text{H}^+\,||\,\text{Zn}^{2+}\,|\,\text{Zn}$$

A reação que tem lugar no eletrodo de zinco é

$$\text{Zn}^{2+} + 2e^- \longrightarrow \text{Zn}\,, \qquad \text{(A)}$$

uma redução do íon Zn^{2+} a zinco metálico. A reação no eletrodo de hidrogênio é

$$\text{H}_2 \longrightarrow 2\text{H}^+ + 2e \qquad \text{(B)}$$

Portanto, a reação da célula é

$$\text{Zn}^{2+} + \text{H}_2 \longrightarrow \text{Zn} + 2\text{H}^+ \qquad \text{(C)}$$

Quando todos os componentes da célula se encontram em seus estados padrões, a fem é –0,763 V a 25 °C. O potencial de eletrodo padrão do eletrodo de zinco é, pois, –0,763 V

[(11)]O potencial de eletrodo é definido aqui de acordo com a convenção de Estocolmo de 1953. É também análogo à definição dada por Gibbs. O potencial de eletrodo assim definido é uma *quantidade invariante em sinal.* Com isso queremos dizer que possui um sinal definido, que não depende de maneira alguma de como o eletrodo está escrito no papel. O sinal é a *polaridade experimental* do eletrodo quando acoplado ao eletrodo padrão de hidrogênio.

O potencial de eletrodo, como definido, é a *fem da meia-pilha do eletrodo*

$$X^+\,|\,X$$

que é a fem da célula

$$\text{Pt}\,|\,\text{H}_2\,|\,\text{H}^+\,||\,X^+\,|\,X$$

na qual a reação da pilha é

$$\tfrac{1}{2}\text{H}_2 + X^+ \longrightarrow \text{H}^+ + X$$

Tabela 12.1 Potenciais de eletrodo padrão a 25 °C

Eletrodo	Reação de eletrodo (soluções ácidas)	$E^{\ominus}$ (V)
Li^+/Li	$Li^+ + e \rightleftharpoons Li$	−3,045
K^+/K	$K^+ + e \rightleftharpoons K$	−2,925
Cs^+/Cs	$Cs^+ + e \rightleftharpoons Cs$	−2,923
Ba^{2+}/Ba	$Ba^{2+} + 2e \rightleftharpoons Ba$	−2,906
Ca^{2+}/Ca	$Ca^{2+} + 2e \rightleftharpoons Ca$	−2,866
Na^+/Na	$Na^+ + e \rightleftharpoons Na$	−2,714
Mg^{2+}/Mg	$Mg^{2+} + 2e \rightleftharpoons Mg$	−2,363
Al^{3+}/Al	$Al^{3+} + 3e \rightleftharpoons Al$	−1,662
Zn^{2+}/Zn	$Zn^{2+} + 2e \rightleftharpoons Zn$	−0,7628
Fe^{2+}/Fe	$Fe^{2+} + 2e \rightleftharpoons Fe$	−0,4402
Cd^{2+}/Cd	$Cd^{2+} + 2e \rightleftharpoons Cd$	−0,4029
Sn^{2+}/Sn	$Sn^{2+} + 2e \rightleftharpoons Sn$	−0,136
Pb^{2+}/Pb	$Pb^{2+} + 2e \rightleftharpoons Pb$	−0,126
Fe^{3+}/Fe	$Fe^{3+} + 3e \rightleftharpoons Fe$	−0,036
$D^+/D_2/Pt$	$2D^+ + 2e \rightleftharpoons D_2$	−0,0034
$H^+/H_2/Pt$	$2H^+ + 2e \rightleftharpoons H_2$	0
$Sn^{+4}, Sn^{+2}/Pt$	$Sn^{4+} + 2e \rightleftharpoons Sn^{2+}$	+0,15
$Cu^{2+}, Cu^+/Pt$	$Cu^{2+} + e \rightleftharpoons Cu^+$	+0,153
$S_2O_3^{2-}, S_4O_6^{2-}/Pt$	$S_4O_6^{2-} + 2e \rightleftharpoons 2S_2O_3^{2-}$	+0,17
Cu^{2+}/Cu	$Cu^{2+} + 2e \rightleftharpoons Cu$	+0,337
$I^-/I_2/Pt$	$I_2 + 2e \rightleftharpoons 2I^-$	+0,5355
$Fe(CN)_6^{4-}, Fe(CN)_6^{3-}/Pt$	$Fe(CN)_6^{3-} + e \rightleftharpoons Fe(CN)_6^{4-}$	+0,69
$Fe^{2+}, Fe^{3+}/Pt$	$Fe^{3+} + e \rightleftharpoons Fe^{2+}$	+0,771
Ag^+/Ag	$Ag^+ + e \rightleftharpoons Ag$	+0,7991
Hg^{2+}/Hg	$Hg^{2+} + 2e \rightleftharpoons Hg$	+0,854
$Hg_2^{2+}, Hg^{2+}/Pt$	$2Hg^{2+} + 2e \rightleftharpoons Hg_2^{2+}$	+0,92
$Br^-/Br_2/Pt$	$Br_2 + 2e \rightleftharpoons 2Br^-$	+1,0652
$Mn^{2+}, H^+/MnO_2/Pt$	$MnO_2 + 4H^+ + 2e \rightleftharpoons Mn^{2+} + 2H_2O$	+1,23
$Cr^{3+}, Cr_2O_7^{2-}, H^+/Pt$	$Cr_2O_7^{2-} + 14H^+ + 6e \rightleftharpoons 2Cr^{3+} + 7H_2O$	+1,33
$Cl^-/Cl_2/Pt$	$Cl_2 + 2e \rightleftharpoons 2Cl^-$	+1,3595
$Ce^{3+}, Ce^{4+}/Pt$	$Ce^{4+} + e \rightleftharpoons Ce^{3+}$	+1,61
$Co^{2+}, Co^{3+}/Pt$	$Co^{3+} + e \rightleftharpoons Co^{2+}$	+1,808
$SO_4^{2-}, S_2O_8^{2-}/Pt$	$S_2O_8^{2-} + 2e \rightleftharpoons 2SO_4^{2-}$	+2,01
	(soluções básicas)	
$OH^-/Ca(OH)_2/Ca/Pt$	$Ca(OH)_2 + 2e \rightleftharpoons 2OH^- + Ca$	−3,02
$H_2PO_2^-, HPO_3^{2-}, OH^-/Pt$	$HPO_3^{2-} + 2e \rightleftharpoons H_2PO_2^- + 3OH^-$	−1,565
$ZnO_2^{2-}, OH^-/Zn$	$ZnO_2^{2-} + 2H_2O + 2e \rightleftharpoons Zn + 4OH^-$	−1,215
$SO_3^{2-}, SO_4^{2-}, OH^-/Pt$	$SO_4^{2-} + H_2O + 2e \rightleftharpoons SO_3^{2-} + 2OH^-$	−0,93
$OH^-/H_2/Pt$	$2H_2O + 2e \rightleftharpoons H_2 + 2OH^-$	−0,82806
$OH^-/Ni(OH)_2/Ni$	$Ni(OH)_2 + 2e \rightleftharpoons Ni + 2OH^-$	−0,72
$CO_3^{2-}/PbCO_3/Pb$	$PbCO_3 + 2e \rightleftharpoons Pb + CO_3^{2-}$	−0,509
$OH^-, HO_2^-/Pt$	$HO_2^- + H_2O + 2e \rightleftharpoons 3OH^-$	+0,878

a 25 °C. O valor negativo indica que a reação da célula, como está escrita, não pode ocorrer espontaneamente, quando os reagentes e os produtos estão em seus estados padrões, isto é, H_2 gasoso não pode reduzir Zn^{2+} sob estas condições.

Na Tab. 12.1 é apresentada uma relação de potenciais de eletrodo padrão[12].

[12]O mais amplo levantamento de dados sobre reações de eletrodo é *Standard Aqueous Electrode Potentials and Temperature Coefficents at* 25 °C de A. J. de Bethune e N. A. S. Loud (Skokie, Ill.: C. A. Hampel, 1964). Este livrinho também contém uma discussão teórica e muitos problemas (com solução) de aplicações químicas de potenciais de eletrodo

12.12. Cálculo da fem de uma pilha

Como um exemplo típico, vamos calcular a fem, a 25 °C, da célula,

$$Zn\,|\,ZnSO_4\ (1{,}0\ m)\,||\,CuSO_4\ (0{,}1\ m)\,|\,Cu$$

A reação da célula é

$$Zn + CuSO_4 \longrightarrow ZnSO_4 + Cu$$

Da Eq. (12.4), a fem padrão $E^{\ominus}$, tomando-se os valores dos potenciais de eletrodo da Tab. 12.1, é

$$E^{\ominus} = E_R^{\ominus} - E_L^{\ominus} = +0{,}337 - (-0{,}763) = +1{,}100\ \text{V}$$

A equação de Nernst se torna

$$E = E^{\ominus} - \frac{RT}{2F}\ln\frac{a(ZnSO_4)\,a(Cu)}{a(CuSO_4)\,a(Zn)}$$

ou, como $a(Cu) = a(Zn) = 1$ (p. 291 do 1.° volume),

$$E = 1{,}100 - 0{,}0295\log\frac{a_{\pm}^2(ZnSO_4)}{a_{\pm}^2(CuSO_4)}$$

Da Eq. (10.25)

$$a_{\pm} = \gamma_{\pm}m$$

Da Tab. 10.6, para $CuSO_4$ a $m = 0{,}10\ \text{mol}\cdot\text{kg}^{-1}$, $\gamma_{\pm} = 0{,}41$; $ZnSO_4$ a $m = 1{,}00\ \text{mol}\cdot\text{kg}^{-1}$, $\gamma_{\pm} = 0{,}045$. Então

$$E = 1{,}100 - 0{,}059\log\frac{0{,}045}{0{,}041} = 1{,}098\ \text{V}$$

Este exemplo mostra que, dispondo-se dos coeficientes de atividade para os eletrólitos usados, podemos calcular a fem da célula a partir dos potenciais padrões tabelados e da equação de Nernst. Em muitos casos, o uso de molalidades ou concentrações, em vez de atividades (isto é, a hipótese de que todos os coeficientes de atividade são unitários), fornecerá uma estimativa adequada para o valor de E.

12.13. Cálculo de produtos de solubilidade

Os potenciais de eletrodo padrão podem ser combinados para fornecer o $E^{\ominus}$ e assim o $\Delta G^{\ominus}$ e a constante de equilíbrio para soluções de sais. Deste modo, podemos calcular a solubilidade de um sal, mesmo quando um valor extremamente baixo torna difícil a medida direta.

Como um exemplo, consideremos o iodeto de prata, que se dissolve de acordo com $AgI \rightarrow Ag^+ + I^-$. O *produto de solubilidade* é $K_{sp} = a(Ag^+)a(I^-)$. Uma célula cuja reação global corresponde à solução de iodeto de prata pode ser formada combinando-se um eletrodo Ag|AgI com um eletrodo Ag,

$$Ag\,|\,Ag^+\,|\,I^-,\ AgI(s)\,|\,Ag$$

As reações de eletrodo são

	Potenciais de eletrodo (V)
$AgI(s) + e \longrightarrow Ag + I^-$	$E^{\ominus} = -0{,}1518$
$Ag \longrightarrow Ag^+ + e$	$E^{\ominus} = +0{,}7991$
Reação global: $AgI(s) \longrightarrow Ag^+ + I^-$	$E^{\ominus} = -0{,}9509\ [E_R - E_L]$

Então, de $\Delta G^{\ominus} = -|z|FE^{\ominus} = -RT \ln K_{sp}$,

$$\log_{10} K_{sp} = \frac{(-0{,}9509 \times 96\,487)}{(2{,}303 \times 8{,}314 \times 298{,}2)} = -16{,}07$$

Os coeficientes de atividade serão iguais à unidade na solução muito diluída de AgI, de modo que K_{sp} corresponde a uma solubilidade de $2{,}17 \times 10^{-6}\ g \cdot dm^{-3}$ a 25 °C.

12.14. Entalpias livres padrões e entropias de íons aquosos

A quantidade teoricamente interessante $\Delta G_i^{\ominus}$, a entalpia livre padrão de formação de um íon em solução, não pode ser medida em valor absoluto para um íon individual, mas, como no caso análogo de potenciais de eletrodo individuais, é possível obter valores relativos a um íon de referência. O padrão de referência é o íon de hidrogênio com $a_{\pm} = 1$, que é tomado como apresentando um $\Delta G^{\ominus}(H^+)$ padrão = 0 em solução aquosa a 25 °C. Como um exemplo, consideremos a reação

$$Cd + 2H^+ \longrightarrow Cd^{2+} + H_2, \qquad E^{\ominus} = 0{,}403\ V \quad (25°C)$$

Se todos os reagentes e produtos estão em seus estados padrões,

$$-|z|FE^{\ominus} = \Delta G^{\ominus} = \bar{\mu}^{\ominus}(Cd^{2+}) + \bar{\mu}^{\ominus}(H_2) - \bar{\mu}^{\ominus}(Cd) - \bar{\mu}^{\ominus}(H^+)$$

Agora, $\bar{\mu}^{\ominus}(H_2)$ e $\bar{\mu}^{\ominus}(Cd)$ são nulos porque as entalpias livres, dos elementos são tomados iguais a zero em seus estados padrões a 25 °C e $\bar{\mu}^{\ominus}(H^+)$ é nulo pela nossa convenção. Segue-se que

$$\bar{\mu}^{\ominus}(Cd^{2+}) = \Delta G^{\ominus} = -|z|FE^{\ominus} = -2 \times 0{,}403 \times 96\,487 = -77{,}74\ kJ \cdot mol^{-1}$$

Além das entalpias livres iônicas padrões é útil obter também as entropias iônicas padrões $S_i^{\ominus}$. Estas são entropias parciais molares dos íons na solução relativas ao estado padrão escolhido convencionalmente, que torna a entropia do íon de hidrogênio em atividade unitária é igual a zero, $S^{\ominus}(H^+) = 0$.

Um método para calcular uma entropia iônica pode ser ilustrado em termos do nosso exemplo do íon Cd^{2+}. Consideremos, de novo, a reação $Cd + 2H^+ \rightarrow Cd^{2+} + H_2$. A variação da entropia padrão é

$$\Delta S^{\ominus} = S^{\ominus}(Cd^{2+}) + S^{\ominus}(H_2) - 2S^{\ominus}(H^+) - S^{\ominus}(Cd)$$

Agora, $S^{\ominus}(Cd)$ e $S^{\ominus}(H_2)$ foram calculadas a partir de medidas da terceira lei e de cálculos estatísticos, sendo iguais a 51,5 e $130{,}7\ J \cdot K^{-1} \cdot mol^{-1}$ a 25 °C, respectivamente. De acordo com nossa convenção, $S^{\ominus}(H^+)$ é nulo. Portanto, $S^{\ominus}(Cd^{2+}) = \Delta S^{\ominus} - 79{,}2$. O valor de $\Delta S^{\ominus}$ pode ser obtido de $\Delta S^{\ominus} = (\Delta H^{\ominus} - \Delta G^{\ominus})/T$. Quando o cádmio é dissolvido num grande excesso de ácido diluído, o calor de solução por mol de cádmio é a variação de entalpia padrão $\Delta H^{\ominus}$, uma vez que em solução extremamente diluída todos os coeficientes de atividade se aproximam da unidade. Esta experiência fornece o valor de $\Delta H^{\ominus} =$ $= -69{,}87$ kJ. O valor de $\Delta G^{\ominus}$ da fem da célula era igual a 77,74 kJ, como foi visto. Portanto, $\Delta S^{\ominus} = 7\,870/298{,}2 = 26{,}4\ J \cdot K^{-1}$. Segue-se daí que $S^{\ominus}(Cd^{2+}) = -52{,}8\ J \cdot K^{-1} \cdot mol^{-1}$.

A Tab. 12.2 fornece algumas entropias iônicas padrões determinadas por estes métodos. Deve ser enfatizado que estes valores sempre se referem a uma combinação neutra dos íons dados com o íon H_3O^+. Por exemplo, o valor para K^+ é $S^{\ominus}(K^+) - S^{\ominus}(H^+)$, o valor para Mg^{2+} é $S^{\ominus}(Mg^{2+}) - 2S^{\ominus}(H^+)$, o valor para Cl^- é $S^{\ominus}(Cl^-) + S^{\ominus}(H^+)$ etc. É possível obter uma estimativa muito próxima da entropia absoluta do íon H^+ em solução aquosa[13]. Vários cálculos convergem a um valor de cerca $-21\ J \cdot K^{-1}$.

[13] J. O'M. Bockris e B. E. Conway, *Modern Aspects of Electrochemistry*, Vol. 1 (Londres: Butterworth & Co., Ltd., 1954)

Tabela 12.2 Entropias padrões de íons no estado gasoso e em solução aquosa a 25 °C ($J \cdot K^{-1} \cdot mol^{-1}$)

Cátion	$S^\ominus$ (gás)	$S^\ominus$ (água)	Ânion	$S^\ominus$ (gás)	$S^\ominus$ (água)
H_3O^+	108,8	0*	F^-	145,6	−9,6
Li^+	133,1	19,7	Cl^-	153,6	56,5
Na^+	147,7	58,6	Br^-	159,4	82,4
K^+	154,4	101,3	I^-	169,0**	105,9
Rb^+	164,4	120,1	OH^-		10,4
Cs^+	169,9	133,1	HSO_4^-		128,0
Ag^+	166,9	73,2	SO_4^{2-}		18,4
Mg^{2+}	148,5	−132,2	NO_3^-		125,1
Ca^{2+}	154,8	−53,1	PO_4^{3-}		−217,6
Cu^{2+}	161,1	−110,9	HCO_3^-		92,9
Zn^{2+}	161,1	−107,5	CO_3^{2-}		−54,4
Fe^{2+}	159,0	−108,4			
Fe^{3+}	159,0	−255,2			
Al^{3+}	149,8	−318,0			

*Valores de $S^\ominus$ (água) estão referidos a $S^\ominus$ (água) = 0 para o íon H_3O^+

**Valores para íons compostos em fase gasosa não são apresentados porque incluiriam contribuições e vibracionais, não se encontrando disponíveis os dados necessários

As entropias dos íons gasosos são facilmente calculados da equação de Sackur-Tetrode (5.51), que fornece, a 298 K.

$$S_t\,(\text{gás}) = 108{,}8 + 28{,}7 \log_{10} M,$$

onde M é a massa molecular. A diferença entre $S^\ominus$ (água) e $S^\ominus$ (gás) na Tab. 12.2 fornece a entropia de hidratação do íon. As entropias de hidratação são sempre negativas. Existe sempre uma perda em entropia translacional, quando os íons gasosos entram em solução. Além disso, há o efeito do campo elétrico sobre as moléculas de água que circundam o íon. No caso de íons de carga múltipla, este efeito é especialmente grande e sugere uma virtual imobilização ou "congelamento" da estrutura da água ao redor do íon central.

12.15. Células de concentração de eletrodo

Consideremos uma célula formada de dois eletrodos de hidrogênio em pressões diferentes colocadas na mesma solução de ácido clorídrico:

$$Pt\,|\,H_2(P_1)\,|\,HCl(a)\,|\,H_2(P_2)\,|\,Pt$$

No eletrodo da esquerda: $\frac{1}{2}H_2(P_1) \longrightarrow H^+(a_\pm) + e$

No eletrodo da direita: $H^+(a_\pm) + e \longrightarrow \frac{1}{2}H_2(P_2)$

A variação é então $\frac{1}{2}H_2(P_1) \rightarrow \frac{1}{2}H_2(P_2)$, isto é, a transferência de um equivalente de hidrogênio da pressão P_1 a P_2. A fem da célula é

$$E = \frac{-RT}{2F} \ln \frac{P_2}{P_1}$$

Outro tipo de célula de concentração de eletrodo consiste em dois eletrodos de amálgama de concentrações diferentes em contato com uma solução contendo íons de metal que se encontra dissolvido no amálgama. Por exemplo,

$$Cd\text{—}Hg(a_1)\,|\,CdSO_4\,|\,Cd\text{—}Hg(a_2)$$

A fem desta célula provém da energia livre de transferir o cádmio de um amálgama no qual sua atividade é a_1 a um amálgama no qual sua atividade é a_2. A fem é, portanto,

$$E = \frac{-RT}{2F} \ln \frac{a_2}{a_1}$$

Se os amálgamas são considerados soluções ideais, podemos substituir as atividades por frações molares. Na Tab. 12.3 existem alguns dados experimentais para estas células junto com as fem calculadas na base de soluções ideais. Convém notar como os valores observados se aproximam dos teóricos com o aumento da diluição do amálgama.

Tabela 12.3 Células de concentração de eletrodos de amálgama de cádmio*

Gramas de cádmio por 100 g de mercúrio		Fem observada	Fem calculada
Eletrodo (1)	Eletrodo (2)	V	V
1,000	0,1000	0,02966	0,02950
0,1000	0,01000	0,02960	0,02950
0,01000	0,001000	0,02956	0,02950
0,001000	0,0001000	0,02950	0,02950

*G. Hulett, *J. Am. Chem. Soc.* **30**, 1 805 (1908)

12.16. Células de concentração de eletrólito

Na seguinte célula

$$Pt | H_2 | HCl(c) | AgCl | Ag$$

a reação da célula é

$$\tfrac{1}{2}H_2 + AgCl \longrightarrow Ag + HCl(c)$$

Medidas feitas com duas concentrações c diferentes de ácido clorídrico fornecem os seguintes resultados a 25 °C:

c (mol·dm^{-3})	E (V)	$-\Delta G$ (J)
0,0010	0,5795	55 920
0,0539	0,3822	36 880

Quando duas destas pilhas se opõem uma à outra, a combinação constitui uma pilha que pode ser escrita como

$$Ag | AgCl | HCl(c_2) | H_2 | HCl(c_1) | AgCl | Ag$$

A transformação global desta célula é simplesmente a diferença entre as transformações nas duas células separadas. Assim, para a passagem de cada faraday, ocorre a transferência de 1 mol de HCl da concentração c_2 a c_1, $HCl(c_2) \rightarrow HCl(c_1)$. Todavia, deve-se notar que não pode haver transferência direta do eletrólito de um a outro lado. O HCl é removido do lado esquerdo da pilha através da reação $HCl + Ag \rightarrow AgCl + (1/2)H_2$ e é adicionado ao lado direito pelo inverso desta reação. Dos dados procedentes, se $c_1 =$ $= 0{,}001$ e $c_2 = 0{,}0539$ mol · dm^{-3}, a energia livre de Gibbs de diluição é $\Delta G = -19\,040$ J e $E = (19\,040/96\,487) = 0{,}1973$ V. Esta célula é um exemplo de célula de concentração sem transferência.

Quando duas soluções de HCl de concentrações diferentes se encontram diretamente em contato, como através de uma parede porosa, temos uma célula de concentração com transferência.

$$\mathrm{Ag}\,|\,\mathrm{AgCl}\,|\,\mathrm{HCl}(c_2) \,\vdots\vdots\, \mathrm{HCl}(c_1)\,|\,\mathrm{AgCl}\,|\,\mathrm{Ag}$$

Os íons podem agora passar através da junção líquida entre as duas soluções. Quando 1 F passa através da célula, o mesmo é transportado através da junção líquida parcialmente pelo íon $H^+(t_+F)$ e em parte pelo íon Cl^- (t_-F), onde t_+ e t_- são números de transporte. No caso da célula apresentada, os eletrodos são reversíveis ao íon Cl^-, do modo que 1 F de íons Cl^- entra no eletrólito da esquerda e deixa o da direita. Existe, portanto, um transporte resultante de t_+ moles de HCl da esquerda para a direita e a fem da célula a concentrações será

$$E = t_+ \frac{RT}{F} \ln \frac{a_2}{a_1} \tag{12.12}$$

ou exatamente t_+ vezes a fem da célula sem transferência. Para o caso em que os eletrodos são reversíveis ao íon H^+ (eletrodos de hidrogênio), o número de transferência t_- apareceria na Eq. (12.12).

Na realidade, o argumento aqui apresentado não é rigoroso, uma vez que uma célula com transferência não é uma célula reversível. Existe sempre um processo de difusão ocorrendo na junção líquida e, conseqüentemente, surge um *potencial de junção líquida*, que não pode ser tratado pela termodinâmica de equilíbrio. Tratamentos mais exatos mostram, porém, que a Eq. (12.12) é uma aproximação boa para a fem da célula[14].

12.17. Equilíbrio de membrana não-osmótico

A Fig. 12.6 apresenta duas soluções α e β separadas por uma membrana. Denotaremos as quantidades em α sem apóstrofo e as em β com apóstrofo. Na presente seção, admitiremos que a membrana não é permeável ao solvente, de modo que podemos ignorar os efeitos devidos à pressão osmótica. As concentrações dos íons positivos são c_{i^+}, c'_{i^+} e

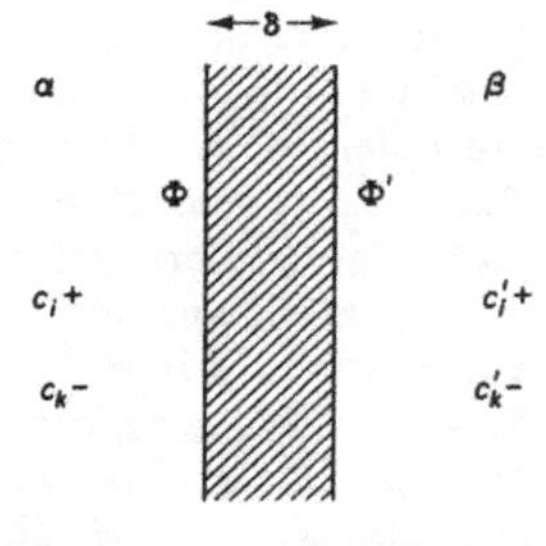

Figura 12.6 Duas soluções α e β são separadas por uma membrana de espessura δ. As concentrações c e os potenciais Galvani Φ são uniformes no interior de cada uma das fases α e β

as dos íons negativos, c_{k^-}, c'_k. Atingida a condição de equilíbrio, a corrente de cada íon através da membrana deve se anular,

$$I_{i^+} = 0, \quad I_{k^-} = 0 \quad \text{para todos } i, k$$

Se a membrana for permeável a todos os íons, o equilíbrio somente será atingido quando todas as concentrações iônicas se tornarem equalizadas através da membrana e quando não existe uma diferença de potencial através da membrana, $\Delta\Phi = 0$.

[14] D. G. Miller, *J. Phys. Chem.* **70**, 2 639 (1966)

Para se ter uma diferença de potencial não-nula, $\Delta\Phi \neq 0$, no equilíbrio, a membrana deve ser impermeável a um ou mais íons em cada lado. O exemplo mais simples é o descrito por Nernst em 1888, no qual apenas um íon, digamos o íon j, pode passar através da membrana. A condição de equilíbrio é então

$$\bar{\mu}_j = \bar{\mu}'_j$$

Da Eq. (12.1), temos, portanto,

$$\mu_j + z_j F\Phi = \mu'_j + z_j F\Phi' \tag{12.13}$$

ou, como $\mu_j = \mu_j^0 + RT\ln a_j$,

$$\Delta\Phi = \frac{RT}{z_j F}\ln\frac{a_j}{a'_j} \tag{12.14}$$

Em solução diluída,

$$\frac{a_j}{a'_j} = \frac{c_j}{c'_j} \quad \text{e} \quad \Delta\Phi = \frac{RT}{z_j F}\ln\frac{c_j}{c'_j} \tag{12.15}$$

Podemos encarar esta diferença de potencial como o potencial elétrico exatamente necessário para evitar a equalização das concentrações iônicas de j por difusão através da membrana. É possível fixar a relação das concentrações iônicas, c_j/c'_j para a qual se estabelecerá um potencial de equilíbrio $\Delta\Phi$, que corresponde à relação escolhida. É importante notar que esta situação é possível porque a membrana é *permeável a apenas um íon*. Se diversos íons poderiam atravessar a membrana, não seria mais possível obter um $\Delta\Phi$ de equilíbrio correspondente a qualquer relação escolhida de concentrações iônicas.

Membranas de células nervosas típicas de mamíferos são permeáveis a K^+, mas em seu estado de repouso são relativamente impermeáveis a Na^+ e a Cl^- e outros íons A concentração $[K^+]$ no interior da célula é cerca de 20 vezes a $[K^+]$ fora da célula. Da Eq. (12.15), o potencial de equilíbrio de Nernst através da membrana a 25 °C seria, portanto, cerca de

$$\Delta\Phi = \frac{(8{,}314)(298{,}2)}{96\,487}\ln\left(\frac{1}{20}\right) = 25{,}7\ln\left(\frac{1}{20}\right) = -77{,}5 \text{ mV}$$

(o interior sendo negativo em relação ao exterior). Esta $\Delta\Phi$ está próxima do valor observado experimentalmente e, numa primeira aproximação, o potencial de membrana do nervo pode ser considerado um potencial de equilíbrio de K^+. Um exame mais detalhado indicou, todavia, que, como a membrana é permeável dentro de uma certa extensão a outros íons diferentes de K^+, o potencial observado deve ser interpretado como um potencial de estado estacionário para um sistema, no qual a permeabilidade a K^+ é consideravelmente maior que a de qualquer outro íon. Não é possível satisfazer à condição de equilíbrio (12.15) simultaneamente para todos os íons.

As atividades iônicas individuais na Eq. (12.14) não são quantidades mensuráveis e não podemos medir a diferença do potencial elétrico entre duas fases diferentes α e β. Se a solução for suficientemente diluída para justificar a substituição da relação de atividades pela das concentrações, poderemos calcular $\Delta\Phi$ da Eq. (12.15). Se colocarmos eletrodos inertes, tais como fios de platina, nas duas soluções, poderemos medir $\Delta\Phi$ entre os dois terminais de platina. É apenas uma aproximação fazer esta $\Delta\Phi$ igual à existente entre as duas soluções α e β, mas a aproximação é válida a aproximadamente o mesmo grau do usado no cálculo de $\Delta\Phi$ a partir da relação das concentrações. A maioria dos dados experimentais em estudos eletrofisiológicos se apóia em aproximações desta espécie.

Deve ser salientado que, se os eletrodos usados forem reversíveis em relação ao íon permeável (K^+, no exemplo procedente), a $\Delta\Phi$ entre os terminais de ambos os lados da membrana seria nula porque cada eletrodo atingiria o equilíbrio com a solução na qual está imerso e $\Delta G = 0$ para a célula no equilíbrio.

12.18. Equilíbrio de membrana osmótico

Neste caso, admitimos que a membrana é permeável ao solvente e a alguns, mas não todos, íons. Uma teoria para tais equilíbrios de membrana foi apresentada pela primeira vez por F. G. Donnan[15] e por isso freqüentemente nos referimos ao *equilíbrio de Donnan e ao potencial de Donnan* nas discussões relativas a este assunto. Um exemplo simples é mostrado na Fig. 12.7, onde a solução de um lado da membrana contém um cátion P^{z+}, que não pode atravessar a membrana, como, por exemplo, uma substância de alto peso molecular, como uma proteína. A presença de íons não-permeáveis determina uma distribuição desigual dos outros íons de ambos os lados da membrana.

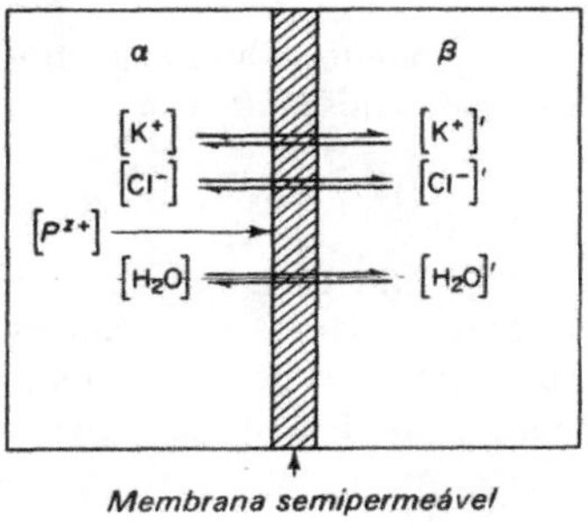

Figura 12.7 Um exemplo de um equilíbrio de membrana de Donnan com cátions P^{z+} de um alto polímero e KCl como o sal neutro

As condições de equilíbrio são

$$\bar{\mu}_{K^+} = \bar{\mu}'_{K^+}, \qquad \bar{\mu}_{Cl^-} = \bar{\mu}'_{Cl^-}, \qquad \mu_{H_2O} = \mu'_{H_2O}$$

onde as quantidades para a fase β possuem apóstrofo e as para a fase α não têm apóstrofo. Se as atividades das moléculas de água forem diferentes nos dois lados da membrana, da Eq. (7.40) segue-se que no equilíbrio existe a pressão osmótica

$$\Pi = \frac{RT}{V(H_2O)} \ln \frac{a'(H_2O)}{a(H_2O)} \tag{12.16}$$

Para os íons, das Eqs. (8.44), (8.46) e (12.1) temos

$$\Pi\, V(K^+) - RT \ln \frac{a'(K^+)}{a(K^+)} = F\,\Delta\Phi \tag{12.17}$$

$$\Pi\, V(Cl^-) - RT \ln \frac{a'(Cl^-)}{a(Cl^-)} = -F\,\Delta\Phi \tag{12.18}$$

Quando Π é eliminado com auxílio das Eqs. (12.16) e (12.17) ou (12.18),

$$\Delta\Phi = \frac{RT}{F} \ln \frac{a'(K^+)}{a(K^+)} \frac{[a(H_2O)]^{r^+}}{[a'(H_2O)]^{r^+}} = \frac{RT}{F} \ln \frac{a(Cl^-)}{a'(Cl^-)} \frac{[a'(H_2O)]^{r^-}}{[a(H_2O)]^{r^-}}, \tag{12.19}$$

onde

$$r^+ = \frac{V(K^+)}{V(H_2O)} \quad \text{e} \quad r^- = \frac{V(Cl^-)}{V(H_2O)}$$

Geralmente, uma aproximação satisfatória é tomar a atividade da água como sendo a mesma nas duas soluções, de modo que a Eq. (12.19) se simplifica segundo

$$\Delta\Phi = \frac{RT}{F} \ln \frac{a'(K^+)}{a(K^+)} = \frac{RT}{F} \ln \frac{a(Cl^-)}{a'(Cl^-)}$$

Quando o íon não-permeável P^{z+} apresenta uma concentração baixa, as relações de atividade para os íons pequenos podem ser substituídas pelas relações de concentração,

[15]F. G. Donnan, *Z. Elektrochem.* **17**, 572 (1911)

de modo que

$$\Delta\Phi = \frac{RT}{F} \ln \frac{a'(K^+)}{a(K^+)} \longrightarrow \frac{RT}{F} \ln \frac{c'(K^+)}{c(K^+)}$$

e

$$c(K^+)\,c(Cl^-) = c'(K^+)\,c'(Cl^-) = c'^2$$

Então as condições de neutralidade elétrica fornecem

$$c(K^+) + zc(P^{z+}) = c(Cl^-)$$
$$c'(K^+) = c'(Cl^-) = c'$$

Assim,

$$c'^2 = c(K^+)\,[c(K^+) + zc(P^{z+})]$$

Tomando-se a raiz quadrada de ambos os membros da equação, mas desprezando-se os termos quadráticos e os de ordem superior em $c(P^+)$ obtemos

$$\frac{c'}{c(K^+)} = 1 + \frac{zc(P^{z+})}{2c(K^+)} \tag{12.20}$$

A Tab. 12.4 fornece os efeitos Donnan calculados para diferentes concentrações iônicas. Notamos que grandes diferenças nas concentrações dos íons difusíveis podem surgir através de membranas como conseqüência da presença de íons não-difusíveis num lado. Diferenças apreciáveis de potenciais Donnan também podem ocorrer[16].

Tabela 12.4 Exemplos de equilíbrios de membrana de Donnan a 25 °C*

	(Concentrações em mol · dm^{-3})			$\frac{c'_+}{c_+} = \frac{c_-}{c'_-}$	
$zc(P^{z+})$	$c'_+ = c'_-$	c_+	c_-		$\Delta\Phi$ (mV)
0,002	0,0010	0,00041	0,00241	2,44	22,90
	0,0100	0,00905	0,01105	1,10	2,56
	0,100	0,0990	0,1010	1,01	2,58
0,02	0,0010	0,00005	0,02005	20,05	76,96
	0,0100	0,00414	0,02414	2,41	22,65
	0,100	0,0905	0,1105	1,10	2,56

*Adaptado de *Physical Chemistry of Macromolecules*, de Charles Tanford (New York: John Wiley & Sons, Inc., 1961), p. 226

12.19. Potenciais de membrana de estado estacionário

Quando duas soluções iônicas diferentes são separadas por uma barreira permeável, pode surgir uma diferença de potencial entre ambas. Tais potenciais ocorrem em células galvânicas, nas quais os compartimentos de eletrodos são separados por pontes salinas ou barreiras porosas. Diferenças de potencial análogas através de membranas externas de células vivas estão intimamente relacionadas a processos fisiológicos essenciais, tais como a propagação de impulsos elétricos pelas células nervosas e o assim chamado *transporte ativo* de íons e metabólitos, isto é, o transporte contra gradientes de potencial eletroquímico através das paredes da célula. Como esses sistemas vivos não estão em equilíbrio termodinâmico, esses potenciais não são potenciais de equilíbrio. Em muitos casos, porém, podem ser tratados como potenciais de estado estacionário.

O movimento de íons através de uma membrana sob a influência combinada de campos elétricos e gradientes de concentração conduz a um típico *problema de eletro-*

[16]Embora o equilíbrio de Donnan tenha sido discutido dentro do contexto do equilíbrio osmótico, um efeito análogo pode ser observado mesmo quando a membrana não é permeável ao solvente, mas, neste caso, evidentemente não existe uma pressão osmática de equilíbrio

difusão. A análise feita em 1890 por Max Planck[17] tem sido o ponto de partida de todo o trabalho subseqüente realizado neste campo. O sistema estudado por Planck é mostrado na Fig. 12.8. As concentrações dos íons positivos são denotados por c_i com $i = 1 \ldots n$ e as concentrações dos íons negativos, por $\bar{c}_k$ com $k = 1 \ldots m$. No tratamento de Planck, todos os íons são admitidos a apresentarem o mesmo número de cargas $|z|$. A teoria foi estendida a íons de $|z|$ diferentes por Schlögl[18].

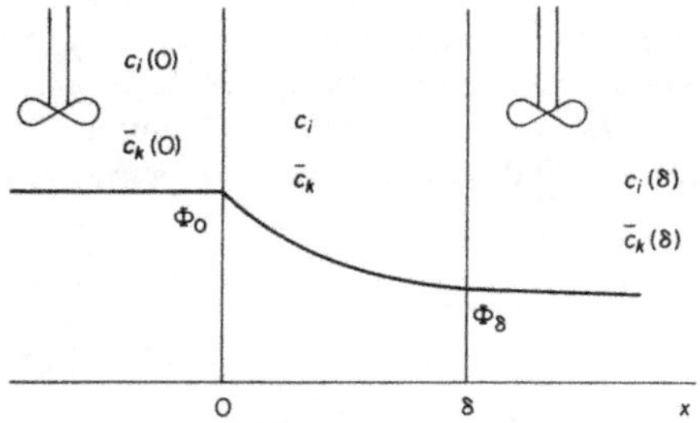

Figura 12.8 Sistema de estado estacionário conduzindo a potenciais de membrana (modelo de Planck). A membrana se estende de $x = 0$ até $x = \delta$. As soluções são bem agitadas de modo que as concentrações iônicas são uniformes através de cada solução

A membrana da Fig. 12.8 é considerada como sendo uma região plana infinita de constante dielétrica ε entre $x = 0$ e $x = \delta$. As concentrações iônicas de ambos os lados são mantidas constantes e uniformes. No caso de uma célula galvânica com uma junção líquida, esta condição poderia ser conseguida por meio de alguma espécie de contato em escoamento entre os dois compartimentos de eletrodos. No caso das células vivas, o transporte ativo através da membrana mantém efetivamente constante as concentrações. Como temos fluxos estacionários J_i, J_k de íons individuais através da membrana, o sistema não se encontra num estado de equilíbrio, mas antes num *estado estacionário*, caracterizado pelo fato de a *corrente elétrica total* através da membrana ser nula. O fluxo de estado estacionário de cada espécie iônica pode ser escrito como

$$J_i = -D_i \frac{dc_i}{dx} + u_i c_i E = \text{constante}, \tag{12.21}$$

onde u_i é a mobilidade elétrica e E é a intensidade do campo elétrico. Como, da Eq. (10.19),

$$\frac{u_i}{D_i} = \frac{z_i e}{kT}$$

a Eq. (12.21) se torna

$$J_i = -D_i \frac{dc_i}{dx} + \frac{D_i z_i e c_i E}{kT}$$

ou dividindo por D_i

$$\frac{-dc_i}{dx} + \frac{z_i e}{kT} E c_i = A_i, \qquad i = 1 \cdots n \tag{12.22}$$

onde A_i é uma constante. Analogamente

$$\frac{-d\bar{c}_k}{dx} + \frac{z_k e}{kT} E \bar{c}_k = B_k, \qquad k = 1 \cdots m \tag{12.23}$$

Além das $m + n$ equações para os fluxos, deve ser válida a equação de Poisson em cada ponto da membrana:

$$\frac{dE}{dx} = \frac{-d^2\Phi}{dx^2} = \frac{e}{\epsilon_0 \epsilon} \sum (z_i c_i + z_k \bar{c}_k) \tag{12.24}$$

Existem, pois, $m + n + 1$ equações a serem resolvidas, com $m + n + 1$ constantes de integração.

[17] M. Planck, *Ann. Physik Chem.* **39**, 161 (1890)
[18] R. Schlögl, *Z. Physik Chem.* N. F. **1**, 305 (1954)

Na ausência de um campo elétrico externo, a transferência de carga resultante se anula no estado estacionário,

$$\sum (I_i + I_k) = \sum (z_i e J_i + z_k e J_k) = 0$$

e as concentrações iônicas são todas fixas em $x = 0$ e $x = \delta$, de modo que $c_i(0)$, $c_i(\delta)$, $\bar{c}_k(0)$, $c_k(\delta)$ estão prefixadas. Portanto, existem $2(m + n) + 1$ condições que são suficientes para fixar as $m + n + 1$ constantes de integração e os $m + n$ fluxos (ou constantes A_i, B_k). O problema está, pois, bem definido matematicamente, embora a integração geral do conjunto de equações apresente as maiores dificuldades.

Vamos considerar o caso simplificado tratado por Planck, no qual $z_i = 1$ e $z_k = -1$. Introduzindo as variáveis adimensionais,

$$\zeta = \frac{x}{\delta} \qquad \phi = \frac{e\Phi}{kT}$$

$$p = \frac{\sum c_i}{\bar{C}} \qquad n = \frac{\sum c_k}{\bar{C}},$$

onde $\bar{C} = \langle \Sigma c_i + \Sigma \bar{c}_k \rangle =$ constante é uma média no espaço.

A equação de Poisson então se torna

$$\frac{\bar{\lambda}^2}{\delta^2}\frac{d^2\phi}{d\zeta^2} = -(p - n), \tag{12.25}$$

onde $\bar{\lambda}^2 = \varepsilon_0 \varepsilon kT/e^2\bar{C}$. Notamos que $(p - n)$ é o excesso de cargas positivas em relação às negativas na membrana e λ é a espessura da atmosfera iônica como foi introduzida pela teoria de Debye-Hückel. As várias soluções aproximadas das equações de Planck provêm das diferentes hipóteses acerca da relação $(\bar{\lambda}^2/\delta^2)$ na Eq. (12.25).

Planck, em 1890, fez uma aproximação equivalente a $\bar{\lambda}^2/\delta^2 \ll 1$, que se torna mais satisfatória à medida que a membrana se torna mais espessa ou a concentração iônica mais elevada. Da Eq. (12.25), segue-se então que $p \simeq n$ (neutralidade elétrica dentro da membrana), apesar do fato de $d^2\phi/d\zeta^2 \neq 0$ (campo elétrico dentro da membrana não constante).

Em 1943, D. Goldman(19) fez a aproximação oposta, isto é, $\bar{\lambda}^2/\delta^2 \gg 1$. Da Eq. (12.25), esta hipótese corresponde a

$$\frac{d^2\phi}{d\zeta^2} = -(p - n)\frac{\delta^2}{\bar{\lambda}^2} \simeq 0$$

Em outras palavras, mesmo que $p \neq n$ (de modo que a membrana não é eletricamente neutra), $E = -d\Phi/dx$ é uma constante através da membrana. Portanto, a aproximação de Goldman é um *modelo de campo constante.* O tratamento de Goldman apresenta a vantagem prática de fornecer uma expressão explícita para o potencial de membrana $\Delta\Phi$, que é dado por Planck apenas implicitamente num par de equações transcendentais.

Como se poderá observar da Eq. (12.26), os resultados dos tratamentos de Planck e Goldman coincidem no caso especial em que $\bar{C}(0) = \bar{C}(\delta)$, isto é, quando as concentrações iônicas totais são as mesmas em ambos os lados da membrana. Neste caso, o modelo de Planck também fornece um campo constante através da membrana.

Alguns exemplos de concentrações de íons através de membranas de células são mostrados na Tab. 12.5. No caso das células nervosas sob condições fisiológicas, as concentrações iônicas totais são, de fato, aproximadamente as mesmas em ambos os lados da membrana, sendo altas em K^+ no interior da célula e altas em Na^+ no exterior. Os potenciais de repouso através de membranas naturais sob estas condições podem ser calculadas dentro de um razoável grau de exatidão, tanto das aproximações de Goldman como de Planck e, portanto, lançam pouca luz sobre o problema de qual seja o modelo

(19) *J. Gen. Physiol.* **27**, 37 (1943)

Tabela 12.5 Concentrações de íons através de membranas de células

Preparado	Concentrações iônicas ($mmol \cdot kg^{-1}$)					
	$[K^+]$		$[Na^+]$		$[Cl^-]$	
	Dentro	Fora	Dentro	Fora	Dentro	Fora
Células animais						
Nervo axônio da lula	410	10	49	460	40	540
Nervo de sapo	110	2,5	37	120		120
Músculo de sapo	125	2,5	15	120	1,2	120
Músculo de rato	140	2,7	13	150		140
Células de plantas						
Nitella clavata	54	0,005	10	0,02	91	1
Chara ceratophyla	88	1,2	142	60	225	75

preferido pela própria natureza. O problema resumidamente se reduz à questão de saber qual é a concentração desconhecida de íons dentro de membranas de 10 nm de espessura.

A integração das equações de Planck (com a aproximação da eletroneutralidade) forneceu

$$\frac{\xi V_\delta - V_0}{U_\delta - \xi U_0} = \frac{\ln (C_\delta/C_0) - \ln \xi}{\ln (C_\delta/C_0) + \ln \xi} \cdot \frac{\xi C_\delta - C_0}{C_\delta - \xi C_0} \tag{12.26}$$

onde

$$U = \sum D_i C_i \quad \text{e} \quad V = \sum D_k \bar{C}_k$$

A diferença de potencial através da membrana é dada por

$$\Delta\Phi = \Phi_\delta - \Phi_0 = \frac{kT}{e} \ln \xi \tag{12.27}$$

Para usar a teoria de Planck, é necessário resolver a Eq. (12.26) para ξ e então calcular a diferença de potencial $\Delta\Phi$ da Eq. (12.27). Um programa simples de computador pode ser estabelecido para resolver a Eq. (12.26) pelo método de Newton[(20)]. Estas equações de Planck têm sido largamente usadas para o cômputo de potenciais de junção líquida[(21)].

No caso de aproximação de Goldman, não podemos somar as Eqs. (12.22) e (12.23) para obter uma equação única em $C(x)$, uma vez que não é válida a condição de eletroneutralidade $\Sigma c_i = \Sigma \bar{c}_k$. Por outro lado, como E é constante, cada equação pode ser imediatamente integrada e as condições $c_i(0)$, $c_i(\delta)$ etc. determinam as $(n + m)$ constantes de integração e as $(n + m)$ fluxos iônicos. Então, a condição de estado estacionário de uma transferência de carga resultante nula é aplicada para calcular $\Delta\Phi$ segundo

$$\Delta\Phi = \frac{kT}{e} \ln \frac{\sum D_i C_i(\delta) + \sum D_k C_k(0)}{\sum D_i C_i(0) + \sum D_k C_k(\delta)} \tag{12.28}$$

A equação de Goldman não se restringe a eletrólitos AB e pode ser aplicada a uma mistura de íons de cargas diversas.

(20) E. L. Stiefel, *An Introduction to Numerical Mathematics* (New York: Academic Press, Inc., 1963), p. 79

(21) Uma boa descrição é dada por D. MacInnes, *The Principles of Electrochemistry* (New York: Dover Publications, Inc., 1961), Cap. 13

12.20. Condução em nervos

Em 1850, Helmholtz realizou com sucesso uma experiência até então considerada, de um modo geral, impossível. Esta experiência é a medida da velocidade de condução num nervo de um sapo, fornecendo o valor de cerca de 30 $m \cdot s^{-1}$. Somente dezesseis anos mais tarde, Bernstein começou suas pesquisas relativas à origem dos impulsos nervosos. Este trabalho foi realizado antes do advento da teoria de ionização de Arrhenius em 1883 e as brilhantes pesquisas em eletroquímica que marcaram os fins do século XIX. O trabalho de Nernst sobre células eletroquímicas apareceu em 1888 e a análise de Planck do problema da eletrodifusão em 1890. Em 1902, Bernstein publicou um apanhado definitivo de sua teoria do impulso nervoso em membranas, que se baseava na despolarização de uma membrana da célula nervosa seletivamente permeável a íons K^+. No mesmo ano, todavia, Overton mostrou que íons Na^+ desempenhavam um papel essencial na excitação de *potencial de ação*, como era chamado o impulso propagado ao longo do nervo.

A investigação experimental de potenciais através de membranas nervosas e correntes iônicas através das mesmas foi retardada pelos pequenos tamanhos das células nervosas, mas desenvolvimentos mais significativos se tornavam possíveis após J. Z. Young ter chamado atenção, em 1936, aos axônios nervosos gigantes existentes em certas lulas, que apresentavam diâmetros tão grandes como 10^3 μm, comparados aos comuns 0,1 a 20 μm. Com estes axônios gigantes foi possível introduzir eletrodos no meio interno e mesmo remover este meio celular (*citoplasma*) substituindo-o por soluções iônicas de qualquer composição desejada. Como resultado do trabalho brilhante de Hodgkin e Huxley[22] e de Cole[23], os aspectos iônicos principais do impulso nervoso foram delineados. No presente, todavia, permanece um grande problema não resolvido, a saber, a explicação das propriedades elétricas das membranas nervosas em termos de suas estruturas de proteínas e lipídios constituintes. A Fig. 12.9 mostra uma micrografia eletrônica da seção transversal de um axônio de célula nervosa com grande amplificação.

A Fig. 12.10 retrata os acontecimentos eletroquímicos durante o curso de um potencial de ação ao longo de um axônio típico. No estado de repouso, a diferença de potencial é de cerca de -70 mV a 25 °C, que está muito próximo do valor calculado do potencial de equilíbrio de Nernst,

$$\Delta\Phi = \frac{-RT}{F} \ln \frac{[K^+]_{dentro}}{[K^+]_{fora}}$$

Figura 12.9 Micrografia eletrônica com aumento de 126 000 × de uma seção fina através do nervo óptico de um rato adulto. A seção transversal de um axônio mielinizado é mostrada com porções de outros quatro. O nervo contém muitos milhares de tais axônios. As camadas espirais da mielina são formadas das membranas externas de células especiais chamadas *oligodendrócitos,* que envolvem os axônios dos neurônios para formar um revestimento isolante. Em intervalos regulares, de cerca de 100 vezes o diâmetro axônico, ao longo do comprimento do neurônio, existem aberturas na camada chamadas *nodos de Ranvier.* O pulso de despolarização do potencial de ação salta de um nodo ao próximo num processo chamado *condução saltadora.* Dispersas dentro do *axoplasma,* existem seções circulares escuras, que são os cortes transversais através de *neurotúbulos,* os quais percorrem o axônio entre o corpo do neurônio e as sinapses nas terminações do axônio. Os neurotúbulos fornecem um meio de transporte de materiais do corpo da célula até as sinapses [Fotografia por Alan Peters, Departamento de Anatomia, Faculdade de Medicina da Universidade de Boston, em *The Fine Structure of the Nervous System,* por A. Peters, S. L. Palay e H. de F. Webster (New York: Harper and Row, 1970)]

[22] A. L. Hodgkin, *The Conduction of the Nervous Impulse* (Liverpool: University Press, 1964)
[23] K. S. Cole, *Membranes, Ions and Impulses* (Berkeley: University of California Press, 1968)

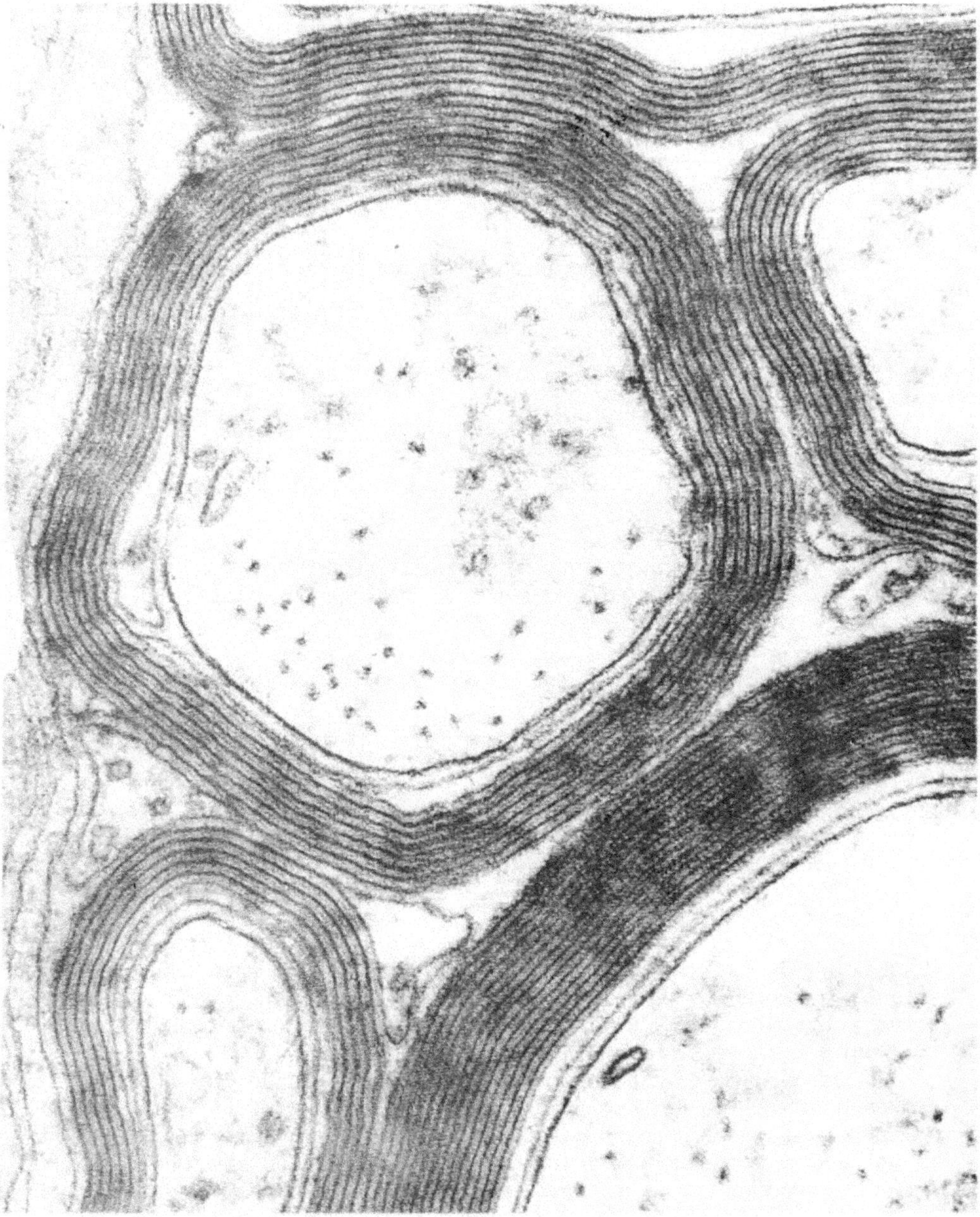

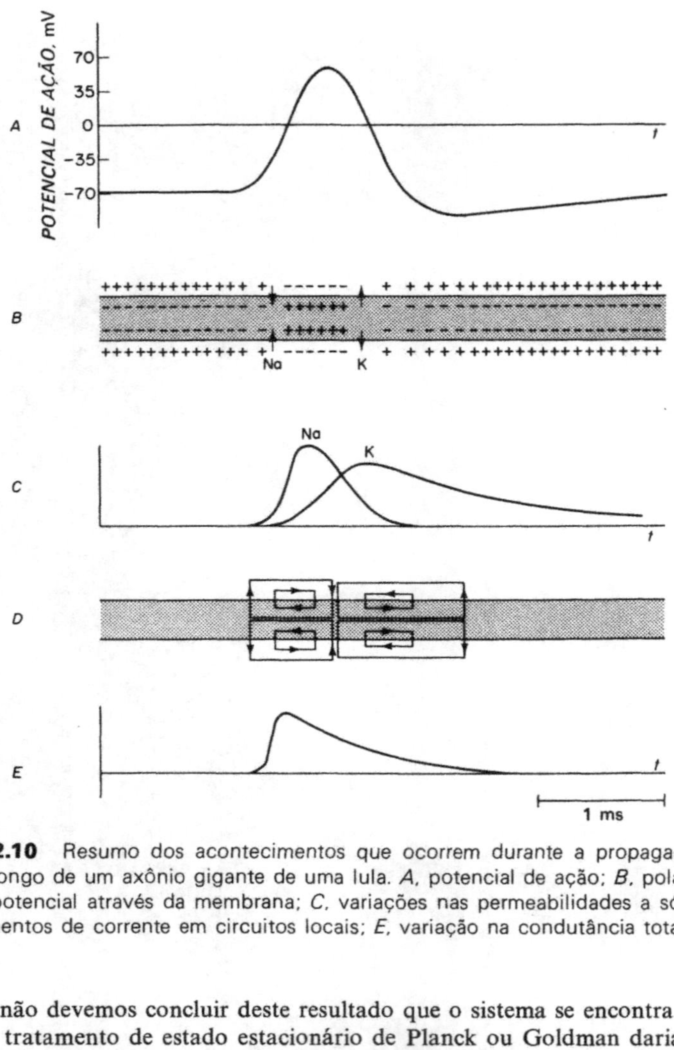

Figura 12.10 Resumo dos acontecimentos que ocorrem durante a propagação de um impulso do longo de um axônio gigante de uma lula. *A*, potencial de ação; *B*, polaridade da diferença de potencial através da membrana; *C*, variações nas permeabilidades a sódio e potássio; *D*, escoamentos de corrente em circuitos locais; *E*, variação na condutância total da membrana

Todavia, não devemos concluir deste resultado que o sistema se encontra em equilíbrio, porque o tratamento de estado estacionário de Planck ou Goldman daria praticamente o mesmo resultado, desde que a mobilidade de K^+ na membrana seja muito maior que a de outros íons, como Na^+ e Cl^-.

Quando um pulso de despolarização de 20 mV ou mais é subitamente aplicado através da membrana do nervo, de modo que $\Delta\Phi$ caia de -70 a cerca de -50 mV, existe um rápido aumento em sua permeabilidade ao Na^+ e também um aumento mais lento em sua permeabilidade ao K^+, como é mostrado na Fig. 12.10. Como conseqüência desta despolarização posterior, áreas da membrana adjacentes ao sítio do pulso de despolarização inicial, devido à queda *IR* ao longo do axônio, também se tornam despolarizadas, de uma quantidade maior que a crítica necessária para iniciar um potencial de ação. O resultado é uma onda de despolarização rapidamente propagada, que constitui o impulso nervoso(24).

(24)Um aspecto notável do comportamento eletroquímico da membrana nervosa é que, quando a despolarização é mantida fixa ("método de grampo de tensão"), a permeabilidade ao sódio reverte ao normal após cerca de um milissegundo, mas o mesmo não ocorre com a permeabilidade ao potássio

12.21. Cinética de processos de eletrodo

Vamos considerar agora as velocidades dos processos em superfícies de eletrodos, que é o assunto básico da *cinética eletroquímica*[25]. Em muitos aspectos, uma reação química ocorrendo num eletrodo se assemelha à que ocorre na superfície de um catalisador sólido. Podemos, de fato, considerar um eletrodo metálico como sendo uma superfície catalítica que facilita a transferência de elétrons de ou para moléculas químicas reagentes e íons. Assim, uma reação de eletrodo pode ser encarada como uma sucessão de etapas semelhantes à das da catálise heterogênea, listada na Sec. 11.15:

1. difusão dos reagentes até o eletrodo;
2. (reação na camada de solução adjacente ao eletrodo);
3. adsorção de reagentes no eletrodo;
4. transferência de elétrons às ou das espécies reagentes adsorvidas;
5. dessorção dos produtos do eletrodo;
6. (reação na camada de solução adjacente ao eletrodo);
7. difusão dos produtos para longe do eletrodo.

Como a seqüência de reações não inclui necessariamente os estágios 2 e 6, eles foram postos entre parênteses. (Um exemplo de tal etapa seria a decomposição ou a formação de um íon complexo na fase da solução antes ou após uma etapa de transferência de elétrons.)

A teoria geral das velocidades de reação, dada na Sec. 9.28, mostrou como o sistema numa reação química se move ao longo de uma superfície de energia potencial entre dois mínimos de energia livre. Alguma fonte de energia é necessária para fornecer a energia livre que permite ao sistema vencer a barreira de ativação. Existem três maneiras principais por meio das quais moléculas podem adquirir a necessária energia de ativação. No Cap. 9, estudamos reações onde a energia de ativação era proveniente da energia térmica associada com translações de moléculas e suas vibrações a rotações internas. No Cap. 17, estudaremos a ativação por processos fotoquímicos, a absorção da radiação. No presente capítulo, estudamos o terceiro modo principal de ativação, no qual a energia de um campo elétrico é usada para ativar espécies carregadas, tais como íons e elétrons, no sentido de auxiliá-los a vencer uma barreira de energia de ativação. Como as reações eletroquímicas são sempre estudadas em alguma temperatura $T > 0$, existirá também uma contribuição térmica à energia de ativação; conseqüentemente, a cinética eletroquímica está baseada numa combinação de ativação térmica e elétrica. De fato, o principal problema teórico na cinética eletroquímica é descobrir exatamente como as ativações térmica e elétrica se combinam para determinar a velocidade da reação de reação real; este problema conduz à teoria do *coeficiente de transferência* α, que será discutido mais tarde. Agora, vamos considerar as várias etapas nas reações de eletrodo que foram anteriormente listados.

12.22. Polarização

No equilíbrio, a velocidade de transferência do elétron através do eletrodo num sentido é exatamente balanceada por uma igual velocidade de transferência de elétrons no sentido oposto, de modo que

$$\vec{i} = \overleftarrow{i}$$

[25]Uma revisão excelente é dada em "The Kinetics of Electrode Processes" por K. J. Laidler em *J. Chem. Educ.* **47**, 600 (1970)

A diferença de potencial de equilíbrio $\Delta\Phi_e$ é determinada por esta condição. Como em qualquer reação química, a condição de equilíbrio não é a cessação de todas as trocas, mas a igualdade das velocidades de reação direta e inversa. A densidade de corrente de troca no equilíbrio é designada por i_0. Como não existe uma corrente resultante direta ou inversa, não podemos medir i_0 diretamente, mas podemos obter este parâmetro a partir de dados sobre velocidades de troca de traçadores radiativos entre o eletrodo e a solução. Valores de i_0 para algumas reações de eletrodo são dados na Tab. 12.6. Observa-se que estas densidades de constante troca variam entre muitas ordens de grandeza.

Tabela 12.6 Densidades de corrente de troca i_0 a 25 °C para algumas reações de eletrodo*

Metal	Sistema	Meio	Log $i_0(A \cdot cm^{-2})$
Mercúrio	Cr^{3+}/Cr^{2+}	KCl	− 6,0
Platina	Ce^{4+}/Ce^{3+}	H_2SO_4	− 4,4
Platina	Fe^{3+}/Fe^{2+}	H_2SO_4	− 2,6
Paládio	Fe^{3+}/Fe^{2+}	H_2SO_4	− 2,2
Ouro	H^+/H_2	H_2SO_4	− 3,6
Platina	H^+/H_2	H_2SO_4	− 3,1
Mercúrio	H^+/H_2	H_2SO_4	−12,1
Níquel	H^+/H_2	H_2SO_4	− 5,2

*Segundo J. O'M. Bockris, *Modern Electrochemistry* (New York: Plenum Press, 1970)

Quando uma célula eletroquímica está operando uma condição de não-equilíbrio, $\vec{i} \neq \overleftarrow{i}$, e existe uma densidade de corrente resultante $i = \vec{i} - \overleftarrow{i}$. A diferença de potencial elétrico entre os terminais da célula se afasta do vapor de equilíbrio $\Delta\Phi_e = E$, a fem. No caso de a célula estar convertendo energia livre química em energia elétrica, $\Delta\Phi < E$. Se a célula está utilizando uma fonte externa de energia elétrica para realizar a reação química, $\Delta\Phi > E$. O valor real de $\Delta\Phi$ depende da densidade de corrente i nos eletrodos. A diferença

$$\Delta\Phi(i) - \Delta\Phi(0) = \eta \tag{12.29}$$

é chamada *polarização* da célula. O valor de η é determinado em parte pela queda de potencial (IR) necessário para vencer a resistência R do eletrólito e terminais. A energia elétrica correspondente I^2R é dissipada na forma de calor, sendo análoga as perdas por atrito em processos mecânicos irreversíveis. A parte restante de η, que é a parte de interesse teórico, é devida a processos limitantes da velocidade nos eletrodos. A energia elétrica correspondente então está sendo usada para fornecer a energia livre de ativação em uma ou mais das etapas (anteriormente mencionadas) que compõem a reação de eletrodo.

Em cinética eletroquímica, desejamos estudar reação num eletrodo particular, isto é, numa meia-célula particular. Esta finalidade é cumprida introduzindo na célula um eletrodo de referência auxiliar com uma extremidade no eletrólito muito próxima do eletrodo experimental. Este arranjo está mostrado na Fig. 12.11. Existe um certo número de problemas técnicos[26] para obter propriedades verdadeiras de eletrodo com este sistema, mas vamos admitir que tenham sido superados e prosseguir com a discussão teórica.

[26] G. Kortüm, *Lehrbuch der Elektrochemie*, 4.ª edição (Weinheim: Verlag Chemie, 1966), p. 416-420

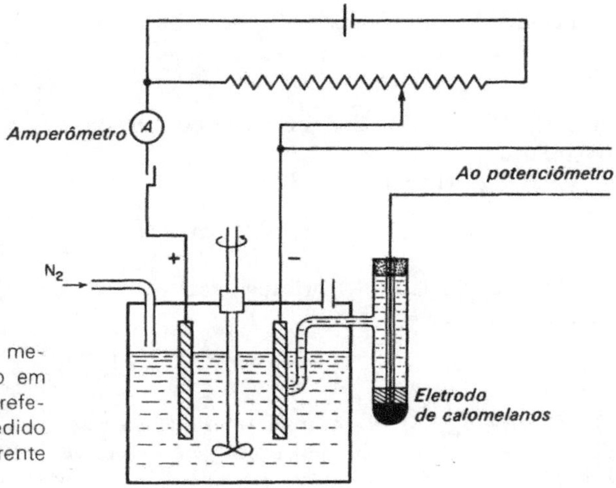

Figura 12.11 Aparelho para a medida do potencial de um eletrodo em relação ao de um eletrodo de referência padrão. O potencial é medido em função da densidade de corrente no eletrodo em estudo

12.23. Sobretensão de difusão

Quando as várias etapas da reação eletroquímica (estágios de 2 a 6) são suficientemente rápidas, a velocidade global da reação de eletrodo pode ser controlada por um processo de difusão. Lembramos que reações rápidas em solução e em superfícies catalíticas também podem estar sujeitas a controle por difusão (p. 455). A teoria detalhada do processo de difusão depende da forma do eletrodo, se estiver em movimento ou estacionário, e da extensão de agitação da solução eletrolítica.

Uma das primeiras discussões sobre o assunto foi apresentada por Nernst em 1904, no caso da difusão em estado estacionário para um eletrodo plano estacionário numa solução tão vigorosamente agitada que apenas uma camada fina adjacente ao eletrodo, de cerca de 10^{-2} a 10^{-3} cm de espessura, funcionava como barreira da difusão. (Esta camada pode ser observada pela técnica de *Schlieren*.) Para sermos concretos, consideremos que a reação em questão seja a descarga de íons Cu^{2+} e a deposição do cobre no cátodo. À medida que Cu^{2+} é removido da solução no eletrodo, uma camada de solução do eletrólito de espessura δ se forma, na qual a concentração $[Cu^{2+}]$ é diminuída. Pela Primeira Lei de Fick, a velocidade da deposição do cobre (quantidade n) será:

$$-\frac{dn}{dt} = D\mathscr{A}\frac{dc}{dx} = D\mathscr{A}\frac{c_0 - c_1}{\delta},$$

onde $\mathscr{A}$ é a área do eletrodo, e c_0 e c_1 são as concentrações de Cu^{2+} no interior da solução eletrolítica e na superfície do eletrodo, respectivamente. O coeficiente de difusão D do íon Cu^{2+}, admite-se, é independente de sua concentração. No estado estacionário de difusão, o gradiente de concentração é linear através da camada δ.

A corrente para o cátodo é

$$I_\delta = -zF\frac{dn}{dt} = \frac{zFD\mathscr{A}(c_0 - c_1)}{\delta}, \tag{12.30}$$

onde z é o número de faradays transferido na reação da semipilha, sendo no presente caso igual a 2 para a redução de Cu^{2+}.

A diferença de atividade de Cu^{2+} através da camada de difusão conduzirá a uma diferença de potencial na forma da calculada para uma célula de concentração, a saber

$$\eta_D = \frac{RT}{zF}\ln\frac{a_1}{a_0} \tag{12.31}$$

A quantidade η_D é chamada *sobretensão de difusão*[27]. Da Eq. (12.31)

$$c_1 = c_0\left(\frac{\gamma_0}{\gamma_1}\right)\exp\left(\frac{zF\eta_D}{RT}\right), \tag{12.32}$$

onde γ_0/γ_1 é a relação dos coeficientes de atividade correspondente à relação de concentrações c_0/c_1.

Das Eqs. (12.30) e (12.32),

$$\eta_D = \frac{RT}{zF}\ln\left[\frac{\gamma_1}{\gamma_0}\left(1 - \frac{\delta I_\delta}{\mathscr{A}c_0D|z|F}\right)\right]$$

O valor limite de I_δ corresponderia à descarga de cada íon que colide do eletrodo, de modo que $c_1 = 0$ e

$$I_{\max} = \frac{zFD\mathscr{A}c_0}{\delta} \tag{12.33}$$

Quando $I \to I_{\max}$, $\eta \to -\infty$, mas, antes que isto aconteça, algum outro íon começará a ser descarregado. Como um valor típico de δ é de cerca de 10^{-2} cm e $D \simeq 10^{-5}$ cm$^2 \cdot$ s^{-1}, da Eq. (12.33) $I_{\max}/\mathscr{A}$ é geralmente cerca de 10^2 c_0A $\cdot$ cm^{-2}, quando c_0 é dado em mol $\cdot$ cm^{-3}.

12.24. Difusão na ausência de um estado estacionário — Polarografia

Existem muitas situações interessantes nas quais as velocidades de reações eletroquímicas envolvem processos de difusão que dependem do tempo (isto é, estados não-estacionários). Exemplos incluem os transitórios iniciais no começo de uma reação, sistemas nos quais a solução eletrolítica não é agitada e sistemas nos quais a superfície do eletrodo é continuamente renovada. Estes problemas são de interesse e freqüentemente de importância prática em eletroquímica aplicada, mas não introduzem qualquer princípio ou conceito novo. Por isso não os discutiremos aqui, com exceção de uma breve discussão sobre polarografia, uma técnica que ilustra muitos dos perigos de estados não-estacionários.

Consideremos a eletrólise de uma solução contendo diferentes cátions, como Cu^{2+}, Tl^+, Zn^{2+} etc. Existe um certo potencial reversível, no qual cada um dos íons é descarregado no cátodo. Este potencial depende do potencial do eletrodo padrão do eletrodo M^{z+}/M e da concentração de M^{z+} na solução. A 25 °C, a equação de Nernst correspondente à redução de M^{z+} a M toma a forma

$$E = E^0 + \frac{0{,}0592}{|z|}\log a(M^{z+})$$

Então, uma variação de dez vezes na atividade iônica varia o potencial de descarga dos íons de $0{,}0592/|z|$ V. Um fator de 10^2 na atividade corresponde a $0{,}1184/|z|$ V.

Se aumentarmos gradualmente o potencial aplicado à célula, o cátion, que é mais facilmente reduzido, depositará em primeiro lugar. À medida que continuamos a aumentar o potencial aplicado, a corrente também aumenta. Com o aumento da corrente, a concentração do íon, que está sendo descarregado, diminui mais e mais nas vizinhanças do cátodo, particularmente quando a solução não é agitada. Este é o fenômeno da polarização de concentração. Eventualmente, atinge-se o valor-limite de I_δ, dado pela Eq. (12.33),

[27]Como isso conduz a uma polarização do eletrodo associada a diferenças entre a concentração da espécie eletroativa (isto é, Cu^{2+}) na superfície do eletrodo e a concentração no interior da solução, foi anteriormente chamada de *polarização de concentração*. Muitos dos químicos eletroanalíticos chamam agora η_D de *sobretensão de concentração*

para o caso de um eletrodo estacionário, e a curva de I_δ em função da tensão se torna horizontal e permanece assim até que o potencial aplicado aumenta a um valor no qual o próximo cátion mais facilmente redutível pode ser descarregado. Quando isso acontece, o segundo íon começa a ser descarregado, mesmo que ainda exista uma concentração apreciável do primeiro íon no interior da solução. Ao mesmo tempo, a corrente aumenta de novo até que se atinge um valor de potencial aplicado no qual nova corrente-limite I_δ é observada (governada pela soma dos valores de c_0 para ambos os íons redutíveis). Com o aumento de E, este processo é repetido para o terceiro íon e assim por diante.

Existe algum meio de usar tal seqüência de descargas de íons para identificar os íons e medir suas concentrações em solução? em 1922, Jaroslav Heyrovsky, de Praga, inventou para isso um método elegante e, em 1924, Heyrovsky e Shikata, desenvolveram um instrumento automático, chamado *polarógrafo*, que se baseia neste método.

Se usarmos a polarização de concentração para diferenciar substâncias redutíveis em solução, devemos ter um cátodo de área pequena, uma vez que de outra forma a corrente através da célula se tornaria impossivelmente elevada. Devemos ainda impedir a agitação da solução e eliminar a migração elétrica na parte do íon eletroativo, de modo que a corrente seja governada apenas pelo processo controlado por difusão. Também a superfície do cátodo deve ser limpa, reprodutível e, de preferência, facilmente renovável. Estas condições são satisfeitas pelo *eletrodo gotejante de mercúrio*, que fornece um escoamento contínuo de gotículas de mercúrio de cerca 0,5 mm de diâmetro. Um reservatório de mercúrio, localizado no fundo da célula, pode servir como eletrodo de referência e ânodo, o qual, em virtude de sua grande área, está praticamente não-polarizado. Alternadamente, eletrodos padrões de referência de grande área podem ser usados como ânodos de referência.

Um diagrama esquemático do polarógrafo é mostrado na Fig. 12.12. Como o oxigênio é mais facilmente reduzido que qualquer outra espécie eletroativa presente, é desejável sempre remover o oxigênio dissolvido da solução eletrolítica por meio do borbulhamento de um gás inerte através da mesma. Uma curva típica da corrente em função da tensão é mostrada na Fig. 12.12 para uma solução contendo 10^{-4} M Cu^{2+}, Tl^+ e Zn^{2+} e 0,1 M KNO_3. É adicionado KNO_3 em grande excesso para transportar essencialmente toda a corrente através da célula. Embora a corrente seja transportada pelos íons K^+ e NO_3^-, o íon K^+ não será descarregado[28] no cátodo, mesmo quando sua con-

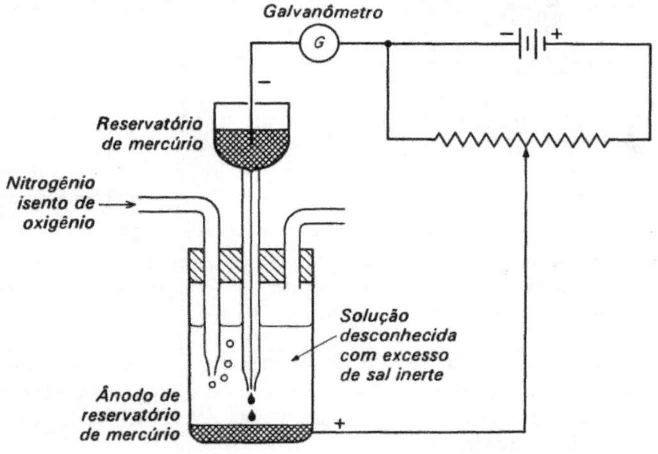

Figura 12.12 Aspectos essenciais do polarógrafo

[28]O íon K^+ é reduzido em cerca de $-2{,}0$ V em relação ao eletrodo de calomelanos padrões

centração exceda grandemente à dos íons Cu^{2+}, Tl^{+} ou Zn^{2+}. A elevada sobretensão para a descarga de íon-hidrogênio sobre mercúrio é uma grande vantagem na *polarografia*, pois nos permite estudar muitos dos íons que normalmente são reduzidos com maior dificuldade que H^{+}. Mesmo Na^{+} e K^{+} podem ser descarregados antes do H^{+} no eletrodo gotejante de mercúrio.

À medida que cada gota de mercúrio cresce e cai, a corrente oscila entre um máximo e um mínimo. A subida global a partir de uma porção horizontal da curva até a próxima é chamada *onda polarográfica*. O *potencial de meia-onda* (mostrado na Fig. 12.13) serve para identificar o íon redutível. O valor da corrente limitada por difusão é para cada íon proporcional à concentração do íon.

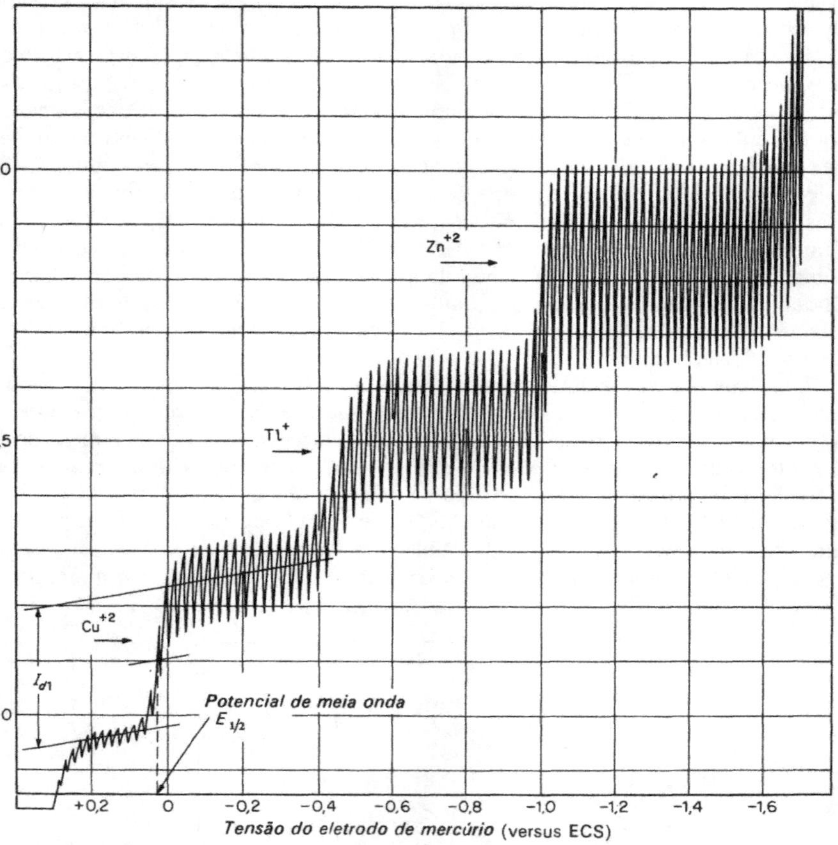

Figura 12.13 Polarograma de uma solução aquosa contendo 10^{-4} MCu^{2+}, Tl^{+} e Zn^{2+} e 0,1 M de KNO_3 como eletrólito-suporte. As tensões são referidas ao eletrodo de calomelanos saturado (W. B. Schaap, Universidade de Indiana)

O cálculo teórico da corrente de difusão apresenta um problema difícil (se não impossível), porque requer a solução da equação de difusão com uma condução de contorno não usual determinada pela variação da área da gota em crescimento. Em 1938, Ilkovic forneceu uma solução aproximada[29].

$$I = |z|\,F\mathscr{A}D\frac{c - c_0}{(\frac{3}{7}\pi Dt)^{1/2}}, \qquad (12.34)$$

[29] D. Ilkovic, *J. Chim. Phys.* **35**, 129 (1938)

onde $\mathscr{A}$ é a área da gota de mercúrio no tempo t após o início de sua formação, D é o coeficiente de difusão do íon, e c e c_0 são as concentrações deste íon no interior da solução e na superfície da gota de mercúrio, respectivamente. Admitindo-se que a superfície da gota de mercúrio crescente seja esférica, a área será

$$\mathscr{A} = 4\pi r^2 = 4\pi\left(\frac{3i_m t}{4\pi\rho}\right)^{2/3}, \quad (12.35)$$

onde i_m é a velocidade de escoamento de mercúrio através do capilar (massa/tempo) e ρ é a densidade de mercúrio.

Enquanto a equação de Ilkovic descreve os fatores que controlam a altura da onda polarográfica, isto é, a corrente de difusão, outra equação devida a Heyrovsky e Ilkovic descreve a forma da onda e sua posição ao longo do eixo de potenciais. Podemos deduzir esta equação da equação de Nernst para a reação na superfície do eletrodo e da lei da difusão[30]. Para a redução catódica de um íon no eletrodo gotejante de mercúrio (egm),

$$E_{\text{egm}} \cong E^0 - \frac{RT}{|z|F} \ln \frac{I}{(I_\delta - I)}, \quad (12.36)$$

onde I_δ é a corrente média-limite catódica de difusão (ver Fig. 12.13) e $E° = E_{1/2}$ é o potencial de meia-onda.

12.25. Sobretensão de ativação

À medida que a densidade de corrente se torna elevada, o transporte de íons para o eletrodo se tornará estágio determinante da velocidade de uma reação de eletrodo. Em densidades de corrente mais baixas, um outro dos estágios citados na Sec. 12.21 poderá se tornar determinante da velocidade. Estes processos correspondentes à densidade de corrente mais baixas são especialmente interessantes, porque incluem os vários tipos da cinética de processos de eletrodo.

A maneira como um campo elétrico aplicado pode ativar moléculas reagentes é mostrada na Fig. 12.14, onde a energia livre de Gibbs (entalpia livre), ao longo da coor-

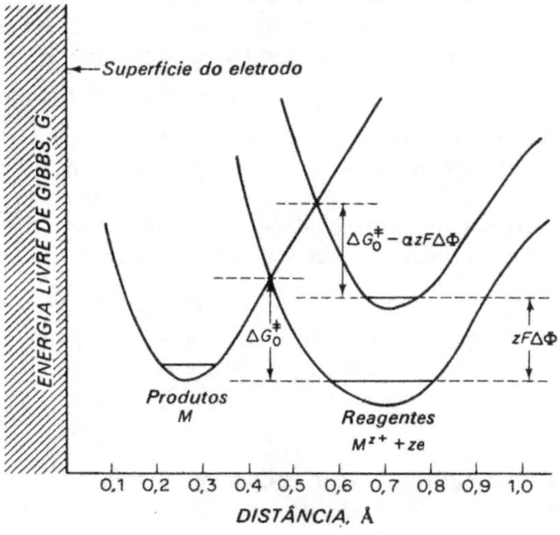

Figura 12.14 Curvas de energia livre de Gibbs esquemáticas para a reação de eletrodo $M^{z+} + ze \rightarrow M$, mostrando como o potencial elétrico $\Delta\Phi$ diminui a energia livre de ativação $\Delta G_0^\ddagger$ de uma quantidade $\alpha zF\Delta\Phi$

[30]J. Heyrovsky e J. Kuta, *Principles of Polarography* (Praga: Academia Tchecoslovaca de Ciências, 1965), pp. 122 e segs.

denada da reação, é posta esquematicamente num gráfico para uma reação de eletrodo. A curva inferior à direita apresenta a barreira de entalpia livre para uma reação puramente térmica (isto é, uma reação onde qualquer efeito do campo elétrico sobre os íons foi excluído). Para uma reação eletroquímica, com reagentes iônicos, a diferença de potencial Galvani $\Delta\Phi$, através da dupla camada na superfície do eletrodo, favorecerá a transferência de um íon através da dupla camada em um sentido, mas inibirá sua transferência no sentido oposto. Não sabemos, todavia, exatamente como $\Delta\Phi$ varia através da dupla camada de modo que, quando o complexo ativado é atingido no máximo da barreira da entalpia livre, apenas uma fração α da diferença da energia elétrica $zF\,\Delta\Phi$ foi utilizada. A fração α é chamada *coeficiente de transferência*. Geralmente, α estará nas vizinhanças de 0,5, mas seu cálculo exato seria evidentemente muito difícil; de fato, no presente, este cálculo constitui um dos maiores problemas não resolvidos na cinética eletroquímica. Alguns valores experimentais de α estão resumidos na Tab. 12.7.

Tabela 12.7 Valores experimentais do coeficiente de transferência α*

Eletrodo	Reação	α
Platina	$Fe^{3+} + e \rightarrow Fe^{2+}$	0,58
Platina	$Ce^{4+} + e \rightarrow Ce^{3+}$	0,75
Mercúrio	$Ti^{4+} + e \rightarrow Ti^{3+}$	0,42
Mercúrio	$2H^{+} + 2e \rightarrow H_2$	0,50
Níquel	$2H^{+} + 2e \rightarrow H_2$	0,58
Prata	$Ag^{+} + e \rightarrow Ag$	0,55

*De J. O'M. Bockris e A. K. N. Reddy, *Modern Electrochemistry* (New York: Plenum Press, 1970)

No equilíbrio, as correntes de cada espécie iônica para ou do eletrodo devem ser iguais. Suponhamos, por exemplo, que um eletrodo de cobre esteja imerso numa solução de $CuSO_4$. Quando se estabelece o potencial de eletrodo de equilíbrio, a corrente catódica devido à redução dos íons Cu^{2+}, que estão atravessando a dupla camada para o eletrodo metálico, é exatamente igual à corrente anódica proveniente da oxidação do metal cobre a íons Cu^{2+}, que deixam o eletrodo e se movem através da dupla camada para a solução,

$$I\text{ (catódica)} = I\text{ (anódica)} = I_0,$$

onde I_0 é a *camada de troca*. Não existe uma corrente resultante para ou do eletrodo no equilíbrio. Todavia, à medida que a diferença de potencial $\Delta\Phi$ se afasta de seu valor de equilíbrio, existirá uma corrente resultante ou anódica ou catódica I, que é, por sua vez, uma medida da velocidade da reação de eletrodo. Esta corrente resultante I é a diferença entre as correntes nos sentidos catódico e anódico,

$$I = I\text{ (catódico)} - I\text{ (anódico)}$$

Esta corrente está relacionada à diferença de potencial elétrico extra η_t acima do valor de equilíbrio de $\Delta\Phi$, que é chamada *sobretensão de ativação*,

$$\eta_t = \Delta\Phi - \Delta\Phi_{rev}$$

Como mostra a Fig. 12.14, um afastamento do potencial de equilíbrio aumenta a corrente num sentido e a diminui no sentido oposto. Por convenção, uma corrente de redução resultante é tomada como positiva e uma corrente de oxidação resultante, negativa. Então, α corresponde ao processo catódico (de redução) e $(1-\alpha)$ ao processo anódico (de oxidação).

Das equações gerais para os processos de velocidade dadas pela teoria do estado de transição (Sec. 9.29), podemos escrever as densidades de corrente anódica e catódica como as velocidades de transferência dos íons por sobre a barreira de entalpia livre na superfície do eletrodo.

$$\text{Anódica} \quad i_a = zFk_a c_{0R} \exp\left[\frac{-\Delta G_a^\ddagger - (1-\alpha)zF\,\Delta\Phi}{RT}\right]$$

$$\text{Catódica} \quad i_c = zFk_c c_{00} \exp\left(\frac{-\Delta G_c^\ddagger + \alpha zF\,\Delta\Phi}{RT}\right)$$

Nestas expressões, k_a e k_c são as partes pré-exponenciais das constantes de velocidade para as transferências de elétrons direta (anódica) e inversa (catódica), e c_{0R} e c_{0_0} representam as concentrações na superfície do reagente reduzido e do produto oxidado da reação eletroquímica $O + ze^- \rightarrow R$. Os $\Delta G_a^\ddagger$ e $\Delta G_c^\ddagger$ são as barreiras de entalpia livre térmicas para as reações de eletrodo anódica e catódica, respectivamente. Em um regime no qual a sobretensão de difusão é desprezível, as concentrações iônicas adjacentes ao eletrodo podem ser tomadas como constantes, independentes de i e também do tempo (quando a extensão da reação é pequena).

No equilíbrio, podemos então escrever para a corrente de troca por unidade de área,

$$i_0 = zFk_a c_{0R} \exp -\left[\frac{\Delta G_a^\ddagger + (1-\alpha)zF\,\Delta\Phi_{rev}}{RT}\right]$$

$$= zFk_c c_{00} \exp -\left(\frac{\Delta G_c^\ddagger - \alpha zF\,\Delta\Phi_{rev}}{RT}\right)$$

Em termos de i_0 e $\eta = \Delta\Phi - \Delta\Phi_{rev}$,

$$i = i_c - i_a = i_0\left[\exp\frac{\alpha zF\eta_t}{RT} - \exp\frac{(1-\alpha)zF\eta_t}{RT}\right] \qquad (12.37)$$

Esta é a importante *equação de Butler-Volmer* que fornece a dependência da densidade de corrente da sobretensão, como é mostrado na Fig. 12.15.

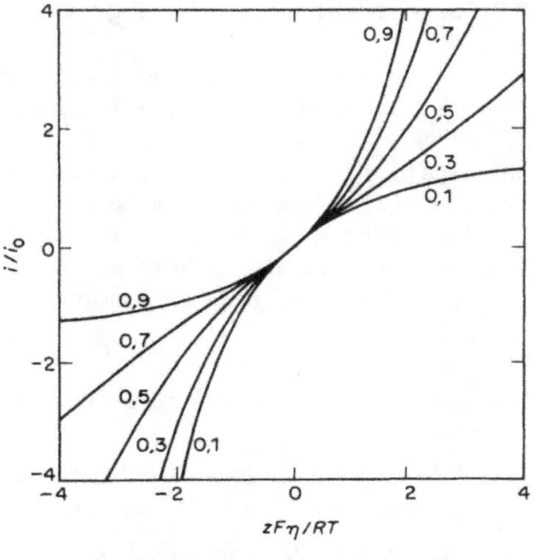

Figura 12.15 Gráfico de i/i_0 em função de $zF\eta/RT$ para diferentes valores do coeficiente de transferência [H. Gerischer e W. Vielstich, *Z. Physik. Chem.* **3**, 16 (1955)]

O coeficiente angular à curva para $\eta_t = 0$ dá a densidade de corrente de troca,

$$\left(\frac{\partial i}{\partial \eta}\right)_{\eta\to 0} = \frac{zF}{RT} i_0, \qquad (12.38)$$

onde i_0 não depende de α.

Quando a sobretensão apresenta grandes valores positivos ou negativos, $|\eta| \gg (RT/zF)$, uma das correntes parciais se torna muito maior que a outra, a qual é então desprezível. Neste caso, tanto

$$\ln i_a = \ln i_0 - \frac{(1-\alpha)zF}{RT}\eta \tag{12.39}$$

como

$$\ln i_c = \ln i_0 + \frac{\alpha zF}{RT}\eta \tag{12.40}$$

Este tipo de dependência logarítmica entre i e η foi encontrada empiricamente em 1905 por Tafel e podemos chamar as Eqs. (12.39) e (12.40) de *equações de Tafel*. Do coeficiente angular dos gráficos lineares de log i em função de η, pode-se determinar o coeficiente transferência α. Todavia, um gráfico linear de log i em função de η não prova que η é uma sobretensão de ativação, uma vez que uma forma semelhante pode ocorrer com a sobretensão de difusão.

Não daremos aqui mais detalhes acerca da cinética de processos de eletrodo, mas recomendamos que se leiam os tratados especializados no assunto. Devemos mencionar, todavia, que sobretensões podem ser causadas por reações lentas na solução adjacente ao eletrodo (sobretensão de reação η_R) e no processo de deposição de um produto sólido num eletrodo (sobretensão de cristalização η_C). Em muitos casos, uma sobretensão de difusão (polarização de concentração) pode ocorrer junto com uma sobretensão de ativação e existem métodos para separar estes fatores. Assim, uma grande variedade, tanto de reações homogêneas como heterogêneas, de cinética química interessante pode ser estudada por técnicas eletródicas. Podemos antecipar um maior aumento da importância prática deste ramo da cinética como resultado de desenvolvimentos em campos, tais como, pilhas de combustíveis, acumuladores para propulsão de veículos e sínteses eletroquímicas (onde uma grande seletividade pode ser alcançada através da escolha do eletrodo e de um potencial cuidadosamente controlado).

12.26. Cinética da descarga de íons de hidrogênio

Vamos considerar um exemplo de cinética de processos de eletrodo com certo detalhe, a saber, a descarga do íon de hidrogênio e a sobretensão de hidrogênio resultante. Desde os trabalhos pioneiros de Tafel, muito esforço tem sido devotado ao estudo da descarga dos íons H_3O^+ em eletrodos metálicos. Até agora nenhum modelo teórico completo existe, que possa explicar os fenômenos observados em todos os diferentes metais estudados. Alguns dos dados experimentais da sobretensão em função da densidade de corrente são apresentados na Fig. 12.16.

A reação global pode ser escrita como

$$2H_3O^+ + 2e^- \longrightarrow H_2 + 2H_2O$$

De acordo com nossa análise geral, a reação pode ser dividida nas seguintes etapas sucessivas:

1. transporte de íons H_3O^+ até a separação de fases;
2. descarga do íon H_3O^+ de acordo com um dos seguintes mecanismos:

a) formação de átomos de H adsorvidos em sítios da superfície ainda não cobertos (reação de Volmer)

$$H_3O^+ + Me + e^- \rightleftharpoons Me\text{-}H + H_2O$$

onde Me representa um eletrodo metálico;

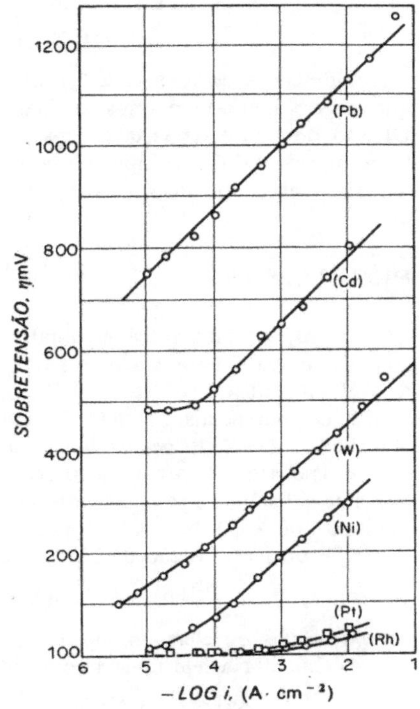

Figura 12.16 Variação da sobretensão com a densidade de corrente para a descarga de H^+ sobre vários metais. As partes lineares das curvas estão de acordo com a equação de Tafel (12.40) (J. O'M. Bockris)

b) reação com os átomos de H já adsorvidos na superfície do eletrodo (reação de Heyrovsky)

$$H_3O^+ + MeH + e^- \rightleftharpoons Me + H_2 + H_2O$$

3. recombinação de dois átomos de H adsorvidos para dar H_2 (reação de Tafel)

$$Me\text{-}H + Me\text{-}H \rightleftharpoons 2Me + H_2$$

4. dessorção do H_2 da superfície para a solução:
5. transporte das moléculas de hidrogênio para longe da superfície:

a) por difusão
b) por desprendimento gasoso.

Qual destes estágios é o determinante da velocidade dependerá do metal usado e, dentro de uma extensão considerável, da condição da sua superfície. Alguns sítios na superfície podem fornecer centros ativos com elevada atividade catalítica para uma etapa particular da reação.

Com eletrodos de platina platinizada em soluções ácidas, é possível detectar um controle por difusão da descarga de H_3O^+ em densidades de corrente extremamente altas (cerca de 100 $A \cdot cm^{-2}$ numa concentração de 1,0 $mol \cdot dm^{-3}$), mas sob condições menos extremas não necessitamos considerar a etapa 1 como sendo determinante da velocidade. A demonstração do controle por difusão é de qualquer modo importante, porque prova que a espécie que está sendo descarregada é H_3O^+ e não $H_2O(2H_2O + 2e^- \rightarrow H_2 + 2OH^-)$.

A outra etapa de transporte (a 5) ocorre em polarização anódica forte com eletrodos metálicos que são cataliticamente ativos para romper H_2 em 2H. Nestes metais, o controle por difusão supera a reação

$$H_2 + 2H_2O \longrightarrow 2H_3O^+ + 2e^-$$

A descarga de íons H_3O^+ fornece um bom exemplo dos problemas interessantes que surgem quando tentamos elucidar o mecanismo detalhado de uma reação de eletrodo. Olhado do ponto de vista da mais efetiva aplicação da Físico-Química a progressos tecnológicos, é difícil escapar da conclusão de que a cinética dos processos de eletrodo tem sido relativamente subestimada como um campo para pesquisa básica.

PROBLEMAS

1. Projetar uma pilha na qual a reação é $2AgBr + H_2 \rightarrow 2Ag + 2HBr$ (aq). Calcular $E^\ominus$ a 298 K para a pilha a partir dos potenciais de eletrodo padrão. A solubilidade de AgBr é $2{,}10 \times 10^{-6}$ M a 298 K.

2. Os potenciais de eletrodo padrão de $I^-|AgI(c)|Ag(c)$ e $I^-|I_2(c)$ são $-0{,}152$ e $+0{,}536$ V a 298 K, respectivamente. (a) Escrever a reação total para a pilha formada por estes dois eletrodos na mesma solução de íons iodeto. (b) Qual é a fem da pilha quando todas as substâncias se encontram em seus estados padrões? (c) A fem aumenta com T segundo $1{,}00 \times 10^{-4}$ V · K^{-1}. Calcular $\Delta G^\ominus$, $\Delta S^\ominus$ e $\Delta H^\ominus$ para a reação da célula a 298 K.

3. Escrever a reação da célula e calcular a fem a 298 K da pilha

$$\mathrm{Pt}|\mathrm{Sn}^{2+}(a = 0{,}100), \mathrm{Sn}^{4+}(a = 0{,}0100)||\mathrm{Fe}^{3+}(a = 0{,}200)|\mathrm{Fe}$$

Os potenciais de eletrodo padrão são dados na Tab. 12.1.

4. Calcular a fem da seguinte pilha a 25 °C.

$$\mathrm{Ag}|\mathrm{AgCl(c)}|\mathrm{NaCl}(a_2 = 0{,}0100)|\mathrm{NaCl}(a_1 = 0{,}0250)|\mathrm{AgCl(c)}|\mathrm{Ag}$$

O número de transporte de Na^+ é 0,390. O potencial da junção líquida (potencial de difusão) desta célula pode ser estimado da equação

$$E_D = -\frac{RT}{F}\frac{\Lambda_+ - \Lambda_-}{\Lambda_+ + \Lambda_-}\ln\frac{a_\pm(2)}{a_\pm(1)},$$

onde Λ_i são as condutâncias iônicas (Tab. 10.4). Estimar E_D para a pilha.

5. Dados precisos de Harned e Nims[32] para a pilha Ag|AgCl|NaCl (4 m)| NaHg| NaCl (0,1 m) |AgCl|Ag são

θ (°C)	15	20	25	30	35
E (V)	0.16265	0.18663	0.19044	0.19407	0.19755

Calcular ΔH para a reação de célula a 298,15 K. Se E pode ser medido até $\pm 0{,}0001$ V e θ a $\pm 0{,}010$ °C, qual a precisão do valor de ΔH?

6. A fem a 298 K da célula de concentração com transferência

$$\mathrm{H_2(1\ atm)}|\mathrm{HCl}(a = 0{,}0100)|\mathrm{HCl}(a = 0{,}100)|\mathrm{H_2(1\ atm)}$$

é 0,0190 V. Qual o número de transporte médio do íon H^+?

7. A fem da pilha H_2(1 atm)| HCl (0,01 m)|AgCl(c)|Ag é dada por E (em V) $= -0{,}096 + 1{,}90 \times 10^{-3}\,T - 3{,}041 \times 10^{-6}\,T^2$. Calcular ΔG, ΔS, ΔH e ΔC_p para a reação da pilha (escrever a reação) a 298 K.

8. Os potenciais de eletrodo padrão para Fe^{2+}, Fe^{3+}|Pt e Ce^{3+}, Ce^{4+}|Pt são 0,771 V e 1,61 V, respectivamente. Calcular o potencial no ponto final da titulação de 0,050 mol Fe^{2+} com uma solução Ce^{4+}. Admitir que o volume total da solução no ponto final seja 1 dm^3 e que todos os coeficientes de atividade sejam iguais a unidade.

[32] H. S. Harned e L. F. Nims, *J. Am. Chem. Soc.* **54**, 423 (1932)

9. A tensão medida da célula de concentração $Ag|AgNO_3$ (0,0100 m)||$AgNO_3(y)|Ag$ foi 0,0650 V a 25 °C. Calcular a molalidade y da meia-pilha da direita (a) admitindo que $\gamma_\pm = 1$ e (b) estimando $\gamma_\pm$ da equação de Debye-Hückel.

10. Para pilha H_2 (1 atm)|HCl|AgCl|Ag, $E^\ominus = 0{,}2220$ V a 298 K. Se o valor medido é $E = 0{,}396$ V, qual o pH da solução de HCl? Citar qualquer aproximação feita.

11. A partir dos valores de $E^\ominus$ da Tab. 12.1 e $S_i^\ominus$ da Tab. 12.2, calcular $E^\ominus$ para o eletrodo Fe^{2+}, Fe^{3+}|Pt a 273 K.

12. Os potenciais de eletrodo $E^\ominus$ (298 K) para Cu^{2+}|Cu e Cu^+|Cu são 0,337 e 0,530 V, respectivamente. De um modo geral, é mais fácil oxidar Cu ao estado +2 ou ao estado +1? Pode-se sugerir qualquer razão para resposta a esta questão baseada nas estruturas eletrônicas dos íons e fatores correlatos? Qual a constante de equilíbrio para a reação $2Cu^+ \rightarrow Cu^{2+} + Cu$ a 298 K? Descrever o que acontece quando um pedaço de óxido cuproso CuO é dissolvido em H_2SO_4 diluído.

13. As fem da pilha H_2 (1 atm)|HCl (m)|AgCl|Ag a 25 °C foram medidas por Harned e Ehlers[33].

m (mol·kg^{-1})	E (V)	m	E
0,01002	0,46376	0,05005	0,38568
0,01010	0,46331	0,09642	0,35393
0,01031	0,46228	0,09834	0,35316
0,04986	0,38582	0,20300	0,31774

Calcular $E^\ominus$ por extrapolação gráfica, baseada em $E = E^\ominus - A \log a(\text{HCl})$, onde $A = 2{,}303\, RT/F$, e a expressão de Debye-Hückel é $\log \gamma_\pm = -B\sqrt{m}$. Assim, $E + 2A \log m = E^\ominus + 2AB\sqrt{m}$.

14. Do valor de $E^\ominus$ obtido no Problema 13 e dos valores de E medidos, calcular os coeficientes de atividade médios $\gamma_\pm$ de HCl para m = 0,010, 0,050, 0,100 e 0,200 m · kg^{-1}.

15. A fem da pilha $H_2(P)$|0,1m HCl|HgCl|Hg foi medida em função de P a 298 K.

P (atm)	1,0	37,9	51,6	110,2	286,6	731,8	1 035,2
E (mV)	399,0	445,6	449,6	459,6	473,4	489,3	497,5

Calcular os coeficientes da fugacidade ($\gamma = f/P$) e colocar os mesmos em função de P dentro do intervalo de 1 a 1 000 atm. Comparar estes valores experimentais com os estimados dos gráficos de Newton na Sec. 8.15.

16. Considerar uma membrana de uma célula de planta que é permeável a Na^+, Cl^- e H_2O, mas não a proteínas. Supor que inicialmente exista uma solução NaCl 0,050 mol · dm^{-3} de cada lado da membrana e uma proteína P na concentração 0,001 mol · dm^{-3} no interior da célula, que ioniza para dar P^{z+} com $z = 10$ mais 10 íons Cl^-. Calcular o potencial de Donnan através da membrana da célula no equilíbrio. (Tomar as atividades aproximadamente iguais às concentrações.)

17. A ponta circular de um microeletrodo usado para registro intracelular apresenta um diâmetro interno de 0,36 μm e um comprimento de 1 cm. Encontra-se cheio com uma solução 0,100 M KCl a 35 °C. Qual o valor máximo da capacidade num circuito em paralelo com este eletrodo, se desejarmos uma constante de tempo de sua resposta a variações de potencial intracelular menor do que 100 μs?

18. De acordo com uma teoria de permeabilidade de membranas de células[34], a permeabilidade de uma membrana a um íon depende da existência de poros que têm um diâmetro bastante próximo ao dos íons. Supor que os diâmetros tenham sido iguais dentro de ±0,01 nm. Calcular a probabilidade com que um íon Na^+ com diâmetro de 0,72 nm pode atravessar um poro escolhido ao acaso na membrana de um músculo de

[33] *J. Am. Chem. Soc.* **54**, 1 350 (1932)

[34] L. J. Mullins, *J. Gen. Physiol.* **43**(s), 105 (1960)

sapo, se os diâmetros dos poros apresentaram uma distribuição normal de Gauss com uma média de 0,78 nm e com um desvio padrão de 0,02 nm.

19. Quando uma peça de metal é trabalhada a frio pode armazenar uma considerável quantidade de energia como conseqüência de esforços e defeitos introduzidos por tensões mecânicas. Apresentar um método eletroquímico para medir a energia livre de Gibbs por unidade de massa de cobre que é armazenada numa barra de cobre após o trabalho a frio. Dar uma estimativa numérica do intervalo de valores das quantidades medidas.

20. Estabelecer a solução da Eq. (12.26) para ξ de acordo com o método de Newton e, portanto, calcular o potencial de membrana de Planck da Eq. (12.27) para os seguintes casos. Num dos lados da membrana tem-se uma solução 0,100 M de NaCl e do outro lado (a) uma solução 0,100 M KCl e (b) 0,200 M de KCl. Admitir que os coeficientes de difusão dos íons sejam proporcionais às mobilidades dadas na Tab. 10.5.

21. Para as situações indicadas no Problema 20, calcular os potenciais de membrana a partir da equação de Goldman (12.28). Se a espessura da membrana for 0,10 nm e sua constante dielétrica efetiva for $\varepsilon = 10$, qual das equações deve ser preferida, a de Planck ou a de Goldman?

22. Uma pequena e eficiente bateria para aparelhos de surdez se compõe de zinco, hidróxido de potássio, água, óxido mercúrio e mercúrio. (a) Escrever a equação global para a reação de pilha na qual Zn e KOH são consumidas, Hg é depositado e $K_2Zn(OH)_4$ é formado. (b) Escrever as reações que ocorrem nos eletrodos. (c) A partir de dados da literatura, computar $E^{\ominus}$ para a bateria e estimar E quando a solução KOH é 1,0 M. (d) Se a bateria foi projetada para operar continuamente durante 1 000 h com uma potência de 5 mW, estimar a massa mínima da unidade excluindo a cápsula.

23. Um cérebro humano adulto opera com uma potência de 25 W. A maioria desta potência é usada para operar as "bombas de sódio" nas membranas das células nervosas, que mantêm a composição iônica interna em cerca de 15 mM de Na^+, enquanto a composição externa é de cerca 150 mM de Na^+. Admitindo que *toda* potência é usada por estas bombas e que elas apresentam uma eficiência global de 50%, calcular o fluxo total de íons Na^+ para fora das células no cérebro por segundo. Tomando o número de 10^{10} células nervosas no cérebro e uma tomada de Na^+ por impulso nervoso de 10^{-11} mol de Na^+ por célula, estimar a velocidade média de disparo de uma célula nervosa. Corrigir para uma perda estacionária de Na^+ de 10^{-11} mol · cm^{-2} · s^{-2}. (Por que passamos um terço de nossa vida inconscientes? A resposta no momento deve ser especulativa.)

24. A solubilidade de iodo em água a 25 °C e $1{,}33 \times 10^{-3}$ mol · dm^{-3}. O eletrodo $I^-|I_2|Pt$ possui um $E^{\ominus} = 0{,}5355$ V e para o eletrodo I_3^-, $I^-|Pt$, $E^{\ominus} = 0{,}5365$ V. Qual a concentração de I_3^- numa solução saturada de iodo em água a 25 °C quando $[I^-]$ é 0,500 M?

25. Um eletrodo gotejante de mercúrio é montado como na Fig. 12.11 com um capilar de 0,15 mm de diâmetro e a velocidade de gotejamento é ajustada a $i_m = 2{,}00$ mg · s^{-1}. A solução contém $TlNO_3$ na concentração $c = 10^{-4}$ M e um excesso de 100 vezes de KNO_3. Calcular a variação da corrente de difusão com o tempo do início da gota até sua queda. Para Tl^+, $D = 2{,}0 \times 10^{-5}$ cm^2 · s^{-1} a 25 °C. Admitir $c_0 = 0$.

26. Uma solução 1,0 molar de $CdSO_4$ de 1 litro é eletrolizada entre eletrodos de platina de 50 cm^2 de área com uma corrente constante de 0,050 A. Qual a fração do cádmio que será depositada antes de se iniciar o desprendimento de hidrogênio no cátodo? Tomar a sobretensão da Fig. 12.15.

27. A partir dos dados do Problema 25, calcular a corrente de difusão média de $t = 0$, o início da gota de mercúrio, até $t = t_1$, quando a gota se desprende do capilar.

28. A densidade de corrente de troca medida experimentalmente para o eletrodo $Pt|Fe^{2+}$, Fe^{3+} é $i_0 = 0{,}50$ A · cm^{-2} a 298 K. O $\Delta H^{\ddagger}$ para i_0 é 36,5 kJ · mol^{-1} e $\alpha = 0{,}58$. Calcular a (a) 298 K e (b) 323 K a densidade corrente relativa i/i_0 em função da sobretensão η de $-1{,}0$ até $+1{,}0$ V.

13

Partículas e ondas

Se, portanto, os anjos não são compostos de matéria e forma, como foi dito acima, segue-se que seria impossível terem-se dois anjos da mesma espécie. (· · ·) O movimento de um anjo pode ser contínuo ou descontínuo, como ele deseja. (· · ·) E, portanto, um anjo pode estar num momento em um lugar e no outro instante em outro lugar, não existindo em qualquer instante intermediário.

Tomás de Aquino
(1268)[1]

De acordo com Karl Marx, "o conflito é o motor do progresso". O desenvolvimento histórico das ciências físicas pode ser visualizado como uma dialética entre dois conceitos opostos da base fundamental da realidade física. De um lado estava a longa tradição do atomismo. O atomismo procurava compreender a matéria e suas interações em termos de partículas fundamentais, que poderiam possuir apenas algumas propriedades intrínsecas, em particular, posição, massa, velocidade, carga e *spin*. De outro lado estavam as poderosas teorias do contínuo ou de campo. As teorias de campo encontravam sua expressão em equações diferenciais parciais que descreviam o comportamento de funções contínuas no espaço e no tempo, livres de qualquer caráter corpuscular. Como exemplos tinham-se as intensidades de campos elétricos, magnéticos e gravitacionais.

Pelo fato de que suas premissas lógicas não eram compatíveis, o conflito entre a teoria corpuscular e a teoria de campo foi inevitável. O conceito matemático de um espaço contínuo não é compatível com o conceito de uma partícula elementar, pois o que impede a divisão de uma partícula em metades, numa nova divisão e assim por diante até o infinito? Este dilema poderia ser resolvido por uma decisão de que o próprio espaço não fosse infinitamente divisível, que existiria um quantum fundamental de distância e que também o tempo estaria quantizado em diminutas unidades elementares. Tal resolução representaria uma vitória para a teoria corpuscular. Ao contrário, um avanço na teoria de campo poderia demonstrar que as partículas elementares seriam simplesmente defeitos, vórtices ou outras singularidades nos campos contínuos. Neste caso teríamos uma vitória para a teoria de campo.

A situação contemporânea é que uma técnica matemática poderosa tem sido desenvolvida, que fornece, pelo menos provisoriamente e para uma faixa limitada de problemas, uma síntese satisfatória dos conceitos corpuscular e de campo. Esta técnica é denominada *mecânica quântica*. Uma grande classe de fenômenos físicos muito importantes, especialmente os fenômenos compreendidos pela teoria da relatividade e gravitação, permanece ainda abandonada, fora do domínio desta síntese, testemunhando a imperfeição da mecânica quântica como uma teoria física. Contudo, quaisquer que sejam as falhas da mecânica quântica como uma teoria geral do universo, seu sucesso na análise de fenômenos atômicos e moleculares tem sido marcante. Em princípio[2], toda química

[1]*Summa Theologica*, I. 50, 4

[2]De *en principe, oui*, uma expressão francesa que significa não

poderia ser deduzida da mecânica quântica e de mais algumas propriedades empíricas básicas dos elétrons, prótons e nêutrons. Na prática, tais deduções estão restritas a sistemas simples: até o momento, a átomos da complexidade do oxigênio ou a moléculas da complexidade da água.

O sucesso da mecânica quântica na resolução de alguns dos problemas computacionais da dualidade partícula-campo deu origem a um método de longo alcance filosófico denominado *complementaridade*. Encorajada pela síntese quântica de conceitos incompatíveis, a filosofia da complementaridade exige que tal síntese de opostos forneça uma tensão permanente e necessária em nosso mundo. Pode-se ver a reconciliação da clemência com a justiça refletida na dualidade partícula-onda do elétron. À luz de nossa curta história como animais racionais, pareceria improvável que uma resolução permanente da dialética do campo e da partícula já tenha sido encontrada.

13.1. Movimento harmônico simples

Antes de delinear o desenvolvimento da teoria quântica, vamos rever sucintamente alguns aspectos elementares dos movimentos oscilatório e ondulatório.

A vibração de um oscilador harmônico simples, discutido na Sec. 4.19, é um exemplo de um movimento periódico no tempo. O modelo mais simples de um sistema deste tipo, mostrado na Fig. 13.1(a), é uma massa m ligada a um suporte rígido por uma mola de constante de força κ. Admite-se que a mola não tenha massa própria e que seja perfeitamente elástica (isto é, que forças viscosas, ou de amortecimento, não estejam presentes na mola para causar a dissipação de sua energia armazenada em calor).

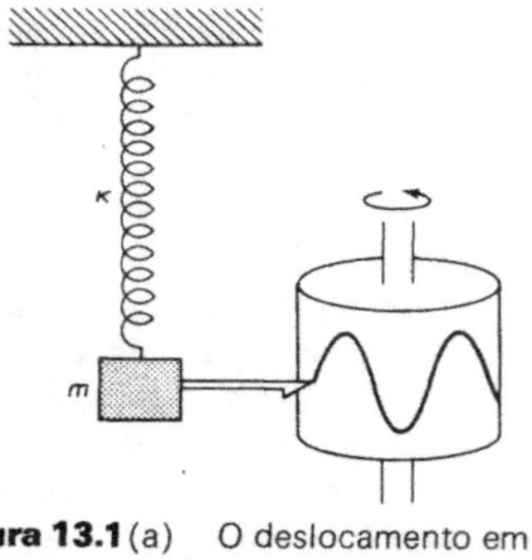

Figura 13.1 (a) O deslocamento em função do tempo de uma massa m ligada a um suporte rígido através de uma mola sem atrito de constante de força κ traçará uma função senoidal num tambor que gira com velocidade angular constante

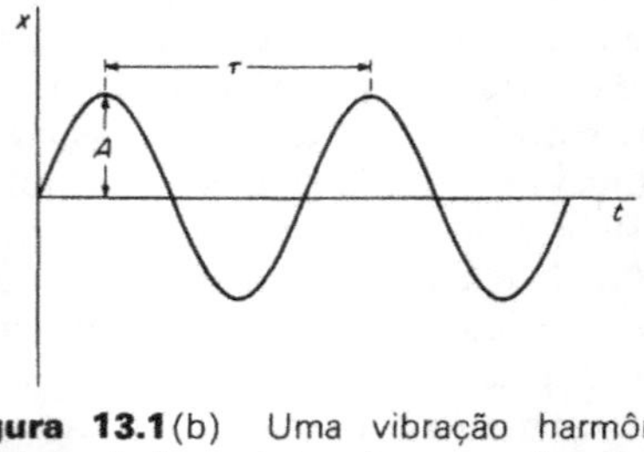

Figura 13.1 (b) Uma vibração harmônica simples, deslocamento de x em função do tempo t

A equação do movimento, $F = ma$, se torna

$$m\frac{d^2x}{dt^2} = -\kappa x \qquad (13.1)$$

Esta é uma equação diferencial linear simples[3]. A equação pode ser resolvida fazendo-se primeiramente a substituição $v = dx/dt$. Então, $d^2x/dt^2 = dv/dt = (dv/dx)(dx/dt) = v(dv/dx)$ e a equação se torna

$$v\left(\frac{dv}{dx}\right) + \left(\frac{\kappa}{m}\right)x = 0$$

[3]Ver, por exemplo, W. A. Granville, P. F. Smith e W. R. Longley, *Elements of Calculus* (Boston: Ginn and Company, 1957), p. 379

A integração fornece

$$v^2 + \left(\frac{\kappa}{m}\right)x^2 = C$$

A constante C pode ser calculada, pois, quando o oscilador está no limite extremo de sua vibração, $x = A$, a energia cinética é nula e, portanto, $v = 0$. Então $C = (\kappa/m)A^2$, e

$$v^2 = \left(\frac{dx}{dt}\right)^2 = \frac{\kappa}{m}(A^2 - x^2)$$

$$\frac{dx}{dt} = \left[\frac{\kappa}{m}(A^2 - x^2)\right]^{1/2}$$

$$\frac{dx}{(A^2 - x^2)^{1/2}} = \left(\frac{\kappa}{m}\right)^{1/2} dt$$

$$\operatorname{sen}^{-1}\frac{x}{A} = \left(\frac{\kappa}{m}\right)^{1/2} t + C'$$

Sendo a condição inicial $x = 0$ para $t = 0$, a constante de integração $C' = 0$.

A resolução da equação do movimento de um oscilador harmônico simples é, dessa forma,

$$x = A \operatorname{sen}\left(\frac{\kappa}{m}\right)^{1/2} t \tag{13.2}$$

Se colocarmos

$$\left(\frac{\kappa}{m}\right)^{1/2} = 2\pi\nu \tag{13.3}$$

a Eq. (13.2) ficará

$$x = A \operatorname{sen} 2\pi\nu t \tag{13.4}$$

A vibração harmônica simples pode ser representada graficamente por esta função senoidal, como está mostrada na Fig. 13.1(b). A constante ν é a freqüência do movimento, o número de vibrações na unidade de tempo. O recíproco da freqüência, $\tau = 1/\nu$, é o *período*, o tempo necessário para uma única vibração. Sempre que $t = n(\tau/2)$, sendo n um número interno, o deslocamento x passa por zero. Note-se que para uma constante κ a freqüência depende inversamente da raiz quadrada da massa,

$$\nu = \frac{1}{2\pi}\sqrt{\frac{\kappa}{m}} \tag{13.5}$$

A quantidade A, valor máximo do deslocamento, é a *amplitude* da vibração. Na posição $x = A$, o oscilador inverte o sentido do movimento. Neste ponto, portanto, a energia cinética é nula e toda a energia é energia potencial E_p. Na posição $x = 0$, toda a energia é energia cinética E_k. Como a energia total, $E = E_p + E_k$, é sempre constante, ela deve ser igual à energia potencial em $x = A$. Na Sec. 4.20, a energia potencial do oscilador foi demonstrada ser igual a $\frac{1}{2}\kappa x^2$, de tal maneira que a energia total é

$$E = \tfrac{1}{2}\kappa A^2 \tag{13.6}$$

A energia total é proporcional ao quadrado da amplitude. Esta relação é válida para todos os movimentos periódicos.

13.2. Movimento ondulatório

O movimento descrito na Fig. 13.1 é um movimento oscilatório, mas não é um movimento ondulatório. Não há propagação de energia ao longo da mola.

Um simples exemplo de movimento ondulatório unidimensional pode ser dado pelo deslocamento que se move ao longo de uma corda, como está ilustrado na Fig. 13.2(a).

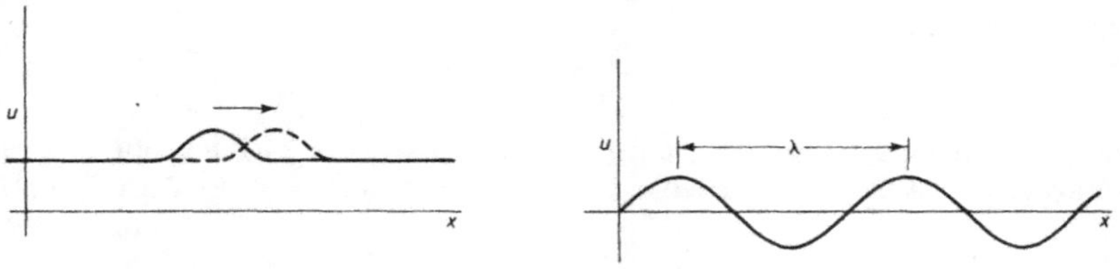

Figura 13.2 (a) Uma onda que consiste em um único pulso movendo-se no sentido $+x$. A linha sólida mostra o pulso num dado tempo t e a interrompida indica o pulso em algum instante posterior $t + \Delta t$. (b) Perfil de uma onda senoidal de comprimento de onda λ

O deslocamento transversal da corda num ponto x a um tempo t pode ser representado por

$$u = f(x, t)$$

Suponha que focalizemos nossa atenção em algum estado particular do deslocamento, por exemplo, na elongação máxima $u = A$. Se este estado percorre o eixo x, no sentido positivo, com uma velocidade v, a qualquer tempo t

$$u = f(x, t) = f(x - vt) \tag{13.7}$$

A Eq. 13.7 é a definição matemática de uma *onda*.

Suponha que ao tempo $t = 0$, a onda tenha a forma particular

$$u = A \text{ sen } 2\pi\sigma x \tag{13.8}$$

como aparece na Fig. 13.2(b). Tal instantâneo fotográfico da forma da onda é denominado *perfil* da onda. Se a onda senoidal for deslocada de uma distância λ ao longo do eixo x, estará exatamente superposta a seu perfil original. A quantidade λ é o *comprimento da onda*. É uma medida da periodicidade da onda no espaço. O perfil da onda senoidal tem a forma

$$u = A \text{ sen } 2\pi \frac{x}{\lambda} \tag{13.9}$$

e, portanto, a partir da Eq. (13.8), $\sigma = 1/\lambda$, denominado *número de onda*. A equação da onda senoidal progressiva a partir das Eqs. (13.7) e (13.9) se torna

$$u = A \text{ sen } \frac{2\pi}{\lambda}(x - vt) \tag{13.10}$$

Denomina-se v a *velocidade da fase*, porque dá a velocidade de propagação de uma dada fase da onda. Agora, é evidente que $\lambda/v = \tau$, período da onda ou o tempo gasto entre duas cristas sucessivas a qualquer ponto dado x. Portanto, a freqüência

$$\nu = \frac{1}{\tau} = \frac{v}{\lambda}$$

e a Eq. (13.10) pode ser escrita como

$$u = A \text{ sen } 2\pi(\sigma x - \nu t) \tag{13.11}$$

O movimento ondulatório descrito pela Eq. (13.11) é denominado uma *onda plana*, pois o deslocamento é constante em qualquer plano normal à direção de propagação. Em outras palavras, u é função apenas de uma coordenada espacial, x.

Se diferenciarmos u na Eq. (13.11) duas vezes em relação a t e duas vezes em relação a x, encontramos

$$\frac{\partial^2 u}{\partial x^2} = \frac{1}{v^2} \frac{\partial^2 u}{\partial t^2} \tag{13.12}$$

Esta é a equação diferencial parcial geral para o movimento ondulatório unidimensional.

A Eq. (13.12) geral foi obtida a partir de um caso particular de um movimento ondulatório numa corda. No tratamento padrão em livros-textos de Física Teórica, esta equação seria deduzida diretamente aplicando-se a segunda lei de Newton a um elemento da corda com massa μ por unidade de comprimento sob uma tensão γ[4].

Pode-se demonstrar por substituição direta que a Eq. (13.12) é satisfeita por qualquer função da forma da Eq. (13.7). Contudo, é também satisfeita por qualquer função da forma

$$u = g(x - vt) \tag{13.13}$$

Da mesma maneira como a Eq. (13.7) representa uma onda percorrendo o eixo x no sentido positivo, a Eq. (13.13) representa uma onda percorrendo o mesmo eixo em sentido contrário. A solução geral da Eq. (13.12) é, portanto,

$$u = f(x - vt) + g(x + vt), \tag{13.14}$$

sendo f e g funções arbitrárias[5].

13.3. Ondas estacionárias

Até o momento admitimos tacitamente que o comprimento da corda é infinito, de maneira que as ondas percorrem livremente o eixo x em ambos os sentidos, positivo e negativo. Suponhamos agora que a corda tenha um comprimento definido L, que se estende de $x = 0$ a $x = L$. O que podemos dizer a respeito do movimento ondulatório nesta corda de comprimento finito?

É claro que nem a Eq. (13.7) e nem a Eq. (13.13) serão soluções satisfatórias da equação da onda, pois representam ondas que não podem satisfazer às condições de contorno, que exigiriam a cessação do deslocamento abruptamente em $x = 0$, L. Temos, então, o que é conhecido como um *problema de valor de contorno*. É uma situação muito comum em Física Matemática obter-se uma solução de uma equação diferencial e então ser necessário fazer com que esta solução satisfaça a um conjunto especificado de condições de contorno. Em muitos casos, a solução conterá algum parâmetro cujos valores precisam ser selecionados para se chegar às condições de contorno. Estes valores selecionados são chamados os *autovalores* ou *valores característicos* do problema. As soluções que correspondem aos autovalores são chamadas *autofunções* ou *funções características.*

Em vez da solução em termos de funções arbitrárias, podemos resolver a equação de onda, Eq. (13.12) de outra maneira, que será especialmente útil, quando considerarmos problemas de mecânica quântica. Como a Eq. (13.12) é uma equação diferencial linear com coeficientes constantes, podemos *separar as variáveis* de maneira que a solução pode ser escrita

$$u(x, t) = X(x)T(t) \tag{13.15}$$

Isto é, o deslocamento u é um produto de uma função apenas de x e de uma função apenas de t. A partir da Eq. (13.15),

$$\frac{\partial^2 u}{\partial x^2} = T(t)\frac{\partial^2 x}{\partial x^2}$$

$$\frac{\partial^2 u}{\partial t^2} = X(x)\frac{\partial^2 T}{\partial t^2}$$

[4]Por exemplo, J. C. Slater e N. H. Frank, *Mechanics* (New York: McGraw-Hill Book Company, 1947), p. 146

[5]A solução geral de uma equação diferencial parcial de segunda ordem sempre conterá duas funções arbitrárias, da mesma maneira como a solução geral de uma equação diferencial ordinária de segunda ordem sempre conterá duas constantes arbitrárias

de modo que a partir da Eq. (13.12)

$$\frac{1}{X}\frac{\partial^2 X}{\partial x^2} = \frac{1}{v^2 T}\frac{\partial^2 T}{\partial t^2}$$

A única maneira pela qual o primeiro membro desta equação, que depende apenas de x, seja sempre igual ao segundo membro, que depende apenas de t, é quando ambos os membros forem iguais à mesma constante, que chamaremos $-\omega^2/v^2$. Esta *constante de separação*, por enquanto, está indeterminada. Portanto, temos

$$\frac{1}{X}\frac{d^2 X}{dx^2} = \frac{1}{v^2 T}\frac{d^2 T}{dt^2} = -\frac{\omega^2}{v^2} \tag{13.16}$$

As Eqs. (13.16) são equivalentes a duas equações diferenciais ordinárias (não-parciais), de maneira que realmente "separamos as variáveis" pela substituição da Eq. (13.15) para obter:

$$\frac{d^2 T}{dt^2} = -\omega^2 T, \qquad \frac{d^2 X}{dx^2} = -\frac{\omega^2}{v^2}X \tag{13.17}$$

Soluções da Eq. (13.17), por inspeção ou por referência à Sec. (13.1), onde uma equação semelhante foi resolvida[6], são

$$T = e^{\pm i\omega t}, \qquad X = e^{\pm i\omega x/v} \tag{13.18}$$

Uma solução para a Eq. (13.12) é, portanto,

$$u = T(t)X(x) = e^{\pm i\omega t}e^{\pm i\omega x/v} \tag{13.19}$$

Podemos usar qualquer das quatro combinações possíveis de sinais, e podemos multiplicar a Eq. (13.19) por qualquer constante complexa arbitrária $Ae^{i\delta}$ para assegurar uma solução a qualquer amplitude e fase escolhidas. Naturalmente, reconhecemos que a Eq. (13.19) representa um movimento ondulatório com

$$v = \frac{\omega}{2\pi}\lambda$$

$$\omega = \frac{2\pi}{\lambda}v = 2\pi\nu$$

sendo ω a freqüência angular geralmente medida em radianos por segundo. Podemos também usar a solução na forma de funções reais seno e co-seno, escrevendo a Eq. (13.19) como

$$u = \begin{matrix}\text{sen}\\ \cos\end{matrix}\,\omega\left(t \pm \frac{x}{v}\right) \quad \text{ou} \quad \begin{matrix}\text{sen}\\ \cos\end{matrix}\,\omega t \begin{matrix}\text{sen}\\ \cos\end{matrix}\,\frac{\omega x}{v} \tag{13.20}$$

Podemos facilmente fazer com que esta solução satisfaça às condições de contorno

$$u = 0 \quad \text{para} \quad x = 0, \quad x = L \quad \text{para todo } t \geq 0$$

Para que u se anule em $x = 0$, a função co-seno de x deve ser abandonada, obtendo-se

$$u = \text{sen}\,\frac{\omega x}{v}\begin{matrix}\text{sen}\\ \cos\end{matrix}\,\omega t$$

Para que $u = 0$ quando $x = L$, devemos ter

$$\text{sen}\,\frac{\omega L}{v} = 0 \quad \text{ou} \quad \frac{\omega L}{v} = n\pi$$

sendo n um número inteiro. Esta condição restringe os valores permitidos de ω. Portanto, a Eq. (13.20) ficará

$$u_n = \begin{matrix}\text{sen}\\ \cos\end{matrix}\,\omega_n t\ \text{sen}\,\frac{n\pi x}{L} \tag{13.21}$$

[6]O aluno deve verificar as soluções por substituição na Eq. (13.17)

A expressão da Eq. (13.21) significa que podemos usar tanto uma função seno como co-seno como a função de t, ou qualquer combinação desejada da forma

$$u_n = (A_n \text{ sen } \omega_n t + B_n \cos \omega_n t) \text{ sen } \frac{n\pi x}{L} \tag{13.22}$$

A solução na Eq. (13.22) representa claramente o que é denominado uma *onda estacionária*. A função de x sempre terá a mesma forma, independente do valor de t. Assim, para sen $(n\pi x/L) = 0$, ocorre um nó na onda em todos os tempos e, para sen $(n\pi x/L) = 1$, a onda sempre terá sua amplitude máxima, embora o valor desta elongação máxima oscile com o tempo, de acordo com a função indicada na Eq. (13.22). Em sentido restrito, uma onda estacionária é um movimento oscilatório, mas não um movimento ondulatório, pois não há propagação de energia ao longo da corda, mas simplesmente um intercâmbio entre energia potencial e cinética, semelhante à que ocorre no oscilador harmônico mostrado na Fig. 13.1.

Algumas ondas estacionárias numa mola de comprimento L são mostradas na Fig. 13.3. Todas as ondas estacionárias satisfazem à condição

$$n\frac{\lambda}{2} = L \tag{13.23}$$

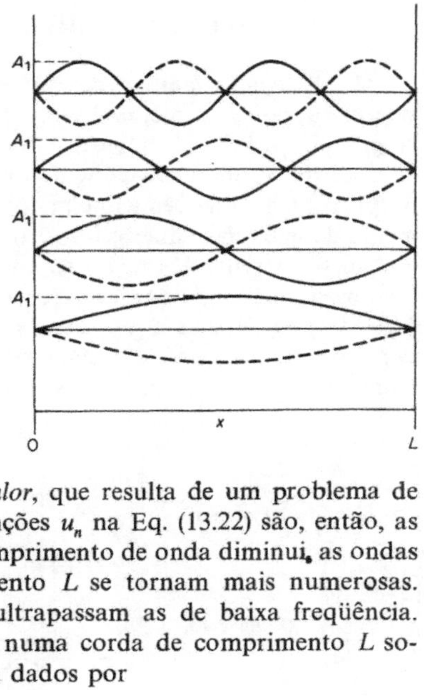

Figura 13.3 Exemplos de ondas estacionárias permitidas numa corda de comprimento L. Os extremos das oscilações são mostrados pelas linhas sólidas e interrompidas. Todas as ondas estacionárias obedecem à condição $n\lambda/2 = L$, onde n é um número inteiro

Esta é a forma mais simples da *condição de autovalor*, que resulta de um problema de valor de contorno para uma corda vibrante. As funções u_n na Eq. (13.22) são, então, as autofunções para este problema. À medida que o comprimento de onda diminui, as ondas estacionárias permitidas numa corda de comprimento L se tornam mais numerosas. Então, as oscilações possíveis de alta freqüência ultrapassam as de baixa freqüência. Da Eq. (13.23) ondas estacionárias podem ocorrer numa corda de comprimento L somente para certos valores do comprimento de onda dados por

$$\lambda = \frac{2L}{n}$$

Se considerarmos uma faixa na qual L é muito maior que λ, $(L \gg \lambda)$, podemos aproximar os conjuntos de números inteiros n a uma função contínua $n(\lambda)$. Então, o número de ondas estacionárias que podem ocorrer em qualquer intervalo de comprimento de onda de λ a $\lambda + d\lambda$ será

$$dn = -\frac{2L}{\lambda^2}\, d\lambda \tag{13.24}$$

O sinal negativo indica que, numa dada faixa, o número diminui com o aumento de λ.

O problema correspondente em três dimensões diz respeito ao número de ondas estacionárias num envoltório de volume V. O resultado[7] é

$$dn = -\frac{4\pi V}{\lambda^4}\, d\lambda \tag{13.25}$$

Podemos constatar que a Eq. (13.22) não é a solução mais geral da Eq. (13.12), pois qualquer combinação linear das soluções da Eq. (13.22) também será uma solução. Este resultado é um exemplo do *princípio da superposição*. Então a solução geral pode ser escrita

$$u = \sum_{n=1}^{\infty} (A_n \cos \omega_n t + B_n \operatorname{sen} \omega_n t) \operatorname{sen} \frac{n\pi x}{L} \tag{13.26}$$

As constantes arbitrárias desta solução geral podem ser determinadas ajustando à Eq. (13.26) as condições iniciais do problema, $u(x, 0)$ e $\dot{u}(x, 0)$.

Como qualquer função arbitrária de período $2L$ pode ser expressa como uma série de Fourier da forma da Eq. (13.26), a solução da Eq. (13.14), dada em termos de funções arbitrárias, é equivalente àquela na Eq. (13.26), obtida por separação da equação diferencial parcial em duas equações diferenciais ordinárias.

13.4. Interferência e difração

A construção familiar de Huygens representa a interferência de ondas de luz. Consideremos, por exemplo, na Fig. 13.4, uma frente de onda efetivamente plana, proveniente de uma única fonte, incidindo sobre um conjunto de fendas, um protótipo de uma grade de difração. Cada fenda pode agora ser considerada uma nova fonte de luz, da qual se propaga uma onda semicircular (ou hemisférica, no caso tridimensional). Se o comprimento de onda da radiação for λ, uma série de semicírculos concêntricos de raios λ, 2λ, 3λ podem ser desenhados tendo como centro estas fontes. Os pontos nestes círculos representam os máximos consecutivos na amplitude destas novas pequenas ondas. Agora, segundo Huygens, as novas frentes de onda resultantes são as curvas ou superfícies que estão simultaneamente tangenciando as pequenas ondas secundárias. Estas são denominadas *envolventes* das curvas das pequenas ondas e são mostradas na ilustração.

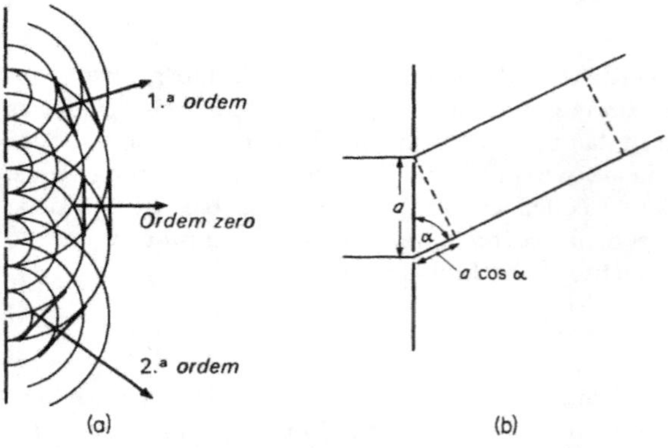

Figura 13.4 Difração: (a) construção de Huygens; (b) diferença de caminho

Um resultado importante desta construção é que existem algumas envolventes possíveis. A que se move diretamente na mesma direção da luz incidente é denominada *feixe de ordem zero*. Em cada lado deste, situam-se os feixes difratados de *primeira*, *segunda*,

[7]Uma dedução completa pode ser encontrada em *Heat and Thermodynamics* 5.ª edição, de J. K. Roberts e A. R. Miller (New York: Interscience Publishers, 1960), p. 526

terceira etc. ordem. Os ângulos pelos quais os feixes difratados estão desviados da direção original dependem, evidentemente, do comprimento de onda da radiação incidente. Quanto maior o comprimento de onda, tanto maior a difração.

Podemos deduzir a condição para a formação do feixe de luz difratado a partir da Fig. 13.4, onde a atenção está focalizada em duas fendas adjacentes. Se os dois raios difratados devem se reforçar um com o outro, devem estar em fase, pois do contrário a amplitude resultante é anulada pela interferência. A condição para o reforço é, portanto, que a diferença de caminho entre os dois raios seja em número inteiro de comprimento de onda. Se α for o ângulo de difração e a, a separação entre as duas fendas, esta diferença de caminho será $a \cos \alpha$, e a condição se torna

$$a \cos \alpha = h\lambda, \tag{13.27}$$

sendo h um número inteiro.

Esta equação é aplicável a um conjunto linear de fendas. Para uma grade plana bidimensional, existem duas equações semelhantes que devem ser satisfeitas. Para o caso da luz incidente perpendicular à grade

$$a \cos \alpha = h\lambda$$
$$b \cos \beta = k\lambda$$

Deve-se notar que os feixes de onda difratados de ordem elevada apresentarão energia apreciável apenas quando os espaçamentos da grade não forem muito maiores que o comprimento de onda da luz incidente. Para obter efeitos de difração com raios X, por exemplo, os espaçamentos devem ser da ordem de 0,1 nm[(8)].

Em 1912, Max von Laue percebeu que os espaçamentos interatômicos nos cristais seriam provavelmente da ordem de grandeza dos comprimentos de onda dos raios X. Portanto, as estruturas cristalinas deveriam atuar como grades de difração tridimensionais para raios X. Esta previsão foi imediatamente verificada na experiência crítica de Friedrich, Knipping e Laue. Um exemplo de uma fotografia de difração de raios X é mostrado na Fig. 18.16.

13.5. Radiação do corpo negro

A primeira falha definitiva da antiga teoria ondulatória da luz foi encontrada no estudo da *radiação do corpo negro*. Todos os objetos estão absorvendo e emitindo radiação continuamente. Suas propriedades como absorventes ou emissores podem ser muito diferentes. Assim, uma vidraça não absorve muito da luz visível, porém absorve a maioria da ultravioleta. Uma chapa de metal absorve tanto a visível como a ultravioleta, porém pode ser razoavelmente transparente aos raios X.

Para um corpo estar em equilíbrio com o seu ambiente, a radiação por ele emitida deve ser equivalente (em comprimento de onda e energia) à radiação que absorve. É possível conceber objetos que sejam perfeitos absorventes de radiação, os chamados *corpos negros ideais*. Na realidade, nenhuma substância se aproxima muito do ideal num intervalo grande de comprimentos de onda. O melhor corpo negro em um laboratório não é uma substância, mas uma cavidade. Esta cavidade é construída com paredes isolantes e, numa delas, se faz um pequeno orifício. Quando a cavidade for aquecida, a radiação emitida pelo orifício é uma boa amostra da radiação de equilíbrio dentro do invólucro aquecido, a qual é praticamente uma radiação de um corpo negro ideal.

[(8)]Também é possível utilizar espaçamentos maiores e trabalhar com ângulos de incidência muito pequenos. A equação completa, correspondente à Eq. (13.27) para uma incidência a um ângulo α_0, é $a(\cos \alpha - \cos \alpha_0) = h\lambda$

Existe uma analogia entre o comportamento da radiação dentro de uma cavidade deste tipo e o das moléculas gasosas numa caixa. Tanto as moléculas como a radiação estão caracterizadas por uma densidade e ambas exercem pressão sobre as paredes que as confinam. Uma diferença é que a densidade do gás é uma função do volume e da temperatura, enquanto a densidade da radiação é apenas uma função da temperatura. De maneira análoga à distribuição de velocidades entre as moléculas, as freqüências estão distribuídas entre as oscilações que compõem a radiação. A qualquer temperatura dada, existe uma distribuição característica de velocidades de gases dada pela equação de Maxwell. O problema correspondente da distribuição espectral da radiação do corpo negro, isto é, a fração da energia total irradiada dentro de cada intervalo de comprimento de onda, foi explorado pela primeira vez experimentalmente por O. Lummer e E. Pringsheim em 1877-1900. Alguns de seus resultados podem ser vistos na Fig. 13.5. A elevadas temperaturas, a posição do máximo é deslocada para comprimentos de onda menores – um bastão de ferro incandesce primeiro a vermelho-fosco, depois a laranja e então a branco, à medida que a temperatura sobe e freqüências mais elevadas se tornam apreciáveis na radiação. Estas curvas são semelhantes às da Lei de Distribuição de Maxwell. Quando estes dados de Lummer e Pringsheim surgiram, foram feitas tentativas para explicá-los teoricamente através de argumentos baseados na teoria ondulatória da luz e no princípio de equipartição de energia.

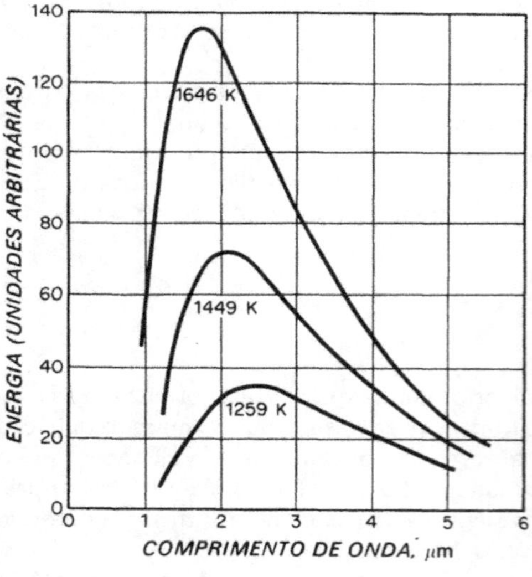

Figura 13.5 Medidas experimentais de Lummer e Pringsheim sobre a distribuição espectral da radiação do corpo negro a três temperaturas diferentes

Sem entrar nos detalhes destes esforços, que foram todos infrutíferos, é possível ver por que estavam destinados ao fracasso. De acordo com o princípio de equipartição de energia, um oscilador em equilíbrio térmico com seu ambiente deveria ter uma energia média igual a kT, sendo $1/2\,kT$ para sua energia cinética e $1/2\,kT$ para sua energia potencial onde k é a constante de Boltzmann. A teoria clássica estabelece que a energia média *não* depende da *freqüência* do oscilador. Num sistema composto de 100 osciladores, 20 com uma freqüência ν_1 de 10^{10} Hz e 80 com $\nu_2 = 10^{14}$ Hz, o princípio de equipartição prediz que 20% da energia deverão estar nos osciladores de baixa freqüência e 80%, nos de alta freqüência. A radiação na cavidade pode ser considerada como consistindo em ondas estacionárias de várias freqüências. De acordo com a teoria clássica, o problema da distribuição de energia em várias freqüências (intensidade I *versus* ν) se reduz à determinação do número de vibrações permitidas em qualquer faixa de freqüências.

A partir da Eq. (13.25), desde que para as ondas eletromagnéticas $\nu = c/\lambda$, sendo c a velocidade da fase

$$dn = \frac{4\pi V}{c^3} \nu^2 \, d\nu \tag{13.28}$$

Como existem muito mais freqüências elevadas permitidas que baixas, e como pelo princípio de equipartição todas as freqüências têm a mesma energia média, segue-se que a intensidade I da radiação do corpo negro deveria aumentar continuamente com o aumento da freqüência. É esta a conclusão indiscutível da mecânica clássica newtoniana, embora esteja em desacordo total com os dados experimentais de Lummer e Pringsheim, que mostram que a intensidade da radiação atinge um máximo e depois decresce continuamente com o aumento da freqüência. Esta falha dos princípios da mecânica clássica quando aplicados à radiação foi encarada com desânimo pelos físicos da época. Eles a denominaram *catástrofe no ultravioleta.*

13.6. O quantum de energia

Max Planck nasceu em 1858. Seu pai era professor de Direito na Universidade de Kiel. Sua primeira inclinação foi para a música, mas logo se dedicou ao estudo da Física, embora tivesse sido prevenido que tal campo era uma matéria fechada, onde novas descobertas de qualquer importância dificilmente poderiam ser esperadas. Em sua *Autobiografia científica*[9] Planck escreveu o seguinte:

> Minha decisão original de me dedicar à ciência foi resultado direto de uma descoberta, que desde minha juventude jamais deixou de me entusiasmar – a compreensão do fato, não óbvio, de que as leis do raciocínio humano coincidem com as leis que governam a seqüência de impressões que recebemos do mundo a nossa volta e que, portanto, o raciocínio puro poderia levar o homem a compreender o mecanismo do mundo exterior. Neste contexto, é importante compreender que o mundo exterior é algo independente do homem, algo absoluto. A procura das leis que se aplicassem a este absoluto me parecia o objetivo científico mais sublime na vida.

Em 1892, Planck tornou-se professor de Física em Berlim e logo tentou interpretar as medidas de Lummer e Pringsheim. No dia 19 de outubro de 1900, ele pôde anunciar à Sociedade Física de Berlim a lei matemática que governa a distribuição de energia[10]. Para obter esta lei, teve que introduzir uma nova constante física h, cujo significado, contudo, não pôde deduzir a partir de suas teorias termodinâmicas. Então retornou à teoria atômica para descobrir como interpretar esta constante e obter um quadro físico que pudesse conduzir à sua lei de energia.

A mecânica clássica foi fundada sobre uma antiga máxima: *Natura non facit saltum* (a natureza não dá saltos). Então um oscilador deveria absorver energia *continuamente*, em pequenos incrementos arbitrários. Embora se acreditasse que a matéria fosse atômica, a energia era admitida estritamente como contínua. Planck rejeitou este preceito e sugeriu que um oscilador poderia adquirir energia apenas em unidades discretas, chamadas *quanta.* A teoria quântica iniciou-se, portanto, como uma *teoria atômica da energia.* Planck introduziu o postulado de que a magnitude do quantum de energia ε não era fixa, mas dependia da freqüência, ν, do oscilador:

$$\epsilon = h\nu \tag{13.29}$$

A constante de Planck, h, possui dimensões de energia vezes tempo, uma quantidade denominada *ação* (o *momentum* angular possui as mesmas dimensões). No sistema SI, $h = (6{,}6262 \pm 0{,}0001) \times 10^{-34}\ \mathrm{J \cdot s}$.

(9) M. Planck *A Scientific Autobiography* (Londres: Williams and Norgate Ltd., 1950)
(10) *Verhandl Deut. Ges. Phys.* **2**, 237 (1900)

13.7. A Lei da Distribuição de Planck

Consideremos um conjunto de N osciladores, que possuem uma freqüência fundamental ν. Se estes osciladores podem adquirir energia apenas em incrementos $h\nu$, as energias permitidas são 0, $h\nu$, $2h\nu$, $3h\nu$ etc. Agora, de acordo com a fórmula de Boltzmann, sendo N_0 o número de sistemas no estado de energia mais baixa, o número de sistemas que possuem uma energia ε_i acima deste estado é

$$N_i = N_0\, e^{-\varepsilon_i/kT} \tag{13.30}$$

No conjunto de osciladores, por exemplo,

$$N_1 = N_0\, e^{-h\nu/kT}$$
$$N_2 = N_0\, e^{-2h\nu/kT}$$
$$N_3 = N_0\, e^{-3h\nu/kT}$$

O número total de osciladores em todos os estados de energia é, portanto,

$$N = N_0 + N_0\, e^{-h\nu/kT} + N_0\, e^{-2h\nu/kT} + \cdots = N_0 \sum_{i=0}^{\infty} e^{-ih\nu/kT}$$

A energia total E de todos os osciladores é igual à energia de cada estado multiplicada pelo número de osciladores naquele estado

$$E = 0N_0 + h\nu N_0\, e^{-h\nu/kT} + 2h\nu N_0\, e^{-2h\nu/kT} + \cdots = N_0 \sum_{i=0}^{\infty} ih\nu\, e^{-ih\nu/kT}$$

A energia média de um oscilador é, portanto,

$$\bar{\varepsilon} = \frac{E}{N} = \frac{h\nu \sum i\, e^{-ih\nu/kT}}{\sum e^{-ih\nu/kT}}$$

Ou, se $x = h\nu/kT$,

$$\bar{\varepsilon} = h\nu \frac{\sum i\, e^{-ix}}{\sum e^{-ix}} = \frac{h\nu}{e^{x} - 1} = \frac{h\nu}{e^{h\nu/kT} - 1} \tag{13.31}$$ [11]

De acordo com esta expressão, a energia média de um oscilador com a freqüência fundamental ν se aproxima do valor clássico kT quando $h\nu$ se torna muito menor que kT[12]. Utilizando esta equação em vez da equipartição de energia clássica, Planck deduziu uma fórmula de distribuição de energia em concordância excelente com os dados experimentais da radiação do corpo negro. A densidade de energia $E(\nu)\,d\nu$ é simplesmente o número de osciladores por unidade de volume, entre ν e $\nu + d\nu$ [a partir da Eq. (13.28)[13]], multiplicado pela energia média de um oscilador. Portanto, a Lei de Planck é

$$E(\nu)\,d\nu = \frac{8\pi h\nu^3}{c^3} \frac{d\nu}{e^{h\nu/kT} - 1} \tag{13.32}$$

Esta equação concordou com os dados experimentais da Fig. 13.5. A teoria quântica tinha conseguido seu primeiro grande sucesso.

13.8. Efeito fotelétrico

Em 1887, Heinrich Hertz observou que uma faísca saltaria por um vão mais facilmente, quando os eletrodos formadores do vão estivessem iluminados do que se fossem

(11)Na Eq. (13.31), seja $e^{-x} = y$; então o denominador $\Sigma y^i = 1 + y + y^2 + \cdots = 1/(1-y)$, $(y < 1)$. O numerador, $\Sigma iy^i = y(1 + 2y + 3y^2 + \cdots) = y/(1-y)^2$, $(y < 1)$, de maneira que a Eq. (13.31) se torna $h\nu y/(1-y) = h\nu/(e^{h\nu/kT} - 1)$

(12)Quando $h\nu \ll kT$, $e^{h\nu/kT} \approx 1 + h\nu/kT$

(13)Para a radiação eletromagnética existe um fator extra de dois na Eq. (13.28), porque tanto os campos elétricos como os magnéticos estão oscilando

mantidos no escuro. O trabalho dos quinze anos seguintes estabeleceu que este fenômeno era devido à emissão de elétrons da superfície dos sólidos, quando incididos por luz de comprimento de onda adequado. Um aparelho para o estudo do efeito fotelétrico é mostrado na Fig. 13.6. Variando-se o potencial Φ aplicado à placa coletora, é possível repelir fotelétrons de energia cinética menor que $\frac{1}{2}mv^2 = e\Phi$, e, então, determinar a energia cinética máxima dos fotelétrons. Lenard (1902) encontrou que a energia cinética máxima dependia da *freqüência* ν da luz incidente e, abaixo de uma certa freqüência, ν_0, os elétrons não eram emitidos.

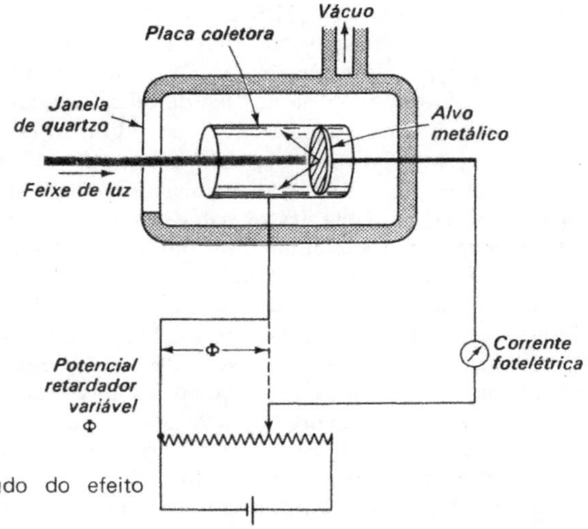

Figura 13.6 Aparelho para o estudo do efeito fotelétrico

Em 1905, Albert Einstein, enquanto trabalhava como inspetor da Repartição de Patentes em Berna, em seus momentos de lazer, elaborou uma teoria para o efeito fotelétrico. Planck havia admitido que os osciladores que compunham um corpo negro irradiador eram quantizados, mas Einstein estendeu este conceito para sugerir que a própria radiação era quantizada. Então, a luz incidente sobre o metal de ensaio na Fig. 13.6 era composta de quantas de energia $h\nu$. Quando estes colidiam com a superfície do metal, parte da energia era utilizada para superar o potencial atrativo Υ, que mantinha os elétrons no metal, e a energia restante era convertida em energia cinética dos elétrons emitidos. Assim, de acordo com Einstein

$$h\nu = \tfrac{1}{2}mv^2 + e\Upsilon \tag{13.33}$$

ou

$$\tfrac{1}{2}mv^2 = h\nu - e\Upsilon = h(\nu - \nu_0)$$

A equação de Einstein para o efeito fotelétrico foi confirmada por muitas medidas cuidadosas, que forneceram uma maneira conveniente para calcular a constante de Planck, h. Este trabalho foi o maior apoio à teoria quântica nos seus primeiros tempos.

13.9. Espectroscopia

Em 1663, Isaac Newton, aos 20 anos de idade, iniciou seu trabalho experimental em óptica, polindo suas próprias lentes para a construção de um telescópio. Prontamente interessou-se pelo problema da redução da aberração cromática. Em 1666, ele comprou um prisma de vidro, "para com ele testar os fenômenos das cores".

"Tendo meu quarto escurecido e feito um pequeno orifício no anteparo da janela, para permitir a entrada de uma quantidade conveniente de luz solar, coloquei meu prisma à sua entrada de modo que pudesse ser refratado para a parede oposta."

Ele descobriu que o comprimento da área colorida era muito maior que sua largura e, a partir de outras experiências, deduziu que a luz branca era decomposta pelo prisma naquilo que ele chamou *espectro* das cores, como um resultado de diferente índice de refração do vidro para as diferentes cores da luz. O "fenômeno das cores" era conhecido há muito tempo, porém Newton foi o primeiro a interpretá-lo corretamente.

Essas experiências foram o começo da espectroscopia, porém pouco progresso foi feito até cerca de um século após Newton. Em 1777, Carl Scheele estudou o enegrecimento do cloreto de prata por luz de diferentes comprimentos de onda e encontrou que o efeito era maior em direção ao violeta do final do espectro. Em 1803, Inglefield sugeriu que pudessem existir raios invisíveis além do violeta, que também poderiam escurecer o sal; a existência dos raios ultravioleta foi demonstrada por Ritter e Wollaston. Em 1800, William Herschel havia descoberto os raios *infravermelhos*, além do vermelho, pelo efeito de aquecimento destes raios num bulbo de um termômetro.

Um grande avanço nos métodos experimentais para o estudo dos espectros foi feito por Josef Fraunhofer. Fraunhofer nasceu em 1787, em Straubing, uma vila próxima a Munique. Seu pai era um vidreiro. A família era grande e pobre. Josef não recebeu praticamente educação formal, tendo sido aos 11 anos aprendiz de fabricante de vidros em Munique. Logo ficou evidente que o jovem Fraunhofer era um gênio experimental. Aos 20 anos era o encarregado da parte óptica; aos 22, diretor da companhia; e, aos 24, responsável por toda a fabricação de vidro. Em 1814, defrontou-se com o problema de definir mais exatamente as cores da luz utilizada na medida das propriedades dos diversos vidros. Ele foi então conduzido a fazer um exame mais detalhado do espectro da luz solar. O espectroscópio, como foi utilizado por Newton, consistia apenas em uma fenda, um prisma e uma lente, colocada entre a fenda e o prisma para focalizar a imagem da fenda numa tela. Fraunhofer teve a brilhante idéia de observar a fenda com um telescópio de teodolito colocado atrás do prisma. Este instrumento lhe permitiu fazer medidas exatas de ângulos. Quando observou o espectro da luz solar, descobriu que continha *um número quase incontável de linhas verticais fortes e fracas*. Ele provou que estas linhas escuras provinham realmente da luz solar e mediu cerca de 700 delas. Estas linhas forneceram os primeiros padrões precisos para a medida da dispersão de vidros ópticos. Pode-se dizer que este trabalho de Fraunhofer marcou o início da espectroscopia como ciência exata.

Fraunhofer descobriu também o retículo de transmissão e, em 1823, construiu a primeira grade de vidro traçando linhas com uma ponta de diamante. Assim ele foi capaz de medir com exatidão o comprimento de onda das linhas, quando anteriormente haviam sido medidos apenas ângulos.

Naturalmente, Fraunhofer não compreendia a origem dos raios escuros do espectro solar e esta explicação foi dada apenas cerca de 35 anos após. Neste ínterim, muitos pesquisadores estudaram espectros de chamas e notaram linhas brilhantes características, produzidas pela adição de diversos sais. Em 1848, Foucault observou que uma chama de sódio, que emitia uma raia D, também absorveria esta mesma raia da luz de um arco de sódio colocado em frente à chama. A Kirchhoff coube enunciar as leis gerais relacionando a emissão e a absorção da luz. Naquela época, Kirchhoff era professor de Física em Heidelberg. Em 1859, ele anunciou sua famosa lei: "A relação entre o poder de emissão e o poder de absorção para raios do mesmo comprimento de onda é constante para todos os corpos à mesma temperatura". Se um corpo absorve luz de um certo comprimento de onda, também emite luz deste mesmo comprimento de onda. Assim, as raias de Fraunhofer eram devidas à absorção de certos comprimentos de onda pela atmosfera do Sol. Pode-se descobrir que elementos existem no Sol se pudermos encontrar que elementos na Terra fornecem linhas brilhantes de emissão nos mesmos comprimentos de onda que as linhas de absorção escuras de Fraunhofer no espectro solar.

Naquela época, Robert Bunsen, professor de Química em Heidelberg, associou-se a Kirchhoff numa série extensa de pesquisas sobre os espectros dos elementos. Em 1861, enquanto estudavam os metais alcalinos, Li, Na e K, observaram certas linhas novas, que eles atribuíram a dois novos metais alcalinos, o Cs e o Rb. Desde então, a identificação espectroscópica tem sido a melhor prova da existência de um novo elemento.

Em 1868, foi publicado um trabalho monumental sobre o espectro solar por A. J. Ångstrom de Upsala. Ele determinou comprimentos de onda de cerca de 1 000 linhas de Fraunhofer com seis algarismos significativos em unidades de 10^{-10} m. Esta unidade foi subseqüentemente denominada *Ångstrom* em sua honra.

Em 1885, J. J. Balmer descobriu uma relação regular entre as freqüências das linhas do hidrogênio atômico na região visível do espectro. Os números de onda σ são dados por

$$\sigma = \mathscr{R}\left(\frac{1}{2^2} - \frac{1}{n_1^2}\right),$$

sendo $n_1 = 3, 4, 5, \ldots$ etc. A linha vermelha, H_α, com $\lambda = 656{,}28$ nm corresponde a $n_1 = 3$, a azul, H_β, com 486,13 nm, a $n_1 = 4$ etc. A constante $\mathscr{R}$ é chamada *constante de Rydberg* e tem valor 109 677,681 cm^{-1}. É uma das constantes físicas mais precisamente conhecidas.

Outras séries do hidrogênio foram descobertas posteriormente e obedeciam à fórmula mais geral

$$\sigma = \mathscr{R}\left(\frac{1}{n_2^2} - \frac{1}{n_1^2}\right) \tag{13.34}$$

Lyman descobriu a série com $n_2 = 1$ no ultravioleta distante e outras foram encontradas no infravermelho. Muitas séries análogas têm sido observadas no espectro atômico de outros elementos. Alguns exemplos de espectros atômicos são vistos na Fig. 13.7.

13.10. A interpretação dos espectros[14]

Embora a espectroscopia tenha se desenvolvido rapidamente depois dos trabalhos de Kirchhoff e Bunsen, houve somente um avanço lento na compreensão da origem dos espectros. Durante todo o século XIX, acreditava-se que as linhas espectrais dos átomos eram produzidas simultaneamente por cada átomo individual, que se comportava como um oscilador, dotado de um grande número de diferentes períodos de vibração. Em 1907, Arthur Conway propôs que um único átomo produz uma única linha espectral por vez. Ele sugeriu que apenas um elétron em um átomo está num "estado anormal", o qual pode produzir vibrações de uma freqüência específica. Em 1908, Walther Ritz mostrou que as freqüências observadas são as diferenças entre certos termos espectrais aos pares. Em 1911, John Nicholson em Cambridge aplicou o modelo atômico de Rutherford aos espectros e sugeriu que os saltos quânticos ocorrem entre estados definidos, correspondentes aos valores dos termos de Ritz, porém falhou ao não compreender a idéia de Conway, de que apenas um único elétron estivesse envolvido.

Apesar desta intensa atividade científica e do progresso contínuo, a primeira aplicação correta da teoria quântica à interpretação dos espectros não foi feita no campo dos espectros atômicos, mas em relação aos espectros de absorção de moléculas. Esse avanço foi feito pelo químico dinamarquês Niels Bjerrum no artigo "Sobre o espectro infravermelho de gases", publicado em 1912. Ele mostrou que a absorção das moléculas no infra-

[14]O desenvolvimento histórico dado aqui segue de perto o traçado por Edmund Whittaker em sua *History of Theories of Aether and Electricity*, Vol. 2 (Londres: Th. Nelson and Sons, Ltd., 1953)

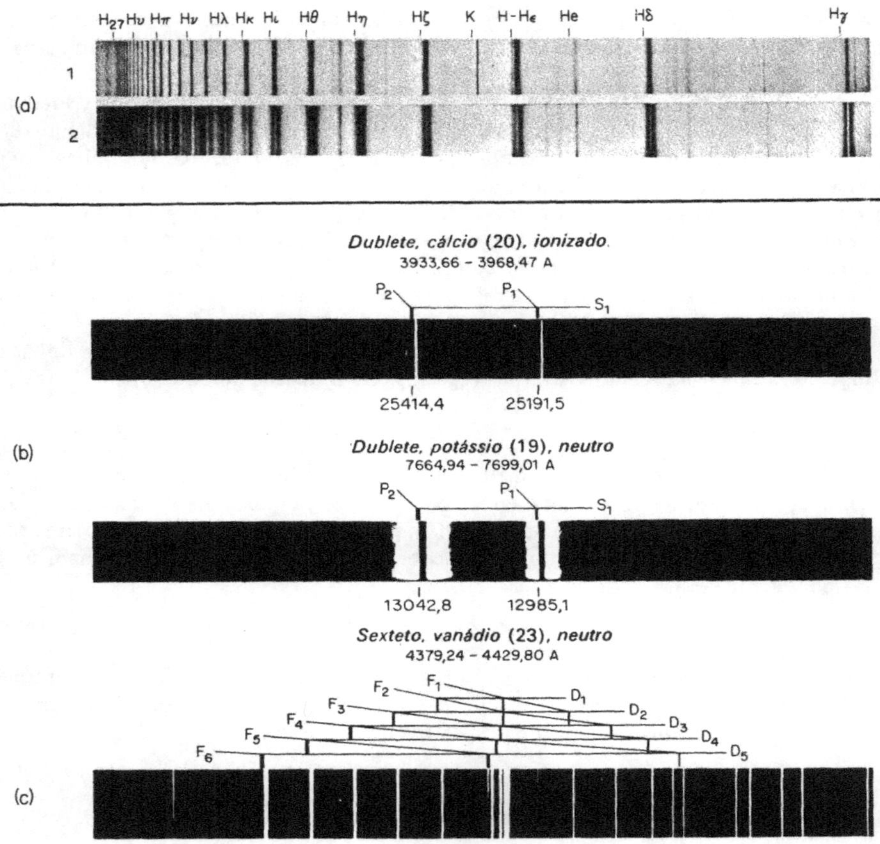

Figura 13.7 Exemplos de espectros atômicos (Charlotte Sitterly, National Bureau of Standards). (a) Séries de Balmer do hidrogênio como são observadas nos espectros de duas estrelas. O n.º 1 é o espectro de *Zeta Tauri*. Notar as linhas do hidrogênio convergindo para um limite da série. O n.º 2 é um espectro da *Camelopardalis* 11. Notar a marcante absorção própria das linhas na atmosfera estelar. (De observações realizadas no Observatório da Universidade de Michigan.) (b) Os dubletes do potássio (K) e do cálcio ionizado (Ca^+) com alta resolução. Estas linhas surgem de transições entre o estado fundamental $^2S_{1/2}$ e os dois estados $^2P_{3/2}$ e $^2P_{1/2}$ como é explicado na Sec. 14.20 [Da coleção de W. F. Meggers]. (c) Uma seção do espectro atômico do vanádio, mostrando as linhas que surgem de combinações entre estados D e F [Segundo a coleção de W. F. Meggers]

vermelho é devida à absorção de energia rotacional e vibracional em quanta definidos. Discutiremos tais espectros moleculares com algum detalhe no Cap. 17, visto que eles fornecem as informações mais completas sobre a estrutura interna e os movimentos das moléculas.

13.11. O trabalho de Bohr sobre os espectros atômicos

O problema da interpretação dos espectros atômicos foi finalmente resolvido em um trabalho genial de um jovem dinamarquês, que naquela época era um dos estudantes de pesquisa de Rutherford em Manchester e que estava destinado a se tornar o físico mais influente de nossa época, descobrindo uma nova maneira de olhar o mundo e fundando uma escola filosófica que tem sido comparada (pelos físicos) à de Platão.

Niels Bohr nasceu em 1885; seu pai era professor de Fisiologia na Universidade de Copenhague. Quando menino, Niels ficava muitas horas no laboratório de seu pai, mas ele e seu irmão Harald, que se tornou um matemático notável, encontravam tempo para se tornarem famosos em toda a Escandinávia como jogadores de futebol. "Eu cresci", disse Bohr, "numa casa com uma vida intelectual rica, onde discussões científicas eram o assunto do dia. De fato, para meu pai, raramente havia uma distinção nítida entre seu trabalho científico e seu interesse vivo por todos os problemas da vida humana."

Niels Bohr estava destinado a unir as duas correntes principais da Física – a Escola Alemã de Física teórica, representada por Planck e Einstein, e a Escola Inglesa dos físicos experimentais, de Thomson e Rutherford. O modelo do átomo nuclear proposto por Rutherford em 1911 tinha as bases firmadas em fatos experimentais, com pouca referência às idéias teóricas então aceitas. De acordo com a teoria eletromagnética, o átomo de Rutherford não poderia existir. Os elétrons, movendo-se ao redor do núcleo, são partículas carregadas aceleradas; portanto, deveriam emitir radiação continuamente, perder energia e descrever espirais descendentes até caírem no centro positivo. Porém os elétrons estavam indiferentes ao que se esperava deles, e os fatos da Química e da Física apontavam claramente para o modelo de Rutherford. Para Bohr, restava apenas uma conclusão: os velhos princípios da Física teórica deveriam ser falsos.

Bohr resolveu o problema dos espectros atômicos aproveitando o que estava correto nas velhas idéias, desprezando o que estava incorreto e adicionando exatamente as novas idéias necessárias. Desta forma, aceitou os princípios de Conway:

1. As linhas espectrais são produzidas por átomos, uma por vez.
2. Um único elétron é responsável por uma dada linha.

Manteve os princípios de Nicholson:

3. O átomo nuclear de Rutherford é o modelo correto.
4. As leis quânticas se aplicam aos saltos entre diferentes estados caracterizados por valores discretos de *momentum* angular e, adicionou Bohr, energia.

Aplicou a regra de Ehrenfest ao *momentum* angular do elétron:

5. O *momentum* angular é $L = n(h/2\pi)$, onde n é um número inteiro.

Lançou então, os dois princípios distintamente novos:

6. Dois estados diferentes do elétron estão envolvidos no átomo. São chamados *estados estacionários permitidos*, e os termos espectrais de Ritz correspondem a esses estados.
7. A equação de Planck-Einstein, $\varepsilon = h\nu$, vale para emissão e absorção. Assim, se um elétron passa de um estado de energia E_1 a um estágio de energia E_2, a freqüência da linha espectral é dada por

$$h\nu = E_1 - E_2 \tag{13.35}$$

Finalmente, Bohr propôs um conceito revolucionário, que provocou uma tempestade de controvérsias entre cientistas e filósofos:

8. Devemos renunciar a todas as tentativas de visualizar ou de explicar classicamente o comportamento do elétron ativo durante uma transição do átomo de um estado estacionário a outro.

13.12. Órbitas de Bohr e potenciais de ionização

Para especificar quais as órbitas dos elétrons em volta do núcleo são permitidas, Bohr usou a condição 5. O *momentum* angular de uma partícula de massa m, movendo-se com velocidade v numa trajetória circular de raio r, é $L = mvr$, e portanto a condição se torna

$$mvr = \frac{nh}{2\pi} \tag{13.36}$$

O inteiro n é chamado *número quântico principal*.

O elétron é mantido em sua órbita pela força eletrostática que o atrai para o núcleo. Tendo o núcleo uma carga Ze, essa força é $Ze^2/4\pi\varepsilon_0 r^2$ de acordo com a Lei de Coulomb. Para um estado estacionário, ela deve compensar exatamente a força centrífuga mv^2/r. Desta forma:

$$\frac{Ze^2}{4\pi\epsilon_0 r^2} = \frac{mv^2}{r}$$

$$r = \frac{Ze^2}{4\pi\epsilon_0 mv^2} \tag{13.37}$$

Então, da Eq. (13.36)

$$r = \frac{\epsilon_0 n^2 h^2}{\pi m e^2 Z} \tag{13.38}$$

No caso do hidrogênio, $Z = 1$ e a menor órbita seria aquela com $n = 1$, que deveria ter um raio

$$a_0 = \frac{\epsilon_0 h^2}{\pi m e^2} = 5{,}292 \times 10^{-11}\ \text{m} = 0{,}05292\ \text{nm} \tag{13.39}$$

Esse a_0 é chamado *raio da primeira órbita de Bohr*[15]. Valores da mesma grandeza para o raio do átomo de hidrogênio tinham sido estimados por meio da teoria cinética dos gases, e os cálculos teóricos indicavam a Bohr que ele estava no caminho certo em sua teoria.

Ele pôde, então, demonstrar que a série de Balmer provinha de transições entre uma órbita com $n = 2$ e órbitas externas; na série de Lyman, o termo mais baixo corresponderia à órbita com $n = 1$; as outras séries teriam explicações semelhantes. Bohr pôde calcular a energia do elétron em cada órbita permitida e então calcular as freqüências das linhas espectrais através da Eq. (13.35). Os níveis de energia assim obtidos estão colocados em gráfico da Fig. 13.8 e as transições responsáveis pela absorção e pela emissão de um quantum de radiação são mostradas como linhas verticais.

Os níveis de energia são calculados como se segue. A energia total E em qualquer estado é a soma das energias cinética e potencial,

$$E = E_k + E_p = \frac{mv^2}{2} - \frac{Ze^2}{4\pi\epsilon_0 r}$$

Da Eq. (13.37),

$$E = \frac{-Ze^2}{4\pi\epsilon_0 r} + \frac{Ze^2}{8\pi\epsilon_0 r} = \frac{-Ze^2}{8\pi\epsilon_0 r}$$

Notar que a energia potencial é o dobro da energia cinética e de sinal contrário. Esse resultado será verdadeiro no equilíbrio, para qualquer sistema de forças centrais, isto é, dependentes somente da distância entre dois centros. Assim sendo, da Eq. (13.38)

$$E = -\left(\frac{me^4}{8\epsilon_0^2 h^2}\right)\left(\frac{Z^2}{n^2}\right)$$

[15]A teoria de Bohr foi estendida para tratar também órbitas elípticas. Veja L. Pauling e E. B. Wilson, *Introduction to Quantum Mechanics* (New York: McGraw-Hill Book Company, 1935), Cap. 2

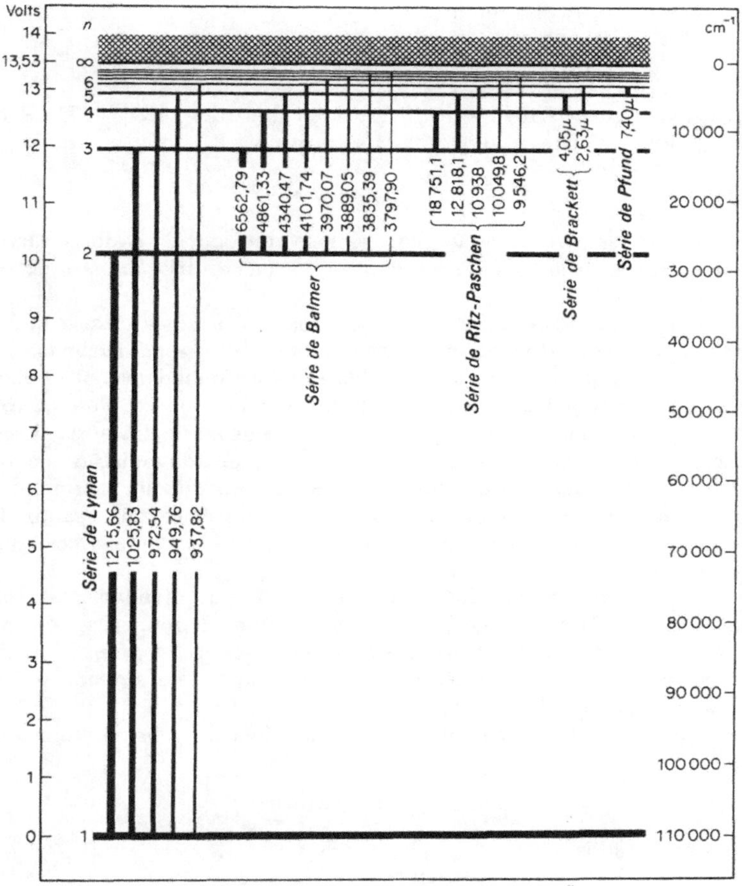

Figura 13.8 Níveis de energia do átomo de hidrogênio. Os comprimentos de onda das linhas espectrais correspondentes às transições estão dados em unidades Ångstrom (1 Å = 0,1 nm)

A freqüência de uma linha espectral devida a transições entre níveis com números quânticos n_1 e n_2 é

$$\nu = \left(\frac{1}{h}\right)(E_{n_1} - E_{n_2}) = \left(\frac{me^4 Z^2}{8\epsilon_0^2 h^3}\right)\left(\frac{1}{n_2^2} - \frac{1}{n_1^2}\right) \tag{13.40}$$

Esta expressão teórica tem exatamente a forma da lei experimental encontrada por Rydberg e, consequentemente, o valor teórico para a constante de Rydberg pôde ser obtido,

$$\mathscr{R} = \frac{me^4}{8\epsilon_0^2 c h^3} = 109\,737 \text{ cm}^{-1} \tag{13.41}$$

A excelente concordância com o valor experimental $109\,677{,}576 \pm 0{,}012$ cm^{-1} pode, sem exagero, ser chamada de um triunfo da teoria de Bohr.

Na realidade, uma pequena correção torna a concordância entre experiência e teoria exata dentro do erro experimental das constantes e medidas. Na Eq. (13.41), a massa m do elétron foi usada. Realmente, entretanto, o elétron não se move ao redor do ponto de massa estacionária dada pelo centro do próton, mas ao redor do centro de massa do sistema próton-elétron. Como foi mostrado na Sec. 4.19, deveríamos usar então a massa reduzida μ das duas partículas, onde

$$\mu = \frac{mm_p}{m + m_p},$$

sendo m a massa do elétron ($9{,}1090 \times 10^{-28}$ g) e m_p, a massa do próton ($1{,}6725 \times 10^{-24}$ g). A constante de Rydberg para o átomo de H se torna

$$\mathcal{R} = \frac{me^4}{8\epsilon_0^2 ch^3[1 + (m/m_p)]} = 109\,678 \text{ cm}^{-1}$$

Para outros átomos semelhantes ao do hidrogênio, a constante de Rydberg variará ligeiramente com a massa nuclear, como resultado da pequena variação em μ de seu valor para o átomo de hidrogênio.

Na Fig. 13.8, os níveis de energia se tornam mais próximos à medida que a altura acima do estado de energia mais baixa (chamado *estado fundamental*) aumenta. Eles finalmente convergem para um limite, cuja altura acima do estado fundamental é a energia necessária para remover completamente o elétron do campo do núcleo. No espectro observado, as linhas se tornam mais e mais densamente empacotadas e finalmente coalescem num *contínuo*, isto é, uma região de absorção ou emissão contínua de radiação, sem qualquer estrutura de linhas. A razão para o contínuo é que, uma vez que um elétron esteja completamente livre do núcleo, não está mais restrito a estados de energia quantizados, mas pode absorver continuamente a energia cinética de translação comum, correspondente à sua velocidade no espaço livre, $\frac{1}{2}mv^2$.

A diferença entre as energias das séries limite e do estado fundamental é chamada *potencial de ionização*. Se um átomo contiver mais que um elétron, existirão o primeiro, o segundo, o terceiro etc. potenciais de ionização. Por exemplo, o primeiro potencial de um átomo de lítio é a energia necessária para $Li \rightarrow Li^+ + e$; o segundo potencial de ionização é a energia para $Li^+ \rightarrow Li^{2+} + e$.

A energia potencial de um elétron na primeira órbita de Bohr no átomo de hidrogênio é

$$-\frac{e^2}{4\pi\epsilon_0 a_0} = -4{,}359 \times 10^{-18} \text{ J}$$

Este valor corresponderia a

$$\frac{-4{,}359 \times 10^{-18}}{1{,}6022 \times 10^{-19}} = -27{,}21 \text{ eV}$$

Esta energia define uma *unidade atômica de energia*, às vezes chamada *hartree*.

Da mesma maneira, $a_0 = 0{,}052917$ nm, o raio de Bohr do átomo de hidrogênio, define uma *unidade atômica de comprimento*, às vezes chamada *bohr*.

Exemplos de potenciais de ionização são dados na Tab. 13.1 em unidades atômicas. Os metais alcalinos têm os primeiros potenciais de ionização baixos, o que é consistente com sua tendência de formar espontaneamente íons positivos e com seu forte caráter eletropositivo. Os gases inertes, entretanto, têm altos potenciais de ionização de acordo com sua relutância de participar de reações químicas.

13.13. Partículas e ondas

No trabalho intensivo sobre a teoria de Bohr, realizado de 1913 a 1926, foram obtidos alguns sucessos importantes, embora houvesse também falhas desagradáveis. A teoria não podia explicar, por exemplo, os espectros do hélio e de átomos mais complexos. Além disso, era cada vez mais evidente que os fundamentos lógicos da teoria estavam incompletos. Em qualquer teoria, alguns postulados podem ser introduzidos sem demonstração, porém na teoria de Bohr havia muitos desses postulados não passíveis de

Tabela 13.1 Potenciais de ionização relativos ao do hidrogênio (em unidades atômicas de energia, igual a 27,21 eV)

Elemento	Número atômico Z,	Configuração de elétrons externos	I_1	I_2	I_3	I_4	I_5	I_6	I_7	I_8
H	1	s	0,50							
He	2	s^2	0,92	2,00						
Li	3	s	0,20	3,00	4,5					
Be	4	s^2	0,35	0,67	5,65	8,0				
B	5	s^2p	0,31	0,93	1,4	9,65	12,5			
C	6	s^2p^2	0,42	0,90	1,76	2,37	12,0	18,0		
N	7	s^2p^3	0,54	1,09	1,75	2,72	3,60	20,3	24,5	
O	8	s^2p^4	0,50	1,29	2,02	2,85	4,04	5,07	27,3	32
F	9	s^2p^5	(0,67)	1,29	2,31	3,20	3,78	5,50	6,8	35
Ne	10	s^2p^6	0,79	1,51	2,34					
Na	11	s	0,19	1,75	2,62					
Mg	12	s^2	0,28	0,55	2,95					
Al	13	s^2p	0,22	0,69	1,05	4,5				
Si	14	s^2p^2	0,30	0,60	1,23	1,66	6,24			
P	15	s^2p^3	0,40	0,73	1,11	1,77	2,39			
S	16	s^2p^4	0,38	0,86	1,29	1,74	2,47	3,24		
Cl	17	s^2p^5	0,48	0,87	1,47	1,75	2,50	(3,4)	4,0	
Ar	18	s^2p^6	0,58	1,03	1,51	6,3				
K	19	s	0,16	1,17	1,74					
Ca	20	s^2	0,23	0,44	1,88					
Sc	21	s^2d	0,25	0,48	0,91	2,67				
Ti	22	s^2d^2	0,25	0,50	1,02	1,59	3,54			
V	23	s^2d^3	0,25	0,52	0,98	1,80	2,53	4,53		
Cr	24	sd^5	0,25	0,62	(1,0)	(1,85)	(2,7)			
Mn	25	s^2d^5	0,25	0,58	(1,2)	(1,86)	(2,8)			

dedução. Parecia que deveria haver algum modo de provar alguns deles através de princípios mais fundamentais. Essa esperança foi alcançada num trabalho revolucionário no qual o próprio Bohr desempenhou um importante papel. As descobertas básicas, entretanto, foram feitas por três homens mais jovens, De Broglie, Heisenberg e Schrödinger.

Há um ramo da Física no qual, como já vimos, os números inteiros ocorrem naturalmente, a saber, nas soluções de estado estacionário da equação para movimento ondulatório. Esse fato sugeriu o próximo grande avanço que se seguiu na teoria Física: a idéia de que elétrons, e de fato todas as partículas materiais, possuem propriedades ondulatórias. Era sabido que a radiação exibia ambos aspectos de onda e de partícula. Agora, dever-se-ia mostrar, primeiro teoricamente e logo depois experimentalmente, que o mesmo é verdadeiro para a matéria.

Essa nova maneira de pensar foi proposta pela primeira vez em 1923 por Louis de Broglie. Ele descreveu sua abordagem mais tarde em seu discurso ao receber o Prêmio Nobel[(16)].

> (...) Quando comecei a considerar essas dificuldades (da Física contemporânea) estava impressionado principalmente por dois pontos. De um lado, a teoria quântica da luz não pode ser considerada satisfatória, pois define a energia de um corpúsculo de luz pela equação $\varepsilon = h\nu$, contendo a freqüência ν. Agora, uma teoria puramente corpuscular não contém nada que nos permita definir uma freqüência; portanto, por esta razão apenas, somos compelidos, no caso da luz, a introduzir a idéia de um corpúsculo e a da periodicidade simultaneamente.

[(16)]L. de Broglie, *Matter and Light* [New York: Dover Publications (1.ª edição, W. W. Norton Co.), 1946]

Por outro lado, a determinação do movimento estável dos elétrons em um átomo introduz números inteiros; sob este aspecto, os únicos fenômenos envolvendo números inteiros na Física eram aqueles da interferência e dos modos normais de vibrações. Este fato sugeriu-me a idéia de que elétrons também não poderiam ser considerados simplesmente como corpúsculos, mas que a eles também se deve atribuir a periodicidade.

Uma ilustração bidimensional simples dessa idéia pode ser vista na Fig. 13.9, que mostra duas ondas eletrônicas possíveis de diferentes comprimentos de onda para o caso de um elétron se movendo ao redor de um núcleo atômico. Em um caso, a circunferência da órbita do elétron é um múltiplo inteiro do comprimento de onda da onda do elétron. No outro caso, essa condição não é satisfeita – e como resultado a onda é destruída por interferência – e o estado imaginado não existe. Desta forma a introdução de números inteiros associados aos estados permitidos do movimento eletrônico ocorre naturalmente desde que sejam dadas propriedades ondulatórias do elétron. A situação é análoga à ocorrência de ondas estacionárias em cordas vibrantes. A condição necessária para uma órbita estável de raio r_e é que

$$2\pi r_e = n\lambda \tag{13.42}$$

Um elétron livre está associado a uma onda progressiva de modo que qualquer energia é permitida. Um elétron confinado é representado por uma onda estacionária, a qual pode ter somente certas freqüências ou energias definidas.

No caso de um fóton, há duas equações fundamentais a serem obedecidas: $\varepsilon = h\nu$ e $\varepsilon = mc^2$. Quando elas são combinadas, obtemos $h\nu = mc^2$ ou $\lambda = c/\nu = h/mc = h/p$, onde p é o *momentum* do fóton. De Broglie considerou que uma equação similar governava o comprimento de onda da onda do elétron. Desta forma

$$\lambda = \frac{h}{mv} = \frac{h}{p} \tag{13.43}$$

Se eliminarmos λ entre as Eqs. (13.42) e (13.43), obteremos $mvr_e = nh/2\pi$, que é simplesmente a condição original de Bohr, Eq. (13.36), para uma órbita estável. Assim, a idéia de que os elétrons tem propriedades ondulatórias é suficiente para se chegar diretamente à condição um tanto misteriosa de Bohr.

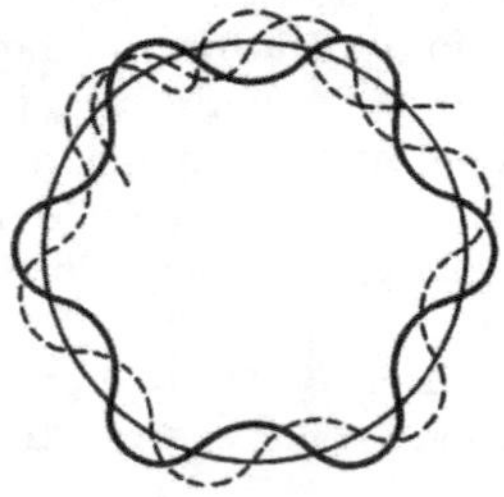

Figura 13.9 Desenho esquemático de uma onda eletrônica estacionária confinada a se mover ao redor do núcleo. A linha sólida representa uma possível onda estacionária. As linhas interrompidas mostram como uma onda de um comprimento de onda um pouco diferente seria destruída por interferência

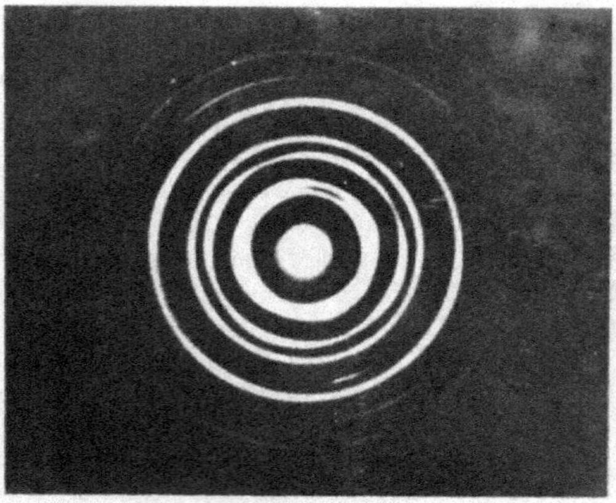

Figura 13.10 Uma das primeiras fotografias de difração eletrônica que mostravam a natureza ondulatória dos elétrons, obtida por G. P. Thompson a partir de uma lâmina de ouro

A equação de De Broglie, Eq. (13.43), é uma relação fundamental entre o *momentum* do elétron, considerado como uma partícula, e o comprimento de onda do elétron, considerado como uma onda. Considere, por exemplo, um elétron que foi acelerado através de uma diferença de potencial $\Delta\Phi$ de 10 kV. Então $\Delta\Phi = \frac{1}{2}mv^2$, e sua velocidade deveria ser $5{,}9 \times 10^7$ m · s^{-1}, cerca de um quinto da da luz. O comprimento de onda deste elétron é

$$\lambda = \frac{h}{mv} = \frac{6{,}62 \times 10^{-34}}{(9{,}11 \times 10^{-31})(5{,}9 \times 10^7)} = 1{,}20 \times 10^{-11}\ \text{m}$$

que é aproximadamente o mesmo comprimento de onda de um raio X duro. A Tab. 13.2 apresenta os comprimentos de onda teóricos associados a várias partículas e a outros objetos.

Tabela 13.2 Comprimentos de onda de vários objetos

Partícula	Massa (kg)	Velocidade (m · s^{-1})	Comprimento de onda (μm)
Elétron a 1 V	$9{,}1 \times 10^{-31}$	$5{,}9 \times 10^5$	$1{,}2 \times 10^{-3}$
Elétron a 100 V	$9{,}1 \times 10^{-31}$	$5{,}9 \times 10^6$	$1{,}2 \times 10^{-4}$
Elétron a 10 000 V	$9{,}1 \times 10^{-31}$	$5{,}9 \times 10^7$	$1{,}2 \times 10^{-5}$
Próton a 100 V	$1{,}67 \times 10^{-7}$	$1{,}38 \times 10^5$	$2{,}9 \times 10^{-6}$
Partícula α a 100 V	$6{,}6 \times 10^{-7}$	$6{,}9 \times 10^4$	$1{,}5 \times 10^{-6}$
Molécula de H_2 a 200 °C	$3{,}3 \times 10^{-7}$	$2{,}4 \times 10^3$	$8{,}2 \times 10^{-6}$
Partícula α do rádio	$6{,}6 \times 10^{-7}$	$1{,}51 \times 10^7$	$6{,}6 \times 10^{-9}$
Bala de rifle (calibre 22)	$1{,}9 \times 10^{-3}$	$3{,}2 \times 10^2$	$1{,}1 \times 10^{-27}$
Bola de golfe	$4{,}5 \times 10^{-2}$	3×10	$4{,}9 \times 10^{-28}$
Caramujo	$1{,}0 \times 10^{-2}$	1×10^{-3}	$6{,}6 \times 10^{-23}$

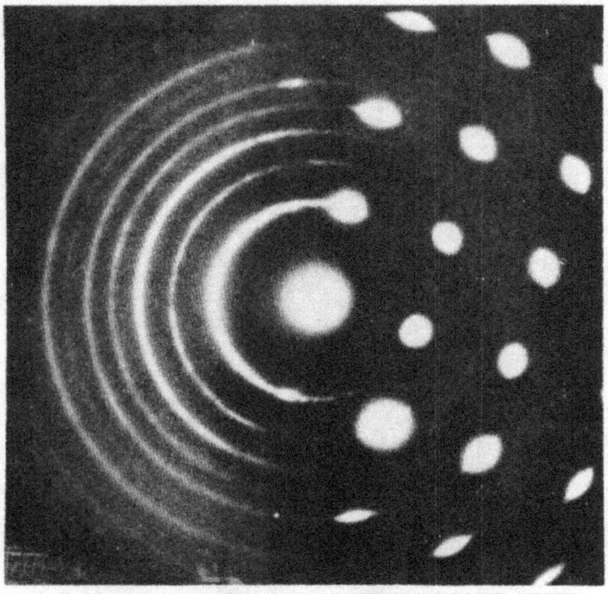

Figura 13.11 Diagrama de difração eletrônica de uma película delgada de crômio, que era parcialmente policristalina (anéis) e parcialmente um monocristal (pontos) [I.B.M. Laboratories, Kingston, N.Y.]

13.14. Difração de elétrons

Se os elétrons têm propriedades ondulatórias, uma onda eletrônica de 10^{-2} nm deveria ser difratada por uma estrutura cristalina da mesma maneira que as ondas de raios X. Experiências seguindo esta linha foram primeiramente realizadas por dois grupos de pesquisadores, que compartilharam um prêmio Nobel por suas descobertas. C. Davisson e L. H. Germer trabalharam nos laboratórios da Bell Telephone, em New York, e G. P. Thomson, filho de J. J. Thomson, e A. Reid na Universidade de Aberdeen. Um dos primeiros diagramas de difração obtidos por Thomson ao passar feixes de elétrons através de folhas finas de ouro é mostrado na Fig. 13.10. A natureza ondulatória do elétron estava inequivocamente demonstrada por esses pesquisadores. A Fig. 13.11 mostra um impressionante diagrama de difração obtido recentemente de uma película fina de cromo, parte do qual era formada por um monocristal e parte de finos cristais compactos. Figuras de difração têm sido obtidas também a partir de cristais colocados em feixes de nêutrons ou de átomos de hidrogênio, de modo que essas partículas mais pesadas também apresentam propriedades ondulatórias.

Os feixes de elétrons, devido à sua carga negativa, têm uma vantagem sobre os raios X, como um meio de investigação da estrutura fina da matéria, porque arranjos apropriados de campos elétricos e magnéticos podem ser projetados para agir como lentes para elétrons. Esses arranjos têm sido aplicados no desenvolvimento de microscópios eletrônicos capazes de resolver imagens da ordem de 5×10^{-10} m de diâmetro. A Fig. 13.12 mostra

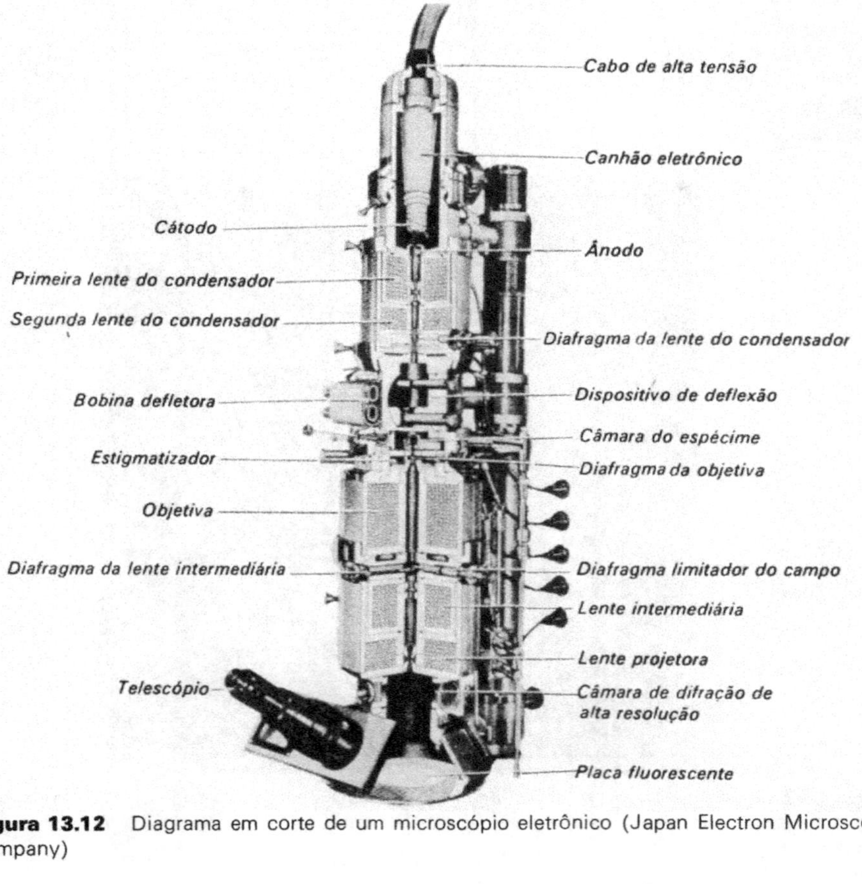

Figura 13.12 Diagrama em corte de um microscópio eletrônico (Japan Electron Microscope Company)

um microscópio eletrônico similar ao projetado por E. Ruska e B. v. Borries. Diversas fotografias de microscópios eletrônicos são reproduzidas neste livro.

13.15. Ondas e princípio da incerteza

Os comprimentos de onda de De Broglie para objetos comuns são infinitamente pequenos e um batedor de beisebol não precisa considerar os fenômenos da difração quando ele bate a bola(17). Mas, no mundo subatômico, h/mv não é mais tão pequeno que possa ser desprezado. Os comprimentos de onda de De Broglie dos elétrons são de tal ordem de grandeza que efeitos de difração ocorrem em moléculas e cristais.

Um princípio fundamental da mecânica clássica é que é possível medir simultaneamente a posição e o *momentum* de qualquer corpo. O determinismo estrito da mecânica está baseado neste princípio. Conhecendo a posição e a velocidade de uma partícula em qualquer instante e as forças que atuam sobre ela a qualquer tempo, a mecânica newtoniana se atreve a prever sua posição e sua velocidade em qualquer outro tempo, passado ou futuro. Os sistemas eram completamente reversíveis no tempo, sendo as configurações passadas obtidas simplesmente substituindo-se $-t$ por t nas equações dinâmicas. Mas, se uma partícula tiver algumas das propriedades de uma onda, é realmente possível medir simultaneamente sua posição e sua velocidade? Os possíveis métodos de medida devem ser analisados antes que uma resposta possa ser dada.

Na Fig. 13.13, suponha uma partícula de massa m, que se move ao longo da direção positiva do eixo dos x com uma velocidade v. Sua componente na direção y do *momentum*, p_y, é nula, mas nada sabemos sobre sua coordenada y. Em algum ponto x_0 tentamos medir y, colocando no caminho da partícula uma fenda de abertura Δy. Como a partícula tem propriedades ondulatórias, o comprimento de sua onda de De Broglie será $\lambda = h/mv$, e desta maneira ocorrerá difração na fenda. A forma da intensidade difratada é mostrada

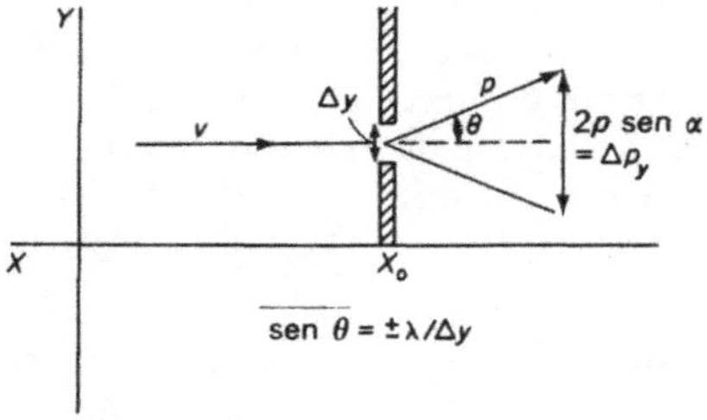

Figura 13.13 Ilustração do princípio da incerteza através da difração de um feixe de partículas numa fenda. O *momentum* de um feixe incidente está todo ao longo de x. Porém, como resultado da difração na fenda, o feixe difratado terá um *momentum* p com componentes ao longo tanto de x como de y

no anteparo colocado atrás de x_0. Da discussão da Fig. 13.4, sabemos que a distância entre os dois primeiros mínimos no diagrama de difração corresponderia à diferença de exatamente um comprimento de onda entre os comprimentos dos caminhos percorridos pelas ondas difratadas dos dois extremos da fenda. Assim, da Fig. 13.13

$$\Delta y \cdot \text{sen}\,\theta = \lambda$$

Como resultado da difração, a nova direção do *momentum* não pode ser definida mais precisamente do que dentro de um intervalo angular $\pm\theta$, assim, da figura,

$$\Delta p_y = 2p\ \text{sen}\,\theta = \frac{2p\lambda}{\Delta y}$$

Então, o produto

$$\Delta y \cdot \Delta p_y \simeq 2p\lambda = 2h$$

(17)Os esportistas australianos e ingleses precisam considerar ainda menos as propriedades ondulatórias de uma bola de críquete

O produto da incerteza na coordenada Δy pela incerteza em seu *momentum* conjugado Δp_y é desta forma da ordem de h. Mais precisamente,

$$\Delta y \cdot \Delta p_y \geq \frac{h}{4\pi} = \frac{1}{2}\hbar \tag{13.44}$$

onde $\hbar = h/2\pi$.

Este é o famoso *Princípio da Incerteza ou Princípio da Indeterminação*[18] primeiramente estabelecido por Werner Heisenberg em 1926. Se tentarmos definir precisamente a posição de uma partícula, devemos sacrificar a informação sobre seu *momentum* (ou velocidade). Se dispusermos de valores exatos sobre sua velocidade, não poderemos, ao mesmo tempo, esperar saber exatamente onde ela está localizada no espaço.

Como um exemplo da Eq. (13.44), consideremos uma partícula microscópica de 10^3 nm de diâmetro, com massa de 6×10^{-13} g. Então

$$\Delta y \cdot \Delta v_y \simeq \frac{h}{m} \simeq \frac{6 \times 10^{-27}}{6 \times 10^{-13}} \simeq 10^{-14}\ \text{cm}^2 \cdot \text{s}^{-1}$$

Se medirmos a posição dentro de 1,0 nm, aproximadamente o poder de resolução de um microscópio eletrônico, $\Delta y = 10^{-7}$ cm e disso $\Delta v = 10^{-7}$ cm · s^{-1}. Com essa indeterminação na velocidade, a posição 1 s depois estaria incerta dentro de 2,0 nm, aproximadamente 0,2 % do diâmetro da partícula. Assim, mesmo no caso de uma partícula microscópica comum, a indeterminação pode limitar medidas exatas. Com partículas de tamanho atômico ou subatômico, o efeito será muito maior.

Quando as ondas estão associadas a partículas, um princípio da incerteza é uma conseqüência necessária. Se o comprimento de onda ou a freqüência de uma onda eletrônica deve ter um valor definitivamente fixado, a onda deve ter uma extensão infinita. Qualquer tentativa de confinar uma onda dentro de fronteiras requer interferência destrutiva nas fronteiras para nelas reduzir as amplitudes a zero. Segue-se que uma onda eletrônica de freqüência perfeitamente fixada, ou *momentum*, deve ser infinitamente extensa e desta forma deve ter uma posição completamente indeterminada. Para fixar a posição, necessitamos da superposição de ondas de diferentes freqüências e assim, enquanto a posição se torna mais e mais precisamente definida, a freqüência, e conseqüentemente o *momentum*, torna-se menos precisamente especificada[19].

A relação da incerteza da Eq. (13.44) pode ser expressa também em termos de energia e tempo. Assim

$$\Delta E \cdot \Delta t \geq \frac{h}{4\pi} \tag{13.45}$$

Para medir a energia de um sistema com uma exatidão ΔE, a medida deve ser estendida por um período de tempo da ordem de grandeza de $h/\Delta E$. Esta equação é usada para estimar a nitidez da linha espectral. Em geral, linhas provenientes de transições do estado fundamental de um átomo são nítidas, porque o elétron óptico passa um longo período Δt no estado fundamental e ΔE, a incerteza no nível de energia, é correspondentemente pequena. A largura da linha está relacionada a ΔE por $\Delta \nu = \Delta E/h$. O tempo de vida de estados excitados pode algumas vezes ser muito pequeno e as transições entre tais estados originam linhas difusas, como um resultado da indeterminação dos níveis de energia[20].

(18) W. Kauzmann, *Quantum Chemistry* (New York: Academic Press, Inc., 1957), Cap. 7

(19) A superposição de ondas eletrônicas de diferentes freqüências forma um *pacote de ondas*. Assim, um elétron localizado, movendo-se no espaço, é representado não por uma onda de freqüência definida mas por este pacote de ondas. O pacote de ondas desempenham um papel importante na mecânica ondulatória. Veja, por exemplo, C. W. Sherwin, *Introduction to Quantum Mechanics* (New York: Holt, Rinehart & Winston, Inc., 1959), p. 130

(20) Esse não é o único caso de alargamento de linhas espectrais. Além disso, há um *alargamento de pressão* devido à interação com campos elétricos dos átomos e moléculas vizinhas, e um *alargamento Doppler* devido ao movimento do átomo ou molécula radiante com relação ao observador

13.16. Energia do ponto zero

De acordo com a teoria quântica antiga, os níveis de energia de um oscilador harmônico são dados por $E_v = vh\nu$. Se isto fosse verdade, o menor nível de energia, com $v = 0$, teria energia nula. Este seria um estado de completo repouso, representado pelo mínimo da curva de energia potencial da Fig. 4.15.

O princípio da incerteza não permite a existência de um tal estado de posição completamente definida e de *momentum* (neste caso, zero) completamente definido. Conseqüentemente, o tratamento ondulatório mostra que os níveis de energia do oscilador são dados por

$$E_v = (v + \tfrac{1}{2})h\nu \qquad (13.46)$$

Agora, quando $v = 0$, o estado fundamental, possui uma *energia* do *ponto zero* residual equivalente a

$$E_0 = \tfrac{1}{2}h\nu \qquad (13.47)$$

Este valor deve ser adicionado à expressão de Planck para energia média de um oscilador, que foi deduzida na Eq. (13.31).

13.17. Mecânica ondulatória — A equação de Schrödinger

Em 1926, Erwin Schrödinger e Werner Heisenberg descobriram, independentemente, os princípios básicos de um novo tipo de mecânica, que fornecia técnicas matemáticas apropriadas para lidar com a dualidade onda-partícula da matéria e da energia. A formulação de Schrödinger foi chamada *mecânica ondulatória* e a de Heisenberg, *mecânica matricial*. Apesar de suas formulações matemáticas bastante diferentes, os dois métodos são essencialmente equivalentes[21] no nível mais profundo dos conceitos físicos básicos. Representam duas formas diferentes da teoria fundamental chamada *mecânica quântica*.

A matemática do método de Schrödinger é mais familiar ao químico, e é comum, portanto, empregar a equação de onda de Schrödinger como a base para aplicações químicas da mecânica quântica. Estritamente falando, não podemos *deduzir* a equação de onda a partir de quaisquer postulados mais fundamentais. Ela ocupa na mecânica quântica uma posição análoga à equação de Newton, $F = m(d^2x/dt^2)$, da mecânica clássica.

Um desenvolvimento mais plausível é o seguinte. A equação diferencial geral do movimento de uma onda em uma dimensão foi dada pela Eq. (13.12) como

$$\frac{\partial^2 u}{\partial x^2} = \frac{1}{v^2}\frac{\partial^2 u}{\partial t^2},$$

onde $u(x, t)$ é o deslocamento e v, a velocidade. Para separar as variáveis, fazemos $u(x, t) = w(x)e^{2\pi i\nu t}$, como se mostra na Eq. (13.19). Substituindo-se esta equação na equação diferencial parcial, obtemos uma equação diferencial ordinária para a função independente do tempo $w(x)$,

$$\frac{d^2w}{dx^2} + \frac{4\pi^2\nu^2}{v^2}w = 0 \qquad (13.48)$$

Esta é a função de onda com a remoção da dependência do tempo.

Para aplicar esta equação a uma *onda material*, introduzimos a relação de De Broglie, como se segue: a energia total E é a soma da energia potencial U e da energia cinética $p^2/2m$

$$E = \frac{p^2}{2m} + U$$

$$p = [2m(E - U)]^{1/2}$$

(21) P. A. M. Dirac, *Nature* **203**, 115, 771 (1964)

Assim,

$$\lambda = \frac{h}{p} = h[2m(E - U)]^{-1/2}$$

Ou, como $\nu = v/\lambda$,

$$\nu^2 = \frac{v^2}{\lambda^2} = \frac{2mv^2(E - U)}{h^2}$$

Substituindo-se esta expressão na Eq. (13.48) e fazendo $w = \psi$, a amplitude da onda material, obtém-se

$$\frac{d^2\psi}{dx^2} + \frac{8\pi^2 m}{h^2}(E - U)\psi = 0 \tag{13.49}$$

Esta é a famosa equação de Schrödinger em uma dimensão. Para as três dimensões terá a forma

$$\nabla^2\psi + \frac{8\pi^2 m}{h^2}(E - U)\psi = 0 \tag{13.50}$$

Como foi definido na Eq. (10.45), o operador ∇^2 em coordenadas cartesianas é

$$\nabla^2 \equiv \frac{\partial^2}{\partial x^2} + \frac{\partial^2}{\partial y^2} + \frac{\partial^2}{\partial z^2}$$

O *operador hamiltoniano* $\hat{H}$ é definido como

$$\hat{H} = -\frac{h^2}{8\pi^2 m}\nabla^2 + U$$

Em termos de $\hat{H}$, a equação de Schrödinger pode ser escrita simplesmente como

$$\hat{H}\psi = E\psi \tag{13.51}$$

As soluções da Eq. (13.51) devem satisfazer às condições de contorno particulares impostas ao sistema. Do mesmo modo como uma equação de onda simples para uma corda vibrante fornece um conjunto discreto de soluções de estado-estacionário quando a condição de autovalor (13.23) é satisfeita, também soluções apropriadas são obtidas para a equação de Schrödinger para certos valores de energia E.

No caso da equação de Schrödinger para um elétron, valores de energia E são encontrados quando o elétron é obrigado a se mover em um espaço definido, enquanto uma variação contínua dos valores de E é encontrada para o elétron movendo-se livremente através do espaço, não confinado de forma alguma. Os valores permitidos de energia são chamados *valores característicos* ou *autovalores* para o sistema. As correspondentes *funções de onda* são chamadas *funções características* ou *autofunções*.

13.18. Interpretação das funções ψ

A função de onda ψ é uma espécie de função de amplitude. No caso de uma onda de luz, a intensidade da luz ou energia do campo eletromagnético em qualquer ponto é proporcional ao quadrado da amplitude da onda naquele ponto. Em termos de quanta de luz ou fótons $h\nu$, quanto mais intensa a luz em qualquer lugar mais fótons estão atingindo aquele lugar. Este fato pode ser expresso de outra maneira, dizendo-se que, quanto maior o valor da amplitude da onda de luz em qualquer região, maior é a probabilidade de um fóton estar nesta região.

Uma interpretação análoga é a mais útil para as autofunções ψ da equação de Schrödinger. Elas são algumas vezes chamadas *funções de probabilidade de amplitude.*

Se $\psi(x)$ for uma solução da equação de onda para um elétron, então a probabilidade relativa de se encontrar um elétron no intervalo de x a $x + dx$ é dada por $\psi^2(x)\,dx$[22].

A interpretação física da função de onda como uma amplitude de probabilidade implica que ela deve obedecer a certas condições matemáticas. Nós exigimos que $\psi(x)$ seja unívoca, finita e contínua para todos os valores de x fisicamente possíveis. Ela deve ser unívoca porque a probabilidade de encontrar elétron em qualquer ponto x deve ter um único valor. Este não pode ser infinito em qualquer ponto, porque neste caso o elétron estaria fixado exatamente naquele ponto, o que seria inconsistente com suas propriedades ondulatórias. A exigência de continuidade é útil na seleção de soluções fisicamente razoáveis para a equação de onda.

13.19. Solução da equação de Schrödinger — A partícula livre

A aplicação mais simples da equação de Schrödinger é o caso da partícula livre, ou seja, aquela que se move na ausência de qualquer campo de potencial. Neste caso, podemos colocar $U = 0$ na Eq. (13.49) e a equação unidimensional se torna

$$\frac{d^2\psi}{dx^2} + \frac{8\pi^2 m}{h^2}E\psi = 0 \tag{13.52}$$

Esta equação tem a mesma forma da Eq. (13.1) e sua solução é, portanto,

$$\psi = A\,\text{sen}\,kx + B\cos kx \tag{13.53}$$

onde

$$k = \frac{2\pi}{h}(2mE)^{1/2} \tag{13.54}$$

Da relação de senos e co-senos a exponenciais complexas, podemos reescrever a Eq. (13.53) como

$$\psi = Ce^{ikx} + De^{-ikx}, \tag{13.55}$$

onde C e D são constantes arbitrárias. Se $D = 0$, a solução $\psi = Ce^{ikx}$ corresponde a um feixe de partículas movendo-se no sentido positivo de x. Se $C = 0$, a solução $\psi = De^{-ikx}$ corresponde a um feixe se movendo no sentido negativo de x. O comprimento de onda de De Broglie associado às partículas é $\lambda = 2\pi/k$, e portanto o *momentum* das partículas é

$$p_x = \frac{kh}{2\pi} \quad \text{ou} \quad \frac{-kh}{2\pi}$$

A soma das duas funções na Eq. (13.53) ou *qualquer* das funções seno *ou* co-seno representa a superposição de dois feixes caminhando em sentidos opostos.

Devemos notar que não há restrições para os valores de k para a partícula livre. A função de onda ψ na Eq. (13.55) sempre está nas condições de ser unívoca, finita e contínua. Assim, a energia cinética E de uma partícula livre pode ter qualquer valor positivo. Esse resultado corresponde à observação que a dissociação completa de um elétron de seu átomo é marcada pelo começo de um *contínuo* de absorção de luz. Enquanto o elétron

[22]Como a função ψ pode ser uma quantidade complexa, a probabilidade é escrita mais comumente como $\psi^*\psi$, onde ψ^* é o conjugado complexo de ψ. Assim, por exemplo, se $\psi = e^{-ix}$, $\psi^* = e^{ix}$. A interpretação de ψ^2 como uma probabilidade é devida a Max Born. A probabilidade real de se achar o elétron entre x e $x + dx$ seria

$$\frac{\psi^2(x)\,dx}{\int_{-\infty}^{+\infty}\psi^2(x)\,dx}$$

Para qualquer caso, exceto o de uma partícula livre, a função de onda deve ser quadraticamente integrável para que essa probabilidade possa ser calculada

permanece ligado ao resto do átomo, seus níveis de energia são discretos e quantizados. Assim que o elétron estiver completamente livre, sua energia é contínua e não quantizada.

13.20. Soluções da equação de onda — Partícula na caixa

Qual o efeito de se impor uma prisão a uma partícula livre exigindo que seu movimento seja confinado dentro de fronteiras fixas? Em três dimensões, este é o problema da partícula na caixa. O problema unidimensional é o de uma partícula obrigada a se mover entre um conjunto de pontos numa linha reta. A função potencial que corresponde a tal condição é mostrada na Fig. 13.14. Para valores de x entre 0 e a, a partícula é completamente livre, e $U = 0$. Nas fronteiras, entretanto, a partícula é restringida por uma barreira de potencial infinito por cima da qual não há escape; assim, $U = \infty$ quando $x = 0$, $x = a$. Fora do domínio $0 \leq x \leq a$, a função de onda $\psi = 0$.

A situação é agora análoga à de uma corda vibrante considerada no começo do capítulo. Restringir a onda eletrônica às fronteiras fixadas corresponde a delimitar as extremidades da corda, de modo que $\psi = 0$ em $x = 0$, a. Para obter ondas estacionárias, é necessário restringir os comprimentos de onda permitidos de modo que haja um número inteiro de meios comprimentos de onda entre 0 e a; isto é, $n(\lambda/2) = a$. Algumas das ondas eletrônicas permitidas são mostradas na Fig. 13.13, superpostas sobre o diagrama de energia potencial.

Os valores de energia permitidos, os *autovalores* da resolução da equação de Schrödinger, podem ser obtidos da Eq. (13.53). Para ter $\psi = 0$, em $x = 0$, a função co-seno deve se anular, uma condição que requer $B = 0$. Assim,

$$\psi = A \text{ sen } \frac{2\pi}{h}(2mE)^{1/2}x \qquad (13.56)$$

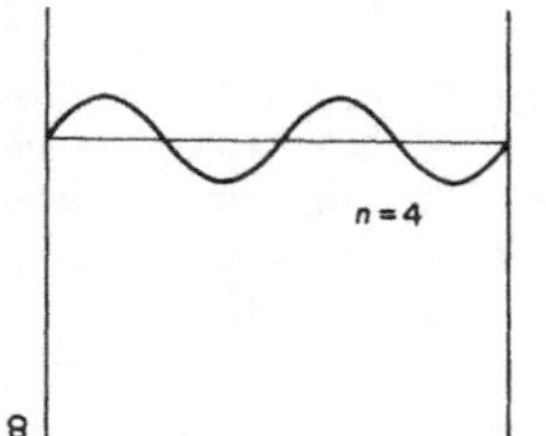

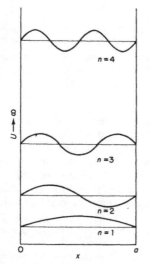

Figura 13.14 Elétron numa caixa unidimensional. Ondas eletrônicas permitidas e níveis de energia. Notar que E e ψ estão colocadas no mesmo gráfico, porém o zero da ψ é diferente a cada E

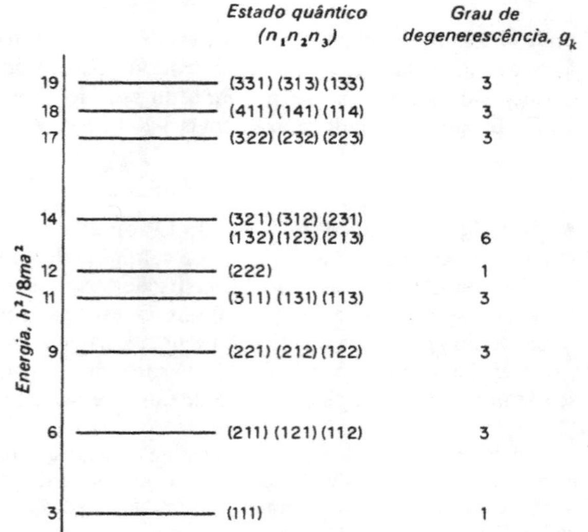

Figura 13.15 Níveis de energia permitidos para a partícula numa caixa cúbica

Para que $\psi = 0$ em $x = a$, devemos ter

$$\text{sen}\ \frac{2\pi}{h}(2mE)^{1/2}a = 0$$

$$\frac{2\pi}{h}(2mE)^{1/2}a = n\pi \tag{13.57}$$

Esta condição, portanto, restringe os valores permitidos de E a certos autovalores discretos, que são, a partir da Eq. (13.57),

$$E_n = \frac{n^2h^2}{8ma^2} \tag{13.58}$$

Os quatro primeiros desses níveis de energia são mostrados na Fig. 13.14.

Da Eq. (13.58) duas conseqüências importantes podem ser deduzidas, que são verdadeiras para a energia dos elétrons, não somente neste caso especial mas também genericamente. Primeiro, está claro que, quando o valor de a aumenta, a energia cinética E_n decresce. Sendo outros fatores constantes, quanto mais espaço o elétron tiver para se mover, mais baixa será sua energia cinética. Quanto *mais localizado seu movimento maior será sua energia cinética.* Lembre-se de que, quanto menor a energia, maior a estabilidade do sistema. Tal *deslocalização* do movimento de um elétron pode ocorrer em moléculas com certos tipos de estrutura, principalmente compostos de carbono conjugados e aromáticos, e isso sempre determina um aumento da estabilidade do composto. Segundo, o número inteiro n é um *número quântico* típico, que aparece agora muito naturalmente e sem hipóteses *ad hoc.* Sua função é especificar o *número de nós* na onda eletrônica. Quando $n = 1$, não há nós. Quando $n = 2$, há um nó no centro da caixa; quando $n = 3$, há dois nós etc. O valor da energia depende diretamente de n^2 e, portanto, aumenta rapidamente quando o número de nós aumenta. Este resultado será verdadeiro também para soluções da equação de Schrödinger para outros sistemas.

Podemos estender facilmente os resultados para uma dimensão, ao caso de uma caixa tridimensional em forma de um paralelepípedo de lados a, b, c. O potencial U é igual a zero em qualquer lugar dentro da caixa, e a equação de Schrödinger (13.50) é

$$\nabla^2\psi \equiv \left(\frac{\partial^2\psi}{\partial x^2} + \frac{\partial^2\psi}{\partial y^2} + \frac{\partial^2\psi}{\partial z^2}\right) = \frac{-8\pi^2 m}{h^2}E\psi \tag{13.59}$$

A equação pode ser separada pela substituição

$$\psi(x, y, z) = X(x)Y(y)Z(z) \tag{13.60}$$

que fornece

$$\frac{1}{X}\frac{\partial^2 X}{\partial x^2} + \frac{1}{Y}\frac{\partial^2 Y}{\partial y^2} + \frac{1}{Z}\frac{\partial^2 Z}{\partial z^2} = -\frac{8\pi^2 mE}{h^2} \tag{13.61}$$

Como esta equação deve ser válida para todos os valores das variáveis independentes x, y, z, podemos concluir que cada termo do primeiro membro da equação deve ser igual a uma constante. Podemos então escrever

$$\begin{aligned} \frac{1}{X}\frac{d^2X}{dx^2} &= -k_x^2 \\ \frac{1}{Y}\frac{d^2Y}{dy^2} &= -k_y^2 \\ \frac{1}{Z}\frac{d^2Z}{dz^2} &= -k_z^2 \end{aligned} \tag{13.62}$$

com $k_x^2 + k_y^2 + k_z^2 = -8\pi^2 mE/h^2 = k^2$. As equações em (13.62) são semelhantes à (13.52) anteriormente resolvida para o caso unidimensional, de modo que

$$\begin{aligned} X(x) &= A_x\ \text{sen}\ k_x x + B_x \cos k_x x \\ Y(y) &= A_y\ \text{sen}\ k_y y + B_y \cos k_y y \\ Z(z) &= A_z\ \text{sen}\ k_z z + B_z \cos k_z z \end{aligned} \tag{13.63}$$

As condições de contorno $\psi(x, y, z) = 0$ em $x = a$, $y = b$ ou $z = c$, exigem que $X(x) = 0$ em $x = a$, $Y(y) = 0$ em $y = b$, $Z(z) = 0$ em $z = c$, de modo que os termos em co-seno devem se anular e $B_x = B_y = B_z = 0$. A condição de contorno, $\psi(x, y, z) = 0$ sempre que $x = 0$ ou a, $y = 0$ ou b ou $z = 0$ ou c, requer que

$$k_x = \frac{n_1\pi}{a}, \qquad k_y = \frac{n_2\pi}{b}, \qquad k_z = \frac{n_3\pi}{c} \tag{13.64}$$

Por conseguinte, as soluções da Eq. (13.60) são as autofunções

$$\psi_{n_1n_2n_3}(x, y, z) = A \operatorname{sen} \frac{n_1\pi x}{a} \operatorname{sen} \frac{n_2\pi y}{b} \operatorname{sen} \frac{n_3\pi z}{c} \tag{13.65}$$

especificadas por um conjunto de três números quânticos n_1, n_2, n_3. Os níveis de energia permitidos, das Eqs. (13.62) e (13.64), são

$$E = \frac{h^2k^2}{8\pi^2m} = \frac{h^2}{8m}\left(\frac{n_1^2}{a^2} + \frac{n_2^2}{b^2} + \frac{n_3^2}{c^2}\right) \tag{13.66}$$

Os auto valores E para este problema tridimensional dependem de três números quânticos inteiros diferentes, n_1, n_2, n_3.

A amplitude A na Eq. (13.65) é fixada pela condição de normalização, que é a exigência de que a probabilidade de o elétron ser encontrado em qualquer lugar dentro da caixa seja unitária

$$\int_0^c\int_0^b\int_0^a \psi^2(x, y, z)\, dx\, dy\, dz = 1$$

Da Eq. (13.65), conseqüentemente,

$$A = \left(\frac{8}{abc}\right)^{1/2}$$

Se a caixa for cúbica, com lado a, a Eq. (13.66) torna-se

$$E = \frac{h^2}{8ma^2}(n_1^2 + n_2^2 + n_3^2) \tag{13.67}$$

Uma nova característica importante aparece agora, ou seja, a ocorrência de mais de uma autofunção distinta correspondendo ao mesmo autovalor para a energia. Por exemplo, as três autofunções

$$\psi_{1,2,1}, \quad \psi_{2,1,1} \quad \text{e} \quad \psi_{1,1,2}$$

correspondem a diferentes distribuições no espaço, mas todas têm a mesma energia,

$$E = \frac{h^2}{8ma^2} \cdot 6$$

Diz-se que o nível de energia E_{211} tem degenerescência tripla. Em qualquer tratamento estatístico dos níveis de energia do sistema, esse nível teria um peso estatístico de $g_k = 3$.

A Fig. 13.15 mostra alguns dos níveis energéticos para uma caixa cúbica de lado a, com a especificação de seus estados quânticos em termos de n_1, n_2, n_3 e do grau de degenerescência g_k.

13.21. Penetração numa barreira de potencial

No problema da partícula na caixa (tanto em uma como em três dimensões), não havia a possibilidade de que a partícula pudesse escapar através das paredes da caixa. A caixa era uma armadilha perfeita para a partícula, porque nas paredes o potencial U tornava-se ∞. Estabelecemos esta razão aqui, que será provada mais tarde nesta seção.

Consideremos agora um problema unidimensional no qual a barreira de potencial não é infinita, mas tem uma certa altura finita U e uma largura a. Esta situação é mostrada na Fig. 13.16. Admitimos que uma partícula, por exemplo, um elétron, vem da esquerda com uma certa energia cinética $E < U$ e colide com a barreira. Na mecânica clássica, o resultado é simples e certeiro. O elétron experimentaria uma colisão elástica com a barreira e seria refletido no sentido negativo de x. Desde que $E < U$, a probabilidade de que o elétron possa escapar, seja através ou por sobre a barreira, seria nula. O resultado da mecânica quântica é espantosamente diferente. Ele indica que, desde que a barreira não seja infinitamente alta ou infinitamente larga, há sempre uma probabilidade finita de o elétron penetrar na barreira e continuar seu caminho no sentido positivo de x além de $x = a$. Esse fenômeno é chamado *efeito túnel* ou *saída através de uma barreira de potencial.*

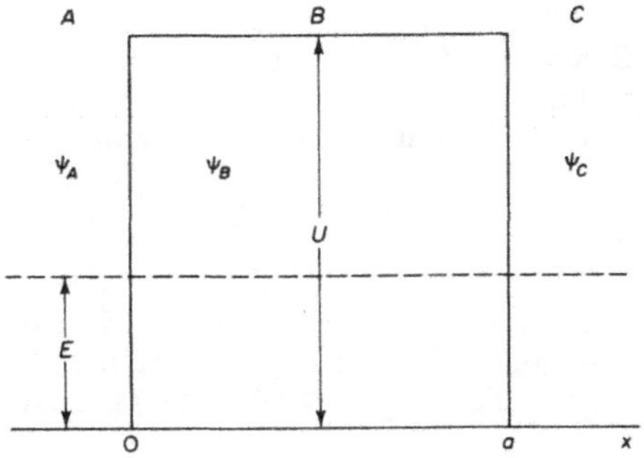

Figura 13.16 Uma onda eletrônica de energia cinética E incide numa barreira de potencial quadrada de altura $U > E$ e com uma largura a

A equação de Schrödinger pode ser escrita

$$\frac{d^2\psi}{dx^2} = -\frac{8\pi^2 m}{h^2}(E - U)\psi,$$

onde $U = 0$ exceto para $0 \leq x \leq a$. Consideramos a solução em três regiões: A, à esquerda da barreira, B, dentro da barreira, e C, à direita da barreira.

Na região A haverá uma onda incidente e uma onda refletida, e da Eq. (13.55) podemos escrever

$$\psi_A = A_1 e^{ik_1 x} + B_1 e^{-ik_1 x}, \tag{13.68}$$

onde

$$k_1^2 = \frac{8\pi^2 mE}{h^2}$$

Na região B, onde $E < U$, a constante correspondente a k_1 na Eq. (13.68) seria um número imaginário, e é portanto conveniente definir

$$k_2^2 = \frac{8\pi^2 m(U - E)}{h^2}$$

A solução é então escrita

$$\psi_B = A_2 e^{k_2 x} + B_2 e^{-k_2 x} \tag{13.69}$$

Na região C, há somente uma função de onda imaginária, com

$$\psi_C = A_3 e^{ik_1 x} \tag{13.70}$$

Agora, o problema é ajustar estas soluções suave e continuamente pois, de acordo com uma das exigências básicas para uma função de onda ser permitida, ψ e também a sua primeira derivada devem ser contínuas. Assim,

$$\begin{aligned} &\text{para } x = 0, \quad \psi_A = \psi_B, \quad \frac{d\psi_A}{dx} = \frac{d\psi_B}{dx} \\ &\text{para } x = a, \quad \psi_B = \psi_C, \quad \frac{d\psi_B}{dx} = \frac{d\psi_C}{dx} \end{aligned} \tag{13.71}$$

Há quatro condições, de modo que todas exceto uma das cinco constantes arbitrárias podem ser determinadas, e essa é então encontrada através da condição de normalização. Usamos as Eqs. (13.68), (13.69), (13.70) e (13.71) para expressar quatro das constantes A_1, B_1, A_2, B_2 em termos da quinta A_3, com os seguintes resultados

$$\begin{aligned} A_1 &= e^{ik_1a}\left[\cosh k_2a + \frac{i}{2}\left(\frac{k_2}{k_1} - \frac{k_1}{k_2}\right) \operatorname{senh} k_2a\right] \cdot A_3 \\ B_1 &= -\frac{i}{2}e^{ik_1a}\left(\frac{k_2}{k_1} + \frac{k_1}{k_2}\right) \operatorname{senh} k_2a \cdot A_3 \\ A_2 &= \frac{1}{2}e^{ik_1a}e^{-k_2a}\left(1 + \frac{ik_1}{k_2}\right) \cdot A_3 \\ B_2 &= \frac{1}{2}e^{ik_1a}e^{k_2a}\left(1 - \frac{ik_1}{k_2}\right) \cdot A_3 \end{aligned} \qquad (13.72)$$

Como a probabilidade de se encontrar uma partícula em qualquer região é proporcional ao quadrado da amplitude da função de onda, podemos determinar a probabilidade de o elétron passar através da barreira pelo cálculo de

$$D = \left|\frac{A_3}{A_1}\right|^2, \qquad (13.73)$$

isto é, a probabilidade de penetração é dada pelo quadrado do valor absoluto da relação das amplitudes das ondas eletrônicas incidentes na barreira e que passam através da mesma. Das Eqs. (13.72) e (13.73) é encontrado que

$$D = \frac{1}{1 + \frac{1}{4}\left(\frac{k_2}{k_1} + \frac{k_1}{k_2}\right)^2 \operatorname{senh}^2 k_2a} \qquad (13.74)$$

Vemos que há de fato uma probabilidade finita de penetração da barreira (efeito túnel). Recordando que o seno hiperbólico,

$$\operatorname{senh} x = \frac{e^x - e^{-x}}{2}$$

podemos obter uma forma aproximada da Eq. (13.74) válida quando $k_2a \gg 1$. Neste caso, $\operatorname{senh} k_2a \simeq e^{k_2a}/2$ e

$$D = \left[\frac{4}{(k_2/k_1) + (k_1/k_2)}\right]^2 e^{-2k_2a} \qquad (13.75)$$

Da Eq. (13.75) vemos que no limite quando $a \to \infty$ ou $(U - E) \to \infty$, $D \to 0$, a barreira é absolutamente impenetrável, que é a situação da partícula na caixa. Como um exemplo da Eq. (13.75), consideremos um caso no qual a largura da barreira é 1 nm e o topo da barreira é 1 eV acima da energia do elétron incidente, que é 1 eV. Então

$$\frac{k_2}{k_1} = \left(\frac{U - E}{E}\right)^{1/2} = (1)^{1/2} = 1$$

$$D = \left[\frac{4}{(1)^{1/2} + (1)^{1/2}}\right]^2 e^{-2(5,1)}$$

$$D = 1{,}4 \times 10^{-4}$$

Muitos fenômenos importantes envolvem o efeito túnel. Um exemplo cotidiano ocorre quando um circuito elétrico é completado colocando-se dois condutores metálicos em contato. A corrente de elétrons escoa livremente através do contato, mesmo que os fios estejam cobertos por uma fina camada isolante de óxido. Os elétrons facilmente passam por tal barreira através do efeito túnel – não precisam ultrapassar o topo.

Muitos processos de eletrodo envolvem o "tunelamento" de elétrons através de barreiras de potencial na superfície do eletrodo. Então, o modelo dado na Fig. 12.13, mostrando que a transferência de elétrons ocorre por meio da passagem pelo topo de uma barreira de energia potencial, não representa geralmente a situação real. A probabilidade da passagem sobre o topo da barreira de altura E_a seria proporcional ao fator de Boltzmann, $\exp(-E/kT)$. A probabilidade clássica de vencer a barreira de 1 eV citada anteriormente seria aproximadamente 5×10^{-12}. A probabilidade de abertura de túnel através de tal barreira, como foi calculada, seria aproximadamente $1{,}4 \times 10^{-4}$. Assim, o efeito túnel é de importância primordial para tais reações de transferência de elétrons. Para a maioria das transferências iônicas, a transferência através do efeito túnel seria desprezível, pois a massa de um íon típico é 10^5 vezes maior que a do elétron. A transferência eletródica de prótons, entretanto, pode envolver um efeito túnel apreciável.

Tem havido grande interesse também na contribuição do efeito túnel a reações térmicas envolvendo prótons ou átomos de hidrogênio. A correção da teoria clássica de cinética de reações para esse efeito específico da mecânica quântica é geralmente apreciável. Um teste experimental do efeito pode ser feito substituindo-se os átomos de H por D. O fator de massa $\sqrt{2}$ entra na constante k_2 na teoria e a conseqüência é um grande efeito isotópico pouco comum. Em outras palavras, átomos de H podem freqüentemente sofrer efeito túnel atravessando barreiras que átomos D raramente penetram.

PROBLEMAS

1. Considerar um circuito elétrico formado por um capacitor C em série com uma bobina de indutância L e resistência nula. Sendo Q a carga do capacitor, demonstrar que

$$-L\frac{d^2Q}{dt^2} = \frac{Q}{C}$$

Calcular $Q(t)$ e mostrar que a freqüência natural do circuito é $\omega = 1/\sqrt{LC}$. No problema do oscilador harmônico discutido na Sec. 13.1, que parâmetros são análogos a L, Q e C do problema elétrico?

2. Qual a energia média $\bar{\varepsilon}$ de um oscilador harmônico de freqüência $10^{13}\ \mathrm{s}^{-1}$ a 0 K, 10 K, 100 K, 1 000 K e 10 000 K? Qual é $\bar{\varepsilon}/kT$ em cada temperatura? Incluir a energia do ponto zero $\frac{1}{2}h\nu_0$.

3. A freqüência de vibração fundamental de N_2 corresponde a $\sigma = 2\,360\ \mathrm{cm}^{-1}$. Qual a fração de moléculas N_2 que não possui energia vibracional além de sua energia do ponto zero a 500 K?

4. Mostrar que, se uma onda em uma dimensão representada por $u_i = a\,e^{i(\omega t - \mathscr{K}x)}$ está superposta a uma onda produzida por sua reflexão total $u_i = a\,e^{i(\omega t + \mathscr{K}x)}$, a vibração resultante em qualquer ponto é $u = 2a\cos\mathscr{K}x\,e^{i\omega t}$. Esquematizar a forma da onda resultante $u(x)$ em diversos tempos diferentes $t = 0$, $\tau/4$, $\tau/2$, onde τ é o período de vibração.

5. Qual a velocidade de um elétron no estado fundamental do átomo de H de acordo com a teoria de Bohr? Qual seria o comprimento de onda de De Broglie de um elétron com essa velocidade?

6. Calcular a energia cinética de um elétron arrancado da superfície de potássio (função de trabalho 2,26 eV) por luz incidente de comprimento de onda 350 nm. Que potencial retardador Φ seria preciso aplicar no aparelho da Fig. 13.6 para evitar a captura desses fotelétrons?

7. Um elétron positivo e um negativo podem formar um complexo de vida curta chamado *positrônio*. Admitir que a teoria de Bohr para o átomo de hidrogênio possa

ser aplicada ao positrônio e calcular (a) sua energia de ionização, (b) o nível de energia de seu primeiro estado excitado e (c) seu raio a_0 no estado fundamental.

8. Calcular os comprimentos de onda da linha H_α nas séries de Balmer do ^1H, ^2H e ^3H.

9. Para um elétron confinado em uma caixa unidimensional de 10 nm de comprimento, calcular o número de níveis de energia compreendidos entre 9 e 10 eV.

10. Para uma partícula movendo-se num poço de potencial unidimensional da Fig. 13.14, mostrar que o valor médio de x é $\bar{x} = a/2$ e o desvio médio quadrático $\overline{(x-\bar{x})^2} = (a^2/12)[1-(6/\pi^2 n^2)]$. Mostrar que, quando n se torna muito grande, esse valor concorda com o valor clássico.

11. Uma partícula de massa m se move em uma dimensão entre $x = a$ e $x = b$, e nesta região uma solução da equação de Schrödinger é $\psi = A/x$, onde A é uma constante de normalização. (a) Calcular A.(b) Mostrar que o valor médio de x é $\bar{x} = ab/(b-a)$ ln (b/a).

12. A função de onda para uma partícula movendo-se entre 0 e a numa caixa unidimensional é $\psi = (2/a)^{1/2}$ sen $(n\pi x/a)$. Calcular a probabilidade de a partícula ser encontrada no segundo terço da caixa (isto é, entre $x = a/3$ e $2a/3$) para $n = 1, 2, 3$.

13. Quais os comprimentos de onda de (a) um fóton e (b) um elétron, cada um possuindo energia cinética de 1 eV?

14. O limite absoluto para percepção de luz de 510 nm, para o olho humano adaptado ao escuro, foi medido como sendo igual $3{,}5 \times 10^{17}$ J na superfície da córnea. A quantos quanta corresponde este limite?

15. O diâmetro de um núcleo pequeno típico é aproximadamente 10^{-15} m. Supor que um elétron foi colocado em um poço de potencial unidimensional infinito de 10^{-15} m de largura. Qual seria seu nível de energia mais baixa? Deste resultado, o que se concluiria sobre a existência de elétrons dentro do núcleo? E sobre a emissão de elétrons (raios β) do núcleo?

16. Uma partícula de massa m está dentro de uma esfera de raio R. Estimar através do princípio da incerteza sua energia cinética mínima possível. Aplicar o resultado a um elétron numa esfera de raio $R = 10^{-10}$ m, $R = 10^{-15}$ m. Comparar o último resultado com o do Problema 15.

17. Aplicar o princípio da incerteza de Heisenberg para estimar a energia cinética do elétron num átomo de hidrogênio a uma distância r do núcleo. Calcular então a distância de equilíbrio r_e, minimizando a energia total E, cinética + potencial, com respeito a r. Comparar E calculado deste modo, com o valor experimental.

18. Repetir o cálculo do Problema 17 para os dois elétrons no átomo de He, levando em conta a repulsão intereletrônica para demonstrar que o mínimo de energia ocorre quando $r_1 = r_2 = (1/7)(h^2/\pi^2 me^2)$ e $E = -(49/4)(\pi^2 me^4/h^2)$.

19. Supor que um elétron, movendo-se em uma dimensão com energia cinética de 9,5 eV, encontre uma barreira de 10 eV de altura e 1 nm de largura. Calcular a probabilidade de o elétron atravessar a barreira através do efeito túnel. (Esta situação é análoga à de um elétron atravessar, pelo efeito túnel, uma fina camada de óxido em um contato intermetálico.)

20. Resolver a equação de Schrödinger para determinar os níveis de energia e as funções de onda de uma partícula no poço de potencial abaixo

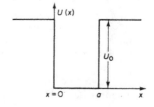

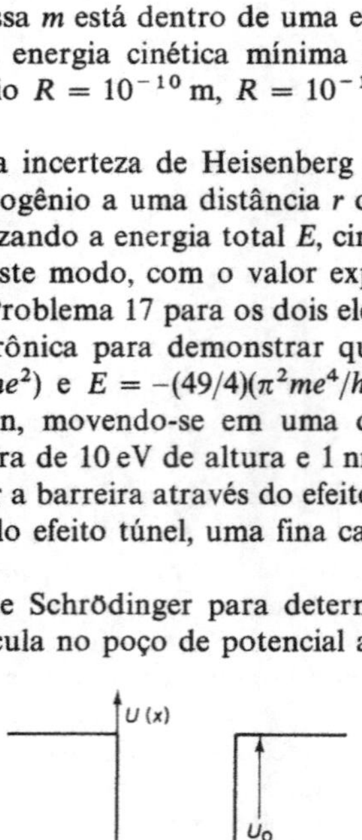

$$x \leq 0, \quad U = U_0; \qquad 0 \leq x \leq a, \quad U = 0; \qquad x \geq a, \quad U = U_0$$

[*Sugestão*: Resolver ψ em cada uma das três regiões e avaliar as constantes da condição de continuidade nas fronteiras de ψ e $d\psi/dx$, e conseqüentemente de $(1/\psi)(d\psi/dx)$[(23)].]

21. Através da Lei de Planck, Eq. (13.32), computar a equação de Stefan-Boltzmann para a densidade total de radiação do corpo em função da temperatura.

$$E(T) = \int_0^\infty E(\nu)\,d\nu = \frac{8\pi^5}{15}\frac{k^4T^4}{h^3c^3}$$

22. No efeito Compton, em fóton de comprimento de onda λ colide com um elétron e é espalhado em um comprimento de onda alterado λ'. Se o elétron estava inicialmente em repouso,

$$\lambda' = \lambda + \frac{2h}{m_e c}\,\text{sen}^2\,\frac{\theta}{2},$$

onde m_e é a massa de repouso do elétron e θ é o ângulo entre o fóton incidente e o espalhado. Deduzir a equação a partir das leis da conservação de energia e do *momentum*. Discutir a relação entre o efeito Compton e o princípio da incerteza de Heisenberg.

23. Para as ondas de De Broglie associadas a partículas, o comprimento de onda λ depende da freqüência ν (isto é, as ondas apresentam dispersão). Deduzir a relação

$$\nu = c\left(\frac{1}{\lambda_c^2} + \frac{1}{\lambda^2}\right)^{1/2},$$

onde $\lambda_c = h/m_e c$. Lembre-se de que a massa do elétron depende de sua velocidade v como

$$m = m_e\left(1 - \frac{v^2}{c^2}\right)^{-1/2}$$

24. A velocidade de grupo de uma onda é definida por $v_g = d\nu/d(1/\lambda)$. Mostrar que a velocidade de grupo de uma onda-partícula de De Broglie é igual à velocidade ordinária da partícula v.

25. Mostrar que para uma partícula numa caixa unidimensional de comprimento a

$$\int_0^a \psi_1(x)\psi_2(x)\,dx = 0$$

onde ψ_1 e ψ_2 são as duas autofunções para dois níveis diferentes de energia. Quando uma integral do produto de duas funções se anula, diz-se que as funções são *ortogonais*.

[(23)] A solução de um problema similar é dada por D. ter Haar, *Selected Problems in Quantum Mechanics* (Londres: Macmillan & Co., Ltd., 1964)

14

Mecânica quântica e estrutura atômica

Eis aqui esta teoria bastante bonita, talvez uma das mais perfeitas, mais exatas e mais adoráveis que o homem descobriu. Temos uma prova externa, mas, acima de tudo, prova interna, de que ela apresenta apenas uma extensão finita, que não descreve tudo o que pretende descrever. É enorme sua extensão mas, internamente, a teoria nos diz "não me considere em termos absolutos ou seriamente. Tenho alguma relação com o mundo do qual você não está se referindo quando você fala de mim".

J. Robert Oppenheimer
(1957)[1]

No último capítulo, delineamos os desenvolvimentos na história da ciência que conduziram à criação da mecânica quântica. A teoria foi aplicada a alguns sistemas que ilustram algumas conseqüências importantes das propriedades ondulatórias dos elétrons. Neste capítulo, estabeleceremos o número mínimo de postulados básicos necessários para a formulação da mecânica quântica. Essa formulação será, então, aplicada a alguns problemas que realmente fornecem soluções analíticas exatas da equação de Schrödinger. Finalmente, discutiremos métodos que fornecerão soluções aproximadas, mas, muitas vezes, bastante precisas para uma grande variedade de problemas de interesse químico.

14.1. Postulados da mecânica quântica

Será necessário, mais tarde, ampliar os postulados[2] estabelecidos nesta seção através de postulados adicionais que se referem à propriedade fundamental do *spin*. Considerando-se o conjunto, é mais fácil estabelecer os postulados para as partículas sem *spin* e, posteriormente, fazer as complementações necessárias para tratar do *spin*. Esse procedimento perde em elegância para a formulação baseada em postulados, mas parece ser preferível numa primeira discussão do assunto.

Os postulados, nos quais podemos basear um desenvolvimento lógico da mecânica quântica, serão, portanto, estabelecidos para uma única partícula sem *spin*. A generalização para sistemas de duas ou mais partículas será direta. Estabeleceremos, também, os postulados para um sistema unidimensional (um grau de liberdade) especificado por uma coordenada x. A extensão para um caso tridimensional não é difícil.

Postulado I

O *estado físico* de uma partícula no tempo t é descrito, tão completamente quanto possível, por uma função de onda complexa $\Psi(x, t)$.

[1] *Physics Today* **10**, 12 (1957)

[2] Podemos considerar um *postulado* científico como uma afirmação, da qual é possível deduzir outras afirmações quantitativas que concordam com os resultados de observações físicas

Postulado II

A função de onda $\Psi(x, t)$ e sua primeira e segunda derivadas $\partial\Psi(x, t)/\partial x$, $\partial^2\Psi(x, t)/\partial x^2$, devem ser contínuas, finitas e unívocas para todos os valores de x.

Postulado III

Qualquer quantidade que seja *fisicamente observável* pode ser representada em mecânica quântica por um *operador hermitiano*. Um operador hermitiano é um operador $\hat{F}$ que satisfaz à condição

$$\int \psi_1^* \hat{F} \psi_2 \, dx = \int \psi_2 (\hat{F} \psi_1)^* \, dx \tag{14.1}$$

para qualquer par de funções ψ_1, ψ_2, que representam estados físicos da partícula.

Postulado IV

Os resultados permitidos de uma medida da quantidade representada por $\hat{F}$ são quaisquer dos autovalores f_1 de $\hat{F}$, para os quais

$$\hat{F}\psi_i = f_i \psi_i$$

Se ψ_i é uma autofunção de $\hat{F}$ com autovalor f_i, então uma medida de $\hat{F}$ certamente fornecerá o valor f_i.

Postulado V

A média ou *valor esperado* $\langle F \rangle$ de qualquer F observável, correspondente a um operador $\hat{F}$, é calculada através da fórmula

$$\bar{F} \equiv \langle F \rangle = \int_{-\infty}^{\infty} \psi^* \hat{F} \psi \, dx \tag{14.2}$$

Essa formulação admite que a função de onda seja *normalizada*, isto é,

$$\int_{-\infty}^{\infty} \psi^* \psi \, dx = 1 \tag{14.3}$$

onde ψ^* é a conjugada complexa de ψ, formada pela substituição de i por $-i$ sempre que este apareça na função ψ)[3].

Postulado VI

Um operador mecânico-quântico correspondente a uma quantidade física é construído escrevendo-se a expressão clássica em termos das variáveis x, p_x, t, E e convertendo-

[3]A normalização é necessária para interpretar ψ como uma *amplitude de probabilidade*, como foi discutido na Sec. 13.18. A integral da probabilidade de encontrar a partícula entre x e $x + dx$, tomada sobre todo espaço, deve ser unitária, isto é, a partícula *certamente* está em algum lugar. Em problemas de espalhamento, entretanto, as funções de onda não são integráveis ao quadrado e trabalha-se com o *fluxo* de probabilidade que é finito, em vez de trabalhar com a própria probabilidade, que diverge

-se esta expressão a um operador por meio das seguintes regras:

Variável clássica	Operador da mecânica quântica	Expressão para o operador	Operação
x	$\hat{x}$	x	Multiplique por x
p_x	$\hat{p}_x$	$\frac{\hbar}{i}\frac{\partial}{\partial x}$	Tome a derivada em relação a x e multiplique por h/i
t	$\hat{t}$	t	Multiplique por t
E	$\hat{E}$	$-\frac{\hbar}{i}\frac{\partial}{\partial t}$	Tome a derivada em relação a t e multiplique por $-h/i$

Postulado VII

A função de onda $\Psi(x, t)$ é uma solução da equação de Schrödinger dependente do tempo,

$$\hat{H}(x, t)\Psi(x, t) = \frac{i\hbar\,\partial\Psi(x,t)}{\partial t}, \tag{14.4}$$

onde $\hat{H}$ é o *operador hamiltoniano.*

O operador hamiltoniano é obtido de um hamiltoniano clássico expresso em coordenadas cartesianas por meio das regras de correspondência dadas no Postulado VI. Para o caso de uma partícula sujeita somente a campos de força conservativos[4], o hamiltoniano clássico é simplesmente a soma das energias cinética e potencial,

$$H = \frac{p_x^2}{2m} + U(x, t)$$

Assim, do Postulado VI,

$$\hat{H} = -\frac{\hbar^2}{2m}\frac{\partial^2}{\partial x^2} + U(x, t) \tag{14.5}$$

A substituição de $\hat{H}$ na Eq. (14.4) fornece a equação de Schrödinger unidimensional e dependente do tempo.

14.2. Discussão de operadores

Enunciamos inicialmente os postulados tão sucintamente quanto possível para permitir que seja mantida sua forte relevância. Algumas discussões e alguns exemplos podem ser úteis agora.

O conceito de um *operador* é fundamental em mecânica quântica. Como o nome indica, um operador é uma instrução para realizar uma operação matemática sobre uma função, que é chamada *operando.* Por exemplo, na expressão $(d/dx)f(x)$, o operador é d/dx e o operando é $f(x)$. Se $f(x) = x^2$

$$\frac{d}{dx}f(x) = \frac{d}{dx}x^2 = 2x$$

Na expressão $x \cdot f(x)$ podemos considerar x como o operador que nos diz para multiplicar $f(x)$ por x. Podemos escrever o produto de dois operadores, $\hat{O}_1$ e $\hat{O}_2$, como $\hat{O} = \hat{O}_1\hat{O}_2$. O operador-produto nos diz para efetuar primeiro a operação O_2 no operando e, então,

[4]Para o caso de uma partícula carregada num campo magnético, ver J. Griffith, *The Theory of Transition Metal Ions* (Londres: Cambridge University Press, 1961), p. 432

aplicar a operação O_1 no resultado. Considerar, por exemplo,

$$\hat{O}_2 = \frac{d}{dx}, \qquad \hat{O}_1 = x, \qquad f(x) = x^2$$

Então,

$$\hat{O}_1\hat{O}_2 f(x) = x\frac{d}{dx}x^2 = 2x^2$$

É importante notar que

$$\hat{O}_2\hat{O}_1 f(x) = \frac{d}{dx}x \cdot x^2 = 6x^2$$

Desta forma $\hat{O}_2\hat{O}_1 \neq \hat{O}_1\hat{O}_2$. Esses operadores não *comutam* – a ordem na qual aparecem torna o produto diferente. Alguns pares de operadores comutam e outros não (operadores não-comutativos).

Um operador $\hat{O}$ é chamado *linear* quando, para qualquer par de funções f e g,

$$\hat{O}(\lambda f + \mu g) = \lambda(\hat{O}f) + \mu(\hat{O}g) \tag{14.6}$$

onde λ e μ são números arbitrários, complexos ou reais. Por exemplo, d^2/dx^2 é um operador linear, mas um operador SQ, que dá o comando "calcule o quadrado das funções seguintes", não seria linear.

Se associamos quantidades físicas a operadores lineares, o valor esperado da quantidade dada pela Eq. (14.2) obviamente deve ser real, pois é medido com algum instrumento físico. Se $\langle F \rangle$ deve ser real, deve igualar-se ao seu conjugado complexo, $\langle F \rangle = \langle F \rangle^*$. O conjugado complexo de $\langle F \rangle$, por definição, é obtido tomando-se o conjugado complexo de cada parte da integral na Eq. (14.2)

$$\langle F \rangle = \langle F \rangle^* = \int_{-\infty}^{\infty} \psi \hat{F}^* \psi^* \, dx \tag{14.7}$$

Assim, das Eqs. (14.2) e (14.7),

$$\langle F \rangle = \int_{-\infty}^{\infty} \psi^* \hat{F} \psi \, dx = \langle F \rangle^* = \int_{-\infty}^{\infty} \psi (\hat{F}\psi)^* \, dx \tag{14.8}$$

Da definição de um *operador hermitiano* na Eq. (14.1) é evidente que o operador $\hat{F}$ na Eq. (14.8) é hermitiano. Assim, uma condição suficiente para que o valor esperado seja real é que o operador seja hermitiano.

Se, para uma função f e um operador $\hat{O}$, temos

$$\hat{O}f = cf \tag{14.9}$$

onde c é um número, então f é chamado uma *autofunção* do operador $\hat{O}$ e c é chamado um *autovalor* do operador $\hat{O}$. (Para operadores hermitianos, os autovalores c devem ser números reais.) Os termos *autofunção* e *autovalor* foram introduzidos, no capítulo anterior, em relação a soluções de equações diferenciais com condições de contorno. Se $\hat{O}$ for um operador diferencial, a Eq. (14.9) é uma expressão para a equação diferencial em forma de operador, e o problema de encontrar as autofunções e os autovalores na Eq. (14.9) é matematicamente equivalente ao da resolução da equação diferencial e do problema das condições de contorno.

14.3. Generalização para três dimensões

Os postulados da mecânica quântica foram estabelecidos para uma única partícula, que tem apenas um grau de liberdade (movimento em uma dimensão). Na generalização para três dimensões, $\Psi(x, t) \rightarrow \Psi(x, y, z, t)$, o operador hamiltoniano se torna

$$\hat{H} = -\frac{\hbar^2}{2m}\left(\frac{\partial^2}{\partial x^2} + \frac{\partial^2}{\partial y^2} + \frac{\partial^2}{\partial z^2}\right) + U(x, y, z, t)$$

O operador laplaciano

$$\nabla^2 \equiv \frac{\partial^2}{\partial x^2} + \frac{\partial^2}{\partial y^2} + \frac{\partial^2}{\partial z^2}$$

encontrado anteriormente na teoria eletrostática (Sec. 10.20) é geralmente lido como "nabla ao quadrado".

A equação de Schrödinger em três dimensões é, conseqüentemente,

$$x, y, z, t)\Psi = i\hbar \frac{\partial \Psi}{\partial t} \tag{14.10}$$

Se o potencial U não for uma função do tempo, podemos imediatamente separar as variáveis nesta equação, como

$$\Psi(x, y, z, t) = \psi(x, y, z)\, e^{-iEt/\hbar}$$

A equação de Schrödinger independente do tempo se torna

$$-\frac{\hbar^2}{2m}\nabla^2\psi + U\psi = E\psi \tag{14.11}$$

$$\hat{H}\psi = E\psi \tag{14.12}$$

onde a constante de separação E pode ser interpretada como um valor de energia estacionário para o sistema (como conseqüência do Postulado IV). A Eq. (14.12) tem exatamente a forma mostrada na Eq. (14.9), portanto ψ é uma autofunção, $\hat{H}$ é também um operador hermitiano e E, um autovalor do sistema. No restante deste capítulo, consideraremos soluções da Eq. (14.12) para as autofunções ψ independentes do tempo. No Cap. 16, entretanto, voltaremos à equação de onda dependente do tempo, (14.10), para resolver o problema da velocidade de transição entre estados estacionários.

14.4. Oscilador harmônico

Através de transformação adequada de variáveis, todos os problemas que levam a soluções exatas da equação de Schrödinger podem ser reduzidos ao mesmo problema matemático. Do ponto de vista das teorias físicas, entretanto, é mais elucidativo tratar cada problema separadamente. Os problemas que têm solução são: o oscilador harmônico, o rotor rígido, o átomo de hidrogênio (movimento de uma partícula num campo de força coulombiano) e a molécula íon de hidrogênio (H_2^+) (movimento de uma partícula em campos coulombianos combinados de dois núcleos). Existem, também, algumas outras funções especiais de potencial que permitem a obtenção de soluções exatas.

O problema do oscilador harmônico unidimensional é especialmente interessante porque é suficientemente difícil para exemplificar a maioria dos pontos de interesse, sendo, não obstante, simples o bastante para permitir uma apresentação completa dos detalhes matemáticos.

Como foi mostrado na Sec. 4.19, a energia potencial

$$U(x) = \tfrac{1}{2}\kappa x^2$$

e da Eq. (13.3)

$$\kappa = 4\pi^2\mu\nu_0^2, \tag{14.13}$$

onde μ é a massa reduzida e ν_0, a freqüência fundamental de vibração. A equação de Schrödinger, Eq. (14.11), torna-se então

$$\frac{d^2\psi}{dx^2} + \frac{8\pi^2\mu}{h^2}(E - U)\psi = 0 \tag{14.14}$$

Por conveniência, novos parâmetros são introduzidos

$$\alpha^4 = \frac{\hbar^2}{\kappa\mu}, \qquad \epsilon = \frac{2\alpha^2\mu E}{\hbar^2} \tag{14.15}$$

Assim, a Eq. (14.14) se torna

$$\alpha^2 \frac{d^2\psi}{dx^2} + \left(\epsilon - \frac{x^2}{\alpha^2}\right)\psi = 0 \tag{14.16}$$

Em seguida, transformaremos a variável independente x em uma nova variável y por meio de

$$x = \alpha y$$

Utilizando o fato de que o operador

$$\frac{d^2}{dx^2} = \alpha^{-2}\frac{d^2}{dy^2}$$

temos

$$\frac{d^2\psi}{dy^2} + (\epsilon - y^2)\psi = 0 \tag{14.17}$$

Esse é um exemplo de equação diferencial linear de segunda ordem. Muitos estudos matemáticos interessantes estão relacionados com a solução de tais equações[5]. A discussão teórica é baseada no número e nos tipos de *pontos singulares* da equação. Qualquer ponto que não for um *ponto comum* será um *ponto singular*. Na Eq. (14.17), por exemplo, um ponto comum $y = y_1$ é qualquer ponto para o qual ψ e $d\psi/dy$ podem admitir quaisquer pares de valores sem fazer com que $d^2\psi/dy^2$ tenda ao infinito. Uma propriedade importante da equação diferencial linear é que seus pontos singulares são fixos. A teoria mostra, então, que em qualquer ponto comum ou próximo a ele, a solução geral da equação pode ser escrita como uma expansão em série de potências ao redor daquele ponto, cujo raio de convergência é a distância à singularidade mais próxima.

Em nossa Eq. (14.17), $y = \infty$ é um ponto singular porque não podemos permitir que ψ admita qualquer valor nesse ponto e ainda exigir que $d^2\psi/dy^2$ não tenda a ∞. De fato, devemos exigir que $\psi = 0$ para $y = \infty$. Desta forma, escolhemos uma função que fará ψ satisfazer a essa condição para $y = \pm\infty$ e multiplicamos esta função por uma série de potenciais que nos permitirá resolver a equação no domínio $-\infty < y < \infty$.

Quando y se torna muito grande, a Eq. (14.17) se reduz a

$$\frac{d^2\psi}{dy^2} - y^2\psi = 0 \tag{14.18}$$

No limite, quando $y \to \pm\infty$, a Eq. (14.18) tem uma solução assintótica

$$\psi = e^{\pm y^2/2} \tag{14.19}$$

Como a exponencial positiva não se comporta convenientemente, é desprezada, e tentamos encontrar uma solução da equação original, Eq. (14.17), da forma

$$\psi = \mathscr{H}(y)\, e^{-y^2/2} \tag{14.20}$$

Quando a Eq. (14.20) é substituída na Eq. (14.17), obtemos a equação diferencial que deve ser satisfeita por $\mathscr{H}(y)$,

$$\frac{d^2\mathscr{H}}{dy^2} - 2y\frac{d\mathscr{H}}{dy} + (\epsilon - 1)\mathscr{H} = 0 \tag{14.21}$$

Para a Eq. (14.21), $y = 0$ é um ponto regular, de modo que podemos expressar $\mathscr{H}(y)$ como uma série de potências em y,

$$\mathscr{H}(y) = \sum_{\nu} a_\nu y^\nu \equiv a_0 + a_1 y + a_2 y^2 + a_3 y^3 + \cdots \tag{14.22}$$

[5] H. Jeffreys e B. S. Jeffreys, *Methods of Mathematical Physics*, 2.ª edição (Londres: Cambridge University Press, 1950), Cap. 16

Da Eq. (14.22),

$$\frac{d\mathscr{H}}{dy} = \sum_{\nu} \nu a_\nu y^{\nu-1} \equiv a_1 + 2a_2 y + 3a_3 y + \cdots$$

$$\frac{d^2\mathscr{H}}{dy^2} = \sum_{\nu} \nu(\nu - 1)a_\nu y^{\nu-2} \equiv 1\cdot 2a_2 + 2\cdot 3a_3 y + \cdots$$

Substituindo-se essas expressões e a Eq. (14.22) na Eq. (14.21), e ordenando-as em potências crescentes de y, obtém-se

$$[1\cdot 2a_2 + (\epsilon - 1)a_0] + [2\cdot 3a_3 + (\epsilon - 1 - 2)a_1]y$$
$$+ [3\cdot 4 + (\epsilon - 1 - 2\cdot 2)a_2]y^2 + \cdots = 0$$

Como a y, variável independente, pode-se atribuir qualquer valor para que essa série se anule para todos os valores de y, é necessário que cada termo se anule

$$\nu = 0, \quad 1\cdot 2a_2 + (\epsilon - 1)a_0 = 0$$
$$\nu = 1, \quad 2\cdot 3a_3 + (\epsilon - 1 - 2)a_1 = 0$$
$$\nu = 2, \quad 3\cdot 4a_4 + (\epsilon - 1 - 2\cdot 2)a_2 = 0$$
$$\nu = 3, \quad 4\cdot 5a_5 + (\epsilon - 1 - 2\cdot 3)a_3 = 0 \text{ etc.}$$

Podemos ver que a regra geral seguida é que para o coeficiente ν-ésimo (de y^ν)

$$(\nu + 1)(\nu + 2)a_{\nu+2} + (\epsilon - 1 - 2\nu)a_\nu = 0$$

$$a_{\nu+2} = -\frac{(\epsilon - 2\nu - 1)}{(\nu + 1)(\nu + 2)}a_\nu \tag{14.23}$$

A expressão (14.23) é um exemplo de *fórmula de recorrência*. Se conhecermos a_0 e a_1, a Eq. (14.23) nos permite calcular todos os outros coeficientes na série de potências. Os valores de a_0 e a_1 são as duas constantes arbitrárias que sempre ocorrem na solução de uma equação diferencial de segunda ordem comum.

Dispomos agora da solução para a Eq. (14.17), porém será que ela obedece à condição de contorno, $\psi \to 0$ quando $y \to \infty$? Podemos ver que em geral não a obedecerá, porque a série infinita na Eq. (14.22) tenderia a ∞ como e^{y^2} e, assim, superaria o fator $e^{-y^2/2}$ na Eq. (14.20)[6]. Para ajustar as condições de contorno, podemos terminar a série em algum número finito de termos; então, o fator $e^{-y^2/2}$ garantirá que $\psi \to 0$ quando $y \to \infty$. O término da série após o ν-ésimo termo pode ser efetuado pela seleção dos parâmetros de energia ε na Eq. (14.23) de tal maneira que o numerador se torne zero para $\nu = v$, um inteiro. Essa condição é, por conseguinte, $\varepsilon - 2v - 1 = 0$ ou

$$\epsilon = 2v + 1 \tag{14.24}$$

Essa condição finalizará ou a série com v par ou com v ímpar, mas não ambas. Assim, se v é par, tomamos $a_0 = 0$ e, se v é ímpar, $a_1 = 0$.

A Eq. (14.24) é uma condição típica de autovalor. Mostra que funções de onda apropriadas ψ não podem ser encontradas para qualquer valor arbitrário de energia, mas somente para certos valores discretos dados pela condição (14.24). Quando α é introduzido da Eq. (14.15), a Eq. (14.24) se torna

$$E = (v + \tfrac{1}{2})h\nu_0 \tag{14.25}$$

A Eq. (14.25) é a expressão da mecânica quântica para os níveis de energia de um oscilador harmônico unidimensional. O número quântico v ocorre matematicamente

[6]Compare as séries para $\mathscr{H}(y)$ com aquela para e^{y^2}

$$e^{y^2} = 1 + y^2 + \frac{y^4}{2!} + \cdots + \frac{y^\nu}{(\nu/2)!} + \frac{y^{\nu+2}}{[(\nu/2 + 1)]!} + \cdots$$

Os termos superiores desta série diferem dos termos para $\mathscr{H}(y)$ na Eq. (14.21) simplesmente por uma constante multiplicativa

como resultado da condição de contorno na solução da equação de Schrödinger. Os níveis de energia são colocados em gráfico na Fig. 14.1(a) superpostos à curva de energia potencial dada pela Eq. (4.39).

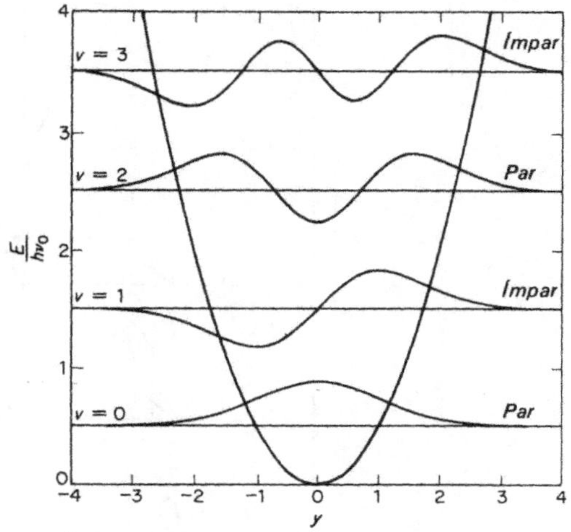

Figura 14.1 (a) A função potencial e as funções de onda para um oscilador harmônico. A escala para os níveis de energia é dada à direita em unidades de $E/h\nu_0$. As amplitudes das funções $\psi(y)$ estão no gráfico de modo que $\psi_v(y)$ está normalizada para cada nível de energia. Lembre-se de que $y = x/\alpha$, onde $\alpha = (h^2/k\mu)^{1/4}$. H. L. Strauss, *Quantum Mechanics: An Introduction* (Englewood Cliffs, N.J.: Prentice-Hall, Inc., 1968), p. 57

14.5. Funções de onda do oscilador harmônico

As funções de onda ψ_v correspondentes aos níveis de energia da Eq. (14.25) especificados pelo número quântico v são as autofunções do problema do oscilador harmônico. A Tab. 14.1 fornece os primeiros polinômios $\mathscr{H}_v(y)$ obtidos das Eqs. (14.21) e (14.23). As autofunções são então

$$\psi_v = N_v \, e^{-y^2/2} \, \mathscr{H}_v(y) \tag{14.26}$$

onde N_v é o fator de normalização apropriado obtido da condição que

$$\int_{-\infty}^{\infty} \psi_v^*(x)\psi_v(x)\,dx = 1, \qquad N_v = \left(\frac{\alpha}{\pi^{1/2}\,2^v v!}\right)^{1/2}$$

As funções $\psi_v(y)$ são colocadas em gráfico na Fig. 14.1(a).

Os polinômios $\mathscr{H}_v(y)$ eram conhecidos antes do advento da mecânica quântica como *polinômios de Hermite*, os quais ocorriam na solução de equações diferenciais semelhantes à equação de Hermite. Os polinômios podem ser facilmente obtidos de uma outra definição

$$\mathscr{H}_v(y) = (-1)^v \, e^{y^2} \frac{d^v e^{-y^2}}{dy^v} \tag{14.27}$$

Tabela 14.1 Alguns dos primeiros polinômios de Hermite $\mathscr{H}_v(y)$

$\mathscr{H}_0 = 1$
$\mathscr{H}_1 = 2y$
$\mathscr{H}_2 = 4y^2 - 2$
$\mathscr{H}_3 = 8y^3 - 12y$
$\mathscr{H}_4 = 16y^4 - 48y^2 + 12$
$\mathscr{H}_5 = 32y^5 - 160y^3 + 120y$

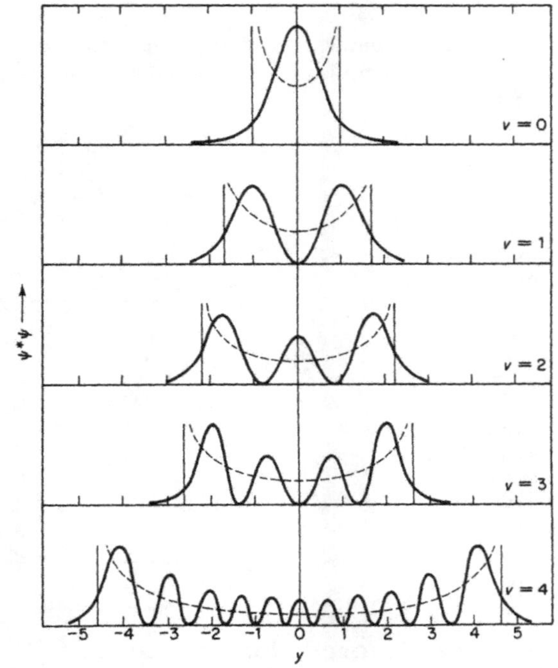

Figura 14.1 (b) Alguns esboços das funções de densidade de probabilidade do oscilador harmônico. As linhas pontilhadas em cada esquema são as funções de densidade de probabilidade para o oscilador clássico com as mesmas constantes físicas e a mesma energia. Chalmers W. Sherwin, *Introduction to Quantum Mechanics* (New York: Holt, Rinehart & Winston, Inc., 1959), p. 53

Relembramos da Sec. 13.18 a interpretação de ψ_v como uma amplitude de probabilidade, tal como $\psi^*\psi\, dx$ dá a probabilidade de a partícula ser encontrada entre x e $x + dx$. Na Fig. 14.1(b), são colocados em gráfico $\psi_v^*\psi_v$ para diversos valores de v. Essas curvas mostram, portanto, a probabilidade de a massa puntiforme oscilante ser encontrada à distância $x(= \alpha y)$ de sua posição de equilíbrio.

Na mecânica clássica, é mais provável encontrar-se um oscilador nos pontos extremos de sua vibração já que nestes a energia cinética tende a zero quando o movimento é invertido. O resultado da mecânica quântica é surpreendentemente diferente para pequenos valores de v. Para $v = 0$, por exemplo, a posição mais provável é a posição de equilíbrio, $y = 0$. Naturalmente, a vibração do ponto zero não tem qualquer análogo clássico, pois que classicamente o menor estado de energia implicaria que a vibração cessasse completamente. Mostramos, entretanto, a distribuição clássica para um oscilador com a mesma energia total $E = \frac{1}{2}h\nu$. Os casos $v = 1, 2, 3$ e o correspondente clássico são apresentados. Finalmente, mostramos o caso $v = 4$. Para um número quântico desta ordem, a descrição quântica começa a se aproximar do comportamento clássico, desde que se tome uma média sobre as oscilações de freqüência alta das funções de onda. Tal aproximação assintótica do comportamento mecânico quântico ao comportamento clássico para números quânticos grandes é um exemplo do *princípio da correspondência.*

As distribuições espaciais de ψ são usadas no cálculo da probabilidade de transição de um estado a outro mais alto ou mais baixo com conseqüente absorção ou emissão de um quantum de energia $h\nu$. Através do princípio de Franck-Condon, a ser discutido na Sec. 17.17, pode-se então deduzir os resultados de tais transições espectrais.

14.6. Função de partição e termodinâmica do oscilador harmônico

Uma aplicação importante do modelo do oscilador harmônico é o cálculo mecânico-estatístico da função de partição f_v mostrado na Tab. 5.4. As funções termodinâmicas calculadas a partir de f_v podem ser usadas para os modos vibracionais tanto de moléculas como de cristais.

Das Eqs. (5.28) e (14.24), a função de partição para um oscilador individual é

$$z_v = \sum_v \exp \frac{-(v+\frac{1}{2})h\nu}{kT} = \exp \frac{-h\nu}{2kT} \sum_v \exp \frac{-vh\nu}{kT}$$
$$z_v = \frac{\exp(-h\nu/2kT)}{1-\exp(-h\nu/kT)} \tag{14.28}$$

A função de partição vibracional total de uma molécula ou cristal é o produto de termos do tipo da Eq. (14.28), um para cada dos modos normais de vibração,

$$z_v = \prod_j z_{v,j} \tag{14.29}$$

Para a construção de tabelas e facilitar os cálculos, as contribuições vibracionais podem ser colocadas em formas mais convenientes. A energia vibracional por mol, das Eqs. (5.37), (14.24) e (14.28), é

$$U_m = RT^2 \frac{\partial \ln z}{\partial T} = L\frac{h\nu}{2} + \frac{Lh\nu\, e^{-h\nu/kT}}{1-e^{-h\nu/kT}}$$

Agora, $Lh\nu/2$ é a energia do ponto zero por mol U_{m0}, de onde, escrevendo $h\nu/kT = x$, temos

$$\frac{U_m - U_{m0}}{T} = \frac{Rx\, e^{-x}}{1-e^{-x}} \tag{14.30}$$

A capacidade calorífica vibracional por mol é

$$\left(\frac{\partial U_m}{\partial T}\right)_V = C_{Vm} = \frac{Rx^2}{2(\cosh x - 1)} \tag{14.31}$$

Da Eq. (5.44), desde que para a contribuição vibracional[7] $A = G$,

$$\frac{G_m - U_{m0}}{T} = R \ln(1-e^{-x}) \tag{14.32}$$

Finalmente, a contribuição vibracional para a entropia é

$$S = \frac{U-U_0}{T} - \frac{G-U_0}{T} \tag{14.33}$$

Uma excelente tabulação dessas funções foi dada por J. G. Aston[8]. Um conjunto resumido desses valores é dado na Tab. 14.2. Se a freqüência de vibração pode ser obtida de observações espectroscópicas, tais tabelas podem ser usadas para calcular as contribuições vibracionais à energia, entropia, energia livre e capacidade calorífica. A aplicação desses resultados ao problema da capacidade calorífica de solidos é descrita na Sec. 18.25. Para trabalhos precisos, uma correção deve ser feita para a anarmonicidade das vibrações[9].

[7]Isto é evidente da Eq. (5.45), desde que z_v não é função de V, $P = 0$, $G = A + PV = A$

[8]Em *Treatise on Physical Chemistry*, Vol. 1, 3.ª edição, editado por H. S. Taylor e S. Glasstone (Princeton, N.J.: D. Van Nostrand Co., Inc., 1942), p. 655

[9]G. N. Lewis e M. Randall *Thermodynamics*, 2.ª edição (revista por K. S. Pitzer e L. Brewer) (New York: McGraw-Hill Book Company, 1961), p. 430. Ver a Sec. 17.10

Tabela 14.2 Funções termodinâmicas molares de um oscilador harmônico (unidades de energia em joule)

$x = \frac{h\nu}{kT}$	C_V	$\frac{(U - U_0)}{T}$	$\frac{-(G - U_0)}{T}$	$x = \frac{h\nu}{kT}$	C_V	$\frac{(U - U_0)}{T}$	$\frac{-(G - U_0)}{T}$
0,10	8,305	7,912	19,56	1,70	6,573	3,159	1,677
0,15	8,297	7,707	16,39	1,80	6,393	2,958	1,502
0,20	8,289	7,510	14,20	1,90	6,209	2,778	1,347
0,25	8,272	7,318	12,55	2,00	6,021	2,603	1,209
0,30	8,251	7,130	11,23	2,20	5,640	2,279	0,976
0,35	8,230	6,945	10,14	2,40	5,255	1,991	0,7907
0,40	8,205	6,761	9,230	2,60	4,870	1,734	0,6418
0,45	8,176	6,586	8,439	2,80	4,494	1,507	0,5213
0,50	8,142	6,410	7,753	3,00	4,125	1,307	0,4246
0,60	8,071	6,067	6,615	3,50	3,270	0,9062	0,2552
0,70	7,983	5,740	5,708	4,00	2,528	0,6204	0,1535
0,80	7,883	5,427	4,962	4,50	1,913	0,4204	0,0933
0,90	7,774	5,125	4,339	5,00	1,420	0,2820	0,0556
1,00	7,657	4,841	3,816	5,50	1,036	0,1878	0,0338
1,10	7,523	4,565	3,366	6,00	0,7455	0,1238	0,0209
1,20	7,385	4,301	2,982	6,50	0,5296	0,0815	0,0125
1,30	7,234	4,049	2,645	7,00	0,3723	0,0531	0,0075
1,40	7,079	3,810	2,355	8,00	0,1786	0,0221	0,0025
1,50	6,916	3,582	2,099	9,00	0,0832	0,0092	0,0016
1,60	6,745	3,365	1,875	10,00	0,0376	0,0037	0,0004

Calculemos a contribuição vibracional para a entropia do F_2 a 298,2 K. A freqüência fundamental de vibração ocorre em $\sigma = 892{,}1 \text{ cm}^{-1}$. Assim

$$x = \frac{h\nu}{kT} = \frac{hc\sigma}{kT} = \frac{(6{,}62 \times 10^{-27})(3{,}00 \times 10^{10})(892.1)}{(1{,}38 \times 10^{-16})(298{,}2)} = 4{,}305$$

Da Tab. 14.2 e Eq. (14.33),

$$S_m = \frac{U - U_0}{T} - \frac{G - U_0}{T} = 0{,}5004 + 0{,}1167 = 0{,}6171 \text{ J}\cdot\text{K}^{-1}\cdot\text{mol}^{-1}$$

14.7. Rotor rígido diatômico

O problema do rotor rígido (discutido classicamente na Sec. 14.9) conduz à mesma formulação matemática do problema da dependência angular da função de onda para o elétron no átomo de hidrogênio. Trataremos aqui o caso do rotor rígido e usaremos o resultado mais tarde na discussão do problema do átomo de hidrogênio.

Como foi salientado na Sec. 4.19, o movimento de duas partículas de massas m_1 e m_2, ligadas por uma conexão rígida de comprimento R de maneira que o centro de massa do sistema sempre permaneça em repouso, é equivalente ao movimento de uma única partícula de massa reduzida μ a uma distância R da origem das coordenadas. Para tal movimento puramente rotacional não há energia potencial e, sendo assim, a equação de Schrödinger (14.11) torna-se, com $U = 0$,

$$-\frac{\hbar^2}{2\mu}\nabla^2\psi = E\psi \qquad (14.34)$$

Por meio da Eq. (10.46) podemos exprimir a Eq. (14.34) em coordenadas polares e aplicar a condição de que $r = R$, uma constante, para obter

$$\left(\frac{\partial^2}{\partial\theta^2} + \frac{\cos\theta}{\operatorname{sen}\theta}\frac{\partial}{\partial\theta} + \frac{1}{\operatorname{sen}^2\theta}\frac{\partial^2}{\partial\phi^2}\right)\psi(\theta, \phi) + \beta\psi(\theta, \phi) = 0 \qquad (14.35)$$

onde $\beta = 2\mu R^2 E/\hbar^2$.

Procedendo como na Sec. 13.20, separamos as variáveis por uma substituição

$$\psi(\theta, \phi) = \Theta(\theta)\Phi(\phi)$$

a qual fornece duas equações diferenciais ordinárias

$$\frac{d^2\Phi}{d\phi^2} + m_l^2\Phi = 0 \qquad (14.36)$$

$$\frac{d^2\Theta}{d\theta^2} + \frac{\cos\theta}{\operatorname{sen}\theta}\frac{d\Theta}{d\theta} + \left(\beta - \frac{m_l^2}{\operatorname{sen}^2\theta}\right)\Theta = 0 \qquad (14.37)$$

Neste ponto, m_l é uma constante de separação arbitrária. Como foi visto previamente para a Eq. (13.52), as soluções da Eq. (14.36) são

$$\Phi(\phi) = \exp(im_l\phi), \qquad (14.38)$$

onde m_l pode admitir tanto valores positivos como negativos. Verificamos agora que os valores permitidos de m_l são restritos pelas exigências de que a função de onda e sua derivada devem ser em todos os pontos unívocas, finitas e contínuas. No caso das funções da Eq. (14.38), a exigência que $\Phi(\phi)$ seja unívoca requer que

$$\Phi(\phi) = \Phi(\phi + 2\pi)$$

$$\exp(im_l\phi) = \exp[im_l(\phi + 2\pi)]$$

assim

$$\exp(im_l 2\pi) = 1$$

Os únicos valores permitidos m_l são, desta forma,

$$m_l = 0, \pm 1, \pm 2, \pm 3, \text{etc.} \qquad (14.39)$$

A constante m_l tornou-se um *número quântico.*

Voltemos agora nossa atenção para a Eq. (14.37), relativa a $\Theta(\theta)$, e vamos introduzir a transformação de variáveis,

$$s = \cos\theta$$

$$g(s) = \Theta(\cos\theta)$$

Como

$$\frac{d\Theta}{d\theta} = -\operatorname{sen}\theta\frac{dg}{ds}$$

$$\frac{d^2\Theta}{d\theta^2} = \operatorname{sen}^2\theta\frac{d^2g}{ds^2} - \cos\theta\frac{dg}{ds}$$

a Eq. (14.37) se torna

$$(1 - s^2)\frac{d^2g}{ds^2} - 2s\frac{dg}{ds} + \left(\beta - \frac{m_l^2}{1 - s^2}\right)g = 0 \qquad (14.40)$$

Não daremos aqui os detalhes da solução desta equação, a qual pode ser encontrada em qualquer livro-texto de mecânica quântica[10]. Esta é uma equação bem conhecida, cujas soluções são os *polinômios associados de Legendre*, $P_l^{m_l}(s)$, onde o parâmetro l se relaciona com β através de

$$\beta = l(l + 1) \qquad (14.41)$$

As soluções para a Eq. (14.40) na forma de uma série infinita geralmente tendem ao infinito quando $s \to 1$, sempre que $m_l \neq 0$. Como no caso dos polinômios de Hermite no problema do oscilador harmônico, podemos evitar que a solução tenda a ∞ simplesmente terminando a série para obter um polinômio com um número finito de termos. A condição para essas soluções polinomiais é que l seja zero ou um inteiro positivo, tal que $l > |m_l|$. A condição de autovalor no parâmetro de energia na Eq. (14.41) se torna

[10]Por exemplo, L. Pauling e E. B. Wilson, *Introduction to Quantum Mechanics* (New York: McGraw-Hill Book Company, 1935), p. 118

conseqüentemente

$$E_l = l(l+1)\frac{\hbar^2}{2\mu R^2}, \qquad l = 0, 1, 2, 3, \ldots \tag{14.42}$$

As autofunções são

$$\psi_{l,m_l}(\theta, \phi) \equiv Y_{l,m_l}(\theta, \phi) = P_l^{|m_l|}(\cos\theta)\exp(im_l\phi), \tag{14.43}$$

com

$$m_l = -l, -l+1 \cdots 0, 1 \cdots l$$

Da Eq. (14.43), notamos que para cada nível de energia, especificado pelo valor de l na Eq. (14.42), existirão $2l + 1$ autofunções diferentes especificadas pelos valores permitidos de m_l para o dado l. Os níveis de energia de um rotor rígido têm desta forma uma degenerescência de $2l + 1$.

No caso de moléculas diatômicas e lineares, que têm somente um momento de inércia, $I = \mu R^2$, a Eq. (14.42) é geralmente escrita em termos de um número quântico rotacional J (em vez de l), como

$$E = J(J+1)\frac{\hbar^2}{2I} \tag{14.44}$$

Esta fórmula foi usada na Sec. 5.15 para calcular a função de partição rotacional para moléculas lineares. Será também aplicada no Cap. 17 para discutir os níveis de energia que fornecem os espectros rotacionais de moléculas.

As funções $Y_{l,m_l}(\theta, \phi)$ são chamadas *superfícies harmônicas esféricas.* Elas aparecem na solução de muitos problemas de interesse, não só em Física clássica mas também em mecânica quântica. Um exemplo é o problema de *ondas sobre um planeta inundado*[11]. Supor que a Terra fosse uma esfera perfeita coberta completamente com água numa profundidade uniforme. As ondas na superfície desse oceano idealizado poderiam ser representadas por superfícies harmônicas esféricas. As funções são resumidas na Tab. 14.3 tanto em coordenadas polares como em coordenadas cartesianas.

Tabela 14.3 Harmônicos esféricos de superfície

			Harmônicos esféricos*		
l	m_l	$P_l^{m_l}(s)$	Em coordenadas polares	Em coordenadas cartesianas	
0	0	1	$f_{00} = 1$	s	$= 1$
1	0	s	$f_{10} = \cos\theta$	p_z	$= z/R$
1	1	$(1-s^2)^{1/2}$	$f_{11} = \begin{cases}\text{sen}\,\theta\,\text{sen}\,\phi \\ \text{sen}\,\theta\cos\phi\end{cases}$	p_y p_x	$= y/R$ $= x/R$
2	0	$\frac{1}{2}(3s^2-1)$	$f_{20} = 3\cos^2\theta - 1$	d_{z^2}	$= (3z^2 - R^2)/R^2$
2	1	$3s(1-s^2)^{1/2}$	$f_{21} = \begin{cases}\text{sen}\,\theta\cos\theta\,\text{sen}\,\phi \\ \text{sen}\,\theta\cos\theta\cos\phi\end{cases}$	d_{yz} d_{xz}	$= yz/R^2$ $= xz/R^2$
2	2	$3(1-s^2)$	$f_{22} = \begin{cases}\text{sen}^2\,\theta\,\text{sen}^2\,\phi \\ \text{sen}^2\,\theta\cos 2\phi\end{cases}$	d_{xy} $d_{x^2-y^2}$	$= xy/R^2$ $= (x^2-y^2)/R^2$
3	0	$\frac{1}{2}(5s^2-3s)$	$f_{30} = 5\cos^3\theta - 3\cos\theta$	f_{z^3}	$= (5z^3 - 3R^2z)/R^3$
3	1	$\frac{3}{2}(1-s)^{1/2}(5s^2-1)$	$f_{31} = \begin{cases}\text{sen}\,\theta\,(5\cos^2\theta - 1)\,\text{sen}\,\phi \\ \text{sen}\,\theta\,(5\cos^2\theta - 1)\cos\phi\end{cases}$	f_{yz^2} f_{xz^2}	$= y(5z^2 - R^2)/R^3$ $= x(5z^2 - R^2)/R^3$
3	2	$15(1-s^2)s$	$f_{32} = \begin{cases}\text{sen}^2\,\theta\cos\theta\,\text{sen}\,2\phi \\ \text{sen}^2\,\theta\cos\theta\cos 2\phi\end{cases}$	f_{xyz} $f_{z(x^2-y^2)}$	$= xyz/R^3$ $= z(x^2-y^2)/R^3$
3	3	$15(1-s^2)^{3/2}$	$f_{33} = \begin{cases}\text{sen}^3\,\theta\,\text{sen}\,3\phi \\ \text{sen}^3\,\theta\cos 3\phi\end{cases}$	f_{y^3} f_{x^3}	$= y(y^2 - 3x^2)/R^3$ $= x(x^2 - 3y^2)/R^3$

*Os f_{l,m_l} são as formas reais de Y_{l,m_l}, e $R = (x^2 + y^2 + z^2)^{1/2}$

[11]Discutido em detalhes por W. Kauzmann, *Quantum Chemistry* (New York: Academic Press, Inc., 1957), pp. 83-99

14.8. Função de partição e termodinâmica do rotor rígido diatômico

Os níveis discretos de energia de um rotor rígido linear foram dados na Eq. (14.44). Se o momento de inércia I é suficientemente grande, esses níveis de energia se tornam tão próximos que o $\Delta\varepsilon$ entre níveis adjacentes é muito menor que kT, mesmo a temperaturas de alguns kelvins. Essa condição é, na realidade, verificada para todas as moléculas diatômicas exceto H_2, HD e D_2. Para F_2, $I = 25{,}3 \times 10^{-40}$ g·cm²; para N_2, 13,8 × × 10^{-40}; mas, para H_2, $I = 0{,}47 \times 10^{-40}$. Esses valores são calculados a partir das distâncias interatômicas e das massas dos átomos.

A *multiplicidade* dos níveis rotacionais exige algumas considerações. O número de modos de distribuir J quanta de energia rotacional entre dois eixos de rotação é igual a $2J + 1$ em todos os casos, exceto $J = 0$, quando há duas alternativas possíveis para cada quantum adicionado. O peso estatístico g de um nível rotacional J é, desta forma, $2J + 1$.

A função rotacional se torna agora, através da Eq. (5.52),

$$z_r = \sum (2J + 1) \exp \frac{-J(J+1)\hbar^2}{2IkT} \tag{14.45}$$

Substituindo o somatório por uma integração, uma vez que os níveis se encontram muito próximos em comparação a kT, obtemos

$$\begin{aligned} z_r &= \int_0^\infty (2J+1) \exp\left[\frac{-J(J+1)\hbar^2}{2IkT}\right] dJ \\ z_r &= \frac{2IkT}{\hbar^2} \end{aligned} \tag{14.46}$$

Em moléculas diatômicas homonucleares ($^{14}N^{14}N$, $^{35}Cl^{35}Cl$ etc.), exclusivamente valores pares ou ímpares de J são permitidos, dependendo das propriedades de simetria das autofunções moleculares. Em moléculas diatômicas heteronucleares ($^{14}N^{15}N$, HCl, NO etc.) não há restrição aos valores permitidos de J. Um número de simetria σ é desta forma introduzido, que é ou $\sigma = 1$ (heteronucleares) ou $\sigma = 2$ (homonucleares). Assim, a Eq. (14.46) se torna

$$z_r = \frac{2IkT}{\sigma\hbar^2} \tag{14.47}$$

Como um exemplo da aplicação desta equação, considerar o cálculo da contribuição rotacional à entropia molar. Das Eqs. (5.37) e (5.42),

$$S_r = RT\frac{\partial \ln z_r}{\partial T} + k \ln z_r^L = R + R \ln z_r = R + R \ln \frac{2IkT}{\sigma\hbar^2}$$

Notar que a energia rotacional é simplesmente RT de acordo com o princípio da equipartição.

14.9. O átomo de hidrogênio

Se desprezarmos o movimento translacional do átomo como um todo e o movimento do núcleo atômico, podemos reduzir o problema do átomo de hidrogênio ao de um único elétron de massa m em um campo coulombiano. O movimento do núcleo pode ser levado em conta usando-se a massa reduzida μ da Eq. (4.37) em lugar de m. O problema é análogo ao de uma partícula em uma caixa tridimensional, exceto que agora há simetria esférica. Também, em vez de altas barreiras e de energia potencial nula no interior da caixa, há um aumento gradual no potencial com a distância a partir do núcleo: para $r = \infty$, $U = 0$; para $r = 0$, $U = -\infty$. A energia potencial do elétron no campo do núcleo de carga Ze é dada por $U = -Ze^2/r$, que é mostrada na Fig. 14.2.

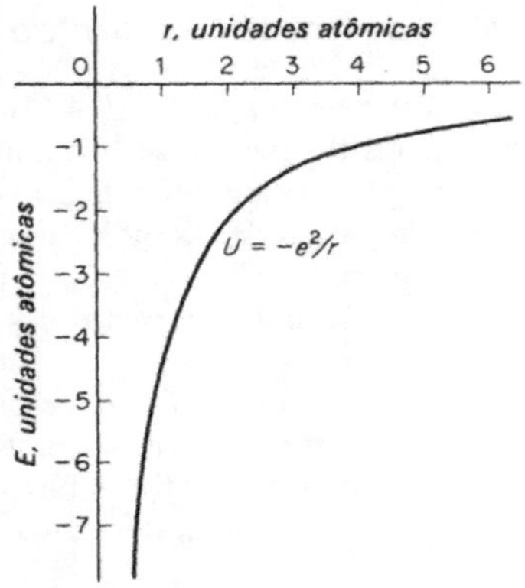

Figura 14.2 Energia potencial coulombiana do elétron negativo no campo do próton positivo

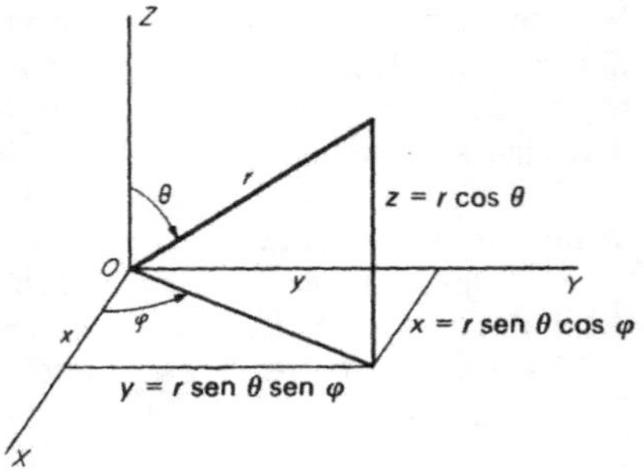

Figura 14.3 Coordenadas esféricas polares

A equação de Schrödinger torna-se desta forma

$$\frac{\partial^2\psi}{\partial x^2}+\frac{\partial^2\psi}{\partial y^2}+\frac{\partial^2\psi}{\partial z^2}+\frac{2\mu}{\hbar^2}\left(E+\frac{Ze^2}{r}\right)\psi=0 \qquad (14.48)$$

Por conveniência de notação, podemos converter a unidades atômicas de distância e energia, em termos das quais a equação passa à forma

$$\nabla^2\psi+2\left(E+\frac{Z}{r}\right)\psi=0 \qquad (14.49)$$

A simetria esférica da função energia potencial sugere que a equação pode ser resolvida mais facilmente em termos de coordenadas polares esféricas, r, θ e ϕ, as quais são mostradas na Fig. 14.3. A coordenada r mede a distância radial a partir da origem; θ é a latitude; e ϕ, a longitude. Como o elétron está se movendo em três dimensões, três coordenadas são suficientes para descrever sua posição em qualquer instante.

Quando o laplaciano na Eq. (14.49) é transformado em coordenadas polares, a equação se torna

$$\frac{1}{r^2}\frac{\partial}{\partial r}\left(r^2\frac{\partial\psi}{\partial r}\right)+\frac{1}{r^2\operatorname{sen}^2\theta}\frac{\partial^2\psi}{\partial\phi^2}+\frac{1}{r^2\operatorname{sen}\theta}\frac{\partial}{\partial\theta}\left(\operatorname{sen}\theta\frac{\partial\psi}{\partial\theta}\right)+2\left(E+\frac{Z}{r}\right)\psi=0 \qquad (14.50)$$

As variáveis na Eq. (14.50) podem ser separadas porque o potencial é função somente de r. Façamos a substituição

$$\psi(r,\theta,\phi)=R(r)\Theta(\theta)\Phi(\phi)=R(r)Y(\theta,\phi)$$

Isto é, a função de onda é um produto de três funções, a primeira das quais depende somente de r, a segunda, somente de θ e a terceira, somente de ϕ.

Encontramos equações para a parte angular separada $Y(\theta, \phi)$ e para a parte radial $R(r)$ separada:

$$\frac{1}{\operatorname{sen}\theta}\frac{\partial}{\partial\theta}\left(\operatorname{sen}\theta\frac{\partial Y}{\partial\theta}\right)+\frac{1}{\operatorname{sen}^2\theta}\frac{\partial^2 Y}{\partial\phi^2}+l(l+1)Y=0 \qquad (14.51)$$

$$\frac{1}{r^2}\frac{d}{dr}\left(r^2\frac{dR}{dr}\right)+\left(2E+\frac{2Z}{r}-\frac{l(l+1)}{r^2}\right)R=0 \qquad (14.52)$$

onde a constante de separação foi escrita como $l(l+1)$. A equação para a função angular $Y(\theta, \phi)$ é idêntica à encontrada na Eq. (14.35) para o problema do rotor rígido. Assim, as partes angulares das funções de onda para o problema do átomo de hidrogênio já estão à mão na Tab. 14.3.

A equação radial (14.52) é prontamente resolvida por um método análogo ao usado anteriormente. A solução resultante está baseada nos *polinômios associados de Laguerre.* A função

$$L_r(\rho) = \frac{e^\rho\, d^r(\rho^r e^{-\rho})}{d\rho^r} \tag{14.53}$$

fornece o polinômio de Laguerre de grau r. Se $L_r(\rho)$ for diferenciada s vezes em relação a ρ, obtém-se o polinômio associado de Laguerre de ordem s e grau $r-s$,

$$L_r^s(\rho) \equiv \frac{d^s L_r(\rho)}{d\rho^s} \tag{14.54}$$

Quando a função $R(r)$ é normalizada, possui a forma

$$R_{nl}(r) = \left[\frac{(n-l-1)!}{2n[(n+l)!]^3}\right]^{1/2}\left(\frac{2Z}{na_0}\right)^{l+(3/2)} r^l\, e^{-Zr/na_0}\, L_{n+l}^{2l+1}\left[\left(\frac{2Z}{na_0}\right)r\right] \tag{14.55}$$

A Tab. 14.4 registra todas as funções de onda semelhantes à do hidrogênio para $n = 1$ e $n = 2$.

Tabela 14.4 Funções de onda normalizadas análogas às do hidrogênio

	Camada *K*
$n = 1, l = 0, m_l = 0$	$\psi(1s) = \frac{1}{\sqrt{\pi}}\left(\frac{Z}{a_0}\right)^{3/2} e^{-Zr/a_0}$
	Camada *L*
$n = 2, l = 0, m_l = 0$	$\psi(2s) = \frac{1}{4\sqrt{2\pi}}\left(\frac{Z}{a_0}\right)^{3/2}\left(2 - \frac{Zr}{a_0}\right) e^{-Zr/2a_0}$
$n = 2, l = 1, m_l = 0$	$\psi(2p_z) = \frac{1}{4\sqrt{2\pi}}\left(\frac{Z}{a_0}\right)^{3/2}\frac{Zr}{a_0} e^{-Zr/2a_0}\cos\theta$
$n = 2, l = 1, m_l = \pm 1$*	$\psi(2p_x) = \frac{1}{4\sqrt{2\pi}}\left(\frac{Z}{a_0}\right)^{3/2}\frac{Zr}{a_0} e^{-Zr/2a_0}\,\text{sen}\,\theta\cos\phi$
	$\psi(2p_y) = \frac{1}{4\sqrt{2\pi}}\left(\frac{Z}{a_0}\right)^{3/2}\frac{Zr}{a_0} e^{-Zr/2a_0}\,\text{sen}\,\theta\,\text{sen}\,\phi$

*As funções aqui são combinações lineares reais das funções de onda $m_l = +1$ e $m_l = -1$ (ver a p. 575)

Os níveis de energia em unidades atômicas são

$$E_n = \frac{-Z^2}{2n^2} \tag{14.56}$$

ou, em unidades físicas padrão,

$$E_n = -\frac{\mu e^2 Z^2}{\hbar^2 n^2} \tag{14.57}$$

onde μ é a massa reduzida do núcleo e do elétron. Essa expressão para E_n é idêntica à deduzida da antiga teoria quântica de Bohr.

14.10. *Momentum* angular

A definição do *momentum* angular da mecânica clássica é relembrada na Fig. 14.4. O *momentum* angular **L** de uma partícula de massa m na extremidade do vetor **r** a partir do ponto fixo O é definido como

$$\mathbf{L} \equiv \mathbf{r} \times \mathbf{p} \equiv \mathbf{r} \times m\mathbf{v} \tag{14.58}$$

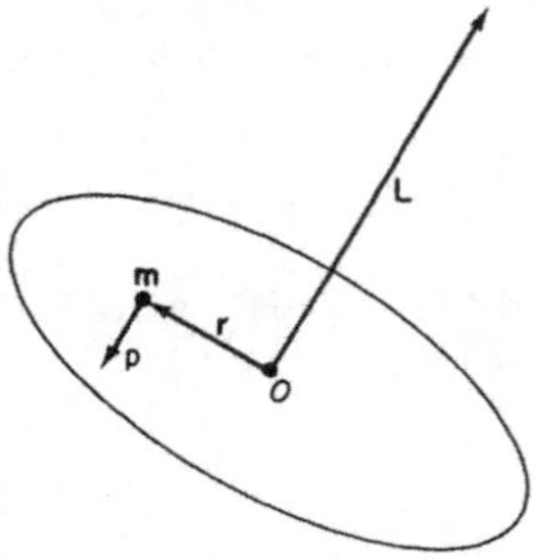

Figura 14.4 O *momentum* angular **L** de uma partícula de massa *m* em relação ao ponto O é definido como

$$\mathbf{L} \equiv \mathbf{r} \times \mathbf{p} \equiv \mathbf{r} \times m\mathbf{v},$$

onde **p** é o *momentum* linear da partícula e **r** é o raio vetor de O até a partícula. O vetor **L** é normal ao plano definido por **r** e **p**

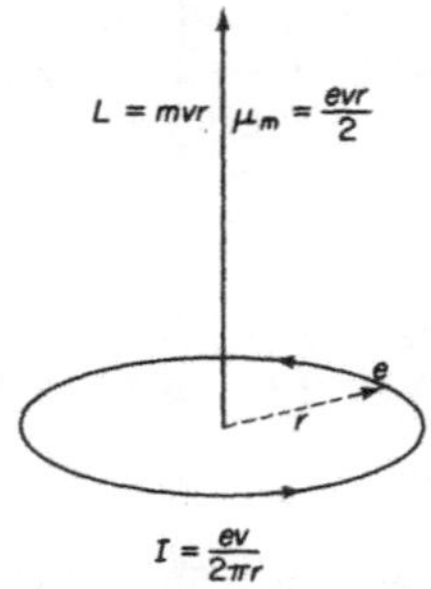

Figura 14.5 Visto de uma distância, longa comparada ao raio *r* da espira de corrente, o campo magnético devido à corrente é equivalente ao de um dipolo magnético de momento **μ** dirigido paralelamente ao vetor *momentum* angular **L**

onde p é o *momentum* linear e **v**, a velocidade da partícula.

Em coordenadas cartesianas[12] a Eq. (14.58) se torna

$$\begin{aligned} L_x &= yp_z - zp_y \\ L_y &= zp_x - xp_z \\ L_z &= xp_y - yp_x \end{aligned} \tag{14.59}$$

A aplicação do Postulado VI da p. 553 converte o *momentum* angular da Eq. (14.58) em um operador

$$\hat{\mathbf{L}} = -i\hbar(\mathbf{r} \times \nabla) \tag{14.60}$$

Ou, para os componentes na Eq. (14.59),

$$\begin{aligned} \hat{L}_x &= -i\hbar\left(y\frac{\partial}{\partial z} - z\frac{\partial}{\partial y}\right) \\ \hat{L}_y &= -i\hbar\left(z\frac{\partial}{\partial x} - x\frac{\partial}{\partial z}\right) \\ \hat{L}_z &= -i\hbar\left(x\frac{\partial}{\partial y} - y\frac{\partial}{\partial x}\right) \end{aligned} \tag{14.61}$$

Como as autofunções são geralmente dadas em coordenadas polares esféricas é conveniente transformar os operadores na Eq. (14.61) para este sistema

$$\begin{aligned} \hat{L}_x &= i\hbar\left(\cot\theta\cos\phi\frac{\partial}{\partial\phi} + \operatorname{sen}\phi\frac{\partial}{\partial\theta}\right) \\ \hat{L}_y &= i\hbar\left(\cot\theta\operatorname{sen}\phi\frac{\partial}{\partial\phi} - \cos\phi\frac{\partial}{\partial\theta}\right) \\ \hat{L}_z &= -i\hbar\left(\frac{\partial}{\partial\phi}\right) \end{aligned} \tag{14.62}$$

[12]Em termos dos vetores unitários **i**, **j**, **k** orientados ao longo dos eixos x, y, z, respectivamente, qualquer vetor **A** pode ser escrito em termos de seus componentes cartesianos, como $\mathbf{A} = A_x\mathbf{i} + A_y\mathbf{j} + A_z\mathbf{k}$. Assim,

$$\mathbf{r} \times \mathbf{p} = (x\mathbf{i} + y\mathbf{i} + z\mathbf{k}) \times (p_x\mathbf{i} + p_y\mathbf{j} + p_z\mathbf{k})$$

Como o produto vetorial obedece à lei distributiva de multiplicação

$$\mathbf{A} \times (\mathbf{B} + \mathbf{C}) = \mathbf{A} \times \mathbf{B} + \mathbf{A} \times \mathbf{C}$$

o produto $\mathbf{r} \times \mathbf{p}$ se torna $\mathbf{r} \times \mathbf{p} = \mathbf{i}(yp_z - zp_y) + \mathbf{j}(zp_x - xp_z) + \mathbf{k}(xp_y - yp_x)$ [Ver M. L. Boas, *Mathematical Methods in the Physical Sciences* (New York: John Wiley & Sons, Inc., 1966), p. 203]

O operador

$$\hat{L}^2 = \hat{L}_x^2 + \hat{L}_y^2 + \hat{L}_z^2$$

torna-se

$$\hat{L}^2 = -\hbar^2\left[\frac{1}{\operatorname{sen}\theta}\frac{\partial}{\partial\theta}\left(\operatorname{sen}\theta\frac{\partial}{\partial\theta}\right) + \frac{1}{\operatorname{sen}^2\theta}\frac{\partial^2}{\partial\phi^2}\right] \quad (14.63)$$

Podemos notar que esta expressão é idêntica à parte angular do operador laplaciano em coordenadas esféricas, um resultado útil.

Agora é fácil mostrar que as funções de onda análogas às do hidrogênio são autofunções para os operadores $\hat{L}_z$ e $\hat{L}^2$. Assim, cada autofunção corresponde a um valor mensurável definido do *momentum* angular total e do componente Z do *momentum* angular[13]

$$\hat{L}^2\psi = l(l+1)\hbar^2\psi \quad (14.64)$$

$$\hat{L}_z\psi = m_l\hbar\psi \quad (14.65)$$

14.11. *Momentum* angular e momento magnético

As soluções da equação de Schrödinger para um elétron em um potencial definido fornecem as funções de probabilidade para as velocidades do elétron bem como para sua posição. Um elétron em movimento é uma corrente elétrica e toda corrente elétrica gera um campo magnético. Se um elétron localizado na extremidade de um vetor r da origem, a qual pode ser o núcleo estacionário, está se movendo com velocidade v, a indução magnética na origem é

$$\mathbf{B}(\mathbf{r}) = -\frac{\mu_0}{4\pi}\frac{e(\mathbf{r}\times\mathbf{v})}{r^3} = -\frac{\mu_0}{4\pi}\frac{e\mathbf{L}}{mr^3} \quad (14.66)$$

uma vez que $m\mathbf{r}\times\mathbf{v} = \mathbf{L}$, o *momentum* angular. A permeabilidade do vácuo é $\mu_0 = 4\pi \times 10^{-7}\ \mathrm{J\cdot s^2\cdot C^{-2}\cdot m^{-1}}$. Em unidades SI, onde a carga é dada em coulombs e a distância em metros, $\mathbf{B}$ é medido em uma unidade $\mathrm{kg\cdot s^{-2}\cdot A^{-1}}$ chamada *tesla* (T), igual a 10^4 gauss (G) em unidades eletromagnéticas antigas.

Visto de longe, a indução magnética de um elétron em movimento é equivalente à de uma pequena barra magnética com momento magnético $\mathbf{p}_m$. A magnitude do campo magnético de tal ímã seria

$$B(r) = -\frac{\mu_0 p_m}{2\pi r^3} \quad (14.67)$$

Das Eqs. (14.66) e (14.67) a relação entre o momento magnético e o *momentum* angular, chamada *relação magnetogírica* γ, é

$$\gamma = \frac{\mathbf{p}_m}{\mathbf{L}} = \frac{e}{2m}$$

Os vetores $\mathbf{p}_m$ e $\mathbf{L}$ são paralelos, dirigidos ao longo de um eixo normal ao plano do laço da corrente (Fig. 14.5).

Para o caso do elétron no átomo de hidrogênio, o *momentum* angular pode ter somente valores quantizados, $\sqrt{l(l+1)}\,\hbar$, e sua componente na direção de um campo está restrita a valores $m_l\hbar$. A natureza física do acoplamento do *momentum* angular orbital com o campo magnético externo $\mathbf{B}'$ é a interação magnética de $\mathbf{p}_m$ com $\mathbf{B}'$, que tem uma energia potencial

$$U = -\mathbf{p}_m\cdot\mathbf{B}' = -p_m B'_z\cos\theta \quad (14.68)$$

onde θ é o ângulo entre a direção z do campo e o momento magnético.

[13]Deixamos o cálculo das Eqs. (14.64) e (14.65) através das Eqs. (14.62) e (14.63) como exercício para o estudante

Os valores permitidos da componente do momento magnético na direção do campo são, desta forma,

$$p_{m,z} = \frac{m_l \hbar e}{2m}$$

Existe, assim, uma unidade natural de momento magnético

$$\mu_B = \frac{e\hbar}{2m} \qquad (14.69)$$

que é chamada o *magnéton de Bohr*. Em unidades SI,

$$\mu_B = (9{,}7232 \pm 0{,}0006) \times 10^{-24} \text{J} \cdot \text{T}^{-1} (\text{ou} \quad \text{m}^2 \cdot \text{A})^{(14)}$$

14.12. Os números quânticos

As autofunções $\psi(n, l, m_l)$ para um único elétron no campo de um núcleo são especificadas por três números quânticos, como seria esperado para um problema tridimensional com condições de contorno em mecânica ondulatória.

O *número quântico principal n* é o sucessor do n introduzido por Bohr em sua teoria do átomo de hidrogênio. O número total de nós na função de onda é igual a $n-1$[(15)]. Esses nodos podem estar ou na função radial $R(r)$ ou na função azimutal $\Theta(\theta)$.

O número quântico l é chamado *número quântico azimutal* ou *número quântico de* momentum *angular*. É igual ao número de nós em $\Theta(\theta)$, isto é, ao número de superfícies nodais que passam pela origem[(16)]. Como o número total de nós é $n-1$, os valores permitidos de l vão de 0 a $n-1$. Quando $l = 0$, não existem nós na função $\Theta(\theta)$ e a função de onda é esfericamente simétrica em volta do núcleo central. O elétron tem um *momentum* angular **L**, quantizado de tal maneira que sua magnitude é

$$|\mathbf{L}| = \sqrt{l(l+1)}(\hbar) \qquad (14.70)$$

Estados com $l = 0$ desta forma têm *momentum* angular nulo.

Os estados com $l = 0, 1, 2, 3$ são designados como estados *s*, *p*, *d* e *f*, respectivamente. Na designação de um estado, o número quântico principal é seguido da letra que representa o número quântico azimutal. Por exemplo, $n = 1$, $l = 0$ é um estado 1*s*; $n = 2$, $l = 1$ é um estado 2*p*; etc.

O número quântico m_l é chamado *número quântico magnético*. O elétron num átomo de hidrogênio não perturbado, em estados com $l \neq 0$, tem um certo *momentum* angular dado pela Eq. (14.64). A componente z do *momentum* angular é restrita a $m_l\hbar$. Ou seja, temos um vetor de comprimento clássico $\sqrt{l(l+1)}\hbar$ com componente z, $m_l\hbar$, mas com componentes médias em x e y nulas. Essa situação nos permite imaginar uma *precessão* do vetor *momentum* angular **L** ao redor do eixo z, dando componentes x e y nulas na média.

Se o átomo de hidrogênio for colocado num campo magnético dirigido ao longo do eixo z, uma direção definida no espaço é fisicamente estabelecida pelo campo e o vetor *momentum* angular sofre precessão ao redor desta direção do campo. As soluções da equação de Schrödinger são tais que nem todas as orientações entre o vetor *momentum* angular e a direção do campo são permitidas. As únicas direções permitidas são aquelas nas quais as componentes do *momentum* angular ao longo do eixo z têm certos valores quantizados dados pela Eq. (14.65) como $L_z = m_l h$.

Este comportamento é ilustrado na Fig. 14.6 para o caso no qual o número azimutal $l = 2$. O número magnético m_l pode então ter os valores $-2, -1, 0, 1, 2$. Para qualquer

(14) $\mu_B = 9{,}2732 \times 10^{-21}$ erg · gauss^{-1}

(15) Se considerarmos que existe uma superfície nodal na função radial em $r = \infty$, o número total de nós é igual a n

(16) No caso em que $m_l = l$, a superfície nodal se torna uma linha nodal

valor de l, que especifique o *momentum* angular total, há $2l + 1$ valores de m_l, os quais especificam as componentes permitidas do *momentum* angular na direção do campo.

A energia do movimento precessional é quantizada. Os níveis de energia permitidos estão espaçados tal que $\varepsilon = m_l h\nu$, onde ν é a freqüência de precessão do vetor *momentum* angular no campo magnético. Esta é a *frequência de Larmor*

$$\nu = \frac{eB}{4\pi m} \tag{14.71}$$

Esses níveis de energia estão indicados na Fig. 14.6.

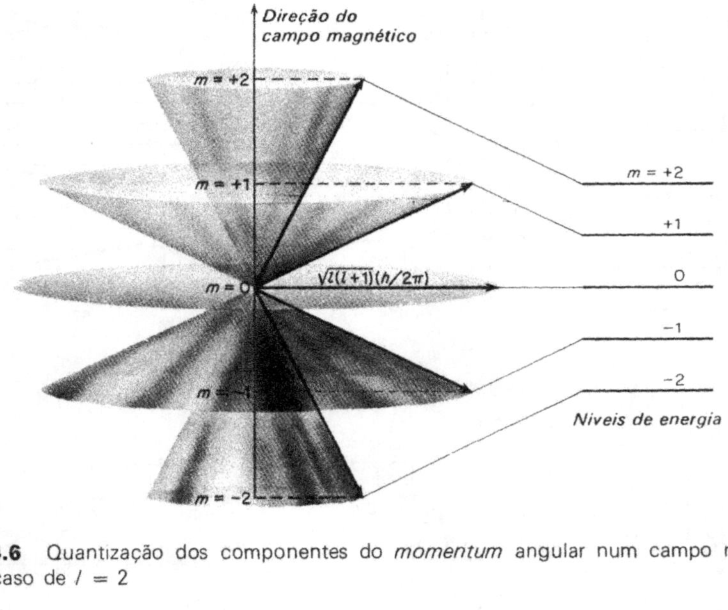

Figura 14.6 Quantização dos componentes do *momentum* angular num campo magnético **B** para o caso de $l = 2$

14.13. As funções de onda radiais

A Fig. 14.7(a) é um gráfico das partes radiais das funções de onda para alguns valores de n e l. Esses gráficos mostram claramente os nós nas ondas e o fato de o número de nós na função radial ser igual a $n - l - 1$. A amplitude ψ da onda eletrônica pode ser positiva ou negativa. A probabilidade de encontrar o elétron na região entre r e $r + dr$ é proporcional a $\psi^*\psi = |\psi|^2$, o quadrado do valor absoluto da amplitude. Freqüentemente precisamos conhecer a probabilidade de que o elétron se encontre a uma dada distância r do núcleo, qualquer que seja a direção — em outras palavras, a probabilidade de o elétron estar situado entre duas esferas de raios r e $r + dr$. O volume desta casca esférica é $4\pi r^2 dr$. Então, a probabilidade de encontrar o elétron em algum lugar dentro desta casca é $4\pi r^2 \psi^*\psi\, dr$. A função $4\pi r^2\psi^*\psi$ é chamada *função de distribuição radial* $D(r)$. Foi colocada em gráfico na Fig. 14.7(b) para os valores de n e l usados anteriormente na Fig. 14.7(a).

Consideremos primeiramente o caso de $n = 1$, $l = 0$, chamado estado 1s do elétron em um átomo de hidrogênio. Este é o estado de energia mais baixa ou *estado fundamental* do hidrogênio. Na antiga teoria de Bohr, o elétron neste estado se movia numa órbita circular de raio $a_0 = 0{,}0529$ nm. O resultado mecânico quântico indica que o elétron tem uma certa probabilidade de estar em qualquer lugar a partir de $r = 10^{-15}$ m, bem no centro do núcleo, até $r = 10^{20}$ m, dentro da via-láctea. No entanto, a posição de *probabilidade máxima* para o elétron corresponde ao valor $r = a_0$ e a chance de que o elétron

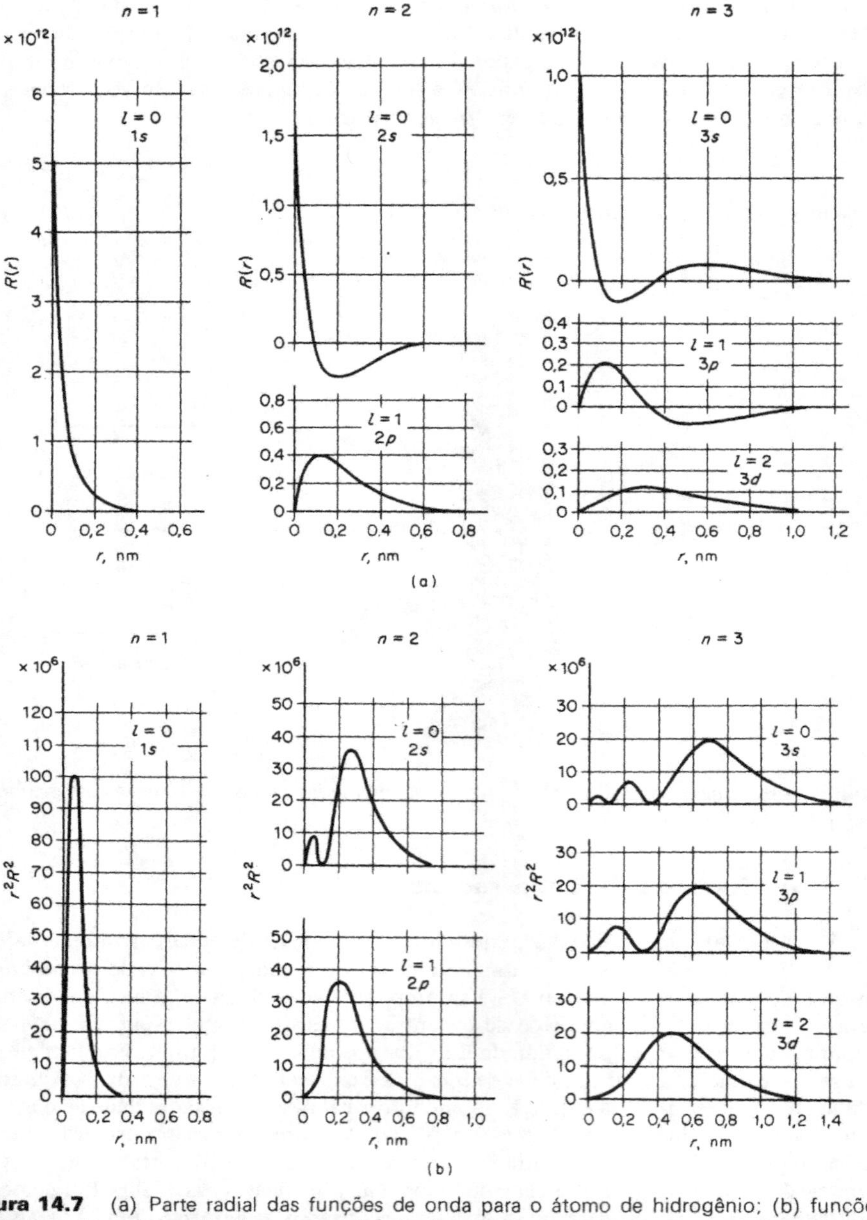

Figura 14.7 (a) Parte radial das funções de onda para o átomo de hidrogênio; (b) funções de distribuição radial — dando a probabilidade de encontrar um elétron a uma dada distância r do núcleo após fazer uma média dos valores em todas as posições angulares [Segundo G. Herzberg, *Atomic Spectra* (New York: Dover Publications Inc., 1944)]

esteja muito longe do núcleo é confortadoramente pequena. Por exemplo, qual a probabilidade de que o elétron esteja à distância de 10 a_0 ou 0,529 nm? Da Tab. 14.4, $\psi_{1s} = (\pi a_0^3)^{-1/2} e^{-r/a_0}$, assim a probabilidade relativa $(r^2\psi^2)$ comparada à de encontrar o elétron em a_0 é $10^2(e^{-10}/e^{-1})^2 = 1{,}52 \times 10^{-6}$. Este é um número pequeno, porém não desprezível. Outra maneira de expressar o resultado é dizer que um entre aproximadamente 7×10^5 átomos de hidrogênio poderia ter seu elétron à distância $10a_0$ do núcleo. Se um átomo de hidrogênio comum fosse do tamanho de uma bola de golfe, esse excepcional átomo de hidrogênio teria o tamanho de uma bola de futebol. Naturalmente, não permaneceria tão grande por muito tempo e, se a fotografássemos um instante mais tarde, deveríamos encontrar a bola de futebol outra vez em seu tamanho normal enquanto uma outra bola de golfe teria encolhido até o tamanho de uma ervilha. Assim, o átomo de hidrogênio da mecânica ondulatória não tem uma estrutura rígida de tamanho fixo.

No estado $2s$, $n = 2$, $l = 0$, encontramos, além do pico principal na função de distribuição radial para $r = 5{,}2a_0$, um outro pequeno pico de probabilidade em um valor muito menor, $r = 0{,}8a_0$. Este efeito, chamado *penetração*, dá uma nova compreensão importante do comportamento dos elétrons em camadas atômicas. Mostra que em certos estados o elétron passa uma pequena proporção de seu tempo muito próxima do núcleo. Para um dado valor de n, a penetração é maior quanto menor o valor de l, o número quântico azimutal. Devido ao fato de um elétron próximo ao núcleo sentir uma alta atração eletrostática, a penetração tem um efeito considerável no abaixamento da energia de um elétron e assim tende a aumentar a estabilidade dos estados na qual ela ocorra.

Uma função de onda para um único elétron é chamada um orbital. A velha teoria falava das *órbitas* de elétrons girando como pequenos planetas ao redor do núcleo, como um sol. Na nova teoria, não existem órbitas e toda a informação acerca da posição de um elétron está resumida no seu orbital ψ.

14.14. Dependência angular dos orbitais do hidrogênio

Orbitais com $l = 0$ são chamados orbitais s e são sempre esfericamente simétricos. Neste caso, ψ é somente função de r e não depende da θ ou ϕ. Orbitais com $l = 1$, chamados orbitais p, têm um caráter direcional marcante porque a função ψ depende de θ e ϕ. Os orbitais d, com $l = 2$, são também direcionais, com dependências angulares bastante complicadas.

Na parte angular da função de onda para o átomo de hidrogênio a função $\Phi(\phi)$ aparece na forma complexa

$$\Phi_{m_l}(\phi) = \frac{1}{2\pi} e^{im_l\phi} \tag{14.72}$$

onde m_l pode admitir os valores 0, ± 1, $\pm 3, \ldots, \pm l$.

Para estados com $l = 1$ (orbitais p), m_l pode ser -1, 0, $+1$. Para estados com $l = 2$ (orbitais d), m pode ser -2, -1, 0, $+1$, $+2$. Para mostrar a dependência angular desses orbitais é útil formar novas autofunções *reais* por combinações lineares das complexas da Eq. (14.72). (A propriedade geral de superposição das soluções de equações diferenciais lineares assegura que tais combinações lineares das soluções também serão soluções.) A Tab. 14.5 mostra as combinações lineares de funções $\Phi(\phi)$, as quais são as bases para a discussão comum da dependência angular. Os índices nos orbitais na forma complexa indicam os valores do número quântico m_l aos quais elas correspondem. Os índices das combinações lineares reais indicam as propriedades direcionais do orbital (ou, mais precisamente, como eles transformam sob operações rotacionais).

Consideremos dois exemplos. A parte angular de um orbital indicado por $p_0 = p_z$, das Tabs. 14.3 e 14.5, é

$$\Theta(\theta)\Phi(\phi) = \frac{1}{\sqrt{2\pi}} \cos\theta$$

Tabela 14.5 As funções $\Phi(\phi)$ em orbitais atômicos semelhantes aos do hidrogênio

Formas complexas	Combinações lineares reais
Orbitais p	
$p_{+1} = \frac{1}{\sqrt{2\pi}} e^{i\phi}$	$p_x = \frac{1}{\sqrt{2}}(p_1 + p_{-1})$
$p_0 = \frac{1}{\sqrt{2\pi}}$	$p_z = p_0$
$p_{-1} = \frac{1}{\sqrt{2\pi}} e^{-i\phi}$	$p_y = \frac{-i}{\sqrt{2}}(p_1 - p_{-1})$
Orbitais d	
$d_{+2} = \frac{1}{\sqrt{2\pi}} e^{i2\phi}$	$d_{z^2} = d_0$
$d_{+1} = \frac{1}{\sqrt{2\pi}} e^{i\phi}$	$d_{xz} = \frac{1}{\sqrt{2}}(d_{+1} + d_{-1})$
$d_0 = \frac{1}{\sqrt{2\pi}}$	$d_{yz} = \frac{-i}{\sqrt{2}}(d_{+1} - d_{-1})$
$d_{-1} = \frac{1}{\sqrt{2\pi}} e^{-i\phi}$	$d_{xy} = \frac{-i}{\sqrt{2}}(d_{+2} + d_{-2})$
$d_{-2} = \frac{1}{\sqrt{2\pi}} e^{-i2\phi}$	$d_{x^2-y^2} = \frac{1}{\sqrt{2}}(d_{+2} - d_{-2})$

As transformações de coordenadas cartesianas em esféricas, mostradas na Fig. 14.3, são

$$x = r \operatorname{sen} \theta \cos \phi$$
$$y = r \operatorname{sen} \theta \operatorname{sen} \phi$$
$$z = r \cos \theta$$

Assim,

$$p_0 = p_z = \frac{1}{\sqrt{2\pi}} \frac{1}{r} z$$

Vemos imediatamente porque esse orbital é indicado como p_z: possui as propriedades direcionais da coordenada z.

Se examinarmos a parte angular de p_x, encontramos

$$p_x = \frac{1}{\sqrt{2}} \operatorname{sen} \theta \left(\frac{1}{\sqrt{2\pi}}\right)(e^{i\phi} + e^{-i\phi})$$

Como

$$\frac{e^{i\phi} + e^{-i\phi}}{2} = \cos \phi$$

$$p_x = \frac{1}{\sqrt{\pi}} \operatorname{sen} \theta \cos \phi = \frac{1}{\sqrt{\pi}} \frac{1}{r} x$$

Por transformações, podemos imediatamente verificar as atribuições dos índices para outros orbitais na Tab. 14.5.

Existem diversas maneiras de ilustrar a dependência angular dos orbitais. Poderíamos representar $\Theta\Phi(\theta, \phi)$ em dois gráficos separados em coordenadas polares. Um exemplo de tal gráfico de $\Theta_{11}(\theta)$ ($l = 1$, $m_l = 1$) é mostrado na Fig. 14.8, junto com $\Theta_{11}^2(\theta)$. As funções colocadas, da Tab. 14.3, são simplesmente $\operatorname{sen} \theta$ e $\operatorname{sen}^2 \theta$.

Uma das maneiras mais pictóricas de mostrar a dependência angular dos orbitais é desenhar em perspectiva tridimensional uma representação das superfícies $\Theta(\theta)$ $\Phi(\phi)$, as superfícies harmônicas esféricas. Tais superfícies são mostradas na Fig. 14.9 para orbitais com $l = 0$ (orbitais s) e $l = 1$ (orbitais p). Também mostramos $\Theta^2\Phi^2$ pois o quadrado da função de onda angular determina as densidades eletrônicas. Para obter a amplitude verdadeira das funções de ondas precisamos multiplicar as partes angulares $\Theta(\theta)\Phi(\phi)$

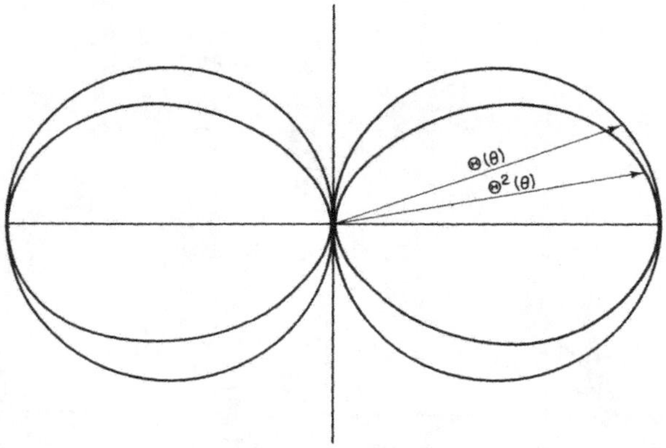

Figura 14.8 Dependência angular da função de onda $\Theta_{11}(\theta)$ e de seu quadrado Θ_{11}^2. Esses são simplesmente gráficos de sen Θ e de sen² Θ em coordenadas polares, sendo a amplitude das funções em qualquer ponto igual à distância da origem. Esses gráficos mostram a dependência angular de um orbital *p* e de seu quadrado, sendo este último proporcional à densidade eletrônica

mostradas na Fig. 14.9 pelas partes radiais $R(r)$ mostradas na Fig. 14.7. Da mesma maneira, podemos obter as densidades eletrônicas multiplicando $\Theta^2\Phi^2$ na Fig. 14.9 por $R^2(r)$. A dependência angular é a mesma para todos os valores de r. Assim, as formas sólidas na Fig. 14.9 *não* implicam que os orbitais sejam precisamente definidos no espaço. Eles simplesmente representam a dependência angular dos orbitais para qualquer valor de r.

Existem cinco orbitais *d*, com $l = 2$ e $m_l = -2, -1, 0, 1, 2$. Existem várias maneiras diferentes de escolher combinações linearmente independentes desses orbitais a fim de obterem funções reais. A solução mais comum é a dada na Tab. 14.5. As superfícies correspondentes são mostradas na Fig. 14.10 como modelos tridimensionais da dependência angular de $\Theta^2\Phi^2$.

14.15. O elétron girante

Em 1921, quando pesquisava no laboratório de Rutherford em Cambridge, Arthur Compton, um jovem físico americano, teve a idéia de que um elétron poderia possuir um *momentum* angular intrínseco ou *spin* e, desta forma, agir como um pequeno ímã. Em 1925, Wolfgang Pauli investigou porque as linhas nos espectros de metais alcalinos não eram simples como foi previsto pela teoria de Bohr, mas realmente formadas de duas componentes muito próximas (Um exemplo foi mostrado na Fig. 13.7.) Ele mostrou que o duplete na estrutura fina poderia ser explicado se um elétron pudesse existir em dois estados distintos.

G. E. Uhlenbeck e S. Goudsmit, de Leiden, identificaram esses estados como dois estados de diferente *momentum* angular. Sugeriram, desta forma, que o elétron possui um *momentum* angular intrínseco ou *spin*, especificado por um número quântico *s*. Por analogia à relação entre o número quântico *l* e o *momentum* orbital, o *momentum* angular *spin* tem uma magnitude $S = \sqrt{s(s+1)}\hbar = (\sqrt{3/2})\hbar$, onde s é sempre $= 1/2$. Os dubletes aparecerão nos espectros de metais alcalinos se o *momentum* angular *spin* puder ter somente duas orientações diferentes ao longo de qualquer eixo fisicamente estabelecido, tais que as componentes na direção dos eixos sejam especificados por um número quântico m_s (análogo a m_l), onde $m_s = +1/2$ ou $-1/2$. Essas relações estão resumidas na Fig. 14.11.

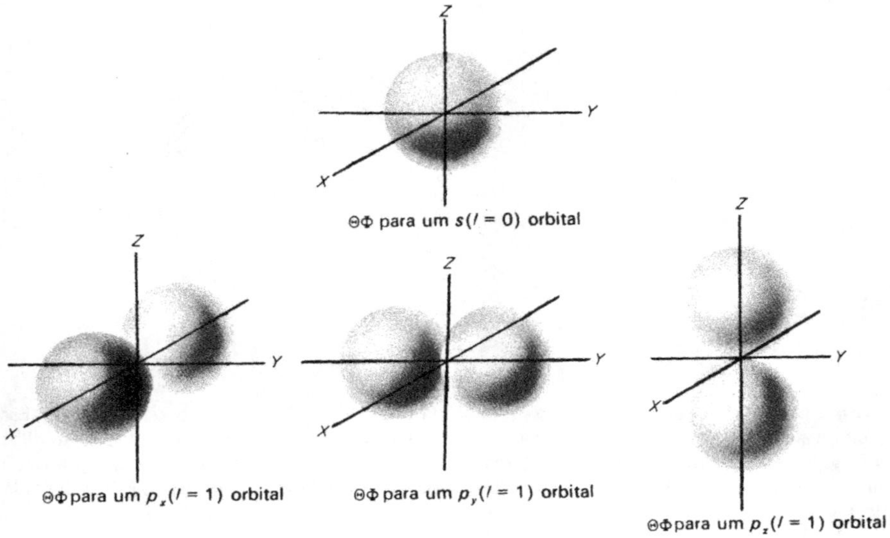

(a)

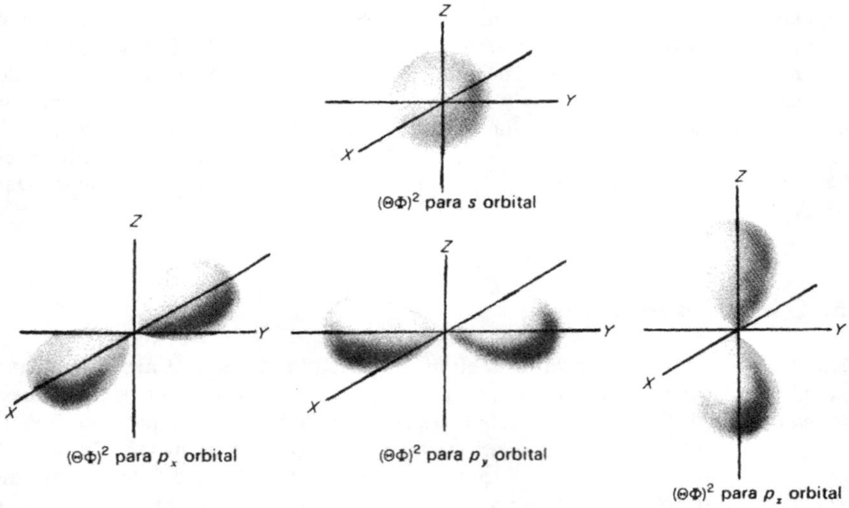

Figura 14.9 Gráficos polares: (a) os valores absolutos de ΘΦ, a parte angular das funções de onda do átomo de hidrogênio para os orbitais com $l = 0(s)$ e $l = 1(p)$; (b) $(\Theta\Phi)^2$ que são proporcionais às densidades eletrônicas

O elétron girante age como um pequeno ímã. A relação magnetogírica para o *spin* eletrônico é $\gamma_s = e/m$, justamente o dobro[17] de $\gamma = e/2m$ para o momento magnético orbital (p. 569). Portanto, o momento magnético do elétron é

$$\mathbf{p}_m = \gamma_s S = \frac{e}{m} \cdot \frac{\sqrt{3}}{2}\hbar$$

[17] A teoria da relatividade confirmada experimentalmente mostra que o fator é $g_e = 2{,}0023$ em vez de exatamente 2

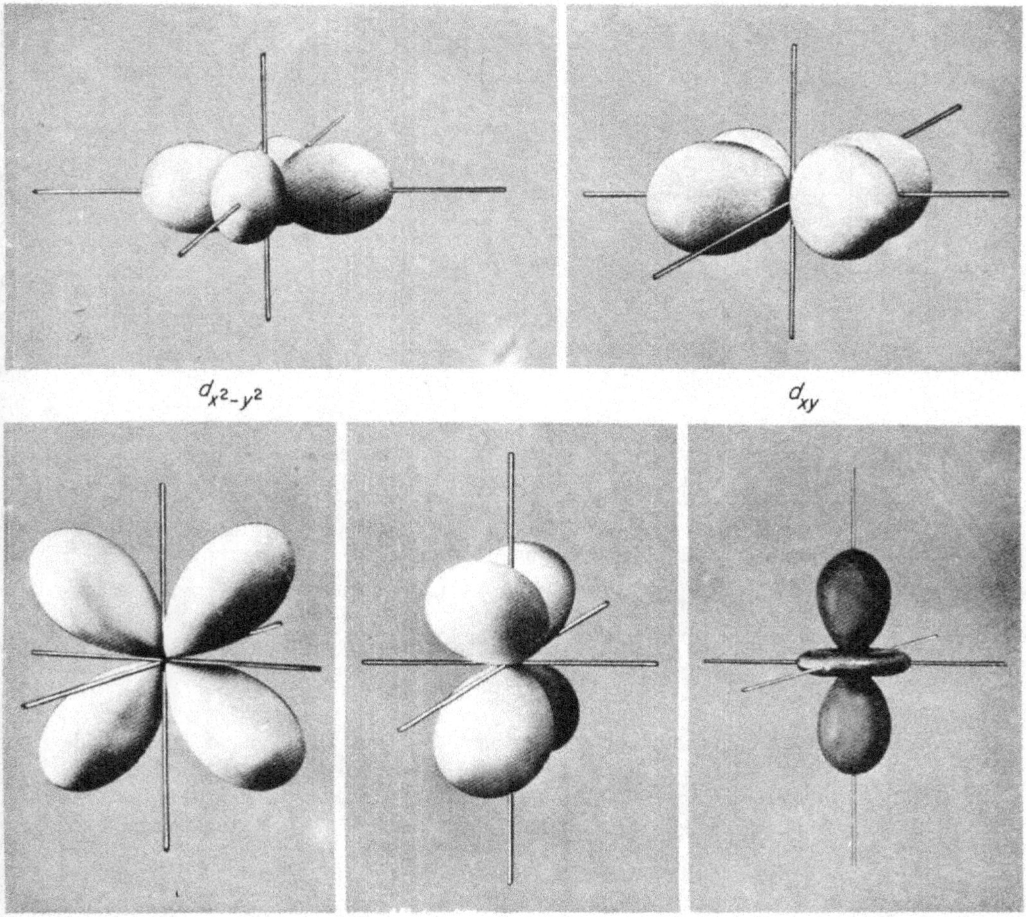

$d_{x^2-y^2}$ d_{xy}

d_{xz} d_{yz} d_{z^2}

Figura 14.10 Os orbitais atômicos *d* (análogos aos do hidrogênio) [R. G. Pearson, Northwestern University, American Chemical Society]

Uma bela demonstração experimental do fato que o elétron age como um ímã foi dada pela famosa *experiência de Stern-Gerlach.* Um feixe de átomos de um metal alcalino, ao passar através de um forte campo magnético não-homogêneo, separa-se em dois feixes distintos. A análise mostra que o efeito pode ser atribuído unicamente ao elétron mais externo do átomo, o qual pode ter um número quântico de *spin* $m_s = +1/2$ ou $-1/2$. O campo divide os átomos em dois feixes correspondentes aos dois *spins* diferentes de seus elétrons desemparelhados.

O conceito do *spin* eletrônico apareceu inicialmente como uma hipótese extra, que precisava ser adicionada ao resto da teoria. Como resultado, quatro números quânticos foram obtidos: n, l, m_l, m_s. Devido ao fato de que um número quântico ocorre na teoria ondulatória para cada dimensão ao longo da qual o elétron se pode mover, quatro números quânticos corresponderiam a quatro dimensões. A *quarta dimensão* é uma expressão tornada famosa pela teoria da relatividade de Einstein, na qual os eventos são descritos

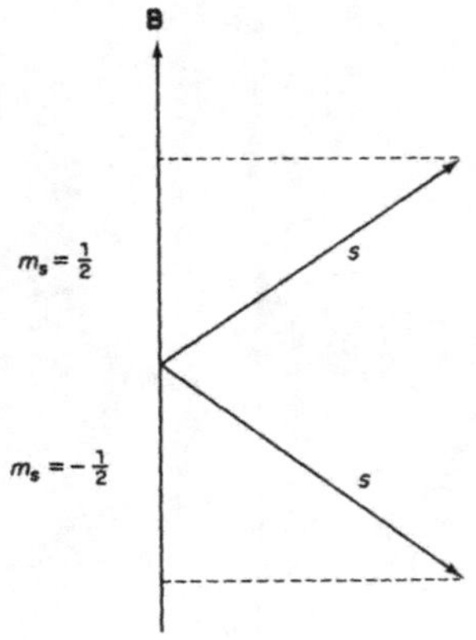

Figura 14.11 O *spin* s num campo magnético B pode ser orientado em somente duas direções, correspondendo a $m_s = +1/2$ ou $-1/2$. Nos átomos dos metais alcalinos, o movimento orbital dos elétrons de valência fornece um campo magnético que separa os estados do *spin*, conduzindo assim a dubletes no espectro

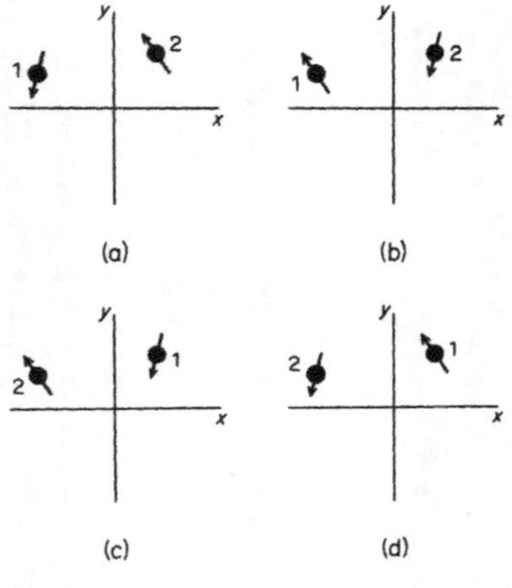

Figura 14.12 Troca das coordenadas de espaço e de *spin* para dois elétrons: (a) configuração original; (b) coordenadas de *spin* trocadas; (c) coordenadas espaciais trocadas; (d) coordenadas de *spin* e espaciais trocadas

em um mundo tetradimensional de três coordenadas espaciais e uma coordenada de tempo. Quando Paul Dirac, um físico teórico inglês, desenvolveu uma forma relativística da mecânica ondulatória para o elétron, ele achou que a propriedade do *spin* era uma conseqüência natural de sua teoria e nenhuma hipótese de *spin* separada foi necessária[18].

14.16. Postulados de *spin*

Para incluir as propriedades de *spin* de partículas em uma mecânica quântica não-relativística devemos adicionar dois novos postulados aos sete previamente estabelecidos para partículas sem *spin*.

Postulado VIII

Os operadores para o *momentum* angular de *spin* comutam e se combinam da mesma maneira que os do *momentum* angular comum.

Assim, correspondendo às equações da Sec. 14.10, podemos escrever equações para os *momentum* angulares de *spin* introduzindo $\hat{\mathscr{S}}$ onde previamente tínhamos $\hat{L}$.

[18]Um artigo de R. E. Powell, "Relativistic Quantum Chemistry" *J. Chem. Educ.* **45**, 558 (1968), deveria ser consultado para uma excelente discussão da abordagem de Dirac. Powell mostra que na teoria de Dirac os orbitais análogos aos do hidrogênio não têm nós. Assim, se nos referirmos à citação do início do Cap. 13, poderemos concluir que os *anjos* se comportam como partículas *sem spin*

Postulado IX

Para um único elétron há somente duas autofunções possíveis de $\mathscr{S}^2$ e $\mathscr{S}_z$. Suas autofunções são chamadas α e β. As equações de autovalores são

$$\hat{\mathscr{S}}_z\alpha = \tfrac{1}{2}\hbar\alpha, \qquad \hat{\mathscr{S}}_z\beta = -\tfrac{1}{2}\hbar\beta \qquad (14.73)^{(19)}$$

$$\hat{\mathscr{S}}^2\alpha = \tfrac{1}{2}(\tfrac{1}{2}+1)\hbar^2\alpha, \qquad \hat{\mathscr{S}}^2\beta = \tfrac{1}{2}(\tfrac{1}{2}+1)\hbar^2\beta \qquad (14.74)$$

É comum dizer que um elétron representado por uma autofunção de *spin* α tem *spin* $+1/2$ e um elétron representado pela autofunção de *spin* β tem *spin* $-1/2$. Devemos entender, contudo, que a componente z do *momentum* angular *spin* tem um significado físico somente se houver uma maneira física para designar um eixo z. Assim, é comum representar os vetores para o *momentum* angular *spin* como na Fig. 14.11, onde o eixo z é especificado pela direção de um campo magnético B.

A função de onda para um elétron pode agora ser representada pelo produto de uma função orbital e uma função *spin*, $\Phi(x, y, z, t)\alpha$ ou $\Phi(x, y, z, t)\beta$. Como as funções de *spin* α e β não são funções das coordenadas espaciais x, y, z, o operador $\hat{L}$ do *momentum* angular orbital e o operador $\hat{\mathscr{S}}$ do *momentum* angular de *spin* sempre comutam entre si.

14.17. O Princípio de Exclusão de Pauli

Uma solução exata da equação de onda de Schrödinger para um átomo foi obtida somente no caso do átomo de hidrogênio – um único elétron no campo de uma carga positiva. Para algumas discussões, é uma aproximação bastante boa admitir que os elétrons em átomos mais complexos se movem no campo esfericamente simétrico de um núcleo blindado. Nesta *aproximação de campo central*, os estados estacionários permitidos do elétron no átomo podem ainda ser classificados em termos dos quatro números quânticos n, l, m_l e m_s.

Uma regra importante governa os números quânticos permitidos para elétrons num átomo. Esta é o *princípio de exclusão*, enunciado pela primeira vez por Wolfgang Pauli numa forma restrita em 1924 e posteriormente numa forma mais geral. O Princípio de Exclusão de Pauli diz que dois elétrons não podem existir no mesmo estado quântico[20]. No tratamento da estrutura atômica pela aproximação do campo central, a cada elétron é atribuído um orbital especificado por seus quatro números quânticos. Assim, o Princípio de Exclusão de Pauli exige que dois elétrons num dado átomo não tem todos os quatro números quânticos, n, l, m_l e m_s, iguais.

Considere na Fig. 14.12 dois elétrons A e B. Cada elétron pode ser especificado por um conjunto de três coordenadas espaciais (x, y, z) (das quais x e y são mostradas aqui) e uma coordenada de *spin*, que pode ter qualquer dos dois valores, mostrados por uma flecha no diagrama. Podemos trocar as coordenadas espaciais e/ou de *spin* dos dois elétrons, como é mostrado no diagrama. Como os elétrons são partículas indistinguíveis, quando efetuamos tal troca, a função de onda ψ do sistema deve permanecer a mesma ($\psi \to \psi$) ou simplesmente trocar de sinal ($\psi \to -\psi$). No primeiro caso, chamamos ψ de *simétrica* em relação à troca; no segundo, chamamos ψ de *anti-simétrica* em relação à

[19] α e β não são autofunções de $\mathscr{S}_x$ e $\mathscr{S}_y$, mas

$$\hat{\mathscr{S}}_x\alpha = \tfrac{1}{2}\hbar\beta, \qquad \hat{\mathscr{S}}_x\beta = \tfrac{1}{2}\hbar\alpha$$
$$\hat{\mathscr{S}}_y\alpha = \tfrac{1}{2}i\hbar\beta, \qquad \hat{\mathscr{S}}_y\beta = -\tfrac{1}{2}i\hbar\alpha$$

[20] Ver a primeira parte da citação no começo do Cap. 13

troca. A função de onda total para um elétron pode ser escrita como um produto da parte *spin* σ (α ou β) e de uma parte coordenada ϕ,

$$\psi = \phi(x, y, z)\sigma$$

A afirmação geral do Princípio de Exclusão de Pauli, independentemente da aproximação do campo central, é como se segue: uma função de onda para um sistema de elétrons deve ser *anti-simétrica* em relação à troca das coordenadas espaciais e de *spin* de qualquer par de elétrons. (Se, portanto, $\phi \to -\phi$, $\sigma \to \sigma$; se $\phi \to \phi$, $\sigma \to -\sigma$, de modo que sempre $\psi \to -\psi$.)

O enunciado do princípio de Pauli em termos de números quânticos é um caso especial da afirmação geral. Considere dois elétrons 1 e 2, em estados especificados no modelo de campo central por n_1, l_1, m_{l_1}, m_{s_1} e n_2, l_2, m_{l_2}, m_{s_2}. Uma função anti-simétrica seria

$$\psi = \psi_{n_1,l_1,m_{l_1},m_{s_1}}(1)\,\psi_{n_2,l_2,m_{l_2},m_{s_2}}(2) - \psi_{n_1,l_1,m_{l_1},m_{s_1}}(2)\,\psi_{n_2,l_2,m_{l_2},m_{s_2}}(1)$$

Quando (1) e (2) são trocados, $\psi \to -\psi$, como se faz necessário. Suponha, entretanto, que os quatro números quânticos fossem os mesmos para os dois elétrons. Então $\psi = 0$, isto é, tal estado não pode existir.

J. C. Slater primeiramente sugeriu que a função de onda anti-simétrica para um sistema de N elétrons poderia ser mais convenientemente escrita como um determinante:

$$\psi(1, 2, \ldots, N) = \frac{1}{\sqrt{N}} \begin{vmatrix} \psi_a(1) & \psi_a(2) & \cdots & \psi_a(N) \\ \psi_b(1) & \psi_b(2) & \cdots & \psi_b(N) \\ \cdot & & & \\ \cdot & & & \\ \cdot & & & \\ \psi_n(1) & \psi_n(2) & \cdots & \psi_n(N) \end{vmatrix}$$

Os índices de ψ podem indicar os quatro números quânticos especificando um orbital. Se trocarmos duas colunas quaisquer, mudamos o sinal do determinante. Assim, a exigência de anti-simetria é mantida. Se qualquer conjunto de quatro números quânticos se torna o mesmo, por exemplo $a = b$, então duas linhas ficariam iguais e o determinante se anularia.

14.18. Interação *spin*-órbita

A estrutura dublete dos espectros atômicos dos metais alcalinos forneceu a primeira evidência espectroscópica do *spin* eletrônico, mas o mesmo tipo de efeito pode ser ob-

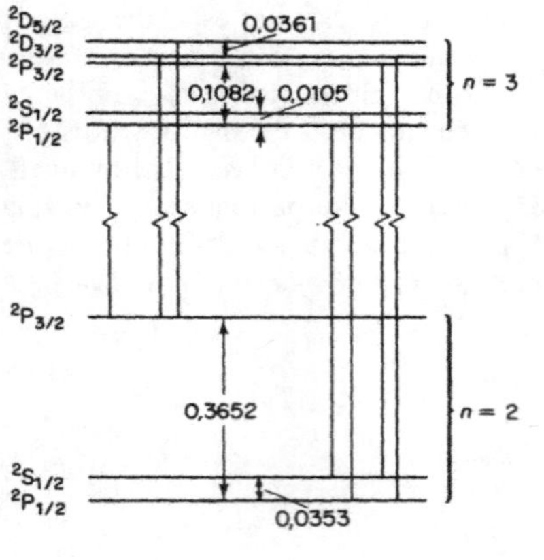

Figura 14.13 Estrutura fina da linha H_α na série de Balmer do hidrogênio atômico. As diferenças de energia são σ em cm^{-1}. A separação dos estados correspondentes a diferentes valores de j é o resultado das interações *spin*-órbita. A separação de $^2S_{1/2}$ e $^2P_{1/2}$ é o resultado da separação de Lamb, um efeito eletrodinâmico quântico [Ver W. E. Lamb e R. C. Retherford, *Phys. Rev.* **72**, 241 (1947). Também H. G. Kuhn e G. W. Series, *Proc. Roy. Soc.* **A202**, 127 (1950)]

servado no espectro do hidrogênio atômico, desde que seja examinado com um espectrógrafo de alto poder de resolução. Como um exemplo, considere a linha H_α na série de Balmer, cuja *estrutura fina* é mostrada na Fig. 14.13. Essa linha provém de transições entre níveis de energia com $n = 2$ e $n = 3$. Na teoria de Bohr e nas soluções da equação de Schrödinger para um elétron sem *spin*, esses níveis de energia são degenerados no sentido de que diversas funções de onda correspondem a cada um dos níveis:

$$n = 2, \quad l = 0, 1 \quad 2s, 2p$$
$$n = 3, \quad l = 0, 1, 2 \quad 3s, 3p, 3d$$

Na notação convencional, um nível de energia atômica ou termo é representado por uma letra maiúscula corresponde ao valor de $\mathbf{L} = \Sigma \mathbf{l}_i$, onde $\mathbf{l}_i$ são os valores de l dos elétrons individuais. Quando $L = 0, 1, 2, 3, \ldots$, o símbolo do termo é S, P, D, F,...

No caso do átomo de H, há somente um elétron, e $L = l$, mas os símbolos dos termos são usados para uniformidade. Assim, os termos seriam

$$n = 2, \quad \text{S, P}$$
$$n = 3, \quad \text{S, P, D}$$

Quando o *spin* eletrônico é considerado, ocorre um novo efeito que "levanta a degenerescência" dos estados $n = 2$ e $n = 3$, em outras palavras, faz com que os termos S, P e D tenham pequenas diferenças de energia. Este efeito, chamado *interação* spin-*órbita*, é uma interação magnética entre o momento magnético devido ao *spin* e o momento magnético devido ao *momentum* angular orbital. A interação é geralmente escrita como uma contribuição ao hamiltoniano na forma

$$H_{s.o.} = \xi(r)\,\mathbf{l}\cdot\mathbf{s}, \tag{14.75}$$

onde $\mathbf{l}$ designa o vetor *momentum* angular orbital e $\mathbf{s}$, o *momentum* angular de *spin*.

A interação *spin*-órbita surge como se segue. O elétron com seu *spin* se move com velocidade $\mathbf{v}$ no campo eletrostático $\mathbf{E}$ do núcleo blindado. Se o elétron estivesse parado e o núcleo se movimentasse ao seu redor, seria óbvio que o elétron ficaria sujeito a um campo magnético. Não importa qual das cargas se considera em movimento, pois o campo magnético efetivo é ainda $\mathbf{B}' = (\mathbf{v}/c \times \mathbf{E})$. A interação do momento magnético *spin* eletrônico $\boldsymbol{\mu}$ com esse campo é $\boldsymbol{\mu}\cdot\mathbf{B}'$. Para um potencial elétrico esfericamente simétrico Φ, $\mathbf{E} = -(\partial\Phi/\partial r)(\mathbf{r}/r^2)$, e assim $\mathbf{B}'$ é proporcional a $\mathbf{r} \times m\mathbf{v} = \mathbf{L}$. Então, como $\boldsymbol{\mu}$ é proporcional a $\mathbf{s}$, a forma da interação é $\lambda\mathbf{l}\cdot\mathbf{s}$.

O resultado dessa interação para o elétron num átomo de hidrogênio é que l e s se acoplam magneticamente para dar origem a um novo número quântico interno $j = l \pm s$, sendo $s = 1/2$. Conseqüentemente, por exemplo, os termos P para $n = 2$ se separam em dois, correspondendo a $j = l + s = 3/2$ e $j = l - s = 1/2$. O valor de j é escrito como um índice do símbolo do termo. Obtemos os seguintes termos

$$n = 2, \quad \mathrm{S}_{1/2}, \mathrm{P}_{1/2}, \mathrm{P}_{3/2}$$
$$n = 3, \quad \mathrm{S}_{1/2}, \mathrm{P}_{1/2}, \mathrm{P}_{3/2}, \mathrm{D}_{3/2}, \mathrm{D}_{5/2}$$

A estrutura fina mostrada na Fig. 14.13 é então satisfatoriamente explicada.

14.19. O espectro do hélio

O espectro atômico do hélio se mostrou surpreendentemente complicado. Depois de muito trabalho, as várias linhas foram escolhidas e atribuídas a transições entre pares de níveis de energia designados pelos seus símbolos de termos. O diagrama de termos resultante é mostrado na Fig. 14.14. O significado dos símbolos será explicado mais adiante.

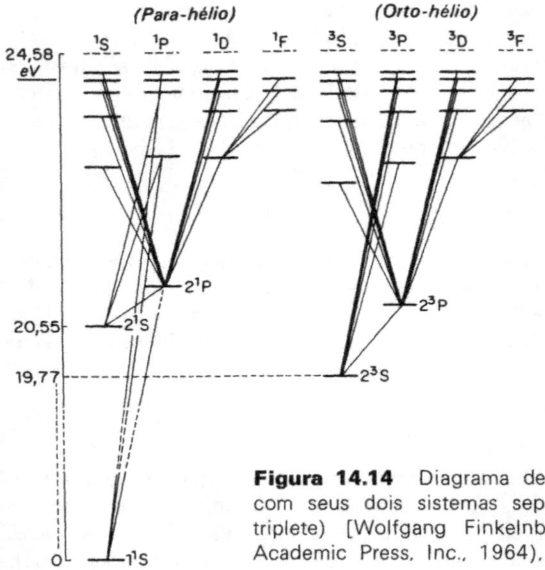

Figura 14.14 Diagrama de níveis de energia do átomo de hélio com seus dois sistemas separados (sistemas de termos singlete e triplete) [Wolfgang Finkelnburg, *Structure of Matter* (New York: Academic Press, Inc., 1964), p. 100]

Os termos são divididos em dois conjuntos distintos e as linhas espectrais resultam apenas de transições entre termos do mesmo conjunto. Esta divisão entre as duas classes de termos era tão definida que os primeiros pesquisadores acreditavam estar lidando com dois tipos distintos de hélio, aos quais chamaram *para-hélio* e *orto-hélio*. Na rotação moderna, entretanto, diz-se que um conjunto é constituído de *singletes* e outro de *tripletes*.

Em primeira aproximação, podemos especificar uma função de onda ψ para cada elétron no átomo de hélio, isto é, um orbital atômico, por meio do mesmo conjunto de quatro números quânticos que foram encontrados na solução da equação de Schrödinger para o átomo de hidrogênio, n, l, m_l e m_s. Naturalmente, de modo algum podemos usar as soluções encontradas para o átomo de H, e nenhuma solução exata deste tipo é disponível para o átomo de He. Entretanto, poderíamos imaginar um elétron no He sendo gradualmente movido em direção ao núcleo ou para o infinito e em nenhum estágio em tal processo imaginário encontraríamos uma mudança brusca na função de onda do elétron restante. Por essa razão, uma correspondência monounívoca pode ser obtida entre os orbitais análogos aos do hidrogênio e alguns orbitais aproximados do átomo de hélio (funções de onda monoeletrônicas). Assim, fala-se livremente de orbitais $1s$, $2s$ e $2p$ no hélio e átomos mais complexos, embora a forma exata das funções de onda possa não ser conhecida, e, como veremos mais tarde, até o modelo orbital pode falhar quando se tentam fazer cálculos quantitativos.

O estado fundamental do átomo de He tem a configuração eletrônica $1s^2$. Os dois elétrons têm números quânticos como se segue

$$n = 1, \quad l = 0, \quad m_l = 0, \quad m_s = \tfrac{1}{2}$$
$$n = 1, \quad l = 0, \quad m_l = 0, \quad m_s = -\tfrac{1}{2}$$

De acordo com o Princípio de Exclusão de Pauli, dois elétrons não podem ter o mesmo conjunto de quatro números quânticos.

O símbolo do termo para o estado fundamental é ^1S. A notação geral para o símbolo do termo é $^{2\mathscr{S}+1}L$. O valor de L, que especifica o *momentum* angular orbital total de todos os elétrons, é obtido da soma dos vetores $\mathbf{l}_i$, os quais especificam os *momentum* angulares orbitais de cada elétron individual. De acordo com $L = 0, 1, 2, 3$, etc., o estado é chamado S, P, D, F etc. O índice à esquerda dá a *multiplicidade*[21] do termo, como $2\mathscr{S} + 1$, onde $\mathscr{S}$ é o *spin* total especificado pela adição dos valores individuais de m_s. No caso do estado fundamental do hélio, $L = 0$ e $\mathscr{S} = 0$, e assim o estado é ^1S.

Os estados excitados de energia mais baixa do He são aqueles nos quais um elétron está em um orbital com número quântico principal $n = 2$. As diferentes configurações possíveis são $1s^12s^1$ e $1s^12p^1$. No caso do átomo de H, os níveis de energia calculados a partir da equação de Schrödinger dependem somente dos valores de n e não dos de l. Para átomos com mais de um elétron, entretanto, os níveis de energia monoeletrônicos dependerão fortemente dos valores de l. O símbolo do termo indica o valor de L, assim que os estados excitados serão os estados $S(L = 0)$ e os estados $P(L = 1)$. No caso dos estados para o He, os termos S sempre estão abaixo dos termos P do mesmo número quântico principal.

A existência dos estados singlete e triplete do hélio é obviamente o resultado do fato que dois *spins* eletrônicos podem ser ou antiparalelos ($\mathscr{S} = 0$) ou paralelos ($\mathscr{S} = 1$). Assim, exceto para o estado fundamental no qual o Princípio de Exclusão de Pauli exclui o estado $\mathscr{S} = 1$, cada termo será desdobrado em um singlete e um triplete. Notamos através do diagrama de termos que os estados triplete (para dados valores de n e L) estão sempre abaixo dos estados singlete. Por exemplo para $n = 2$, ^3S está 6 422 cm^{-1} abaixo de ^1S.

Qual a razão para este grande desdobramento dos termos que têm a mesma configuração eletrônica e os mesmos valores de L, mas diferem no *spin* total? Vamos afirmar enfaticamente que esta diferença de energia *não* é devida a qualquer interação magnética entre os momentos magnéticos dos *spins*. Tal interação magnética realmente ocorre, mas é desprezível quando comparada às diferenças de energia observadas entre os estados $1s^12s^1\ ^1S$ e $1s^12s^1\ ^3S$. O desdobramento dos termos é devido a uma diferença nas interações eletrostáticas no sistema constituído de núcleos de He $+2$ e de dois elétrons. As energias eletrostáticas dos dois estados podem ser escritas

$$^1S, \quad E = F_0 + G_0$$
$$^3S, \quad E = F_0 - G_0$$

onde F_0 e G_0 representam integrais obtidas nos cálculos da mecânica quântica da energia do sistema. Chamamos F_0 de *integral coulombiana* e G_0 de *integral de troca*. Para a maioria dos estados, seria difícil calcular essas integrais de energia, mas os resultados espectroscópicos fornecem valores experimentais precisos.

A energia de troca é um efeito especificamente mecânico quântico mas podemos tentar dar a ela uma interpretação qualitativa. No estado ^3S, os dois elétrons têm o mesmo *spin*. Como estão em diferentes orbitais, $1s$ e $2s$, não há violação ao Princípio de Exclusão de Pauli. Por outro lado, os dois elétrons com o mesmo *spin* devem ficar longe um do outro. A notação do orbital é simplesmente um modo abreviado de descrever as posições e as velocidades dos elétrons. Se o elétron $1s$ e o elétron $2s$ com o mesmo *spin* "tentassem entrar na mesma região do espaço", a proibição do Princípio de Exclusão de Pauli operaria e tenderia a mantê-los afastados. Como eles são mantidos separados, sua energia eletrostática repulsiva é pequena. Por outro lado, no estado ^1S, onde os dois elétrons têm *spins* opostos, não há a proibição do Princípio de Exclusão de Pauli para mantê-los fora da mesma região do espaço. Conseqüentemente, a repulsão eletrostática será muito maior no estado singlete que no triplete. Assim, podemos ver que o desdobramento singlete-triplete é uma interação eletrostática, mas fundamentalmente causada pelas regras da mecânica quântica. Esta interação não é clássica, e assim a visualização do quadro físico é difícil. Em resumo, a anti-simetria necessária da função de onda *e* as diferentes

[21]Ele é lido como "singlete", "dublete", "triplete" etc.

formas das funções de *spin* singlete e triplete fazem com que haja uma diferença nas partes espaciais das funções singlete e triplete (resultando diferentes distribuições de carga).

Explicamos até agora a estrutura geral do diagrama de termos do hélio por meio de uma forte interação eletrostática coulombiana que desdobra termos de diferentes L e uma forte interação de troca eletrostática que desdobra posteriormente os termos de mesmo L porém de diferente $\mathscr{S}$.

Não incluímos ainda a interação *spin*-órbita, a qual originava a estrutura fina no espectro do átomo de H. Como seria de esperar, as interações *spin*-órbita também ocorrem no He e originam a estrutura fina, a qual, entretanto, é muito pequena para ser incluída no diagrama de termos da Fig. 14.14.

O L total e o $\mathscr{S}$ total para um termo podem se combinar para fornecer um novo *número quântico interno* J, e estados de diferentes valores de J serão desdobrados pela interação *spin*-órbita. No caso do estado ^1S do He, como $L = 0$ e $\mathscr{S} = 0$, J pode ter somente o valor 0. Para o estado ^3S com $L = 0$ e $\mathscr{S} = 1$, J deve ser 1. Analogamente, ^1P com $L = 1$ e $\mathscr{S} = 0$ pode ter somente $J = 1$. Para ^3P, entretanto, J pode ser 2, 1 ou 0. (A Fig. 14.15 mostra o resultado como uma adição de vetores de L e $\mathscr{S}$.)

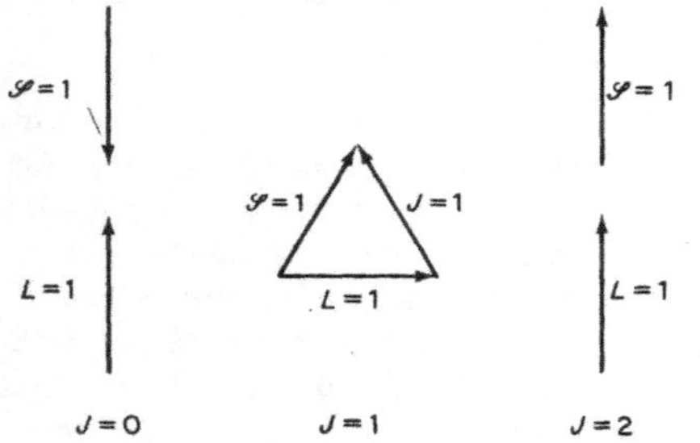

Figura 14.15 Exemplos da soma dos vetores L e $\mathscr{S}$ para dar a resultante J

O diagrama de correlação para o primeiro grupo de estados excitados no He atômico é resumido na Fig. 14.16. Depois que todas as interações internas foram consideradas, o efeito de um campo magnético externo é mostrado. Quando um eixo direcional é estabelecido pelo campo, o *momentum* angular total, indicado pelo valor de J, pode admitir somente as direções relativas ao campo que tem componentes $M_j\hbar$ na direção do campo. Esta relação de M_j para J é exatamente análoga à relação m_l a l, que é mostrada na Fig. 14.16.

14.20. Modelo vetorial do átomo

O quadro físico que tem sido apresentado para as várias interações entre dois elétrons no átomo de hélio pode ser estendido a átomos com qualquer número de elétrons. Um método sistemático de considerar as interações é fornecida pelo *modelo vetorial* do átomo.

Vimos como um vetor *momentum* angular interage com um campo externo e tem movimento de precessão ao redor dele. De maneira similar, os vetores *momentum* angular de dois elétrons diferentes dentro de um átomo podem se acoplar para formar um *momentum* angular total, resultante e cada um dos vetores individuais então tem movimento de precessão ao redor do vetor resultante. Devemos considerar, entretanto, os dois tipos diferentes de *momentum* angular, o *momentum* angular intrínseco ou *spin* do elétron e o *momentum* angular devido ao movimento do elétron em torno do núcleo.

O modo como esses *momenta* angulares interagem é resumindo no esquema chamado *acoplamento Russell-Saunders*[22].

[22]O esquema de Russell-Saunders se aplica aos átomos mais leves, mas começa a falhar para átomos mais pesados. Nestes, a grande carga nuclear causa um forte acoplamento entre s_i e l_i de cada elétron devido à interação *spin*-orbital para dar uma resultante j_i

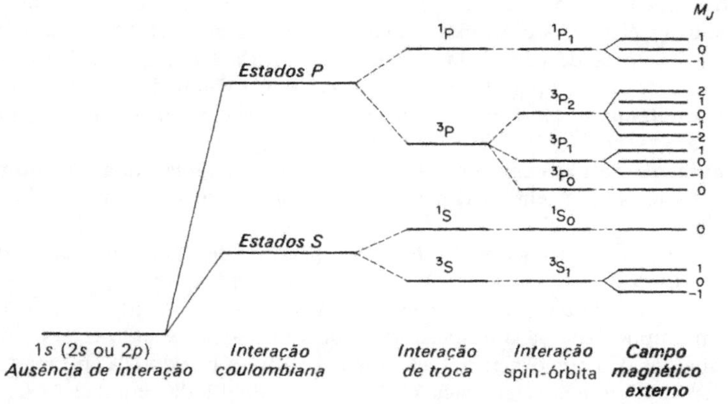

Figura 14.16 Um diagrama esquemático (não desenhado na escala de energia correta) para mostrar o modo como uma configuração excitada do átomo de hélio com um elétron excitado de $n = 1$ para $n = 2$ é separado em dois estados de energia distintos por interações eletrostáticas e magnéticas internas, e finalmente por um campo magnético externo. Quando todas as degenerescências são levantadas, existem dezesseis níveis de energia diferentes como é exigido pelos oito orbitais diferentes para um elétron excitado $n = 2$ com *spin*

(a) Os *spins* individuais s_i se combinam para dar um *spin* resultante

$$\sum_i s_i = \mathscr{S}$$

A resultante deve ter valores inteiros ou meio. Por exemplo, três *spins* de $+1/2$ poderiam dar $\mathscr{S} = 3/2$ ou $1/2$. Dois *spins* de $+1/2$ poderiam se acoplar para dar $\mathscr{S} = 1$ ou 0.

(b) Os *momenta* angulares orbital individuais se combinam para formar uma resultante L:

$$\sum_i l_i = L$$

O número quântico L é restrito a valores inteiros. A combinação dos l_i pode ser considerada como uma adição quantizada de vetores dos correspondentes *momenta* angulares, os quais têm movimento de precessão ao redor da resultante L. Este modelo é mostrado na Fig. 14.17. Como exemplo, considere a configuração $2p^1 3p^1$. O $l_1 = 1$ e $l_2 = 1$ podem se somar vetorialmente para dar $L = 0,1$ ou 2 – isto é, estados S, P e D.

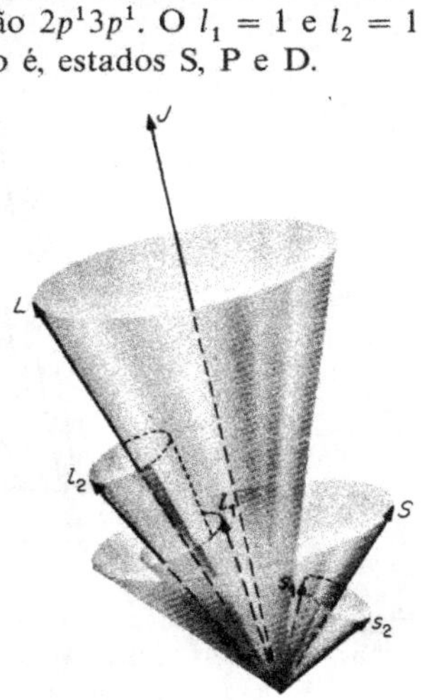

Figura 14.17 Um exemplo do acoplamento de Russell-Saunders. Os l_1 e l_2 se combinam para formar uma resultante L. Os s_1 e s_2 formam uma resultante $\mathscr{S}$. L e $\mathscr{S}$ têm movimento de precessão ao redor de sua resultante J

(c) As duas resultantes L e $\mathcal{S}$ representam os *momenta* angulares orbital e *spin* totais de todos os elétrons no átomo. Os vetores *momentum* angular orbital e de *spin* correspondem a vetores de campo magnético que exercem forças magnéticas um sobre o outro e podem se acoplar para formar uma resultante J chamada *número quântico interno.* Este dá a resultante do *momentum* angular de todos os elétrons no átomo, que é quantizado em valores em $J(J + 1)\hbar$.

Na ausência de um campo externo, o *momentum* angular total do átomo deve ser constante. Assim, L e $\mathcal{S}$ têm movimento precessional ao redor de sua resultante J, como é mostrado na Fig. 14.17.

Os vários níveis de energia ou termos espectrais de um átomo são indicados por símbolos baseados neste modelo. O símbolo pode ser expresso como ${}^{2\mathcal{S}+1}L_J$. Assim, o símbolo ${}^2S_{1/2}$ indicaria um estado com $2\mathcal{S} + 1 = 2$ ou $\mathcal{S} = 1/2, L = 0, J = 1/2$. Quando $L > \mathcal{S}$, a multiplicidade dá o número de valores de J para o dado estado.

Apliquemos o modelo vetorial ao átomo de lítio e portanto à interpretação de seu espectro. A configuração eletrônica do Li no estado fundamental é $1s^2 2s^1$. Camadas fechadas (por exemplo, $1s^2$ no Li) com todos os estados de um dado n ocupados têm *momentum* angular e de *spin* nulos, e não precisam ser considerados na atribuição dos valores dos termos. O elétron $2s$ tem $l = 0$ e $s = 1/2$. Assim, $L = 0$, $\mathcal{S} = 1/2$, $J = 1/2$. O estado fundamental no lítio é desta forma $1s^2 2s - {}^2S_{1/2}$. Suponha que o elétron óptico seja excitado para dar a configuração $1s^2 2p - 2P_{3/2,\,1/2}$. Esses estados diferem muito pouco em energia e assim a linha correspondente à transição entre o estado fundamental ${}^2S$ e o primeiro estado mais alto ${}^2P$ é um dublete pouco espaçado. Foi a ocorrência de tais

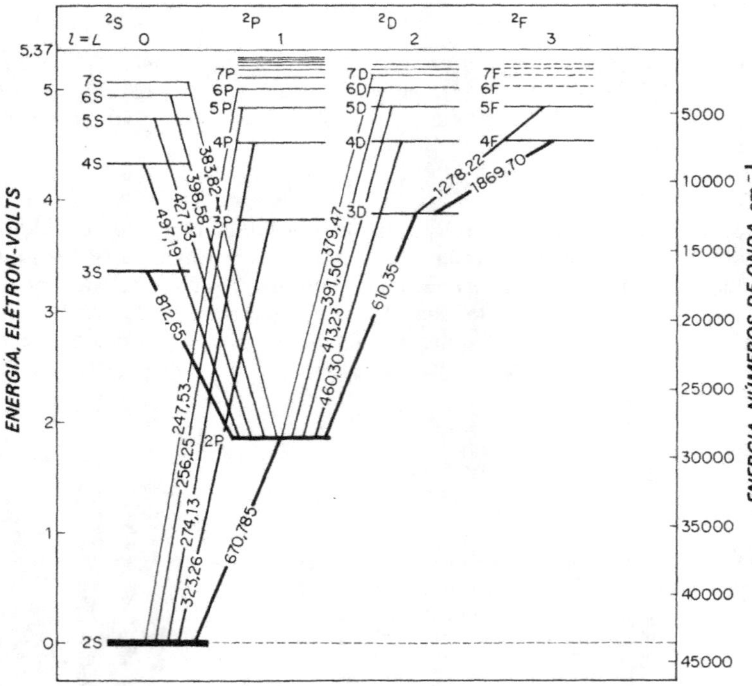

Figura 14.18 Diagrama de níveis de energia do átomo de Li. Os comprimentos de onda das linhas espectrais estão escritos nas linhas que representam as transições. A estrutura dublete não está incluída. Alguns níveis que não são observados são indicados por linhas pontilhadas

dubletes nos espectros de metais alcalinos que primeiramente levou ao reconhecimento do *spin* eletrônico. O espectro de absorção de vapor de potássio foi mostrado na Fig. 13.7.

Os vários níveis de energia do átomo de lítio estão resumidos na Fig. 14.18. Transições são permitidas entre esses níveis somente se elas obedecerem a certas *regras de seleção.* São elas

$$\Delta J = 0, \pm 1$$
$$\Delta L = \pm 1$$

Algumas transições de energia mais baixa são mostradas no diagrama, cada uma correspondendo a uma linha observada no espectro do lítio.

14.21. Orbitais atômicos e energias — O método da variação

A mecânica quântica fornece uma solução exata para o átomo de hidrogênio. Os níveis de energia calculados e as distribuições eletrônicas são ambos exatos. Qualquer medida experimental dessas quantidades pode desejar somente ser tão boa quanto os valores teóricos. Para o próximo átomo, o hélio com dois elétrons e carga nuclear +2 a situação não é tão brilhante. Já neste caso precisamos encarar a dura verdade de que, embora possamos escrever a equação de Schrödinger para o sistema, não podemos resolvê-la exatamente por métodos analíticos.

O sistema do hélio é mostrado na Fig. 14.19. Em unidades atômicas, a energia potencial é

$$U = -\frac{2}{r_1} - \frac{2}{r_2} + \frac{1}{r_{12}} \tag{14.76}$$

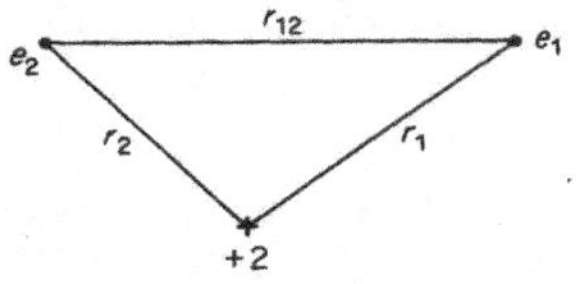

Figura 14.19 Coordenadas para o átomo de hélio

A equação de Schrödinger é desta forma

$$\left[\nabla_1^2 + \nabla_2^2 + 2\left(E + \frac{2}{r_1} + \frac{2}{r_2} - \frac{1}{r_{12}}\right)\right]\psi = 0 \tag{14.77}$$

Aqui, ∇_1^2 e ∇_2^2 são os laplacianos para coordenadas de elétrons 1 e 2, respectivamente. A dificuldade reside no termo $1/r_{12}$, a interação entre os dois elétrons. Esse termo torna impossível separar variáveis, isto é, as coordenadas dos elétrons 1 e 2.

Felizmente, poderosos métodos de aproximação nos permitem obter soluções úteis (e em alguns casos praticamente exatas) em casos como este. Descrevemos primeiramente o *método da variação.* É importante que cada estudante de Química entenda este método matemático porque este método constitui o fundamento das abordagens teóricas modernas à estrutura atômica e molecular.

A equação de Schrödinger na forma de operador da Eq. (13.51) é

$$\hat{H}\psi = E\psi$$

Multiplicamos cada lado da equação por ψ^* e integramos sobre todo espaço para obter

$$\int \psi^* \hat{H}\psi \, d\tau = \int \psi^* E\psi \, d\tau$$

Como E é uma constante, pode ser retirada da integral como

$$E = \frac{\int \psi^* \hat{H} \psi \, d\tau}{\int \psi^* \psi \, d\tau} \tag{14.78}$$

Essa expressão dá a energia do sistema em termos da função de onda correta ψ, que é a solução da equação de Schrödinger. (Para constatar, verifique esta fórmula no átomo de hidrogênio substituindo $\psi_{1s} = \pi^{-1/2} e^{-r}$.)

Porém, qual a utilidade da Eq. (14.78) se não conhecemos a função de onda ψ correta? Supor que estimemos uma $\psi^{(1)}$ aproximada baseados em nosso conhecimento de como uma distribuição eletrônica razoável pudesse ser. A substituição desta $\psi^{(1)}$ tentativa na Eq. (14.78) fornece

$$E^{(1)} = \frac{\int \psi^{*(1)} \hat{H} \psi^{(1)} \, d\tau}{\int \psi^{*(1)} \psi^{(1)} \, d\tau}$$

O princípio da variação estabelece que, para qualquer $\psi^{(1)}$ tentativa, $E^{(1)} \geq E$. A energia calculada através da $\psi^{(1)}$ tentativa nunca pode ser menor que a energia verdadeira E[23]. O princípio se aplica somente ao estado de energia mais baixa de um dado tipo de simetria. A função tentativa permitida $\psi^{(1)}$ está sujeita a "restrições" devidas à simetria e ao Princípio de Exclusão de Pauli.

O procedimento do método da variação é evidente agora. Devemos continuar tentando novas funções ψ estimativas até que não haja qualquer mudança posterior na energia calculada (ou até que estejamos convencidos de que o tipo particular de função tentativa que estamos usando atingiu o limite de suas capacidades). Naturalmente, métodos matemáticos sistemáticos são disponíveis para obtenção da melhor função tentativa ψ de qualquer forma particular. Poderíamos pensar no método da variação como um esforço sistemático para descobrir a distribuição eletrônica escolhida pela natureza

[23]O método da variação não é limitado à equação de Schrödinger e foi de fato inventado por Rayleigh e Ritz para problemas vibracionais. Uma prova do teorema da variação (como foi dada por H. Shull) é a seguinte: tomar um conjunto completo de autofunções ψ_i de $\hat{H}$, com $\hat{H}\psi_i = E\psi_i$. Considerar o valor esperado para a energia de uma função arbitrária normalizada Φ no espaço coberto pelas autofunções de $\hat{H}$. Então, pode-se representar Φ como

$$\Phi = \sum_{i=0}^{\infty} c_i \psi_i \quad \text{com} \quad \int \Phi^* \Phi \, d\tau = 1$$

Computar

$$\begin{aligned} J &= \int \Phi^* \hat{H} \Phi \, d\tau \\ &= \int (\sum c_i \psi_i^*) \hat{H} (\sum c_i \psi_j) \, d\tau \\ &= \sum c_i^2 E_i \end{aligned} \tag{A}$$

porque

$$\int \psi_i^* \psi_j \, d\tau = 0 \quad \text{para } i \neq j$$

Agora, arranje E_i em uma seqüência monotônica não decrescente, $E_0 \leq E_1 \leq E_2 \leq \ldots$ Então podemos substituir E_i em cada termo da soma (A) por E_0 com a certeza de nunca termos aumentado o valor da soma, mas podendo tê-la diminuído. Assim,

$$J = \sum c_i^2 E_i \geq \sum c_i^2 E_0 = E_0 \sum c_i^2$$

Da condição de normalização de Φ, $\Sigma c_i^2 = 1$ então

$$J \geq E_0$$

Assim, o princípio da variação está provado porque o valor esperado de E, como foi calculado a partir de Φ, é um limite superior do valor verdadeiro da energia do estado fundamental E_0

para um átomo ou molécula particular. A distribuição do estado fundamental é naturalmente a de *menor energia possível.*

14.22. O átomo de hélio

Armados com o método da variação, voltemos ao ataque ao átomo de hélio. Se simplesmente desprezarmos o efeito de um elétron no movimento do outro, poderemos admitir que cada elétron se moveu no campo de um íon He^{2+} e teve um orbital atômico do tipo do hidrogênio[24]. Se a função de *spin* apropriada fosse incluída, deveríamos ter para o estado fundamental ^1S:

$$^1S: \quad \psi = e^{-Zr_1} e^{-Zr_2} \cdot \tfrac{1}{2}[\alpha(1)\beta(2) - \alpha(2)\beta(1)] \tag{14.79}$$

onde Z é a carga nuclear ($Z = 2$). A energia calculada das Eqs. (14.78) e (14.79) é $E^{(1)} = -74{,}81$ eV comparada com a experimental $-78{,}99$ eV.

A discrepância indica que o efeito da interação dos dois elétrons é importante e não pode ser desprezada. A distribuição eletrônica total é alterada pela interação entre os dois elétrons.

Tentaremos a seguir a função de onda

$$\psi^{(2)} = e^{-Z'r_1} e^{-Z'r_2} \tag{14.80}$$

Esta é análoga à primeira função tentativa exceto pelo fato de Z' ser um parâmetro variável, o qual é ajustado até que um mínimo de energia seja encontrado[25]. Este uso de um valor ajustável de Z' é comum no tratamento de átomos e moléculas pelo método da variação. O efeito da mudança de Z' é causar uma expansão (se $Z' < Z$) ou contração (se $Z' > Z$) na distribuição eletrônica. Por isso chamamos esta operação de *ajuste do fator de escala.* A energia mínima ocorre quando $Z' = Z - (5/16) = 27/16$. A energia correspondente é $E^{(2)} = -77{,}47$ eV.

Podemos interpretar a função de onda da Eq. (14.81) com $Z' < 2$ como uma indicação de que cada elétron protege parcialmente o núcleo do outro, reduzindo a carga nuclear efetiva de $+2$ para $+27/16$. Poderíamos pensar que a carga efetiva menor causaria um aumento em vez de uma diminuição na energia, uma vez que, quanto menor a carga nuclear efetiva, menos negativa é a energia do elétron no campo do núcleo. A resposta é que a carga nuclear efetiva menor deve causar uma *energia cinética menor* para o elétron, a qual compensa com vantagem o aumento de energia potencial. A menor carga nuclear efetiva leva a uma expansão da "nuvem eletrônica" ao redor do núcleo, isto é, o elétron tem mais espaço para se mover. Como sugerido na Sec. 13.20 para a partícula numa caixa, tal deslocalização causa um abaixamento da energia cinética.

É evidente que não conseguimos a melhor estabilidade para esse sistema do hélio simplesmente incluindo o fator de escala. Na realidade, é provável que tenhamos permitido ao nosso átomo de hélio de prova que se expandisse demais. O que nós realmente gostaríamos de fazer é permitir-lhe expandir um pouco enquanto incluímos uma expressão que diria explicitamente a um elétron para ficar tão distante quanto possível do outro. Portanto, vamos tentar uma função de onda da forma

$$\psi^{(3)} = (1 + br_{12}) e^{-Z'r_1} e^{-Z'r_2} \tag{14.81}$$

[24]A função de onda para o elétron (1) é $1s(1) = e^{-Zr_1}$ e, para o elétron (2), é $1s(2) = e^{-Zr_2}$. A função que expressa a probabilidade de se encontrar simultaneamente o elétron (1) em $1s(1)$ e o elétron (2) em $1s(2)$ é o produto

[25]A solução deste problema é desenvolvida em detalhe em L. Pauling e E. B. Wilson, *Introduction to Quantum Mechanics* (New York, McGraw-Hill Book Company, 1935), pp. 184-185 (altamente recomendado)

Note que esta função se torna maior quando r_{12} aumenta. Assim, está ponderada na direção certa. Os valores dos parâmetros que minimizam a energia são $b = 0{,}364$ e $Z' = 2 - 0{,}151$. A energia é −78,64 eV, próxima do experimental −78,99 eV. Hylleraas em 1930 usou a função de variação com catorze parâmetros para obter uma energia calculada em concordância exata com o valor experimental.

14.23. Átomos mais pesados — O campo autoconsistente

À medida que o número atômico Z e, portanto, o número de elétrons, aumenta, a aplicação da mecânica quântica ao átomo se torna mais difícil. Alguns casos especiais que permitem tratamentos simplificados são os átomos de gases inertes e íons com camadas eletrônicas fechadas, átomos como os metais alcalinos com um elétron fora de uma camada fechada e os dos halogênios com uma vacância no que seria uma camada fechada.

A maioria dos cálculos teóricos para átomos multieletrônicos é baseada num método desenvolvido por Douglas Hartree[26], um tipo de tratamento de variação chamado método do *campo autoconsistente.* Hartree fez a aproximação de que cada elétron se move num campo esfericamente simétrico, o qual é a soma do campo devido ao núcleo e a um campo médio de simetria esférica devido a todos os outros elétrons. Esta aproximação apresenta a grande vantagem de que, contanto que um elétron tenha uma energia potencial com simetria esférica, $U(r_j)$, podemos separar a equação de Schrödinger para todos os N elétrons no átomo em N equações, uma para cada elétron separado. Assim, é possível calcular funções de onda monoeletrônicas (orbitais) e descrevê-las em termos de um conjunto de quatro números quânticos, n, l, m_l, m_s. Naturalmente, os orbitais não terão a mesma forma dos do átomo de hidrogênio e nunca se deve imaginar que as representações dadas para orbitais, como os do hidrogênio, são válidas também para elétrons em átomos mais pesados.

De acordo com Hartree, portanto, a equação de Schrödinger para o átomo multieletrônico pode ser obtida através do hamiltoniano da forma

$$H = \sum_{j=1}^{N} H_j = \sum_{j=1}^{N} \left[\frac{p_j^2}{2m} + U_j(r_j) \right] \tag{14.82}$$

O problema se reduz então à solução de N problemas para elétrons individuais. Como

$$\hat{H}_j \psi(r_j) = E_j \psi(r_j)$$

a função de onda multieletrônica é o produto dos orbitais,

$$\psi_N(r_1 \cdots r_N) = \psi_1(r_1)\psi_2(r_2) \cdots \psi_N(r_N) \tag{14.83}$$

Nesta formulação simplificada, não há interação direta elétron-elétron. Cada elétron vê somente o potencial médio devido a todos os outros elétrons. A contribuição de um elétron k a tal potencial médio pode ser calculada de seu orbital ψ_k. Como $\psi_k^* \psi_k d\tau_k$ é a probabilidade de encontrar o elétron k numa região do espaço $d\tau_k = dx_k dy_k dz_k$, a contribuição do elétron k à densidade de carga naquela região $d\tau_k$, é $-e\psi_k^* \psi_k \, d\tau_k$. O potencial eletrostático que o elétron j vê, devido ao eletron k, é

$$U_{jk}(r_{jk}) = \int \psi_k^* \psi_k \frac{e^2}{r_{jk}} d\tau_k \tag{14.84}$$

A energia potencial total do elétron j é então

$$U_j(r_j) = -\frac{Ze}{r_j} + \sum_{j \neq k} \int \frac{\psi_k^* \psi_k}{r_{jk}} e^2 \, d\tau_k \tag{14.85}$$

[26] Douglas Hartree, *The Calculation of Atomic Structures* (New York: John Wiley & Sons, Inc., 1957). Outras contribuições importantes à teoria foram feitas por V. Fock e J. C. Slater

O primeiro termo é a interação com o núcleo, e o termo somatório é a interação com todos os outros elétrons.

O método de Hartree para aplicação do procedimento da variação é o seguinte:

1. Selecionar qualquer conjunto de N funções de onda, ψ_j, iniciais para os N elétrons do átomo. Chamá-las de $\psi_1^{(0)}, \psi_2^{(0)}, \ldots, \psi_N^{(0)}$.

2. Calcular através da Eq. (14.84) a energia potencial do primeiro elétron do conjunto de N–1 orbitais $\psi_2^{(0)}$ a $\psi_N^{(0)}$.

3. Integrar numericamente a equação de Schrödinger para o primeiro elétron a fim de obter um novo valor de ψ_1, chamado $\psi_1^{(1)}$.

4. Com o novo $\psi_1^{(1)}$ e todos os antigos $\psi^{(0)}$, exceto $\psi_2^{(0)}$, calcular o potencial para o segundo elétron para obter um novo $\psi_2^{(1)}$.

5. Repetir esse procedimento até que um novo conjunto de orbitais $\psi_j^{(1)}$ tenha sido calculado para todos os N elétrons.

6. Então começar o procedimento outra vez com a etapa (2), usando os $\psi_j^{(2)}$ para calcular um novo $\psi_1^{(2)}$ etc.

7. Continuar repetindo o procedimento inteiro até que não haja mais variação posterior na energia potencial calculada para qualquer um dos elétrons.

A energia potencial do *campo autoconsistente* foi agora determinada e pode ser usada para resolver a equação de Schrödinger com o hamiltoniano da Eq. (14.82). A função de onda para o átomo é obtida como um produto das funções de onda monoeletrônicas da forma da Eq. (14.83), que podemos indicar como a função de Hartree ψ_H. Podemos calcular a energia do átomo através de

$$E = \frac{\int \psi_H^* \hat{H} \psi_H \, d\tau}{\int \psi_H^* \psi_H \, d\tau}$$

Podemos calcular também uma variedade de outras propriedades atômicas através de ψ_H. Todos esses cálculos podem ser efetuados bastante rapidamente por um computador moderno.

No método proposto originalmente por Hartree, a função de onda do elétron N era simplesmente um produto de funções de onda monoeletrônicas. Em 1930, entretanto, Fock sugeriu que a maioria dos efeitos do *spin* eletrônico poderia ser levada em conta usando-se, em vez de produtos, determinantes de Slater, como é mostrado na p. 580 Desta maneira, as funções de onda eletrônicas seriam anti-simétricas como é exigido pelo Princípio de Exclusão de Pauli. O método do campo autoconsistente calculado com as funções de onda anti-simétricas na forma de determinantes é chamado ***método Hartree-Fock.***

As energias de Hartree incluem somente termos coulombianos F_{ik} enquanto as energias de Hartree-Fock incluem também as energias de troca G_k. Para camadas eletrônicas incompletas, é necessário usar mais que uma função de determinante para obter funções para as quais o *momentum* angular total L e o *spin* total $\mathcal{S}$ são quantizados. O m_l e o m_s dos elétrons individuais não são mais bons números quânticos, e assim o conceito de um orbital individual para cada elétron não pode ser mantido. Considerar, por exemplo, a configuração $1s\,2s$, ^{3}S do átomo de He. A função de onda de Slater seria a soma de duas funções de determinantes

$$\psi = \frac{1}{\sqrt{2}}\left\{\frac{1}{\sqrt{2}}\begin{vmatrix} 1s\alpha(1) & 2s\beta(1) \\ 1s\alpha(2) & 2s\beta(2) \end{vmatrix} + \frac{1}{\sqrt{2}}\begin{vmatrix} 1s\beta(1) & 2s\alpha(1) \\ 1s\beta(2) & 2s\alpha(2) \end{vmatrix}\right\}$$

Os dois arranjos, que diferem somente nos *spins* invertidos (isto é, os m_s foram atribuídos diferentemente), devem ambos ser incluídos com igual peso na função de onda, pois não há razão física para escolher um em vez de outro.

A teoria de Hartree-Fock apresentou boa concordância com as medidas experimentais de densidades eletrônicas nos átomos obtidas por raios X e difração eletrônica. A Fig. 14.20 mostra uma comparação dos valores experimentais e teóricos para o argônio.

A diferença entre a energia verdadeira de um átomo ou moléculas e a energia de Hartree-Fock provém de duas fontes: (a) termos relativísticos, que são importantes para camadas eletrônicas internas devido a suas altas velocidades, mas que têm pouco efeito direto no comportamento químico; (b) a *energia de correlação* é devida às interações entre elétrons que fazem com que o campo eletrostático, que os elétrons experimentam, seja diferente do campo médio de Hartree-Fock; (c) interações magnéticas. A energia de correlação é, de fato, muito importante para a química de átomos e moléculas porque as energias envolvidas (tipicamente 1 ou 2 eV por par de elétrons de valência de *spins* opostos) estão exatamente no intervalo que governa as reatividades químicas. As energias de correlação são também a principal fonte de forças intermoleculares do tipo de London ou o de dispersão. Vimos na discussão do átomo de hélio como as energias de correlação podem ser tratadas através da introdução direta de termos incluindo a distância intereletrônica r_{ij} no hamiltoniano[27].

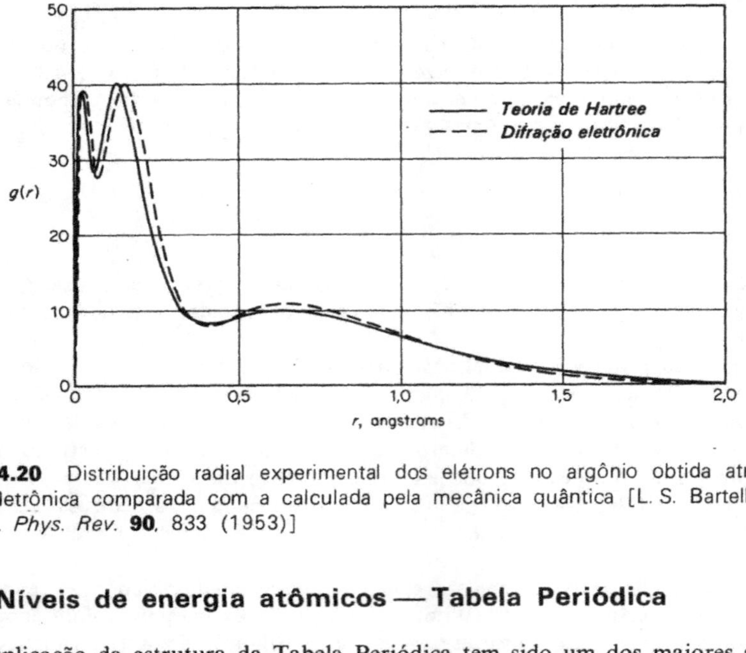

Figura 14.20 Distribuição radial experimental dos elétrons no argônio obtida através de difração eletrônica comparada com a calculada pela mecânica quântica [L. S. Bartell e L. O. Brockway, *Phys. Rev.* **90**, 833 (1953)]

14.24. Níveis de energia atômicos — Tabela Periódica

A explicação da estrutura da Tabela Periódica tem sido um dos maiores sucessos na história da Química. Vemos agora claramente que a Tabela Periódica é o resultado de duas causas. A primeira é o Princípio de Exclusão de Pauli, que estabelece que dois elétrons em um átomo não podem ocupar o mesmo orbital especificado pelos números quânticos n, l, m_l, m_s. A segunda é a ordem dos níveis de energia dos orbitais, que se pode prever quantitativamente pelo *modelo do campo central*. Arranjamos os diferentes orbitais, cada um especificado por seu conjunto de números quânticos, em ordem crescente de energia e então colocamos os elétrons um por um nos orbitais desocupados de energia

[27]Não discutiremos mais energias de correlação neste ponto, mas sugerimos a discussão "Beyond Orbitals, The Correlation Problem" de R. S. Berry em sua excelente publicação "Atomic Orbitals", *J. Chem. Educ.* **43**, 283 (1966)

mais baixa até que todos os elétrons, cujo número é igual à carga nuclear Z do átomo, estejam acomodados. Este processo foi chamado por Pauli de *Aufbau Prinzip* (*Princípio da Construção*).

A Fig. 14.21 mostra os níveis de energia dos orbitais atômicos calculados como função de Z pelo método do campo autoconsistente[28]. No limite de baixo Z, todos os orbitais de mesmo número quântico principal n têm a mesma energia, porque há elétrons de menos para causar desdobramento dos níveis. No limite de elevado Z, orbitais internos, tendo o mesmo número quântico principal n novamente, caem na mesma região

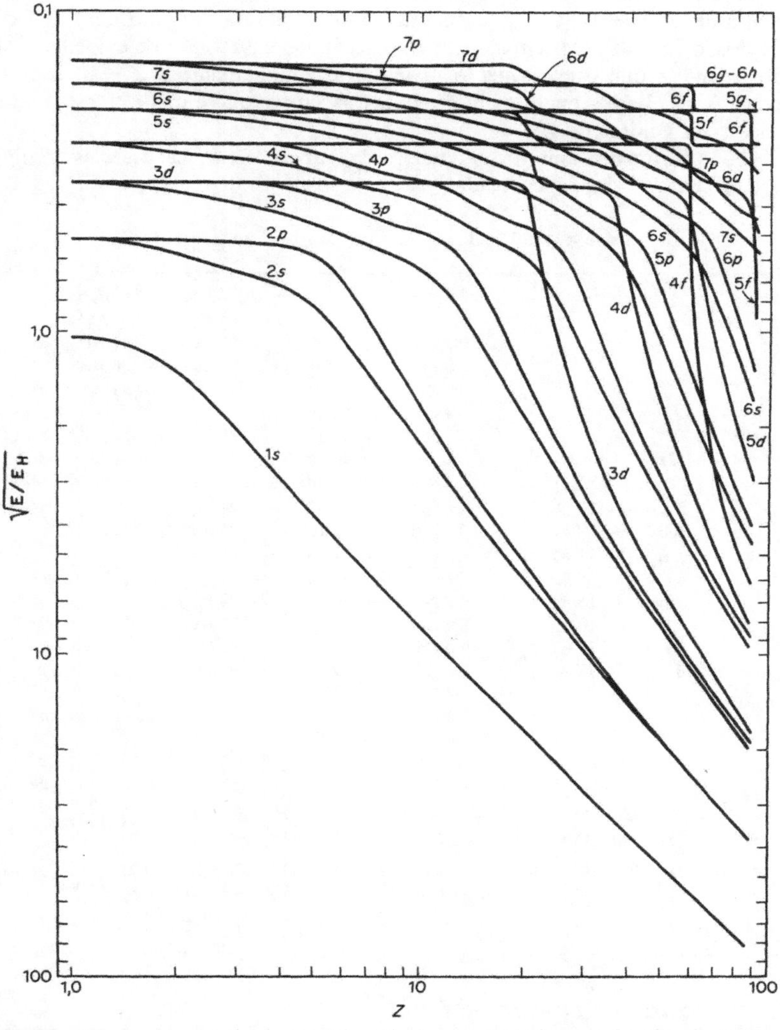

Figura 14.21 Níveis de energia de orbitais atômicos calculados em função da carga nuclear (número atômico) [redesenhado do artigo de R. Latter por Kasha]. E é dado em unidades de E_H, a energia do hidrogênio no estado fundamental, 13,6 eV

[28] R. Latter, *Phys. Rev.* **99**, 510 (1955). Um trabalho posterior sobre todos os átomos foi revisto por F. Herman, *Atomic Structure Calculations* (Englewood Cliffs, N.J.: Prentice-Hall, Inc., 1963)

de energia. Essa convergência ocorre porque a atração nuclear é agora tão grande que as interações entre os elétrons na mesma camada são praticamente superadas. Esses são os níveis de energia observados no espectro de raios X. Uma vacância na camada com $n = 1$ dá as séries K; uma na camada com $n = 2$ dá as séries L; etc.

Para valores intermediários de Z, a seqüência dos níveis de energia pode se tornar muito mais entrelaçada. Esta é a região onde as interações intereletrônicas, tais como efeitos de penetração, podem ocasionar desvios da seqüência de números quânticos principais. Considerar, por exemplo, o orbital $3d$. Devido à blindagem do núcleo pelos elétrons internos, um elétron $3d$ experimenta uma carga nuclear quase constante até aproximadamente $Z = 20$ (Ca). Sua energia começa então a diminuir com Z. De acordo com cálculos, o $3d$ cruza o $4s$ em $Z = 28$ (Ni). Realmente, sabemos de evidências químicas e espectroscópicas que o cruzamento ocorre aproximadamente a $Z = 21$ (Sc). Comparadas com os resultados experimentais, todas as curvas na Fig. 14.21 estão um pouco deslocadas para valores de Z.

A Tab. 14.16 mostra uma forma concisa da Tabela Periódica, onde as configurações orbitais dos elétrons são especificadas.

Tabela 14.6 O sistema periódico dos elementos

(1 s)	(2s) (2p)	(3s) (3p)	(4s, 3d) (4p)	(5s, 4d) (5p)	(6s, 4f, 5d) (6p)	(7s, 5f, 6d) (7p)	
					55 Cs	87 Fr	s
					56 Ba	88 Ra	s^2
			19 K	37 Rb	57 La	89 Ac	s^2d
			20 Ca	38 Sr	——	——	s^2df^k
			21 Sc	39 Y	71 Lu	....	$s^2d(f^{14})$
			22 Ti	40 Zr	72 Hf	....	s^2d^2
			23 V	41 Nb	73 Ta	....	s^2d^3
	3 Li	11 Na	24 Cr	42 Mo	74 W	....	s^2d^4
	4 Be	12 Mg	25 Mn	43 Tc	75 Re	....	s^2d^5
1 H	5 B	13 Al	26 Fe	44 Ru	76 Os	....	s^2d^6
2 He	6 C	14 Si	27 Co	45 Rh	77 Ir	....	s^2d^7
	7 N	15 P	28 Ni	46 Pd	78 Pt	....	sd^9
	8 O	16 S	29 Cu	47 Ag	79 Au	....	sd^{10}
	9 F	17 Cl	30 Zn	48 Cd	80 Hg	....	s^2
	10 Ne	18 Ar	31 Ga	49 In	81 Tl	....	p
			32 Ge	50 Sn	82 Pb	....	p^2
			33 As	51 Sb	83 Bi	....	p^3
			34 Se	52 Te	84 Po	....	p^4
			35 Br	53 I	85 At	....	p^5
			36 Kr	54 Xe	86 Rn	....	p^6

	58 Ce	59 Pr	60 Nd	61 Pm	62 Sm	63 Eu	64 Gd	65 Tb	66 Dy	67 Ho	68 Er	69 Tm	70 Yb	$6s^25df^k$
	90 Th	91 Pa	92 U	93 Np	94 Pu	95 Am	96 Cm	97 Bk	98 Cf	99 Es	100 Fm	101 Md	102 No	$7s^26df^k$
$k =$	1	2	3	4	5	6	7	8	9	10	11	12	13	

14.25. Método da perturbação

Em Física Matemática, freqüentemente temos uma situação na qual uma solução exata para uma equação diferencial que descreve um dado sistema não pode ser obtida, embora uma solução para um sistema um pouco mais simples possa ser disponível. Por exemplo, temos a solução para a equação de Schrödinger para o átomo de hidrogênio na ausência de quaisquer campos, mas desejaríamos conhecer o efeito de um campo elétrico ou magnético sobre os autovalores e as autofunções do sistema isento de campos. A *teoria da perturbação* é um método matemático geral para lidar com tais problemas. O método dará geralmente bons resultados com um mínimo de computação quando o distúrbio (perturbação) do sistema original for pequeno. Já usamos resultados da teoria da perturbação em discussões prévias sem dar referência especial ao método.

Na equação de Schrödinger

$$\hat{H}\psi = E\psi \tag{14.86}$$

o hamiltoniano é escrito como uma série expandida

$$\hat{H} = \hat{H}^0 + \lambda\hat{H}' + \lambda^2\hat{H}'' + \cdots \tag{14.87}$$

onde λ é o *parâmetro de perturbação.* Quando $\lambda \to 0$, obtém-se a equação para o sistema não perturbado

$$\hat{H}^0\psi^0 = E^0\psi^0$$

para o qual admitimos que soluções exatas são disponíveis. Os termos $\lambda\hat{H}' + \lambda^2\hat{H}'' + \cdots$, os quais deveriam ser pequenos comparados com $\hat{H}^0$, são chamados *perturbações.*

Visto que a perturbação é pequena, podemos expandir tanto as funções de onda como as energias em termos de λ, como

$$\begin{aligned} \psi_j &= \psi_j^0 + \lambda\psi_j^{0\prime} + \lambda^2\psi_j^{0\prime\prime} + \cdots \\ E_j &= E_j^0 + \lambda E_j' + \lambda^2 E_j'' + \cdots \end{aligned} \tag{14.88}$$

Substituímos agora as expressões para $\hat{H}$, ψ e E na Eq. (14.86), e, depois de agrupar os coeficientes de mesma potência de λ, obtemos

$$\begin{aligned} &(\hat{H}^0\psi_j^0 - E_j^0\psi_j^0) + (\hat{H}^0\psi_j' + \hat{H}'\psi_j^0 - E_j^0\psi_j' - E_j'\psi_j^0)\lambda + \\ &(\hat{H}^0\psi_j'' + \hat{H}'\psi_j' + \hat{H}''\psi_j^0 - E_j^0\psi_j'' - E_j'\psi_j' - E_j''\psi_j^0)\lambda^2 + \cdots = 0 \end{aligned} \tag{14.89}$$

Como os termos são independentes uns dos outros e a Eq. (14.89) deve ser válida para um λ arbitrariamente escolhido, cada coeficiente λ deve se anular separadamente. Assim, para a equação da perturbação de primeira ordem obtemos

$$(\hat{H}^0 - E_j^0)\psi_j' = (E_j' - \hat{H}')\psi_j^0 \tag{14.90}$$

A função desconhecida ψ_j' pode ser expandida em termos do conjunto completo de funções conhecidas ψ_j^0, as quais formam o espectro de $\hat{H}^0$,

$$\psi_j' = \sum_l a_{lj}\psi_l^0 \tag{14.91}$$

Substituindo essa expressão para ψ_j' na Eq. (14.90) obtém-se

$$\sum a_{lj}(E_l^0 - E_j^0)\psi_l^0 = (E_j' - \hat{H}')\psi_j^0 \tag{14.92}$$

Multiplicamos a Eq. (14.90) por ψ_j^* e integramos sobre todo espaço. Como $\int \psi^{0*}\psi_l^0\, d\tau$ se anula exceto para $l = j$ e para esse valor $E_l^0 - E_j^0 = 0$, a integral do lado esquerdo da Eq. (14.92) se anula, então

$$0 = \int \psi_j^{0*}(E_j' - \hat{H}')\psi_j^0\, d\tau$$

Assim, como E_j' é uma constante, a correção de primeira ordem para energia é

$$\lambda E_j' = \lambda \int \psi_j^{0*}\hat{H}'\psi_j^0\, d\tau \tag{14.93}$$

Este resultado mostra que a expressão de primeira ordem para a energia de perturbação é igual à média da função de perturbação $\lambda H'$ sobre o estado não-perturbado do sistema. Uma notação simplificada é usada para integrais do tipo da Eq. (14.93):

$$H_{jk}' = \int \psi_j^{0*}\hat{H}'\psi^0\, d\tau \tag{14.94}$$

Não daremos aqui o procedimento matemático para encontrar a função de onda perturbada de primeira ordem [ψ'_j da Eq. (14.90)] e a correção de segunda ordem para a energia $\lambda^2 H''$. Essas deduções podem ser encontradas em qualquer livro-texto comum de mecânica quântica[29].

14.26. Perturbação de um estado degenerado

Uma aplicação importante da teoria da perturbação ocorre no caso em que duas ou mais autofunções não-perturbadas têm o mesmo autovalor não-perturbado para a energia. Dizemos então que o estado é n vezes degenerado, onde n é o número de autofunções distintas correspondentes à mesma energia. O efeito de uma perturbação em tal sistema é freqüentemente o de "levantar a degenerescência" e separar os níveis de energia em diversos níveis de energia distintos. Vimos exemplos deste efeito em uma discussão da Fig. 14.16.

Examinaremos o caso em que há duas autofunções de ordem zero, $\psi_1^{(0)}$ e $\psi_2^{(0)}$, pertencentes ao mesmo estado de energia $E^{(0)}$. O efeito de uma perturbação de primeira ordem será investigada. Não podemos usar o método esboçado na Sec. 14.25 porque a Eq. (14.88) foi baseada na idéia de que a função de onda perturbada era apenas ligeiramente diferente de uma única função não-perturbada ψ_k^0. Agora, entretanto, temos duas funções de onda de ordem zero, inteiramente diferentes, $\psi_1^{(0)}$ e $\psi_2^{(0)}$. À medida que o parâmetro de perturbação $\lambda \to 0$, a solução da equação de Schrödinger perturbada deve tender a uma solução da equação não-perturbada, mas não irá em geral se aproximar nem de $\psi_1^{(0)}$ nem de $\psi_2^{(0)}$. A solução mais geral para a equação não-perturbada será alguma combinação linear de $\psi_1^{(0)}$ e $\psi_2^{(0)}$,

$$\begin{aligned} \chi_1^{(0)} &= a_{11}\psi_1^{(0)} + a_{12}\psi_2^{(0)} \\ \chi_2^{(0)} &= a_{21}\psi_1^{(0)} + a_{22}\psi_2^{(0)} \end{aligned} \tag{14.95}$$

Agora, a função de onda perturbada pode ser escrita

$$\begin{aligned} \psi_1 &= \chi_1^{(0)} + \lambda\psi'_1 + \lambda^2\psi''_1 + \cdots \\ \psi_2 &= \chi_2^{(0)} + \lambda\psi'_2 + \lambda^2\psi''_2 + \cdots \end{aligned} \tag{14.96}$$

Vemos que, quando $\lambda \to 0$, a função de onda perturbada se reduz a uma das funções de onda de ordem zero correta [a ser ainda determinada precisamente pelo cálculo dos coeficientes a_{ij} na Eq. (14.95)].

Não continuamos o desenvolvimento matemático[30] subseqüentes aqui, mas simplesmente afirmaremos que o efeito da perturbação é desdobrar o estado duplamente degenerado em dois estados.

PROBLEMAS

1. Quais dos seguintes operadores é hermitiano: d/dx, $i\,d/dx$, d^2/dx^2?

2. Mostrar que $[\hat{L}_x \hat{L}_y] \stackrel{\text{def}}{=} \hat{L}_x \hat{L}_y - \hat{L}_y \hat{L}_\delta = i\hbar L_z$, onde $\hat{L}_i$ são operadores para componentes do *momentum* angular. O que se pode concluir sobre a possibilidade de

[29]Por exemplo, H. L. Strauss, *Quantum Mechanics, An Introduction* (Englewood Cliffs, N.J.: Prentice-Hall, Inc., 1968), p. 102, ou I. N. Levine, *Quantum Chemistry*, Vol. 1 (Boston: Allyn and Bacon, Inc., 1970), p. 210

[30]Este pode ser encontrado em qualquer livro-texto de mecânica quântica – por exemplo, L. Pauling e E. B. Wilson, *Introduction to Quantum Mechanics* (New York: McGraw-Hill Book Company, 1935), pp. 166-179

medir simultaneamente duas componentes diferentes do *momentum* angular de uma partícula?

3. Mostrar que $[\hat{L}^2 \hat{L}_i] = 0$ (comparar as definições no Problema 2). É possível medir ao mesmo tempo o módulo do vetor *momentum* angular e qualquer de suas componentes particulares?

4. A função de onda para o estado de menor energia de um oscilador harmônico unidimensional é $\psi = A \cdot e^{-Bx^2}$, onde A é a constante de normalização e $B = (\mu\kappa)^{1/2}/2\hbar$. A energia potencial é $U = \frac{1}{2}\kappa x^2$. Deduzir a energia total E substituindo ψ na equação de Schrödinger.

5. Usando a Tab. 14.1 e a Eq. (14.26), calcular as funções de onda para um oscilador linear para $v = 0, 1, 2, 3, 4$. Colocar as funções em gráfico e marcar o domínio de y entre os pontos de inflexão dentro dos quais ψ é oscilatório. Mostrar que a energia cinética é negativa dentro desta região desenhando a energia potencial $U(y)$ e indicando os valores de energia total para $v = 0, 1, 2, 3, 4$.

6. Se ψ_1 e ψ_2 são as funções de onda para um estado degenerado de energia E, provar que qualquer combinação linear $c_1\psi_1 + c_2\psi_2$ é também uma função de onda.

7. Mostrar que $3\cos^2\theta - 1$ é uma autofunção do operador $-\hbar^2(\partial^2/\partial\theta^2 + \cot\theta\,\partial/\partial\theta)$ com o autovalor $6\hbar^2$. Que interpretação física pode ser dada ao operador?

8. Provar as seguintes fórmulas de recorrência para o polinômio de Hermite:

$$\frac{d\mathscr{H}_v}{dy} = 2v\mathscr{H}_{v-1}$$

$$\mathscr{H}_{v+1} - 2y\mathscr{H}_v + 2v\mathscr{H}_{v-1} = 0$$

Mostrar que funções $\mathscr{H}_v(y)$ obedecendo a essas fórmulas devem satisfazer à equação diferencial Eq. (14.21).

9. A energia potencial $U = D(1 - e^{-ax})^2$ foi introduzida por P. M. Morse como uma boa aproximação da energia real de moléculas diatômicas [ver a Eq. (17.37)]. Fazer um gráfico da função U/D em função de ax. Resolver a equação de Schrödinger para determinar os níveis de energia de uma partícula de massa μ neste potencial[(31)].

10. O momento de inércia do H_2 é $I = 0{,}470 \times 10^{-40}\ g \cdot cm^2$. No para-$H_2$ puro, os *spins* dos prótons são antiparalelos e somente pares de J são permitidos. No orto-H_2 puro, os *spins* dos prótons são paralelos e somente valores ímpares de J são permitidos. Usando a Eq. (14.45) calcular as funções de partição rotacionais do para- e orto-H_2 como funções de T, de 0 a 500 K. Então, calcular as contribuições rotacionais às capacidades caloríficas C_v e colocar em gráfico T. Comentar brevemente os resultados obtidos. Como se calcularia C_v para uma mistura de equilíbrio de para- e orto-H_2? Por que não se pode usar a Eq. (14.46) para este problema?

11. (a) Mostrar que as funções de onda $1s$ e $2s$ do tipo dos do hidrogênio na Tab. 14.4 são normalizados – isto é, a densidade de probabilidade integrada sobre todo o espaço é igual à unidade. (b) Mostrar que as funções de onda $1s$ e $2s$ são ortogonais uma em relação a outra, isto é, $\int \psi_{1s}\psi_{2s}\,d\tau = 0$, onde a integral é sobre todo espaço.

12. A energia de ionização observada para a reação $O^{7+} \to O^{8+} + e$ é 867,09 eV. Comparar este valor com o calculado através da teoria quântica.

13. Mostrar que o valor médio da distância entre o núcleo e o elétron em um átomo de hidrogênio quando l tem seu valor máximo $n - l$ é

$$\langle r \rangle = n\left(n + \frac{l}{z}\right)a_0,$$

onde n e l são números quânticos, a_0, o raio de Bohr e Z, a carga nuclear. Calcular $\langle r \rangle$ para os estados $1s$, $2p$ e $3d$ do átomo de hidrogênio.

(31)A solução deste problema é esboçada em *Selected Problems in Quantum Mechanics*, editado por D. Ter Haar (Londres: Macmillan & Co., Ltd., 1964), p. 108

14. Resolver a equação de Schrödinger para o movimento de uma partícula de massa m em um volume esférico de raio a na qual o potencial $V(r) = 0$ para $r < a$ e $V(r) = \infty$ para $r > a$. As autofunções terão a forma $\psi(r, \theta, \varphi) = R(r) \exp(\pm \mathrm{i} m_l \varphi) P_l m_l(\theta)$. (Tentar a substituição $R(r) = r^{-1/2}\chi(r)$). Discutir as autofunções, os números quânticos e os níveis de energia.

15. (a) Por meio de diagramas vetoriais encontrar os termos que podem surgir de um elétron p e um d. (b) Mostrar que três elétrons p equivalentes (como em N) podem originar termos ^2P, ^2D, ^4S.

16. Mostrar que um sistema com um número ímpar de elétrons tem sempre multipletes pares (dubletes, quartetos etc.) e um sistema com número par de elétrons sempre tem multipletes ímpares (singlete, triplete etc.).

17. O símbolo do termo para o vanádio no estado fundamental é ^4F. Qual o *momentum* angular *spin* total e o *momentum* angular total?

18. Nos íons da primeira série de transição, o paramagnetismo é devido inteiramente aos *spins* desemparelhados, sendo aproximadamente igual a $\mathbf{p}_m = 2\sqrt{\mathscr{S}(\mathscr{S}+1)}$. Com base nisso, estimar $\mathbf{p}_m$ para V^{3+}, Mn^{2+}, Co^{2+} e Cu^+ em unidades magnétons Bohr.

19. Aplicar o método da variação ao problema do átomo de hélio usando a carga nuclear efetiva Z' como parâmetro variacional e a função de onda tentativa $\psi_I = (Z'^3/\pi a_0^3)e^{-Z'r_1/a_0}e^{-Z'r_2/a_0}$. Mostrar que

$$E = \int \psi_I \hat{H} \psi_I \, dt = \left[-2Z'^2 + \frac{5}{4}Z' + 4Z'(Z'-Z)\right]\frac{2\pi^2 me^4}{h^2}$$

e então minimize E através de $\partial E/\partial Z' = 0$[32].

20. O termo de energia mais baixa de um átomo pode ser encontrado através de duas regras devidas a Hund. (1) Para uma dada configuração eletrônica, o termo de menor energia terá o maior valor de $\mathscr{S}$ e o maior valor de L possível para este $\mathscr{S}$. (2) O estado de mais baixa energia corresponde a $J = |L - \mathscr{S}|$, se a camada incompleta estiver menos que a metade cheia, e $J = |L + \mathscr{S}|$, se estiver mais que semicheia. Determinar o termo do estado fundamental para os seguintes átomos: O, Cl, V, Ce.

21. Calcular a intensidade do campo magnético no centro de um átomo de hidrogênio devida ao movimento orbital de um elétron no estado $2p$. O vetor campo magnético estará alinhado ao longo do eixo Z de modo que a intensidade do campo será encontrada a partir de

$$\langle B_z \rangle = \frac{-e}{\mu c} \int \psi^* \frac{\hat{L}_z}{r^3} \psi \, d\tau$$

e $\hat{L}_z \psi = m_l \hbar \psi$.

[32] L. Pauling e E. B. Wilson, *Introduction to Quantum Mechanics* (New York: McGraw-Hill Book Company, 1935), p. 184

15

A ligação química

Compare um conceito com um estilo de pintura. É mesmo nosso estilo de pintar apenas arbitrário? Podemos escolher um deles ao nosso bel-prazer? (Aquele dos egípcios, por exemplo.) Ou é isso meramente uma questão de bonito e feio?

Ludwig Wittgenstein
(1953)[1]

As descobertas referentes à eletricidade no começo do século XIX tiveram grande influência no conceito de ligação química. Realmente, em 1812, Berzelius propôs que todas as combinações químicas eram causadas por atrações eletrostáticas. Conforme se verificou 115 anos mais tarde, esta teoria estava correta, embora não no mesmo sentido suposto por seu criador. Essa idéia concorreu muito para adiar a aceitação de estruturas diatômicas para os elementos gasosos comuns, tais como H_2, N_2 e O_2. A maioria dos compostos orgânicos também se encaixava mal no esquema eletrostático, mas até 1828 acreditava-se que estes eram ligados por *forças vitais*, que surgiram devido à sua formação a partir de coisas vivas. Naquele ano, a síntese da uréia a partir de cianeto de amônio feita por Wöhler destruiu essa distinção entre compostos orgânicos e inorgânicos, e as forças vitais se retraíram lentamente ao seu presente refúgio precário nas células vivas[2]

15.1. Teoria da valência

Duas classes de compostos vieram a ser distinguidas com algumas incômodas espécies intermediárias. *Compostos polares*, dos quais NaCl era o principal exemplo, poderiam ser descritos como estruturas de íons positivos e negativos mantidos unidos por atração coulombiana. A natureza da ligação química em *compostos não-polares*, como CH_4, era obscura. Contudo, as relações da valência com a Tabela Periódica, que foram demonstradas por Mendeleyev, enfatizavam o fato notável que a valência de um elemento era geralmente a mesma, tanto em compostos definitivamente polares como em compostos definitivamente não-polares, como, por exemplo, O em K_2O e $(C_2H_5)_2O$.

Em 1904, Abegg apresentou a regra do octeto: para muitos elementos da Tabela Periódica, era possível atribuir uma valência positiva e uma valência negativa a soma das quais era 8, como, por exemplo, Cl no LiCl e no Cl_2O_7, N no NH_3 e no N_2O_5. Drude sugeriu que a valência positiva era o número de elétrons fracamente ligados, que o átomo poderia doar, enquanto a valência negativa era o número de elétrons que o átomo poderia aceitar.

[1]*Phylosophical Investigations* (Oxford: Basil Blackwell, 1953), p. 230

[2]Para uma introdução ao vitalismo contemporâneo, ver E. Wigner, "The Probability of the Existence of a Self-Reproducing Unit", em *Symmetries and Reflections* (Bloomington: Indiana University Press, 1967)

Uma vez estabelecido claramente o conceito de número atômico por Moseley (1913) foram possíveis novos progressos, porque então o número de elétrons em um átomo se tornou conhecido. A estabilidade especial de um octeto externo completo de elétrons foi imediatamente notada – por exemplo, Ne, 2 + 8 elétrons; Ar, 2 + 8 + 8 elétrons.

Em 1916, W. Kossel deu uma contribuição importante à teoria de ligação eletrovalente e, no mesmo ano, G. N. Lewis propôs uma teoria para a ligação não-polar. Kossel explicou a formação de íons estáveis por uma tendência dos átomos de perder ou ganhar elétrons até atingirem a configuração de um gás inerte. Assim, o argônio possui um octeto completo de elétrons. O potássio tem 2 + 8 + 8 + 1 elétrons e tende a perder o elétron externo, tornando-se o íon carregado positivamente K^+, com a configuração do argônio. O cloro tem 2 + 8 + 7 elétrons e tende a ganhar um elétron, tornando-se Cl^- com a configuração do argônio. Se um átomo de Cl se aproxima de um de K, este doa um elétron para o Cl e os íons resultantes se combinam como K^+Cl^-, com os átomos apresentando valência 1. Lewis propôs que as ligações em compostos não-polares resultavam do compartilhamento de pares de elétrons, entre átomos, de maneira tal a formar, na maior extensão possível, octetos estáveis. Assim, o carbono tem número atômico 6, isto é, 6 elétrons, ou 4 menos que a configuração estável do neônio, podendo então compartilhar quatro pares de elétrons com quatro átomos de hidrogênio. Cada par de elétrons compartilhados constitui uma *ligação covalente* simples. A teoria de Lewis explicou porque a covalência e a eletrovalência de um átomo são freqüentemente iguais, pois um átomo geralmente aceita um elétron para cada ligação covalente que forma. O número de pares de elétrons compartilhados em uma ligação é chamado *ordem da ligação.*

15.2. A ligação iônica

O tipo de estrutura molecular mais simples de se entender é formado por dois átomos, um dos quais é fortemente eletropositivo (baixo potencial de ionização) e o outro, fortemente eletronegativo (alta afinidade eletrônica), por exemplo, sódio e cloro. No cloreto de sódio cristalino não se deveria falar de uma molécula de NaCl, pois o arranjo estável é o de uma estrutura cristalina tridimensional de íons Na^+ e Cl^-. No vapor, entretanto, existe uma verdadeira molécula de NaCl, na qual a ligação é devida principalmente a atra-

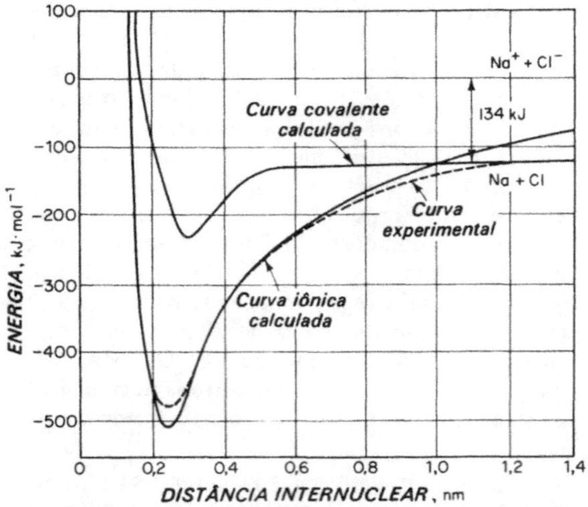

Figura 15.1 Energia potencial do NaCl em função da distância internuclear. A curva iônica foi calculada através da Eq. (15.1)

ções eletrostáticas entre os íons Na^+ e Cl^-. Os espectros dessa molécula são observados no vapor do cloreto de sódio.

A força de atração entre dois íons com cargas Q_1 e Q_2 pode ser representada a distâncias de separação moderadas por uma força coulombiana Q_1Q_2/r^2 ou por um potencial $U = -Q_1Q_2/r$. Se os íons forem aproximados a uma distância tal que suas nuvens eletrônicas comecem a se interpenetrar, fica evidente uma repulsão mútua entre os núcleos positivamente carregados. Born e Mayer sugeriram um potencial repulsivo da forma $U = b \cdot e^{-r/a}$, onde a e b são constantes.

O potencial resultante para os dois íons é por conseguinte

$$U = \frac{-Q_1Q_2}{r} + b\,e^{-r/a} \tag{15.1}$$

Essa função é colocada em gráfico na Fig. 15.1 para o NaCl; o mínimo na curva representa a separação internuclear estável para a molécula. Note, contudo, que para grandes separações Na + Cl é um sistema mais estável que $Na^+ + Cl^-$; e assim verificamos que a molécula de NaCl se dissocia em átomos.

As moléculas dos haletos alcalinos têm sido cuidadosamente estudadas, pois fornecem dados excelentes para o exame detalhado dos modelos teóricos. Algumas de suas propriedades experimentais estão compiladas na Tab. 15.1. A ligação química nessas moléculas nunca é puramente iônica. Os íons positivos menores, em particular, tendem a distorcer a distribuição de carga eletrônica dos íons negativos maiores, um efeito que aumenta a densidade eletrônica na região internuclear. Poderíamos dizer que tais ligações adquirem um *caráter covalente parcial.*

Tabela 15.1 Propriedades experimentais das moléculas de haletos alcalinos*

Molécula	Distância internuclear de equilíbrio, r_e (nm)	Vibração fundamental, σ (cm^{-1})	Momento dipolar, μ (D)**	Energia de dissociação, D_e ($kJ \cdot mol^{-1}$)
LiF	0,15639	910,34	6,3248	577
LiCl	0,20207	641,	7,1289	469
LiBr	0,21704	563,	7,268	423
LiI	0,23919	498,	6,25	351
NaF	0,19260	536,1	8,1558	477
$Na^{35}Cl$	0,23609	364,6	9,0020	406
$Na^{79}Br$	0,25020	298,5	9,1183	360
NaI	0,27114	259,2	9,2357	331
KF	0,21716	426,0	8,5926	490
$K^{35}Cl$	0,26668	279,8	10,269	423
$K^{79}Br$	0,28028	219,17	10,628	377
KI	0,30478	186,53	11,05	335
RbF	0,22704	373,3	8,5465	485
$Rb^{35}Cl$	0,27869	223,3	10,515	414
$Rb^{79}Br$	0,29447	169,46		377
RbI	0,31768	138,51		318
CsF	0,23455	352,6	7,8839	498
$Cs^{35}Cl$	0,29064	214,2	10,387	444
$Cs^{79}Br$	0,30722	149,50		406
CsI	0,33152	119,20	12,1	343

*Segundo M. Karplus e R. N. Porter, *Atoms and Molecules* (New York: W. A. Benjamin, 1970), p. 263

**Ver Sec. 15.15

15.3. A molécula-íon de hidrogênio

O exemplo mais clássico de uma ligação covalente é encontrado na molécula de hidrogênio, H_2, um sistema de dois prótons e dois elétrons, mas existe uma molécula estável ainda mais simples, a molécula-íon de hidrogênio, um sistema de dois prótons e um elétron. Sem dúvida, não podemos isolar essa espécie carregada e ela não forma sais estáveis $H_2^+X^-$. Entretanto, quando o gás hidrogênio é submetido a descargas elétricas, o H_2^+ ocorre em altas concentrações e seus espectros e propriedades cinéticas podem ser estudados prontamente. A energia de dissociação, $H_2^+ \longrightarrow H^+ + H$ é de 2,78 eV e o comprimento da ligação H—H é 0,106 nm, quase exatamente o dobro do raio de Bohr a_0.

Do ponto de vista teórico, o H_2^+ é importante porque a equação de Schrödinger pode ser separada e resolvida para esse sistema, e os resultados de vários cálculos aproximados, tais como pelo método da variação, podem assim ser comparados com a solução exata. As coordenadas usadas para a discussão do H_2^+ são mostradas na Fig. 15.2. Como este problema é obviamente um problema de três corpos, não é possível uma solução analítica geral.

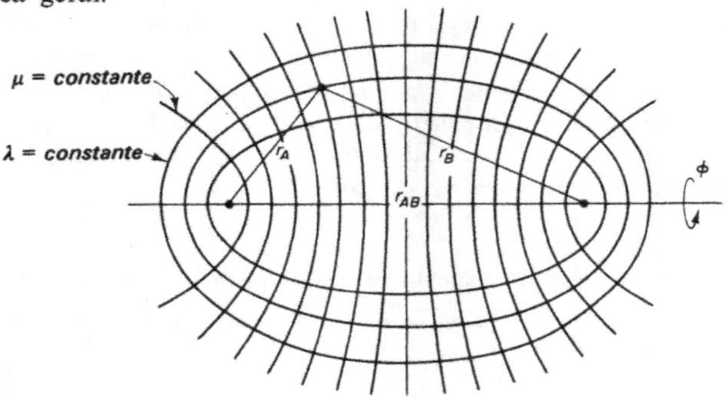

Figura 15.2 Coordenadas esferoidais para o problema de dois centros do H_2^+. λ é constante nos elipsóides de revolução e μ, nos hiperbolóides

Uma molécula estável consiste em elétrons em movimento rápido em torno de um certo número de núcleos, enquanto esses próprios núcleos executam um movimento oscilatório, mais pesado, em torno de suas posições médias[3]. Os elétrons, movendo-se em torno dos núcleos, poderiam ser comparados a moscas voando ao redor de uma família de elefantes, embora essa comparação desapareça tão logo nos lembremos do tamanho dos núcleos. Em qualquer evento, quando tratamos com um sistema de núcleos e elétrons, podemos relembrar um princípio básico importante: os movimentos dos núcleos, nas vibrações moleculares comuns, são tão lentos, em comparação com os dos elétrons, que é possível calcular os estados eletrônicos admitindo-se que os núcleos sejam mantidos em posições fixas. Esta é a *aproximação de Born-Oppenheimer*, a qual é básica para a maioria dos cálculos mecânico-quânticos das propriedades das moléculas. Como conseqüência da aproximação de Born-Oppenheimer, é possível fixar as distâncias internucleares e então calcular a função de onda do estado estacionário e a energia para os elétrons neste sistema de cargas nucleares fixas. No caso da molécula de H_2^+ na Fig. 15.2, a distância r_{AB} é mantida fixa e somente r_A e r_B são variados. Uma vez resolvido este problema, pode-se fixar um novo valor para r_{AB} e resolver o problema do movimento eletrônico para esta nova distância internuclear. A distância internuclear r_{AB} é portanto um parâmetro constante em qualquer cálculo.

(3) C. A. Coulson, *Chem. Brit.* **4**, 113 (1968)

A energia E do sistema para um conjunto de valores de r_{AB} pode ser colocada num gráfico em função de r_{AB} para fornecer o que é comumente chamado de *curva de energia potencial* do sistema. Para o H_2, a curva é mostrada na Fig. 15.4. A força entre os núcleos é dada pela derivada do potencial efetivo em qualquer separação, $F = -(\partial E/\partial r_{AB})$. Notar que a energia E contém ambas as energias, cinética e potencial, dos elétrons mais a energia potencial dos núcleos. Todavia, no que concerne aos movimentos nucleares, E pode ser considerada como a energia potencial efetiva da interação.

A equação de Schrödinger para o problema do H_2^+ é

$$\nabla^2\psi + \frac{8\pi^2 m}{h^2}\left(E + \frac{e^2}{r_A} + \frac{e^2}{r_B} - \frac{e^2}{r_{AB}}\right)\psi = 0, \qquad (15.2)$$

onde m é a massa do elétron. Esta equação pode ser separada se as variáveis independentes forem transformadas em um sistema de coordenadas esferóides λ, μ, ϕ, como é mostrado na Fig. 15.2. Assim,

$$\psi(\lambda, \mu, \phi) = L(\lambda)M(\mu)\Phi(\phi) \qquad (15.3)$$

Através de métodos análogos aos descritos para os problemas do rotor rígido e do campo central, podemos obter soluções para as três equações diferenciais ordinárias, que resultam quando a Eq. (15.3) é substituída na Eq. (15.2) (naturalmente, depois da transformação de ∇^2, r_A e r_B para as novas coordenadas). Não daremos aqui os detalhes matemáticos, bastante laboriosos nesta análise, mas simplesmente usaremos os resultados para mostrar na Fig. 15.3 a distribuição de densidade eletrônica calculada para a molécula H_2^+.

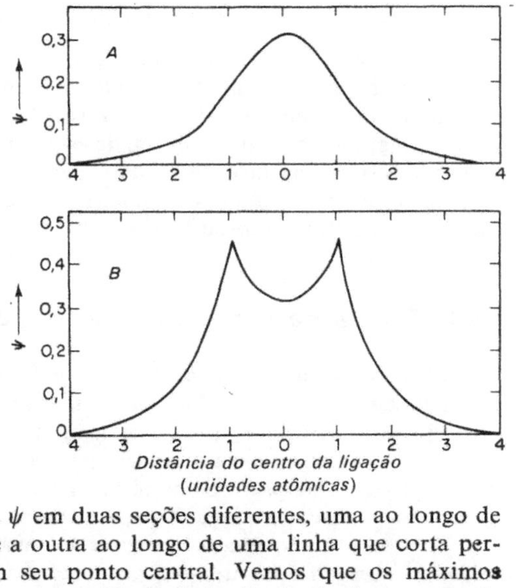

Figura 15.3 A função de onda exata do estado fundamental da molécula íon H_2^+. (*A*) Valores da função de onda ao longo de uma linha normal à ligação H—H e passando através do ponto médio da ligação. (*B*) Valores da função de onda ao longo de uma linha passando através dos dois prótons. Os prótons estão localizados nos dois picos

A Fig. 15.3 mostra a função de onda ψ em duas seções diferentes, uma ao longo de uma linha que passa pelos dois prótons e a outra ao longo de uma linha que corta perpendicularmente a linha internuclear em seu ponto central. Vemos que os máximos em ψ estão nos prótons, mas que existe uma considerável amplitude de ψ concentrada nas regiões entre os dois prótons. Conseqüentemente, uma vez que a densidade de carga eletrônica é proporcional a ψ^2, existe uma considerável concentração de carga negativa na região entre os dois prótons positivos. A razão para a ligação bastante forte na molécula H_2^+ é, portanto, evidente. A ligação nasce da energia potencial eletrostática resultante da interação entre os prótons positivos e o elétron negativo. É uma ligação de um elétron, mas esse simples elétron trabalha surpreendentemente bem, produzindo uma energia de ligação de 268,2 kJ.

A teoria exata da mecânica quântica para H_2^+ fornece um quadro exato da ligação química nessa molécula. Embora outras moléculas possam ter mais núcleos e mais elétrons, o quadro fundamental não mudará – cada ligação será devida à energia potencial eletrostática de uma distribuição de densidade eletrônica concentrada perto dos núcleos positivos. Não existem forças misteriosas de nenhuma espécie mantendo unidos os átomos em uma molécula.

Um resultado importante da teoria exata para H_2^+ provém da parte $\Phi(\phi)$ da função de onda. A função de onda deve ter simetria cilíndrica de modo que $\Phi(\phi) = Ce^{i\lambda\phi}$, onde C é uma constante e λ é um número quântico que pode admitir valores 0, 1, 2 etc. O operador para a componente z (ao longo do eixo internuclear) do *momentum* angular é

$$\hat{L}_z = \frac{\hbar}{i}\frac{\partial}{\partial\phi}$$

de modo que $\Phi(\phi)$ é uma autofunção de $\hat{L}_z$, com

$$\hat{L}_z\Phi(\phi) = \lambda\hbar\Phi(\phi)$$

Os valores do *momentum* angular ao redor do eixo internuclear são portanto quantizados em unidades de $\hbar$.

O número quântico λ fornece a base para a classificação dos orbitais moleculares do sistema H_2^+ e, por extensão, para as outras moléculas diatômicas. A notação é similar àquela para os orbitais atômicos baseada no número quântico l, com a exceção de que, para o caso molecular, são usadas letras gregas, como se segue,

$$\lambda = 0 \quad 1 \quad 2 \ldots$$
$$\text{orbital:} \quad \sigma \quad \pi \quad \delta \ldots$$

Uma segunda designação, também importante, dos orbitais moleculares no H_2^+ (e, por extensão, para as demais moléculas diatômicas homonucleares) é a da simetria desses orbitais com respeito à inversão através do ponto médio dos dois núcleos idênticos. Como a Fig. 15.3 mostrou, o orbital do estado fundamental é simétrico (do alemão, *gerade*) com respeito àquela inversão. Este orbital é por isso designado como um orbital $1\sigma_g$. O primeiro estado excitado é assimétrico com respeito a essa inversão (do alemão, *ungerade*), isto é, ele muda de sinal ($\psi \to -\psi$, $-\psi \to \psi$). Esse orbital é chamado, por isso, $1\sigma_u$.

15.4. Teoria da variação simples para o H_2^+

Mesmo que tenhamos as soluções exatas para o problema H_2^+, é mais instrutivo ainda desenvolver em detalhe, um tratamento variacional simples para essa molécula. Quando considerarmos moléculas mais complicadas, confiaremos principalmente no método da variação, e sua aplicação para a molécula H_2^+ tem a dupla vantagem de ser o exemplo mais simples e de permitir uma comparação entre os resultados aproximados e os reais. A discussão seguinte é baseada em uma análise feita por Linus Pauling.

Tomamos como função de variação uma combinação linear de dois orbitais atômicos $1s$ normalizados de hidrogênio, centrados nos prótons a e b, conforme é apresentado na p. 567.

$$\psi = c_1\psi_{1sa} + c_2\psi_{1sb} \tag{15.4}$$

Da Eq. (14.78)

$$E = \frac{\int \psi^* \hat{H}\psi \, d\tau}{\int \psi^*\psi \, d\tau}, \tag{15.5}$$

onde $\hat{H}$ foi dado na Eq. (15.2).

Introduzimos a notação

$$\begin{aligned} H_{aa} &= H_{bb} = \int \psi_a^* \hat{H} \psi_a \, d\tau = \int \psi_b^* \hat{H} \psi_b \, d\tau \\ H_{ab} &= H_{ba} = \int \psi_a^* \hat{H} \psi_b \, d\tau = \int \psi_b^* \hat{H} \psi_a \, d\tau \\ S &= \int \psi_a^* \psi_b \, d\tau \end{aligned} \tag{15.6}$$

Então a Eq. (15.5) se torna

$$E = \frac{c_1^2 H_{aa} + 2c_1 c_2 H_{ab} + c_2^2 H_{bb}}{c_1^2 + 2c_1 c_2 S + c_2^2} \tag{15.7}$$

Para minimizar a energia em relação a c_1 e c_2, igualamos as derivadas de E em relação a esses coeficientes a zero:

$$\begin{aligned} \frac{\partial E}{\partial c_1} &= 0 = c_1(H_{aa} - E) + c_2(H_{ab} - SE) \\ \frac{\partial E}{\partial c_2} &= 0 = c_1(H_{ab} - SE) + c_2(H_{bb} - E) \end{aligned} \tag{15.8}$$

Estas são equações homogêneas lineares simultâneas. Se tentarmos resolvê-las da maneira comum, armando o determinante dos coeficientes e dividindo-o no mesmo determinante onde uma dada coluna foi substituída pelos termos constantes (regra de Cramer), iremos obter somente as soluções triviais, $c_1 = c_2 = 0$. Somente no caso em que o determinante dos coeficientes seja por si mesmo igual a zero poderemos obter soluções não-triviais, e assim mesmo somente para alguns valores de E, os quais são os *autovalores* desse problema. Escrevemos, portanto, a condição para obtenção de soluções não-triviais tornando nulo o determinante dos coeficientes do conjunto das equações homogêneas lineares.

$$\begin{vmatrix} H_{aa} - E & H_{ab} - SE \\ H_{ab} - SE & H_{aa} - E \end{vmatrix} = 0 \tag{15.9}$$

Neste caso a equação resultante é quadrática em relação a E. No caso geral de N equações simultâneas, seria uma equação de grau N em E. Uma equação desse tipo é chamada *equação secular*[4]. As soluções da Eq. (15.9) são

$$\begin{aligned} E_g &= \frac{H_{aa} + H_{ab}}{1 + S} \\ E_u &= \frac{H_{aa} - H_{ab}}{1 - S} \end{aligned} \tag{15.10}$$

Quando esses autovalores são substituídos na Eq. (15.8), as equações podem ser resolvidas para a razão c_1/c_2, dando (como, de fato, é evidente da simetria)

$$\begin{aligned} \frac{c_1}{c_2} &= \pm 1 \\ \psi_g &= c_1(\psi_{1sa} + \psi_{1sb}) \\ \psi_u &= c_1(\psi_{1sa} - \psi_{1sb}) \end{aligned}$$

A constante remanescente é eliminada pelas condições de normalização (as quais se aplicam porque para cada orbital molecular a probabilidade de encontrar o elétron

[4] Do latim, *saeculum*, geração, idade (época). O termo *perturbação secular* foi introduzido primeiramente na mecânica celeste para descrever perturbações que causavam efeitos cumulativos lentos em órbitas

em qualquer lugar do espaço deve ser unitária).

$$\int \psi_g^2\, d\tau = 1, \qquad \int \psi_u^2 d\tau = 1$$

$$c_1^2\left[\int \psi_{1sa}^2\, d\tau \pm 2\int \psi_{1sa}\psi_{1sb}\, d\tau + \int \psi_{1sb}^2\, d\tau\right] = 1$$

$$c_1^2[1 \pm 2S + 1] = 1$$

$$c_1 = \frac{1}{\sqrt{2 \pm 2S}}$$

As duas funções de onda são, portanto,

$$\begin{aligned} \psi_g &= \frac{1}{\sqrt{2+2S}}(\psi_{1sa} + \psi_{1sb}) \\ \psi_u &= \frac{1}{\sqrt{2-2S}}(\psi_{1sa} - \psi_{1sb}) \end{aligned} \tag{15.11}$$

É evidente que essas são as funções de onda aproximadas correspondentes às funções $1\sigma_g$ e $1\sigma_u$ obtidas da solução exata.

As integrais H_{aa}, H_{ab} e S são calculadas como se segue. Parte do hamiltoniano na Eq. (15.2) é a mesma que a do átomo de hidrogênio. Dessa forma,

$$-\frac{h^2}{8\pi^2 m}\nabla^2\psi_{1sa} - \frac{e^2}{r_a}\psi_{1sa} = E_H\psi_{1sa}$$

onde E_H é a energia do átomo de H. Então,

$$H_{aa} = \int \psi_{1sa}\left(E_H - \frac{e^2}{r_B} + \frac{e^2}{r_{AB}}\right)\psi_{1sa}\, d\tau = E_H + J + \frac{e^2}{a_0 D}$$

onde

$$J = \int \psi_{1sa}\left(-\frac{e^2}{r_B}\right)\psi_{1sa}\, d\tau = \frac{e^2}{a_0}\left[-\frac{1}{D} + e^{-2D}\left(1 + \frac{1}{D}\right)\right]$$

com

$$D = \frac{r_{AB}}{a_0}$$

Analogamente, encontramos

$$H_{ab} = \int \psi_{1sb}\left(E_H - \frac{e^2}{r_B} + \frac{e^2}{r_{AB}}\right)\psi_{1sa}\, d\tau = SE_H + K + \frac{Se^2}{a_0 D}$$

onde

$$S = e^{-D}\left(1 + D + \frac{D^2}{3}\right)$$

$$K = \int \psi_{1sb}\left(-\frac{e^2}{r_B}\right)\psi_{1sa}\, d\tau = -\frac{e^2}{a_0}e^{-D}(1 + D)$$

Então, finalmente, obtemos para as energias

$$\begin{aligned} E_g &= E_H + \frac{e^2}{a_0 D} + \frac{J+K}{1+S} \\ E_u &= E_H + \frac{e^2}{a_0 D} + \frac{J-K}{1-S} \end{aligned} \tag{15.12}$$

A integral J é chamada *integral coulombiana* e fornece as interações coulombianas entre o núcleo a e um elétron no orbital 1s do núcleo b (ou vice-versa). A integral K é chamada *integral de ressonância* ou *integral de troca*, porque ambas as funções de onda ψ_{1sa} e ψ_{1sb} ocorrem nela. Esse tratamento de variação simples fornece uma energia de dissociação de 1,77 eV para o H_2^+ comparável com o valor exato de 2,78 eV e uma distância de equilíbrio de 0,132 nm (o valor exato é 0,106 nm).

15.5. A ligação covalente no H_2

A aplicação mais importante da mecânica quântica à química tem sido a explicação dada por ela à natureza da ligação covalente. Em 1918, G. N. Lewis afirmou que esta ligação consiste no compartilhamento de um par de elétrons. Em 1927, W. Heitler e F. London aplicaram a mecânica quântica e conseguiram a primeira teoria quantitativa da ligação.

Se dois átomos de H são aproximados, o sistema consiste em dois prótons e dois elétrons. Se os átomos se encontram afastados, suas interações mútuas são efetivamente nulas. Em outras palavras, a energia de interação $U \to 0$, quando a distância internuclear $R \to \infty$. No outro extremo, se os dois átomos são forçados a se aproximar demais, existe uma grande força repulsiva entre os núcleos positivos, de modo que, se $R \to 0$, $U \to \infty$. Experimentalmente, sabemos que dois átomos de hidrogênio podem se unir para formar a molécula de hidrogênio estável, cuja energia de dissociação é 458,1 kJ · mol^{-1}. A separação internuclear de equilíbrio na molécula é 0,0740 nm. Esses fatos da interação de dois átomos de H estão resumidos na curva de energia potencial da Fig. 15.4.

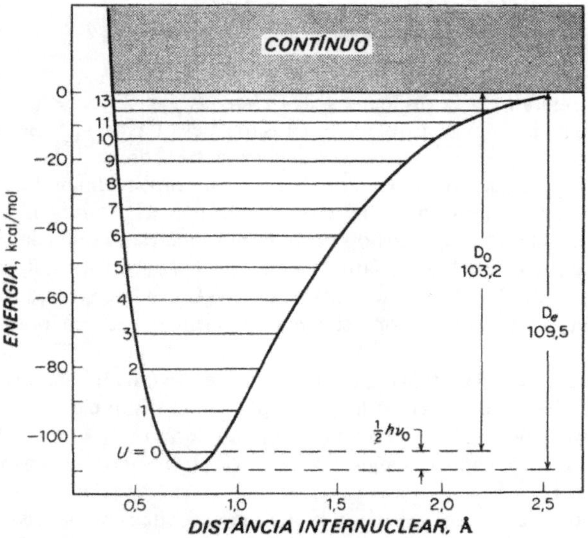

Figura 15.4 Curva de energia potencial para a molécula de hidrogênio. São mostrados os níveis de energia vibracionais

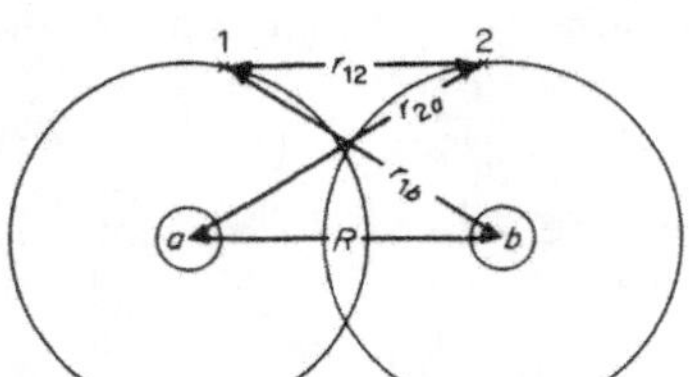

Figura 15.5 Interação de dois átomos de hidrogênio

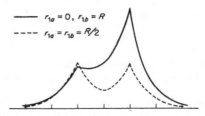

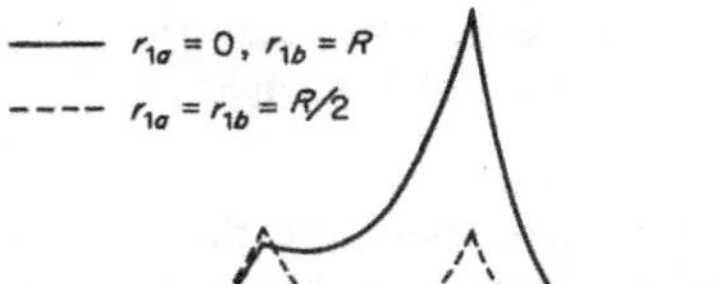

Figura 15.6 Densidade de probabilidade do segundo elétron ao longo do eixo para duas posições fixas do primeiro elétron

O sistema de dois prótons e dois elétrons é mostrado na Fig. 15.5 com as coordenadas especificadas. Este sistema é muito parecido com o do átomo de hélio, mostrado na Fig. 14.19. A diferença é que agora temos dois núcleos, cada um com carga +1, em vez de um núcleo com carga +2. Então, no lugar da expressão na Eq. (14.76), a energia potencial se torna agora (em unidades atômicas):

$$U = r_{12}^{-1} - r_{1a}^{-1} - r_{2b}^{-1} - r_{1b}^{-1} - r_{2a}^{-1} + R^{-1}$$

Os termos na energia potencial são os seguintes:

$$\begin{aligned} U_1 &= r_{12}^{-1} && \text{elétron 1 repele o elétron 2} \\ U_2 &= -r_{1a}^{-1} && \text{elétron 1 atrai o núcleo } a \\ U_3 &= -r_{2b}^{-1} && \text{elétron 2 atrai o núcleo } b \\ U_4 &= -r_{1b}^{-1} && \text{elétron 1 atrai o núcleo } b \\ U_5 &= -r_{2a}^{-1} && \text{elétron 2 atrai o núcleo } a \\ U_6 &= R^{-1} && \text{núcleo } a \text{ repele o núcleo } b \end{aligned} \tag{15.13}$$

Nessas unidades atômicas, a equação de Schrödinger é

$$\{\nabla_1^2 + \nabla_2^2 + (E - U)\}\psi = 0, \tag{15.14}$$

onde ∇_1^2 e ∇_2^2 se referem às coordenadas dos elétrons 1 e 2, respectivamente.

A maior dificuldade desse problema é causada pelo termo r_{12}^{-1}. Se não fosse a presença desse termo, a equação poderia ser separada em coordenadas esferoidais, como no problema do H_2^+. Podemos, entretanto, nos sentir razoavelmente confiantes de que a maioria do que aprendemos sobre ligação covalente no H_2^+ também se aplica ao caso do H_2. Em termos genéricos, a ligação ocorre como uma conseqüência da concentração de carga negativa entre os núcleos. O fato de a energia de ligação ser 458,1 kJ no H_2 contra 268,2 kJ no H_2^+ e o da distância de ligação ser menor no H_2(0,0740 nm) que no H_2^+(0,106 nm) indicam claramente que dois elétrons são mais eficientes que um para manter unidos dois prótons.

Para comparar a energia teórica com a curva experimental da Fig. 15.4, devemos calcular a energia do sistema para diferentes valores de distância internuclear R. A repulsão entre os núcleos sempre contribui com um termo $U_6 = R^{-1}$. Para calcular a energia dos elétrons, aplicamos o método da variação, como nos casos do átomo de He e da molécula H_2^+.

Para iniciar o cálculo, devemos fazer algumas escolhas razoáveis quanto à forma da função de onda para cada elétron na molécula, isto é, o *orbital molecular*. O que devemos tomar como aproximação de primeira ordem para um orbital molecular na molécula de H_2? Se afastarmos os núcleos, cada elétron acompanhará um núcleo e o sistema pode ser representado como a soma de dois átomos de H. Conseqüentemente, o orbital molecular se tornaria a soma dos dois orbitais atômicos 1s do H, um centrado no núcleo a e o outro no núcleo b,

$$\psi^{(1)} = 1s_a(1) + 1s_b(1) \tag{15.15}$$

Exatamente a mesma forma[5] foi usada no tratamento de variação do H_2^+. Em unidades atômicas, $1s_a(1) = \exp(-r_{1a})$ e $1s_b(1) = \exp(-r_{1b})$; então,

$$\psi^{(1)} = \exp(-r_{1a}) + \exp(-r_{1b})$$

A Eq. (15.15) é um exemplo da formação de um orbital molecular (OM) como combinação linear de orbitais atômicos (CLOA). Esta aproximação é chamada OM-CLOA (em inglês, MO-LCAO).

[5]Por conveniência usamos a notação $1s_a \equiv \psi_{1sa}$

Nossa primeira função de onda tentativa para a molécula de H_2 pode portanto ser escrita como

$$\psi^{(1)}_{M} = [1s_a(1) + 1s_b(1)][1s_a(2) + 1s_b(2)] \qquad (15.16)$$

Ambos os elétrons foram colocados no mesmo orbital molecular, que foi formado pela soma dos dois orbitais atômicos 1*s*. Os dois elétrons podem ir para ess orbital, de acordo com o Princípio de Exclusão de Pauli, se tiverem *spins* antiparalelos.

Para calcular a energia, substituímos $\psi^{(1)}$ da Eq. (15.16) na Eq. (15.5). O cálculo é essencialmente análogo ao dado para o H_2^+, porém não entraremos em detalhes[6]. A energia de dissociação calculada $D_e(H_2 \rightarrow 2H)$ é 258,6 kJ e a distância internuclear de equilíbrio calculada r_e é 0,0850 nm. Os valores experimentais são 458,1 kJ e 0,0747 nm. A concordância quantitativa não é, portanto, muito boa, mas o fato de os cálculos fornecerem uma molécula muito estável indica que o modelo deve ser razoável.

O próximo passo, como no tratamento do átomo de He, é introduzir o fator de escala. O orbital molecular se torna então

$$\psi^{(2)} = \exp(-Zr_a) + \exp(-Zr_b) \qquad (15.17)$$

A menor energia é encontrada quando $Z = 1{,}197$ e dá $D_e = 334{,}7$ kJ com $r_e = 0{,}0732$ nm. Neste caso, contrariamente ao caso do átomo de He, a carga efetiva é maior que a carga dos núcleos individuais. Os elétrons estão assim confinados em um volume menor, mais próximos do núcleo, e sua energia potencial é diminuída. Na verdade, a energia cinética deve ser aumentada mas a energia total é ainda diminuída pela maior aproximação dos elétrons ao núcleo. Melhoramos o valor de D_e porém de maneira ainda desapontadora. A origem do problema é óbvia. Não incluímos adequadamente o efeito da interação entre os dois elétrons. Na realidade, o OM da Eq. (15.17) coloca ambos os elétrons no mesmo núcleo durante uma proporção considerável de tempo e, portanto, superestima muito a energia de repulsão intereletrônica.

Uma maneira de escrever uma função de onda que mantém os elétrons afastados um do outro é incluir o que é chamado uma *interação de configuração*. O OM da Eq. (15.15) é uma CLOA formada inteiramente de orbitais 1*s* de hidrogênio atômico. Se termos do estado 2*s* e de outros estados de maior energia forem também incluídos, os elétrons podem encontrar algum espaço adicional para se afastar um do caminho do outro. Esse tratamento na melhor das hipóteses aumenta o valor de D_e para 386,2 kJ.

Não usamos anteriormente qualquer função de onda que incluísse explicitamente a distância intereletrônica r_{12}. Até mesmo as funções mais complicadas, se desprezarem este fator, não alcançarão um valor de D_e maior que 410 kJ, aproximadamente 10% mais baixo que o valor experimental. Uma vez incluídos tais termos r_{12}, entretanto, a energia novamente começa a aumentar. James e Coolidge imaginaram uma função complicada da forma

$$\psi = e^{-\delta(\mu_1+\mu_2)} \sum_{m,n,j,k,p} C_{mnjkp}[\mu_1^m \mu_2^n \nu_1^j \nu_2^k + \mu_1^n \mu_2^m \mu_1^k \nu_2^j] r_{12}^p \qquad (15.18)$$

Os expoentes m, n, j, k e p são números inteiros e $\delta = 0{,}75$. Os parâmetros C_{mnjkp} são variáveis. Finalmente, tentaram uma expressão com 13 termos, incluindo 5 termos em r_{12}. O valor calculado $D_e = 455{,}2$ kJ estava dentro de 2,9 kJ do valor experimental. Kolos e Roothaan[7] estenderam o cálculo para 50 termos, obtendo $D_e = 457{,}8$ kJ e $r_e = 0{,}0741$ nm. A Fig. 15.6 mostra como os elétrons tendem a se evitar mutuamente na função de onda usada por esses pesquisadores.

[6] C. A. Coulson, *Proc. Cambridge Phil. Soc.* **34**, 204 (1938), dá os detalhes do cálculo de OM para H_2

[7] *Rev. Mod. Phys.* **32**, 226 (1960)

Uma função de onda como a de Kolos e Roothaan deve representar a distribuição espacial da carga eletrônica praticamente idêntica à que realmente ocorre na molécula de H_2. Porém a função é tão complicada que não se pode esperar obter qualquer interpretação física simples de seus termos. *Quadros físicos simples da ligação covalente somente são possíveis ao nível de funções de onda aproximadas simples.* A origem da ligação está clara; a densidade eletrônica aumenta ao redor dos dois núcleos e a energia potencial eletrostática resultante estabiliza o sistema, mas a própria ligação como um modelo conceitual simples desapareceu na impenetrável complexidade da função de onda.

Uma, entre as muitas maneiras gráficas de apresentar os resultados dos cálculos mecânico-quânticos de moléculas simples, é desenhar a densidade eletrônica calculada na forma de um mapa de contorno. A. C. Wahl[8] publicou os mapas de densidade eletrônica para algumas moléculas, calculados por meio de computador. O mapa para H_2 é mostrado na Fig. 15.7 para o plano que passa através dos dois núcleos. As linhas de contorno adjacentes diferem na densidade eletrônica por um fator de dois. Assim, estas mostram uma série geométrica de densidades eletrônicas, e neste aspecto diferem das séries aritméticas de linhas de contorno usadas nos mapas geográficos. As funções de

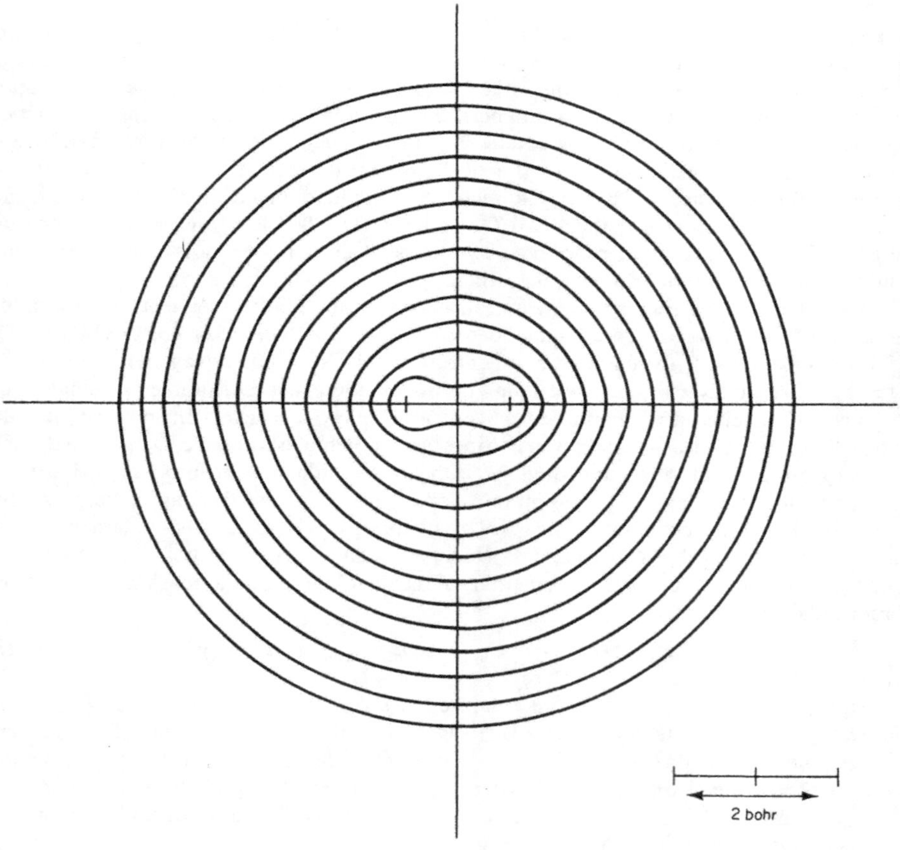

Figura 15.7 Densidade eletrônica total na molécula de hidrogênio no plano do eixo internuclear. As linhas de contorno adjacentes diferem na densidade eletrônica por um fator dois

[8] A. C. Wahl, "Molecular Orbitals Densities: Pictorial Studies", *Science* **151**, 961 (1966)

onda usadas para calcular a Fig. 15.7 não são tão boas quanto as funções de Kolos-Roothaan, mas são adequadas para mostrar em detalhes a distribuição numa molécula diatômica simples.

15.6. O método da ligação de valência

O procedimento usado por Heitler e London para calcular a energia do H_2 foi diferente do método do orbital molecular acima descrito. Foi o primeiro exemplo do que é chamado agora de *método de ligação de valência* em mecânica quântica molecular. O método está muito relacionado com a teoria clássica da estrutura da química orgânica, que considera as moléculas construídas a partir de *átomos* unidos pela *ligação química*. Mais precisamente, os átomos contribuem com alguns de seus elétrons de valência externos para formar ligações com outros átomos, de modo que a molécula consiste em caroços atômicos (átomos que devem ter fornecido elétrons de valência) e ligações entre esses caroços. No caso do H_2, cada átomo fornece um elétron de valência e os caroços são os prótons.

A função de onda aproximada escolhida por Heitler e London foi

$$\psi_{VB}^{(1)} = 1s_a(1)1s_b(2) + 1s_a(2)1s_b(1) \qquad (15.19)$$

O argumento pelo qual eles chegaram a essa escolha é muito interessante. Começaram considerando os dois átomos de H, cada qual com seu elétron. A função de onda que coloca o elétron 1 no núcleo *a* e o elétron 2 no núcleo *b* é então o produto

$$\phi_1 = 1s_a(1)1s_b(2)$$

Sugeriram então que os elétrons são partículas indistinguíveis e, portanto, a função de onda deve exprimir este fato. Existem duas funções de onda simples deste tipo:

$$\begin{aligned} \psi_s &= 1s_a(1)1s_b(2) + 1s_a(2)1s_b(1) = \phi_1 + \phi_2 \\ \psi_a &= 1s_a(1)1s_b(2) - 1s_a(2)1s_b(1) = \phi_1 - \phi_2 \end{aligned} \qquad (15.20)$$

A função de onda ψ_s é chamada *simétrica* nas coordenadas dos elétrons, já que ela não muda se os índices (1) e (2) forem trocados. A função ψ_a é chamada *anti-simétrica* nas coordenadas dos elétrons, porque ela se torna $-\psi_a$ se trocarmos (1) e (2). A mudança de ψ para $-\psi$ não afeta a distribuição eletrônica, porque a densidade eletrônica depende de ψ^2.

A substituição das funções de onda da Eq. (15.20) na fórmula do método da variação, Eq. (15.5), resulta em

$$E = \frac{\int (\phi_1 \pm \phi_2)\hat{H}(\phi_1 \pm \phi_2)\, d\tau}{\int (\phi_1 \pm \phi_2)^2\, d\tau} \qquad (15.21)$$

15.7. O efeito do *spin* dos elétrons

Não incluímos até aqui as propriedades de *spin* dos elétrons, o que devemos fazer para obter uma função de onda correta. O número quântico de *spin* do elétron m_s, cujos valores permitidos são ou $+1/2$ ou $-1/2$, determina a magnitude e o sentido do *spin*. Introduzimos duas funções de *spin* α e β correspondentes a $m_s = +1/2$ e $m_s = -1/2$. Para o sistema de dois elétrons, há então quatro funções completas de *spin* possíveis.

Função de *spin*	Elétron 1	Elétron 2
$\alpha(1)\alpha(2)$	$+\frac{1}{2}$	$+\frac{1}{2}$
$\alpha(1)\beta(2)$	$+\frac{1}{2}$	$-\frac{1}{2}$
$\beta(1)\alpha(2)$	$-\frac{1}{2}$	$+\frac{1}{2}$
$\beta(1)\beta(2)$	$-\frac{1}{2}$	$-\frac{1}{2}$

Quando os *spins* têm o mesmo sentido, diz-se que são *paralelos*; quando têm sentidos opostos, são *antiparalelos*.

O fato de os elétrons serem indistinguíveis nos força outra vez a escolher combinações lineares simétricas ou anti-simétricas para o sistema de dois elétrons. Existem três funções simétricas de *spin* possíveis:

$$\alpha(1)\alpha(2)$$
$$\beta(1)\beta(2)$$
$$\alpha(1)\beta(2) + \alpha(2)\beta(1)$$

Existe somente uma função de *spin* anti-simétrica:

$$\alpha(1)\beta(2) - \alpha(2)\beta(1)$$

As funções de onda completas possíveis para o sistema H—H são obtidas através da combinação dessas quatro funções de *spin* possíveis com as duas funções de onda orbitais possíveis. Obtêm-se oito funções ao total.

Neste ponto, o Princípio de Exclusão de Pauli entra de maneira muito importante. "Cada função de onda permitida para um sistema de dois ou mais elétrons deve ser anti-simétrica em relação à troca simultânea de posição e de coordenadas de *spin* de qualquer par de elétrons." Como conseqüência, as únicas funções de onda permitidas são as formadas ou por orbitais simétricos e *spins* anti-simétricos ou por orbitais anti-simétricos e *spins* simétricos. Existem quatro combinações desse tipo para o sistema H—H:

Orbital	*Spin*	*Spin* total	Termo
$a(1)b(2) + a(2)b(1)$	$\alpha(1)\beta(2) - \alpha(2)\beta(1)$	0 (singlete)	$^1\Sigma$
$a(1)b(2) - a(2)b(1)$	$\alpha(1)\alpha(2)$ $\beta(1)\beta(2)$ $\alpha(1)\beta(2) + \alpha(2)\beta(1)$	1 (triplete)	$^3\Sigma$

O símbolo do termo Σ exprime o fato de que o estado molecular tem *momentum* angular nulo em torno do eixo internuclear, já que é constituído de dois termos atômicos S[9]. A multiplicidade do termo, ou número de funções de onda correspondentes a ele, é colocada como índice ao lado esquerdo superior. Esta multiplicidade é sempre $2\mathscr{S} + 1$ onde $\mathscr{S}$ é o *spin* total.

15.8. Resultados do método de Heitler-London

Quando calculamos a energia através da Eq. (15.21) e as funções de onda da ligação de valência através da Eq. (15.20), verificamos que a função $\phi_1 + \phi_2$ (isto é, a única para o estado $^1\Sigma$) conduz a um mínimo na curva de energia potencial, mas a função $\phi_1 - \phi_2$ (para o estado $^3\Sigma$) leva a uma repulsão para todos os valores de R. Os resultados são mostrados na Fig. 15.8 juntamente com a curva experimental.

[9]Os números quânticos λ_i dos elétrons individuais se somam vetorialmente originando uma resultante Λ e, de acordo com $\Lambda = 0, 1, 2, \ldots$, o estado é designado como $\Sigma, \Pi, \Delta, \ldots$

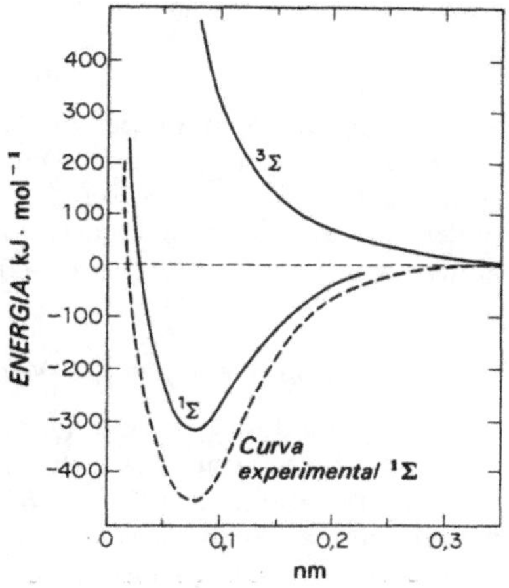

Figura 15.8 Resultados do tratamento de Heitler-London da molécula de H_2

Nesta formulação, a ligação covalente é formada entre átomos que compartilham um par de elétrons com *spins* opostos. Somente quando os *spins* são antiparalelos, as duas ondas eletrônicas podem estar em fase na região internuclear e reforçarem-se uma com a outra de modo a causar uma interação atrativa. Se os *spins* são paralelos, há uma interferência destrutiva entre as ondas eletrônicas na região entre os dois prótons. Como resultado, a densidade eletrônica entre os prótons decresce muito e há uma forte repulsão resultante entre as duas cargas positivas relativamente despidas. Se dois átomos de H são aproximados, há somente uma chance em quatro de que um atraia o outro, porque o estado estável é um singlete e o estado repulsivo, um triplete.

A energia de ligação calculada através do tratamento simples de ligação de valência é 303,3 kJ e o r_e calculado, 0,080 nm. Este resultado é realmente um pouco melhor que o obtido pelo tratamento mais simples de orbitais moleculares. A razão para isso é que a função de onda da ligação de valência não dá muito peso a configurações com ambos os elétrons no mesmo núcleo. Infelizmente, o quadro físico da teoria simples de Heitler-London não é correto. Ele indicaria que a energia de ligação é devida principalmente ao grande espaço disponível para os elétrons e conseqüentemente a um abaixamento da *energia cinética* do sistema. Na realidade, como vimos anteriormente, a ligação é principalmente devida a um abaixamento da *energia potencial* eletrostática.

O próximo passo é portanto aplicar o fator de escala às funções de Heitler-London, usando os orbitais atômicos modificados, $\exp(-Z'r_a)$. Com $Z' = 1{,}166$, a distribuição eletrônica é mais compactada. A energia cinética aumenta, mas a energia potencial cai mais drasticamente. A energia de ligação calculada é então 363,2 kJ para $r_e = 0{,}0743$ nm. Como no método dos orbitais moleculares, resultados realmente precisos exigirão a introdução de termos para a correlação eletrônica. No final das contas, os cálculos de LV e OM convergem para os mesmos valores de contornos de densidade eletrônica, energias e outras propriedades calculadas do H_2.

15.9. Comparação entre os métodos LV e OM

Os métodos orbital molecular (OM) e da ligação de valência (LV) são as duas abordagens básicas da teoria quântica de moléculas. Como os dois se comparam?

O tratamento da LV começa com os átomos individuais e considera a interação entre eles. Para dois átomos a e b com dois elétrons (1) e (2), uma função de onda possível é $\psi_1 = a(1)b(2)$; igualmente possível é $\psi_2 = a(2)b(1)$ visto que os elétrons são indistinguíveis. Então, a função de onda da teoria da ligação de valência é

$$\psi_{LV} = a(1)b(2) + a(2)b(1)$$

O tratamento de moléculas pelo OM começa com os dois núcleos. Se $a(1)$ for a função de onda para o elétron (1) no núcleo a e $b(1)$ for a função de onda para o elétron (1) no núcleo b, a função de onda para o elétron, movendo-se no campo dos dois núcleos, poderá ser escrita como uma CLOA, $\psi_1 = c_1 a(1) + c_2 b(1)$. Analogamente, para o segundo elétron, $\psi_2 = c_1 a(2) + c_2 b(2)$. A função de onda combinada é o produto dessas duas ou

$$\psi_{OM} = \psi_1 \psi_2 = c_1^2 a(1)a(2) + c_2^2 b(1)b(2) + c_1 c_2 [a(1)b(2) + a(2)b(1)]$$

Comparando ψ_{LV} com ψ_{OM}, verificamos que ψ_{OM} dá um grande peso a configurações que colocam ambos os elétrons no mesmo núcleo. Em uma molécula AB, estas são as estruturas iônicas A^+B^- e A^-B^+. A ψ_{LV} despreza esses termos iônicos. Em verdade, para a maioria das moléculas, o tratamento OM simples superestima consideravelmente os termos iônicos, enquanto que a LV simples subestima consideravelmente os mesmos. A verdadeira contribuição iônica é geralmente um compromisso entre esses dois extremos, mas o tratamento matemático de tal comprimisso é mais difícil. É necessário adicionar termos posteriores às expressões das funções de onda – por exemplo, termos iônicos às funções da LV.

15.10. Química e Mecânica

"As leis físicas básicas necessárias para a teoria matemática de grande parte da Física e de toda a Química são portanto totalmente conhecidas, e a única dificuldade é que a aplicação exata dessas leis leva a equações complicadas demais para serem resolvidas." Esta afirmação muito mencionada foi escrita por Dirac em 1929, aproximadamente três anos depois da descoberta da mecânica quântica, mas permanece tão verdadeira e exasperante hoje em dia. Apesar do desenvolvimento de computadores de alta velocidade, que podem executar em poucos minutos o que costumava ser um ano de cálculo, "parece que ao redor de cerca de 20 elétrons está um limite superior no tamanho de uma molécula além do qual cálculos exatos sempre deixaram de ser praticáveis"[10].

A natureza do problema é ilustrada pela molécula de metano, CH_4. Nela existem cinco núcleos e dez elétrons. A equação de Schrödinger exata para este sistema seria uma equação diferencial parcial com 45 variáveis. Mesmo com a aproximação de Born-Oppenheimer, permanecem 30 variáveis para os movimentos eletrônicos. A simetria da molécula permite uma simplificação posterior do problema. Ainda assim, num problema como este, um tratamento completo de orbitais moleculares se torna complexo demais para ser resolvido com as atuais facilidades da computação. Geralmente, portanto, os teóricos se contentam em usar os dados experimentais das posições de equilíbrio dos núcleos e calcular a energia e as funções de onda para essa configuração particular.

Podemos esperar obter informações exatas através dos cálculos da mecânica quântica com as distribuições eletrônicas em átomos e moléculas leves. Tais informações deveriam nos dar um entendimento mais profundo sobre a natureza dos fatores responsáveis pela estrutura molecular. Podemos então tentar traduzir esta informação da mecânica quântica em conceitos, tais como a natureza da ligação química, eletronegati-

[10]C. A. Coulson, "Present State of Molecular Structure Calculations", *Rev. Mod. Phys.* **32**, 170 (1960). "Sempre", entretanto, é um longo tempo e a maioria dos entendidos não concordaria com Coulson. Uma perspectiva mais encorajadora é dada por E. Clementi, "Chemistry and Computers", *Intl. J. Quantum Chem.* **1S**, 307 (1967)

vidades, classes de estados excitados e assim por diante, os quais podem nos ajudar a interpretar os comportamentos químicos de moléculas mais complexas.

Einstein escreveu certa vez: "O *ser* é sempre alguma coisa que é mentalmente construída por nós. A natureza de tais construções não se baseia em suas deduções daquilo que é dado pelos sentidos. Tal tipo de dedução não pode ser obtido de nenhuma parte. A justificação dessas construções, que representam a 'realidade' para nós, está acima de tudo em sua qualidade de tornar inteligível o que é sensorialmente dado". A *ligação química* é um bom exemplo de uma *construção* especificamente *química*, que torna inteligível os resultados da experimentação química e torna possível o projeto de novas experiências químicas. Para um químico empenhado em conseguir a síntese da clorofila, a ligação química será mais "real" que funções de onda moleculares, que são compreensíveis somente como expressões matemáticas, tais como, por exemplo, as funções de onda de James e Coolidge para o H_2.

Do *continuum* não-diferenciado da experiência o homem cristaliza certas entidades. Se ele as cria ou as descobre é uma questão paradoxal. A natureza imita a arte ou a arte reproduz a natureza? A entidade elementar individual é sempre incompatível em algum aspecto com o campo contínuo do qual ela é derivada. Kant expressou isso no tocante ao átomo, dizendo que a noção do átomo indivisível e a intuição de espaço são incompatíveis. Weizsäcker[11] expressou isso dizendo que Química e Mecânica são *complementares*. Se levarmos a Mecânica tão longe quanto possível, a Química desaparece. Se deslocarmos a Química a seus limites mais extremos, a Mecânica desaparece. Em termos de exemplos, o cálculo de James e Coolidge da estrutura do H_2 é Mecânica sem Química, a síntese da clorofila ou a elucidação da estrutura da insulina é Química sem Mecânica. Dizer que "Química é Matemática aplicada" é algo parecido com a afirmação "poesia é música aplicada".

15.11. Orbitais moleculares para moléculas diatômicas homonucleares

O método da LV se baseou no conceito químico que, em certo sentido, os átomos existem nas moléculas e que a estrutura da molécula pode ser interpretada em termos de seus átomos constituintes e das *ligações* entre eles. O método OM gostaria de desprezar a idéia de átomos dentro de moléculas e começar com núcleos positivos nus dispostos em posições definidas no espaço. O número total de elétrons seria colocado um por um neste campo eletrostático. A teoria de OM é mais Física que Química em sua visualização da estrutura molecular, a qual enxerga não como átomos unidos por ligações, mas como um pudim eletrônico de densidade variável, entremeado com algumas ameixas nucleares positivas.

Um orbital é *uma função de onda monoeletrônica*, isto é, uma função das coordenadas de um elétron somente, por exemplo $\psi(x_1, y_1, z_1)$. Se a molécula contiver mais que um elétron, devemos reconhecer que o tratamento orbital é somente uma primeira aproximação da função de onda exata, que para uma molécula com N elétrons seria uma função das coordenadas de todos esses elétrons ou $\psi(x_1 y_1 z_1,\ x_2 y_2 z_2, \ldots, x_N y_N z_N)$. Uma segunda aproximação para a função de onda N eletrônica usaria funções bieletrônicas, chamadas *geminais*[12] em vez de orbitais. Por exemplo, a função da forma $\psi(x_1 y_1 z_1 x_2 y_2 z_2)$ seria um geminal. O conceito de geminal enfatiza o significado de pares de elétrons na determinação de estruturas moleculares. Parece intuitivamente razoável usar geminais como uma boa abordagem da mecânica quântica para as estruturas de

[11]C. F. Weizsäcker, *The World View of Physics* (Chicago: University of Chicago Press, 1952)

[12]Este nome bem escolhido foi introduzido por **H. Shull, *J. Chem. Phys.* 30, 1 405 (1959)**

ligação, que têm sido tão útil para os químicos. Trabalhos teóricos posteriores serão necessários, entretanto, antes de poder ser claramente estabelecido se geminais suplantariam ou não os orbitais mais familiares nos cálculos de quantidades experimentais através de mecânica quântica molecular.

Assim como os elétrons em um átomo podem ser atribuídos a orbitais atômicos definidos, caracterizados pelos números quânticos n, l, m_l, e ocupar os níveis de energia mais baixos de acordo com o Princípio de Exclusão de Pauli, também os elétrons em uma molécula podem ser atribuídos a orbitais moleculares definidos e, no máximo, dois elétrons podem ocupar qualquer orbital molecular particular.

Consideremos os *orbitais moleculares da molécula de hidrogênio.* Se o H_2 for rompido, ele se separa em dois átomos de hidrogênio, H_a e H_b, cada um com um único orbital atômico 1*s*. Se o processo for invertido e os átomos de hidrogênio estiverem unidos, esses orbitais atômicos coalescerão em orbitais moleculares ocupados pelos elétrons no H_2. Um orbital molecular, dessa forma, pode ser construído através de combinação linear de orbitais atômicos (CLOA). Então

$$\psi = c_1(1s_a) + c_2(1s_b) \tag{15.22}$$

Como as moléculas são completamente simétricas, c_1 deve ser igual a $\pm c_2$. Assim os dois orbitais moleculares possíveis originados dos orbitais atômicos 1*s* são (omitidos os fatores de normalização)

$$\begin{aligned} \psi_g &= 1s_a + 1s_b \\ \psi_u &= 1s_a - 1s_b \end{aligned} \tag{15.23}$$

Estes orbitais moleculares são mostrados esquematicamente na Fig. 15.9(a). Os orbitais atômicos 1*s* são esfericamente simétricos (ver a Sec. 14.4). Se os dois orbitais atômicos que se superpõem tiverem a mesma fase, a resultante é ψ_g, que corresponde à concentração da densidade de carga eletrônica entre os núcleos. Se os dois orbitais atômicos estiverem em fases opostas, a resultante é ψ_u, que corresponde a uma redução da densidade de carga eletrônica entre os núcleos. Ambos os orbitais moleculares são completamente simétricos em relação ao *eixo internuclear*; o *momentum* angular em relação ao eixo é zero, $\lambda = 0$, conseqüentemente são *orbitais σ*. O primeiro é designado um orbital $1s\sigma_g$. É chamado um *orbital ligante* porque a concentração de carga entre os núcleos os mantém unidos. O segundo é designado $1s\sigma_u$ e é chamado um *orbital antiligante*, correspondendo a uma repulsão "líquida", porque não existe blindagem entre os núcleos positivamente carregados.

Os orbitais moleculares que descrevemos são os do H_2, mas podemos usar a mesma descrição para outras moléculas diatômicas homonucleares, tais como N_2 ou Li_2. De maneira análoga, os orbitais atômicos para átomos mais pesados seriam deduzidos da teoria exata do átomo de hidrogênio.

O princípio da construção para moléculas é agora idêntico ao dos átomos. Os núcleos são fixos e os elétrons são adicionados um a um em orbitais moleculares disponíveis de menor energia. O Princípio de Exclusão de Pauli requer que somente dois elétrons com *spins* antiparalelos possam entrar em qualquer orbital.

No caso do H_2, os dois elétrons entram em um orbital $1s\sigma_g$. A configuração é $(1s\sigma_g)^2$ e corresponde a um único par de elétrons ligado entre os átomos de H.

A próxima molécula possível seria uma com três elétrons, He_2^+. Esta tem a configuração $(1s\sigma_g)^2(1s\sigma_u)^1$. Existem dois elétrons ligantes e um elétron antiligante, e assim uma ligação "líquida" é esperada. A molécula tem, de fato, sido observada espectroscopicamente e tem energia de dissociação de 3,0 eV.

Se dois átomos de hélio são aproximados, o resultado é $(1s\sigma_g)^2(1s\sigma_u)^2$. Como existem dois elétrons ligantes e dois elétrons antiligantes, não há tendência de formar uma molécula estável de He_2.

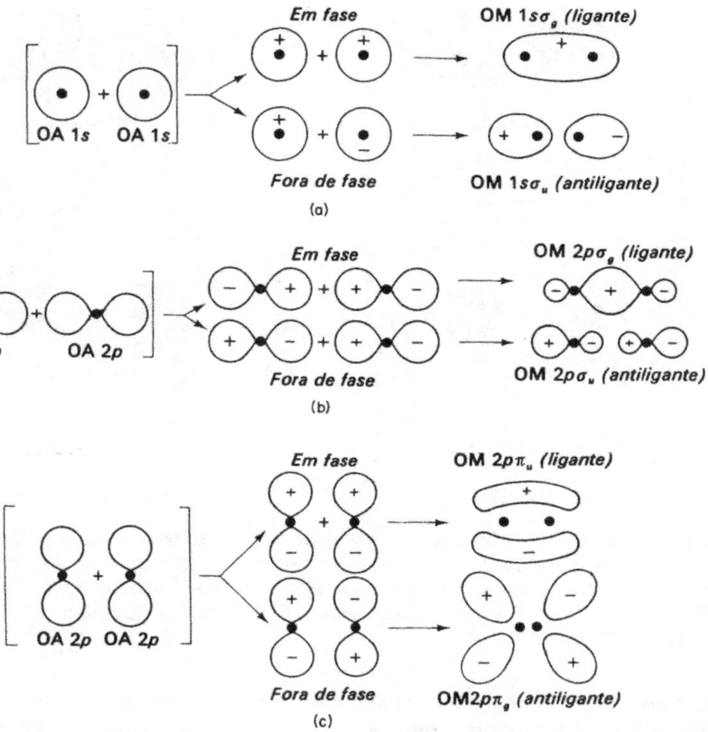

Figura 15.9 A formação de orbitais moleculares por combinação linear de orbitais atômicos. Observar os sinais + e − que indicam os sinais (fases) das funções de onda

Os próximos orbitais atômicos possíveis são os 2*s*, e estes se comportam da mesma maneira que o 1*s*, originando os orbitais $2s\sigma_g$ e $2s\sigma_u$ com acomodações para mais quatro elétrons. Se aproximarmos dois elétrons de lítio com três elétrons cada, a molécula Li_2 é formada. Assim,

$$\text{Li}[1s^2 2s^1] + \text{Li}[1s^2 2s^1] \longrightarrow \text{Li}_2[(1s\sigma_g)^2(1s\sigma_u)^2(2s\sigma_g)^2]$$

Na realidade, somente os elétrons externos ou de valência precisam ser considerados e os orbitais moleculares dos elétrons da camada *K* interna não precisam ser explicitamente designados. A configuração do Li_2 é desta forma escrita como $[KK(2s\sigma_g)^2]$. A molécula tem energia de dissociação de 1,14 eV. Os mapas de densidade eletrônica para o Li_2 estão desenhados na Fig. 15.10.

A molécula hipotética Be_2, com oito elétrons, não ocorre, pois a configuração seria $[KK(2s\sigma_g)^2(2s\sigma_u)^2]$ com nenhum ganho em termos de elétrons ligantes.

Os próximos orbitais atômicos são os orbitais 2*p* mostrados na Fig. 15.9. Existem três desses, p_x, p_y, p_z, mutuamente perpendiculares e com formas caracteristicas de vespas. O OM mais estável que pode ser formado com os orbitais atômicos *p* é aquele em que há a máxima superposição na direção do eixo internuclear. Este OM é mostrado na Fig. 15.9(b). Este orbital ligante e o correspondente orbital antiligante podem ser escritos

$$\psi_g = \psi_a(2p_x) + \psi_b(2p_x), \quad 2p\sigma_g$$
$$\psi_u = \psi_a(2p_x) - \psi_b(2p_x), \quad 2p\sigma_u$$

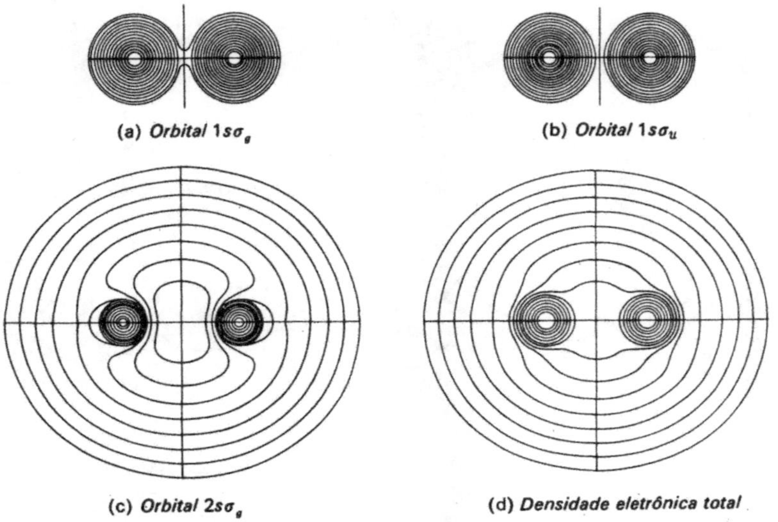

Figura 15.10 Mapas de contorno da densidade eletrônica de orbitais isolados e da densidade eletrônica total da molécula Li_2. As linhas de contorno adjacentes variam por um fator dois. O contorno mais externo corresponde a uma densidade eletrônica de $6{,}1 \times 10^{-5}$ $e^-/(\text{bohr})^3$. A distância internuclear é o valor experimental 0,2672 nm [A. C. Wahl. Para discussão, ver *Science* **151**, 961 (1966)]

Esses orbitais têm a mesma simetria em relação ao eixo internuclear, como os orbitais σ formados a partir de orbitais atômicos s; então possuem *momentum* angular em relação ao eixo igual a zero, de modo que $\lambda = 0$ e são orbitais σ.

Os orbitais moleculares formados dos orbitais atômicos p_y e p_z têm uma forma distintamente diferente, como é mostrado na Fig. 15.9(c). À medida que os núcleos são aproximados, os lados dos orbitais p_y ou p_z se coalescem e formam duas faixas de densidade de carga, uma acima e outra abaixo do eixo internuclear. Esses orbitais têm um *momentum* angular de uma unidade, assim $\lambda = 1$, e esses são orbitais π.

15.12. Diagrama de correlação

Podemos obter uma boa compreensão dos níveis de energia relativos dos orbitais moleculares através de um modelo do *átomo unido*. Imaginar que partimos de dois átomos de H ambos no mesmo estado quântico ($1s$, por exemplo) e os aproximamos gradualmente até que se fundam para formar o átomo unido de hélio. Para esse processo imaginário, devemos admitir que a repulsão internuclear é completamente ignorada. Dessa maneira, podemos correlacionar os orbitais atômicos iniciais nos átomos de hidrogênio com os orbitais atômicos finais no átomo de hélio. Os orbitais moleculares da molécula de H_2 estarão em algum lugar na linha que une esses dois extremos na distância internuclear correta do H_2.

Tal *diagrama de correlação* é mostrado na Fig. 15.11. Podemos geralmente ver como os orbitais dos átomos isolados devem correlacionar com os do átomo unido, observando as propriedades de simetria dos orbitais. Por exemplo, suponhamos que os núcleos A e B no orbital $1s\sigma_u$ mostrado na Fig. 15.9 sejam fundidos. É evidente que o resultado seria um orbital com forma típica de p, e o orbital p de mais baixa energia do átomo unido seria o orbital $2p$ do hélio. A *regra do não-cruzamento* é também útil no estabelecimento do

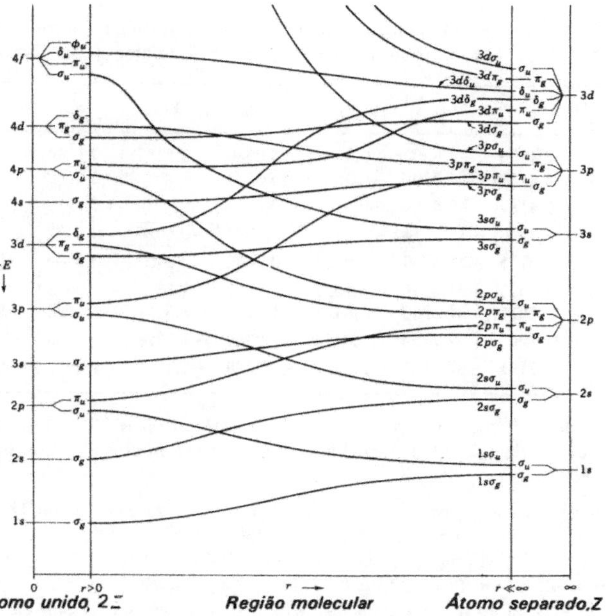

Figura 15.11 Diagrama de correlação para mostrar como orbitais moleculares são formados de orbitais atômicos dos átomos separados e correlacionados com orbitais atômicos dos átomos unidos formados à medida que os núcleos se aproximam (M. Kasha, *Molecular Eletronic Structure*)

diagrama de correlação: à medida que a distância internuclear varia, duas curvas para orbitais da mesma simetria não podem se cruzar. Então, por exemplo, um σ_g nunca pode cruzar com um σ_g, mas com um σ_u. Podemos dizer se um orbital molecular é ligante ou antiligante examinando o diagrama de correlação para ver se a energia aumenta ou diminui quando os átomos são aproximados para formar este orbital. No diagrama da Fig.15.11, os seguintes orbitais são ligantes: $1s\sigma_g$, $2s\sigma_g$, $2p\sigma_g$, $2p\pi_u$, $3s\sigma_g$, $3p\sigma_g$, $3p\pi_u$, $3d\sigma_g$, $3d\pi_u$, $3d\delta_g$.

Cálculos extensos das energias do orbital (um elétron) têm sido feitos pelo método do campo autoconsistente com os resultados mostrados na Tab. 15.2. Começando com N_2, onde o orbital $3s\sigma_g$ é ocupado, sua energia cai em relação à do orbital $2p\pi_u$ e, para O_2 e F_2, a energia do orbital σ fica abaixo da do π. Esse efeito é análogo ao da *penetração* discutido para orbitais atômicos de baixo número quântico azimutal l (p. 573).

As configurações de outras moléculas diatômicas homonucleares podem agora ser descritas simplesmente pela adição de elétrons e orbitais disponíveis de energia mais baixa.

A formação do N_2 se dá da seguinte maneira:

$$N[1s^2 2s^2 2p^3] + N[1s^2 2s^2 2p^3] \longrightarrow N_2[KK(2s\sigma_g)^2(2s\sigma_u)^2(2p\sigma_u)^4(2p\sigma_g)^2]$$

Como existem no total seis elétrons ligantes, pode-se dizer que existe uma ligação tripla entre os dois N. Uma dessas ligações é uma ligação σ; as outras duas são ligações π em ângulos retos uma da outra. (É também possível, entretanto, formar três *orbitais ligantes equivalentes*, os quais podem ser considerados como contendo uma mistura de caracteres de σ e π. Esta é apenas uma outra combinação linear que algumas pessoas preferem.)

Tabela 15.2 Energias de um elétron para moléculas diatômicas homonucleares, calculadas pelo método do campo autoconsistente de orbitais moleculares (energias em rydberg)*

Mol.	Ref.	$1\sigma_g$	$1\sigma_u$	$2\sigma_g$	$2\sigma_u$	$1\pi_u$	$3\sigma_u$	$1\pi_g$	$3\sigma_g$
Li_2	1	−4,8806	−4,8802	−0,3604	0,0580	0,1282	0,1834	0,3206	0,7230
	2	−4,8710	−4,8705	−0,3627	0,0551		0,2158		0,7918
Be_2	2	−9,4187	−9,4184	−0,8512	−0,4416		0,1110		1,0882
B_2	3	−15,3530	−15,3514	−1,3552	−0,6990	−0,6824	0,0172		1,2898
C_2	2	−22,6775	−22,6739	−2,0567	−0,9662	−0,8407	−0,0444	0,5295	2,2598
N_2	4	−31,4438	−31,4396	−2,9054	−1,4612	−1,1595	−1,0892	0,5459	2,2054
	2	−31,2911	−31,2885	−2,8421	−1,4274	−1,6908	−1,1110	0,6004	2,2454
O_2	5	−41,1902	−41,1854	−3,0438	−1,9564	−1,0998	−1,1128	−0,7888	1,4784
F_2	2	−52,7191	−52,7187	−3,2517	−2,7225	−1,2159	−1,0922	−0,9489	0,6848

*Uma unidade rydberg = 0,5 hartree (unidades atômicas) = $2{,}17971 \times 10^{-18}$ J. Os orbitais ocupados estão à esquerda das linhas; os orbitais dentro de retângulos são semipreenchidos. Segue-se a tabela de referências:

[1]E. Ishiguro, K. Kayama, M. Kotani e Y. Mizuno, *J. Phys. Soc. Japan* **12**, 1 355 (1957)
[2]B. J. Ransil, *Rev. Mod. Phys.* **32**, 239, 245 (1960)
[3]A. A. Padgett e V. Griffing, *J. Chem. Phys.* **30**, 1 286 (1959)
[4]C. W. Seherr, *J. Chem. Phys.* **23**, 569 (1955)
[5]M. Kotani, Y. Mizuno, K. Kayama e E. Ishiguro, *J. Phys. Soc. Japan* **12**, 707 (1957)
[De J. C. Slater, *Quantum Theory of Matter* (New York: McGraw-Hill Book Co., 1968), p. 451]

O oxigênio molecular é um caso interessante:

$$O[1s^2 2s^2 2p^4] + O[1s^2 2s^2 2p^4] \longrightarrow O_2[KK(2s\sigma_g)^2(2s\sigma_u)^2(2p\sigma_g)^2(2p\pi_u)^4(2p\pi_g)^2]$$

Há ao todo quatro elétrons ligantes ou uma ligação dupla formada de uma ligação σ e uma π. Uma ligação simples é geralmente uma ligação σ, mas uma ligação dupla não é formada de duas ligações σ, mas de uma σ e uma π. No O_2, os orbitais $2p\pi_g$, que podem conter quatro elétrons, estão somente enchidos pela metade. Em virtude da repulsão eletrostática entre os elétrons, o estado mais estável será aquele em que os elétrons são atribuídos como $(2p_y\pi_g)^1(2p_z\pi_g)^1$. O *spin* total do O_2 é, portanto, $\mathscr{S} = 1$ e sua multiplicidade é $2\mathscr{S} + 1 = 3$. O estado fundamental do oxigênio é triplete $^3\Sigma$. Por causa de seus *spins* eletrônicos desemparelhados, O_2 é paramagnético (Sec. 17.25).

No modelo de orbitais moleculares, todos os elétrons fora de camadas fechadas contribuem para a energia de ligação da molécula. O par de elétrons ligantes compartilhado não é particularmente enfatizado. A maneira como o excesso de elétrons ligantes em relação aos antiligantes determina a rigidez da ligação pode ser vista com referência às moléculas na Tab. 15.3.

15.13. Moléculas diatômicas heteronucleares

Quando os dois núcleos de uma molécula diatômica são diferentes, parte da simetria do caso homonuclear é perdida. Não existe mais um centro de simetria entre os núcleos, de modo que as designações *g*—*u* dos orbitais não são aplicáveis. A simetria cilíndrica em relação ao eixo internuclear permanece, de modo que λ é ainda um bom número quântico e os orbitais moleculares são ainda designados como σ, π, δ etc.

A molécula heteronuclear mais simples é HeH^+, que consiste em dois núcleos diferentes e dois elétrons. A equação de Schrödinger não pode ser separada para este sis-

Tabela 15.3 Propriedades de moléculas diatômicas homonucleares

Molécula	Energia de dissociação D_0(kJ · mol^{-1})	Separação internuclear r_e (nm)	Freqüência fundamental de vibração $\nu_0(s^{-1} \times 10^{-13})$	Estado fundamental
B_2	347	0,1589	3,152	$^3\Sigma$
C_2	531	0,1312	4,921	$^1\Sigma$
N_2	711	0,1098	7,074	$^1\Sigma$
O_2	494	0,1207	4,738	$^3\Sigma$
F_2	289	0,1418	2,67	$^1\Sigma$
Na_2	72	0,3078	0,477	$^1\Sigma$
P_2	485	0,1894	2,340	$^1\Sigma$
S_2	347	0,1889	2,176	$^3\Sigma$
Cl_2	239	0,1988	1,694	$^1\Sigma$

tema, mas cálculos refinados aproximados foram feitos pelo método da variação. A energia de dissociação da molécula calculada, 182,8 kJ, concorda com o valor experimental bem como a distância de ligação, 0,143 nm. Como seria esperado, a carga do núcleo de He $Z = 2$ atrai os elétrons mais fortemente que a carga $Z = 1$ do próton[13].

A molécula diatômica heteronuclear não-carregada mais simples é LiH, que tem sido objeto de cálculos extensos e bem sucedidos, embora existam agora quatro elétrons a considerar. O modelo do orbital molecular é ainda muito adequado, especialmente por fornecer um meio de designar os estados eletrônicos de maior energia da molécula para fins espectroscópicos. A abordagem comum é novamente escrever os OM como CLOA. Os resultados são mostrados esquematicamente na Fig. 15.12, que indica que o

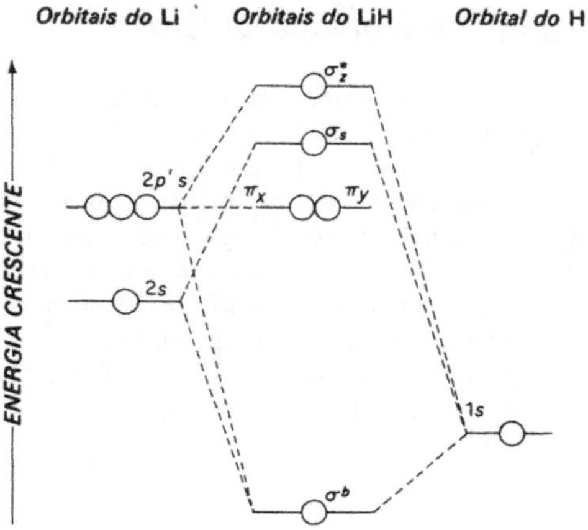

Figura 15.12 Energias orbitais relativas no LiH

OM mais baixo designado σ^b é formado principalmente como combinação dos orbitais $1s$ do H e do orbital $2s$ do Li, com alguma mistura do orbital $2p$ do Li que está dirigido ao longo do eixo de ligação. Assim,

$$\sigma^b = c_1(1s_a) + c_2(2s_b) + c_3(2p_b)$$

[13]Os cálculos de B. Anex [*J. Chem. Phys.* 7, 1651 (1963)] indicam que na distância internuclear de equilíbrio de 0,0741 nm, o centro de carga negativa está a 0,0132 nm e o centro de carga positiva a 0,0247 nm do núcleo de hélio

Os dois primeiros elétrons no LiH entram no orbital 1*s* essencialmente atômico do Li e os dois próximos elétrons são colocados no orbital σ^b formando a configuração $(\sigma^b)^2$. Como os *spins* são emparelhados e $\Lambda = l_1 + l_2 = 0$, o estado fundamental é $^1\Sigma$.

A distribuição eletrônica calculada no LiH é mostrada na Fig. 15.13. Há uma separação "líquida" de cargas no estado fundamental de modo que a molécula LiH é um dipolo. Este dipolo pode ser representado como uma carga $+\delta$ localizada no núcleo de Li e uma carga $-\delta$ no núcleo de H. A eletronegatividade do átomo de H é menor que a do Li, portanto os átomos não compartilham igualmente o par de elétrons σ_b. Tal situação é geralmente descrita dizendo-se que a ligação no LiH tem um *caráter iônico parcial.*

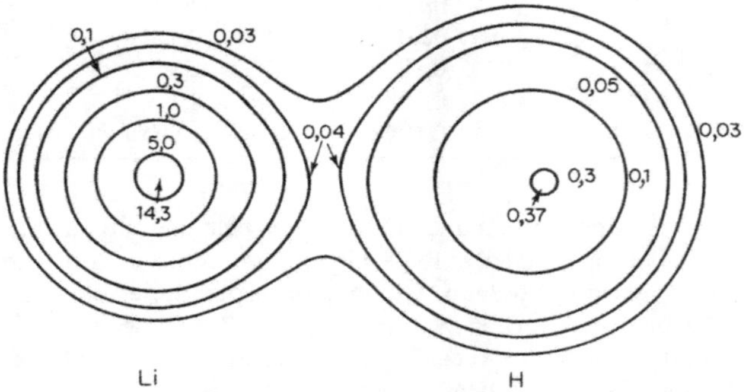

Figura 15.13 Distribuição de densidade eletrônica total no hidreto de lítio [P. Politzer e R. E. Brown, *J. Chem. Phys.* **45**, 451 (1966)]

15.14. Eletronegatividade

Desde os tempos de Berzelius, o conceito de *eletronegatividade* tem sido útil aos químicos. Não é fácil, entretanto, fornecer uma definição operacional que corresponda ao uso intuitivo no dia-a-dia do conceito. Por exemplo, Pauling introduziu a eletronegatividade como "o poder de um átomo numa molécula para atrair a si mesmo elétrons". Embora a palavra *poder* seja usada aqui em um sentido algo metafórico, a ênfase dada a *átomos em moléculas* indica que a eletronegatividade é uma *propriedade de ligação* e não certamente uma propriedade de átomos isolados.

Assim, quando Pauling imaginou uma escala numérica de eletronegatividade, ela era baseada em *energias de ligação.* Ele definiu Δ' como a diferença de energia entre uma ligação $A—B$ e a média geométrica das energias de ligação $A—A$ e $B—B$

$$\Delta' = D(A—B) - \{D(A—A)\ D(B—B)\}^{1/2} \tag{15.24}$$

Observou-se que a quantidade Δ' aumentava com a diferença de eletronegatividade entre A e B. Pauling conseguiu ajustar os dados disponíveis a uma expressão empírica

$$\Delta'(A—B) = 30(X_A - X_B)^2, \tag{15.25}$$

onde $X_A—X_B$ é a diferença na eletronegatividade e $\Delta'(A—B)$ é expresso em quilocalorias. O número 30 é meramente um fator arbitrário para trazer a escala de eletronegatividade a um intervalo numérico conveniente. Observar que as eletronegatividades de Pauling têm a dimensão de $(\text{energia})^{1/2}$ e unidades de $(\text{kcal}/30)^{1/2}$.

Uma abordagem diferente e mais física ao conceito de eletronegatividade foi feita por Mulliken(14). Ele sugeriu que a eletronegatividade poderia ser medida através da média aritmética do primeiro potencial de ionização I de um átomo e sua afinidade eletrônica A. Assim,

$$M \longrightarrow M^+ + e \qquad I_M$$
$$e + M \longrightarrow M^- \qquad A_M$$
$$\text{Eletronegatividade} = \frac{I_M + A_M}{2}$$

Para levar em conta a relação da eletronegatividade com as propriedades de ligação, o I e o A usados na definição de Mulliken devem se referir a *estados de valência* dos átomos. Por exemplo, no caso do átomo de carbono, no qual a promoção de um elétron ($2s^2 2p^2 \longrightarrow 2s2p^3$) a um orbital de energia mais alta é necessária antes que quatro ligações covalentes possam ser formadas, o estado de valência seria ^5S, enquanto o estado fundamental é ^2P. As dimensões da eletronegatividade de Mulliken são as de (energia) e portanto não podem ser diretamente comparadas com os valores de Pauling. Apesar disso, os valores numéricos das eletronegatividades absolutas de Mulliken são aproximadamente proporcionais aos números de Pauling, provavelmente por acaso(15).

Um resumo das eletronegatividades na escala de Pauling é dada na Tab. 15.4. Tem sido encontrada uma correlação entre esses valores e uma grande variedade de dados sistemáticos sobre as ligações químicas – por exemplo, constantes de acoplamento quadripolo nuclear, blindagem diamagnética de prótons em estudos de RMN e freqüências no espectro de transferência de carga em moléculas com ligantes metálicos.

Tabela 15.4 Eletronegatividades médias na escala de Pauling, determinada através de dados termoquímicos*

I**	II	III	II	II	II	II	II	II	II	I	II	III	IV	III	II	I
H 2,20																
Li 0,98	Be 1,57											B 2,04	C 2,55	N 3,04	O 3,44	F 3,98
Na 0,93	Mg 1,31											Al 1,61	Si 1,90	P 2,19	S 2,58	Cl 3,16
K 0,82	Ca 1,00	Sc 1,36	Ti 1,54	V 1,63	Cr 1,66	Mn 1,55	Fe 1,83	Co 1,91	Ni 1,90	Cu 1,65	Zn 1,81	Ga 2,01	Ge 2,01	As 2,18	Se 2,55	Br 2,96
Rb 0,82	Sr 0,95	Y 1,22	Zr 1,33		Mo 2,16			Rh 2,28	Pd 2,20	Ag 1,93	Cd 1,69	In 1,78	Sn 1,96	Sb 2,05	Te	I 2,66
Cs 0,79	Ba 0,89	La 1,10	Hf		W 2,36			Ir 2,20	Pt 2,28	Au 2,54	Hg 2,00	Tl 2,04	Pb 2,33	Bi 2,02		
		Ce 1,12	Pr 1,13	Nd 1,14	Pm	Sm 1,17	Eu	Gd 1,20	Tb	Dy 1,22	Ho 1,23	Er 1,24	Tm 1,25	Yb	Lu 1,27	
					U 1,38	Np 1,36	Pu 1,28									

*A. L. Allred, *J. Inorg. Nucl. Chem.* **17**, 215 (1961)
**O estado de oxidação está especificado no início de cada grupo

(14)R. S. Mulliken, *J. Chem. Phys.* **2**, 782 (1934)
(15)R. Ferreira, "Electronegativity and Bonding", *Advan. Chem. Phys.* **13**, 55 (1967)

15.15. Momentos dipolares

Quando uma ligação é formada entre dois átomos que diferem em eletronegatividade, há um acúmulo de carga negativa no átomo mais eletronegativo, deixando uma carga positiva no átomo mais eletropositivo. A ligação então constitui um dipolo elétrico, que por definição é formado de uma carga positiva e de uma carga negativa igual, $\pm Q$, separadas por uma distância r. Um dipolo, como na Fig. 15.14(a), é caracterizado por seu *momento dipolar* $\boldsymbol{\mu}$, um vetor de grandeza Qr e de direção segundo a linha que une a carga negativa à positiva. Um dipolo constituído de cargas $\pm e$ ($4{,}80 \times 10^{-10}$ u · e · e) separadas por uma distância de 0,1 nm teria um momento de $4{,}80 \times 10^{-18}$ u · e · e · cm é chamada *debye*[16] (D).

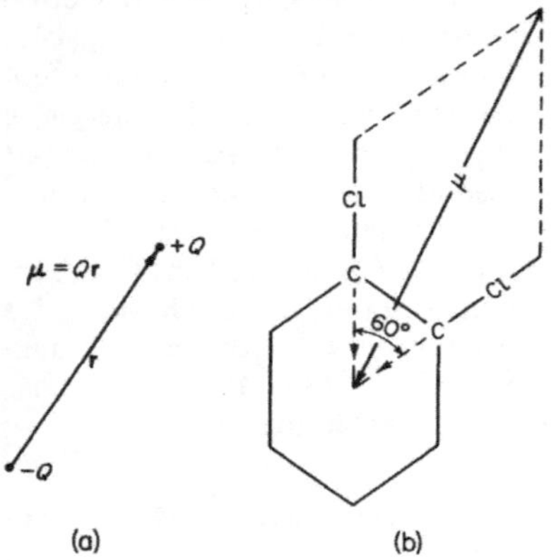

Figura 15.14 (a) Definição do momento dipolar; (b) adição vetorial dos momentos dipolares das ligações no ortodiclorobenzeno

Se uma molécula contém dois ou mais dipolos em diferentes ligações, o momento dipolar total da molécula é a resultante da adição vetorial dos momentos das ligações individuais. Um exemplo é mostrado na Fig. 15.15(b).

O estudo experimental dos dipolos em moléculas tem fornecido uma boa quantidade de informações sobre a natureza das ligações heteronucleares. Neste ponto devemos portanto nos voltar para esta abordagem experimental da ligação química e retornar, mais tarde, à discussão teórica de moléculas mais complexas.

15.16. Polarização de dielétricos

Para discutir a determinação de momentos dipolares, devemos rever alguns aspectos da teoria de dielétricos. Consideremos um capacitor de placas paralelas com a região entre as placas em vácuo e com carga por unidade de área $+\sigma$ em uma placa e $-\sigma$ na outra. O campo elétrico dentro do capacitor é então normal às placas e tem a grandeza[17] $E_0 = \varepsilon_0^{-1}\sigma$. A capacidade é

$$C_0 = \frac{Q}{\Delta\Phi} = \frac{\sigma A}{\epsilon_0^{-1}\sigma d} = \frac{\epsilon_0 A}{d}, \qquad (15.26)$$

onde A é a área das placas, d, a distância, $\Delta\Phi$, a diferença de potencial entre elas e $\varepsilon_0 \approx (1/36\pi) \cdot 10^{-9}$ F · m^{-1}.

[16] O trabalho clássico de Peter Debye, *Polar Molecules* (New York: Dover Publ. Co., 1945), deveria ser lido por todos os estudantes

[17] Ver, por exemplo, G. P. Harnwell, *Electricity and Magnetism* (New York: McGraw-Hill Book Co., 1949), p. 26

Agora, consideremos que o espaço entre as placas seja preenchido com alguma substância de condutividade elétrica desprezível. Sob a influência de pequenos campos, os elétrons se movem quase livremente pelos condutores enquanto nos isolantes ou *dielétricos* esses campos deslocam apenas ligeiramente os elétrons de suas posições de equilíbrio. Então, um campo elétrico agindo sobre um dielétrico ocasiona uma separação de cargas negativas e positivas. Diz-se que o campo *polariza* o dielétrico. Esta *polarização* é mostrada pictoricamente na Fig. 15.15(a). A polarização pode ocorrer de duas maneiras: por *efeito de indução* e por *efeito de orientação*. Um campo elétrico sempre induz dipolos em moléculas sejam elas dipolos ou não anteriormente. Se o dielétrico contiver moléculas que forem dipolos permanentes, o campo também tenderá a alinhar esses dipolos ao longo de sua própria direção. O movimento térmico ao acaso das moléculas se opõe a essa ação de orientação. Nosso principal interesse está nos dipolos permanentes, mas, antes que estes possam ser estudados, os efeitos devidos aos dipolos induzidos devem ser claramente distinguidos.

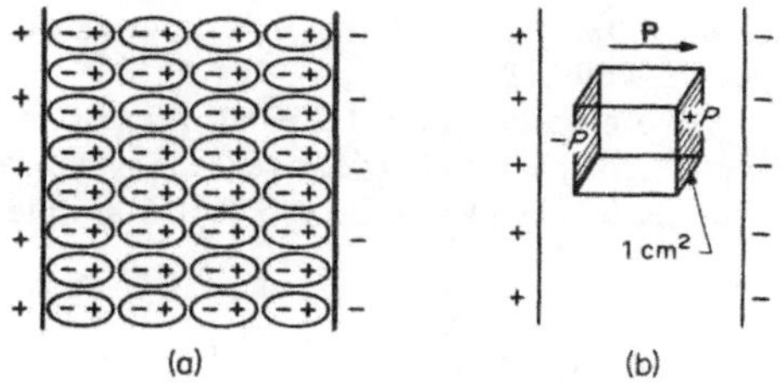

Figura 15.15 (a) Polarização de um dielétrico; (b) definição do vetor polarização, **P**

Quando um dielétrico é introduzido entre as placas de um capacitor, a capacidade é aumentada por um fator ε, chamado *constante dielétrica*. Assim, sendo C_0 a capacidade no vácuo, a capacidade com um dielétrico é $C = \varepsilon C_0$. Como as cargas nas placas de um capacitor permanecem inalteradas, o campo normal às placas é reduzido por um fator ε, de modo que $E = E_0/\varepsilon$.

A razão pela qual o campo é reduzido fica clara pelo quadro dos dielétricos polarizados: todos os dipolos induzidos estão alinhados produzindo assim um momento dipolar "líquido", que diminui a intensidade do campo. Consideremos na Fig. 15.15(b) um cubo unitário de dielétrico entre as placas do capacitor e definamos uma quantidade vetorial **P** chamada *polarização dielétrica*, que é o momento dipolar por unidade de volume. Então, o efeito da polarização é equivalente ao que será produzido por uma carga por área unitária de $+P$ em uma face e $-P$ em outra face do cubo. O campo no dielétrico é agora determinado pela densidade de carga resultante nas placas, de modo que

$$\epsilon_0 E = (\sigma - P) \tag{15.27}$$

Foi definido um novo vetor, chamado *deslocamento elétrico* **D**, que depende somente da carga σ, de acordo com $\mathbf{D} = \sigma/\varepsilon_0$. Da Eq. (15.27),

$$\mathbf{D} = \mathbf{E} + \frac{\mathbf{P}}{\varepsilon_0} \quad \text{e} \quad \frac{\mathbf{D}}{\mathbf{E}} = \varepsilon \tag{15.28}$$

Segue-se então que

$$\varepsilon - 1 = \frac{\mathbf{P}}{\varepsilon_0 \mathbf{E}} \tag{15.29}$$

No vácuo, onde $\varepsilon = 1$ e $\mathbf{P} = 0$, $\mathbf{D} = \mathbf{E}$

15.17. Polarização induzida

A polarização é a soma de dois termos, $\mathbf{P} = \mathbf{P}_d + \mathbf{P}_o$. A *polarização induzida ou de distorção* é $\mathbf{P}_d$, causada pela separação das cargas positivas e negativas devido à ação do campo elétrico sobre o dielétrico. A *polarização de orientação* é P_0, devida aos alinhamentos preferenciais dos dipolos permanentes na direção do campo elétrico.

Para calcular $\mathbf{P}_d$, devemos considerar a magnitude do momento dipolar **m**, induzido em uma molécula pelo campo que age sobre ela. Podemos admitir que esse momento induzido seja proporcional à intensidade do campo local **F** e tenha a mesma direção do campo, de modo que

$$\mathbf{m} = \alpha\mathbf{F} \tag{15.30}$$

O fator de proporcionalidade α é chamado polarizabilidade[18]. A polarizabilidade é o momento induzido por unidade de intensidade de campo. Observar que α/ε_0 tem as dimensões de volume, visto que $Qr/(Q/\varepsilon_0 r^2) = \varepsilon_0 r^3$. A polarizabilidade de um átomo de hidrogênio é $4{,}5\, a_0^3\varepsilon_0$, que é próxima do volume de uma esfera de raio igual à órbita de Bohr, $4/3\, \pi a_0^3\varepsilon_0 = 4{,}19 a_0^3\varepsilon_0$. A polarizabilidade de um átomo ou íon é uma boa medida de seu volume.

No caso de um gás a baixa pressão, as moléculas estão tão separadas que não exercem forças elétricas apreciáveis umas sobre as outras. Neste caso, o campo que polariza uma molécula [**F** na Eq. (15.30)] é simplesmente o campo externo **E**.

$$\mathbf{F} = \mathbf{E} \quad \text{(gás a baixa pressão)} \tag{15.31}$$

Sendo M a massa molecular, L o número de Avogrado e ρ a densidade, o número de moléculas por unidade de volume é $L\rho/M$. Assim, a polarização de distorção se torna

$$\mathbf{P}_d = \frac{L\rho}{M}\mathbf{m} = \frac{L\rho}{M}\alpha\mathbf{E}$$

e, da Eq. (15.29), a constante dielétrica do gás diluído é

$$\epsilon = 1 + \frac{L\rho\alpha}{\epsilon_0 M} \tag{15.32}$$

Podemos portanto calcular imediatamente a polarização induzida em um gás.

Se o dielétrico não for um gás diluído, devemos considerar a influência das moléculas vizinhas para calcular o campo que atua na polarização de uma dada molécula. Este problema difícil não foi ainda completamente resolvido, mas fórmulas aproximadas foram obtidas para vários casos especiais. Para gases em altas pressões, líquidos não-polares e soluções diluídas de solutos polares em solventes não-polares, o **F** efetivo é geralmente tomado como sendo[19]

$$\mathbf{F} = \mathbf{E} + \frac{\mathbf{P}}{3\epsilon_0} \tag{15.33}$$

Segue-se que $\mathbf{m} = \alpha[\mathbf{E} + (\mathbf{P}/3\varepsilon_0)]$ e, em vez da Eq. (15.32), obtemos

$$\frac{\epsilon - 1}{\epsilon + 2}\frac{M}{\rho} = \frac{L\alpha}{3\epsilon_0} = P_M \tag{15.34}$$

A quantidade P_M é às vezes chamada *polarizabilidade molar*. Até aqui inclui somente a contribuição dos dipolos induzidos, e um termo devido aos dipolos permanentes deve ser adicionado para dar a polarizabilidade molar total. A Eq. (15.34) foi deduzida pela primeira vez por O. F. Mossotti em 1850.

[18]Para o caso geral, no qual a direção do momento induzido não é a mesma que a do campo, devemos escrever $\mathbf{m} = \tilde{\alpha}\mathbf{F}$, onde $\tilde{\alpha}$ é um *tensor*

[19]Uma dedução é dada por J. C. Slater e N. H. Frank, *Introduction to Theoretical Physics* (New York: McGraw-Hill Book Co., 1933), p. 278; e também Y. K. Syrkin e M. E. Dyatkina, *The Structure of Molecules* (New York: Interscience Publishers, 1950), p. 471

15.18. Determinação do momento dipolar

Quando uma molécula é colocada em um campo elétrico, haverá sempre um momento dipolar induzido. Ele é estabelecido quase instantaneamente na direção do campo. É independente da temperatura, visto que, se a posição da molécula for perturbada por colisões térmicas, o dipolo será imediatamente induzido outra vez na direção do campo. A contribuição à polarização causada pelos dipolos permanentes, entretanto, é menor a altas temperaturas, porque a colisão térmica ao acaso das moléculas se opõe à tendência de alinhamento de seus dipolos no campo elétrico.

É necessário calcular a componente média de um dipolo permanente na direção do campo em função da temperatura. Consideremos um dipolo com orientação ao acaso. Se não houver um campo, todas as orientações serão igualmente prováveis. Este fato pode ser expresso dizendo-se que o número de momentos dipolares dirigidos dentro de um ângulo sólido $d\omega$ é simplesmente $A\,d\omega$, onde A é uma constante que depende do número de moléculas sob observação.

Se um momento dipolar $\boldsymbol{\mu}$ for orientado segundo um ângulo θ em relação ao campo de intensidade **F**, sua energia potencial[20] será $U = -\mu F \cos\theta$. De acordo com a equação de Boltzmann, o número de moléculas orientadas dentro do ângulo sólido $d\omega$ é, então,

$$A \exp\frac{-U}{kT}\,d\omega = A \exp\frac{\mu F\cos\theta}{kT}\,d\omega$$

O valor médio do momento dipolar na direção do campo, por analogia à Eq. (4.24), pode ser escrito

$$\bar{m} = \frac{\int A \exp(\mu F\cos\theta/kT)\,\mu\cos\theta\,d\omega}{\int A\exp(\mu F\cos\theta/kT)\,d\omega},$$

onde as integrais são tomadas para todas as orientações possíveis. A fim de resolver esta expressão, façamos $\mu F/kT = x$, $\cos\theta = y$; então, $d\omega = 2\pi \operatorname{sen}\theta\,d\theta = 2\pi\,dy$. Portanto,

$$\frac{\bar{m}}{\mu} = \frac{\int_{-1}^{+1} e^{xy} y\,dy}{\int_{-1}^{+1} e^{xy}\,dy}$$

Como

$$\int_{-1}^{+1} e^{xy}\,dy = \frac{e^x - e^{-x}}{x}$$

e

$$\int_{-1}^{+1} e^{xy} y\,dy = \frac{e^x + e^{-x}}{x} + \frac{e^x - e^{-x}}{x^2}$$

então

$$\frac{\bar{m}}{\mu} = \frac{e^x + e^{-x}}{e^x - e^{-x}} - \frac{1}{x} = \coth x - \frac{1}{x} \equiv \mathscr{L}(x)$$

Aqui, $\mathscr{L}(x)$ é chamado *função de Langevin*, em homenagem ao inventor deste tratamento.

Na maioria dos casos, $x = \mu F/kT$ é uma fração pequena[21], de modo que, expandindo-se $\mathscr{L}(x)$ numa série de potências, basta ser considerado somente o primeiro termo, ficando $\mathscr{L}(x) = x/3$, ou

$$\bar{m} = \frac{\mu^2}{3kT} F \tag{15.35}$$

[20] G. P. Harnwell, *Electricity and Magnetism* (New York: McGraw-Hill Book Co., 1949), p. 64

[21] Os valores de μ estão ao redor de 10^{-18} (u · e · e · cm). Se um capacitor com 1 cm entre as placas for carregado até 3 000 V, $\mu F = 10^{-18}\,[(3 \times 10^3)/(3 \times 10^2)] = 10^{-17}$ erg, comparado com $kT = 10^{-14}$ erg a temperatura ambiente, de modo que $\mathscr{L}(x) = 3{,}33 \times 10^{-4}$ e o momento médio na direção do campo $\bar{m}$ é somente esta pequena fração do momento permanente μ

A polarizabilidade de orientação devida aos dipolos permanentes é agora adicionada à polarizabilidade induzida. Em vez da Eq. (15.34), a polarizabilidade molar total é portanto,

$$\frac{\epsilon - 1}{\epsilon + 2}\frac{M}{\rho} = P_M = \frac{L}{3\epsilon_0}\left(\alpha + \frac{\mu^2}{3kT}\right) \tag{15.36}$$

Esta equação foi deduzida pela primeira vez por P. Debye.

É possível agora determinar tanto α como μ através da interseção e da inclinação de gráficos de P_M e $1/T$, como é mostrado na Fig. 15.16. Os dados experimentais são valores da constante dielétrica ε num intervalo de temperaturas. O ε pode ser calculado através das medidas de capacidade de um capacitor de placas paralelas, onde o vapor ou a solução sob investigação é o dielétrico entre as placas. Alguns valores de momentos dipolares estão reunidos na Tab. 15.5[22].

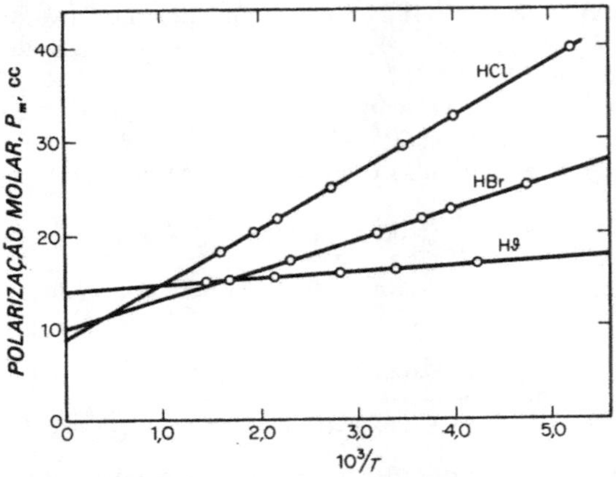

Figura 15.16 Aplicação da equação de Debye (15.36) às polarizabilidades molares dos haletos de hidrogênio

Tabela 15.5 Valores de momentos dipolares

Composto	Momento (D)	Composto	Momento (D)
HCN	2,93	CH_3F	1,81
HCl	1,03	CH_3Cl	1,87
HBr	0,78	CH_3Br	1,80
HI	0,38	CH_3I	1,64
H_2O	1,85	C_2H_5Cl	2,05
H_2S	0,95	*n*-C_3H_7Cl	2,10
NH_3	1,49	*i*-C_3H_7Cl	2,15
SO_2	1,61	CHF_3	1,61
CO_2	0,00	CH_2Cl_2	1,58
CO	0,12	$CH{\equiv}CCl$	0,44
NO	0,16	CH_3COCH_3	2,85
KF	8,62	CH_3OH	1,69
KCl	10,48	C_2H_5OH	1,69
KBr	10,41	C_6H_5OH	1,70
LiH	5,883	$C_6H_5NO_2$	4,08
B_2H_6	0,00	CH_3NO_2	3,50
H_2O_2	2,20	$C_6H_5CH_3$	0,37

[22]Momentos de dipolo precisos também podem ser obtidos da análise do efeito de campos elétricos sobre os espectros moleculares (efeito Stark) e do *método da ressonância elétrica* aplicado a feixes moleculares

15.19. Momentos dipolares e estrutura molecular

Os momentos dipolares fornecem dois tipos de informação sobre a estrutura molecular: (1) a extensão dentro da qual uma ligação é permanentemente polarizada; (2) uma compreensão sobre a geometria da molécula, especialmente sobre os ângulos entre as ligações. Somente algumas aplicações típicas serão mencionadas(23).

O dióxido de carbono não tem momento dipolar em seu estado fundamental, apesar da diferença de eletronegatividade entre o carbono e o oxigênio. Podemos concluir que a molécula é linear, O—C—O; os dois momentos da ligação C—O, que devem existir devido à diferença na eletronegatividade dos átomos, cancelam exatamente um ao outro por adição vetorial.

Por outro lado, a água tem um momento de 1,85 D e deve ter uma estrutura triangular. Foi estimado que cada ligação O—H tem um momento de 1,60 D e o ângulo da ligação é portanto aproximadamente 105°, como é mostrado por um diagrama vetorial.

Consideremos os derivados substituídos do benzeno:

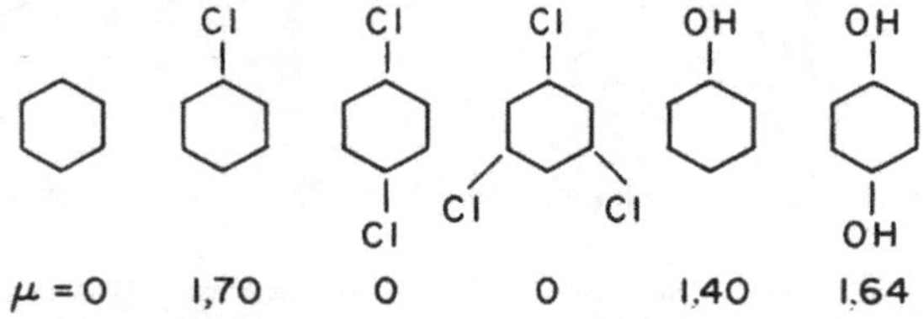

Os momentos dipolares nulos do *p*-dicloro e triclorobenzeno simétrico indicam que o benzeno é plano e que os momentos da ligação C—Cl estão dirigidos no plano do anel, tornando-se, portanto, nulos por adição. O momento do *p*-di-OH-benzeno, por outro lado, mostra que as ligações O—H não estão no plano do anel, mas dirigidos angularmente em direção a ele, fornecendo assim um momento resultante.

O momento dipolar do cloreto de etila (2,05 D) é consideravelmente maior que o do clorobenzeno (1,70 D). Deveríamos esperar que o átomo de Cl eletronegativo retirasse elétrons dos orbitais π do benzeno e portanto colocasse uma carga negativa efetiva maior no Cl por um efeito indutivo. Deve haver evidentemente alguma influência mais poderosa que tende a diminuir a carga negativa no Cl aromático. Somos então levados a considerar estruturas de ressonância, tais como:

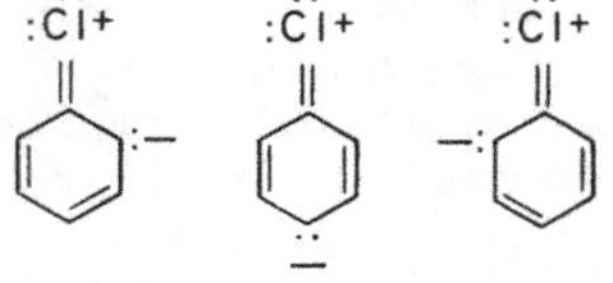

A distância internuclear no HCl é 0,126 nm. Se a estrutura fosse H^+Cl^-, o momento de dipolo seria

$$\mu = (1{,}26)(1{,}80) = 6{,}05 \text{ D}$$

O momento real de 1,03 sugere portanto que o caráter iônico da ligação é equivalente a uma separação de cargas de aproximadamente $e/6$.

Como surge esta separação de cargas? A interpretação mais ingênua seria a de que as diferentes eletronegatividades dos átomos de H e Cl fizessem com que o centro de carga negativa do *par de elétrons* da ligação H—Cl fosse deslocado em direção ao Cl.

(23)Muitos exemplos interessantes são dados por (1) V. I. Minkin e O. A. Osipov, *Dipole Moments in Organic Chemistry* (New York: Plenum Press, 1970), e (2) J. W. Smith, *Electric Dipole Moments* (Londres: Butterworth, 1955)

Este modelo é mostrado na Fig. 15.17(a). A ligação é mostrada como o emparelhamento do elétron 1*s* do H com um dos elétrons 3*p* do Cl. Em tal modelo, os elétrons restantes não-ligantes do Cl estão simetricamente dispostos ao redor do núcleo do Cl e não contribuem para o dipolo da molécula. Sabemos, entretanto, que uma maior superposição dos orbitais ligantes e portanto uma ligação mais forte pode ser obtida se primeiramente formarmos orbitais hídridos *sp* com os orbitais 3*s* e $3p_x$ do cloro. Um desses orbitais hídridos então se superpõe ao orbital 1*s* do hidrogênio formando o orbital ligante que mantém o par eletrônico. A Fig. 15.17(b) mostra este modelo. Agora, porém, o par de elétrons no orbital hídrido não-ligante *sp* não está simetricamente disposto ao redor do núcleo de Cl e portanto deve fazer uma contribuição substancial ao momento dipolar $H^+ \longleftarrow Cl^-$. É altamente provável que tais *dipolos atômicos* contribuam para o momento dipolar total em muitos casos, de maneira que não podemos explicar os momentos de dipolo inteiramente em termos do deslocamento dos elétrons de ligação.

Figura 15.17 Dois modelos para a origem do momento dipolar no HCl

A medida do momento dipolar fornece um modo excelente para se verificar o quanto é exata a distribuição eletrônica numa molécula calculada através da mecânica quântica. A Eq. (14.2) é usada para calcular o momento dipolar da melhor função de onda obtida. O *operador momento dipolar* pode ser escrito

$$\boldsymbol{\mu} = \sum_{l=1}^{N} e_l(x_l\mathbf{i} + y_l\mathbf{j} + z_l\mathbf{k})$$

O somatório é tomado sobre todos os núcleos e elétrons na molécula onde e_l é a carga da partícula l e **i**, **j**, **k**, são os vetores unitários.

15.20. Moléculas poliatômicas

Quando os números de núcleos e elétrons numa molécula aumentam, as dificuldades de computação para se aplicar a mecânica quântica a fim de calcular as propriedades da molécula logo excedem o alcance até mesmo dos computadores maiores e mais rápidos. É possível ainda pensar acerca de uma molécula em termos de orbitais moleculares não-localizados, colocando-se os núcleos em posições fixas e adicionando os elétrons ao arranjo resultante das cargas positivas. Também é possível escrever um OM aproximado na forma de CLOA, mas o número de orbitais atômicos usados no *conjunto básico* aumenta rapidamente. O número de integrais que devem ser calculadas em um cálculo OM-CLOA aumenta com a quarta potência do número de funções no conjunto básico. Então, para uma molécula como o etano, C_2H_6, aproximadamente 10^6 integrais precisariam ser calculadas. Com mais que dois núcleos, essas integrais se tornam *integrais multicêntricas* de considerável dificuldade mesmo para os melhores programas de computadores. Para moléculas altamente simétricas, tais como CH_4 ou NH_3, o problema pode ser simplificado por meio de teoremas poderosos da teoria de grupo. Apesar disso, são ainda necessárias aproximações drásticas e, como precisam ser introduzidas, é geralmente mais razoável que essas aproximações se baseiem em conhecimentos químicos preexistentes. Em outras palavras, podemos pensar acerca de moléculas mais efetivamente em termos de ligações químicas.

As vantagens conceituais importantes das ligações químicas podem ser mantidas introduzindo-se os *orbitais de ligação* ou *orbitais moleculares localizados.* Por exemplo, na molécula de água, os orbitais atômicos que participam da formação da ligação são os orbitais $1s$ dos dois hidrogênios e os $2p_x$ e $2p_y$ do oxigênio. A estrutura estável será aquela onde existir uma superposição máxima desses orbitais. Em vez de construir o orbital molecular por uma combinação linear dos quatro orbitais atômicos, podemos tomá-los em pares para formar dois orbitais moleculares localizados, correspondentes às duas ligações O—H.

$$\psi_{I} = 1s(H_a) + 2p_x(O)$$
$$\psi_{II} = 1s(H_b) + 2p_y(O)$$

A formação desses orbitais de ligação é representada esquematicamente na Fig. 15.18. Um par de elétrons de *spin* oposto é colocado em cada um desses orbitais.

O ângulo de valência observado na H_2O não é exatamente 90° mas realmente 105°. A diferença pode ser atribuída em parte[24] à natureza polar da ligação; os elétrons atraídos pelo oxigênio e a carga residual positiva dos hidrogênios causam uma repulsão mútua. No H_2S, a ligação é menos polar e o ângulo é de 92°. Observar o modo direto no qual as valências dirigidas são explicadas (*a posteriori*) em termos das formas dos orbitais atômicos.

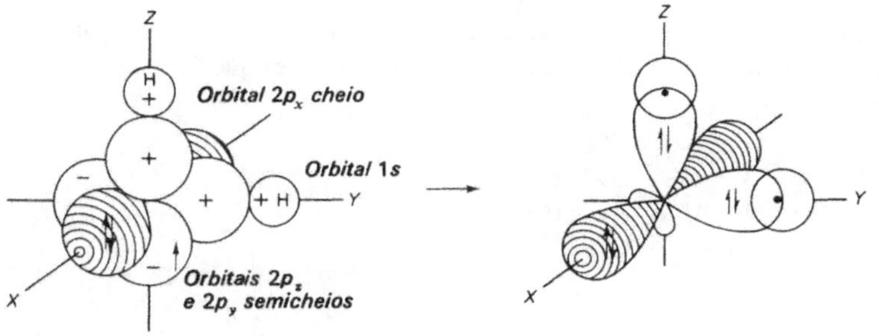

Figura 15.18 A formação de um orbital molecular para o H_2O através da superposição dos orbitais $2p$ do oxigênio e dos orbitais $1s$ do hidrogênio

Um ótimo exemplo de valência dirigida é a orientação tetraédrica das ligações formadas pelo carbono em compostos alifáticos. Essas ligações são explicadas pela formação de *orbitais híbridos.* O estado fundamental do átomo de carbono é $1s^22s^22p^2$. Há dois elétrons desemparelhados $2p_x$ e $2p_y$, e devemos esperar portanto que o carbono seja bivalente. Para apresentar a valência 4, o átomo de carbono deve ter quatro elétrons com *spins* desemparelhados. O modo mais simples de obter esta condição é *promover* um dos elétrons $2s$ no estado $2p$ e ter assim todos os $2p$ resultantes com *spins* desemparelhados. Então, a configuração externa seria $2s2p^3$, com $2s^12p_x^12p_y^12p_z^1$. Esta excitação requer uma energia de aproximadamente $272\ kJ \cdot mol^{-1}$, mas a energia das quatro ligações compensa a mais a energia de promoção, e o carbono é normalmente quadrivalente em vez de bivalente.

Se esses quatro orbitais $2s2p^3$ do carbono fossem acoplados com o orbital $1s$ do hidrogênio para formar a molécula de metano, poderíamos pensar a princípio que três ligações deveriam ser diferentes de uma remanescente. Na verdade, naturalmente, a simetria da molécula é tal que todas as ligações devem ser exatamente iguais. É possível formar conjuntos de quatro *orbitais híbridos,* que são combinações lineares dos orbitais

[24]Uma teoria mais detalhada mostra que os elétrons $2s$ do oxigênio também participam da ligação, formando orbitais híbridos, como os discutidos para o carbono

s e p. Um conjunto consiste em orbitais híbridos espacialmente dirigidos do átomo de carbono em direção aos vértices de um tetraedro regular. Esses são chamados *orbitais tetraédricos*, t_1, t_2, t_3 e t_4. São mostrados na Tab. 15.6. Os orbitais tetraédricos são excepcionalmente estáveis pois permitem que os pares eletrônicos evitem um ao outro dentro da maior extensão possível. Os orbitais híbridos t do carbono então se combinam com o orbital $1s$ dos quatro átomos de hidrogênio formando um conjunto de quatro orbitais moleculares localizados para o metano, $\psi_1 = c_1(t_1) + c_2(1s_1)$ etc.

Tabela 15.6 Tipos de hibridização dos orbitais* s e p

Hibridização diagonal

(Dois híbridos, D_1 e D_2, apontando ao longo do eixo z em direções opostas)

$$D_1 = (1/\sqrt{2})(s + p_z)$$
$$D_2 = (1/\sqrt{2})(s - p_z)$$

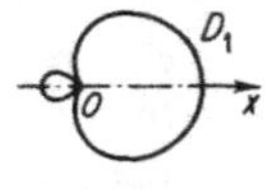

Representação polar da hibridização diagonal

Hibridização trigonal

(Três híbridos, T_1, T_2 e T_3, apontando ao longo do plano xy; o primeiro aponta ao longo do eixo x, os dois outros, ao longo de direções que formam ângulos de 120° com o eixo x)

$$T_1 = (1/\sqrt{3})s + (\sqrt{2}/\sqrt{3})p_x$$
$$T_2 = (1/\sqrt{3})s - (1/\sqrt{6})p_x + (1/\sqrt{2})p_y$$
$$T_3 = (1/\sqrt{3})s - (1/\sqrt{6})p_x - (1/\sqrt{2})p_y$$

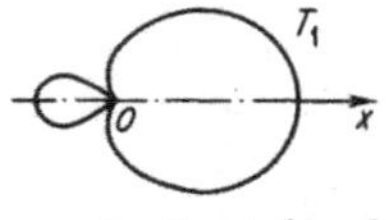

Representação polar da hibridização trigonal

Hibridização tetraédrica

(Quatro híbridos, t_1, t_2, t_3 e t_4, apontam em direção aos vértices de um tetraedro centrado na origem das coordenadas; o primeiro híbrido aponta ao longo dos eixos do trio x, y, z).

$$t_1 = (1/2)(s + p_x + p_y + p_z)$$
$$t_2 = (1/2)(s + p_x - p_y - p_z)$$
$$t_3 = (1/2)(s - p_x + p_y - p_z)$$
$$t_4 = (1/2)(s - p_x - p_y + p_z)$$

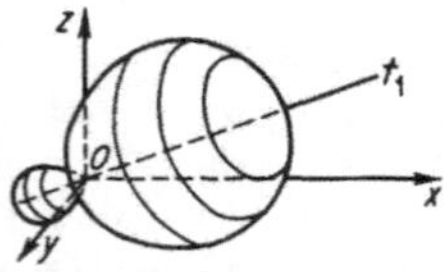

Representação polar da hibridização tetraédrica

*R. Daudel, R. Lefebvre e C. Moser, *Quantum Chemistry* (New York: Interscience Publishers, 1959)

Além dos híbridos tetraédricos, os orbitais do carbono podem ser hibridizados de outras maneiras. Os assim chamados *híbridos trigonais* sp^2 misturam $2s$, $2p_x$ e $2p_y$ para formar três orbitais a um ângulo de 120°. Esses híbridos são também mostrados na Tab. 15.6. O quarto OA, $2p_z$, é perpendicular ao plano dos outros. Este tipo de hibridização é usado no etileno. A dupla ligação consiste de uma ligação σ formada com o híbrido sp^2 e uma ligação π formada pela superposição de orbitais $2p_z$.

Se um 2*s* for misturado com um 2*p*, obtemos os *híbridos diagonais sp*. Estes também são mostrados na Tab. 15.6. Esse tipo de hibridização é usado no acetileno.

A Tab. 15.7 resume algumas propriedades das ligações C—H tendo diferentes tipos de hibridização.

Tabela 15.7 Propriedades das ligações C—H

Hibridização	Exemplo	Componente da ligação (nm)	Constante da força de estiramento ($N \cdot m^{-1}$)	Energia da ligação (kJ)
sp	Acetileno	0,1060	$6{,}937 \times 10^2$	506
sp^2	Etileno	0,1069	$6{,}126 \times 10^2$	443
sp^3	Metano	0,1090	$5{,}387 \times 10^2$	431
p	Radical CH	0,1120	$4{,}490 \times 10^2$	330

O uso de orbitais híbridos não é de modo algum restrito aos átomos de carbono. O orbital híbrido tornará quase sempre possível formar uma ligação covalente mais forte entre dois átomos, pois o caráter fortemente dirigido do orbital permitirá a melhor superposição do orbital de um átomo com o orbital de seu parceiro. A Fig. 15.19 mostra como diferentes ligações híbridas podem fornecer diferentes ângulos entre as ligações. Vemos, por exemplo, que o ângulo de ligação de 105° na H_2O poderia ser produzido misturando-se aproximadamente 20% de caráter *s* e 80% de caráter *p*. Este híbrido forneceria ligações mais fortes para H_2O do que os orbitais *p* puros mostrados na Fig. 15.18.

Como exemplo do uso da Fig. 15.19, podemos prever o ângulo de ligação dos híbridos d^2sp^3, que são importantes em compostos de coordenação dos metais de transição. Para $33\frac{1}{3}\%$ *d*, $16\frac{2}{3}\%$ *s* e 50% *p*, o diagrama mostra que os ângulos de ligação são 90° e 180°, isto é, a configuração de um octaedro regular. Um exemplo é mostrado na Fig. 15.20.

A "explicação" de valência dirigida e ângulos de ligação em termos de orbitais híbridos tem sido um modelo bastante popular entre os químicos desde a publicação em 1939 da primeira edição de *The Nature of the Chemical Bond* de Linus Pauling. Contudo, não se deve superenfatizar o valor quantitativo do modelo de hibridização. Outros conceitos gerais têm sido propostos e parecem ser igualmente satisfatórios na correlação e "explicação" de dados experimentais sobre as valências dirigidas.

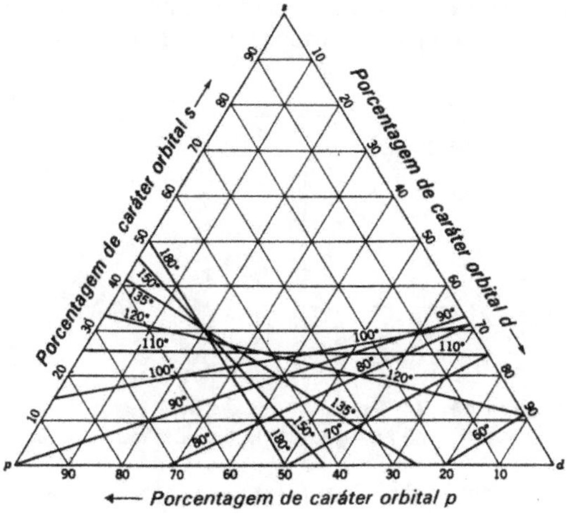

Figura 15.19 Propriedades direcionais dos orbitais híbridos de orbitais atômicos *s*, *p* e *d* (M. Kasha, *Molecular Electronic Structure*)

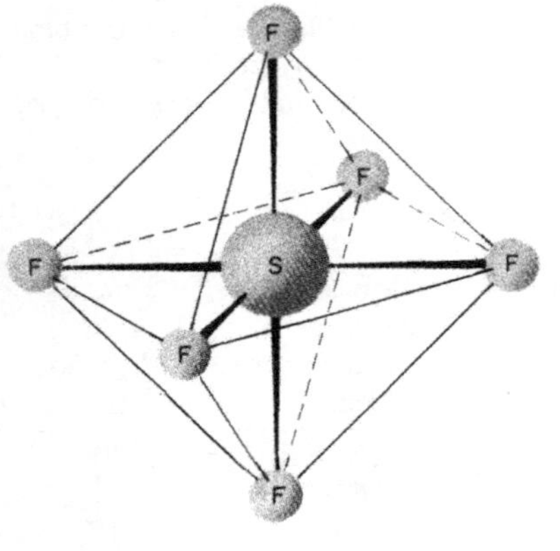

Figura 15.20 A molécula octaédrica SF_6. O átomo de enxofre fornece seis orbitais híbridos d^2sp^3

Em 1957, R. J. Gillespie e R. S. Nyholm[25] mostraram que os ângulos de ligação em compostos inorgânicos poderiam ser explicados se fosse considerada a posição mais favorável de todos os pares de elétrons na camada de valência ao redor do átomo central, incluindo especialmente os *pares isolados* que não estavam compartilhados numa ligação com outro átomo. A estrutura real seria geralmente aquela na qual a repulsão eletrostática entre os pares de elétrons fosse minimizada, concordando sempre com as exigências do Princípio de Exclusão de Pauli. Então, dois elétrons de mesmo *spin* têm a probabilidade máxima de estar em lados opostos do núcleo central, três elétrons nos vértices de um triângulo equilátero, quatro elétrons nos vértices de um tetraedro, seis elétrons nos vértices de um octaedro.

Como exemplo dessas idéias consideremos as moléculas de $SnCl_4$, $SbCl_3$ e $TeCl_2$ mostradas na Fig. 15.21. Todas elas têm uma estrutura essencialmente tetraédrica, mas um dos vértices em $SbCl_3$ e dois vértices em $TeCl_2$ estão ocupados por pares isolados. O ângulo da ligação em $SbCl_3$, que deveria ser 109,5° de acordo com o valor exato para um tetraedro, é 99,5°, de acordo com o princípio de Gillespie-Nyholm, segundo o qual *pares de elétrons não-ligantes repelem pares de elétrons adjacentes mais fortemente que pares de elétrons ligantes.*

Os conceitos de Gillespie-Nyholm são razoavelmente eficientes desde que o átomo central seja grande. Contudo, quando o átomo central é pequeno, efeitos de interações não-ligantes entre átomos ao redor do átomo central se tornam importantes. A estrutura é então determinada, dentro de uma considerável extensão, pelos requisitos de empacotamento simples, baseados na repulsão do tipo Van Der Waals entre átomos não ligados.

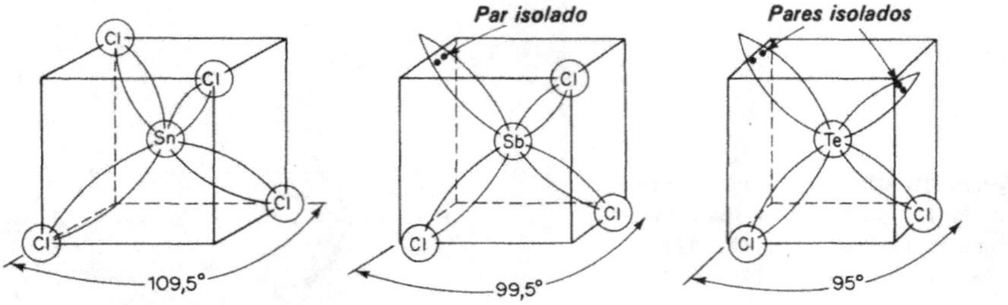

Figura 15.21 As estruturas do $SnCl_4$, $SbCl_3$ e $TeCl_2$ ilustram o efeito da repulsão eletrônica na determinação da geometria das moléculas de acordo com os princípios de Gillespie e Nyholm

[25] *Quart. Rev. London* **11**, 339 (1957). Ver também R. J. Gillespie, *J. Chem. Educ.* **40**, 295 (1963)

L. S. Bartell forneceu evidências muito convincentes de que tais efeitos devem ser necessariamente incluídos em qualquer explicação sobre ângulos de ligação observados[26].

Eventualmente, esses vários modelos qualitativos da geometria molecular podem ser compreendidos em termos de cálculos exatos de mecânica quântica das estruturas moleculares, mas, em virtude das dificuldades de computação, os progressos em direção a esse objetivo podem ser lentos. Por enquanto, os modelos simples continuarão a desempenhar seu papel tradicional na correlação de dados químicos e planejamento de novos experimentos.

15.21. Distâncias de ligação, ângulos de ligação, densidades eletrônicas

A literatura química atual contém uma grande quantidade de informações sobre a estrutura de moléculas poliatômicas. A fonte mais importante de tais dados é a espectroscopia molecular, que será discutido no Cap. 17. As figuras de difração, obtidas com raios X, elétrons ou nêutrons, podem ser analisadas para obtenção de estruturas detalhadas. O Cap. 18 tratará da teoria e do método da difração de raios X. Em virtude de seu grande poder de penetração, os raios X são especialmente adequados para a difração por cristais. Para os estudos de difração com gases, os feixes de elétrons são geralmente mais úteis porque os elétrons negativos são fortemente espalhados pelos elétrons e núcleos das moléculas. A difração por nêutrons é útil para a determinação da posição dos átomos de hidrogênio, que não difratam suficientemente os raios X ou os elétrons para fornecer informações precisas sobre suas posições.

Em princípio, os raios X e o espalhamento de elétrons podem fornecer informações experimentais diretas sobre a distribuição da densidade eletrônica numa molécula. A Fig. 14.20 mostrou o primeiro exemplo de uma medida experimental da densidade eletrônica em um átomo, o caso do argônio. Técnicas de difração eletrônica mais refinadas estão sendo aplicadas atualmente para estudar experimentalmente a distribuição da densidade eletrônica em moléculas e especialmente em ligações químicas. Medidas da intensidade relativa de elétrons espalhados já se situam num nível de precisão de 0,1 %. Quando o nível de 0,01 % for alcançado, podemos esperar ver boas resoluções das densidades eletrônicas nas ligações entre elementos mais leves. A Fig. 15.10 mostrou as densidades eletrônicas teóricas para uma molécula simples calculadas pelo método de Hartree-Fock. A difração eletrônica dá resultados experimentais de precisão comparável. Tais densidades eletrônicas experimentais fornecerão brevemente meios para verificações mais rigorosas das computações. Enquanto a medida do momento dipolar fornece essencialmente um ponto numa função de densidade eletrônica, os dados de espalhamento fornecem a função ao longo de toda ligação química, que é, evidentemente, um quadro muito mais detalhado.

15.22. Difração eletrônica de gases

O comprimento de onda de elétrons de 40 kV é 6,0 pm, aproximadamente um vigésimo da magnitude das distâncias interatômicas em moléculas, de modo que ocorrerão efeitos de difração. Na Sec. 13.4, foi discutida a difração por um conjunto de fendas em termos da construção de Huygens. Da mesma maneira, se uma coleção de átomos separados por distâncias fixas (isto é, uma molécula) for colocada no caminho de um feixe de radiação, cada átomo pode ser considerado como uma nova fonte de ondas esféricas.

[26] *J. Chem. Educ.* **45**, 754 (1968)

Através das figuras de interferência produzidas por essas pequenas ondas, o arranjo espacial dos centros de espalhamento pode ser determinado. O tipo de figura encontrado é mostrado na Fig. 15.22.

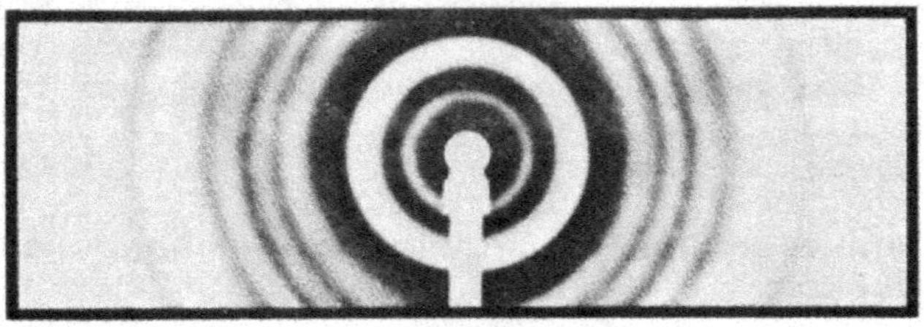

(a)

(b)

Figura 15.22 Figuras de difração eletrônica de gases: (a) coroneno; (b) tricloreto de fósforo. (Otto Bastiansen, Norges Tekniske Høgskole, Trondheim)

Uma aparelhagem experimental para difração de elétrons em gases é ilustrada na Fig. 15.23. O setor giratório cordiforme é colocado em frente da chapa fotográfica a fim de proporcionar um tempo de exposição que aumenta com o ângulo de espalhamento e assim compensar o abrupto decréscimo da intensidade de espalhamento com o ângulo.

O feixe de elétrons atravessa uma coleção de muitas moléculas gasosas, orientadas ao acaso em relação à sua direção. Os máximos e os mínimos ocorrem na figura de difração, apesar da orientação ao acaso das moléculas, porque os centros de espalhamento ocorrem como grupos de átomos com o mesmo arranjo fixo definido em cada molécula. A difração por gases foi tratada teoricamente (para raios X) por Debye, em 1915, porém não foram realizados experimentos de difração eletrônica até o trabalho de Wierl em 1930.

Podemos mostrar as características principais da teoria de difração considerando o caso mais simples, de uma molécula diatômica. Consideremos na Fig. 15.24 a molécula AB, com o átomo A na origem e B a uma distância r. A orientação da molécula AB é especificada pelos ângulos α e ϕ. AP é a projeção de AB no plano XY. O feixe de elétrons incidente entra paralelamente ao eixo Y e a difração ocorre através de um ângulo θ. A interferência entre as ondas espalhadas de A e B depende da diferença entre os comprimentos dos caminhos que eles percorrem. O cálculo da diferença de caminho δ exige que reconheçamos pontos dos feixes difratado e não-difratado, que estejam em fase um com o outro. Assim, tracemos de B uma perpendicular BN até a direção difratada e uma perpendicular BM até a direção não-difratada. Agora, M e N estão em fase e a diferença de fases $\delta = AN - AM$.

Como PM é $\perp$ a AY e PN é $\perp$ ao raio difratado,

$$\delta = AN - AM = AP\cos(\theta + \phi - 90) - AP\cos(90 - \phi)$$

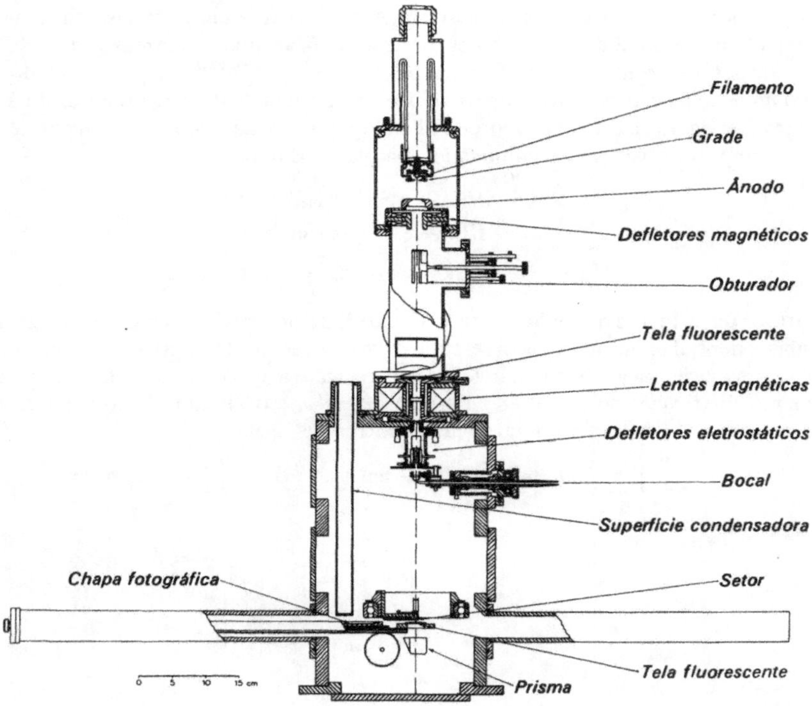

Figura 15.23 Aparelho para difração eletrônica de gases (L. S. Bartell, University of Michigan)

Figura 15.24 Espalhamento de elétrons por uma molécula diatômica

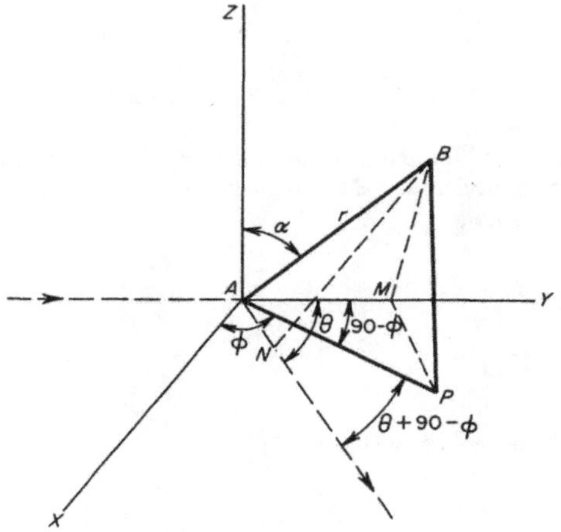

Mas, $AP = r \operatorname{sen} \alpha$, de modo que

$$\delta = r \operatorname{sen} \alpha \, [\operatorname{sen} (\theta + \phi) - \operatorname{sen} \phi]$$

$$\delta = 2r \operatorname{sen} \alpha \cos \left(\phi + \frac{\theta}{2} \right) \operatorname{sen} \frac{\theta}{2}$$

Para somar ondas que diferem em fase e amplitude, é conveniente representá-las em um plano complexo e somá-las vetorialmente[27]. A diferença em fase entre as duas ondas espalhadas é $(2\pi/\lambda)\delta$. Admitiremos, para simplificar, que os átomos A e B são idênticos. A amplitude resultante em P é, então, $A = A_0 + A_0 e^{2\pi i\delta/\lambda}$. A_0 é chamado *fator de forma atômico pàra o espalhamento de elétrons*[28] e depende da carga nuclear do átomo. A intensidade da radiação é proporcional ao quadrado da amplitude ou, neste caso, a A^*A, a amplitude vezes sua conjugada complexa. Então,

$$I \sim A^*A = A_0^2(1 + e^{-2\pi i\delta/\lambda})(1 + e^{2\pi i\delta/\lambda})$$
$$= A_0^2(2 + e^{-2\pi i\delta/\lambda} + e^{2\pi i\delta/\lambda})$$
$$= 2A_0^2\left(1 + \cos\frac{2\pi\delta}{\lambda}\right) = 4A_0^2\cos^2\frac{\pi\delta}{\lambda}$$

Para obter a fórmula exigida para a intensidade de espalhamento de um grupo de moléculas orientadas ao acaso, é necessário tomar a média da expressão para a intensidade em uma orientação particular (α, ϕ) em relação a todas as orientações possíveis. O elemento diferencial do ângulo sólido é sen $\alpha\, d\alpha\, d\phi$, e o ângulo sólido total da esfera ao redor de AB é 4π. Assim, a intensidade média se torna

$$I_{av} \sim \frac{4A_0^2}{4\pi}\int_0^{2\pi}\int_0^{\pi}\cos^2\left[2\pi\frac{r}{\lambda}\operatorname{sen}\frac{\theta}{2}\operatorname{sen}\alpha\cos\left(\phi + \frac{\theta}{2}\right)\right]\operatorname{sen}\alpha\, d\alpha\, d\phi$$

Na integração[29]

$$I_{av} = 2A_0^2\left(1 + \frac{\operatorname{sen} sr}{sr}\right) \tag{15.37}$$

onde

$$s = \frac{4\pi}{\lambda}\operatorname{sen}\frac{\theta}{2}$$

Na Fig. 15.25(a), I/A_0^2 é colocado em gráfico em função de s, e os máximos e os mínimos de intensidade são claramente evidentes.

Em uma molécula mais complexa com átomos j, k (tendo fatores de espalhamento A_j, A_k) separados por uma distância r_{jk}, a intensidade resultante seria

$$I(\theta) = \sum_j \sum_k A_j A_k \frac{\operatorname{sen} sr_{jk}}{sr_{jk}} \tag{15.38}$$

[27]Ver Courant e Robbins, *What Is Mathematics*? (New York: Oxford University Press, 1941), p. 94

[28]Enquanto raios X são espalhados, primeiramente, pelos elétrons nos átomos, os elétrons mais acelerados são espalhados primeiramente pelos núcleos

[29]Seja

$$I_{av} = \frac{A_0^2}{\pi}\int_0^{\pi}\int_0^{2\pi}\cos^2(A\cos\beta)\, d\beta\operatorname{sen}\alpha\, d\alpha$$

onde

$$A = \frac{2\pi r}{\lambda}\operatorname{sen}\frac{\theta}{2}\operatorname{sen}\alpha \quad \text{e} \quad \beta = \phi + \frac{\theta}{2}$$

Como $\cos^2\beta = (1 + \cos 2\beta)/2$,

$$I_{av} = \frac{A_0^2}{\pi}\int_0^{\pi}\int_0^{2\pi}\left[\frac{d\beta}{2} + \cos(2A\cos\beta)\, d\beta\right]\operatorname{sen}\alpha\, d\alpha$$

A integral pode ser calculada como expansão em série do co-seno

$$\left[\cos x = 1 - \frac{x^2}{2!} + \frac{x^4}{4!} - \cdots\right]$$

seguida por integração termo por termo primeiro para β e depois para α

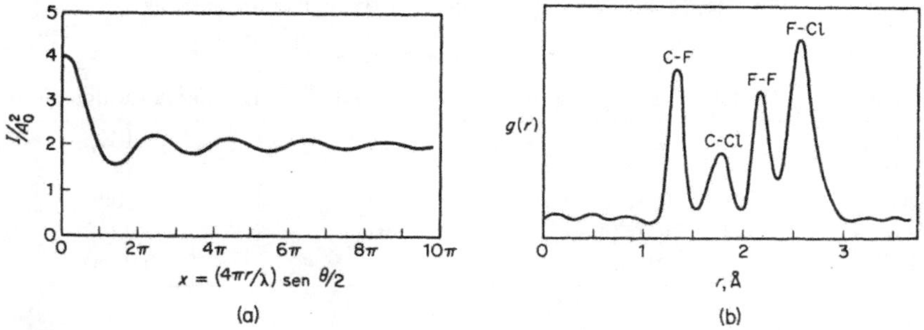

Figura 15.25 (a) Curva de espalhamento para moléculas diatômicas — gráfico da Eq. (15.37); (b) função de distribuição radial para o composto CF_3Cl

Esta é chamada *equação de Wierl*. O somatório deve ser realizado sobre todos os pares de átomos na molécula.

15.23. Interpretação das figuras de difração eletrônica

Na difração eletrônica, o espalhamento pelos núcleos fornece informações sobre a estrutura geométrica de moléculas. O espalhamento pelos elétrons difusamente distribuídos é menos intenso e as curvas de espalhamento observadas podem ser corrigidas em relação a isso. O espalhamento de fundo em geral incoerente também pode ser eliminado do espalhamento total antes que os dados sejam usados para a determinação da estrutura. Usa-se, então, um espalhamento molecular $M(s) = (I_t/I_b) - 1$, onde I_t é a intensidade total e I_b é um espalhamento de fundo, convenientemente escolhido.

Este M_s pode ser relacionado a uma função de distribuição radial $g(r)$, que dá a probabilidade de que o núcleo j seja encontrado a uma distância r do núcleo k na molécula.

$$g(r) = \int_0^{s(\max)} sM(s) \exp(-bs^2) \operatorname{sen} sr \, ds \tag{15.39}$$

Então, $g(r)$ apresentará um máximo para cada valor de r correspondente a uma distância internuclear na molécula. A integral é tomada de $s = 0$ até o ângulo de espalhamento máximo medido. O fator $\exp(-bs^2)$ é um fator ponderal introduzido para melhorar a convergência da integral. O cálculo dessas integrais pode ser agora feito rapidamente em um computador[30]. Um exemplo de função de distribuição radial é mostrado na Fig. 15.25(b) para a molécula CF_3Cl, porém os picos nem sempre estão completamente resolvidos. Os ângulos de ligação numa molécula também podem ser calculados se suficientes distâncias internucleares vizinhas forem conhecidas.

Os dados de difração eletrônica também podem ser analisados por comparação direta entre a curva experimental $M(s)$ e as curvas calculadas através da equação de Wierl para valores selecionados de parâmetros moleculares (distâncias e ângulos).

Alguns resultados de estudos de difração eletrônica estão reunidos na Tab. 15.8. À medida que as moléculas se tornam mais complicadas, torna-se cada vez mais difícil determinar uma estrutura exata, pois geralmente apenas cerca de doze máximos são visíveis, o que obviamente não permitirá o cálculo exato de mais que cinco ou seis parâmetros. Cada distância interatômica distinta ou ângulo de ligação constitui um parâmetro. É possível, entretanto, através de medidas em compostos simples, obterem-se

[30] R. A. Bonham e L. S. Bartell, *J. Chem. Phys.* **31**, 702 (1959)

Tabela 15.8 A difração eletrônica de moléculas gasosas

Moléculas diatômicas			
Molécula	Distância da ligação (nm)	Molécula	Distância da ligação (nm)
NaCl	0,0251	N_2	0,1095
NaBr	0,0264	F_2	0,1435
NaI	0,0290	Cl_2	0,2009
KCl	0,0279	Br_2	0,2289
RbCl	0,0289	I_2	0,2660
Moléculas poliatômicas			
Molécula	Configuração	Ligação	Distância da ligação (nm)
$CdCl_2$	Linear	Cd—Cl	0,2235
$HgCl_2$	Linear	Hg—Cl	0,227
BCl_3	Plana	B—Cl	0,173
SiF_4	Tetraédrica	Si—F	0,155
$SiCl_4$	Tetraédrica	Si—Cl	0,201
P_4	Tetraédrica	P—P	0,221
Cl_2O	Dobrada, 111 ± 1°	Cl—O	0,170
SO_2	Dobrada, 120°	S—O	0,143
CH_2F_2	C_{2v}	C—F	0,1360
CO_2	Linear	C—O	0,1162
C_6H_6	Plana	C—C	0,1393
		C—H	0,108

valores dignos de confiança, de distâncias e ângulos de ligação, que podem ser usados para estimar estruturas de moléculas mais complexas.

15.24. Orbitais moleculares não-localizados-benzeno

Nem sempre é possível distribuir os elétrons nas moléculas em orbitais moleculares localizados entre dois núcleos. Exemplos importantes de *deslocalização* são encontrados em hidrocarbonetos conjugados e aromáticos.

No caso do benzeno, os orbitais atômicos do carbono são primeiramente preparados como híbridos sp^2 trigonais e então são juntados com os hidrogênios. Esses orbitais σ localizados estão num plano, como é mostrado na Fig. 15.26(a). Os orbitais atômicos p estendem seus lóbulos acima e abaixo do plano [Fig. 15.26(b)], e, quando se superpõem, formam orbitais moleculares deslocalizados π, acima e abaixo do plano do anel. Esses orbitais contêm seis elétrons deslocalizados móveis. As formas dos três orbitais π de menor energia são mostradas na Fig. 15.26(c).

Podemos escrever um orbital molecular π no benzeno como uma combinação linear de seis orbitais atômicos p:

$$\psi = c_1\psi_1 + c_2\psi_2 + c_3\psi_3 + c_4\psi_4 + c_5\psi_5 + c_6\psi_6 \tag{15.40}$$

Esta ψ é uma função de onda que exprime a propriedade de que um elétron nela colocado pode se mover ao redor do anel benzênico. Calculamos o estado fundamental variando os coeficientes c_1, c_2 etc. até que encontremos as funções ψ que forneçam a menor energia.

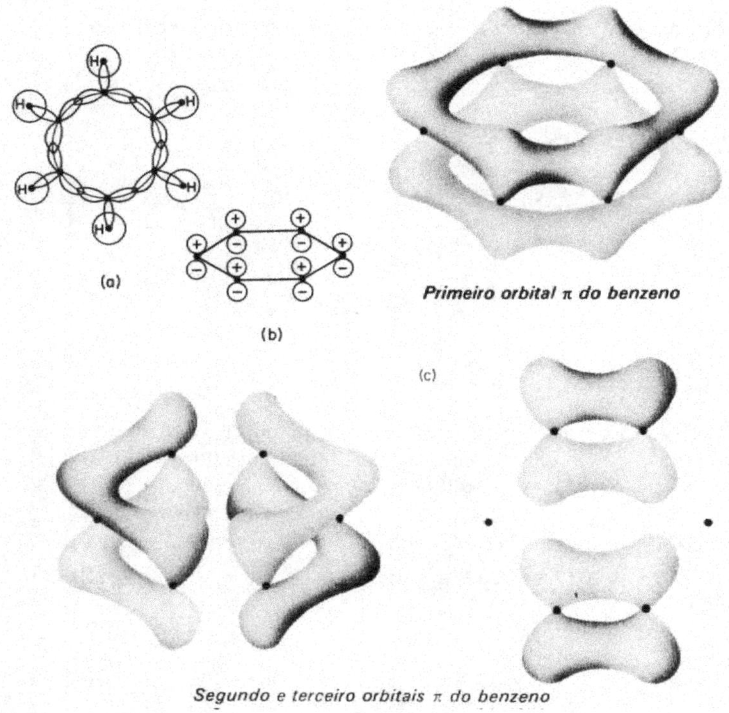

Figura 15.26 Orbitais moleculares para o benzeno. (a) Superposição dos orbitais $sp^2\sigma$. (b) Os orbitais p_z que se superpõem para formar orbitais π. (c) Representação dos três orbitais π de energia mais baixa

Substituímos a função de onda da Eq. (15.40) na fórmula básica da energia do método da variação, Eq. (14.78), para obter[31]

$$E = \frac{\int (\sum c_j \psi_j) \hat{H} (\sum c_j \psi_j)\, d\tau}{\int (\sum c_j \psi_j)^2\, d\tau} \tag{15.41}$$

O somatório é realizado desde $j = 1$ a $j = 6$. Por conveniência, usamos a notação

$$\begin{aligned} H_{jk} &= \int \psi_j \hat{H} \psi_k\, d\tau \\ S_{jk} &= \int \psi_j \psi_k\, d\tau \end{aligned} \tag{15.42}$$

Podemos mostrar que $S_{jk} = S_{kj}$ e $H_{jk} = H_{kj}$. Então, a Eq. (15.41) pode ser escrita como

$$E = \frac{\sum_j \sum_k c_j c_k H_{jk}}{\sum_j \sum_k c_j c_k S_{jk}} \tag{15.43}$$

Para minimizar a energia E em relação aos coeficientes variáveis c_i, fazemos as derivadas de E em relação a c_i, $\partial E/\partial c_i$, iguais a zero, e resolvemos o conjunto de (seis) equa-

[31]Para se familiarizar com as operações matemáticas desta teoria, convém desenvolver um exemplo sem os sinais de somatório, tomando $\psi = c_1\psi_1 + c_2\psi_2$. Usamos na Eq. (15.41) a forma real da função de onda ψ_j

ções simultâneas para os valores de c_i. Por exemplo, a diferenciação de

$$E\sum_j\sum_k c_j c_k S_{jk} = \sum_j\sum_k c_j c_k H_{jk}$$

em relação a c_i, com $\partial E/\partial c_i = 0$, dá

$$E\sum_k c_k S_{ik} + E\sum_j c_j S_{ji} = \sum_k c_k H_{ik} + \sum_j c_j H_{ji}$$

Como $S_{ij} = S_{ji}$ e $H_{ij} = H_{ji}$, isto se torna

$$E\sum_j c_j S_{ji} = \sum_j c_j H_{ji}$$

ou

$$\sum_j c_j (H_{ji} - ES_{ji}) = 0 \qquad (15.44)$$

Temos um conjunto de seis equações como esta quando o valor de i varia de 1 a 6, correspondendo ao processo de minimização da energia em relação a cada um dos seis coeficientes c_i. As seis equações simultâneas são como se segue

$$\begin{array}{c}
c_1(H_{11} - S_{11}E) + c_2(H_{21} - S_{21}E) + \cdots + c_6(H_{61} - S_{61}E) = 0 \\
c_1(H_{12} - S_{12}E) + c_2(H_{22} - S_{22}E) + \cdots + c_6(H_{62} - S_{62}E) = 0 \\
\vdots \\
c_1(H_{16} - S_{16}E) + c_2(H_{26} - S_{26}E) + \cdots + c_6(H_{66} - S_{66}E) = 0
\end{array}$$

Estas são *equações lineares homogêneas*. De acordo com o que foi mostrado na p. 605, a condição para soluções não triviais é que o determinante dos coeficientes se anule:

$$\begin{vmatrix}
H_{11} - S_{11}E & H_{21} - S_{21}E \cdots\cdots & H_{61} - S_{61}E \\
H_{12} - S_{12}E & H_{22} - S_{22}E \cdots\cdots & H_{62} - S_{62}E \\
H_{13} - S_{13}E & H_{23} - S_{23}E \cdots\cdots & H_{63} - S_{63}E \\
H_{14} - S_{14}E & H_{24} - S_{24}E \cdots\cdots & H_{64} - S_{64}E \\
H_{15} - S_{15}E & H_{25} - S_{25}E \cdots\cdots & H_{65} - S_{65}E \\
H_{16} - S_{16}E & H_{26} - S_{26}E \cdots\cdots & H_{66} - S_{66}E
\end{vmatrix} = 0 \qquad (15.45)$$

A equação secular (15.45), quando desenvolvida, é uma equação do sexto grau em E, e portanto possui seis raízes.

Em virtude das dificuldades no cálculo das integrais da equação secular, um tratamento aproximado, desenvolvido por E. Hückel, tem sido largamente empregado[32]. As aproximações são as seguintes:

1. $H_{jj} = \alpha$, a *integral coulombiana* para qualquer j.
2. $H_{jk} = \beta$, a *integral de ressonância* para átomos ligados.
3. $H_{jk} = 0$ para átomos que não estejam ligados.
4. $S_{jj} = 1$.
5. $S_{jk} = 0$ para $j \neq k$.

[32]A. Streitwieser, *Molecular Orbital Theory for Organic Chemists* (New York: John Wiley & Sons, Inc., 1961), dá um relato completo das aplicações do método de Hückel

Com estas aproximações, a equação secular fica muito simplificada e se torna

$$\begin{vmatrix} \alpha - E & \beta & 0 & 0 & 0 & \beta \\ \beta & \alpha - E & \beta & 0 & 0 & 0 \\ 0 & \beta & \alpha - E & \beta & 0 & 0 \\ 0 & 0 & \beta & \alpha - E & \beta & 0 \\ 0 & 0 & 0 & \beta & \alpha - E & \beta \\ \beta & 0 & 0 & 0 & \beta & \alpha - E \end{vmatrix} = 0$$

As raízes desta equação do sexto grau[33] são

$E_1 = \alpha + 2\beta$, $E_{2,3} = \alpha + \beta$ (duas vezes), $E_{4,5} = \alpha - \beta$ (duas vezes), $E_6 = \alpha - 2\beta$

Como β é negativo, as raízes estão em ordem de energia crescente. Quando os valores de E são substituídos no sistema de equações lineares, estas podem ser resolvidas para os coeficientes c_j e então obtemos expressões explícitas para os orbitais moleculares (funções de onda).

Segue-se que o OM de menor energia é

$$\psi_A = (6)^{-1/2}(\psi_1 + \psi_2 + \psi_3 + \psi_5 + \psi_6)$$

Este orbital, que pode conter dois elétrons com *spins* antiparalelos, é mostrado na Fig. 15.26(c). Existem dois orbitais moleculares seguintes de baixa energia, ψ_B e ψ'_B, que conseguem manter quatro elétrons. Os seis elétrons π do benzeno ocupam esses três orbitais de baixa energia, de modo que a excepcional estabilidade da estrutura é explicada pela teoria. A energia total seria $E = 2(\alpha + 2\beta) + 4(\alpha + \beta) = 6\alpha + 8\beta$. Se a estrutura do benzeno consistisse de três ligações simples localizadas e três ligações duplas localizadas (isto é, uma estrutura de Kekule simples), a energia dos seis elétrons π no estado fundamental seria $6(\alpha + \beta) = 6\alpha + 6\beta$. Portanto, a energia de ressonância do benzeno é -2β. O valor experimental da energia de ressonância, estimado através de dados termodinâmicos, é 150 kJ, portanto $\beta = -75$ kJ.

15.25. Teoria do campo ligante[34]

À medida que a teoria da valência foi sendo desenvolvida durante o século XIX, os químicos reconheciam muitos compostos para os quais as regras usuais não se aplicavam. Em 1893, Alfred Werner sugeriu que nos assim chamados *compostos complexos*, que incluíam sais hidratados, metalaminas e sais duplos, um elemento poderia apresentar uma valência secundária, além de sua valência normal. As ligações através de valências secundárias tinham direções definidas no espaço, de modo que isomerias óptica e geométrica seriam possíveis. Por exemplo, existem nada menos que nove compostos diferentes com fórmula empírica $Co(NH_3)_3(NO_2)_3$.

[33]Dividir o determinante por β^6 e fazer $\varepsilon = (\alpha - E)/\beta$ para obter

$$\begin{vmatrix} \epsilon & 1 & 0 & 0 & 0 & 1 \\ 1 & \epsilon & 1 & 0 & 0 & 0 \\ 0 & 1 & \epsilon & 1 & 0 & 0 \\ 0 & 0 & 1 & \epsilon & 1 & 0 \\ 0 & 0 & 0 & 1 & \epsilon & 1 \\ 1 & 0 & 0 & 0 & 1 & \epsilon \end{vmatrix} = 0$$

o qual, por extensão, fornece

$$(\epsilon + 1)^2(\epsilon - 1)^2(\epsilon + 2)(\epsilon - 2) = 0$$

dando as raízes mostradas

[34]F. A. Cotton, "Ligand Field Theory", *J. Chem. Educ.* **41**, 466 (1964)

Em 1916, G. N. Lewis incluiu os compostos complexos de Werner em sua teoria eletrônica de valência, sugerindo que cada ligação consistia em um par de elétrons, *ambos* doados por um grupo coordenado ao íon metálico. Portanto, esta ligação foi chamada de *ligação dativa* e representada por uma flecha para indicar a direção da transferência de elétrons. Por exemplo,

$$
\begin{bmatrix} & NH_3 & \\ H_3N & \downarrow & NH_3 \\ & \searrow Co \swarrow & \\ H_3N & \uparrow & NH_3 \\ & NH_3 & \end{bmatrix}^{3+} (Cl^-)_3
$$

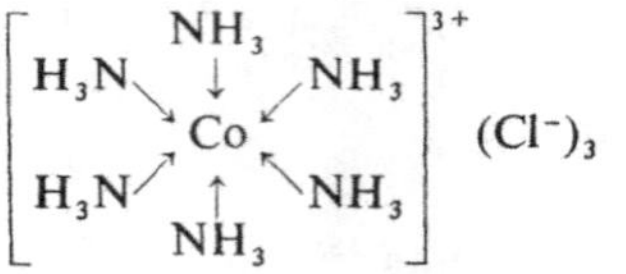

Uma maneira de descrever essas ligações é construir orbitais híbridos com os orbitais atômicos disponíveis e examinar sua estereoquímica. O íon cobáltico Co^{3+} isolado tem uma configuração eletrônica:

$$
\underline{①} \quad \underline{①} \quad \underline{① ① ①} \quad \underline{①} \quad \underline{① ① ①} \quad \underline{① ⊕ ⊕ ⊕ ⊕} \quad \underline{○} \quad \underline{○ ○ ○}
$$

$$
1s \quad 2s \quad 2p \quad 3s \quad 3p \quad \qquad 3d \qquad \quad 4s \qquad 4p
$$

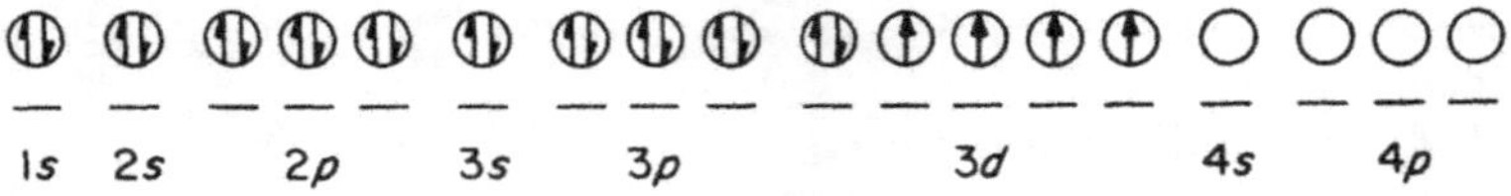

Se tomarmos dois orbitais $3d$, um $4s$, e três $4p$, podemos construir seis orbitais híbridos d^2sp^3 dirigidos aos vértices de um octaedro regular. O modelo da ligação de valência do íon hexamincobáltico usaria esses seis orbitais híbridos para acomodar os seis pares de elétrons das seis moléculas de NH_3. As ligações covalentes fortes assim formadas teriam um caráter iônico considerável, mas neste modelo não seriam essencialmente diferentes dos híbridos d^2sp^3 octaédricos usados para a molécula SF_6 mostrada na Fig. 15.20.

Um modo diferente de olhar essas estruturas inicia com a idéia de que a ligação é devida essencialmente a interações eletrostáticas entre o íon central positivo e os dipolos ou íons dos grupos coordenados. Os grupos ligados ao íon central são chamados *ligantes*. Esses ligantes criam um campo eletrostático ao redor do íon central, que produz um efeito ligante adicional chamado *energia de estabilização do campo cristalino* (EECC). A EECC surge como conseqüência da ação do campo dos ligantes sobre os orbitais d do íon central. No modelo mais simples de *campo cristalino* primeiramente desenvolvido por Bethe[35], admitiu-se que os ligantes se comportavam como cargas negativas puntuais.

Podemos ver os efeitos dos ligantes de uma maneira qualitativa através das propriedades dos orbitais d, como é mostrado na Fig. 14.11. Na ausência de um campo externo, os cinco orbitais $3d$ têm energia igual (quintriplamente degeneradas). À medida que esses orbitais são colocados no campo eletrostático do ligante, que não é esfericamente simétrico, suas energias não ficam mais exatamente iguais. Aqueles orbitais que apontam na direção dos ligantes têm suas energias aumentadas devido à repulsão entre a densidade de carga negativa nos orbitais d do átomo central e a dos ligantes. Esse efeito é mostrado esquematicamente na Fig. 15.27 para o caso de um campo octaédrico (isto é, seis NH_3 nos vértices de um octaedro regular). Vemos que os orbitais $d_{x^2-y^2}$ e d_{z^2} têm suas energias aumentadas, enquanto os d_{xy}, d_{xz} e d_{yz} as têm diminuídas. O desdobramento dos orbitais d no campo octaédrico também pode ser deduzido diretamente através da teoria de grupos. Como é mostrado na Fig. 15.27, entretanto, podemos ver através dos modelos a razão física para a separação observada. A notação para os orbitais no campo ligante se baseia em suas propriedades de simetria da teoria de grupos, como serão descritas no próximo capítulo.

A configuração eletrônica do complexo dependerá da magnitude do desdobramento produzido pelo campo ligante. O caso de $(FeF_6)^{3-}$ é típico do efeito de um campo

[35]H. Bethe, *Ann. Physik* [5], **3**, 135 (1929)

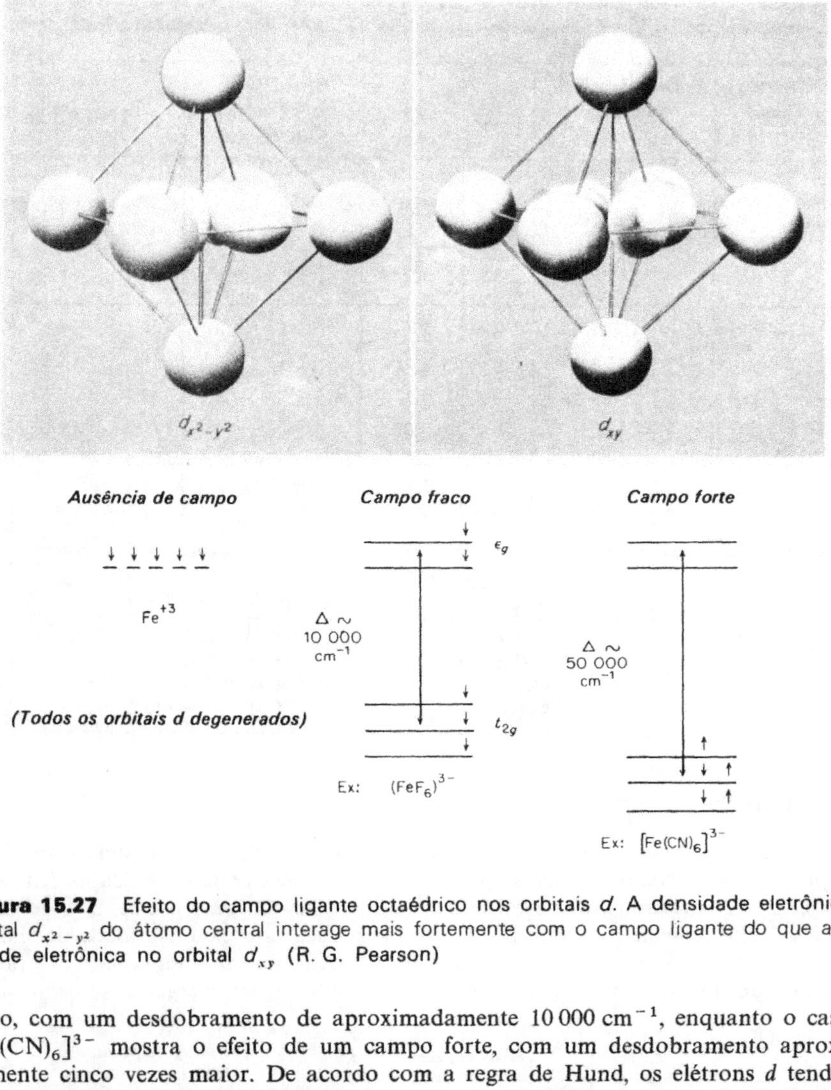

Figura 15.27 Efeito do campo ligante octaédrico nos orbitais *d*. A densidade eletrônica no orbital $d_{x^2-y^2}$ do átomo central interage mais fortemente com o campo ligante do que a densidade eletrônica no orbital d_{xy} (R. G. Pearson)

fraco, com um desdobramento de aproximadamente 10 000 cm^{-1}, enquanto o caso de $[Fe(CN)_6]^{3-}$ mostra o efeito de um campo forte, com um desdobramento aproximadamente cinco vezes maior. De acordo com a regra de Hund, os elétrons *d* tendem a ocupar orbitais que os permitam manter seus *spins* paralelos, porque desta maneira a energia eletrostática repulsiva é diminuída. Por outro lado, se a separação dos níveis *d* pelo campo ligante for muito grande, este efeito eletrostático não será suficientemente grande para compensar a energia necessária para promover os elétrons para orbitais de maior energia. Vemos exemplos das duas situações diferentes na Fig. 15.27. Os cinco elétrons *d* no $(FeF_6)^{3-}$ têm a configuração $t_{2g}^3 e_g^2$ com todos os *spins* desemparelhados. No $[Fe(CN)_6]^{3-}$, a configuração é $(t_{2g})^5$, com quatro *spins* acoplados. Cada *spin* desemparelhado age como um pequeno ímã, de modo que podemos distinguir essas configurações experimentalmente, medindo a susceptibilidade magnética dos complexos.

O modelo eletrostático simples de Bethe não é satisfatório para os cálculos quantitativos porque existe uma ligação considerável de um tipo mais covalente entre um átomo central típico e seus ligantes.

Tabela 15.9 Elétrons *d* em complexos octaédricos. *N*, número de *spins* desemparelhados; $\mathbf{p}_m$, momento magnético previsto através de formula de *spin-only* em magnétons de Bohr

Número de elétrons *d*	Distribuição em campo ligante fraco	*N*	p_m	Distribuição em campo ligante forte	*N*	p_m
	t_{2g} e_g			t_{2g} e_g		
1	↑ —	1	1,73	↑ —	1	1,73
2	↑ ↑ —	2	2,83	↑ ↑ —	2	2,83
3	↑ ↑ ↑ —	3	3,87	↑ ↑ ↑ —	3	3,87
4	↑ ↑ ↑ ↑	4	4,90	⇅ ↑ ↑ —	2	2,83
5	↑ ↑ ↑ ↑ ↑	5	5,92	⇅ ⇅ ↑ —	1	1,73
6	⇅ ↑ ↑ ↑ ↑	4	4,90	⇅ ⇅ ⇅ —	0	0
7	⇅ ⇅ ↑ ↑ ↑	3	3,87	⇅ ⇅ ⇅ ↑	1	1,73
8	⇅ ⇅ ⇅ ↑ ↑	2	2,83	⇅ ⇅ ⇅ ↑ ↑	2	2,83
9	⇅ ⇅ ⇅ ⇅ ↑	1	1,73	⇅ ⇅ ⇅ ⇅ ↑	1	1,73

Exemplos

	Campo fraco-*spin* alto	Campo forte-*spin* baixo
d^4	$CrSO_4$	$K_2Mn(CN)_6$
d^5	$[Fe(H_2O)_6]^{3+}$	$K_3Fe(CN)_6$
d^6	$[Co(H_2O)_6]^{3+}$	$K_4Fe(CN)_6$
d^7	$[Co(H_2O)_6]^{2+}$	Co^{2+}-ftalocianina

15.26. Outras simetrias

A presença de um campo fraco leva a *complexos de* spin *alto* e a de um campo forte, a *complexos de* spin *baixo*. A situação dos *spins* em complexos está resumida na Tab. 15.9.

A Fig. 15.28 mostra como os cinco orbitais *d* são desdobrados por campos de várias simetrias. Evidentemente, a extensão da separação depende da intensidade do campo eletrostático dos ligantes. Às vezes ocorre uma situação na qual um orbital *d* é preenchido com um par de elétrons, mas outro orbital *d*, de igual energia, é somente semi-

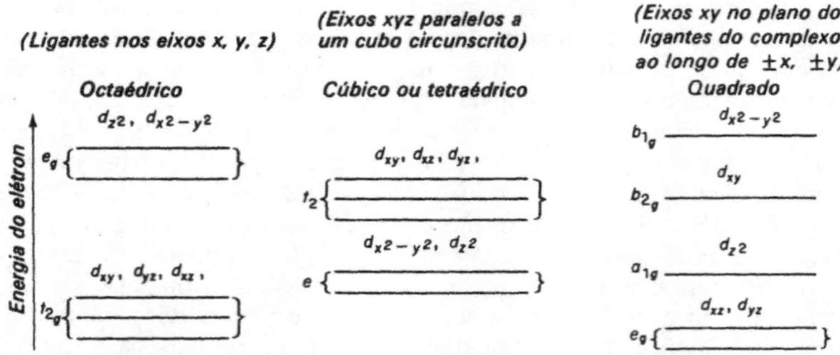

Figura 15.28 Os níveis de energia de orbitais *d* em campos ligantes com várias simetrias. Os orbitais dentro do mesmo par de chaves são de mesma energia

preenchido. Essa configuração seria degenerada. Por exemplo, os elétrons no íon Cu^{2+} deveriam ser escritos como

$$ou \quad t_{2g}^6 d_{z^2}^2 d_{x^2-y^2}^1$$
$$ou \quad t_{2g}^6 d_{z^2}^1 d_{x^2-y^2}^2$$

Neste caso, haverá uma mudança na geometria do complexo, que serve para romper a degenerescência, produzindo um nível inferior e outro superior com energias algo diferentes. Essa mudança é chamada *efeito Jahn-Teller*. No caso dos complexos de Cu^{2+}, freqüentemente verificamos que o arranjo octaédrico regular não ocorre e, em lugar desse, surge uma estrutura octaédrica irregular na qual quatro ligantes se situam num quadrado ao redor do Cu^{2+} e dois outros estão a uma distância maior, acima e abaixo do íon central.

15.27. Compostos com excesso de elétrons

Muitos compostos químicos interessantes parecem ter demais elétrons, no sentido de que é difícil escrever estruturas de pares eletrônicos para eles. Um exemplo comum é o do íon triiodeto I_3^-. Tanto o I_2 como o I^- atingiram orbitais de valência completamente preenchidos e ainda se combinam vigorosamente para formar I_3^-. Neste caso, uma solução satisfatória do problema é fornecida por considerações simples de OM. Consideremos um orbital atômico p_x de cada átomo de iodo p_x', p_x'', p_x'''. A combinação linear desses três orbitais atômicos fornecerá três orbitais moleculares do tipo σ, como se segue:

$$\sigma_1 = p_x' + (p_x'' + p_x''')$$
$$\sigma_N = p_x'' - p_x'''$$
$$\sigma_2^* = p_x' - (p_x'' + p_x'')$$

Esses orbitais são mostrados pictoricamente na Fig. 15.29. O σ_1 é um orbital ligante que se estende sobre todos os três núcleos de iodo, σ_2^* é antiligante e σ_N é um orbital não-ligante, pois não envolve o átomo central e os orbitais atômicos são bastante distintos um do outro. Existem $3 \times 7 = 21$ elétrons de valência, dos elétrons $5s$ e $5p$ dos três átomos de iodo, mais o elétron extra da carga negativa unitária do I_3^-. Colocamos seis elétrons nos três orbitais $5s$ e 12 nos três p_y e três p_z. Restam quatro elétrons, dos quais dois vão para o orbital σ_1 ligante e dois para o não-ligante σ_N. Podemos concluir que I_3^- teria duas ligações de ordem 1/2, explicando assim sua estabilidade.

Descrição	Propriedades nodais	Diagrama de níveis de energia
$\sigma_2^* = p_x - (p_x' + p_x'')$	◯ I ◯ ◯ I◯ ◯ I ◯	σ_2^* ——
$\sigma_N = p_x' - p_x''$	◯ I ◯ I ◯ I ◯	σ_N ⇅
$\sigma_1 = p_x + (p_x' + p_x'')$	◯ I ◯ I ◯ I ◯	σ_1 ⇅

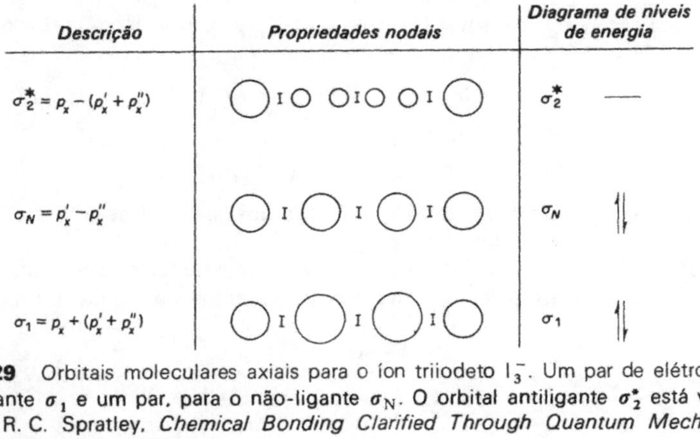

Figura 15.29 Orbitais moleculares axiais para o íon triiodeto I_3^-. Um par de elétrons vai para o orbital ligante σ_1 e um par, para o não-ligante σ_N. O orbital antiligante σ_2^* está vazio [G. C. Pimentel e R. C. Spratley, *Chemical Bonding Clarified Through Quantum Mechanics* (San Francisco: Holden-Day, 1969)]

Os exemplos mais notáveis de compostos com excesso de elétrons são os compostos dos gases inertes, por exemplo, XeF_2, XeF_4 e XeF_6. Por muitos anos depois da descoberta dos gases nobres, era um "mandamento" que eles não poderiam formar compostos químicos. Essa crença era reforçada pela escola da Química que enfatizava a formação de uma configuração de gás inerte como marco da satisfação completa de todo poder de combinação de um átomo. Porém, em 1933, Pauling sugeriu que o xenônio deveria formar um composto XeF_6 e Yost, no Instituto de Tecnologia da Califórnia, provavelmente preparou algum desses compostos, mas perdeu a descoberta em virtude de um pequeno desvio das condições que mais tarde mostraram ser o procedimento apropriado. As reações de dissociação são endotérmicas para todos os três fluoretos de xenônio, as energias de ligação Xe-F são de aproximadamente 125 kJ em todos os casos. As estruturas são XeF_2, linear simétrica; XeF_4, quadrado plano; e XeF_6, provavelmente octaedro distorcido. Uma descrição de orbitais moleculares do XeF_2 é análoga à do I_3^-, exceto que neste caso os orbitais *p* usados não são todos iguais, mas dois provêm do F e um do Xe.

15.28. Ligações de hidrogênio

Um dos princípios sólidos da teoria de valência clássica era o de que o hidrogênio tinha valência igual a 1 e podia formar somente uma ligação covalente preenchendo seu orbital com um par de elétrons de *spins* opostos, ou formar uma ligação iônica como os íons H^+ ou H^-. Esta conclusão, entretanto, não é verdadeira, e a própria vida, como sabemos, depende da habilidade do átomo de hidrogênio de agir como um elo entre dois outros átomos.

Se o fluoreto de sódio for dissolvido em ácido fluorídrico aquoso, o ânion principal formado não é F^- mas HF_2^-,

$$F^-_{(aq)} + HF \longrightarrow HF^-_{2(aq)}, \qquad \Delta H = -155 \text{ kJ}$$

Os sais $NaHF_2$, KHF_2 etc. são sólidos cristalinos estáveis. A estrutura do HF_2^- é linear e simétrica

$$(F - H - F)^-$$

com distância F – H de 0,113 nm comparada com 0,092 no HF gasoso. Outros íons hidrogênio-bi-haletos são conhecidos, mas as ligações são muito mais fracas que no caso do fluoreto.

A explicação de orbitais moleculares do $(HF_2)^-$ é análoga à do $(I_3)^-$. Ambos são compostos com excesso de elétrons. No caso do HF_2^- as três ligações σ são formadas dos orbitais 1*s* do H e dos dois orbitais 2*p* do fluoreto.

$$\sigma_1 = 1s_H + (2p'_{xF} + 2p''_{xF})$$
$$\sigma_N = 2p'_{xF} - 2p''_{xF}$$
$$\sigma_2^* = 1s_H - (2p'_{xF} + 2p''_{xF})$$

Os quatro elétrons (um de cada do H e dos 2F e um da carga negativa) são colocados nos orbitais ligante e não-ligantes σ_1 e σ_N.

A ligação de hidrogênio no HF_2^- é surpreendentemente forte. Uma ligação de hidrogênio de intensidade mais comum é encontrada no dímero do ácido fórmico, que tem a estrutura

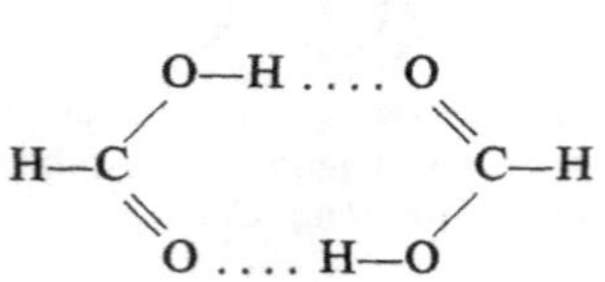

Essas ligações de hidrogênio têm energias de 20 kJ cada. Ligações como esta ocorrem em geral entre o hidrogênio e os elementos eletronegativos N, O, F, de volume atômico pequeno. Além das ligações de H intermoleculares, como as do ácido fórmico, existem ligações intramoleculares, por exemplo, como as encontradas no salicilaldeído

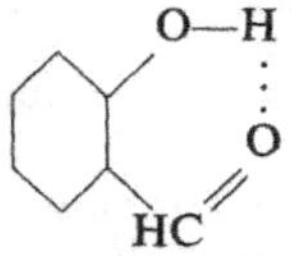

Neste caso, a existência da ligação de H foi indicada pelo fato de o salicilaldeído não apresentar a banda forte no infravermelho ao redor de 7 000 cm^{-1}, característica do primeiro *overtone* da freqüência de estiramento O—H em 3 500 cm^{-1}.

Ligações de hidrogênio estendidas através das três dimensões podem ocasionar a formação de estruturas poliméricas, como na água e no gelo (comparar a Sec. 19.2). Elas podem manter as moléculas unidas em certas orientações ou estruturas definidas. Um exemplo importante desse tipo de função é encontrado na estrutura proposta para os ácidos nucléicos por Watson e Crick[36], mostrada na Fig. 15.30. As duas fitas helicoidais entrelaçadas representam cadeias de açúcar e fosfato. As barras que as unem representam pares de purina e piridina, uma para cada cadeia, mantendo-se unidas numa orientação específica por ligação de hidrogênio.

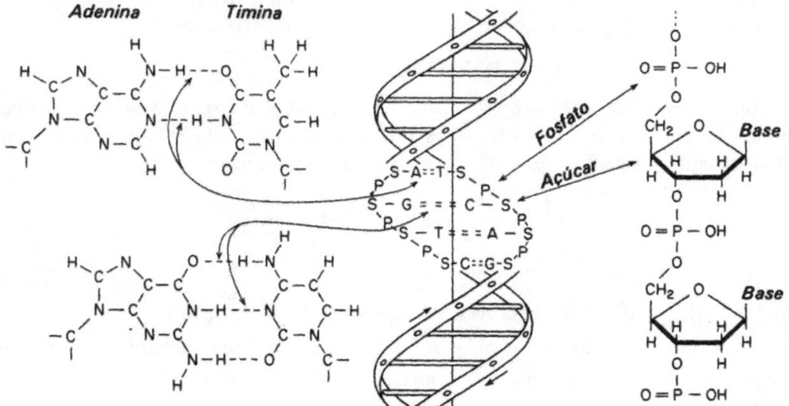

Figura 15.30 O modelo de Watson e Crick para a estrutura do ácido desoxirribonucléico (DNA). Uma dupla hélice de cadeias de açúcar e fosfato é unida através de pontes de hidrogênio entre pares de bases

PROBLEMAS

1. Deduzir as expressões para as integrais J e K dadas na Sec. 15.4.

2. Admitir que $S = 0$ e use a Eq. (15.12) para fazer um gráfico de E_g e E_u em função de r_{AB}. Através de cálculo ou de consulta a fontes de referência, avaliar S e mostrar que correção o uso de $S \neq 0$ correto introduz em suas curvas aproximadas para E_g e E_u.

[36] J. D. Watson e F. H. C. Crick, *Nature* **17**, 964 (1953)

3. A Tab. 2.7 apresenta energias de ligações simples e a Tab. 15.4 apresenta eletronegatividades. Os valores desta tabela são consistentes com a definição de eletronegatividade de Pauling dada na Eq. (15.25)?

4. A energia de dissociação da molécula H_2 é $D_0 = 4{,}46$ eV e sua energia do ponto zero $h\nu_0$ é 0,26 eV. Calcular D_0 e $h\nu_0$ para D_2, T_2, HD e HT. Estabeleça quaisquer hipóteses feitas.

5. Distribuir os 13 elétrons do BO em orbitais apropriados ligantes e antiligantes. Qual a ordem de ligação no BO?

6. O momento dipolar do HBr é 0,780 D e sua constante dielétrica é 1,00313 a 273 K e 1 atm. Calcular a polarizabilidade da molécula de HBr.

7. A densidade do $SiHBr_3$ é 2,690 g · cm^{-3} a 25 °C, seu índice de refração é de 1,578 e sua constante dielétrica é 3,570. Calcular o momento dipolar em debye.

8. A constante dielétrica do SO_2 gasoso é 1,00993 a 273 K e 1,00569 a 373 K a $P = 1$ atm. Calcular o momento dipolar do SO_2. Admitir o comportamento de gás ideal.

9. Comparar as moléculas OF, OF^- e OF^+, discutindo orbitais moleculares, ordem de ligação, comprimentos de ligação, energias de ligação e paramagnetismo.

10. Que tipo de hibridização explicará as seguintes geometrias moleculares: (a) SF_6, octaédrico; (b) Au $(CN)_4^-$, quadrado plano; (c) NO_3^-, trigonal plano. Comentar a respeito da questão se acreditar que a explicação dada é realmente convincente.

11. Descrever em detalhes a ligação no CO_2. (Pode ser necessário consulta a literatura.)

12. Um orbital molecular para a ligação pi do radial alila, CH_2CHCH_2, pode ser construído como combinação linear de orbitais atômicos p como

$$\psi = c_1\psi_1 + c_2\psi_2 + c_3\psi_3,$$

onde o átomo 2 é o átomo de carbono central da cadeia. A teoria dos orbitais moleculares de Hückel simples, com orbitais atômicos normalizados e levando em conta as integrais de troca e de superposição somente entre os átomos ligados, é

$$E = \frac{(c_1^2 + c_2^2 + c_3^2)\alpha + 2(c_1c_2 + c_2c_3)\beta}{c_1^2 + c_2^2 + c_3^2 + 2(c_1c_2 + c_2c_3)S},$$

onde $\alpha = H_{11} = H_{22} = H_{33}$, $\beta = H_{12} = H_{23}$.

a) O que são H_{ii}, H_{ij}, e S? (Escrever as equações de definição.)

b) Para o caso $S = 0$, obter as equações para c_1, c_2, c_3 que minimizam a energia.

c) Estabelecer o determinante para a energia em função de α e β.

d) As soluções da equação secular do item (c) são $E_1 = \alpha + \sqrt{2}\beta$, $E_2 = \alpha$, $E_3 = \alpha - \sqrt{2}\beta$. Qual a energia total para o caso de $C_3H_5^-$, onde há quatro elétrons pi?

13. Os orbitais para a hibridização sp^2 são

$$\psi_1 = \left(\frac{1}{\sqrt{3}}\right)s + \left(\frac{\sqrt{2}}{\sqrt{3}}\right)p_x$$

$$\psi_2 = \left(\frac{1}{\sqrt{3}}\right)s - \left(\frac{1}{\sqrt{6}}\right)p_x + \left(\frac{1}{\sqrt{2}}\right)p_y$$

$$\psi_3 = \left(\frac{1}{\sqrt{3}}\right)s + c_2p_x + c_3p_y$$

Encontrar as constantes c_2 e c_3, a fim de obter três orbitais normalizados ortogonais.

14. Num estudo da estrutura do CS_2 através de difração de elétrons, as figuras mostraram quatro máximos de difração fortes, designados como 1, 2, 3 e 4. Cada máximo forte era imediatamente seguido por um máximo fraco (1*a*, 2*a*, 3*a*, 4*a*) e um mínimo profundo (2′, 3′, 4′). Por meio da equação de Wierl (15.38), mostrar que este diagrama de

difração eletrônica pode ser explicado se existirem duas distâncias internucleares diferentes na molécula, sendo uma exatamente o dobro da outra. Quando elétrons de 40 kV foram usados, os valores de *s*, nos quais os máximos e os mínimos apareceram, foram

1	1*a*	2′	2	2*a*	3′	3	3*a*	4′	4
4,713	6,312	7,623	8,698	10,63	11,63	12,65	14,58	15,54	16,81

a) Admitindo que CS_2 é linear, colocar num gráfico a intensidade teórica I_{av} [Eq. (15.38)] *versus sr*, fazendo a aproximação de que o fator de espalhamento é proporcional ao número atômico *Z*, e localizar os valores de *sr* que dão máximos e mínimos.

b) Calcular o comprimento da ligação C—S fazendo a média dos valores obtidos através de cada um dos máximos ou mínimos observados.

c) Qualitativamente, como a curva teórica de intensidade I_{av} *versus sr* muda quando se vai para CO_2 e para CS_2?[37]

15. Por meio do conceito de orbitais de ligação híbridos, prever a configuração do radical metila. Resumir os trabalhos experimentais recentes sobre a estrutura do CH_3[38].

16. Ciclo-octatetraeno $(CH)_8$ é um anel de oito membros dobrado contendo quatro ligações C—C curtas e quatro longas. Descrever a hibridização e os orbitais moleculares usados na formação deste anel. Comparar a ligação com a do benzeno. Como se explicaria o fato de o ciclo-octatetraeno não ser um composto aromático como o benzeno?

17. Supor que as moléculas que estão na Tab. 15.1 tenham ligações puramente iônicas em seus estados fundamentais no equilíbrio. Calcular o momento dipolar que elas deveriam ter de acordo com tal modelo. Comparar os resultados com os momentos dipolares experimentais. Discutir as diferenças e suas tendências para as diferentes moléculas de haletos alcalinos.

18. Para as moléculas da Tab. 15.1, calcular a constante de força κ correspondente às vibrações do estado fundamental. É possível correlacionar essas constantes de força com as distâncias internucleares e o caráter iônico das ligações?

[37] P. Cross e L. O. Brockway, *J. Chem. Phys.* **3**, 1 821 (1935)

[38] Ver G. Herzberg, *The Spectra and Structures of Simple Free Radicals* (Ithaca, N.Y.: Cornell University Press, 1971)

16

Simetria e teoria de grupos

"Tyger, Tyger, burning bright
In the forests of the night,
What Immortal hand and eye
Dare frame thy fearful symmetry?"

William Blake[1]
(1793)

O propósito deste curto capítulo é apresentar algumas idéias e técnicas matemáticas que são essenciais para a compreensão das estruturas e das propriedades de moléculas e cristais. A simetria é um conceito que reside com a beleza, mas no espaço disponível não podemos explorar o formalismo matemático na profundidade necessária para revelar muito de sua beleza complementar. Trataremos do assunto, portanto, de maneira esquemática, baseada em uns poucos exemplos ilustrativos, e esperamos que sejam consultadas algumas das discussões excelentes e detalhadas (se bem que ainda elementares) que se encontram disponíveis[2].

16.1. Operações de simetria

Descreve-se a simetria em termos de certas *operações de simetria*, que transformam um arranjo espacial em um arranjo que é visualmente indistinguível do primeiro. Por exemplo, considerar o triângulo equilátero Δ da Fig. 16.1. Se excluirmos a possibilidade de removê-lo de seu plano (e, portanto, de girá-lo sobre si mesmo), existirão seis diferentes operações que produzem um triângulo coincidente com o original. Essas operações são mostradas na Fig. 16.1 através de seus efeitos sobre um ponto geral arbitrário, X, no triângulo. As operações podem ser enunciadas da seguinte maneira:

a) E é a *operação de identidade*, que deixa cada ponto inalterado.

b) C_3 é uma rotação ternária em torno do eixo que passa perpendicularmente pelo ponto central do Δ. Esta operação gira o ponto representativo de um ângulo $2\pi/3(120°)$ no sentido positivo (anti-horário).

c) $\overline{C}_3$ é uma rotação ternária ao redor do eixo que passa perpendicularmente pelo ponto central do Δ. Esta operação gira o ponto representativo de um ângulo $2\pi/3(120°)$ no sentido negativo (horário). (Esta operação também poderia ser escrita como C_3^2, uma rotação positiva de $4\pi/3$.)

(1)"Tigre, tigre, que flamejas pelas florestas noturnas, que mão, que olhos imortais ousaram moldarar tua terrível simetria?"

(2)F. A. Cotton, *Chemical Applications of Group Theory*, (New York; Interscience Publishers, 1971)

P. Schonland, *Molecular Symmetry: An Introduction to Group Theory and Its Uses in Chemistry* (Princeton, N.J.: D. Van Nostrand Co., Inc., 1965)

R. McWeeny, *Symmetry, An Introduction to Group Theory and Its Applications* (Londres: Pergamon Press, 1963)

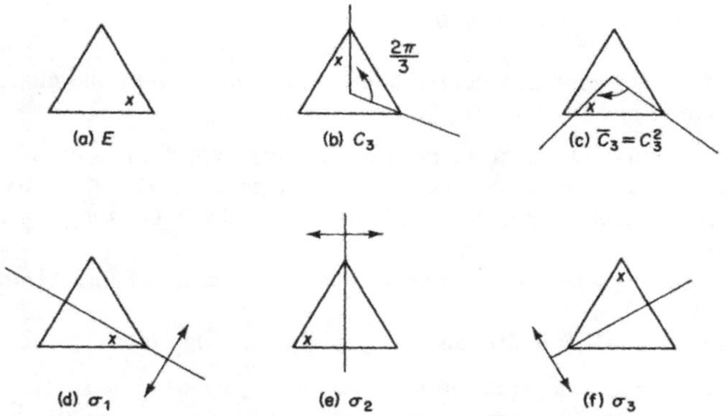

Figura 16.1 Operações de simetria do triângulo equilátero-grupo puntual $\mathbf{C}_{3v}$

d) σ_1 é uma reflexão num plano especular. Esta operação leva o ponto representativo para uma posição, a igual distância do outro lado da linha que é bissetriz para o vértice do lado direito da base do Δ.

e) σ_2 é uma operação semelhante a σ_1, porém envolve uma reflexão na linha que é bissetriz para o vértice superior do Δ.

f) σ_3 é, novamente, uma operação semelhante a σ_1, porém envolve uma reflexão na linha que é bissetriz para o vértice do lado esquerdo da base do Δ.

Posteriormente, encontraremos alguns tipos adicionais de elementos de simetria, porém, de início, vamos examinar algumas propriedades deste conjunto de elementos enunciados para o triângulo equilátero. O produto AB de duas operações de simetria é definido para significar que realizamos primeiro a operação B, e então a operação A é realizada sobre o resultado. Se examinarmos todos os produtos AB entre os elementos no conjunto das seis operações de simetria para o Δ, vamos encontrar que o produto de quaisquer duas operações produz sempre o mesmo efeito que uma das operações do conjunto original. Este resultado pode ser visto na *tabela de multiplicação* para o conjunto de operações, dada na Tab. 16.1.

Tabela 16.1 Tabela de multiplicação para o grupo de simetria $\mathbf{C}_{3v}$

		Operação C				
	E	C_3	$\bar{C}_3 = C_3^2$	σ_1	σ_2	σ_3
Operação L: E	E	C_3	$\bar{C}_3$	σ_1	σ_2	σ_3
C_3	C_3	$\bar{C}_3$	E	σ_3	σ_1	σ_2
$\bar{C}_3 = C_3^2$	$\bar{C}_3$	E	C_3	σ_2	σ_3	σ_1
σ_1	σ_1	σ_2	σ_3	E	C_3	$\bar{C}_3$
σ_2	σ_2	σ_3	σ_1	$\bar{C}_3$	E	C_3
σ_3	σ_3	σ_1	σ_2	C_3	$\bar{C}_3$	E

A tabela segue a convenção de que a interseção de uma linha com uma coluna fornece o produto LC do elemento da linha, L, com o elemento da coluna, C. Como se pode ver da tabela, LC não é necessariamente igual a CL, embora possa sê-lo. Quando isso ocorre, dizemos que L e C *comutam*. Assim, $C_3\bar{C}_3 = \bar{C}_3 C_3 = E$, enquanto $\sigma_1 C_3 = \sigma_2$ e $C_3 \sigma_1 = \sigma_3$.

16.2. Definição de um grupo

Um conjunto de elementos constitui um grupo se os seus membros satisfizerem às seguintes condições:

1. Tendo-se definida a operação-produto de dois elementos, o produto AB de dois elementos quaisquer do conjunto é também um membro C do conjunto, $AB = C$.
2. O conjunto inclui o elemento de identidade, E, de modo que para cada membro A, $EA = AE = A$.
3. Cada elemento A possui um inverso A^{-1}, que também é um membro do grupo, onde $A^{-1}A = AA^{-1} = E$.
4. A lei associativa da multiplicação é válida, $A(BC) = (AB)C$.

Um exame da tabela de multiplicação das operações de simetria do Δ mostra que essas operações formam um grupo. Cada elemento de simetria do triângulo equilátero deixa o ponto central do Δ invariante. Um grupo de operações de simetria para o qual existe um ponto que permanece invariante após cada operação é chamado *grupo puntual*. O grupo puntual particular escolhido no nosso exemplo é denotado como grupo $\mathbf{C}_{3v}$, seguindo uma notação que será explicada posteriormente.

Qualquer coleção dos elementos de um grupo que por si mesmos formem um grupo é chamada *subgrupo* do grupo original. A partir da tabela de multiplicação (Tab. 16.1), podemos ver que E, C_3 e $\bar{C}_3$ formam um subgrupo de $\mathbf{C}_{3v}$.

Os grupos de simetria de estruturas moleculares são grupos puntuais. Exemplos de moléculas que pertencem ao grupo puntual $\mathbf{C}_{3v}$ são a amônia e o cloreto de metila. O último é mostrado na Fig. 16.2, juntamente com os elementos de simetria do grupo $\mathbf{C}_{3v}$.

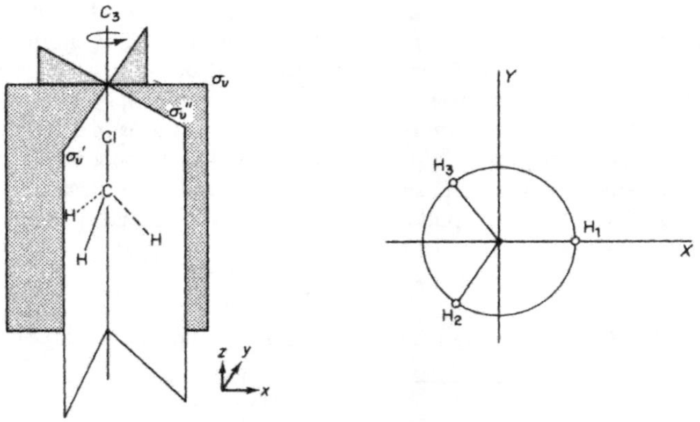

Figura 16.2 Os elementos de simetria de CH_3Cl, grupo puntual $\mathbf{C}_{3v}$ (o sistema de coordenadas é desenhado de um modo que será conveniente para os tratamentos posteriores)

16.3. Outras operações de simetria

Além dos eixos de rotação de ordem n, C_n, e planos especulares σ, podem ocorrer em moléculas dois outros tipos de operações de simetria.

1. Numa rotação-reflexão ou rotação imprópria, um ponto representativo é girado de um ângulo $2\pi/n$ ao redor de algum eixo e então refletido num plano especular, σ_h, perpendicular àquele eixo. A ordem dessas operações não importa. A operação rotação-reflexão pode então ser escrita simbolicamente como $S_n = \sigma_h C_n$. Um exemplo de uma molécula com um eixo S_4 é o metano, como é mostrado na Fig. 16.3.

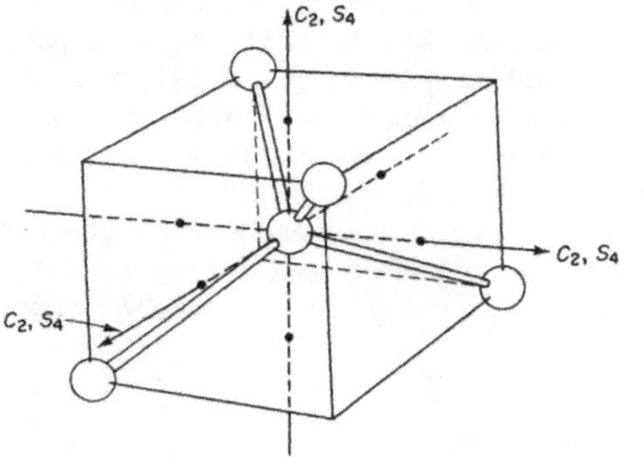

Figura 16.3 Os eixos C_2 do metano coincidem com os eixos S_4

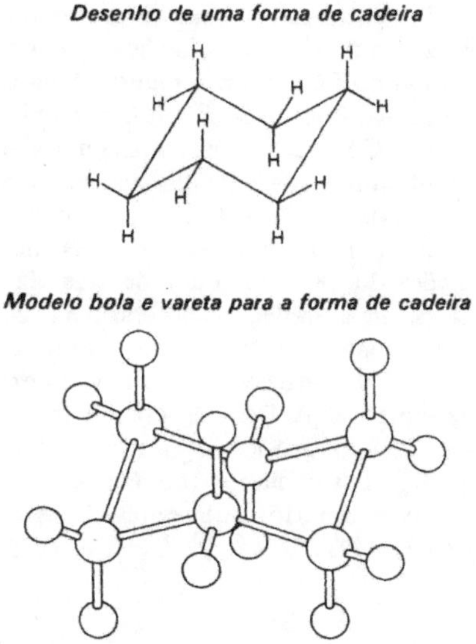

Figura 16.4 Uma molécula com um centro de simetria — a forma cadeira do cicloexano

2. A inversão em um centro de simetria O é denotada por i. Esta operação leva o ponto representativo P para um ponto P', equidistante de O, e a direção OP' é uma extensão da linha PO. Um centro de inversão é equivalente a um eixo de rotação-reflexão binário, $i = S_2$. A Fig. 16.4 mostra um exemplo de uma molécula com um centro de simetria.

Enumeramos assim todos os elementos de simetria que podem ocorrer nas moléculas. Muitos grupos diferentes desses elementos podem ser formados, estes são os grupos puntuais moleculares. Se considerarmos as posições de equilíbrio dos núcleos numa molécula, podemos atribuir cada molécula a um grupo puntual definido.

16.4. Grupos puntuais moleculares

Vamos agora enumerar os vários grupos puntuais moleculares usando uma notação de Schoenflies. Existe uma outra notação, utilizada principalmente pelos cristalógrafos, mas vamos adiar sua introdução até o Cap. 18, "O estado sólido".

1. Os grupos sem eixos de simetria são $\mathbf{C_s}$ (apenas um único plano de simetria), $\mathbf{C_i}$ (apenas um centro de simetria) e $\mathbf{C_1}$ (nenhum elemento de simetria trivial; aí, o grupo possui apenas o elemento E).

2. Os grupos que possuem apenas um eixo de simetria de ordem n são denominados $\mathbf{C_n}$. A Fig. 16.5(a) mostra exemplos de moléculas que pertencem aos grupos $\mathbf{C_2}$ e $\mathbf{C_3}$.

3. Os grupos que possuem apenas um eixo de rotação-reflexão de ordem par $2n$ são denominados $\mathbf{S_{2n}}$.

4. Os grupos com um eixo de rotação e um plano de simetria horizontal perpendicular ao eixo são denominados $\mathbf{C_{nh}}$. Um exemplo de uma molécula que pertence ao grupo $\mathbf{C_{2h}}$ é mostrado na Fig. 16.5(b).

5. Se um grupo possuir além do eixo C_n um plano de simetria vertical contendo o eixo, a operação de C_n, quando $n > 2$, produzirá planos de simetria verticais

equivalentes adicionais. O grupo resultante é denominado $\mathbf{C}_{nv}$; seus elementos são as rotações de C_n e as reflexões σ_v nos planos verticais. Quando n é par, existem $n/2$ planos e, quando for ímpar, n planos. Um exemplo de uma molécula $\mathbf{C}_{2v}$ é o *cis*-buteno-2, mostrado na Fig. 16.5(c), e um exemplo de $\mathbf{C}_{3v}$ foi apresentado previamente na Fig. 16.2.

6. Consideraremos a seguir grupos que possuem mais que um eixo de simetria. Se adicionarmos a C_n um eixo binário perpendicular ao eixo principal, obtemos os grupos $\mathbf{D}_n$, onde $n = 2, 3, 4, 5, 6, \ldots$ A operação de C_n sobre o eixo binário origina n eixos binários perpendiculares a C_n. Assim, o grupo $\mathbf{D}_2$ teria como operações de simetria, rotações de 180° ao redor de três eixos mutuamente perpendiculares. Um exemplo para $\mathbf{D}_3$ seria a molécula de etano na conformação geral na qual um grupo CH_3 não está exatamente eclipsado nem exatamente intercalado com relação ao outro, Fig. 16.5(d).

7. Nos grupos $\mathbf{D}_{nh}$, o plano horizontal que contém o eixo binário de $\mathbf{D}_n$ é um plano de simetria. A Fig. 16.5(e) mostra vários exemplos de moléculas $\mathbf{D}_{2h}$.

8. Nos grupos $\mathbf{D}_{nh}$, n planos de simetria verticais são adicionados aos elementos de $\mathbf{D}_n$. Esses planos interceptam o eixo principal e dividem ao meio os ângulos entre os eixos binários adjacentes. Dois eixos de rotação-reflexão do tipo S_{2n} também ocorrem em $\mathbf{D}_n$.

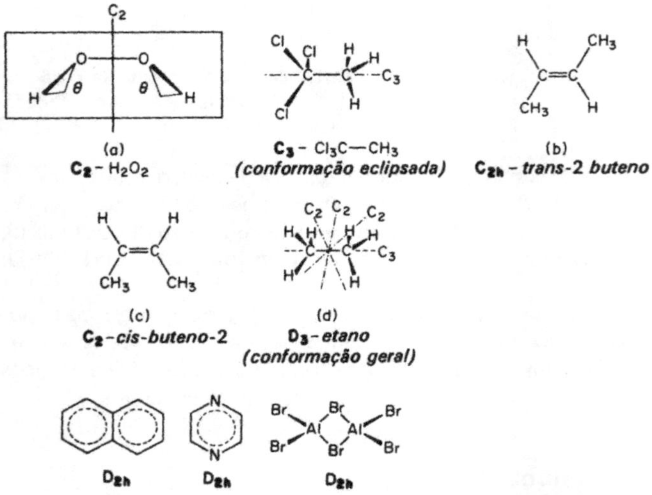

(e) D_{2h} - *naftaleno, pirazina,* Al_2Br_6

Figura 16.5 Exemplos de moléculas nos diversos grupos puntuais

9. Consideraremos agora os grupos que possuem mais que um eixo de simetria de ordem $n > 2$. Os mais importantes desses grupos provêm do tetraedro e do octaedro regulares. Essas figuras são mostradas na Fig. 16.6(a). Seus grupos puramente rotacionais (isto é, os grupos de operações de seus eixos de simetria rotacionais) são denominados **T** e **O**, respectivamente. O grupo de octaedro regular é também o grupo do cubo, pois um octaedro regular pode ser inscrito num cubo, e claramente possui todos os mesmos elementos de simetria. Assim, **O** é também um grupo de rotação puro do cubo. Um tetraedro regular também pode ser inscrito num cubo, porém tem uma simetria mais baixa, porque os vértices do cubo não são equivalentes. Então, **T** deve ser um subgrupo de **O**.

No grupo **T**, como podemos ver pela Fig. 16.6(a), existem um conjunto de quatro eixos ternários, C_3, dirigidos ao longo das diagonais do corpo do cubo, e um conjunto de três eixos binários, C_2, perpendiculares a cada face do cubo, em seu ponto central. No grupo **O**, os eixos binários se transformam em eixos quaternários, C_4, e aparece um conjunto adicional de seis eixos binários, C_2.

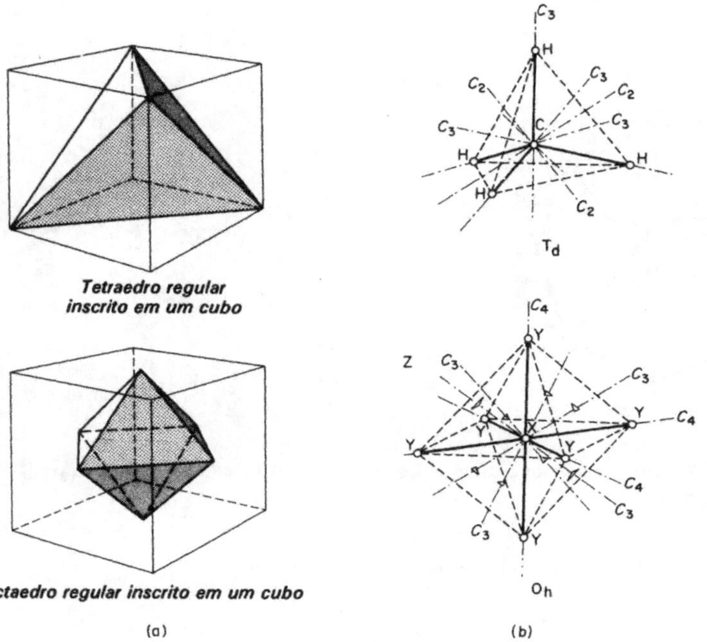

Figura 16.6 (a) Relações entre o tetraedro e o octaedro regulares com o cubo. (b) Estruturas mostrando as simetrias tetraédrica ($\mathbf{T}_d$) e octaédrica ($\mathbf{O}_h$) completas

O tetraedro regular e o octaedro também contêm planos especulares. Assim, o grupo simetria completo do tetraedro regular, chamado $\mathbf{T}_d$, consiste nos elementos rotacionais de **T**, mais seis planos especulares σ e mais seis elementos S_4. O grupo $\mathbf{T}_d$ é um grupo puntual importante para estruturas moleculares, sendo exemplos o CH_4, o P_4 e o CCl_4, e vários íons complexos tetraédricos.

Ao adicionar os nove planos especulares a **O**, obtemos o grupo $\mathbf{O}_h$, importante em estruturas moleculares, cujos exemplos são os SF_6 (ver a Fig. 15.20), $PtCl_6^{2-}$ e numerosos compostos de coordenação octaédricos. Os planos especulares levam também a elementos de simetria adicionais: $6S_4$, $8S_6$ e i.

Existem ainda mais dois poliedros regulares, o isosaedro e o dodecaedro regulares. Esses dois pertencem ao grupo puntual $\mathbf{I}_h$. Apenas algumas moléculas que pertencem a este grupo de simetria são conhecidas. Um exemplo notável é o íon $B_{12}H_{12}^{2-}$ icosaédrico mostrado na Fig. 16.7.

16.5. Transformações de vetores através de operações de simetria

A representação física dos elementos de simetria, como rotações, reflexões etc., apresenta muitas das propriedades dos grupos puntuais das moléculas, mas o desenvolvimento posterior da teoria requer alguma formulação matemática abstrata das transformações que são produzidas pelas operações de simetria.

Com referência ao conjunto de eixos cartesianos X, Y e Z, as coordenadas de cada átomo i na molécula podem ser especificadas por x_i, y_i e z_i. Se essas coordenadas forem atribuídas a cada átomo, a posição e a orientação da molécula estarão exatamente especificadas. O conjunto de três coordenadas $x_i y_i z_i$ define a posição do vetor, da origem ao

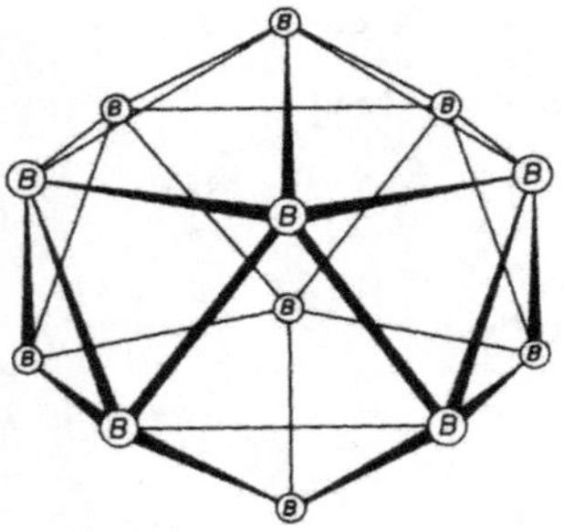

(a)

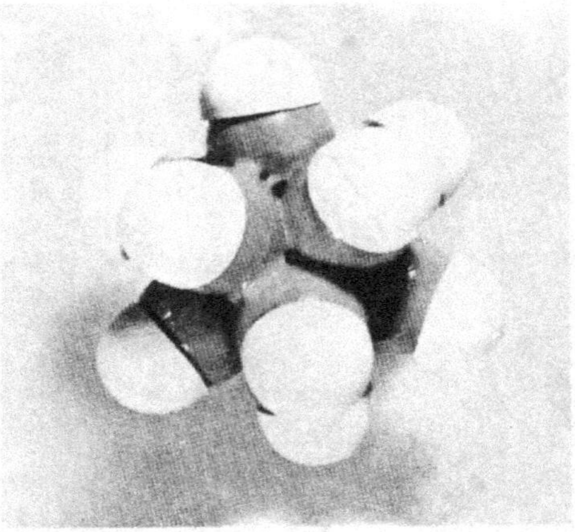

(b)

Figura 16.7 (a) Arranjo dos átomos de boro no íon icosaédrico [$\mathbf{I}_h$] $B_{12}H_{12}^{-2}$. (b) Modelo do íon $B_{12}H_{12}^{-2}$

átomo *i* particular. Esse vetor pode ser escrito como

$$\begin{pmatrix} x_i \\ y_i \\ z_i \end{pmatrix}$$

Submetendo-se a molécula a uma operação de simetria, as coordenadas $x_i y_i z_i$ serão transformadas em novos valores $x_i' y_i' z_i'$. A transformação das coordenadas pode sempre ser escrita como um conjunto de equações lineares de forma geral.

$$x_i' = a_{11}x_i + a_{12}y_i + a_{13}z_i$$
$$y_i' = a_{21}x_i + a_{22}y_i + a_{23}z_i$$
$$z_i' = a_{31}x_i + a_{32}y_i + a_{33}z_i$$

A notação comum para tal transformação linear é:

$$\begin{pmatrix} x_i' \\ y_i' \\ z_i' \end{pmatrix} = \begin{pmatrix} a_{11} & a_{12} & a_{13} \\ a_{21} & a_{22} & a_{23} \\ a_{31} & a_{32} & a_{33} \end{pmatrix} \begin{pmatrix} x_i \\ y_i \\ z_i \end{pmatrix}$$

O novo vetor é obtido multiplicando-se o vetor original pela *matriz de transformação*. A matriz de transformação é a mesma para todos os vetores da molécula e se aplica ao vetor geral (x, y, z).

Por exemplo, consideremos a molécula CH_3Cl, que pertence ao grupo de simetria $\mathbf{C}_{3v}$. Na Fig. 16.2, está orientada com a ligação C—Cl ao longo do eixo *Z*. As coordenadas relativas dos três átomos de H são as seguintes:

	x	y	z
H_1	1	0	0
H_2	$-1/2$	$\sqrt{3}/2$	0
H_3	$-1/2$	$-\sqrt{3}/2$	0

As operações de simetria do grupo $\mathbf{C}_{3v}$ são E, C_3, C_3^2, σ_1, σ_2 e σ_3. Cada uma dessas operações pode ser representada por uma matriz, que dá a transformação das coordenadas de H_1, H_2, H_3 produzida pela operação de simetria.

A matriz que representa a operação E será obviamente

$$M(E) = \begin{pmatrix} 1 & 0 & 0 \\ 0 & 1 & 0 \\ 0 & 0 & 1 \end{pmatrix}$$

Podemos encontrar a matriz $M(C_3)$ que representa C_3, considerando a operação de uma rotação ao redor do eixo ternário para as coordenadas de cada um dos três átomos, H_1, H_2 e H_3. As coordenadas de H_1 são originalmente $x = 1$, $y = 0$, $z = 0$. A partir da Fig. 16.2, é evidente que a rotação de 120° produzida por C_3 desloca as coordenadas de H_1 para as de H_2, as de H_2 para as de H_3 e as de H_3 para as de H_1. Uma pequena consideração[(3)] mostra que a matriz que representa C_3 é, portanto,

$$M(C_3) = \begin{pmatrix} -1/2 & -\sqrt{3}/2 & 0 \\ \sqrt{3}/2 & -1/2 & 0 \\ 0 & 0 & 1 \end{pmatrix}$$

A matriz que representa $M(\overline{C}_3) = M(C_3^2)$ é agora deduzida facilmente pela multiplicação de $M(C_3)$ por ele próprio:

$$M(C_3^2) = \begin{pmatrix} -1/2 & -\sqrt{3}/2 & 0 \\ \sqrt{3}/2 & -1/2 & 0 \\ 0 & 0 & 1 \end{pmatrix}\begin{pmatrix} -1/2 & -\sqrt{3}/2 & 0 \\ \sqrt{3}/2 & -1/2 & 0 \\ 0 & 0 & 1 \end{pmatrix}$$

$$= \begin{pmatrix} -1/2 & \sqrt{3}/2 & 0 \\ -\sqrt{3}/2 & -1/2 & 0 \\ 0 & 0 & 1 \end{pmatrix}$$

[(3)]Considerando-se os vetores H_1, H_2 e H_3 separada e consecutivamente, podemos deduzir facilmente a matriz. Assim, inicialmente o vetor H_1 é

$$\begin{pmatrix} 1 \\ 0 \\ 0 \end{pmatrix}$$

A matriz $M(C_3)$, que representa a rotação, desloca essas coordenadas para

$$\begin{pmatrix} -1/2 \\ \sqrt{3}/2 \\ 0 \end{pmatrix}$$

de modo que

$$\begin{pmatrix} -1/2 \\ \sqrt{3}/2 \\ 0 \end{pmatrix} = M(C_3)\begin{pmatrix} 1 \\ 0 \\ 0 \end{pmatrix}$$

Portanto, a matriz $M(C_3)$ deve ter

$$\begin{pmatrix} -1/2 \\ \sqrt{3}/2 \\ 0 \end{pmatrix}$$

como sua primeira linha. Da mesma forma

$$\begin{pmatrix} -1/2 \\ -\sqrt{3}/2 \\ 0 \end{pmatrix} = M(C_3)\begin{pmatrix} -1/2 \\ \sqrt{3}/2 \\ 0 \end{pmatrix}$$

$$\begin{pmatrix} 1 \\ 0 \\ 0 \end{pmatrix} = M(C_3)\begin{pmatrix} -1/2 \\ -\sqrt{3}/2 \\ 0 \end{pmatrix}$$

Podemos calcular a matriz que representa σ_1 pelo mesmo método que $M(C_3)$. Então, as representações matriciais de σ_2 e σ_3 podem ser calculadas pela multiplicação de matrizes, de acordo com a Tab. 16.1. Obtemos, assim, o grupo de matrizes da Tab. 16.2, que fornece a *representação* do grupo de simetria $\mathbf{C}_{3v}$. Diz-se que os vetores a H_1, H_2 e H_3 formam a *base* desta representação. É evidente que a representação da Tab. 16.2 não é a única possível e, de fato, qualquer grupo de matrizes, que siga a mesma tabela de multiplicação das operações de simetria de $\mathbf{C}_{3v}$, fornecerá numa representação para aquele grupo.

Tabela 16.2 Representações matriciais do grupo $\mathbf{C}_{3v}$ deduzido a partir de vetores aos átomos de hidrogênio no CH_3Cl

$$E = \begin{pmatrix} 1 & 0 & 0 \\ 0 & 1 & 0 \\ 0 & 0 & 1 \end{pmatrix} \quad C_3 = \begin{pmatrix} -1/2 & -\sqrt{3}/2 & 0 \\ \sqrt{3}/2 & -1/2 & 0 \\ 0 & 0 & 1 \end{pmatrix} \quad \bar{C}_3 = \begin{pmatrix} -1/2 & \sqrt{3}/2 & 0 \\ -\sqrt{3}/2 & -1/2 & 0 \\ 0 & 0 & 1 \end{pmatrix}$$

$$\sigma_1 = \begin{pmatrix} 1 & 0 & 0 \\ 0 & -1 & 0 \\ 0 & 0 & 1 \end{pmatrix} \quad \sigma_2 = \begin{pmatrix} -1/2 & -\sqrt{3}/2 & 0 \\ -\sqrt{3}/2 & 1/2 & 0 \\ 0 & 0 & 1 \end{pmatrix} \quad \sigma_3 = \begin{pmatrix} -1/2 & \sqrt{3}/2 & 0 \\ \sqrt{3}/2 & 1/2 & 0 \\ 0 & 0 & 1 \end{pmatrix}$$

16.6. Representações irredutíveis

Para qualquer grupo é possível selecionar muitas bases diferentes e de cada uma dessas bases deduzir uma representação do grupo por um grupo de matrizes. Contudo, algumas dessas representações possuem especialmente importância fundamental. Vamos agora explicar quais são essas representações e deduzir algumas de suas propriedades.

Se considerarmos a representação particular de $\mathbf{C}_{3v}$ dada na Tab. 16.2, verificamos que todas as matrizes apresentam a forma simples

$$M(R) = \begin{pmatrix} a_{11} & a_{12} & 0 \\ a_{21} & a_{22} & 0 \\ 0 & 0 & 1 \end{pmatrix}$$

Esta matriz pode ser escrita simbolicamente como

$$M(R) = \left(\begin{array}{c|c} M'(R) & 0 \\ \hline 0 & M''(R) \end{array}\right)$$

Em tal caso, dizemos que a matriz $M(R)$ é a *soma direta* das matrizes $M'(R)$ e $M''(R)$. É fácil ver que cada conjunto de matrizes $M'(R)$ ou $M''(R)$, separadamente, fornece uma representação do grupo. A representação é geralmente simbolizada por Γ, sendo costume escrever

$$\mathbf{\Gamma} = \mathbf{\Gamma}_3 + \mathbf{\Gamma}_1,$$

onde Γ_3 é a representação dada por $M'(R)$ e Γ_1, por $M''(R)$. Dizemos que a representação de $\mathbf{C}_{3v}$ (dada na Tab. 16.2) foi reduzida à soma de uma representação bidimensional Γ_3 e de uma representação unidimensional Γ_1.

Exame do grupo de matrizes que compõem Γ_3 sugere que este grupo não pode ser mais reduzido, isto é, não pode ser igualado a uma soma direta de duas representações unidimensionais. Esse é realmente o caso. Assim, tanto Γ_3 como Γ_1 são *representações irredutíveis* (RI).

A teoria de grupos fornece vários teoremas importantes e interessantes com relação às representações irredutíveis e a suas propriedades, porém não vamos explorá-las aqui, mas elas se mostrarão fascinantes a quem o fizer. Como se poderia esperar, todos os grupos de simetria têm sido estudados intensivamente e todas as suas várias representações irredutíveis são conhecidas, pois existem vários métodos para desdobrar representações gerais em somas diretas de representações irredutíveis. Para nosso propósito imediato, podemos utilizar seus resultados, desde que compreendamos seu significado. As deduções matemáticas da teoria de grupos podem ser estudadas posteriormente.

Nem mesmo é necessário utilizar diretamente as RI para muitas aplicações de mecânica quântica e da espectroscopia à estrutura molecular, pois muitas vezes seus *caracteres* χ serão necessários. O caráter de um elemento numa representação é o traço da matriz para aquele elemento. O traço de uma matriz é a soma de seus termos diagonais. Esta definição será clara se considerarmos a RI bidimensional, IR, Γ_3, já deduzida para $\mathbf{C}_{3v}$. Esta RI está mostrada na Tab. 16.3 com os correspondentes caracteres. Para as demais representações irredutíveis de $\mathbf{C}_{3v}$, Γ_1, todos os caracteres serão obviamente iguais a 1.

Tabela 16.3 A representação irredutível Γ_3 de $\mathbf{C}_{3v}$ e seus caracteres χ

$E = \begin{pmatrix} 1 & 0 \\ 0 & 1 \end{pmatrix}$	$C_3 = \begin{pmatrix} -1/2 & -\sqrt{3}/2 \\ \sqrt{3}/2 & -1/2 \end{pmatrix}$	$\bar{C}_3 = \begin{pmatrix} -1/2 & \sqrt{3}/2 \\ \sqrt{3}/2 & -1/2 \end{pmatrix}$
$\chi(E) = 2$	$\chi(C_3) = -1$	$\chi(\bar{C}_3) = -1$
$\sigma_1 = \begin{pmatrix} 1 & 0 \\ 0 & -1 \end{pmatrix}$	$\sigma_2 = \begin{pmatrix} -1/2 & -\sqrt{3}/2 \\ \sqrt{3}/2 & 1/2 \end{pmatrix}$	$\sigma_3 = \begin{pmatrix} -1/2 & \sqrt{3}/2 \\ \sqrt{3}/2 & 1/2 \end{pmatrix}$
$\chi(\sigma_1) = 0$	$\chi(\sigma_2) = 0$	$\chi(\sigma_3) = 0$

Uma questão que surge naturalmente é se existem outras representações irredutíveis de $\mathbf{C}_{3v}$, além das duas que encontramos, Γ_3 e Γ_1. Existe um teorema[4] geral da teoria de grupos que afirma que um grupo de g elementos terá apenas um número finito k de representações irredutíveis diferentes e que suas dimensões n_i satisfazem à equação

$$n_1^2 + n_1^2 + \cdots + n_k^2 = g \tag{16.1}$$

Como cada n_1 é um inteiro positivo, k não pode ser maior que g, e geralmente será muito menor. No caso de $\mathbf{C}_{3v}$, $g = 6$, e já encontramos duas RI, uma com $n_1 = 1$ e outra com $n_2 = 2$. Assim, da Eq. (16.1)

$$1^2 + n_2^2 + 4 = 6 \tag{16.2}$$

e existe obviamente uma RI com $n_2 = 1$ a ser encontrado.

Se tivéssemos utilizado uma base mais geral para a representação de $\mathbf{C}_{3v}$, teríamos também encontrado esta outra RI. Por exemplo, suponhamos que em cada átomo de H coloquemos um conjunto de três vetores mutuamente perpendiculares e determinemos a matriz de transformação desses três vetores. Esse procedimento gerará matrizes de 9×9 para a representação, e a redução dessas matrizes fornecerá todas as três RI (algumas delas, mais que uma vez).

Na tabela de caracteres para $\mathbf{C}_{3v}$, Tab. 16.4, incluímos as duas RI, que encontramos, bem como a que faltava, Γ_2.

Notamos duas propriedades desta tabela de caracteres, que serão válidas em todos os casos. O número de RI é igual ao número de tipos fisicamente diferentes de operações de simetria. Diz-se que todas as operações do mesmo tipo formam uma *classe*, e cada elemento de uma dada classe sempre tem o mesmo caráter.

[4]*Demonstração*: R. McWeeny, *Symmetry, An Introduction to Group Theory and Its Applications* (Londres: Pergamon Press, 1963), p. 125

Tabela 16.4 Tabela de caracteres do grupo $\mathbf{C}_{3v}$

	C_{3v}	E	$2C_3$	3σ
Γ_1	A_1	1	1	1
Γ_2	A_2	1	1	−1
Γ_3	E	2	−1	0

Os símbolos para as RI mais utilizados foram propostos originalmente por Mulliken. Para $\mathbf{C}_{3v}$, são mostrados na tabela como A_1, A_2 e E. Têm sido geralmente adotados, a despeito do uso inconveniente de E para duas entidades diferentes. Os símbolos A e B denotam RI unidimensionais; E denota uma RI bidimensional; T, uma tridimensional. Para uma RI unidimensional, A é utilizado quando o caráter para a rotação em torno do eixo de simetria principal (C_3 em nosso exemplo) for $+1$ e B, quando for -1. Os índices 1 e 2 designam a simetria ou a anti-simetria com relação a um C_2 normal ao eixo principal ou, na falta deste C_2, com relação ao plano de simetria vertical. Um índice g ou u é utilizado para denotar uma representação para a qual o caráter para uma inversão através do centro de simetria é $+1(g)$ ou $-1(u)$, se esta operação ocorrer no grupo.

As representações irredutíveis são de grande valor para a classificação de vibrações moleculares, orbitais, estados quânticos e todas as outras propriedades de moléculas e cristais que estejam intimamente relacionados com a simetria de suas estruturas. As tabelas de caracteres são fornecidas como apêndices nos livros citados no rodapé da primeira página deste capítulo. Deveremos dar aqui um exemplo adicional, a tabela de caracteres para o grupo $\mathbf{O}_h$, o grupo de simetria do octaedro regular, que é tão importante na química de coordenação. As designações dos orbitais moleculares utilizadas na teoria de campo ligante, como é discutido na Sec. 15.26, são baseadas nas RI dos grupos de simetria do campo ligante (ver a Tab. 16.5).

Tabela 16.5 Tabela de caracteres do grupo $\mathbf{O}_h$

O_h	E	$8C_3$	$6C'_2$	$6C_4$	$3C_2(=C_4^2)$	i	$6S_4$	$8S_6$	$3\sigma_h$	σ_d
A_{1g}	1	1	1	1	1	1	1	1	1	1
A_{2g}	1	1	−1	−1	1	1	−1	1	1	−1
E_g	2	−1	0	0	2	2	0	−1	2	0
T_{1g}	3	0	−1	1	−1	3	1	0	−1	−1
T_{2g}	3	0	1	−1	−1	3	−1	0	−1	1
A_{1u}	1	1	1	1	1	−1	−1	−1	−1	−1
A_{2u}	1	1	−1	−1	1	−1	1	−1	−1	1
E_u	2	−1	0	0	2	−2	0	1	−2	0
T_{1u}	3	0	−1	1	−1	−3	−1	0	1	1
T_{2u}	3	0	1	−1	−1	−3	1	0	1	−1

PROBLEMAS

1. Para cada molécula à esquerda, selecionar o grupo puntual correto da lista à direita. Notar que alguns grupos puntuais são representados por mais que uma molécula

N_2	$\mathbf{C}_{2v}$
CO	$\mathbf{C}_{4v}$
Antraceno ($C_{14}H_{10}$)	$\mathbf{C}_{\infty v}$
p-Diclorobenzeno	$\mathbf{D}_{2h}$
SF_5Cl (octaédrico)	$\mathbf{D}_{3h}$

Ciclopropano (ignorar os hidrogênios) $\mathbf{D}_{3d}$
H_2O $\mathbf{D}_{\infty d}$
CO_3^{2-} (íon plano)
C_2H_6 (*trans*)
C_2H_6 (*cis*)

2. No grupo puntual $\mathbf{C}_{2v}$, as operações de simetria são E, C_2 e dois σ_v perpendiculares um do outro. Escrever a tabela de multiplicação para este grupo de maneira semelhante à Tab. 16.1.

3. Fazer com que o eixo C_2 do grupo $\mathbf{C}_{2v}$ coincida com o eixo Z de um conjunto de coordenadas cartesianas e que σ_v esteja no plano xz e σ_v' no plano yz. Mostrar que as matrizes que representam a transformação de um ponto geral x, y, z pelas operações de simetria são

$$E:\begin{bmatrix}1 & 0 & 0\\ 0 & 1 & 0\\ 0 & 0 & 1\end{bmatrix} \qquad C_2:\begin{bmatrix}-1 & 0 & 0\\ 0 & -1 & 0\\ 0 & 0 & 1\end{bmatrix}$$

$$\sigma_v:\begin{bmatrix}1 & 0 & 0\\ 0 & -1 & 0\\ 0 & 0 & 1\end{bmatrix} \qquad \sigma_v':\begin{bmatrix}-1 & 0 & 0\\ 0 & 1 & 0\\ 0 & 0 & 1\end{bmatrix}$$

4. Sendo A e X dois elementos de simetria de um grupo, então $X^{-1}AX$ será algum elemento B do grupo e A e B são ditas *conjugadas* uma em relação à outra. Um conjunto completo desses elementos, conjugados uns aos outros, é chamado *classe* do grupo. Por essas definições, deduzir as classes dos grupos $\mathbf{C}_{2v}$ e $\mathbf{C}_{3v}$.

5. O número de representações irredutíveis de um grupo é igual ao número de classes do grupo. A partir do resultado do Problema 4, quantas representações RI existem para o grupo $\mathbf{C}_{2v}$? Quantas dessas RI podem ser obtidas a partir das matrizes do Problema 3? Como se obteria a RI restante? Escrever a tabela de caracteres completa para $\mathbf{C}_{2v}$ usando os símbolos corretos para as RI.

6. Relacionar os elementos de simetria e deduzir os grupos puntuais para cada das moléculas seguintes: CCl_4, $CHCl_3$, CH_2Cl_2, CH_3Cl, C_2H_5Cl (nas várias conformações).

7. Demonstrar que uma molécula com um centro de simetria não pode ter um momento dipolar. Existiriam outros quaisquer elementos de simetria cuja existência impediria a existência de um momento dipolar? Explicar.

8. As operações de simetria dos grupos puntuais são muitas vezes representadas pelas projeções estereográficas convencionais, por exemplo:

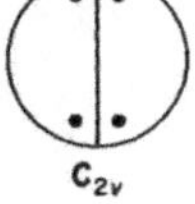

$\mathbf{C}_{2v}$

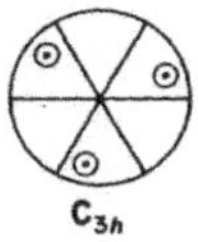

$\mathbf{C}_{3h}$

Desenhar projeções semelhantes para $\mathbf{D}_{2h}$ e $\mathbf{C}_{3v}$.

9. Qualquer dos três orbitais p, $x\,f(r)$, $y\,f(r)$, $z\,f(r)$, forma uma representação irredutível do grupo $\mathbf{O}_h$. Escrever a matriz que representa uma das várias operações de simetria mostradas na Tab. 16.4. Mostrar que os orbitais p transformam como T_{1u}.

10. Na química dos metais de transição, o comportamento dos cinco orbitais d numa vizinhança de simetria octaédrica é muito importante. Três dos orbitais d são $d_{xy} = xyg(r)$, $d_{yz} = yzg(r)$ e $d_{xz} = xzg(r)$. Considerando o efeito das várias operações

de simetria e usando a tabela de caracteres de $\mathbf{O}_h$, mostrar que estas se transformam de acordo com a RI T_{2g}. Os dois orbitais d restantes[5] são $d_{z^2} = (1/2\sqrt{3})(2z^2 - x^2 - y^2)\, g(r)$ e $d_{x^2-y^2} = \frac{1}{2}(x^2 - y^2)\, g(r)$, e formam outra representação irredutível de $\mathbf{O}_h$. Escrever as matrizes que representam a operação i e uma rotação $\mathbf{C}_3$, e deduzir que esses dois orbitais d se transformam de acordo com E_g.

11. Uma representação Γ de um grupo G é a soma direta das duas outras representações Γ_1 e Γ_2. Mostrar que para qualquer elemento A de G, o caráter χ de A na representação Γ é a soma dos caracteres de A em Γ_1 e Γ_2 separadamente.

[5] J. S. Griffith, *The Theory of Transition Metal Ions* (Londres: Cambridge Univ. Press, 1961), p. 226

17

Espectroscopia e fotoquímica

Não é que todos os corpos fixos quando aquecidos acima de um certo grau emitam luz e brilho e não é esta emissão causada pelos movimentos vibracionais de suas partes? (···) Como, por exemplo: água do mar numa tempestade violenta; mercúrio agitado no vácuo; as costas de um gato ou o pescoço de um cavalo tocados de forma oblíqua ou esfregados num local escuro; madeira, carne e peixe quando em putrefação; vapores que sobem de águas putrefatas, comumente chamadas Ignes Fatui; *montes de feno ou de milho úmido, que se aquecem por fermentação; pirilampos e os olhos de alguns animais por movimentos vitais; o fósforo comum agitado por atrito com outro corpo, ou pelas partículas ácidas do ar; âmbar e alguns diamantes quando riscados, apertados ou esfregados; ferro martelado com bastante força até que se torne tão quente a ponto de acender enxofre atirado nele; os eixos de carroças que se incendeiam pela rápida rotação das rodas; e alguns licores, que, quando misturados, ocasionam uma aproximação violenta de suas partículas, como óleo de vitríolo destilado de seu peso de salitre e depois misturado com duas vezes seu peso de óleo de anisete.*

Isaac Newton
(1718)[1]

A espectroscopia mede a interação de substâncias com a radiação eletromagnética. As freqüências ν de absorção ou a emissão da radiação fornecem dados sobre os níveis de energia através da relação $\Delta E = h\nu$. Por meio de interpretações teóricas dos níveis de energia, geralmente baseadas na mecânica quântica, podem-se deduzir informações detalhadas a respeito das estruturas das moléculas ou dos cristais que originam os espectros.

A espectroscopia apresenta outro grande interesse ao químico porque é básica ao campo da fotoquímica, o estudo de reações químicas iniciadas pela absorção de radiação eletromagnética. A análise da cinética das reações fotoquímicas necessita de uma boa compreensão dos processos físicos que podem ocorrer quando a luz é absorvida pelos reagentes químicos.

17.1. Espectros moleculares

A Tab. 17.1 resume os tipos de espectroscopia molecular de maior interesse para o químico. Com exceção das regiões dos contínuos de dissociação, os espectros dos átomos consistem em linhas nítidas e os das moléculas aparecem como constituídos por bandas, nas quais uma estrutura de linhas densamente empacotada é, às vezes, revelada através de um alto poder de resolução. Os níveis de energia responsáveis pelos espectros atômicos representam os diferentes estados de energia permitidos para os elétrons orbitais. Da

[1] *Opticks, or A Treatise of the Reflections, Refractions, Inflections and Colours of Light*, 2.ª edição (Londres: W. & G. Innys, 1718), Query 8

Tabela 17.1 Tipos de espectros ópticos*

Tipo de espectroscopia	Intervalos de energias** Freqüência (Hz)	(cm^{-1})	kJ · mol^{-1}	Tipo de energia molecular	Informação obtida
Microondas	10^9-10^{11}	0,03-3	4×10^{-4}-4×10^{-2}	Rotação de moléculas pesadas	Distâncias interatômicas, momentos dipolares, interações nucleares
Infravermelho longínquo	10^{11}-10^{13}	3-300	4×10^{-2}-4	Rotação de moléculas leves, vibrações de moléculas pesadas	Distâncias interatômicas, constantes de força de ligações
Infravermelho	10^{13}-10^{14}	300-3 000	4-40	Vibrações de moléculas leves, vibração-rotação	Distâncias interatômicas, constantes de força de ligações, distribuições de cargas em moléculas
Raman	10^{11}-10^{14}	3-3 000	4×10^{-2}-40	Rotação pura ou vibração-rotação	Distâncias interatômicas, constantes de força de ligações, distribuições de cargas em moléculas
Visível e ultravioleta	10^{14}-10^{16}	3×10^3-3×10^5	40-4 000	Transições eletrônicas	Todas as propriedades acima e mais energias de dissociação

*Segundo J. L. Hollenberg, "Energy States of Molecules", *J. Chem. Educ.* **47**, 2 (1970)

**Compare estes valores com a energia cinética térmica média por grau de liberdade, $\frac{1}{2}RT \cong \cong 1,3\ \text{kJ} \cdot \text{mol}^{-1}$ ou $\sim 100\ \text{cm}^{-1}$

mesma maneira, numa molécula, a absorção ou a emissão de energia pode ocorrer em transições entre níveis de energia diferentes dos elétrons. Tais níveis estariam associados, por exemplo, aos diferentes orbitais moleculares discutidos na Sec. 15.11. Contudo, além disso, uma molécula pode mudar seu nível de energia de duas outras maneiras, que não ocorrem em átomos: através de variações na energia vibracional da molécula e através de variações na energia rotacional da molécula. Essas energias internas, da mesma forma que a energia eletrônica, são quantizadas, de modo que a molécula só pode existir em certos níveis discretos de energia vibracional e rotacional.

Na teoria dos espectros moleculares é costume, dentro de uma boa primeira aproximação, considerar que a energia de uma molécula possa ser expressa simplesmente como a soma das contribuições eletrônicas, vibracionais e rotacionais,

$$E = E_{\text{elet}} + E_{\text{vib}} + E_{\text{rot}} \tag{17.1}$$

Esta separação da energia em três categorias distintas não é estritamente correta. A ocorrência da energia eletrônica como um termo separado é essencialmente a aproximação de Born-Oppenheimer, discutida na Sec. 15.3. As energias rotacional e vibracional não podem ser estritamente separadas uma da outra, porque os átomos numa molécula em rápida rotação são forçados a se separar por forças centrífugas, que desta maneira afetam o caráter das vibrações. Não obstante, a aproximação da Eq. (17.1) é suficiente para explicar muitas das características observadas nos espectros moleculares.

As separações entre os níveis de energia eletrônicas são geralmente muito maiores que aquelas entre os níveis de energia vibracionais, que, por sua vez, são muito maiores que as separações entre os níveis rotacionais. O tipo de diagrama de níveis de energia que resulta é mostrado na Fig. 17.1, que retrata vários dos níveis de energia eletrônicos da molécula de CO. Para o estado eletrônico fundamental[2] $X[^1\Sigma^+]$, mostramos também os níveis de energia vibracionais e, numa escala expandida, apresentamos, então,

[2]O estado eletrônico fundamental de uma molécula é convencionalmente denotado por *X* e os vários estados excitados, por *A*, *B*, *C* etc.

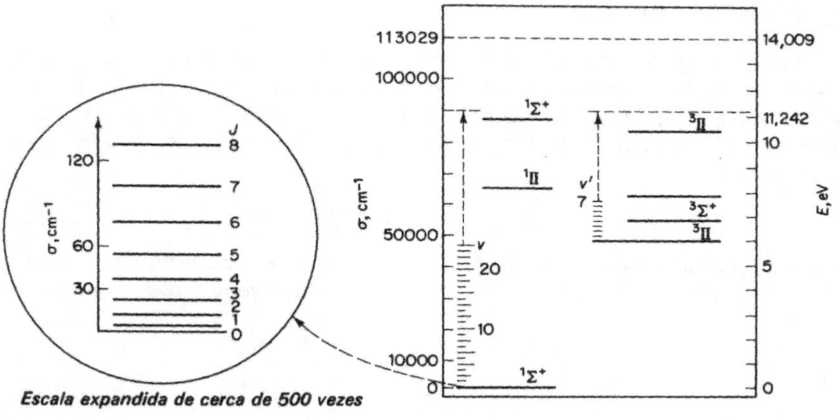

Figura 17.1 Diagrama de níveis de energia da molécula de CO. Vários estados eletrônicos singletes e tripletes são mostrados. Os níveis vibracionais associados com os níveis singlete e o triplete de mais baixa energia são mostrados. Na realidade, aqueles níveis prosseguiriam em direção a maiores energias até que a molécula se dissocia em um átomo de C, ^3P, e um de O, ^3P, num nível de energia de 11,242 eV. A energia de ionização, $CO \rightarrow CO^+ + e$ é 14,009 eV. À esquerda do diagrama, numa escala expandida, estão mostrados os níveis rotacionais associados ao nível vibracional de energia mais baixa ($v = 0$)

os níveis rotacionais para o nível vibracional, mais baixo ($v = 0$). Associado a cada nível eletrônico está um conjunto semelhante de níveis vibracionais e cada um deles está associado, por sua vez, a um conjunto de níveis rotacionais. As diferenças de energia muito pequena entre os sucessivos níveis rotacionais é responsável pela estrutura de bandas dos espectros moleculares.

Transições entre diferentes níveis de energia eletrônicos dão origem aos espectros na região do visível ou ultravioleta, chamados *espectros eletrônicos*. Transições entre níveis vibracionais com o mesmo estado eletrônico são responsáveis pelos espectros na região do infravermelho próximo ($<20\ \mu m$), chamados *espectros vibracionais-rotacionais*. Finalmente, são observados espectros no infravermelho longínquo ($>20\ \mu m$) que provêm de transições entre níveis rotacionais pertencentes ao mesmo nível vibracional; estes são chamados *espectros puramente rotacionais*.

No Cap. 9 sobre Cinética Química, consideramos apenas reações térmicas. Nestas, a energia para atingir o estado ativado provém de energias térmicas ao acaso das moléculas reagentes. No Cap. 12 sobre eletródica, mostramos como a energia de ativação poderia ser fornecida pela ação de campos elétricos sobre íons. Uma terceira maneira para fornecer a energia de ativação é fazer com que a molécula reagente colida com os quanta da energia eletromagnética (fótons). A *Fotoquímica* é a ciência dos efeitos químicos da luz, onde *luz* inclui as regiões infravermelhas e ultravioleta, bem como as do visível do espectro, isto é, o intervalo de comprimentos de onda de cerca de 100 a 1 000 nm. As energias dos quanta neste intervalo variam de cerca de 1 a 10 eV, ou 90 a 900 $kJ \cdot mol^{-1}$. Essas energias são comparáveis às forças das ligações químicas. Assim, se uma molécula absorve um fóton de luz visível, efeitos químicos definidos podem ser esperados, embora a colisão seja bastante suave e os efeitos geralmente sigam os caminhos familiares dos estudos espectroscópicos. Em particular, quase nunca existe energia suficiente num único quantum para ativar mais que uma molécula na etapa primária.

17.2. Absorção da luz

A luz incidente sobre um sistema macroscópico pode ser refletida, transmitida, refratada e espalhada ou absorvida. A fração de luz incidente absorvida depende da espessura do meio percorrido. A lei da absorção, originalmente enunciada em 1729, numa dissertação de P. Bouguer, que foi posteriormente redescoberta por Lambert, pode ser expressa como

$$-\frac{dI}{I} = b\,dx, \tag{17.2}$$

onde I é a intensidade da luz na distância x de sua entrada no meio e b é o *coeficiente de absorção* (neperiano). Integrando-se a equação com a condição de contorno $I = I_0$ para $x = 0$, obtemos

$$I = I_0 e^{-bx}$$

Assim,

$$\ln\frac{I}{I_0} = \ln\mathscr{T} = -bx, \tag{17.3}$$

onde $\mathscr{T}$ é a *transmitância interna.*

Os que trabalham neste campo preferem usar logaritmos decimais, de modo que também definimos

$$\log\frac{I}{I_0} = \log\mathscr{T} = -ax, \tag{17.4}$$

sendo a o *coeficiente de absorção (linear)*. Quando se diz apenas *coeficiente de absorção*, subentende-se esta quantidade a.

Em 1852, Beer mostrou que, para muitas soluções de compostos absorventes em solventes praticamente transparentes, o coeficiente a é proporcional à concentração do soluto c. Assim, a lei de Beer é

$$\log\frac{I}{I_0} = -\epsilon c x, \tag{17.5}$$

sendo c a concentração molar e ε, o *coeficiente de absorção molar.* Essas leis da absorção são as bases para os vários métodos espectrofotométricos de análise. São obedecidas estritamente apenas para luz monocromática.

Um aparelho que mede a quantidade total da radiação incidente é chamado *actinômetro.* Esta medida, *actinometria,* é uma parte necessária para qualquer estudo quantitativo de reações fotoquímicas. Um tipo importante de actinômetro é a termopilha, que consiste em alguns termopares em série, com as suas junções quentes aderidas a uma superfície enegrecida, que absorve quase toda a luz incidente e a converte em calor. Lâmpadas calibradas, que fornecem uma energia conhecida, podem ser obtidas no Birô Nacional de Padrões (National Bureau of Standards). A fem desenvolvida pela termopilha é medida inicialmente com a lâmpada padrão e depois com a fonte de radiação de intensidade desconhecida. O frasco de reação é montado entre a termopilha e a luz, e a radiação absorvida pelo sistema em reação é medida pela diferença entre as leituras com o frasco cheio com os reagentes e vazio.

17.3. Mecânica quântica da absorção da luz

Nos capítulos anteriores, discutimos as aplicações da mecânica quântica às estruturas dos átomos e moléculas em estados estacionários, nos quais os sistemas não variam com o tempo. Todavia, se um átomo ou uma molécula absorve ou emite quanta de radiação, varia com o tempo, de um a outro estado estacionário. Podem-se deduzir certas relações gerais, que se aplicam a tais mudanças e que governarão as intensidades de todos os tipos de espectros.

O método utilizado é chamado *teoria da perturbação dependente do tempo.* Vamos considerar o átomo ou a molécula num estado estacionário como um sistema não-perturbado e investigar teoricamente o que acontece quando for perturbado por um campo eletromagnético variável com o tempo, por exemplo, o campo eletromagnético periódico de um raio de luz que passa através do sistema.

Em ausência de qualquer perturbação, podemos representar o átomo ou a molécula por uma equação de onda

$$(i\hbar)\frac{\partial\Psi}{\partial t} = \hat{H}_0\Psi \qquad (17.6)$$

onde $\hat{H}_0$ é o operador hamiltoniano (p. 554) do sistema não-perturbado. A solução desta equação fornece um conjunto de funções de onda permitidas correspondentes aos níveis de energia permitidas E_n dos estados estacionários, com

$$\Psi_n^0(q, t) = \psi_n(q)\exp\left(\frac{iE_nt}{\hbar}\right), \qquad (17.7)$$

onde $\psi_n(q)$ é uma função das coordenadas espaciais, que são todas representadas formalmente por q, e é independente do tempo.

Na presença de um campo perturbador, haverá um termo adicional $U(q, t)$ no hamiltoniano, de modo que a equação de onda se torna

$$(i\hbar)\frac{\partial\Psi}{\partial t} = (\hat{H}_0 + \hat{U})\Psi \qquad (17.8)$$

Suponhamos que inicialmente ($t = 0$) o estado do sistema seja dado por $\Psi(q, 0)$. A Eq. (17.8), então, nos permitirá calcular a função de onda a qualquer instante t posterior, $\Psi(q, t)$. Podemos expandir $\Psi(q, t)$ numa série em termos de $\Psi_n^0(q, t)$, as funções de onda dependentes do tempo para o sistema não-perturbado

$$\Psi(q, t) = \sum_n a_n(t)\Psi_n^0(q, t) \qquad (17.9)$$

Para obter os coeficientes a_n, substituímos a Eq. (17.9) na (17.8). Utilizando a Eq. (17.6) obtemos

$$(i\hbar)\sum\frac{da_n}{dt}\Psi_n^0(q, t) = \hat{U}\Psi(q, t)$$

Multiplicamos cada membro desta equação por $\Psi_m^{0*}(q, t)$, a conjugada complexa de Ψ_m^0, e integramos para todos os q. No somatório do primeiro membro, todos os termos com $m \neq n$ tornam-se nulos como conseqüência da ortogonalidade das funções de onda e, quando $m = n$, o integral se iguala à unidade, como resultado da normalização das funções de onda. Então,

$$i\hbar\frac{da_n}{dt} = \int \Psi_n^{0*}(q, t)\hat{U}\Psi(q, t)\, dq \qquad (17.10)$$

Notar como esta fórmula pode exprimir a transição entre um estado estacionário e outro. Supor que o sistema está inicialmente num estado $\Psi_1(q, t)$ de modo que todos os coeficientes a_n são nulos exceto a_1. Como resultado da absorção de luz de freqüência adequada, o sistema pode sofrer uma transição ao estado $\Psi_2(q, t)$, de modo que agora $a_2 = 1$ e todos os demais coeficientes a_n são nulos, exceto a_2.

Admitiremos agora que a perturbação U seja tão pequena que a mudança na função de onda seja também pequena e, portanto, $\Psi(q, t)$ pode ser substituída por seu valor não-perturbado, $\Psi_0^0(q, t)$, para dar

$$i\hbar\frac{da_n}{dt} = \int \Psi_n^{0*}(q, t)\hat{U}\Psi_0^0(q, t)\, dq \qquad (17.11)$$

Introduzindo a notação

$$\int \psi_n^*(q)\hat{U}\psi_0(q)\, dq \equiv U_{n0} \qquad (17.12)$$

obtemos através da Eq. (17.7),

$$i\hbar \frac{da_n}{dt} = U_{n0} \exp\left[\frac{i(E_0 - E_n)t}{\hbar}\right] \quad (17.13)$$

Esta equação é integrada em relação à variável tempo, dando

$$a_n(t) = (i\hbar)^{-1} \int_0^t U_{n0} \exp\left[\frac{i(E_0 - E_n)t'}{\hbar}\right] dt' \quad (17.14)$$

Esta equação valiosa mostra, com boa aproximação, como os coeficientes da Eq. (17.9) variam com o tempo e, assim, como o sistema muda com o tempo de um a outro estado.

Podemos deduzir imediatamente uma conseqüência importante da Eq. (17.14). Se o potencial perturbador for causado por uma radiação eletromagnética (por exemplo, um feixe de luz, de freqüência ν, que passa através da amostra), a perturbação U variará com o tempo de acordo com uma expressão, tal como

$$U(q, t) = F(q)(e^{2\pi i\nu t} + e^{-2\pi i\nu t}) \quad (17.15)$$

Os vetores elétricos e magnéticos da onda de radiação são propagados como ondas de freqüência ν e amplitude proporcional a alguma função $F(q)$. Como a integral na Eq. (17.10) é apenas tomada em relação às coordenadas espaciais, o fator U_{n0} deve preservar a mesma dependência do tempo dada para U na Eq. (17.15). A integral na Eq. (17.14) conterá, portanto, termos da forma

$$\int e^{2\pi i\nu t} e^{2\pi i(E_0 - E_n)t/h} dt$$

Os dois fatores harmônicos na integral sempre se destruirão entre si por interferência e, portanto, a integral se tornará nula, a menos que

$$\nu = \frac{E_0 - E_n}{h} \quad (17.16)$$

Esta é exatamente a condição de Bohr para uma transição espectral, e a presente teoria mostra, portanto, que, para a_n aumentar, isto é, para uma transição ocorrer sob a influência de um potencial de perturbação devido à radiação eletromagnética, a condição básica de Bohr, Eq. (17.16), deve ser obedecida. Uma vez satisfeita esta condição, a intensidade da transição será governada pelo valor da quantidade U_{n0}, chamada *elemento da matriz do momento de transição.*

Como a_n determina a amplitude de um termo n nas funções de onda da Eq. (17.17), a probabilidade de que a um tempo t o sistema esteja no estado n é dada por

$$P_n = |a_n(t)|^2$$

A probabilidade de transição por unidade de tempo é

$$\frac{P_n}{t} = \frac{|a_n|^2}{t} = \hbar^{-2} |U_{n0}|^2 \quad (17.17)$$

17.4. Os coeficientes de Einstein

Consideremos na Fig. 17.2 dois estados de uma molécula designados por m e n. Se colocarmos a molécula num feixe de radiação eletromagnética, ela poderá sofrer transições entre esses estados sob a influência do campo de perturbação da radiação incidente. O número de moléculas passando de n a m pela absorção de um quantum $h\nu_{nm}$ será proporcional ao número N_n no estado n e à densidade de radiação naquela freqüência $\rho(\nu_{nm})$. Assim,

$$\text{Número de moléculas que passam de } n \text{ a } m = B_{nm} N_n \rho(\nu_{nm})$$

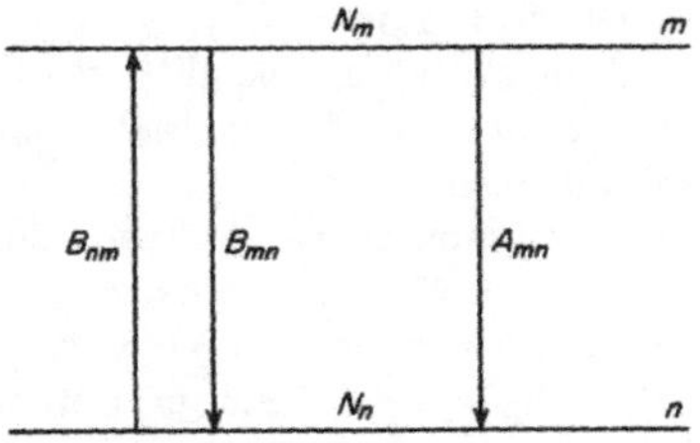

Figura 17.2 As transições entre dois estados de uma molécula, $E_m - E_n = h\nu_{nm}$

O B_{nm} é chamado *probabilidade de transição de Einstein para a absorção.* O feixe de perturbação da radiação causará transições de m a n de modo que

$$\begin{array}{c}\text{Número de moléculas que passam de } m \text{ a } n \\ \text{determinado pela radiação de perturbação}\end{array} = B_{mn} N_m \rho(\nu_{nm})$$

Além da transição de m a n induzida pelo campo do feixe de radiação, haverá uma emissão espontânea com uma probabilidade de transição de Einstein para a emissão espontânea dada por A_{mn}. Não podemos, na realidade, calcular este A_{mn} pela simples teoria da radiação, mas podemos calcular a relação entre A_{mn} e B_{mn}, e, portanto, obter A_{mn} indiretamente. Num estado estacionário, o número de moléculas passando de n a m é igual ao número das que passam de m a n. Assim

$$N_m[A_{mn} + \rho(\nu_{mn})B_{mn}] = N_n B_{nm} \rho(\nu_{nm})$$

Sabemos que a relação $B_{mn} = B_{nm}$ a partir da propriedade geral do elemento[3] da matriz $U_{nm} = U^*_{mn}$. Além disso, a partir da relação de Boltzmann,

$$\frac{N_m}{N_n} = \exp\left(-\frac{h\nu_{nm}}{kT}\right)$$

a lei de radiação de Planck, Eq. (13.22), é

$$\rho(\nu) = \frac{8\pi h\nu^3}{c^3}(e^{h\nu/kT} - 1)^{-1}$$

Segue-se então que

$$\frac{A_{mn}}{B_{mn}} = \frac{8\pi h\nu^3_{nm}}{c^3} \tag{17.18}$$

Assim, podemos calcular A_{mn} de B_{mn}. A teoria de Dirac da radiação nos permite calcular também A_{mn} diretamente.

Consideremos uma coleção de moléculas na qual algumas foram levadas a estados excitados e a radiação ou outra fonte de excitação foi desligada. O coeficiente de Einstein para a emissão espontânea A_{mn} é semelhante à constante de velocidade de uma reação de primeira ordem,

$$-\frac{dN_m}{dt} = A_{mn}N_m$$

Sendo N^0_m o número de moléculas inicialmente existente no estado excitado a $t = 0$, para qualquer tempo t

$$N_m = N^0_m e^{-A_{mn}t}$$

[3]Para quaisquer soluções ψ_n, ψ_m da equação de Schrödinger e de qualquer operador hermitiano $\hat{M}$,

$$\int \psi^*_n \hat{M} \psi_m \, d\tau = \int \psi^*_m \hat{M}^* \psi_n \, d\tau$$

Esta *propriedade hermitiana* dos elementos da matriz é o fundamento mecânico-quântico do princípio da reversibilidade microscópica. Ver Norman Davidson, *Statistical Mechanics* (New York: McGraw-Hill Book Co., 1962), pp. 222-238

Após um tempo $\tau = 1/A_{mn}$, o número de moléculas no estado excitado terá diminuído a $1/e$ de seu valor inicial. Para transições permitidas, τ é geralmente da ordem de 10^{-8} s. Para alguns estados excitados, contudo, τ é muito maior ($\sim 10^{-3}$ s). Estes são chamados *estados metaestáveis*.

Vejamos agora como o valor da *probabilidade de transição* U_{n0} na Eq. (17.12) é determinado. Consideremos o caso de uma molécula submetida a um campo elétrico E_x, dirigido ao longo do eixo x. Cada elétron na molécula estará sujeita a uma força $-E_x e$, que corresponde à energia potencial $E_x ex$ ($F = -\partial U/\partial x$). Para todos os elétrons na molécula, portanto, o potencial de perturbação será

$$U = E_x \sum_j ex_j,$$

onde o somatório é tomado sobre todas as coordenadas x dos elétrons, x_j. Notar que $-ex_j = \mu_{xj}$, a contribuição do elétron j à componente x do momento dipolar da molécula. A contribuição a U_{n0} é

$$\int \psi_n(q)(E_x \sum -ex_j)\psi_0(q)\, dq = \mu_x(n0)E_x \tag{17.19}$$

A probabilidade de transição depende de $\mu_x(n0)$, que é chamado *momento de transição.* O resultado final para B_{nm} é deduzido a partir da Eq. (17.17)

$$B_{nm} = \frac{8\pi^3}{3h^2}[\mu_x^2(mn) + \mu_y^2(mn) + \mu_z^2(mn)], \tag{17.20}$$

onde os quadrados das três componentes diferentes do momento de transição são somados.

A partir da Eq. (17.20) deduzimos várias *regras de seleção* para transições espectrais. Se estivermos interessados nos espectros puramente rotacionais, inserimos a função de onda rotacional na Eq. (17.20); para os espectros vibracionais, usaremos as funções de onda vibracionais; para os espectros eletrônicos, usaremos as funções de onda para os diferentes estados eletrônicos. Contudo, mesmo quando nenhuma transição for permitida por este mecanismo do dipolo elétrico, outros termos menores podem contribuir para o potencial de perturbação e conduzir a transições com intensidades muito menores. Tais efeitos podem ser interações de quadripolos, ou interações do dipolo-magnético, com o campo magnético da onda de luz.

17.5. Níveis rotacionais — Espectros no infravermelho longínquo

A teoria da mecânica quântica do rotor rígido linear foi tratada na Sec. 14.7. Dentro da aproximação muito boa de que os níveis rotacionais possam ser tratados como independentes das vibrações, as moléculas lineares (incluindo todas as moléculas diatômicas) se comportarão de acordo com esta teoria. O momento de inércia de uma molécula rígida em relação a um eixo é definido por

$$I = \sum m_i r_i^2, \tag{17.21}$$

onde m_i é a massa do átomo i e r_i é sua distância ao eixo. Numa molécula linear, o eixo de rotação é perpendicular ao eixo internuclear da molécula e passa pelo centro de massa. Moléculas lineares pertencem ao grupo puntual $\mathbf{D}_{\infty h}$ se apresentarem um plano de simetria perpendicular ao eixo internuclear (exemplo $^{12}C^{16}O_2$) e ao grupo puntual $\mathbf{C}_{\infty v}$ na ausência de um tal plano (exemplo, OCS).

Como um exemplo do cálculo de um momento de inércia, consideremos $^{16}O^{12}C^{32}S$ na Fig. 17.3. Consideremos primeiro o centro do átomo de S estando arbitrariamente na origem das coordenadas $r' = 0$. Se a posição do centro de massa for $r' = \Delta$, poderemos tomar novas coordenadas r que têm o centro de massa como origem, de modo que

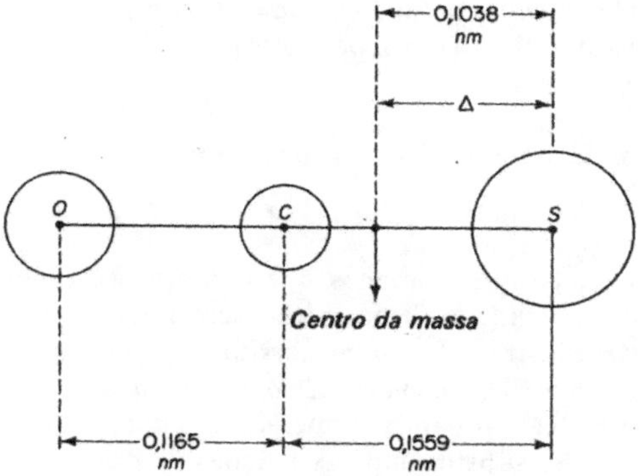

Figura 17.3 Dimensões da molécula de OCS utilizadas no cálculo do momento de inércia

$r' = r - \Delta$. Encontramos Δ a partir da condição $\Sigma m_i r_i = 0$, que dá

$$-m_S\Delta + m_O(r_{CS} + r_{CO} - \Delta) + m_C(r_{CS} - \Delta) = 0$$

$$\Delta = \frac{m_O(r_{CS} + r_{CO}) + m_C r_{CS}}{m_S + m_C + m_O}$$

O momento de inércia,

$$I = \sum m_i r_i^2 = m_S\Delta^2 + m_O(r_{CS} + r_{CO} - \Delta)^2 + m_C(r_{CS} - \Delta)^2$$

Por substituição do valor de Δ e rearranjo, temos

$$I = \frac{m_C m_O r_{CO}^2 + m_C m_S r_{CS}^2 + m_O m_S(r_{CO} + r_{CS})^2}{m_C + m_O + m_S} \tag{17.22}$$

Introduzindo os valores numéricos mostrados na Fig. 17.3, encontramos

$$I = 1{,}384 \times 10^{-45}\ \text{kg}\cdot\text{m}^2$$

Os níveis de energia do rotor rígido são dados pela Eq. (14.44) como

$$E_r = \frac{\hbar^2 J(J+1)}{2I} = BhcJ(J+1), \tag{17.23}$$

onde $B = \hbar/4\pi cI$, a *constante rotacional*, é geralmente dada em unidades de cm^{-1}. O número quântico J pode ter apenas valores inteiros. Como foi mostrado na Sec. 14.7, as funções de onda são

$$\Psi_r^{J,k}(\theta, \phi) = P_J^{|k|}(\cos\theta)e^{ik\phi}$$

Para cada valor de J existem $2J + 1$ funções de onda caracterizadas pelos valores permitidos de k, que vão de $-J$ a $+J$. Cada nível de energia rotacional especificado por J apresenta, portanto, uma degenerescência de $2J + 1$.

O valor de J fornece os valores permitidos do *momentum* angular rotacional L,

$$L = (\hbar)\sqrt{J(J+1)}$$

Esta expressão é exatamente semelhante àquela para o *momentum* angular orbital do elétron no átomo de hidrogênio, especificado pelo número quântico l.

Para investigar se uma molécula em rotação pode absorver ou emitir quanta na passagem de um nível rotacional a outro, usamos a expressão teórica geral para o momento de transição, Eq. (17.19). Substituindo-se as funções de onda rotacionais, encontramos para uma transição entre estados J',k', e J'',k'',

$$\boldsymbol{\mu}(J'k', J''k'') = \int \psi_r^{J'k'}(\mu_x + \mu_y + \mu_z)\psi_r^{J''k''}\,d\tau \tag{17.24}$$

Consideremos, por exemplo, a componente z do momento dipolar (o argumento valor para todos os componentes):

$$\mu_z = ez = er\cos\theta = \mu^0\cos\theta$$

onde μ^0 é a grandeza do momento dipolar. Assim,

$$\mu_z(J'k'J''k'') = \mu^0 \int \psi_r^{J'k'} \cos\theta\, \psi_r^{J''k''}\, d\tau \tag{17.25}$$

É claro que, a menos que o momento dipolar permanente μ^0 seja diferente de zero, a probabilidade de transição será nula e nenhuma emissão ou absorção de radiação poderá ocorrer. Provamos assim que, *para se ter um espectro de rotação puro, um rotor rígido deve ter um momento dipolar permanente.* Por exemplo, o HCl mostra um espectro de absorção no infravermelho longíquo, mas o N_2 não.

Se substituímos as funções de onda rotacionais na Eq. (17.25) e calcularmos a probabilidade de transição, encontramos que μ_z se anula, exceto para o caso no qual o número quântico J mude de uma unidade, $\Delta J = \pm 1$.

Uma expressão para ΔE para o rotor rígido é facilmente deduzida da Eq. (17.23). Para dois níveis com números quânticos J e J',

$$\Delta E = h\nu = hcB[J'(J'+1) - J(J+1)] \tag{17.26}$$

Como

$$\nu = \frac{\Delta E}{h} \quad \text{e} \quad J' - J = 1$$

então

$$\nu = 2BcJ' \tag{17.27}$$

O espaçamento entre os níveis de energia aumenta linearmente com J, como mostra a Fig. 17.4. Espectros de absorção surgem de transições de cada um desses níveis ao seguinte, de maior energia. Através de um espectrógrafo de bom poder de resolução, ver-se-á que a banda de absorção consiste em uma série de linhas com espaçamento equidistante $\Delta\nu$ dado pela Eq. (17.27)

$$\Delta\nu = \nu - \nu' = 2Bc$$

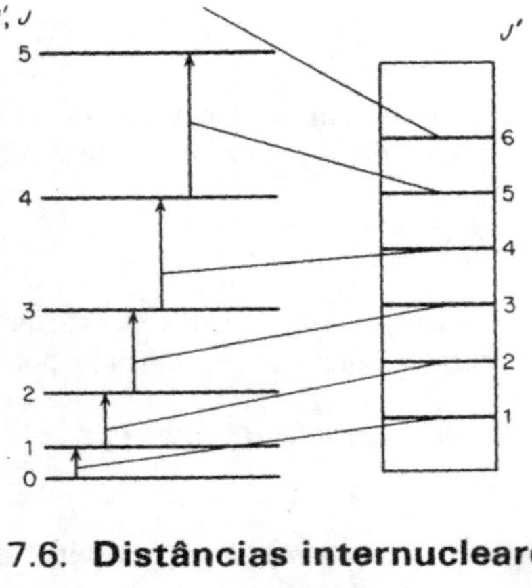

Figura 17.4 Espaçamento dos níveis de energia rotacional e as linhas de um espectro puramente rotacional a partir de transições entre níveis J e $J' = J + 1$

17.6. Distâncias internucleares a partir de espectros rotacionais

Espectros rotacionais podem fornecer valores exatos dos momentos de inércia e portanto das distâncias internucleares e formas de moléculas. Consideremos o exemplo do HCl.

Observa-se absorção de HCl no infravermelho longínquo ao redor de $\lambda = 50$ nm ou $\sigma = 200\ \text{cm}^{-1}$. O espaçamento entre as linhas sucessivas é de $\Delta\sigma = 20{,}1$ a $20{,}7\ \text{cm}^{-1}$. A análise mostra então que a transição de $J = 0$ a $J = 1$ corresponde ao número de onda de $\sigma = 1/\lambda = 20{,}6\,\text{cm}^{-1}$. A freqüência é portanto

$$\nu = \frac{c}{\lambda} = (3{,}00 \times 10^{10})(20{,}6) = 6{,}20 \times 10^{11}\,\text{s}^{-1}$$

O primeiro nível rotacional, $J = 1$, encontra-se numa energia de

$$h\nu = (6{,}20 \times 10^{11})(6{,}62 \times 10^{-34}) = 4{,}10 \times 10^{-22}\,\text{J}$$

A partir da Eq. (17.23) para $(J' = 1) \leftarrow (J = 0)$,

$$\Delta E = \frac{\hbar^2}{I} = 4{,}10 \times 10^{-22}\,\text{J}$$

de modo que

$$I = 2{,}72 \times 10^{-47}\,\text{kg·m}^2 = 2.72 \times 10^{-40}\,\text{g·cm}^2$$

Como $I = \mu r_e^2$, onde μ é a massa reduzida, podemos agora determinar a distância internuclear de equilíbrio r_e para o $H^{35}Cl$:

$$\mu = \frac{(35{,}0)1}{35{,}0 + 1} \times \frac{1}{6{,}02 \times 10^{23}} = 1{,}61 \times 10^{-24}\,\text{g}$$

Portanto

$$r_e = \left(\frac{2{,}72 \times 10^{-47}}{1{,}61 \times 10^{-27}}\right)^{1/2} = 1{,}30 \times 10^{-10}\,\text{m} = 0{,}130\,\text{nm}$$

17.7. Espectros rotacionais de moléculas poliatômicas

Os níveis de energia rotacionais de moléculas poliatômicas lineares são dados pela Eq. (17.23). O momento de inércia, contudo, pode depender de duas ou mais distâncias internucleares diferentes. Consideremos, por exemplo, a molécula OCS. O momento de inércia depende de duas distâncias internucleares, O—C e C—S. Claramente, não podemos calcular esses dois parâmetros de um único momento de inércia, obtido a partir do espectro rotacional.

Em tais casos, o método da substituição isotópica é usado. As distâncias internucleares são determinadas pela configuração eletrostática dos núcleos e dos elétrons na estrutura, não dependendo, dentro de alto grau de aproximação, das massas dos núcleos. Assim, a substituição isotópica dá novos momentos de inércia mas não altera as distâncias internucleares. Por exemplo, a molécula de OCS foi investigada em duas composições isotópicas diferentes, dando as seguintes constantes rotacionais:

$$^{16}O^{12}C^{32}S, \qquad B = 0{,}202864\,\text{cm}^{-1}$$

$$^{16}O^{12}C^{34}S, \qquad B = 0{,}197910\,\text{cm}^{-1}$$

O momento de inércia da molécula linear triatômica foi dado pela Eq. (17.22). Substituindo $I = \hbar/4\pi cB$, experimental, obtemos duas equações com duas incógnitas r_{CO} e r_{CS}. Embora as equações não sejam lineares r, podem ser resolvidos por aproximações sucessivas de outros métodos para dar r_{CO} e r_{CS}. Os resultados de um conjunto de tais cálculos com dados de pares de moléculas de OCS isotopicamente substituídas são mostrados na Tab. 17.2. Distâncias internucleares obtidas dessa maneira não são exatamente concordantes entre pares, devido ao fato de ocorrer realmente uma pequena variação de r_e com as massas nucleares. Desenhar um diagrama de energia potencial para mostrar como tal variação surge.

Para moléculas não-lineares, as fórmulas para os níveis de energia rotacional se tornam mais complexas e os espectros, correspondentemente, se tornam mais difíceis para resolver. Se uma molécula tiver três momentos de inércia, dos quais dois são idênticos, é chamado *pião simétrico*. Um exemplo é CH_3Cl, mostrado na Fig. 17.5. Os níveis

Tabela 17.2 Distâncias internucleares a partir de espectros rotacionais puros de OCS pelo método da substituição isotópica

Pares de moléculas O — C — S			vs. O — C — S			Distâncias internucleares C—O nm	C—S nm
16	12	32	16	12	34	0,1165	0,1558
16	12	32	16	13	32	0,1163	0,1559
16	12	34	16	13	34	0,1163	0,1559
16	12	32	18	12	32	0,1155	0,1565

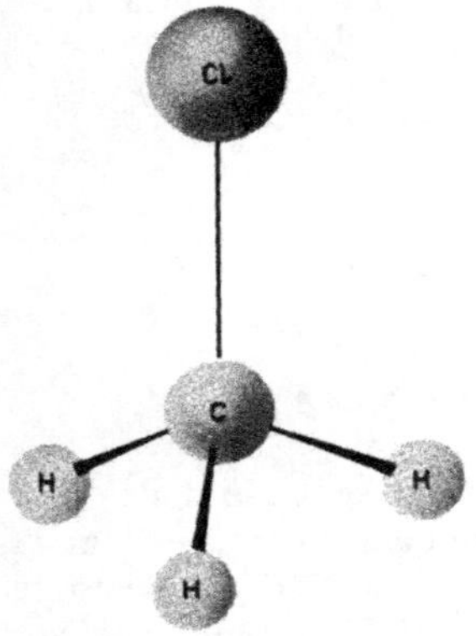

Figura 17.5 Cloreto de metila. Uma molécula de pião simétrico típica

$$E_r = \frac{\hbar^2}{2I_b}J(J+1) + \frac{\hbar^2}{2}\left(\frac{1}{I_a} - \frac{1}{I_b}\right)K^2 \tag{17.28}$$

Como K especifica o componente z do *momentum* angular total, especificado por J, os valores permitidos de K são

$$K = J, J-1, J-2, \ldots, -J$$

Todos os estados com $|K| > 0$ são assim duplamente degenerados. Quando $A > B$, temos um pião simétrico alongado (exemplo, CH_3Cl); quando $A < B$, temos um pião simétrico achatado (exemplo BCl_3). Como no caso de moléculas lineares, observa-se um espectro na região do infravermelho para piões simétricos apenas quando a molécula possuir um momento dipolar permanente. Se o eixo principal do pião for um eixo de simetria, o momento dipolar obviamente deve se situar ao longo do eixo de simetria. (Por quê?) Neste caso, as regras de seleção são

$$\Delta K = 0, \quad \Delta J = 0 \quad \text{ou} \quad \pm 1$$

Assim, apenas níveis de energia vizinhos com o mesmo K podem se combinar uns com os outros. Da Eq. (17.28), portanto, as linhas do espectro rotacional estarão em

$$\nu = h^{-1}[E_r(J', K') - E_r(J'', K'')] = 2Bc(J''+1) = 2BcJ'$$

que é exatamente a mesma fórmula usada para uma molécula linear.

Uma molécula dotada de três momentos de inércia diferentes é um *pião assimétrico*. Seus níveis de energia rotacionais não seguem qualquer fórmula geral simples, mas em muitos casos um dos momentos pode ser menor que os demais, gerando um espectro relativamente simples, para baixa resolução.

O modelo da molécula como um rotor rígido é uma aproximação. Numa molécula em rotação rápida, existe sempre a tendência de estiramento das ligações devido ao efeito das forças centrífugas. Como resultado, o momento de inércia aumenta nas energias rotacionais mais elevadas, fazendo com que os níveis de energia estejam um pouco mais próximos do que estariam no caso de um rotor rígido. A equação para os níveis de energia corrigido para este efeito se torna

$$E_r = B_0hcJ(J+1) - C_0hc[J(J+1)]^2, \tag{17.29}$$

onde C_0 é chamada *constante de distorção centrífuga*. Vale cerca de $10^{-4}B_0$. Na análise do pião simétrico, admitimos que a molécula fosse um rotor rígido. Se o estiramento das ligações devido a forças centrífugas for considerado, os níveis rotacionais com valores diferentes de K serão desdobrados e, conseqüentemente, as linhas individuais mostrarão uma estrutura fina.

17.8. Espectroscopia de microondas

Na p. 673 encontramos para o momento de inércia de $^{16}O^{12}C^{32}S$ o valor $I = 138{,}4 \times \times 10^{-47}$ kg · m^2. Portanto, sua constante rotacional vale

$$B = \frac{h}{4\pi cI} = 0{,}20286 \text{ cm}^{-1}$$

Espectros nesta freqüência poderiam ser observados com severas dificuldades no infravermelho longínquo, mas, na prática, são medidos facilmente com espectrômetros de microondas.

Os comprimentos de onda das microondas estão compreendidos entre cerca de 1 a 10 nm. Na espectroscopia de absorção comum, a fonte de radiação é geralmente um filamento quente ou um tubo de descarga de gás em elevada pressão, que fornecem em ambos os casos uma ampla distribuição de comprimentos de onda. A radiação é passada através de um absorvedor e a intensidade da porção transmitida é medida em diferentes comprimentos de onda, após separação através de uma grade ou prisma. Na espectroscopia de microondas, a fonte é monocromática, com um único comprimento de onda bem definido, que pode, contudo, ser rapidamente variado. A freqüência de um oscilador, controlado eletronicamente, pode ser varrida dentro da faixa de freqüências da célula de guia de onda. Após a passagem pela célula, que contém a substância sob investigação, o feixe de microondas é recolhido por um receptor, que, após uma amplificação apropriada, alimenta um oscilógrafo de raios catódicos, que atua como detector ou registrador. O poder de resolução deste arranjo é 10^5 vezes maior que o do melhor espectrômetro infravermelho de grade, de modo que as medidas de freqüências podem ser efetuadas com sete algarismos significativos. O arranjo de um espectrógrafo de microondas típico está mostrado na Fig. 17.6.

Uma das mais úteis extensões da técnica de microondas é a inclusão na célula de um septo metálico, por meio do qual um campo elétrico pode ser aplicado ao gás, enquanto o espectro está sendo obtido. O desdobramento dos níveis de energia quantizados, e conseqüentemente o desdobramento das linhas espectrais por um campo elétrico, é denominado *efeito Stark*. O campo elétrico desdobra os níveis especificados por J em $J + 1$ níveis especificados por $M_J = 0, 1, 2, \ldots, J$. A regra de seleção para M_J depende da orientação do campo elétrico de Stark em relação ao vetor elétrico do campo elétrico da microonda. Se estes campos forem paralelos, $\Delta M_J = 0$; se forem perpendiculares, $\Delta M_J = \pm 1$. A Fig. 17.7 mostra o efeito Stark no espectro de microondas de OCS, jun-

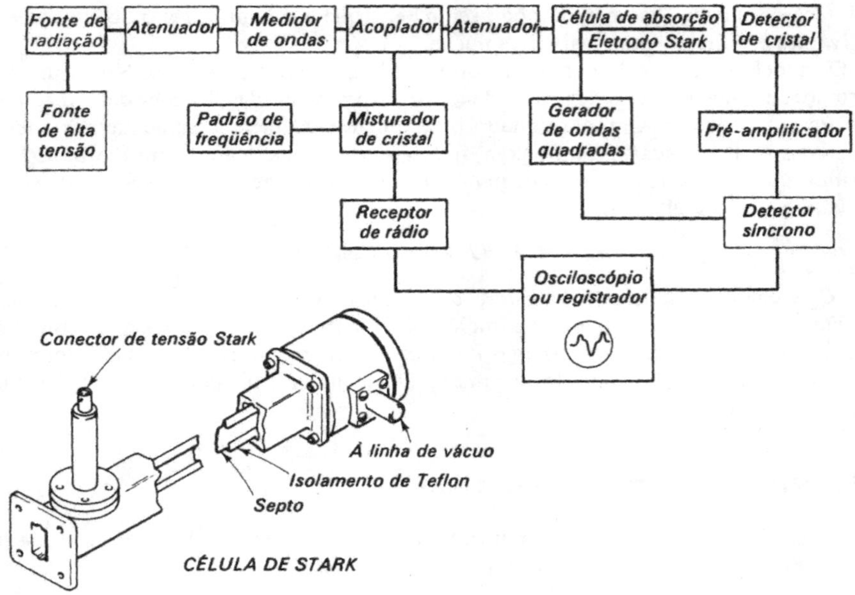

Figura 17.6 Diagrama esquemático de um espectrômetro de microondas típico, com modulação Stark. Uma célula de microondas típica teria uma seção transversal de 4 × 10 mm e um comprimento de 2 m. A faixa de freqüência vai de 8 a 40 GHz e a modulação Stark de onda quadrada vai de 0 a 2 000 V em 33,333 kHz

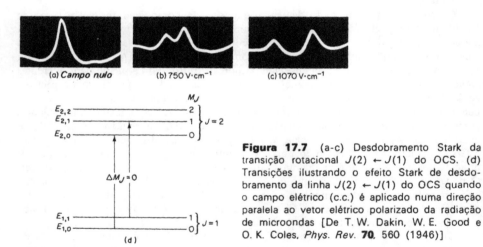

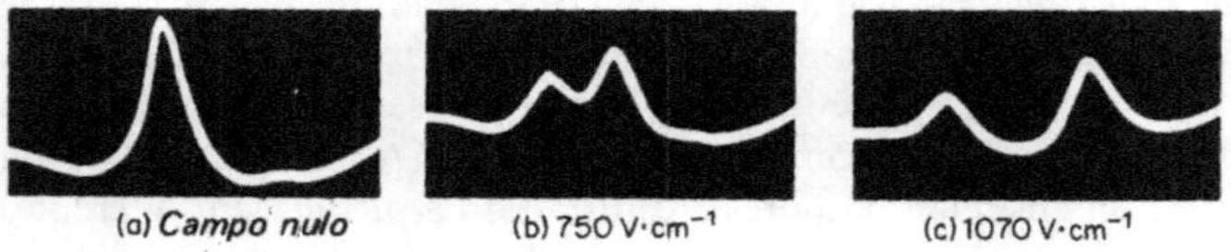

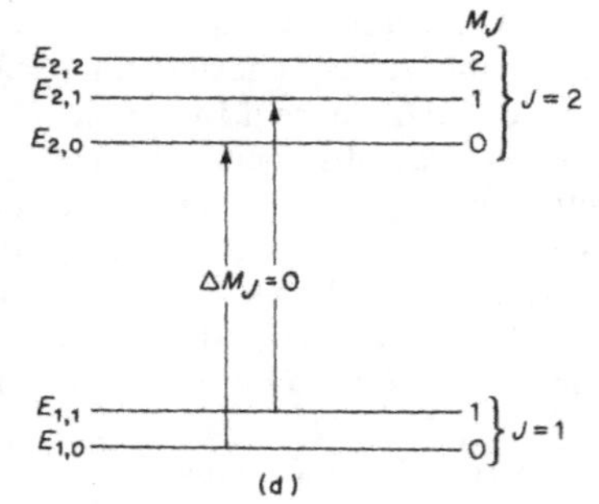

Figura 17.7 (a-c) Desdobramento Stark da transição rotacional $J(2) \leftarrow J(1)$ do OCS. (d) Transições ilustrando o efeito Stark de desdobramento da linha $J(2) \leftarrow J(1)$ do OCS quando o campo elétrico (c.c.) é aplicado numa direção paralela ao vetor elétrico polarizado da radiação de microondas [De T. W. Dakin, W. E. Good e O. K. Coles, *Phys. Rev.* **70**, 560 (1946)]

tamente com o diagrama de níveis de energia, que explica os desdobramentos observados. O nível de energia rotacional de uma molécula em um campo elétrico depende do momento dipolar da molécula, e o efeito Stark nos espectros de microondas é um dos melhores métodos para medida de momentos dipolares.

Entre as aplicações interessantes da espectroscopia de microondas está o estudo do isomerismo rotacional. Como um exemplo, consideremos a molécula do cloreto de *n*-propila, $CH_3—CH_2—CH_2Cl$. Dois *isômeros rotacionais* deste composto são as conformações *trans* e *gauche*, mostradas em projeção na Fig. 17.8(a). O espectro de microondas na região de 17 a 39 GHz é mostrado na Fig. 17.8(b). Notar as linhas rotacionais estreitas do isômero *trans* e as um pouco mais largas do isômero *gauche*. O efeito isotópico devido aos diferentes momentos de inércia de moléculas com ^{35}Cl e ^{37}Cl também é evidente.

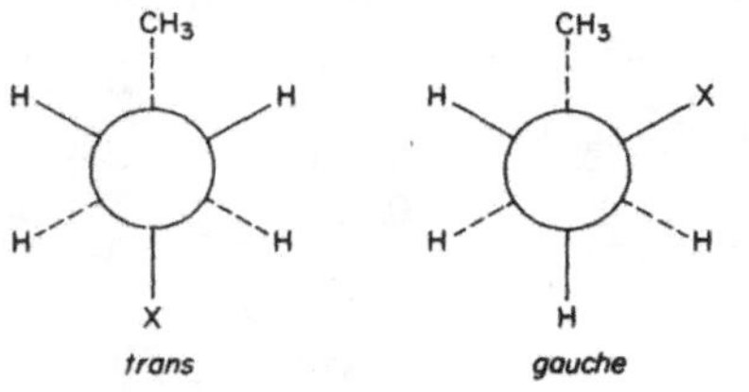

(a) Isômeros rotacionais dos haletos de *n*-propila

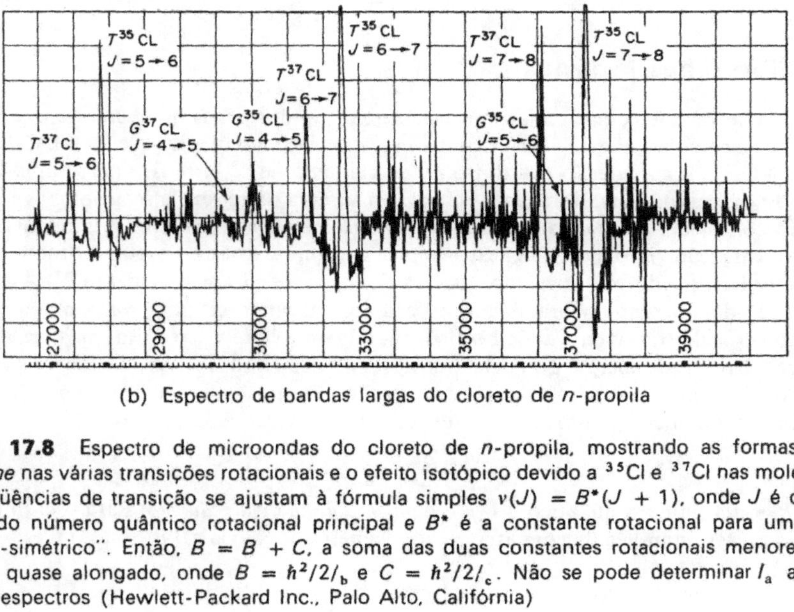

(b) Espectro de bandas largas do cloreto de *n*-propila

Figura 17.8 Espectro de microondas do cloreto de *n*-propila, mostrando as formas *trans* e *gauche* nas várias transições rotacionais e o efeito isotópico devido a ^{35}Cl e ^{37}Cl nas moléculas. As freqüências de transição se ajustam à fórmula simples $\nu(J) = B^*(J + 1)$, onde J é o valor inicial do número quântico rotacional principal e B^* é a constante rotacional para um "pião pseudo-simétrico". Então, $B = B + C$, a soma das duas constantes rotacionais menores para o rotor quase alongado, onde $B = \hbar^2/2I_b$ e $C = \hbar^2/2I_c$. Não se pode determinar I_a a partir desses espectros (Hewlett-Packard Inc., Palo Alto, Califórnia)

Transições rotacionais puras nas moléculas mais pesadas são inacessíveis à espectroscopia infravermelha comum, pois, de acordo com a Eq. (17.23), os grandes momentos de inércia conduziriam a diferenças de níveis de energia correspondentes a comprimentos de onda excessivamente grandes. As técnicas de microondas tornaram essa região facilmente acessível. Com os momentos de inércia obtidos dos espectros de microondas, podemos calcular distâncias internucleares dentro de pelo menos $\pm 0{,}2$ pm. Alguns exemplos são mostrados na Tab. 17.3[4].

[4]Uma compilação extensa dos espectros de microondas, incluindo freqüências medidas, espécies moleculares atribuídas, números quânticos atribuídos e constantes moleculares determinadas a partir desses dados foi publicada em cinco volumes, como a Monografia 70 do National Bureau of Standards, *Microwave Spectral Tables* (Washington, D. C., U.S. Govt. Printing Office, 1964-1969)

Tabela 17.3 Comprimentos de ligação e ângulos a partir de espectros de microondas

Moléculas lineares				
Molécula	Ligação	r_e (nm)	Ligação	r_e (nm)
ClCN	C—Cl	0,1629	C—N	0,1163
BrCN	C—Br	0,1790	C—N	0,1159
HCN	C—H	0,1064	C—N	0,1156
OCS	C—O	0,1161	C—S	0,1560
NNO	N—N	0,1126	N—O	0,1191

Piões simétricos					
Molécula	Ângulo de ligação	Ligação	r_e (nm)	Ligação	r_e (nm)
$CHCl_3$	Cl—C—Cl 110°24′	C—H	0,1073	C—Cl	0,1767
CH_3F	H—C—H 110° 0°	C—H	0,1109	C—F	0,1385
SiH_3Br	H—Si—H 111°20′	Si—H	0,157	Si—Br	0,2209

17.9. Rotações internas

Para certas moléculas poliatômicas, a separação dos graus de liberdade internos em vibrações e rotações não é válida. Comparemos, por exemplo, etileno e etano, $CH_2{=}CH_2$ e $CH_3{-}CH_3$. A orientação dos dois grupos metileno no C_2H_4 é fixa pela dupla ligação, de modo que existe uma vibração torcional ou torcida ao redor da ligação, mas não uma rotação completa. No etano, contudo, existe uma *rotação interna* dos grupos metila com relação à ligação simples. "A ligação simples carbono-carbono no etano atua como um eixo bem lubrificado em torno do qual os dois grupos giram livremente."[5] Assim, um dos graus de liberdade vibracionais é perdido, tornando-se uma *rotação interna*. Tal rotação seria de tratamento difícil se fosse totalmente livre e irrestrita, mas, geralmente, existem barreiras de energia potencial que devem ser superadas antes que ocorra a rotação.

Consideremos primeiro o caso da rotação interna livre, que corresponde a uma barreira de potencial muito menor que kT. Os níveis de energia são

$$E = \frac{\hbar^2 K^2}{2I_r}, \tag{17.30}$$

onde K é um número quântico e I_r é o *momento de inércia reduzido*. Para o caso em que as duas partes da molécula constituem piões simétricos coaxiais, tal como o $CH_3{-}CCl_3$,

$$I_r = \frac{I_A I_B}{I_A + I_B},$$

onde I_A e I_B são os momentos dos piões ao redor do eixo comum de rotação interna. Para outras estruturas, I_r é mais complicado[6]. A partir da Eq. (14.46), a função de partição da rotação interna livre é

$$\begin{aligned} z_{fr} &= \frac{1}{\sigma'}\int_{-\infty}^{+\infty} \exp\left(-\frac{K^2 h^2}{8\pi^2 kTI_r}\right) dK \\ z_{fr} &= \frac{1}{\sigma'}\left(\frac{8\pi^2 kTI_r}{h^2}\right)^{1/2} \end{aligned} \tag{17.31}$$

Um exemplo de uma rotação interna livre foi encontrado no dimetilcádmio,

$$H_3C{-}Cd{-}CH_3$$

[5] E. B. Wilson, *Science* **162**, 59 (1968)

[6] G. N. Lewis e M. Randall, *Thermodynamics*, revisto por K. S. Pitzer e L. Brewer (New York: McGraw-Hill Book Co., 1961), p. 440

As várias contribuições para e entropia foram computadas, como se segue, a 298 K:

Translação e rotação	253,80 $J \cdot K^{-1} \cdot mol^{-1}$
Vibração	36,65 $J \cdot K^{-1} \cdot mol^{-1}$
Rotação interna livre	12,26 $J \cdot K^{-1} \cdot mol^{-1}$
$S^{\ominus}_{298}$ estatística total	302,71 $J \cdot K^{-1} \cdot mol^{-1}$

A entropia obtida pela terceira lei foi 302,92; a concordância excelente com o valor estatístico confirma a hipótese de rotação livre neste caso.

Quando a entropia calculada com a hipótese da rotação livre se desvia do valor da terceira lei, devemos considerar a possibilidade de *rotação interna restrita*, com uma barreira de energia potencial $> kT$. Consideremos, por exemplo, o caso do etano, mostrado na Fig. 17.9(a), visto ao longo do eixo da ligação C—C. A posição mostrada é a de energia potencial mínima, $U = 0$; quando o grupo CH_3 for girado 60°, temos os átomos de H alinhados e uma posição de energia potencial máxima, $U = U_0$. A variação de U com o ângulo ϕ é mostrada na Fig. 17.9(b).

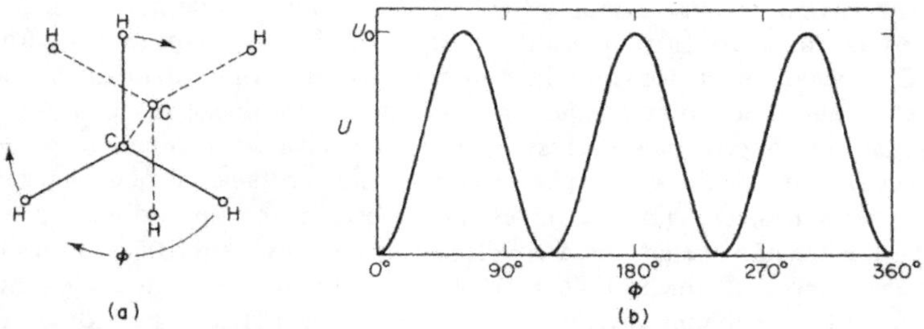

Figura 17.9 (a) Orientação dos grupos CH_3 no CH_3—CH_3; (b) energia potencial em função da orientação do grupo CH_3

A curva de energia potencial é representada por

$$U = \tfrac{1}{2}U_0(1 - \cos \sigma'\phi) \tag{17.32}$$

Algumas barreiras a rotações internas estão compiladas na Tab. 17.4.

Tabela 17.4 Barreiras de energia potencial à rotação interna em torno de ligações simples

Molécula	Ligação	Barreira ($kJ \cdot mol^{-1}$)
$CH_3)_2O$	C—O	10,8
CH_3—CH_3	C—C	11,5
CH_3—CCl_3	C—C	11,3
$CH_3)_2S$	C—S	8,79
$CH_3)_3SiH$	C—Si	7,66
CH_3SiH_3	C—Si	6,99
$CH_3)_2SiH_2$	C—Si	6,95
CH_3SH	C—S	5,36
CH_3—COF	C—C	4,35
CH_3—OH	C—C	4,48
CH_3—CHO	C—C	4,90
CH_3—CFO	C—C	4,35
CH_3—$CH_2 \cdot CH_3$	C—C	14,9
CH_3—$CH{=}CH_2$	C—C	8,28
CH_3—$CH_2 \cdot Cl$	C—C	15,4

Não existe uma fórmula simples para a função de partição para rotação interna restrita. É necessário resolver o problema mecânico-quântico para os níveis de energia e então realizar o somatório para z. Os resultados estão resumidos em tabelas[7].

A espectroscopia de microondas tem conduzido a avanços consideráveis no estudo de rotações internas[8]. Para rotações internas de grupos metila em moléculas simples, algumas das transições rotacionais puras são desdobradas em dubletes, geralmente com espaçamentos de alguns megahertz. A partir deste desdobramento, a altura da barreira pode ser determinada com exatidão melhor que 5%. Algumas dessas alturas exatas de barreiras estão incluídas na Tab. 17.4. Esses dados representam um grande desafio, pois deveria ser possível calculá-los à medida que as técnicas teóricas da mecânica quântica molecular se tornem suficientemente poderosas[9].

17.10. Níveis de energia vibracionais e espectros

Enquanto os espectros moleculares devidos às transições entre níveis de energia rotacionais ocorrem no infravermelho longínquo ou na região de microondas, os espectros devidos às transições entre níveis de energia vibracionais ocorrem no infravermelho próximo. Como cada nível vibracional está associado a um conjunto de níveis rotacionais, esses espectros aparecem como *bandas*, as quais em alta resolução revelam uma estrutura fina de linhas muito próximas correspondentes aos níveis rotacionais separados. Modelos moleculares que incluem energia vibracional mais rotacional podem ser chamados *vibrotores moleculares*. Dificilmente poderemos sobrestimar a importância desses espectros infravermelhos não apenas no desenvolvimento de teorias sobre a estrutura molecular mas também como instrumentos de pesquisa em química orgânica e biológica.

No Cap. 14, o problema mecânico-quântico de um oscilador harmônico unidimensional foi resolvido em detalhe. Verificou-se que os níveis de energia são

$$E_v = (v + \tfrac{1}{2})h\nu_0$$

Na realidade, o oscilador harmônico não é um bom modelo para vibrações moleculares, exceto para os níveis de energia baixos, próximos do fundo da curva de energia potencial. A força de restauração nas vibrações harmônicas é diretamente proporcional ao deslocamento r. A curva de energia potencial é portanto uma parábola e a dissociação de um oscilador harmônico nunca poderia ocorrer, por maior que fosse a amplitude de vibração. Sabemos muito bem, contudo, que a força de restauração deve realmente se tornar mais fraca à medida que o deslocamento aumenta e, para uma amplitude de vibração suficientemente grande, a molécula deve se dissociar. Curvas de energia potencial para moléculas reais, portanto, assemelham-se à daquela da Fig. 15.4, que mostra os níveis de energia vibracionais da molécula de H_2.

Dois calores de dissociação podem ser definidos com relação a uma curva tal como à da Fig. 15.4. O calor espectroscópico de dissociação D_e é a altura da assíntota ao mínimo. O calor de dissociação químico D_0 é medido a partir do estado fundamental da molécula, em $v = 0$, até o começo da dissociação. Portanto,

$$D_e = D_0 + \tfrac{1}{2}h\nu_0 \tag{17.33}$$

Uma curva de energia potencial como a da Fig. 15.4 corresponde ao modelo do oscilador anarmônico. Os níveis de energia correspondentes a uma curva de energia

[7]Um excelente conjunto de tabelas é dado por Pitzer e Brewer, *Thermodynamics*, p. 441

[8]E. B. Wilson, *Science* **162**, 59 (1968)

[9]Um bom exemplo da abordagem teórica é o cálculo da barreira à rotação interna no etano, realizado por R. M. Pitzer [*J. Chem. Phys.* **39** 1 995 (1963)]

potencial anarmônica podem ser expressos em termos de uma série de potenciais em $(v + 1/2)$,

$$E_v = h\nu_0[(v + \tfrac{1}{2}) - x_e(v + \tfrac{1}{2})^2 + y_e(v + \tfrac{1}{2})^3 - \cdots]$$

Considerando apenas o primeiro termo anarmônico, com uma *constante de anarmonicidade*, x_e, temos

$$E_v = h\nu_0[(v + \tfrac{1}{2}) - x_e(v + \tfrac{1}{2})^2] \tag{17.34}$$

Os níveis de energia não são igualmente espaçados, mas se situam mais e mais próximos à medida que o número quântico aumenta. Este fato está ilustrado na Fig. 15.4 nos níveis superpostos sobre a curva. Como associado a cada um desses níveis vibracionais está um conjunto de níveis rotacionais muito próximos, é possível, algumas vezes, determinar com grande precisão o nível de energia, imediatamente anterior ao contínuo, e portanto calcular o calor de dissociação da molécula. Os dados necessários para uma tal determinação são geralmente encontrados em longas progressões de bandas vibracionais-rotacionais nos espectros eletrônicos de absorção ou emissão (Sec. 17.9).

17.11. Espectros vibracionais-rotacionais de moléculas diatômicas

Uma molécula diatômica possui apenas um grau de liberdade vibracional e, assim, apenas uma freqüência de vibração fundamental ν_0. Para absorver ou emitir quanta $h\nu_0$ de energia vibracional, a molécula deve possuir um momento dipolar permanente, pois, de outro modo, a probabilidade de transição na Eq. (17.19) deve se anular. Assim, moléculas, tais como NO e HCl, apresentam um espectro no infravermelho próximo devido a transições entre níveis de energia vibracionais, mas moléculas como H_2 e Cl_2 não apresentam espectro infravermelho no estado gasoso.

A regra de seleção que governa as transições vibracionais é $\Delta v = \pm 1$ para o oscilador harmônico, mas para um oscilador real (anarmônico) existirão *transições "overtone"* com $\Delta v = \pm 2$, ± 3, etc., embora estas tenham intensidades muito menores que as *fundamentais* com $\Delta v = \pm 1$.

O espectro vibracional, contudo, se origina de transições entre níveis de energia rotacionais definidos, que pertencem a níveis vibracionais definidos. Portanto, é um espectro de vibração-rotação. A expressão para um nível de energia na aproximação correspondente ao oscilador harmônico e rotor rígido é

$$E_{vr} = (v + \tfrac{1}{2})h\nu_0 + BhcJ(J + 1) \tag{17.35}$$

Para uma transição entre um nível superior v', J' e um nível inferior v'', J'',

$$E_{vr} = (v' - v'')h\nu_0 + B'hcJ'(J' + 1) - B''hcJ''(J'' + 1) \tag{17.36}$$

Devemos usar constantes rotacionais diferentes B' e B'' para os estados de energia superior e inferior, porque os momentos de inércia da molécula não são exatamente os mesmos nos estados vibracionais diferentes.

As regras de seleção para transições entre os níveis vibração-rotação da Eq. (17.36) são $\Delta v = \pm 1$, $\Delta J = \pm 1$. No caso excepcional em que a molécula diatômica tenha $\Lambda \neq 0$ (isto é, tenha um *momentum* angular com relação ao eixo internuclear), podemos ter também $\Delta J = 0$. A molécula deste tipo mais bem conhecida é o NO, que tem um estado fundamental $^2\Pi$[10].

[10]Outros exemplos com estados fundamentais $^2\Pi$, são SnF, PO, CH, OH, HCl^+; com $^3\Pi$, TiO, C_2, BN

Uma banda vibração-rotação pode apresentar três ramos correspondentes aos três casos:

$$J' - J'' = \Delta J = +1, \quad \text{ramo } R$$
$$J' - J'' = \Delta J = -1, \quad \text{ramo } P$$
$$J' - J'' = \Delta J = 0, \quad \text{ramo } Q$$

Como um exemplo, mostramos o espectro de absorção fundamental do HCl em 2 886 cm^{-1} na Fig. 17.10. Esta banda é proveniente de transições entre $v'' = 0$ e $v' = 1$. O espectro da banda obtida com baixa resolução é mostrado na parte (a) da figura. A estrutura fina rotacional não é resolvida, mas podemos ver os ramos P e R. Em (b), a banda obtida com alta resolução é mostrada. O arranjo dos níveis de energia é mostrado em (c). Cada linha corresponde a um valor distinto de J' ou J''. Note que as linhas de maior intensidade não correspondem a $J = 0$, mas a J de cerca de 4. Por quê?

Para a banda $v(1 \leftarrow 0)$ no HCl temos

$$\nu = c\sigma = (3 \times 10^{10}\ \text{cm}\cdot\text{s}^{-1})(2\,886\ \text{cm}^{-1}) = 8{,}65 \times 10^{13}\ \text{Hz}$$

como a freqüência da vibração fundamental. Esta freqüência corresponde a cerca de 100 vezes à da rotação encontrada no espectro infravermelho longínquo.

A constante de força de um oscilador harmônico com esta freqüência, a partir da Eq. (14.13), seria

$$\kappa = 4\pi^2\nu^2\mu = 4{,}81 \times 10^2\ \text{N}\cdot\text{m}^{-1}$$

Se pensarmos na ligação química como sendo uma mola, a constante de força é uma medida de sua resistência ao alongamento. Como se poderia calcular a amplitude clássica de uma vibração para o modelo do oscilador harmônico?

Curvas de energia potencial do tipo mostrado na Fig. 15.4 são tão úteis nas discussões químicas que muito esforço tem sido devotado para obter expressões matemáticas para essas curvas. Uma função empírica que se ajusta razoavelmente bem[11] foi sugerida por P. M. Morse:

$$U(r - r_e) = D_e[1 - \exp - \beta(r - r_e)]^2 \tag{17.37}$$

Aqui, β é uma **constante dada** em termos de parâmetros moleculares, como

$$\beta = \pi\nu_0\left(\frac{2\mu}{D_e}\right)^{1/2}$$

onde μ é a massa reduzida. Quando se utiliza a função de Morse como a energia potencial na equação de Schrodinger, os níveis de energia obtidos correspondem àqueles na Eq. (17.34).

17.12. Espectro infravermelho do dióxido de carbono

Uma molécula poliatômica não necessita de um momento dipolar *permanente* para exibir um espectro vibracional no infravermelho, mas qualquer vibração que emita ou absorva radiação deve causar uma *mudança no momento dipolar*. Por exemplo, CO_2 é uma molécula linear que não possui dipolo permanente. Existem $3n - 5 = 4$ modos normais de vibração, como é mostrado na Fig. 17.11. A vibração de estiramento simétrica ν_1 não pode causar uma mudança no momento dipolar e, portanto, dizemos que esta freqüência é *inativa no infravermelho*. A vibração ν_2 duplamente degenerada de deformação angular causa uma mudança de momento dipolar e é, portanto, ativa no infra-

[11]D. Steele, E. R. Lippincott e J. T. Vanderslice, *Rev. Mod. Phys.* **34**, 239 (1962), comparam várias funções de energia potencial com dados experimentais

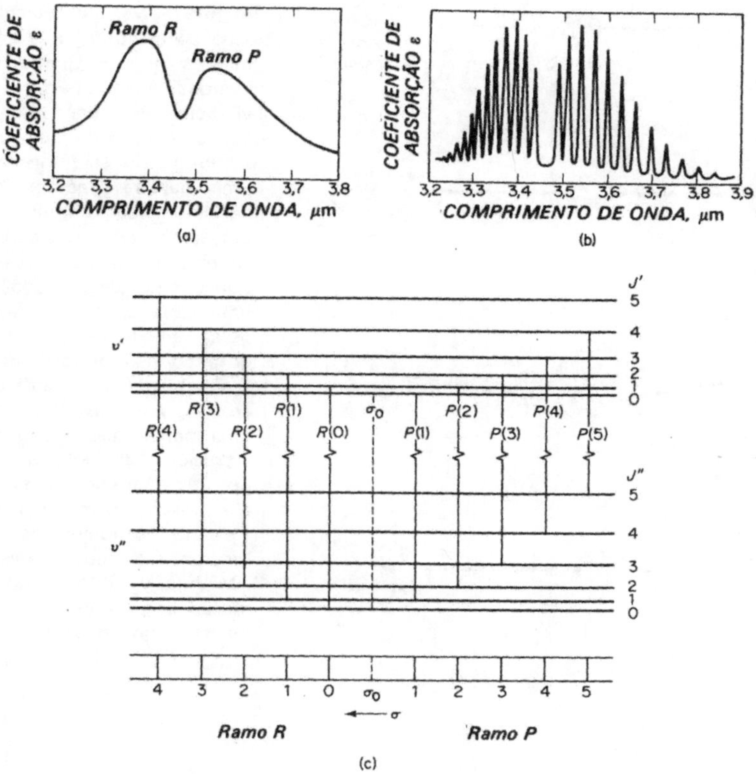

Figura 17.10 (a) Banda da vibração fundamental do HCl no infravermelho próximo com baixa resolução. (b) Banda da vibração fundamental do HCl com espectro rotacional resolvido. (c) Níveis de energia esquemáticos, mostrando a estrutura dos ramos *P* e *R*. Notar que a separação entre níveis $v'' = 0$ e $v' = 1$ é muito maior que a mostrada no diagrama, um fato indicado pelas porções dentadas das linhas de transições. A *origem da banda* é designada por σ_0

vermelho, dando origem a uma banda de absorção fundamental em 667 cm^{-1}. O modo de estiramento anti-simétrico ν_3 também causa uma mudança no dipolo e é observado na banda de absorção fundamental em 2 349 cm^{-1}. Notar que a freqüência de estiramento é muito maior que a de deformação angular. Este é um resultado geral porque é mais fácil distorcer uma molécula por meio de deformações angulares (dobramento) do que através de estiramento, e assim a constante de força para um modo de deformação angular é menor.

Além das bandas de absorção fundamentais, muitas bandas de combinação e de *overtone* ocorrem no espectro infravermelho de CO_2, mas estas possuem intensidades menores que a fundamental. (A ocorrência dessas bandas mostra a falha das regras de seleção do oscilador harmônico.) A análise de um espectro infravermelho consiste em escolher as bandas e em atribuir corretamente as freqüências fundamentais a seus modos de vibração particulares. Como veremos, algumas vibrações inativas na região do infravermelho podem ser ativas no espectro Raman, de modo que comparações de dados desses dois métodos facilita a análise. A atribuição de algumas dessas bandas no espectro de CO_2 é mostrada na Tab. 17.5.

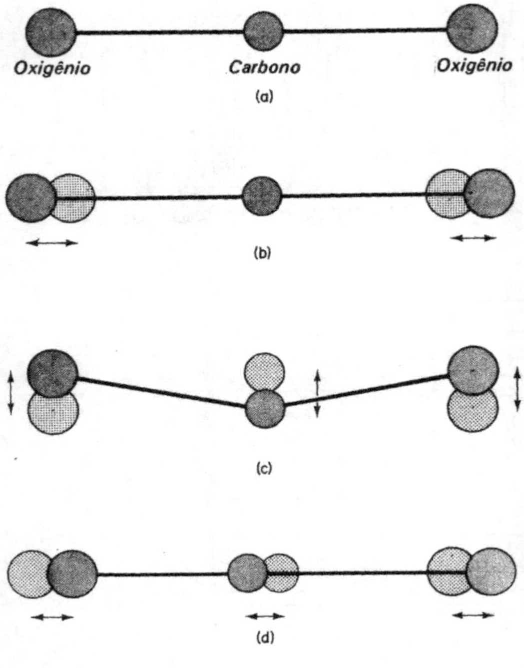

Figura 17.11 A molécula do dióxido de carbono (a) é linear e simétrica. Possui quatro graus de liberdade vibracionais. No modo de vibração de estiramento simétrico (b), os átomos da molécula vibram ao longo do eixo internuclear de uma maneira simétrica. No modo de deformação angular (c), a vibração dos átomos é perpendicular ao eixo internuclear. Este modo é duplamente degenerado e existe uma vibração de deformação angular semelhante normal ao plano do papel. No modo de estiramento assimétrico (d), os átomos vibram ao longo do eixo internuclear de uma maneira assimétrica. O estado vibracional da molécula é descrito por três números quânticos, v_1, v_2 e v_3, escrito como $(v_1 v_2 v_3)$, onde v_1 denota o número do quanta vibracionais no modo de estiramento simétrico, v_2, o do modo de deformação angular e v_3, o de estiramento assimétrico

Tabela 17.5 As bandas de vibração no infravermelho de CO_2^*

Comprimento de onda (μm)	Números quânticos vibracionais (v_1, v_2, v_3) — Estado inicial	Números quânticos vibracionais (v_1, v_2, v_3) — Estado final	Atribuição das bandas
14,986	0 0 0	0 1 0	Vibração fundamental δ
10,4	1 0 0	0 0 1	Vibração de combinação $v(a) - v(s)$
9,40	0 2 0	0 0 1	Vibração de combinação $v(a) - 2\delta$
5,174	0 0 0	0 3 0	Vibração *overtone* 3δ
4,816	0 0 0	1 1 0	Vibração de combinação $v(s) + \delta$
4,68	0 1 0	2 0 0	Vibração de combinação $2v(s) - \delta$
4,25	0 0 0	0 0 1	Vibração fundamental $v(a)$
2,27	0 0 0	0 2 1	Vibração de combinação $2\delta + v(a)$
2,006	0 0 0	1 2 1	Vibração de combinação $v(s) + 2\delta + v(a)$
1,957	0 0 0	2 0 1	Vibração de combinação $2v(s) + v(a)$
1,574	0 0 0	2 2 1	Vibração de combinação $2v(s) + 2\delta + v(a)$
1,433	0 0 0	0 0 3	Vibração *overtone* $3v(a)$
0,8698	0 0 0	0 0 5	Vibração *overtone* $5v(a)$

*Dados obtidos de *Landolt-Bornstein Tables*, 6.ª edição (Berlim: 1951)

17.13. Lasers

A palavra *laser* é um acróstico de *Light Amplification by Stimulated Emission of Radiation* (amplificação da luz através de emissão estimulada de radiação). A base da ação do laser é a emissão estimulada medida pelo coeficiente de Einstein B_{mn}, discutido na Sec. 17.3. A Fig. 17.12 mostra de maneira esquemática como uma onda de luz de freqüência característica ν pode penetrar num meio e produzir uma perturbação eletromagnética de moléculas num estado excitado que fará com que estas emitam radiação de freqüência ν exatamente em fase com a radiação incidente. Emissão estimulada é o inverso exato de absorção. Num quadro clássico, quando a absorção ocorre com a onda luminosa atravessando um meio, a onda de luz emitida tem uma amplitude menor, mas freqüência e fase inalteradas. Se ocorre emissão estimulada, a onda transmitida tem uma amplitude maior, mas freqüência e fase inalteradas.

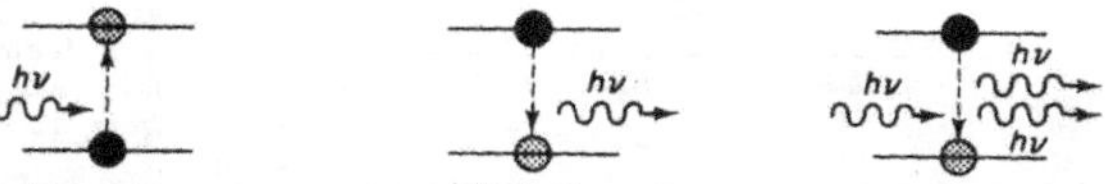

Figura 17.12 A emissão estimulada de fótons $h\nu$ é a base da ação do laser. Em (a), uma molécula no estado fundamental absorve um fóton e é elevada a um estado excitado. Em (b), mostramos que a molécula emite um fóton espontaneamente e volta ao estado fundamental. Em (c), o fóton incidente atinge uma molécula que já está no estado excitado e estimula a molécula a voltar ao estado fundamental emitindo um segundo fóton

Para obter uma amplificação da luz através de emissão estimulada, devemos ter uma *inversão de população* entre as moléculas do meio, de modo que haja mais moléculas no estado superior da transição do que no inferior. Foram estudados muitos tipos de lasers desde a descoberta original feita por C. H. Townes(12), na Universidade de Colúmbia, em 1954. Algumas vezes a inversão de população é conseguida através de *bombeamento óptico*, obtido às vezes por descargas elétricas, e, o que é mais interessante para o químico, através de uma reação química que produz moléculas num estado excitado.

Vamos ilustrar os princípios do laser descrevendo um exemplo particular. O progresso na área tem sido tão rápido que uma resenha geral não seria prática(13). O laser de dióxido de carbono se baseia nos níveis de energia vibracionais da molécula de CO_2, como é mostrado na Fig. 17.13. Os três números quânticos v_1, v_2 e v_3 se referem aos modos de estiramento simétrico, de deformação angular e de estiramento assimétrico, respectivamente. Esses modos normais são mostrados na Fig. 17.11. A estrutura rotacional fina não está incluída na Fig. 17.13, mas cada um dos níveis vibracionais está realmente associado a um conjunto de níveis rotacionais muito próximos em energia. A Fig. 17.13 também inclui o primeiro nível vibracional do N_2, que tem aproximadamente a mesma energia do nível (001) do CO_2.

O nível (001) do CO_2 é ideal como o nível superior para uma operação laser. Pode ser excitado diretamente passando uma descarga elétrica através de CO_2, mas ainda mais efetivamente se N_2 for misturado ao CO_2. O N_2 é excitado pela descarga elétrica e transfere sua energia para a excitação do nível (001) do CO_2. Como o N_2 é uma molécula diatômica homonuclear (não possui momento dipolar) não pode sofrer transições

(12)Townes descobriu o fenômeno na região de microondas do espectro e, portanto, chamou-o ação *Maser*. O primeiro laser com luz visível foi conseguido por Maiman em 1960

(13)Um livro introdutório muito atraente é: *Lasers and Light*, editado por A. L. Schawlow (San Francisco: W. H. Freeman Co., 1969)

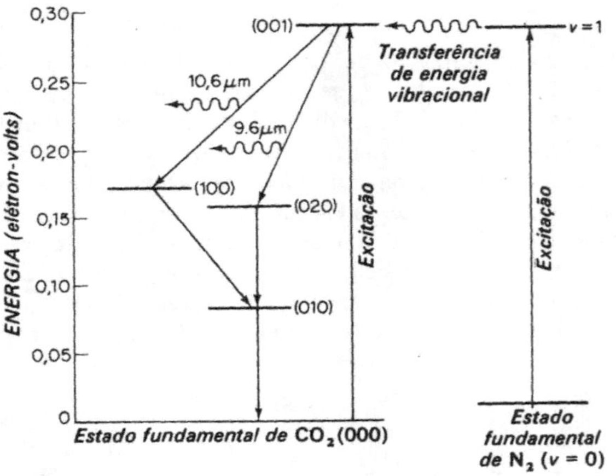

Figura 17.13 Os níveis de energia envolvidos na operação do laser de CO_2. A adição de nitrogênio gasoso ao laser de dióxido de carbono resulta numa excitação seletiva das moléculas do dióxido de carbono ao nível superior do laser. Como o nitrogênio é uma molécula diatômica, tem apenas um grau de liberdade vibracional; portanto, um número quântico vibracional (v) descreve completamente seus níveis de energia vibracional. Moléculas de nitrogênio podem ser eficientemente excitadas do nível $v = 0$ a $v = 1$ por impacto eletrônico numa descarga em nitrogênio gasoso a baixa pressão. Como a energia de excitação da molécula de $N_2(v = 1)$ é praticamenta igual à energia de excitação da molécula de $CO_2(001)$, uma transferência eficiente de energia vibracional ocorre nas colisões de moléculas de $N_2(v = 1)$ com moléculas de $CO_2(000)$. Nessas colisões, a molécula de nitrogênio retorna do nível $v = 1$ ao fundamental, perdendo um quantum de sua energia vibracional, excitando assim a molécula de dióxido de carbono de seu estado fundamental ao nível 001. A molécula de dióxido de carbono pode então decair radiativamente ao nível 100 ou ao nível 020 e neste processo emitir luz na região do infravermelho em 10,6 ou 9,6 mícrons, respectivamente [De *Lasers and Light*, editado por A. L. Schawlow (San Francisco: W. H. Freeman & Co. 1969)]

vibracionais por absorção ou emissão de radiação. Portanto, a excitação do N_2 não é perdida através de radiação mas, em vez disso, é transferida nas colisões com moléculas de CO_2. Devido à proximidade dos níveis de energia, estas são chamadas *colisões ressonantes*. A primeira condição para a operação laser é, portanto, conseguida quando uma descarga elétrica é passada através de uma mistura de CO_2 e N_2, isto é, inversão de população, que produz uma alta concentração de moléculas de CO_2 no estado vibracional (001).

Duas transições radiativas são possíveis do (001), como é mostrado na Fig. 17.13, ou para (100) com emissão de radiação infravermelha em 10,6 μm, ou para o estado (020) com emissão a 9,6 μm. As transições em 10,6 μm são mais intensas que as em 9,6 μm por um fator de cerca de 10. As moléculas de CO_2 nos níveis de energia mais baixos perdem a excitação através de colisões não ressonantes, que convertem energia vibracional em energia cinética translacional.

A potência de saída de um laser de CO_2 pode realmente ser feita para ocorrer quase exclusivamente numa única transição do ramo P da banda de 10,6 μm, geralmente na transição $P(J = 20)$ em 10,59 μm. Lasers de CO_2 típicos possuem cerca de 2 m de comprimento, com uma potência de saída contínua de até 150 W. Lasers muito maiores foram construídos, com potência até 30 kW. Existem alguns dispositivos atemorizantes, nos quais algumas propriedades dos canhões de raios mortais da nave espacial "Enterprise"[14]

[14]Nave capitânia da esquadra intergalática numa série de ficção científica, "Jornada nas Estrelas", feita especialmente para televisão

já foram realizadas. O feixe pode perfurar uma chapa de aço inoxidável com um buraco de 1 cm em alguns segundos. As possibilidades para comunicação e outros usos desses raios estão começando a ser apreciados.

17.14. Modos normais de vibração

O modelo do oscilador harmônico não é apropriado para a representação de níveis vibracionais de maior energia e os detalhes quantitativos dos espectros infravermelhos. Apesar disso, o modelo é muito útil, de fato, essencial, no tratamento do problema matemático das vibrações de moléculas poliatômicas. Apenas na aproximação de forças restauradoras lineares (lei de Hooke ⟶ oscilador harmônico), a mecânica analítica do problema se torna tratável.

Consideremos uma molécula com N núcleos. A posição de cada núcleo no espaço pode ser descrita por um conjunto de três coordenadas x_i', y_i' e z_i', de modo que $3N$ coordenadas são necessárias para todos os núcleos da molécula. As posições dos núcleos na molécula oscilam com relação a certos sítios de equilíbrio. As oscilações de cada núcleo podem ser descritas em termos de um conjunto de deslocamentos do equilíbrio, x_i, y_i e z_i. Assim, as coordenadas cartesianas reais de um núcleo com relação a alguma origem são substituídas pela variação dessas coordenadas com relação a algum valor de equilíbrio.

Na teoria de pequenas vibrações, admitimos que a força restauradora associada ao deslocamento de uma dada coordenada é linearmente proporcional a cada um dos outros deslocamentos. Por exemplo, a força restauradora para x_1, o deslocamento da coordenada x do núcleo (1) de sua posição de equilíbrio, seria

$$F_x^1 = -\kappa_{xx}^{11}x_1 - \kappa_{xy}^{11}y_1 - \kappa_{xz}^{11}z_1 - \kappa_{xx}^{12}x_2 - \kappa_{xy}^{12}y_2 - \cdots - \kappa_{xz}^{1N}z_N \qquad (17.38)$$

Os κ são constantes de força. Quando três (para x, y e z) de tais equações da lei de Hooke estendidas são escritas para cada núcleo, obtemos um conjunto de equações dinâmicas simultâneas para os movimentos de todos os núcleos. Nesta formulação, cada deslocamento de um núcleo j contribui para a força de restauração para cada núcleo i (incluindo o próprio, obviamente).

Em certas condições, os núcleos na molécula podem se mover num movimento harmônico simples, no qual cada núcleo apresenta uma vibração harmônica simples com a mesma freqüência ν e está sempre em fase com os outros núcleos. Estes são os *modos normais de vibração*. Por exemplo, o deslocamento de um sítio de equilíbrio do núcleo i seria

$$x_i = x_{i0}\cos(2\pi\nu t + \phi), \qquad (17.39)$$

onde x_{i0} é a amplitude e ϕ, a fase. Diferenciando-se duas vezes em relação ao tempo, a aceleração correspondente à Eq. (17.39) é $a_i = \ddot{x}_i = -4\pi^2\nu^2 x_i$. De $F = ma$,

$$F_i = m_i\ddot{x}_i = -4\pi^2 m_i \nu^2 x_i$$

Quando tal expressão para a força é introduzida nas equações da lei de Hooke generalizada, Eq. (17.38), obtemos um sistema de $3N$ equações homogêneas lineares

$$\begin{aligned}
-4\pi^2\nu^2 m_1 &= -\kappa_{xx}^{11}x_1 - \kappa_{xy}^{11}y_1 - \cdots - \kappa_{xz}^{1N}z_N \\
-4\pi^2\nu^2 m_1 &= -\kappa_{yx}^{11}x_1 - \kappa_{yy}^{11}y_1 - \cdots - \kappa_{yz}^{1N}z_N \\
&\vdots \\
-4\pi^2\nu^2 m_N &= -\kappa_{zx}^{N1}x_1 - \kappa_{zy}^{N1}y_1 - \cdots - \kappa_{zz}^{NN}z_N
\end{aligned} \qquad (17.38a)$$

Como vimos numa situação semelhante na Sec. 14.24, tal sistema de equações tem uma solução não-trivial apenas se o determinante dos coeficientes for nulo.

$$\begin{vmatrix} (\kappa_{xx}^{11} - 4\pi^2\nu^2 m_1)\kappa_{xy}^{11} & & \cdots \kappa_{xz}^{1N} \\ \kappa_{yx}^{11} & (\kappa_{yy}^{11} - 4\pi^2\nu^2 m_i) & \cdots \kappa_{yz}^{1N} \\ \vdots & \vdots & \vdots \\ \kappa_{zx}^{1N} & \kappa_{zy}^{1N} & \cdots (\kappa_{zz}^{NN} - 4\pi^2\nu^2 m_N) \end{vmatrix} = 0 \qquad (17.40)$$

Esta é uma equação de grau $3N$ para o quadrado das freqüências ν^2, um tipo de equação secular. As soluções para ν^2 dariam os valores para as freqüências de todos os modos normais de vibração. Realmente, seis das raízes são nulas (cinco para uma molécula linear), correspondentes aos graus de liberdade de translação e rotação. Para resolver a Eq. (17.40) para os valores numéricos das freqüências, deveríamos conhecer todas as constantes de força, mas muito raramente dispomos de tal informação. Então, embora a Eq. (17.40) seja uma equação importante e interessante, no sentido de demonstrar a origem matemática das freqüências dos modos normais, não é de uso prático em cálculos.

De fato, o problema prático é exatamente o oposto: dadas as freqüências de um conjunto de vibrações normais, obtidas a partir de medidas espectroscópicas, devemos atribuir as freqüências às vibrações normais e deduzir um conjunto de constantes de força. Desde que o número de constantes de força ultrapasse o de freqüências de vibração, torna-se evidente que este problema não pode ser resolvido baseado apenas na Eq. (17.40). Dados adicionais podem ser fornecidos pela substituição isotópica, e relações entre constantes de força podem ser obtidas a partir de modelos para interações entre átomos. Para moléculas moderadamente complexas ($N > 4$), é também necessária alguma redução drástica no número de constantes de força. Dispõem-se de vários modelos. Um dos mais convenientes para o químico é o de subdividir os deslocamentos dos núcleos naqueles que podem ser causados por (1) estiramento de ligações químicas, (2) deformação das ligações (alterações dos ângulos de ligação), (3) torção das ligações (deformação torcional) e (4) um número limitado de interações entre átomos não ligados que se aproximam bastante na molécula. Essas interações entre átomos não-ligados dentro das moléculas são semelhantes a interações de Van Der Waals entre moléculas, que serão discutidas no Cap. 19. Admitamos que de uma ou de outra maneira tenhamos determinado as freqüências dos modos normais. Podemos substituí-las de volta nas Eqs. (17.38a), a estas podem ser resolvidas pelas *relações de deslocamento dos núcleos*. Essas relações fornecem as *coordenadas normais* para as vibrações e mostram como os núcleos se movem em cada um dos modos normais de vibração.

17.15. Simetria e vibrações normais

Para fins práticos, não é geralmente necessário desenvolver os cálculos de coordenadas normais. A forma das vibrações normais pode muitas vezes ser deduzida a partir de simples considerações de simetria, baseadas na tabela de caracteres para o grupo puntual ao qual a molécula pertence. Se uma vibração normal é não-degenerada, isto é, se sua freqüência particular ν pertence a apenas uma vibração normal, o requisito de simetria pode ser visto de um modo bastante simples, como se segue. A energia total da molécula em vibração não pode mudar como resultado de qualquer operação de simetria realizada na molécula. A energia pode ser expressa em termos de coordenadas normais de vibração q_i como

$$E = \sum \tfrac{1}{2} m_i \dot{q}_i^2 + \sum \tfrac{1}{2} \kappa_i q_i^2$$

Então, cada q_i deve ser ou simétrico ($q_i \longrightarrow q_i$) ou anti-simétrico ($q_i \longrightarrow -q_i$) em relação a cada operação de simetria. Por exemplo, a Fig. 17.14 mostra o efeito de um plano de simetria sobre uma das vibrações normais de uma molécula ABC_2, tal como o H_2CO. Se o modo de vibração ν_1 for degenerado, o problema de simetria é um pouco mais elaborado, pois agora deve-se tomar uma combinação linear de modos de vibração, e o efeito da operação de simetria é geralmente mais que apenas uma mudança de sinal.

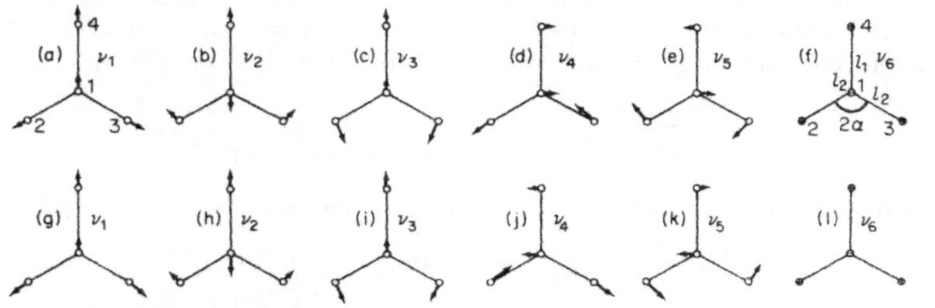

Figura 17.14 Vibrações normais de uma molécula ABC_2 e seu comportamento em relação à reflexão em um plano de simetria através de AB e perpendicular ao plano da molécula. Movimentos perpendiculares ao plano do papel são indicados pelos sinais + e − nos círculos representando os núcleos [De G. Herzberg, *Molecular Spectra and Molecular Structure* (Princeton, N.J.: D. Van Nostrand Co., Inc., 1945)]

A partir da discussão das representações de grupos do capítulo anterior, é evidente que cada modo normal pode servir como uma base para uma representação do grupo de simetria da molécula. A representação pode ser reduzida a um conjunto de representações irredutíveis. Então, o modo normal (ou, no caso degenerado, uma combinação linear de modos normais) se transforma, sob as operações de simetria, exatamente como é necessário pelos caracteres da representação irredutível (R.I.) à qual pertence.

Por exemplo, consideremos a molécula de H_2CO, cujas ($3N-6$) vibrações normais são mostradas na Fig. 17.14. O grupo potencial é $\mathbf{C}_{2v}$ com a seguinte tabela de caracteres:

$\mathbf{C}_{2v}$	E	C_2	$\sigma_v(xz)$	$\sigma_v(yz)$
A_1	1	1	1	1
A_2	1	1	−1	−1
B_1	1	−1	1	−1
B_2	1	−1	−1	1

Todas as R.I. são unidimensionais; portanto, todas as vibrações normais devem ser não-degeneradas. As três vibrações normais ν_1, ν_2 e ν_3 são totalmente simétricas e pertencem à espécie A_1[(15)]. Se tomamos o plano da molécula como o plano xz, as vibrações ν_4 e ν_5 pertencem à espécie B_1 enquanto ν_6 pertence à espécie B_2, sendo anti-simétrica em relação à reflexão $\sigma_v'(xz)$ no plano da molécula.

Muitos outros exemplos da simetria de vibrações normais podem ser encontrados no livro de Herzberg[(16)]. Não desejamos fornecer mais detalhes aqui, mas apenas estabelecer o seguinte princípio básico importante: *a tabela de caracteres das representações irredutíveis do grupo puntual leva à classificação das vibrações normais.*

[(15)]A simetria das vibrações é geralmente designada pelos símbolos em letras minúsculas, tais como a_1, b_1, b_2 etc.

[(16)]G. Herzberg, *Infrared and Raman Spectra* (Princeton, N.J.: D. Van Nostrand Co., Inc., 1945)

Uma transição vibracional fundamental ocorre quando um modo normal particular for excitado de seu estado fundamental com $v_1 = 0$ ao seu primeiro estado excitado com $v_i = 1$, enquanto todos os outros modos normais permanecem não-excitados. Em termos da função de onda vibracional, a excitação de uma transição fundamental pode ser representada por $\psi^1_{v_i} \leftarrow \psi^0_{v_i}$. Em termos físicos, a exigência para a excitação de uma transição fundamental é que a vibração da molécula resulte num momento dipolar oscilante, que pode interagir com o vetor elétrico do campo eletromagnético. A partir da Eq. (17.19), a exigência matemática é que o *momento de transição* seja diferente de zero. Em termos do vetor do momento dipolar, uma das seguintes integrais deve, portanto, ser diferente de zero:

$$\int \psi^0_v x \psi^1_v \, d\tau, \qquad \int \psi^0_v y \psi^1_v \, d\tau, \qquad \int \psi^0_v z \psi^1_v \, d\tau \qquad (17.41)$$

A partir da Sec. 14.5, sabemos que as funções de onda do oscilador harmônico são

$$\psi_v = N_v e^{-q^2/2\alpha^2} \mathscr{H}_v\left(\frac{q}{\alpha}\right), \qquad (17.42)$$

onde $\mathscr{H}_v$ são os polinômios de Hermite e $\alpha^2 = \hbar/2\pi\mu\nu_0$. Para o estado fundamental, $v = 0$, $\mathscr{H}_v = 1$ e, portanto, $\psi^0_v = N_0 e^{-q^2/2\alpha^2}$.

No caso de um modo normal de vibração, q representa uma das *coordenadas normais*. Para qualquer modo normal, portanto, qualquer operação de simetria da molécula pode apenas mudar q por um fator de ± 1 e deve, portanto, deixar ψ^0_v inalterada[17]. Podemos, portanto, estabelecer a regra: *todas as funções de onda de estado fundamental para vibrações normais são bases para a representação totalmente simétrica do grupo puntual da molécula.*

A primeira função de onda para o estado excitado, a partir da Eq. (17.42), tem a forma

$$\psi^1_v = N_v(2x)\, e^{-q^2/2\alpha^2}$$

Como o termo exponencial é totalmente simétrico, a função de onda para o próprio primeiro estado excitado tem a simetria de q, a coordenada normal; portanto, uma função de onda para o primeiro estado excitado ($v = 1$) tem sempre a simetria da própria coordenada normal. Assim, a atribuição dos modos normais às suas representações teóricas de grupos automaticamente dá a simetria do primeiro estado excitado de cada modo normal.

Uma integral do produto de duas funções, $\int f_A f_B d\tau$, será nula a menos que a integral, ou algum de seus termos, seja completamente simétrica. A condição para que as integrais na Eq. (17.41) não sejam nulas é, portanto, que o produto de x, y ou z (como possa ser o caso) por ψ^1_v deva pertencer à representação totalmente simétrica do grupo. Em outras palavras, ψ^1_v deve pertencer à mesma representação que uma das coordenadas cartesianas x, y ou z. As tabelas de caracteres para vários grupos geralmente contêm as coordenadas cartesianas e as representações às quais estas pertencem.

Tomemos como exemplo a molécula $\mathbf{C}_{2v}$, CH_2O, mostrada na Fig. 17.14 com a tabela de caracteres dada na p. 691. Quais dos modos normais de vibração serão ativos? Esta é uma questão fundamental para a interpretação do espectro infravermelho. A partir da tabela de caracteres podemos distribuir as vibrações normais e as coordenadas cartesianas da seguinte maneira:

ν_1	A_1	ν_4	B_1	x	B_1
ν_2	A_1	ν_5	B_1	y	B_2
ν_3	A_1	ν_6	B_2	z	A_1

[17]Não provamos a regra para vibrações não-degeneradas, mas vale também nestes casos. Ver F. A. Cotton, *Chemical Applications of Group Theory* (New York: John Wiley, 1971), p. 262

Tabela de caracteres para o grupo $\mathbf{C}_{2h}$

C_{2h}	E	C	i	σ_h	
A_g	1	1	1	1	x^2, y^2, z^2, xy
B_g	1	−1	1	−1	xz, yz
A_u	1	1	−1	−1	z
B_u	1	−1	−1	1	x, y

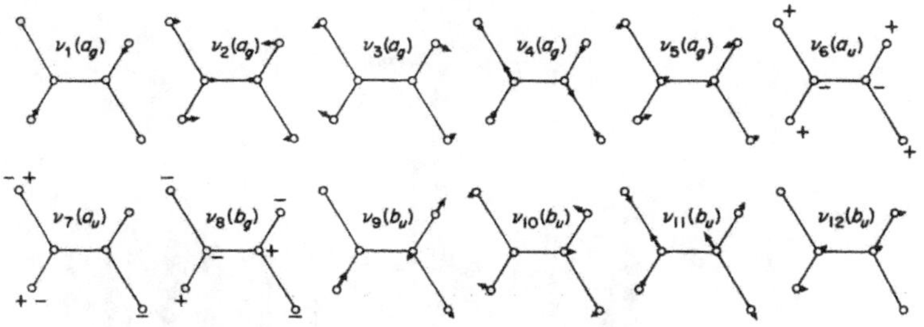

Figura 17.15 Vibrações normais do *trans*-$C_2H_2Cl_2$ (esquemático) (A tabela de caracteres do grupo $\mathbf{C}_{2h}$ ao qual esta molécula pertence é mostrado acima)

Neste caso, encontramos uma correspondência entre cada uma das representações dos modos normais e uma das representações do momento dipolar (x, y, z); portanto, *todos* os modos normais de formaldeído são ativos, como freqüências fundamentais no espectro infravermelho.

Como um segundo exemplo, vamos considerar a molécula do *trans*-$C_2H_2Cl_2$ mostrada na Fig. 17.15. As simetrias dos modos normais são obtidas com referência à tabela de caracteres do grupo $\mathbf{C}_{2h}$, ao qual está molécula pertence. Os modos normais podem, então, ser atribuídos da seguinte maneira:

$\nu_1, \nu_2, \nu_3, \nu_4, \nu_5$	A_g	x	B_u
ν_6, ν_7	A_u	y	B_u
ν_8	B_g	z	A_u
$\nu_9, \nu_{10}, \nu_{11}, \nu_{12}$	B_u		

A comparação mostra que as duas vibrações $A_u(\nu_6, \nu_7)$ e as quatro $B_u(\nu_9, \nu_{10}, \nu_{11}, \nu_{12})$ serão ativas como freqüências fundamentais no espectro infravermelho. Esta previsão é confirmada pelos espectros experimentais.

17.16. Espectros Raman

Quando um feixe de luz atravessa um meio, uma certa quantidade é absorvida, outra é transmitida e uma terceira quantidade é espalhada. A luz espalhada pode ser estudada através de observações em direções perpendiculares à do feixe incidente. A maior parte da luz é espalhada sem haver mudança no comprimento de onda (espalhamento de Rayleigh), mas além desta existe uma pequena porção da luz espalhada com um comprimento de onda alterado. Se a luz incidente for monocromática, por exemplo, uma linha espectral atômica isolada, o espectro espalhado mostrará várias linhas deslocadas do comprimento de onda original. Um exemplo é mostrado na Fig. 17.16. Este efeito foi observado pela primeira vez por C. V. Raman e K. S. Krishnan em 1928.

A origem do efeito Raman pode ser visualizada da seguinte maneira. Um quantum $h\nu$ de luz incidente atinge uma molécula. Se for espalhado *elasticamente*, sua energia não será alterada e a luz espalhada terá a mesma freqüência da luz incidente. Se for espalhada *não-elasticamente*, poderá ceder ou retirar energia da molécula. Esta energia deve ser naturalmente trocada em quanta $h\nu'$, onde $h\nu' = E_1 - E_2$ é a diferença de energia

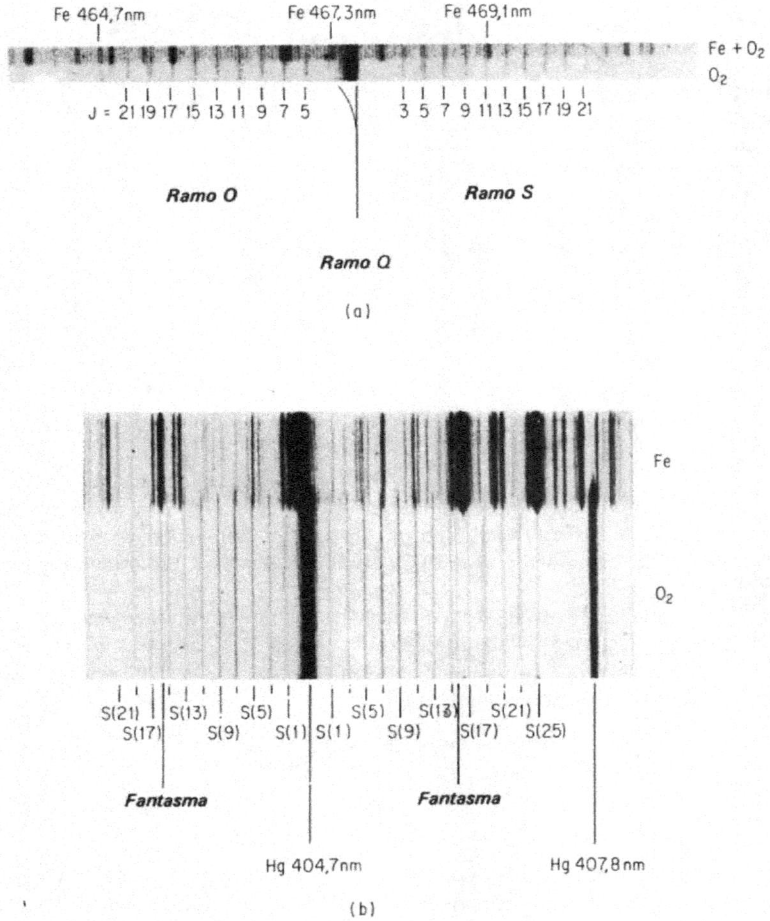

Figura 17.16 O espectro Raman do oxigênio gasoso. (a) Banda de rotação-vibração excitada pela linha do Hg em 435,80 nm. A cabeça do ramo *Q* ocorre em 467,51 nm, de modo que a freqüência da transição vibracional pura $v = 0 \rightarrow v = 1$ seria $\Delta\sigma_0 = 10^7(\lambda_1^{-1} - \lambda_2^{-1}) = 10^7(435{,}8^{-1} - 467{,}51^{-1}) = 1\,556{,}25\ \text{cm}^{-1}$. O espectro de emissão do ferro está superposto para servir de calibração da escala dos comprimentos de onda. Os ramos designados como *O* e *S* correspondem a regras de seleção Raman $\Delta J = +2$ e $\Delta J = -2$, e o ramo *Q*, da mesma maneira como nos espectros infravermelho, é $\Delta J = 0$. No $^{16}O_2$ apenas os níveis rotacionais ímpares são povoados. [Ver Herzberg, *Molecular Spectra and Molecular Structure*, Part 1, 2.ª edição, pp. 130-135 (New York: D. Van Nostrand & Co., 1950)]. (b) Espectro rotacional puro do O_2 excitado pela linha do mercúrio em 404,7 nm. As linhas Stokes estão no lado de maiores comprimentos de onda das linhas de excitação e as linhas anti-Stokes, ao lado de menores comprimentos de onda. As regras de seleção são $\Delta J = \pm 2$. O valor menor de *J* para a transição é anotado para cada linha. Realmente, o estado eletrônico fundamental do O_2 é um triplete ($^3\Sigma_g^-$) mas a estrutura triplete não é resolvida nesses espectros e assim o número quântico *J* tem sido retido [Para uma discussão sobre este ponto, ver I. N. Levine, *Quantum Chemistry*, vol.2 , *Molecular Spectroscopy*. (Boston: Allyn and Bacon, 1970) pp. 181-187]. As linhas chamadas "fantasmas" nada têm a ver com o oxigênio, mas são causadas por efeitos de interferências devidos à irregularidade na grade de difração do espectrógrafo (Alfons Weber, Fordham University)

entre os dois estados estacionários E_1 e E_2 da molécula, por exemplo, dois níveis de energia vibracional definidos. A freqüência da radiação que sofre o espalhamento Raman será, portanto,

$$\nu'' = \nu \pm \nu'$$

A freqüência Raman ν' é completamente independente da freqüência da luz incidente ν. Podemos observar espectros Raman rotacionais puros e de vibração-rotação, os quais são as contrapartidas dos espectros de absorção no infravermelho próximo e longínquo. Os espectros Raman são, contudo, estudados com fontes de luz visível ou ultravioleta. Em muitos casos, os espectros Raman e infravermelhos de uma molécula são complementares, pois vibrações e rotações, que não são observáveis no infravermelho, podem ser ativas no Raman. Assim, o espectro do oxigênio na Fig. 17.16 dá o espaçamento dos níveis de energia rotacionais na banda fundamental de vibração-rotação do O_2, embora o O_2 não apresente espectro no infravermelho, pois não tem momento dipolar.

Devemos compreender a distinção entre *espalhamento Raman* e *fluorescência*. Nos dois casos, um quantum de luz é produzido e dotado de uma freqüência diferente da do quantum incidente. Na fluorescência, o sistema absorve primeiro o quantum $h\nu$ e então re-emite um quantum $h\nu''$; a luz incidente deve, portanto, ser uma freqüência de absorção. No espalhamento Raman, a luz incidente pode ter qualquer freqüência.

O espalhamento Raman ocorre como um resultado do *momento dipolar induzido na molécula* pela luz incidente. O dipolo induzido μ depende da intensidade do campo elétrico **F** através da Eq. (15.30),

$$\boldsymbol{\mu} = \alpha \mathbf{F}$$

sendo α a polarizabilidade. A probabilidade de transição para o efeito Raman, da Eq. (17.17), torna-se portanto,

$$|\boldsymbol{\mu}|^{nm} = |F| \int \psi_n^* \alpha \psi_m \, d\tau \tag{17.43}$$

Se α for constante, esta integral se anula devido à ortogonalidade das funções de onda. Para que uma vibração ou uma rotação seja ativa no Raman, portanto, a polarizabilidade deve mudar durante a rotação ou vibração.

A polarizabilidade muda durante a rotação de qualquer molécula não-esférica, de modo que espectros Raman rotacionais podem ser obtidos com a maioria das moléculas, fornecendo dados detalhados sobre os níveis de energia rotacionais para suplementar os obtidos a partir dos espectros de microondas. A Fig. 17.17 mostra o espectro Raman rotacional do N_2O, estendendo-se a valores do número quântico rotacional de cerca de $J = 40$.

17.17. Regras de seleção para os espectros Raman

O momento dipolar induzido μ e o campo **F**, que o induz, são ambos vetores e a relação entre eles é

$$\boldsymbol{\mu} = \tilde{\alpha}\mathbf{F}, \tag{17.44}$$

onde a quantidade $\tilde{\alpha}$ é um *tensor*. Quando representamos tanto μ como **F** em termos de suas componentes x, y e z, a Eq. (17.44) é escrita como

$$\begin{aligned} \mu_x &= \alpha_{xx}F_x + \alpha_{xy}F_y + \alpha_{xz}F_z \\ \mu_y &= \alpha_{yx}F_x + \alpha_{yy}F_y + \alpha_{yz}F_z \\ \mu_z &= \alpha_{zx}F_x + \alpha_{zy}F_y + \alpha_{zz}F_z \end{aligned} \tag{17.45}$$

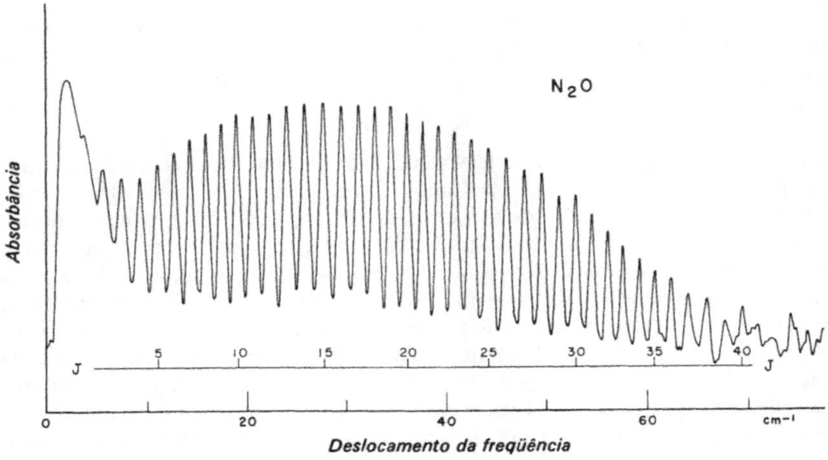

Figura 17.17 Exemplos de espectro rotacional Raman. Uma curva microfotométrica de uma placa fotográfica de um ramo do espectro do N_2O. Os números quânticos rotacionais J são mostrados (Boris Stoicheff, National Research Council, Ottawa)

As nove componentes do tensor polarizabilidade são reduzidas a seis pela condição $\alpha_{xy} = \alpha_{yx}$, $\alpha_{yz} = \alpha_{zy}$, $\alpha_{xz} = \alpha_{zx}$. As seis componentes restantes (α_{xx}, α_{xy}, α_{xz}, α_{yy}, α_{yz}, α_{zz}) determinam a grandeza das componentes do momento dipolar induzido. É evidente, a partir da Eq. (17.43), que uma dada vibração normal somente pode aparecer no espectro Raman, se pelo menos uma das seis componentes do tensor polarizabilidade diferir de zero.

Por analogia com as regras de seleção para os espectros infravermelhos, uma transição Raman entre dois níveis vibracionais v' e v'' será permitida apenas se o produto $(\psi_{v'})(\psi_{v''})$ pertencer à mesma espécie de simetria que pelo menos uma das componentes do tensor polarizabilidade. É fácil descobrir as espécies de simetria das componentes da polarizabilidade para espécies não-degeneradas. Tomemos, por exemplo, o momento na direção x induzida por um campo na direção y,

$$\mu_x = \alpha_{xy} F_y$$

Como μ_x e F_y podem ou trocar de sinal ou permanecer inalterados após a operação e μ_x se comporta como uma translação x e F_y, como uma translação y, é evidente que α_{xy} se comporta como o produto xy. Esta regra também se aplica a vibrações degeneradas. Portanto, as espécies de simetria das componentes α_{xy}, α_{xz} etc. são obtidas imediatamente como os produtos dos pares de x, y etc.

Vamos aplicar esta regra aos dois exemplos previamente discutidos em relação aos espectros infravermelhos. Para o grupo puntual $\mathbf{C}_{2v}$ (o caso do formaldeído), os produtos são atribuídos às representações irredutíveis, como se segue:

xx	A_1	yy	A_1	zz	A_1
xy	A_2	yz	B_2		
xz	B_1				

Como pelo menos uma dessas espécies de simetria corresponde a uma das espécies dos modos normais da p. 692, concluímos que todos os modos normais são ativos no espectro Raman como transições fundamentais. Para o caso do *trans*-$C_2H_2Cl_2$($\mathbf{C}_{2h}$) encontramos as seguintes atribuições dos produtos:

$$\begin{array}{llllll} xx & A_g & yy & A_g & zz & A_g \\ xy & A_g & yz & B_g & & \\ xz & B_g & & & & \end{array}$$

Agora, apenas as espécies vibracionais A_g e B_g são ativos no espectro Raman, (ν_1, ν_2, ν_3, ν_4 e ν_6). Notar que as espécies ativas no espectro Raman são justamente as que eram inativas no infravermelho. É, de fato, uma regra geral que, para moléculas com um centro de simetria (por exemplo, moléculas $\mathbf{D}_{2h}$), as vibrações ativas no infravermelho devem ser inativas no Raman e vice-versa. A combinação dos dados dos espectros Raman e infravermelho na análise das propriedades vibracionais de moléculas é, portanto, uma técnica da maior importância.

17.18. Dados moleculares a partir da espectroscopia

A Tab. 17.6 apresenta uma coleção de dados deduzidos de observações espectroscópicas com várias moléculas.

17.19. Espectros de banda eletrônicos

As diferenças de energia ΔE entre estados eletrônicos numa molécula são, geralmente, muito maiores que aquelas entre níveis vibracionais sucessivos. Então, os espectros de bandas devidos a transições entre dois estados eletrônicos diferentes são observados na região visível ou ultravioleta. O ΔE entre níveis eletrônicos moleculares é geralmente da mesma ordem de grandeza da que é observada entre níveis de energia atômicos, variando de 1 a 10 eV.

A Fig. 17.18 representa o estado fundamental de uma molécula (curva A) e duas possibilidades distintas para um estado excitado. Num deles (curva B), existe um mínimo na curva de energia potencial B, de modo que este mínimo representa um estado excitado estável da molécula. Na curva C, não existe mínimo, e o estado é instável para todas as transições internucleares.

Uma transição do estado fundamental a um estado instável será seguida imediatamente pela dissociação da molécula. Tais transições originam uma banda de absorção contínua. Transições entre diferentes níveis vibracionais de dois estados eletrônicos estáveis também conduzem a bandas no espectro, mas, neste caso, a banda pode ser analisada em termos de linhas muito densamente empacotadas, correspondentes a diferentes níveis rotacionais e vibracionais, superior e inferior.

Uma regra conhecida, como o *princípio de Franck-Condon*, nos ajuda a entender as transições eletrônicas. Um salto eletrônico ocorre muito mais rapidamente que o período de vibração dos núcleos atômicos ($\sim 10^{-13}$ s), que são pesados e lentos comparados aos elétrons. Portanto, as posições e as velocidades dos núcleos ficam praticamente inalteradas durante uma transição eletrônica[18]. Então, podemos representar uma transição por uma linha vertical desenhada entre as duas curvas de energia potencial

[18]Deve ser notado que a linha vertical, para uma transição eletrônica, é desenhada a partir de um ponto na curva inferior, correspondente ao ponto central da vibração internuclear. Isto é feito porque o máximo em ψ no estado fundamental ocorre no ponto central da vibração. Isto não é verdadeiro para os estados vibracionais de maior energia, para os quais a máxima probabilidade se encontra mais próxima dos extremos da vibração. A teoria clássica prevê máxima probabilidade nos extremos da vibração

Tabela 17.6 Dados espectroscópicos sobre as propriedades de moléculas*

Moléculas diatômicas				
Molécula	Separação internuclear de equilíbrio r_e (nm)	Energia de dissociação D_0 (eV)	Vibração fundamental σ(cm^{-1})	Momento de inércia (kg · m^2 × 10^{-47})
Cl_2	0,1989	2,481	564,9	114,8
CO	0,11284	9,144	2168	14,48
H_2	0,07414	4,777	4405	0,459
HD	0,07413	4,513	3817	0,611
D_2	0,07417	4,556	3119	0,918
HBr	0,1414	3,60	2650	3,30
HCl^{35}	0,1275	4,431	2989	2,71
I_2	0,2667	1,542	214,4	748
Li_2	0,2672	1,14	351,3	41,6
N_2	0,1095	7,384	2360	13,94
$NaCl^{35}$	0,251	4,25	380	145,3
NH	0,1038	3,4	3300	1,68
O_2	0,12076	5,082	1580	19,34
OH	0,0971	4,3	3728	1,48

Moléculas triatômicas									
Molécula A-B-C	Separação internuclear (nm)		Ângulo de ligação (deg)	Momentos de inércia (kg · m^2 × 10^{-47})			Vibrações fundamentais σ(cm^{-1})		
	r_{xy}	r_{yz}		I_A	I_B	I_C	σ_1	σ_2	σ_3
O=C=O	0,1162	0,1162	180		71,67		1320	668	2350
H—O—H	0,096	0,096	105	1,024	1,920	2,947	3652	1595	3756
D—O—D	0,096	0,096	105	1,790	3,812	5,752	2666	1179	2784
H—S—H	0,135	0,135	92	2,667	3,076	5,845	2611	1290	2684
O=S=O	0,140	0,140	120	12,3	73,2	85,5	1151	524	1361
N=N=O	0,115	0,123	180		66,9		1285	589	2224

*De G. Herzberg, *Molecular Spectra and Molecular Structure*, Vols. I e II (Princeton, N.J.: D. Van Nostrand., Inc., 1950)

na Fig. 17.18. O princípio de Franck-Condon mostra como transições entre estados eletrônicos estáveis podem algumas vezes conduzir à dissociação. Por exemplo, na curva *A* da Fig. 17.18, a transição XX' vai para o estado superior a um nível vibracional situado acima da assíntota da curva de energia potencial. Tal transição conduz à dissociação da molécula durante o período de uma vibração.

Um bom exemplo de um sistema para o qual vários estados eletronicamente excitados têm sido estudados em detalhe é a molécula de oxigênio, como é mostrado na Fig. 17.19. O estado fundamental do O_2 é $^3\Sigma_g^-$, cuja representação em termos de orbitais moleculares foi discutida na Sec. 15.12. Existem dois estados singletes de baixa energia, $^1\Delta_g$ e $^1\Sigma_g^+$. A dissociação do O_2 a partir de qualquer um desses estados forneceria dois átomos de oxigênio, ambos no estado fundamental, ^3P. Os estados singletes de mais baixa energia do oxigênio molecular são especialmente interessantes e importantes porque têm meias-vidas muito longas (7 s e 2 700 s) para o decaimento radiativo, como conseqüência do fato de uma transição de um singlete de volta a um triplete com emissão de radiação ser proibida por uma regra de seleção rigorosa.

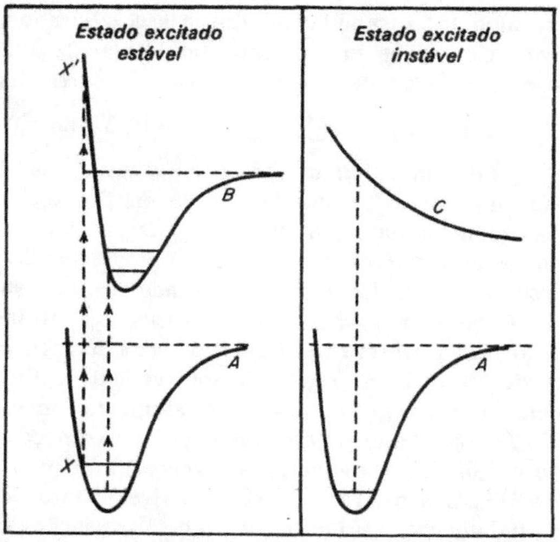

Figura 17.18 Transições entre níveis eletrônicos em moléculas. A representação das transições por linhas verticais é baseada no princípio de Franck-Condon, que indica que a probabilidade da transição eletrônica é máxima quando a variação na distância internuclear for mínima

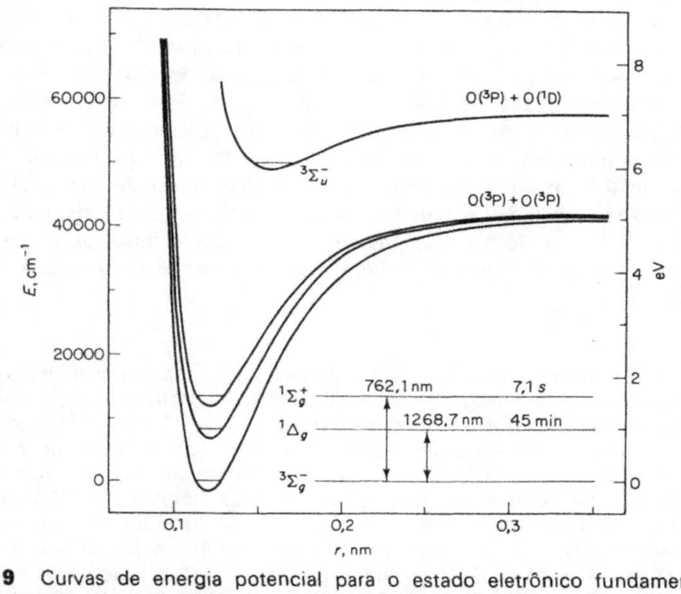

Figura 17.19 Curvas de energia potencial para o estado eletrônico fundamental do O_2, dois estados singletes, excitados de baixa energia, e um estado triplete estável de maior energia. A dissociação vibracional dos três estados de menor energia geraria átomos de oxigênio em seus estados ^3P fundamentais, mas dissociação do estado triplete $^3\Sigma_u^-$ geraria um átomo de oxigênio no estado ^3P e um átomo de oxigênio no estado excitado ^1D (Segundo Kasha e Khan.)

Por muitos anos, tem se sabido que uma quimiluminescência vermelha fraca, em cerca de 633 nm, acompanha a reação.

$$H_2O_2 + OCl^- \longrightarrow O_2 + Cl^- + H_2O$$

Inicialmente, como resultado do trabalho de Kasha e colaboradores[19], reconheceu-se que a quimiluminescência envolvia uma colisão bimolecular de duas moléculas de oxigênio singlete O_2, com a emissão de um quantum de luz vermelha,

$$({}^1\Delta_g)({}^1\Delta_g) \longrightarrow ({}^3\Sigma_g^-)({}^3\Sigma_g^-) + h\nu\ (633{,}4\ \text{nm})$$

O oxigênio singlete pode desempenhar um papel importante nas várias oxidações biológicas, nos efeitos de radiação sobre tecidos e na formação de *smog* devido às fotoxidações de compostos orgânicos na atmosfera.

Se uma molécula se dissociar num estado eletrônico excitado, os fragmentos formados (átomos no caso de uma molécula diatômica) nem sempre estarão nos respectivos estados fundamentais. Para obter a energia de dissociação a átomos nos estados fundamentais, devemos, portanto, subtrair quaisquer energias de excitação dos átomos. Por exemplo, no espectro de absorção na região do ultravioleta do O_2 existe uma série de bandas correspondentes a transições do estado fundamental ao estado excitado ${}^3\Sigma_u^-$, mostrado na Fig. 17.19. Essas bandas convergem para o começo de um contínuo em 175,9 nm, equivalente a 7,05 eV. A dissociação fornece um átomo normal (estado ${}^3P$) e um excitado (estado ${}^1D$). O espectro atômico do oxigênio mostra que este estado ${}^1D$ fica 1,97 eV acima do fundamental. Portanto, o calor de dissociação do oxigênio molecular em dois átomos normais $[O_2 \longrightarrow 2O({}^3P)]$ é $7{,}05 - 4{,}97 = 5{,}08$ eV ou $490\ \text{kJ} \cdot \text{mol}^{-1}$.

A estrutura fina rotacional e vibracional das bandas eletrônicas na região visível e ultravioleta do espectro pode fornecer informação detalhada sobre a estrutura da molécula em seu estado fundamental e nos estados eletronicamente excitados. Esses espectros eletrônicos são mais complexos e difíceis de analisar que os espectros Raman e infravermelho. Por outro lado, é especialmente importante que eles sejam compreendidos pelos químicos, pois determinam os caminhos seguidos pelas reações fotoquímicas. A Fig. 17.20 mostra uma banda vibracional no espectro eletrônico de emissão do vapor de nitreto de silício (SiN). As linhas rotacionais individuais foram bem resolvidas.

A faixa de comprimentos de onda do final vermelho do espectro visível em 0,8 μm até o violeta em 0,4 μm corresponde a uma faixa de energia de 145 a $290\ \text{kJ} \cdot \text{mol}^{-1}$. É necessária uma energia um pouco maior que isso para excitar um elétron de uma ligação covalente típica numa molécula pequena. A maioria dos compostos estáveis de baixo peso molecular é, portanto, incolor, embora muitos deles apresentem uma absorção no ultravioleta próximo.

Figura 17.20 Um exemplo de um espectro de emissão de bandas eletrônicas obtido com elevada resolução. O espectro mostra a banda 0,0 (isto é, o número quântico vibracional $v = 0$ nos estados de energia inferior e superior) da transição ${}^2\Sigma \rightarrow {}^2\Sigma$ da molécula diatômica SiN na região violeta do espectro. A numeração se refere ao número quântico *momentum* angular total J. Como exemplo na Sec. 17.11, quando $\Delta J = +1$ temos um ramo R e, quando $\Delta J = -1$, um ramo P. Neste espectro, contudo, ambos os estados são dubletes, isto é, $2\mathscr{S} + 1 = 2$ e o *spin* $\mathscr{S} = 1/2$ proveniente de um único elétron desemparelhado fora das camadas fechadas. O número quântico rotacional nuclear K combina com o número quântico *spin* $\mathscr{S}$ para dar $J = K \pm \mathscr{S}$. O caso $J = K + 1/2$ dá origem aos ramos P_1 e R_1 e o caso $J = K - 1/2$ fornece os ramos P_2 e R_2. Assim, cada linha é desdobrada num dublete, um resultado sendo chamado *duplicação por spin. A separação das bandas* de aproximadamente $4B$ na origem ν_0 (onde B é a constante rotacional definida na p. 673) é uma característica óbvia do espectro e confirma o fato que transições entre $K' = 0$ e $K'' = 0$ são proibidas. Os comprimentos de onda no topo do espectro se referem às linhas do padrão de tório e são dados em angstrons (1 Å = 0,1 nm) [Este espectro foi gentilmente fornecido por Thomas Dunn da Universidade de Michigan]

[19] O trabalho de M. Kasha e A. U. Khan, "The Physics, Chemistry and Biology of Singlet Molecular Oxygen" (Conference N.Y. Acad. Sci., outubro de 1969), é uma revisão fascinante sobre este assunto

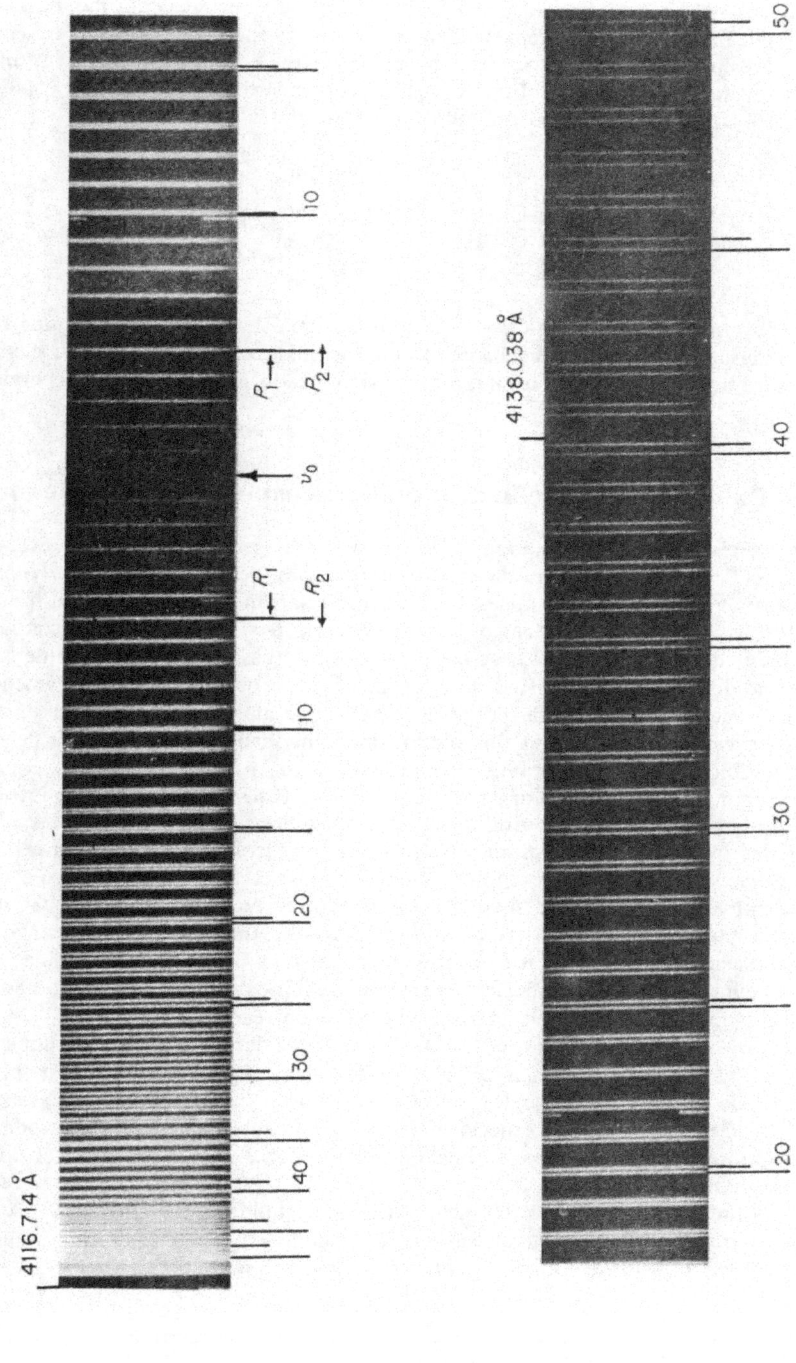
4116.714 Å
4138.038 Å
10
10
20
30
40
50
P_1
P_2
ν_0
R_1
R_2

Moléculas que possuem um elétron desemparelhado (por exemplo, NO_2, ClO_2, trifenilmetilano) são geralmente coloridas. Grupos cromofóricos, tais como $—NO_2$, —C═O ou —N═N, geralmente fazem com que um composto seja colorido, pois contêm elétrons em orbitais π e possuem orbitais excitados de energia relativamente baixa.

Num estado eletrônico excitado, uma molécula pode ter uma forma bem diferente da de seu estado fundamental. Por exemplo, as dimensões do acetileno no estado fundamental e no primeiro estado excitado são as seguintes

	Normal	*Excitado*
Comprimento C—C	0,1208 nm	0,1385 nm
Comprimento C—H	0,1058 nm	0,1080 nm
Ângulo C—C—H	180°	120°

No estado fundamental, o H—C≡C—H é linear; no estado excitado tem uma conformação *trans*deformada, com distâncias de ligação maiores. Nesta excitação eletrônica, removeu-se um elétron de um orbital π, que foi colocado num orbital σ de energia mais alta.

17.20. Caminhos de reação de moléculas excitadas eletronicamente

O interesse do químico numa molécula excitada geralmente começa exatamente onde o do físico termina. Além da espectroscopia, fica o vasto, complexo e vitalmente importante campo da fotoquímica. A vida, como sabemos, depende de utilização da energia solar por meio de processos de fotossíntese, mas, apesar dos esforços intensos e devotados de muitos cientistas, os mecanismos da fotossíntese estão longe de ser bem compreendidos. A recepção visual depende de reações fotoquímicas dos pigmentos visuais, novamente um campo de pesquisa intensa, que até o momento forneceu apenas uma compreensão fragmentária dos mecanismos envolvidos. Bastante distante de tais aplicações biológicas, a fotoquímica no presente é um assunto perseguido com entusiasmo por muitos químicos inorgânicos e orgânicos. Estes descobriram que intrincadas síntese e rearranjos podem ser produzidos pela luz, difíceis ou impossíveis de se obterem através das reações térmicas comuns. O físico-químico tem estado particularmente interessado pelo estudo teórico de como a energia de excitação de uma molécula é redistribuída entre os seus graus de liberdade internos, tanto por meio de processos intramoleculares e por colisões, como por meio de interações a distâncias maiores, envolvendo outras moléculas. A cinética fotoquímica deve tratar com um conjunto de moléculas em estados excitados especiais, radicais livres e intermediários transitórios, o que pode fazer com que pareça simples a cinética mais complexa de reações térmicas.

Com o risco de desencorajar os iniciantes, mas para dar algum sabor à complexidade do assunto, mostramos na Fig. 17.21 um diagrama resumido para ilustrar os possíveis caminhos de reação de moléculas simples eletronicamente excitadas[20]. Vamos nos atrever a dizer que nenhuma espécie molecular individual participaria em todas estas reações; representam, contudo, a gama de possibilidades que devem ser consideradas pelo fotoquímico.

Admitimos que a molécula *AB* esteja num estado fundamental singlete S_0. A absorção de um quantum $h\nu$ pode gerar um estado excitado singlete S_1^z que se decompõe em sua primeira vibração ao longo de um dos vários caminhos possíveis. O espectro de

[20]Este diagrama foi extraído da ampla monografia *Photochemistry*, de J. G. Calvert e J. N. Pitts (New York: John Wiley & Sons, Inc., 1966), p. 196

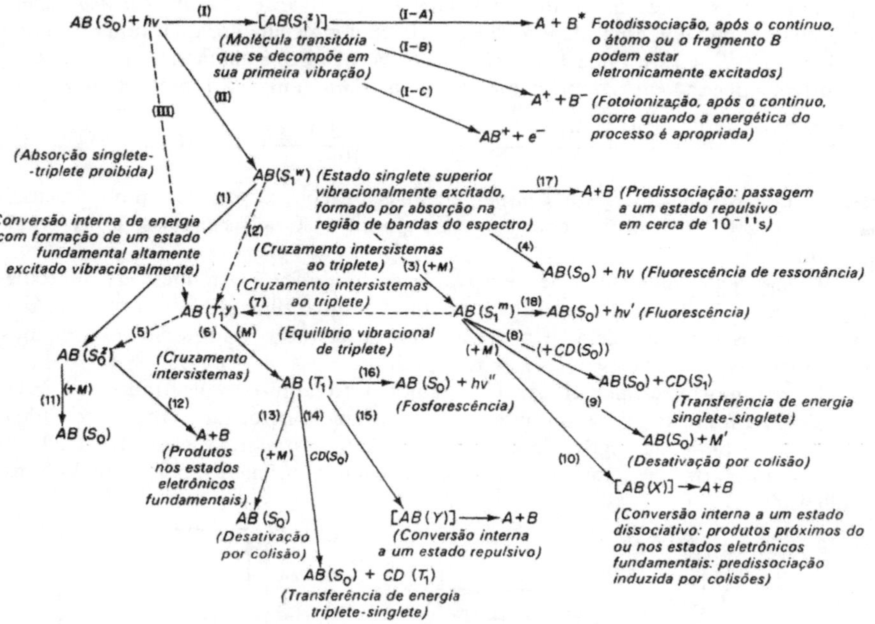

Figura 17.21 Os caminhos de reação de uma molécula simples eletronicamente excitada

absorção correspondente a ($S_1^z \leftarrow S_0$) seria portanto difuso. Alternadamente, a absorção ($S_1^w \leftarrow S_0$) pode gerar um singlete estável vibracionalmente excitado, correspondente a uma região de bandas do espectro. Uma absorção proibida, mas em alguns casos ainda significativa, é a absorção de singlete a triplete ($T_1^y \leftarrow S_0$), que pode gerar uma molécula num estado triplete excitado. Seguindo a etapa inicial de absorção, várias transferências internas, reemissões de quanta e reações químicas podem ocorrer, como é detalhado no diagrama resumido. Nas seções subseqüentes, vamos considerar alguns desses processos em mais detalhes e dar alguns exemplos ilustrativos, mas primeiramente vamos apresentar um breve histórico dos princípios básicos da fotoquímica.

17.21. Alguns princípios fotoquímicos

Em 1818, Grotthuss e Draper enunciaram um princípio que podemos chamar *Princípio da Ativação Fotoquímica*: *apenas a luz que foi absorvida por uma substância poderá ser efetiva na produção de uma modificação fotoquímica.* Nos primeiros tempos, a distinção entre processos de espalhamento e transições quânticas não era entendida, de modo que o Princípio da Ativação foi útil. Agora, parece ser quase um ponto de partida evidente por si mesmo em qualquer discussão sobre reações fotoquímicas.

Stark, em 1908, e Einstein, em 1912, aplicaram o conceito do quantum de energia a reações fotoquímicas de moléculas. Enunciaram um princípio que podemos chamar *Princípio de Ativação Quântica*: *na etapa primária de um processo fotoquímico, uma molécula é ativada por quantum de radiação absorvido.* É essencial distinguir claramente entre a etapa primária de absorção de luz e os processos subseqüentes de reação química. Uma molécula ativada não sofre necessariamente reação; por outro lado; em alguns casos uma molécula ativada através de um mecanismo em cadeia pode causar a reação de muitas outras moléculas. Então, o Princípio de Ativação Quântica *nunca* deverá ser interpretado como correspondendo à *reação* de uma molécula por quantum absorvido[21].

A energia $E = Lh\nu$, onde L é o número de Avogadro, é chamada 1 *einstein*. O valor do einstein depende do comprimento de onda. Para uma luz laranja com $\lambda = 0{,}6\,\mu m$

$$E = \frac{6{,}02 \times 10^{23} \times 6{,}62 \times 10^{-27} \times 3{,}0 \times 10^{10}}{0{,}6 \times 10^{-4} \times 10^{7} \times 10^{3}} = 189 \text{ kJ}$$

Esta energia é suficiente para romper algumas ligações covalentes muito fracas, mas, para ligações C—C e outras com energia superior a 300 kJ, é preciso utilizar radiação ultravioleta.

O *rendimento quântico* Φ de uma reação fotoquímica é o número de moléculas do reagente consumido ou do produto formado por quantum de luz absorvido. Quando considerarmos em mais detalhe o mecanismo de ativação fotoquímica, deveremos definir outros *rendimentos quânticos* mais específicos.

Um arranjo experimental para um estudo fotoquímico é mostrado na Fig. 17.22. A luz de uma fonte atravessa um monocromador, que fornece uma faixa estreita de comprimentos de onda na região desejada. A luz monocromática passa através da célula de reação e a parte que não é absorvida incide num actinômetro, por exemplo, uma termopilha.

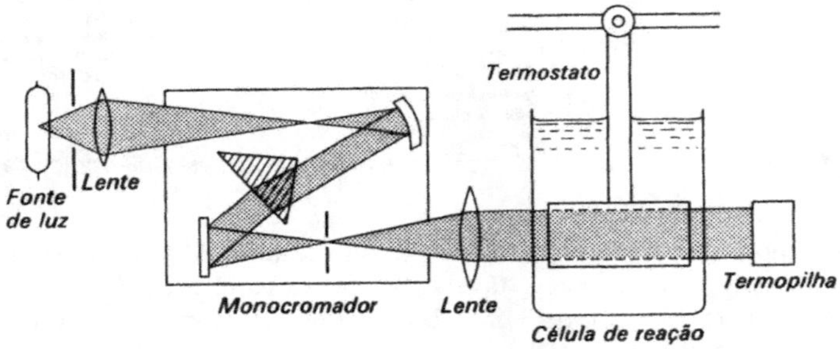

Figura 17.22 Arranjo experimental para investigações fotoquímicas

Consideremos, por exemplo, uma experiência sobre a fotólise do HI gasoso com luz de 253,7 nm de comprimento de onda.

$$2HI \longrightarrow H_2 + I_2$$

Encontrou-se que a absorção de 307 J de energia decompunha $1{,}30 \times 10^{-3}$ moles de HI. A energia do quantum de 253,7 nm é $h\nu = (6{,}62 \times 10^{-34})(3{,}0 \times 10^{10}/2{,}537 \times 10^{-5}) = 7{,}84 \times 10^{-19}$ J. O HI absorveu, por tanto, $307/7{,}84 \times 10^{-19} = 3{,}92 \times 10^{20}$ quanta. Um *einstein* é definido como $L = 6{,}02 \times 10^{23}$ quanta, de modo que $3{,}92 \times 10^{20}/6{,}02 \times 10^{23} = 6{,}22 \times 10^{-4}$ einstein foram absorvidos. O rendimento quântico Φ é o número de moles que reagiu por einstein absorvido. Assim, $\Phi = 1{,}30/0{,}652 = 1{,}99$ para a fotólise do HI.

A *fotossensibilização* ocorre quando uma molécula que absorve um quantum reage então com uma molécula de uma espécie diferente. Uma das reações fotoquímicas mais reprodutíveis é a decomposição de ácido oxálico fotossensibilizada por sais de uranilo.

[21]A validade do princípio de Stark-Einstein depende do fato de as vidas médias dos estados excitados serem geralmente curtas e de a intensidade de iluminação ser, geralmente, bastante baixa. Com o desenvolvimento de lasers e outras fontes de luz de alta intensidade, tornou-se possível, e mais fácil, observar processos fotoquímicos primários nos quais mais que um quantum é absorvido por uma dada molécula

O íon de uranilo UO_2^{2+} absorve radiação de 250 a 450 nm, tornando-se um íon excitado (UO_2^{2+}), que transfere sua energia a uma molécula de ácido oxálico provocando sua decomposição. Esta reação tem um rendimento quântico de 0,50.

$$UO_2^{2+} + h\nu \longrightarrow (UO_2^{2+})^*$$

$$(UO_2^{2+})^* + (COOH)_2 \longrightarrow UO_2^{2+} + CO_2 + CO + H_2O$$

Mede-se facilmente a concentração de ácido oxálico por titulação com permanganato. Um recipiente de quartzo contendo a mistura oxalato-uranilo pode ser usado, em vez de uma termopilha, para medir o número de quanta absorvidos, a partir de quanto ácido oxálico foi decomposto e do rendimento quântico conhecido.

17.22. Bipartição da excitação molecular

Na maioria das moléculas, a absorção de um quantum conduz a uma transição de um estado fundamental singlete a um estado excitado singlete. Geralmente, existirá um estado triplete de energia um pouco menor que a deste estado excitado singlete. Na excitação eletrônica, um elétron de uma ligação por par de elétrons é excitado a um estado de maior energia. Se o elétron excitado tiver um *spin* antiparalelo ao de seu companheiro, o estado excitado será um singlete, porém, se o *spin* do elétron excitado for paralelo ao seu companheiro, o estado será um triplete.

Uma situação típica é mostrada na Fig. 17.23. Podemos interpretar os processos iniciais na ativação fotoquímica em termos deste modelo de estados. Logo após o salto quântico primário, uma série de eventos extremamente rápidos ocorre *antes* que qualquer reação fotoquímica ou emissão de radiação luminescente possa ocorrer. Primeiro existe a *conversão interna*: independente de que estado superior excitado singlete tenha sido atingido no salto primário quântico, freqüentemente existe uma transferência de energia rápida, sem emissão de energia, ao estado singlete excitado de mais baixa energia. Em segundo lugar, existe o *cruzamento intersistemas*: uma competição entre os estados de energia mais baixos singlete e triplete, e parte da energia é transferida ao estado triplete através de um processo sem emissão de radiação. *Cada quantum de radiação absorvida por uma molécula poliatômica normal tem uma probabilidade de bipartição entre os estados de energia mais baixa excitados singlete e triplete da molécula.* O modelo básico para a excitação numa molécula poliatômica, portanto, envolve três estados importantes: o estado fundamental singlete, o primeiro estado excitado singlete e o primeiro estado excitado triplete.

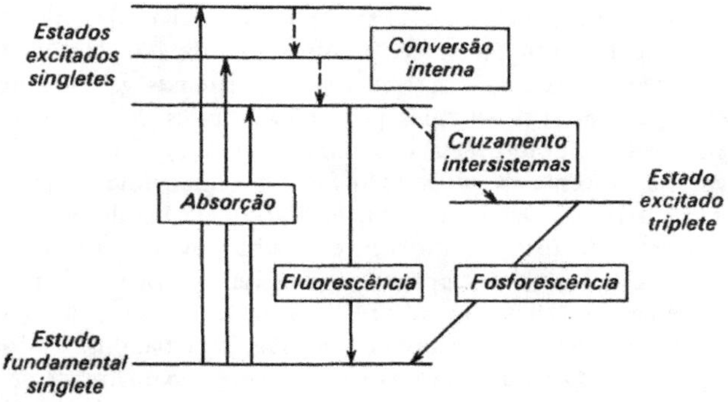

Figura 17.23 Os níveis de energia molecular concernentes aos processos fotoquímicos são representados por um *diagrama de Jablonski* generalizado

Como é mostrado na Fig. 17.21, a molécula excitada formada no processo primário pode reemitir um quantum $h\nu$ de freqüência igual ou diferente. Esta emissão é ou *fluorescência* ou *fosforescência*. De acordo com a nomenclatura introduzida por G. N. Lewis, uma transição radiativa entre dois estados de mesma multiplicidade (geralmente dois singletes) é chamada *fluorescência* e uma transição radiativa entre dois estados de diferente multiplicidade (geralmente triplete e singlete) é chamada *fosforescência*[22].

A Tab. 17.7 apresenta alguns dados quantitativos sobre as propriedades de compostos aromáticos dispersos em um vidro de álcool-éter a 77 K. Nestas condições, a desativação por colisões com outras moléculas é evitada e os espectros fosforescente são facilmente observados.

Tabela 17.7 Propriedades espectroscópicas de compostos aromáticos dispersos em um vidro de álcool e éter a 77 K*

Composto	Triplete de menor energia $\sigma(cm^{-1})$	Singlete de menor energia $\sigma(cm^{-1})$	Vida média da fosforescência $\tau(s)$	Rendimento quântico	
				Fosforescência Φ_p	Fluorescência Φ_f
Benzaldeído	24 950	26 750	$1{,}5 \times 10^{-3}$	0,49	0,00
Benzofenona	24 250	26 000	$4{,}7 \times 10^{-3}$	0,74	0,00
Acetofenona	25 750	27 500	$2{,}3 \times 10^{-3}$	0,62	0,00
Fenantreno	21 700	28 900	3,3	0,14	0,12
Naftaleno	21 250	31 750	2,3	0,03	0,29
Bifenilo	23 000	33 500	3,1	0,17	0,21
Decadeuterobifenilo	23 100	33 650	11,3	0,34	0,18

*Ver V. L. Ermolaev, *Soviet Phys.* **80**, 333 (1963), para revisão e referências

17.23. Processos fotoquímicos secundários — Fluorescência

A *fluorescência* é uma *emissão* de radiação eletromagnética. Não deve ser confundida com o *espalhamento* de radiação, isto é, o *espalhamento Rayleigh*, sem mudança do comprimento de onda, e com o *espalhamento Raman*, com mudança do comprimento de onda. A vida média natural de um estado excitado numa molécula não-perturbada por colisões é geralmente de cerca de 10^{-8} s, mas pode estar na faixa de 10^{-9} a alguns segundos. A pressão de 1 atm, uma molécula sofre cerca de 100 colisões ou 10^{-8} s. Conseqüentemente, moléculas excitadas na maioria dos sistemas gasosos em pressões ordinárias geralmente perdem suas energias por colisão, antes de terem uma chance para fluorescer. Diz-se que a fluorescência é *extinta* (*quenched*). Em alguns desses sistemas pode-se observar fluorescência se a pressão for suficientemente reduzida.

Um exemplo é a fluorescência do NO_2 excitado pela luz de comprimento de onda $\lambda = 436$ nm. O espectro de absorção do NO_2 é mostrado na Fig. 17.24(a). Existem muitas bandas agudas na região visível do espectro, que causam a cor marrom-profunda do gás. Começando em cerca de 370 nm no ultravioleta, contudo, as bandas se tornam mais difusas e, a 330 nm, apenas uma absorção contínua, sem bandas, é observada. Abaixo de 395 nm, os quanta absorvidos terão suficiente energia para dissociar o NO_2 através

[22]A origem da fosforescência num estado metaestável abaixo do nível do singlete excitado de mais baixa energia foi sugerida inicialmente por Jablonski em 1935

da ruptura da ligação N—O,

$$NO_2 + h\nu \longrightarrow NO\,(^2\Pi) + O\,(^3P)$$

Quando excitado a 436 nm, o NO_2 mostra uma fluorescência marcante, que é fortemente dependente da pressão. Na Fig. 17.24, o rendimento quântico relativo para a fluorescência é colocado em gráfico em função da pressão e o aumento da extinção com o aumento da pressão é evidente. Realmente, este caso é bastante incomum, pois a vida média do estado excitado é 10^{-5} s em vez de cerca de 10^{-8} s.

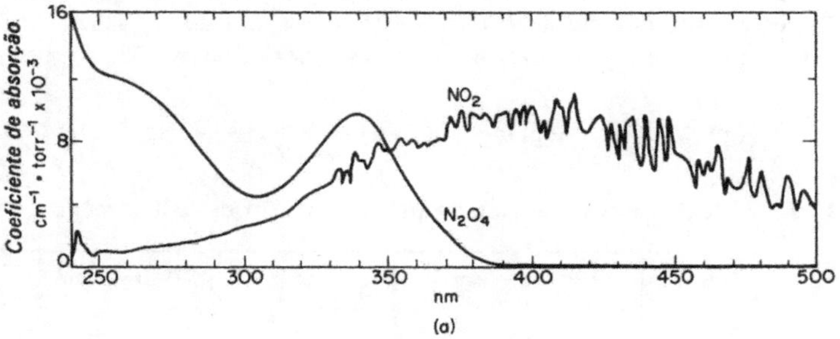

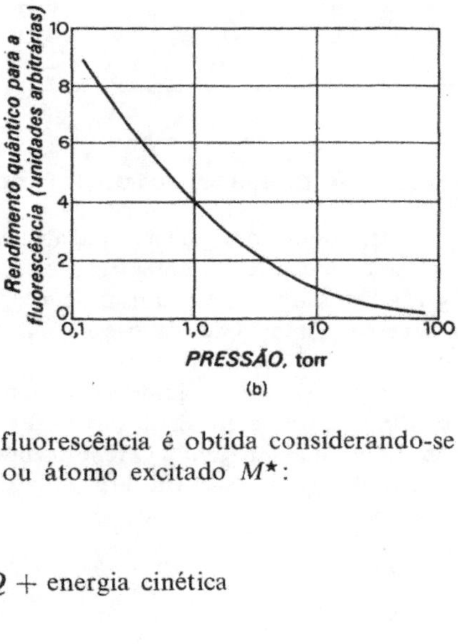

Figura 17.24 (a) Espectro de absorção do dióxido de nitrogênio, NO_2, e do tetróxido de dinitrogênio, N_2O_4, a 25 °C, corrigidos aos espectros dos compostos puros [Segundo T. C. Hall e F. E. Blacet, *J. Chem. Phys.* **20**, 1945 (1952)]. (b) Rendimento quântico relativo para a fluorescência do NO_2

Uma expressão cinética para a extinção da fluorescência é obtida considerando-se os dois processos paralelos para uma molécula ou átomo excitado $M^\star$:

Fluorescência $\qquad M^\star \xrightarrow{k_1} M + h\nu$

Extinção $\qquad M^\star + Q \xrightarrow{k_2} M + Q +$ energia cinética

A velocidade total de desativação é

$$\frac{-d[M^\star]}{dt} = k_1[M^\star] + k_2[M^\star][Q]$$

Se a intensidade da luz absorvida for I_0 e a intensidade fluorescente, I, a fração de moléculas excitadas que fluoresce será o *rendimento da fluorescência* y_f,

$$y_f = \frac{I}{I_0} = \frac{k_1[M^\star]}{k_1[M^\star] + k_2[M^\star][Q]} = \frac{1}{1 + (k_2/k_1)[Q]} \qquad (17.46)$$

Se k_1 for conhecido a partir de uma determinação independente da vida média τ do estado excitado na ausência do extintor Q ($k_1 = \tau^{-1}$), podemos calcular k_2, a velocidade específica do processo de extinção. É comum exprimir os resultados em termos de uma *seção transversal de extinção* σ_Q. Esta é calculada a partir da Eq. (4.55) pelo número de colisões binárias Z_{12} num gás. É o valor que deve ser considerado para a seção transversal $\pi d_{12}^2/4$ a fim de que o valor de k_2 calculado pela teoria das colisões simples seja exatamente igual ao valor experimental. A partir da Eq. (9.54), com $E = 0$, desde que não haja energia de ativação para o processo de transferência de energia, podemos portanto obter

$$\sigma_Q = \frac{1}{4L}\left(\frac{\pi\mu}{8kT}\right)^{1/2} k_2$$

Um exemplo dos resultados obtidos é mostrado na Tab. 17.8, que trata da extinção da radiação ressonante do mercúrio ($^3P_1 \longrightarrow {}^1S_0$) pela adição de gases. A grande eficiência do hidrogênio e de alguns hidrocarbonetos é devida a reações de dissociação, tais como

$$Hg^* + H_2 \longrightarrow HgH + H, \qquad Hg^* + RH \longrightarrow HgH + R$$

Tabela 17.8 Seções transversais efetivas para a extinção da fosforescência de mercúrio

Gás	$10^{16}\sigma_Q$ — cm²	Gás	$10^{16}\sigma_Q$ — cm²
O_2	13,9	CO_2	2,48
H_2	6,07	PH_3	26,2
CO	4,07	CH_4	0,06
NH_3	2,94	n-C_7H_{16}	24,0

17.24. Processos fotoquímicos secundários — Reações em cadeia

Se, como conseqüência da absorção de um quantum de radiação, uma molécula sofrer dissociação, extensas reações secundárias podem ocorrer, pois os fragmentos são geralmente átomos ou radicais muito reativos. Algumas vezes, também, os produtos do processo primário de fissão estão em estados excitados e são chamados *átomos quentes* ou *radicais quentes*.

Por exemplo, expondo-se uma mistura de cloro e hidrogênio à luz na região do contínuo do espectro de absorção do cloro ($\lambda < 480$ nm), começa uma rápida formação de cloreto de hidrogênio. O rendimento quântico Φ é de 10^4 a 10^8. Em 1918, Nernst explicou o alto valor de Φ em termos de uma longa reação em cadeia. A primeira etapa é a dissociação da molécula de cloro,

(1) $\quad Cl_2 + h\nu \longrightarrow 2Cl, \qquad \Phi_1 I_a$

que é seguida por

(2) $\quad Cl + H_2 \longrightarrow HCl + H, \qquad k_2$

(3) $\quad H + Cl_2 \longrightarrow HCl + Cl, \qquad k_3$

(4) $\quad Cl \longrightarrow \frac{1}{2}Cl_2$ (na parede), $\quad k_4$

Se estabelecermos a expressão do estado estacionário para [Cl] e [H] da maneira comum (Sec. 9.34), obteremos para a velocidade de produção de HCl,

$$\frac{d[HCl]}{dt} = k_2[Cl][H_2] + k_3[H][Cl_2]$$

$$= \frac{2k_2\Phi_1 I_a}{k_4}[H_2]$$

No lugar da reação (4), a etapa de terminação da cadeia pode ser uma recombinação de átomos de cloro na fase gasosa com colaboração de um terceiro corpo M, para transportar o excesso de energia.

$$(5) \qquad Cl + Cl\,(+M) \longrightarrow Cl_2\,(+M), \qquad k_5$$

Neste caso, a expressão de velocidade calculada seria

$$\frac{d[HCl]}{dt} = k_2[H_2]\left[\frac{\Phi_1 I_a}{k_5[M]}\right]^{1/2}$$

Tanto a reação (4) quanto a (5) contribuem para a terminação da cadeia na maioria das condições experimentais, pois, em experiências com H_2 e Cl_2 puros, a velocidade depende de I_a^n, com n entre 1/2 e 1. A reação é sensível a traços de impurezas, especialmente oxigênio, que age como inibidor por remoção de átomos de H:

$$H + O_2\,(+M) \longrightarrow HO_2\,(+M)$$

Contrastam com o elevado rendimento quântico da reação de $H_2 + Cl_2$ existem os baixos rendimentos quânticos nas decomposições fotoquímicas (*fotólises*) de iodetos de alquila. Estes compostos têm uma região de absorção contínua no ultravioleta próximo, que leva à dissociação em radicais alquila e átomos de iodo. Por exemplo,

$$CH_3I + h\nu \longrightarrow CH_3 + I$$

O rendimento quântico da fotólise é apenas de cerca de 10^{-2}. A razão para o baixo Φ é que a reação secundária mais provável é uma recombinação,

$$CH_3 + I \longrightarrow CH_3I$$

Apenas alguns radicais reagem com outra molécula de iodeto de alquila,

$$CH_3 + CH_3I \longrightarrow CH_4 + CH_2I$$

17.25. **Fotólise-relâmpago**

A técnica chamada *fotólise-relâmpago* (ou de "flash") é especialmente útil no estudo de átomos e radicais que possuem apenas uma vida média curta antes de reagirem. Um poderoso jato de luz (ou *flash*), com energia até 10^5 J e uma duração de 10^{-4} s, é obtido descarregando-se um banco de capacitores através de um gás inerte, tal como o argônio ou o criptônio. Os reagentes estão num recipiente alinhado em paralelo com a lâmpada e, no instante da incidência do jato de luz, ocorre uma extensa fotólise. Os produtos primários da fotólise, geralmente radicais e átomos, são produzidos em concentrações muito maiores que aquelas numa experiência com iluminação contínua a baixa intensidade. Um bom método para seguir as reações subseqüentes dos radicais é registrar continuamente seus espectros de absorção.

O aparelho projetado por Bair[23] para espectroscopia cinética de alta resolução é mostrado esquematicamente na Fig. 17.25. No trabalho pioneiro de Norrish e Porter[24], os espectros eram registrados fotograficamente em intervalos seguindo os jatos. O primeiro jato de luz era seguido por 1 s, o *jato de espectro*, acionado eletronicamente em intervalos curtos precisos após o primeiro jato. O jato ou *flash* de espectro era ajustado para fotografar os espectros de absorção dos produtos em tempos sucessivos medidos no intervalo de micro a milissegundos. Cada ponto numa seqüência de reação, portanto,

[23] H. H. Kramer, M. H. Hanes e E. J. Bair, *J. Opt. Soc. Am.* **51**, 775 (1961)

[24] R. G. W. Norrish e G. Porter, *Nature* **164**, 685 (1950); G. Porter, *Proc. Roy. Soc. London, Ser. A* **200**, 284 (1950); O. Oldenburg, *J. Chem. Phys.* **3**, 266 (1935)

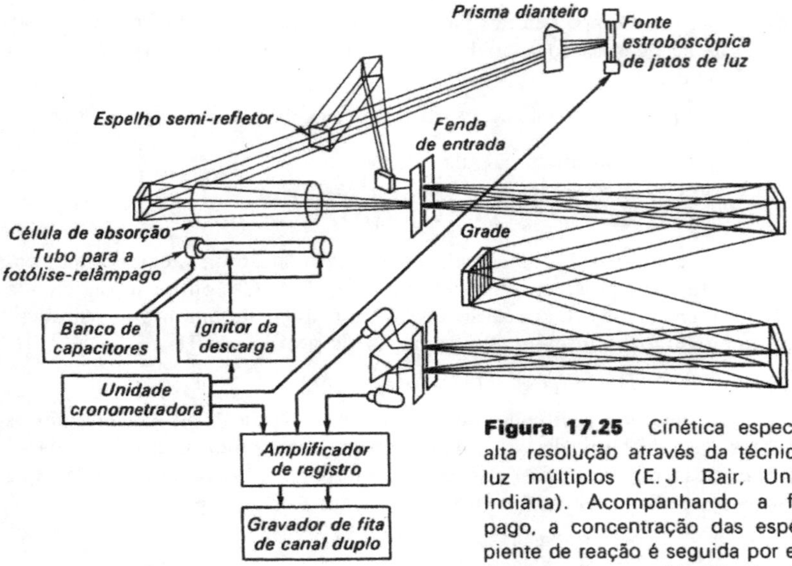

Figura 17.25 Cinética espectroscópica de alta resolução através da técnica de jatos de luz múltiplos (E. J. Bair, Universidade de Indiana). Acompanhando a fotólise-relâmpago, a concentração das espécies no recipiente de reação é seguida por espectroscopia de absorção com feixe duplo, dotada de alta resolução espectral e uma seqüência exata de intervalos de tempo tão curtos como 200 μs

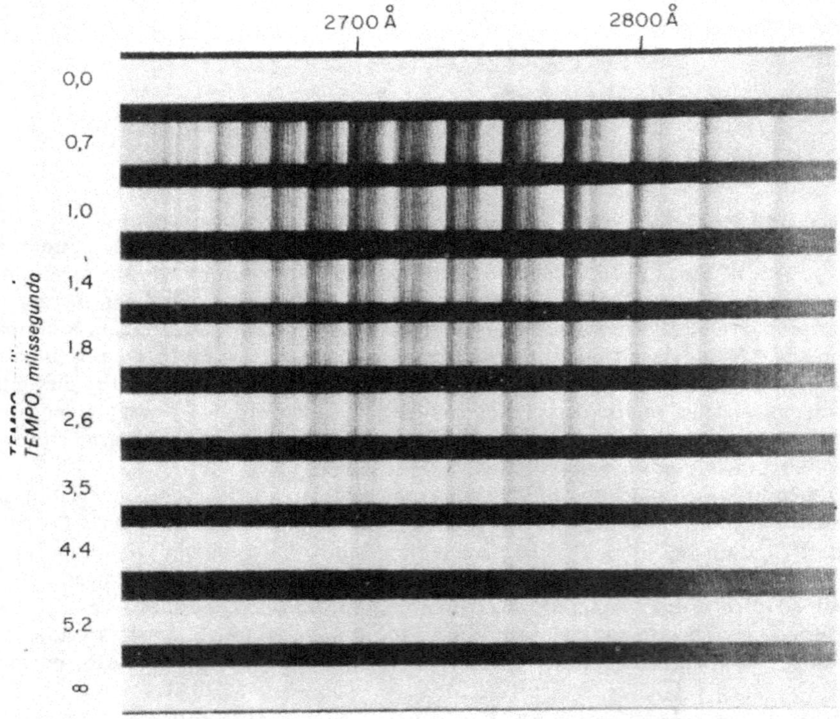

Figura 17.26 Seqüência de espectros de ClO após a fotólise-relâmpago de uma mistura de cloro e oxigênio, mostrando o decaimento bimolecular

exigia uma experiência separada. Um exemplo dos dados obtidos é mostrado na Fig. 17.26, correspondente ao trabalho de G. Porter e F. J. Wright[25] sobre a formação e o decaimento de ClO em misturas de Cl_2 e O_2. Este sistema é completamente reversível; apenas o radical monoxicloro ClO é formado na fotólise e reage completamente, dando Cl_2 e O_2 após o jato de luz. O mecanismo de formação de ClO provavelmente envolve a formação do complexo intermediário ClOO, como

$$\begin{aligned} Cl_2 + h\nu &\longrightarrow 2Cl \\ Cl + O_2 &\longrightarrow ClOO \\ ClOO + Cl &\longrightarrow ClO + ClO \end{aligned}$$

O decaimento do ClO segue uma cinética bimolecular ideal,

$$\frac{-d[ClO]}{dt} = k_2[ClO]^2$$

com

$$k_2 = 4{,}8 \times 10^7 \text{ dm}^3 \cdot \text{mol}^{-1} \cdot \text{s}^{-1} \quad \text{a } 298 \text{ K}$$

17.26. Fotólise em líquidos

Quando uma molécula em um gás absorve um quantum e se rompe em dois radicais, existe pouca chance de que estes radicais particulares se recombinem um com o outro. No tempo em que estes radicais são separados por um livre caminho médio, a probabilidade de que qualquer par se reencontre novamente é desprezível. Num líquido, por outro lado, os radicais formados numa reação de dissociação são rodeados por uma gaiola de moléculas muito próximas. Em muitos casos, os radicais se recombinarão dentro de um intervalo de tempo não muito maior que 10^{-13} s, um período típico de vibração. Os radicais podem difundir um a partir do outro, mas, mesmo assim, a probabilidade de este mesmo par se reencontrar e recombinar é grande. Por exemplo, Noyes[26] estimou que, para a dissociação do iodo em solução de hexano, a probabilidade de que o par original se recombine é de cerca de 0,5. Este tipo de recombinação de um par originalmente proveniente da mesma molécula é chamado *recombinação geminada.*

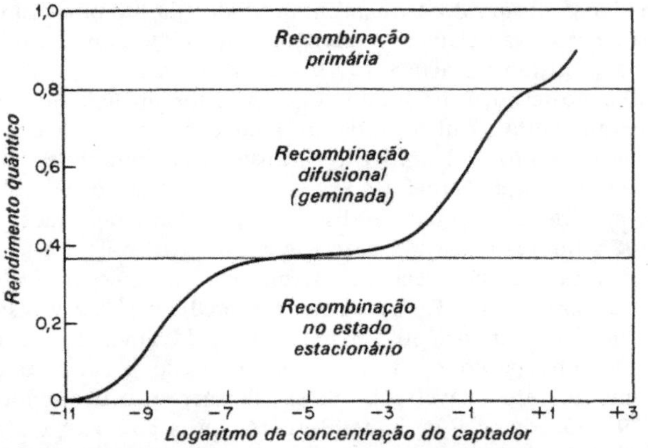

Figura 17.27 Rendimento quântico para a fotólise numa solução líquida na presença de um captador de radicais ou átomos

[25] *Discussions Faraday Soc.* **14**, 23 (1953)

[26] R. Noyes, *J. Am. Chem. Soc.* **18**, 999 (1950)

O curso da reação pode ser influenciado pela adição à solução de um *abstrator*, ou captador de radicais, isto é, uma substância que se combina facilmente com radicais livres. Os captadores de radicais comumente utilizados são iodo, monômeros vinílicos e difenilpicrilidrazila (DPPH).

O mecanismo típico para uma fotólise num líquido, na presença de um captador S, pode ser escrito como se segue:

(1) $AB + h\nu \longrightarrow (A + B)$	dissociação
(2) $(A + B) \longrightarrow AB$	recombinação geminada
(3) $(A + B) \longrightarrow A + B$	separação por difusão
(4) $A + S \longrightarrow AS$ $B + S \longrightarrow BS$	captação de radicais
(5) $A + B \longrightarrow AB$	recombinação
(6) $A + X \longrightarrow$ produto, $2A \longrightarrow A_2$ $B + X \longrightarrow$ produto, $2B \longrightarrow B_2$	reação de radicais

17.27. Transferência de energia em sistemas condensados

Em fase gasosa, a distância entre moléculas é geralmente tão grande que uma molécula eletronicamente excitada pode transferir energia para outra molécula apenas durante as aproximações muito grandes que ocorrem nas colisões intermoleculares. Numa fase condensada, contudo, a energia pode ser transferida entre moléculas dentro de distâncias consideráveis, através de vários mecanismos especiais.

A descoberta inicial deste tipo de transferência de energia de longo alcance foi relatada em 1924 num trabalho exploratório de Jean Perrin sobre a despolarização de fluorescência. Quando um corante em solução era irradiado com luz polarizada, a luz fluorescente emitida também era polarizada, desde que o corante estivesse presente em baixa concentração, mas, à medida que a concentração do corante em solução aumentava, a extensão da polarização da luz fluorescente decrescia. Perrin concluiu que a molécula do corante, que emitia o quantum de luz fluorescente despolarizada, não era a mesma da molécula que havia absorvido o quantum excitador da luz polarizada. Uma transferência de energia de excitação eletrônica havia ocorrido de uma molécula à outra, através de uma considerável distância, acima de 10 nm, na solução.

Num trabalho posterior, dois solutos diferentes foram incluídos na solução e um deles absorvia luz, enquanto o outro emitia luz. Este fenômeno denominado *fluorescência sensibilizada* forneceu a prova definitiva da transferência intermolecular de energia de excitação. Um exemplo bem claro foi observado numa solução de 1-cloro-antraceno e perileno, onde a maioria da energia era absorvida pelo 1-cloro-antraceno, enquanto que quase toda emissão fluorescente era característica de perileno[27].

A teoria para essas transferências de energia intermoleculares de longo alcance foi desenvolvida principalmente por T. Förster de 1948 em diante[28]. A transferência depende da superposição entre a banda de emissão do doador e da banda de absorção do aceptor. O doador excitado interage com o receptor não-excitado por um mecanismo dipolo-dipolo, semelhante ao responsável pelas forças de dispersão de London, a serem discutidas na Sec. 19.7. O potencial de interação então varia com r^{-6}, onde r é a distância intermolecular. Esta teoria indica que o tempo de transferência médio entre pares está na faixa de 10^{-11} a 10^{-8} s.

[27] E. J. Bowen e R. Livingston, *J. Am. Soc.* **76**, 5 300 (1954)
[28] T. Förster, *Radiation Res., Suppl.* **2**, 326 (1960)

17.28. Fotossíntese em plantas

Atualmente, parece provável que as etapas iniciais no processo da fotossíntese envolvem transferências de energia do tipo Perrin-Förster semelhante aos observados na fluorescência sensibilizada. As plantas verdes, bem como certos protozoários e bactérias, podem realizar reações fotoquímicas, tendo como resultado líquido a conversão de energia solar radiante em energia livre química armazenada sob a forma de carboidratos e outros produtos. Tem se estimado que a produção fotossintética anual da matéria orgânica sobre a superfície da Terra é de pelo menos 10^{13} kg. A reação fotossintética é geralmente considerada como consistindo em dois estágios, a redução de água com libertação de oxigênio

$$H_2O \longrightarrow 2H\text{—} + \tfrac{1}{2}O_2$$

e o uso do hidrogênio ativado para reduzir o dióxido de carbono,

$$2CO_2 + 4H\text{—} \longrightarrow 2(CH_2O)$$

Não está implícita a existência de átomos livres de hidrogênio ou que a unidade do carboidrato (CH_2O) exista como formaldeído livre. Sabe-se, contudo, a partir de estudos com $H_2^{18}O$, que todo o O_2 liberado provém da água.

O pigmento dominante nas plantas verdes e algas é a clorofila *a*, cuja estrutura está mostrada na Fig. 17.28(a). A clorofila *b* ocorre numa concentração muito menor. Muitos

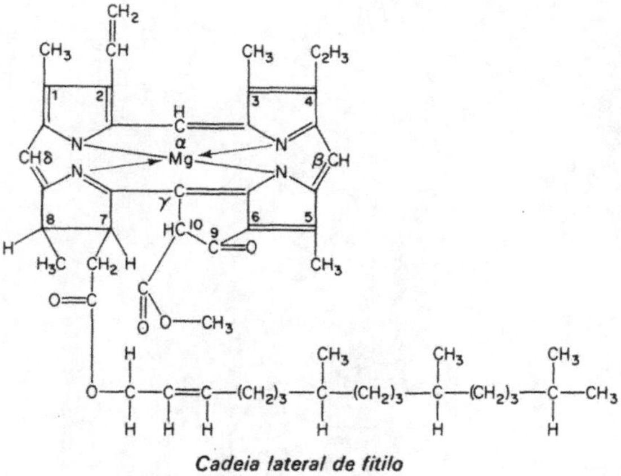

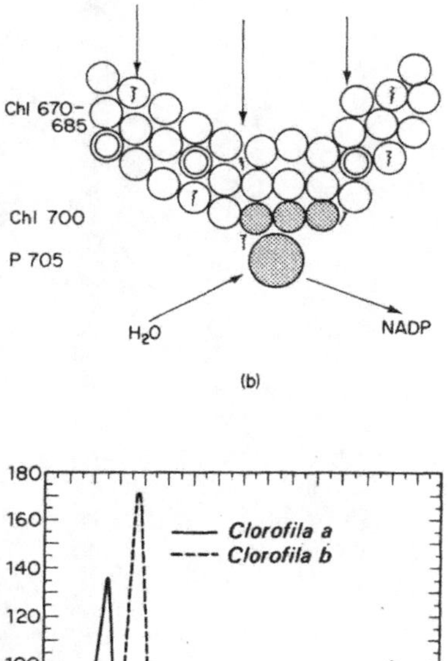

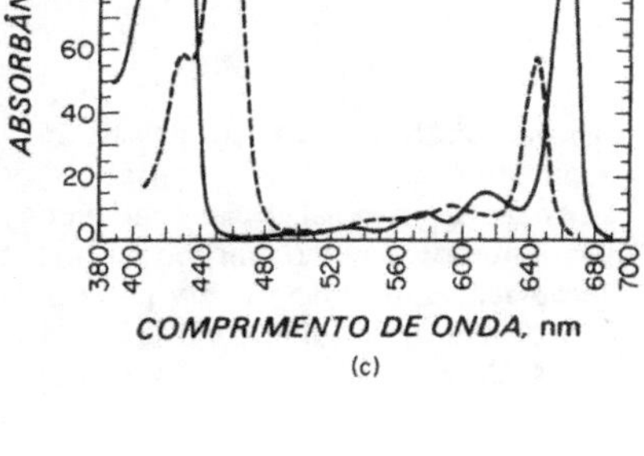

Figura 17.28 Aspectos da função da clorofila na fotossíntese. (a) Estrutura da clorofila *a*. Na clorofila *b*, o grupo CH_3 na posição (3) é substituído por CHO. (b) Um esquema para a captação de energia pela clorofila (Chl 670-685) e outros pigmentos (círculos duplos) de plastídeos nos poços ou *traps* (Chl 700-P705) envolvidos na conversão da energia necessária para a transferência eletrônica de H_2O a NADP. (c) Espectros de absorção das clorofilas *a* e *b* [Segundo F. P. Zscheile e C. L. Comar, *Botanical Gazette* **102**, 463 (1961)]. Ordenada: coeficientes de absorção específicos × 10^{-3}; abscissa: comprimento de onda (nm). Para obter os coeficientes de absorção molar, multiplicar por 902,5 para a clorofila *a* e por 907,5 para a clorofila *b*

outros pigmentos também absorvem luz nos sistemas fotossintéticos, mas parecem funcionar como "coletores de luz" auxiliares e não desempenham papel nas reações fotossintéticas. Antes que a etapa química primária ocorra na fotossíntese, a energia de excitação deve ser transferida para um sítio particular ativo ou "captador" de radiação. Esta coleta e concentração dos quanta luz é mostrada de forma pictórica na Fig. 17.28(b). A natureza exata do centro catalítico que capta os quanta ainda é desconhecida: pode ser a clorofila *a* ligada de certa maneira a proteínas ou lipídios, pode ser um estado tri-

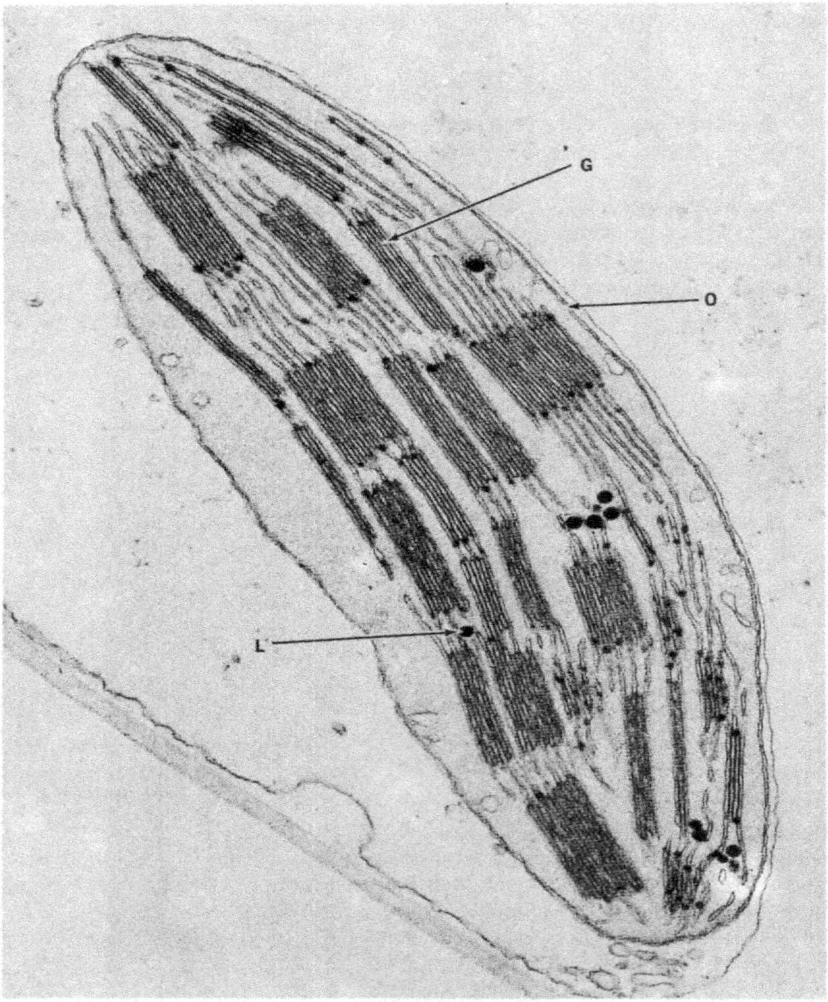

Figura 17.29(a) Um cloroplasto da alface visto após tintura com tetróxido de ósmio e secionamento em lâminas delgadas. A letra **G** denota uma pilha de membranas de grana vistas em seção transversal. Essas membranas contêm clorofila, outros pigmentos e várias proteínas, que funcionam como transportadores de elétrons. A letra **O** denota a membrana externa do cloroplasto, que funciona em parte para manter as enzimas necessárias para a fixação do dióxido de carbono contido no cloroplasto. Gotas de lípides não-funcionais são denotadas pela letra **L**. A ampliação é de 33 150 vezes

plete particular da clorofila, ou pode mesmo ainda ser um derivado ainda não-identificado contendo a estrutura básica da clorofila.

Em qualquer caso, devido à eficiência do mecanismo de coleta dos quanta de energia de excitação, a eficiência global da fotossíntese é surpreendentemente alta. A reação $CO_2 + H_2O \longrightarrow (CH_2O) + O_2$ é endotérmica com cerca de 4,8 eV, enquanto um quantum de luz vermelha (680 nm) corresponde a uma energia de cerca de 1,8 eV. Portanto, pelo menos 2,6 quanta devem ser necessários para cada reação unitária. Realmente, o

Figura 17.29(b) Um cloroplasto de espinafre visualizado pela técnica da ruptura por congelamento (*freeze-etching technique*). Em sua preparação, uma réplica de carbono-platina do cloroplasto congelado e fraturado mostra a superfície ou vistas tangenciais do interior das membranas da grana (1 e 2). Uma seção transversal quase invisível de várias membranas é mostrada (seta) e pode ser comparada às vistas na Fig. 17.29(a). As partículas 1 e 2 encontradas no interior de membranas da grana são provavelmente parte do aparato fotoquímico e/ou enzimático da membrana. A ampliação é de 69 550 vezes

rendimento quântico comum global parece ser de cerca de $\Phi = 0{,}125$, isto é, 8 quanta por unidade de reação.

Os espectros de absorção da clorofila *a* e *b* em solução etérea estão desenhados na Fig. 17.28(c). As bandas de absorção centradas em 680 nm para a clorofila *a* e 644 nm para a clorofila *b* são as de importância para a fotossíntese. Na planta, todas as clorofilas são dispersas em organelos especiais denominados *cloroplastos* e, dentro dos cloroplastos, as moléculas-pigmento estão fortemente associadas a estruturas membranosas denominadas *grana*. Uma fotografia obtida com um microscópio eletrônico de uma seção fixa do cloroplasto é mostrada na Fig. 17.29. Acredita-se que o arranjo regular de moléculas de clorofila na grana seja responsável pela transferência de energia intermolecular. Assim, a absorção de um quantum $h\nu$ por qualquer molécula é seguida imediatamente pela migração intermolecular da energia de excitação, que se desloca de molécula a molécula até ser captada por um dos centros ativos previamente mencionados. É significativo que o rendimento quântico para fluorescência da clorofila nas células vivas seja muito baixo, mas qualquer que seja a fluorescência que ocorre será fortemente despolarizada. Essas observações levam a fundamentar fortemente o mecanismo de Förster como o método de coleta da energia radiante.

Pesquisas intensas sobre a fotossíntese estão sendo realizadas, recomendando-se a consulta às revisões periódicas para se informar sobre os detalhes da utilização da energia de excitação capturada nos estágios primários das reações fotossensibilizadas, que liberam O_2 e aceitam hidrogênio no ciclo sintético.

A elucidação do mecanismo das etapas primárias da fotossíntese é um dos dois maiores desafios aos pesquisadores em fotoquímica. O outro é descobrir como as células receptores visuais no olho podem produzir um sinal elétrico de 5 a 10 mV em seguida a absorção de um único quantum de luz, um desempenho apenas conseguido pelos mais poderosos aparelhos fotomultiplicadores construídos pelo homem. Sabemos que a etapa primária fotoquímica na visão é a absorção de um quantum por um pigmento visual, a *rodopsina*, que consiste na forma 11-*cis* do aldeído da vitamina A ligado a uma membrana. A reação essencial é a conversão do composto *cis* na configuração *trans*-total. Não sabemos, contudo, como o aldeído está ligado à membrana ou como mudanças na membrana associada à isomerização *cis-trans* possam conduzir a um sinal de saída da célula receptora.

Após breve menção a este problema, com a esperança de que alguém possa ser inspirado a resolvê-lo, devemos dirigir nossa atenção a tipos de espectroscopia bastante diferentes. Se uma molécula for colocada num campo magnético ou elétrico, alguns dos níveis de energia ordinários poderão se desdobrar, tornando-se possíveis transições radiativas entre esses níveis recém-separados. Os espectros mais importantes desse tipo são os medidos pelas técnicas de ressonância magnética nuclear (RMN) e ressonância paramagnética eletrônica (RPE).

17.29. **Propriedades magnéticas das moléculas**

A teoria das propriedades magnéticas das moléculas lembra, de muitas maneiras, a da polarização elétrica discutida na Sec. 15.16. Assim, uma molécula pode possuir um momento magnético permanente e também um momento induzido por um campo magnético. Os fenômenos magnéticos são discutidos em termos de dois vetores de campo: **H**, a intensidade do campo magnético e, **B**, a indução magnética ou a densidade de fluxo magnético. Quando um campo magnético atua sobre um sistema material, os efeitos observáveis dependem da densidade do fluxo magnético, **B**. É, portanto, incorreto usar **H** em tal contexto[29]. No sistema SI, a unidade de **B** é o $kg \cdot s^{-2} \cdot A^{-1}$, chamada o *tesla* (T). É equivalente a 10^4 gauss em unidades eletromagnéticas.

O análogo magnético da polarização elétrica **P** (Sec. 15.16) é a magnetização **M**, o momento magnético por unidade de volume, e

$$\mathbf{M} = \frac{\mathbf{B}}{\mu_0} - \mathbf{H}, \tag{17.48}$$

onde μ_0 é a *permeabilidade do vácuo.*

A permeabilidade de μ é a correspondente magnética da permissividade elétrica, ε, e

$$\mathbf{B} = \mu\mathbf{H}$$

Portanto, a Eq. (17.48) se torna

$$\mathbf{M} = \mathbf{H}\left[\frac{\mu}{\mu_0} - 1\right] \tag{17.49}$$

e a *suscetibilidade magnética,*

$$\chi = \frac{\mathbf{M}}{\mathbf{H}} = \frac{\mu}{\mu_0} - 1 \tag{17.50}$$

A *suscetibilidade molar* seria

$$\chi_m = \frac{M}{\rho}\chi,$$

onde M é a massa molecular e ρ, a densidade.

O análogo magnético da Eq. (15.36) é

$$\chi_M = L\left(\alpha_m + \frac{p_m^2}{3kT}\right), \tag{17.51}$$

onde α_m é o momento magnético induzido e p_m é o momento dipolar magnético permanente. Como no caso elétrico, as duas contribuições podem ser separadas através de medidas da dependência com relação à temperatura de χ_M. Em 1895, Pierre Curie mostrou que para gases, soluções e alguns cristais

$$\chi_M = D + \frac{C}{T}, \tag{17.52}$$

onde D e C são constantes. A análise teórica feita por Langevin em 1905 levou à Eq. (17.51) e, portanto, ao valor $C = Lp_m^2/3k$ para a *constante de Curie.*

Uma diferença importante do caso elétrico aparece agora, pois χ_M pode ser positivo ou negativo. Se χ_M for negativo, o meio é chamado *diamagnético.* Se χ_M for positivo, é chamado *paramagnético.* Exemplos desses dois tipos de comportamento magnético são mostrados na Fig. 17.30, com uma representação dos caminhos das linhas de força magnéticas que passam pelos dois tipos de substâncias. O campo magnético num meio diamagnético é menor que aquele no vácuo; num meio paramagnético, é maior que num vácuo.

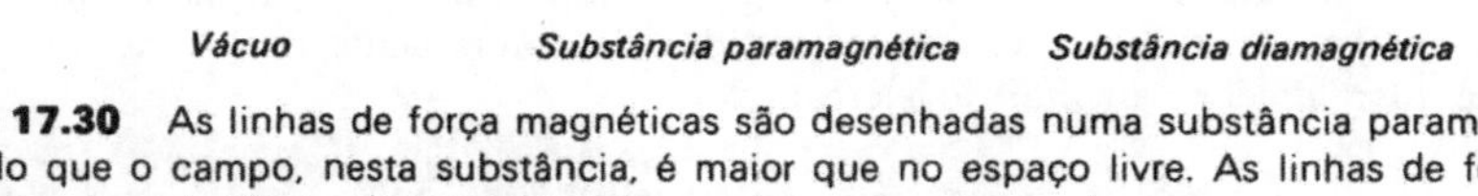

Figura 17.30 As linhas de força magnéticas são desenhadas numa substância paramagnética de modo que o campo, nesta substância, é maior que no espaço livre. As linhas de força são repelidas pela substância diamagnética de modo que o campo é menor que no espaço livre

[29]Uma análise clara dos vetores que descrevem um campo eletromagnético é dada por A. Sommerfeld, *Lectures on Theoretical Physics,* Vol. 3, *Electrodynamics* (New York: Academic Press, 1953)

Uma medida experimental da suscetibilidade magnética pode ser feita com a *balança magnética.* O espécime é suspenso do travessão de uma balança, de modo que esteja metade dentro e metade fora da região entre os pólos de um ímã muito potente (cerca de 0,5 T). Quando o ímã é acionado, uma amostra paramagnética é atraída pela região do campo, enquanto a amostra diamagnética é repelida. A força necessária para restaurar a balança à sua posição inicial é

$$mg = \frac{(\chi_1 - \chi_2)}{2} AB^2, \tag{17.53}$$

sendo A a área da seção transversal do espécime, χ_1, sua suscetibilidade, χ_2, a suscetibilidade da atmosfera ao redor e B, a magnitude da indução magnética.

O diamagnetismo é a contrapartida da polarização de distorção elétrica. O efeito é exibido por todas as substâncias e independe da temperatura. Uma interpretação simples é obtida se se imagina os elétrons em movimento ao redor dos núcleos como correntes num fio elétrico. Se aplicarmos um campo magnético, a velocidade dos elétrons será alterada, induzindo um campo magnético cujo sentido, de acordo com a lei de Lenz, é oposto ao do campo aplicado. Portanto, a suscetibilidade diamagnética é sempre negativa. No caso de uma corrente elétrica em um fio, se o campo aplicado for mantido constante, o campo induzido rapidamente desaparecerá devido à resistência. Dentro de um átomo, contudo, não existe resistência à corrente eletrônica, de modo que o campo oponente persiste enquanto se mantiver o campo magnético externo.

17.30. Paramagnetismo

Quando ocorre o paramagnetismo, a suscetibilidade paramagnética χ é geralmente de 10^3 a 10^4 vezes a suscetibilidade diamagnética, de modo que o pequeno efeito diamagnético é suplantado. O paramagnetismo está relacionado com as quantidades de movimento (ou *momenta*) angulares orbitais e de *spin* dos elétrons na substância.

Um elétron em revolução numa órbita é análogo a uma corrente elétrica numa espira de fio. A magnitude do momento magnético de uma corrente na espira é definida como $p_m = AI$, onde A é a área da espira e I é a corrente. Se a corrente for devida a uma carga eletrônica $-e$ e massa m_e, que se move com velocidade v, $I = -ev/2\pi r$, de modo que $p_m = -(ev/2\pi r)\pi r^2 = -evr/2$, onde r é o raio da espira. O *momentum* angular do elétron de massa m_e é $L = m_e vr$. Portanto

$$\frac{\mathbf{p_m}}{\mathbf{L}} = \gamma = \frac{-e}{2m_e} \tag{17.54}$$

A razão do momento magnético ao *momentum* angular é a *razão magnetogírica* γ; como $\mathbf{p_m}$ e $\mathbf{L}$ são vetores antiparalelos, dirigidos ao longo de um eixo normal de plano da espira de corrente, podemos tomar a razão das suas magnitudes como na Eq. (17.54).

O *momentum* angular pode apresentar somente valores quantizados $\sqrt{l(l+1)}(\hbar)$. Se o átomo estiver num campo externo, a freqüência de precessão do vetor *momentum* angular também será quantizada, de modo que a componente de $\mathbf{L}$ na direção do campo é restrita aos valores $m_l\hbar$. Os valores permitidos da componente na direção do campo do momento magnético orbital do elétron são

$$p_{m,z} = -m_l\left(\frac{e\hbar}{2m_e}\right) = -m_l\mu_B \tag{17.55}$$

Vemos, portanto, que existe uma unidade natural para o momento magnético, $\mu_B = e\hbar/2m_e$. É chamada de o *magnéton de Bohr*. Em unidades SI, seu valor é $9{,}2732 \times 10^{-24}$ J · T^{-1} (equivalente a $9{,}2732 \times 10^{-21}$ erg · G^{-1}).

Como já vimos, o elétron possui um *momentum* angular intrínseco ou *spin*, que dá origem a um correspondente momento magnético. Um elétron em revolução é um pequeno ímã. Para o *spin* eletrônico, contudo, $\gamma = -e/m_e$, duas vezes o valor para o movimento orbital. O *momentum* angular de *spin* é quantizado em unidades de $\sqrt{s(s+1)}(\hbar)$, onde $s = \frac{1}{2}$. Num campo externo, os componentes do *momentum* angular de *spin* também são quantizados e os valores permitidos na direção do campo são $\pm\frac{1}{2}\hbar$. O momento magnético correspondente na direção do campo de um *spin* eletrônico desemparelhado é $(e/m_e)(\frac{1}{2}\hbar) = e\hbar/2m_e$, um magnéton de Bohr. A quantização dos componentes do *spin* é mostrada na Fig. 14.11.

No caso do momento magnético de moléculas, apenas as contribuições devidas ao *spin* são importantes. Dentro de uma molécula existem campos elétricos internos fortes, dirigidos ao longo das ligações químicas. Numa molécula diatômica, por exemplo, tal campo é dirigido ao longo do eixo internuclear. Este campo interno mantém as quantidades de movimento angulares orbitais dos elétrons em orientações fixas. Não podem se alinhar com o campo magnético externo e, portanto, a contribuição que fariam à suscetibilidade é ineficaz. Dizemos que é *suprimida*. Apenas o efeito devido ao *spin* eletrônico permanece, e este não é influenciado pelo campo interno. Assim, uma medida do momento magnético permanente de uma molécula pode nos dizer quantos *spins* desemparelhados existem numa estrutura. O momento magnético para *n spins* desemparelhados é $\sqrt{n(n+2)}$ magnétons de Bohr.

17.31. Propriedades nucleares e estrutura molecular

Uma investigação experimental sobre a estrutura de uma molécula busca primeiramente conhecer como os núcleos dos átomos na molécula estão distribuídos no espaço. Esta informação especifica as distâncias de ligações e ângulos de ligação na estrutura. Desejamos também conhecer a distribuição dos elétrons entre os núcleos. A distribuição das cargas eletrônicas nos indica a natureza da ligação e deveria em última análise explicar a reatividade química da molécula. Medidas de momentos dipolares, suscetibilidade magnética, espectros ópticos, raios X e difração de elétrons fornecem informações sobre a estrutura eletrônica. Esses métodos todos se baseiam na interação da molécula com uma sonda externa, que consiste em algum tipo de campo eletromagnético. Na maioria dos casos, contudo, essas sondas não são sensíveis o suficiente para revelar detalhes mais finos sobre a distribuição eletrônica.

Desde 1945, importantes avanços foram conseguidos no estudo da estrutura eletrônica de moléculas. A idéia é utilizar *os próprios núcleos como sondas* para revelar a distribuição eletrônica que os circunda. Os núcleos não são cargas puntuais insensíveis. Possuem propriedades definidas próprias que os tornam sensíveis ao ambiente eletromagnético em que possam ser colocadas.

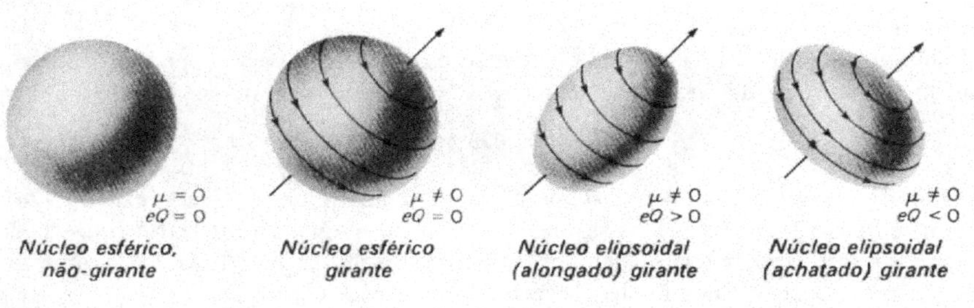

Figura 17.31 Variedades de núcleos classificados de acordo com seus momentos dipolares magnéticos p_m e momentos quadripolares eQ

As propriedades significativas dos núcleos são seus *momentos magnéticos* e seus *momentos quadripolares elétricos*. Um núcleo pode possuir um *spin nuclear* intrínseco e assim agir com um pequeno ímã dotado de momento magnético $\mathbf{p}_m$. Embora um núcleo não possa ter um momento dipolar intrínseco, poderá ter um momento quadripolar $e\mathbf{Q}$. Se um núcleo tiver momento quadripolar, a distribuição de carga no núcleo deve diferir da esfericidade perfeita. Podemos representar tais núcleos como elipsóides.

Classificamos, assim, os núcleos como é mostrado na Fig. 17.31. Os núcleos com os momentos quadripolares e/ou momentos magnéticos diferentes de zero podem agir como sondas delicadas, que relatam o campo eletromagnético em sua vizinhança. As propriedades de vários núcleos importantes estão resumidas na Tab. 17.9.

Tabela 17.9 Propriedades de núcleos representativos*

Nuclídeo	Abundância natural (%)	*Spin I* ($h/2\pi$)	Momento magnético p_m (magnétons nucleares)	Momento de quadripolo ($e \times 10^{-24}$ cm^2)	Freqüência de *RMN* (MHz num campo de 1 T)
^{1}H	99,9844	$\frac{1}{2}$	2,79270		42,577
^{2}H	0,0156	1	0,85738	$2{,}77 \times 10^{-3}$	6,536
^{10}B	18,83	3	1,8006	$1{,}11 \times 10^{-2}$	4,575
^{11}B	81,17	$\frac{3}{2}$	2,6880	$3{,}55 \times 10^{-2}$	13,660
^{13}C	1,108	$\frac{1}{2}$	0,70216		10,705
^{14}N	99,635	1	0,40357	2×10^{-2}	3,076
^{15}N	0,365	$\frac{1}{2}$	−0,28304		4,315
^{17}O	0,07	$\frac{5}{2}$	−1,8930	$-4{,}0 \times 10^{-3}$	5,772
^{19}F	100	$\frac{1}{2}$	2,6273		40,055
^{31}P	100	$\frac{1}{2}$	1,1305		17,235
^{33}S	0,74	$\frac{3}{2}$	0,64272	$-6{,}4 \times 10^{-2}$	3,266
^{39}K	93,08	$\frac{3}{2}$	0,39094		1,987

*Uma tabela completa é dada por J. A. Pople, W. G. Schneider e H. J. Bernstein, *High Resolution Nuclear Magnetic Resonance* (New York: McGraw-Hill, 1959), p. 480

17.32. Paramagnetismo nuclear

Todos os núcleos com números de massas ímpares possuem *spins* designados por um número quântico I, cujo valor é um múltiplo ímpar de 1/2. Os núcleos dotados de números de massa pares possuem *spins* que são múltiplos pares de 1/2. Como os núcleos possuem cargas positivas, o núcleo com *spin* deve também possuir um momento magnético, que será sempre paralelo ao vetor *momentum* angular de *spin* e tem a grandeza

$$p_N = \gamma_N I \hbar, \tag{17.56}$$

onde γ é a *razão magnetogírica nuclear*.

Inicialmente, fora previsto que o momento magnético para o próton deveria ser um *magnéton nuclear* μ_N, pois este tem *spin* $I = \frac{1}{2}$. Se m_p é a massa do próton,

$$\mu_N = \frac{e\hbar}{2m_p} = 5{,}0493 \times 10^{-27}\ \mathrm{J \cdot T^{-1}}$$

Em realidade, entretanto, encontrou-se para o próton um momento magnético de $2{,}7245\mu_N$. Como m_p é quase 2 000 vezes a massa eletrônica m_e, o magnéton nuclear é cerca de 2 000 vezes menor que o eletrônico, ou o magnéton de Bohr, $\mu_B = e\hbar/2m_e$. A grandeza do momento magnético de um núcleo é geralmente escrita como

$$p_N = g_N \mu_N I, \tag{17.57}$$

onde g_N é chamado *fator nuclear g*.

O magnetismo nuclear foi revelado inicialmente na *estrutura hiperfina* das linhas espectrais. Como um exemplo, considere o átomo de hidrogênio, um próton com um elétron orbital. O núcleo pode ter um *spin* $I = \pm\frac{1}{2}$ e o elétron pode ter um *spin* $\mathscr{S} = \pm\frac{1}{2}$. Os *spins* nuclear e eletrônico podem ser paralelos ou antiparalelos um ao outro, e esses dois alinhamentos diferentes diferem ligeiramente de energia, apresentando o estado com *spins* paralelos uma energia um pouco maior. Então o estado fundamental do átomo de hidrogênio é um dublete, cuja separação é muito pequena, e esse desdobramento poderá ser observado no espectro atômico do hidrogênio, se o espectrógrafo empregado for dotado de alto poder de resolução. O espaçamento entre os dois níveis, $\Delta E = h\nu$, corresponde a uma freqüência ν de 1 402 MHz.

De acordo com a previsão do astrofísico Van Der Hulst, uma emissão intensa de radiação nesta freqüência foi observada a partir de nuvens de poeira interestelar. O estudo desse fenômeno bem como o de outras fontes de radiação de 1 420 MHz no universo formam uma parte importante da radioastronomia.

17.33. Ressonância magnética nuclear

Se colocarmos um núcleo com *spin* I num campo magnético, o vetor momento magnético deve sofrer uma precessão ao redor da direção do campo e sua componente na direção do campo está restrita aos valores

$$p_N = M_I g_N \mu_N, \tag{17.58}$$

onde $M_I = I, I-1, I-2, \ldots, -I$. A Fig. 17.32 mostra um exemplo para um núcleo com $I = 4$ (por exemplo, ^{40}K). No campo magnético, os estados com valores diferentes de M_I terão energias ligeiramente diferentes. A energia potencial do núcleo quando seu momento magnético tem numa componente p_N na direção de um campo $\mathbf{B}_0$ é

$$U_m = -p_N B_0 = M_I g_N \mu_N B_0 \tag{17.59}$$

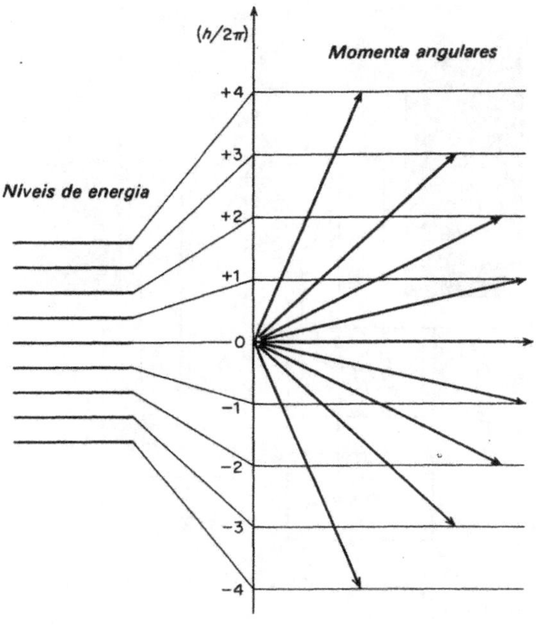

Figura 17.32 Quantização das componentes do *momentum* angular do *spin* nuclear para o caso $I = 4$

O espaçamento energético entre dois níveis adjacentes ($\Delta M_I = \pm 1$) é

$$\Delta E = g_N \mu_N B_0 \tag{17.60}$$

Como um exemplo, considerar o caso do núcleo ^{19}F para o qual $g_N = 5{,}256$. Num campo de 1 T,

$$\Delta E = (5{,}256)(5{,}0504 \times 10^{-27}) = 2{,}653 \times 10^{-26} \text{ J}$$

A freqüência de radiação para este ΔE estaria na região de ondas curtas em

$$\nu = \frac{\Delta E}{h} = 19{,}85 \times 10^6 \text{ Hz} = 19.85 \text{ MHz}$$

Em 1946, E. M. Purcell e F. Bloch desenvolveram, independentemente, o método da *ressonância magnética nuclear* para medir essas freqüências de transição. O princípio desse método é mostrado na Fig. 17.33. O campo $\mathbf{B}_0$ do ímã é variável de 0 a 1,0 T[30]. Este campo produz um desdobramento equidistante dos níveis de energia nuclear que correspondem aos diferentes valores de M_I. O transmissor de radiofreqüência de baixa potência opera, por exemplo, a 60 MHz, determinando a aplicação à amostra de um pequeno campo eletromagnético oscilante. Este campo induz transições entre os níveis de energia por um efeito de ressonância, quando a freqüência do campo oscilante é igual à freqüência de transição ν. Quando tais transições ocorrem na amostra, a oscilação resultante no campo induz uma oscilação de tensão na bobina receptora, que pode ser amplificada e detectada. No instrumento mostrado, o campo magnético do ímã grande é fixo e a radiofreqüência do oscilador é fixa; a condição de ressonância é obtida pela superposição de um pequeno *campo de varredura* variável ao campo do ímã grande.

A Fig. 17.34 mostra um traço oscilográfico das variações de tensão dentro de uma pequena faixa do campo magnético de varredura, $\pm 200\ \mu$T, a partir do campo fixo de 0,7 T, com o etanol (C_2H_5OH) como amostra. Notar que cada tipo diferente de próton na

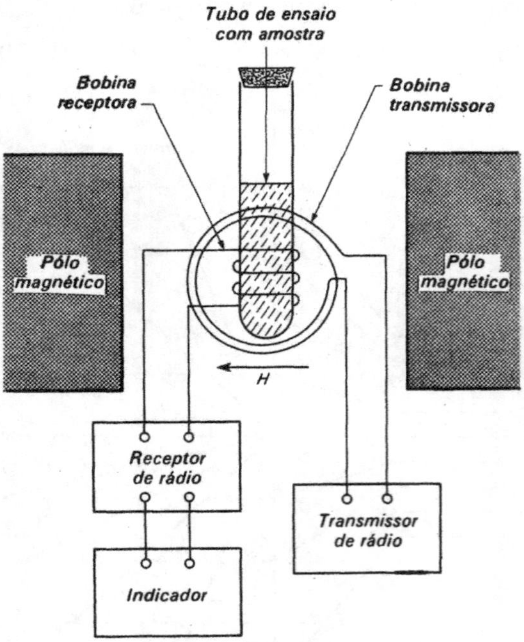

Figura 17.33 Aparelho simplificado para a experiência básica de ressonância magnética nuclear

[30]Coloquialmente, costuma-se referir à grandeza absoluta B_0 de um campo $\mathbf{B}_0$ como "o campo B_0"

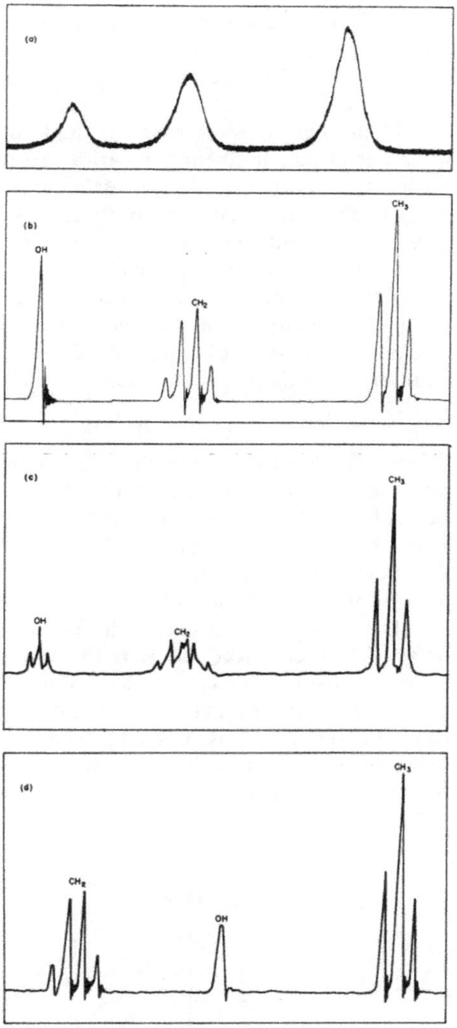

Figura 17.34 Aspectos do espectro de RMN do etanol. (a) Espectro em baixa resolução a 40 MHz. Ocorrem picos para os três prótons não-equivalentes no $CH_3 \cdot CH_2 \cdot OH$ e as áreas dos picos estão na razão 3:2:1. (b) Espectro do etanol em presença de um traço de ácido. O desdobramento *spin-spin* devido à interação entre os prótons dos grupos CH_2 e CH_3 é observado, porém o próton do grupo OH é trocado tão rapidamente entre moléculas que nenhum desdobramento de seu pico de ressonância é observável. (c) Espectro do etanol cuidadosamente purificado e seco, em alta resolução. O próton do grupo OH aparece agora desdobrado num triplete por interação com os dois prótons CH_2 adjacentes e o quarteto de ressonância para os prótons CH_2 se transformou num octeto bastante mal resolvido. (d) Espectro de 6% de C_2H_5OH em $CDCl_3$. O solvente não é aceptor de ligações por H e portanto as pontes de hidrogênio que ocorrem no etanol puro são em sua maioria destruídas. Conseqüentemente, o deslocamento químico do próton OH é grandemente diminuído. A ponte de hidrogênio atua blindando o próton do campo externo. O pico do OH está agora ocorrendo realmente em campo mais baixo que o do grupo CH_2

molécula de CH_3CH_2OH aparece no valor distinto de B_0. A razão para este desdobramento é que diferentes prótons na molécula terão vizinhanças magnéticas ligeiramente diferentes e, portanto, freqüências de ressonância também ligeiramente diferentes. As áreas sob os picos estão na razão 3:2:1, que corresponde a um número relativo de prótons nas diferentes vizinhanças. Cada pico possui também numa estrutura fina.

Quando a freqüência do campo oscilatório da bobina de transmissão na Fig. 17.33 é a mesma da freqüência de precessão natural do momento magnético nuclear no forte campo externo, o sistema absorve energia do campo. Em outras palavras, os quanta de radiação de microondas são absorvidos à medida que o número quântico magnético nuclear M_I aumenta de uma unidade. Para ter uma absorção contínua de energia do campo oscilante, contudo, deve haver algum mecanismo eficaz pelo qual o ímã nuclear possa perder esta energia e regressar do estado excitado ao fundamental, de modo a poder realizar um outro salto quântico com absorção de energia. O efeito de ressonância mede a energia de absorção líquida, isto é, a diferença entre a energia absorvida ao passar do estado de energia inferior ao superior e a energia emitida passando do superior ao inferior. Como no equilíbrio existem mais sistemas no estado de energia mais baixo (de acordo com o fator de distribuição de Boltzmann $e^{-\Delta E/kT}$), existe uma absorção líquida de energia.

O sistema pode retornar ao estado de energia mais baixa não apenas pela emissão de radiação mas também por vários mecanismos não-irradiativos, que são denominados *processos de relaxação.* Se não existissem esses processos de relaxação, seria impossível a ressonância magnética na prática, pois não haveria meio para restaurar o equilíbrio térmico que mantém os estados de menor energia mais povoados que os de maior energia.

Existem dois tipos de relaxação a ser distinguidos. A relaxação que estabelece o valor de equilíbrio da magnetização nuclear ao longo da direção do campo externo é chamada *relaxação longitudinal.* Segue uma lei cinética de primeira ordem em que a velocidade de relaxação depende da primeira potência do excesso (acima do valor de equilíbrio) do número de núcleos no estado de maior energia. A partir da Eq. (9.5),

$$N - N_e = (N - N_e)_0 \, e^{-k_1 t} = (N - N_e)_0 \, e^{-t/\tau_1},$$

onde o inverso da constante de velocidade k_1 é chamado τ_1, o *tempo de relaxação longitudinal.* Esse processo é também chamado *relaxação spin-retículo.* É devida à interação dos *spins* nucleares com os diversos campos locais flutuantes na matéria que rodeia os núcleos orientados. A adição de qualquer substância paramagnética à solução pode diminuir consideravelmente τ_1. A Fig. 17.35 mostra o efeito da adição de íons paramagnéticos aos prótons da água.

O outro tipo de processo de relaxação é chamado *relaxação transversal* (tempo τ_2). Se os núcleos em precessão ao redor de uma direção do campo estiverem em fase um com o outro, existirá uma componente líquida do momento magnético no plano *XY*, normal ao eixo *Z* do campo magnético. Qualquer campo perturbador, que tenda a destruir esta coerência de fase, causará a relaxação da componente *XY* do momento magnético. Tal processo é chamado *relaxação spin-spin*, onde um núcleo num estado de *spin* superior transfere energia a um núcleo vizinho através da troca de *spins* com ele.

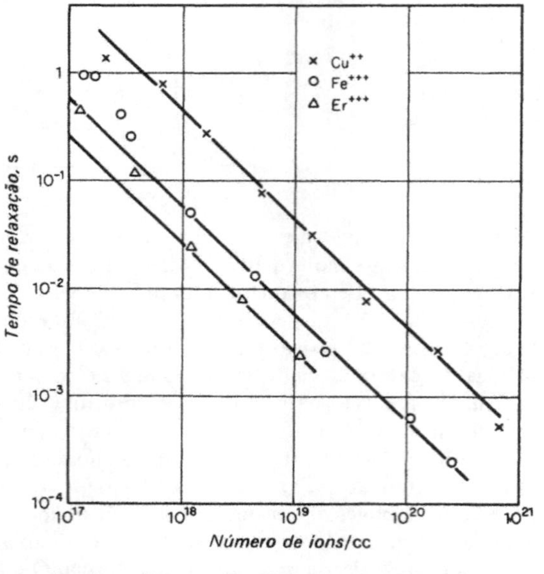

Figura 17.35 Tempo de relaxação τ_1 para prótons na água que contém íons paramagnéticos, medido a 29 MHz

Pelo princípio da incerteza de Heisenberg da Eq. (13.45), a largura ΔE de uma linha de emissão está relacionada com a vida média do estado excitado Δt:

$$\Delta E \cdot \Delta t = \frac{\hbar}{2}$$

$$\Delta \nu = \frac{\Delta E}{\hbar} = \frac{1}{4\pi \Delta t}$$

17.34. Deslocamentos químicos e desdobramento *spin-spin*

O ambiente que rodeia o núcleo possui um pequeno efeito, porém definitivamente mensurável, sobre o campo sentido pelo núcleo. Deste fato depende a utilidade da RMN no estudo da estrutura das moléculas e da natureza das ligações químicas. Os elétrons que rodeiam um núcleo sofrem a ação do campo externo, para produzir um diamagnetismo induzido, que blinda parcialmente o núcleo. Esse efeito de blindagem atinge apenas cerca de 10 partes por milhão do campo externo, mas a precisão das medidas de NMR é tão grande que o efeito é facilmente mensurável até cerca de 1%. O resultado é denominado o *deslocamento químico*. Vimos na Fig. 17.34 um exemplo onde a freqüência de ressonância dos prótons em CH_3CH_2OH era um pouco diferente para cada dos três tipos de H na estrutura. Como o deslocamento químico é devido ao diamagnetismo induzido pelo campo externo, seu valor absoluto dependerá da intensidade do campo.

O deslocamento químico é expresso em relação ao exibido por alguma substância padrão. No caso da ressonância protônica, o padrão é geralmente a água. Definimos o parâmetro deslocamento químico δ como

$$\delta = \frac{B_0(\text{amostra}) - B_0(\text{referência})}{B_0(\text{referência})} \times 10^6 \qquad (17.61)$$

Alguns exemplos de δ para tipos de átomos de H diferentes são dados na Tab. 17.10. O próprio parâmetro deslocamento químico pode ser útil na determinação de uma estrutura molecular desconhecida. O espectro de RMN protônica de uma molécula fornece numa espécie de catálogo para localizar os diferentes átomos de H numa estrutura.

Tabela 17.10 Deslocamentos químicos de ressonâncias de prótons em partes por milhão relativos ao da água como zero*

Grupo	δ	Grupo	δ
$-SO_3H$	$-6,7 \pm 0,3$	H_2O	(0,00)
$-CO_2H$	$-6,4 \pm 0,8$	$-OCH_3$	$+1,6 \pm 0,3$
RCHO	$-4,7 \pm 0,3$	$\equiv C-H$	$+2,4 \pm 0,4$
$RCONH_2$	$-2,9$	RSH	$+3,3$
ArOH	$-2,3 \pm 0,3$	$-CH_2-$	$+3,5 \pm 0,5$
ArH	$-1,9 \pm 1,0$	RNH_2	$+3,6 \pm 0,7$
$=CH_2$	$-0,6 \pm 0,7$	$\equiv C-CH_3$	$+4,1 \pm 0,6$
ROH	$-0,1 \pm 0,7$	R_2NH	$+4,4 \pm 0,1$

*Segundo J. D. Roberts, *Nuclear Magnetic Resonance* (New York: McGraw-Hill Book Company, 1959). Dados de H. S. Gutowsky, L. H. Meyer e A. Saika, *J. Am. Chem. Soc.* **75**, 4 567 (1953)

Quando o espectro de RMN mostrado na Fig. 17.34(a) foi estudado em alta resolução, o pico para o CH_2 foi desdobrado em quatro linhas e o do CH_3, em três. O espectro obtido a alta resolução foi mostrado na Fig. 17.34(b). O efeito que desdobra os picos do CH_2 e CH_3 em multipletes não é um deslocamento químico. Esta conclusão foi demonstrada pelo fato de o desdobramento observado não depender da intensidade do campo aplicado. O efeito é causado pela interação dos *spins* nucleares (momentos magnéticos) de um conjunto de prótons equivalentes aos do outro conjunto. É, portanto, chamado *desdobramento spin-spin*.

Considerar primeiro os dois prótons A e B do grupo CH_2. Como podem os *spins* dos prótons A e B ser distribuídos com relação ao *spin* de um dado próton no grupo CH_3? Existem quatro maneiras possíveis:

1. *spin* paralelo a ambos A e B
2. *spin* antiparalelo a ambos A e B
3. *spin* paralelo a A e antiparalelo a B
4. *spin* antiparalelo a A e paralelo a B

É óbvio que os dois últimos arranjos têm a mesma energia. O resultado da interação *spin-spin* é que cada próton do grupo CH_3 pode sentir três campos magnéticos ligeiramente diferentes, dependendo de sua relação aos *spins* dos prótons do grupo CH_2. O sinal de ressonância se desdobra então em três componentes, como é mostrado na Fig. 17.36. Da mesma maneira, um próton no grupo CH_2 sente campos ligeiramente diferentes, dependendo de como seu *spin* esteja relacionado com os do grupo CH_3. Existem quatro arranjos energeticamente diferentes possíveis mostrados na Fig. 17.36.

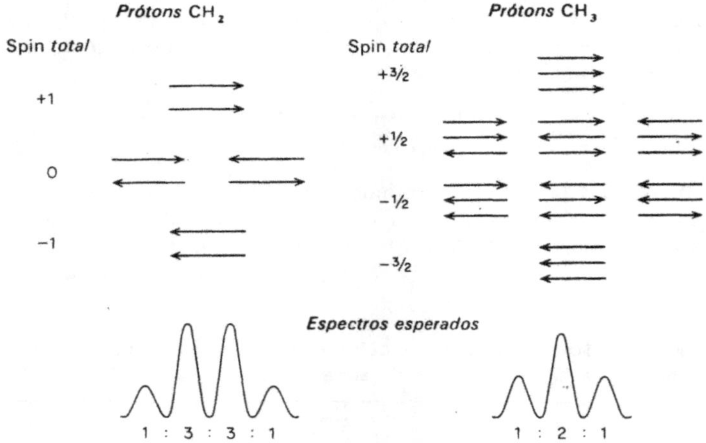

Figura 17.36 Desdobramentos *spin-spin* do espectro de RMN do $CH_3 \cdot CH_2 \cdot OH$. Cada próton no grupo CH_2 "sente" quatro arranjos diferentes de *spin* do CH_3 e cada próton do grupo CH_3 "sente" três arranjos diferentes de *spin* do CH_2

Quais serão os efeitos da interação dos prótons do CH_3 e CH_2 com o próton do grupo OH? Deveríamos esperar que cada uma das linhas mostradas na Fig. 17.34(b) seja desdobrada num dublete, e que o CH_2 seja desdobrado mais que o CH_3, pois está mais próximo do grupo OH. Essas previsões são confirmadas pela espectro experimental da Fig. 17.34(c). Vemos também o espectro do próton do grupo OH, que é desdobrado num triplete (121) pela interação com CH_2. Se adicionarmos um traço de ácido ao álcool, ocorrerá uma mudança dramática no espectro [Fig. 17.34(b)]. O triplete OH se torna um singlete e o desdobramento de CH_2 e CH_3 pelo OH desaparece. O ácido H^+ age como um catalisador para uma rápida troca de prótons entre os grupos OH nas diferentes moléculas. Assim, a vida média de um OH numa dada conformação se torna demasiadamente curta para permitir a interação *spin-spin* com outros núcleos da molécula.

17.35. Troca química em RMN

Uma das aplicações mais interessantes da espectroscopia de RMN reside na medida das velocidades de certas reações muito rápidas. Esse método pode ser aplicado apenas quando a meia-vida τ_R do reagente é comparável em grandeza com um dos tempos de relaxação τ_1 ou τ_2 do núcleo que se segue através de RMN. As velocidades de várias reações, contudo, podem cair neste intervalo, incluindo mudanças de conformação, rotações internas e transferências de prótons.

Como um exemplo, considerar o espectro do 4,4-diaminometilpirimidina mostrado na Fig. 17.37 a várias temperaturas diferentes. A menos que haja rápida rotação ao redor da ligação N—C do anel, os dois grupos metila não são equivalentes. A baixas temperaturas, portanto, onde a rotação é inibida, dois picos distintos ocorrem, separados por 17,8 Hz, a diferença dos deslocamentos químicos. À medida que se eleva a temperatura de 228 a 240 K, os picos se alargam e se fundem num só pico largo. À medida que a temperatura é posteriormente elevada, de 240 a 265 K, o pico largo vai se tornando mais fino progressivamente.

O alargamento dos picos, que é devido à reação que troca os sítios não-equivalentes, isto é, a rotação interna, é uma conseqüência do princípio da incerteza de Heisenberg. Para uma reação $A \rightleftharpoons B$, o período de vida média da espécie A é $\tau_R = k_1^{-1}$, onde k_1 é a

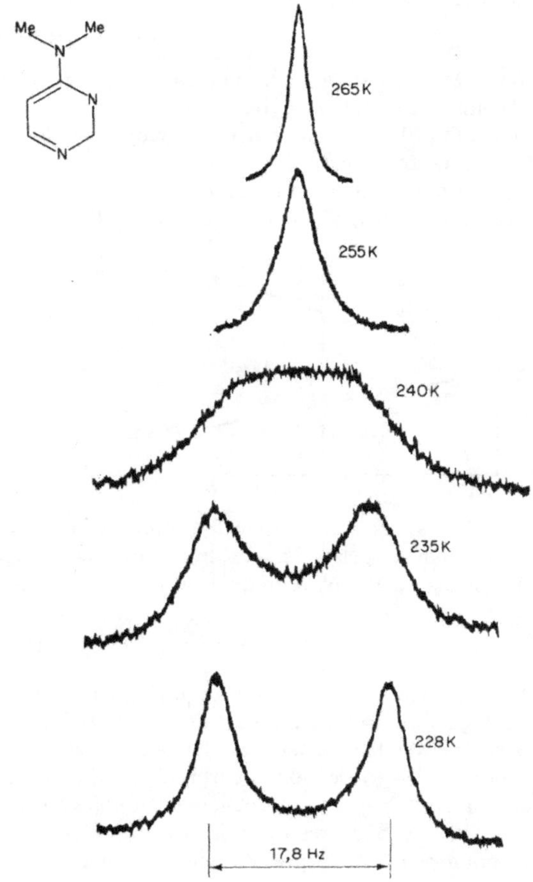

Figura 17.37 Espectros dos grupos metila do 4,4-dimetilaminopirimidina a 100 MHz e a várias temperaturas. Esta série mostra a seqüência de espectros essencialmente da forma da Fig. 17.34(a), pois não há apreciável acoplamento entre os prótons do grupo metila e quaisquer outros núcleos [Segundo Ruth M. Lynden-Bell e Robin K. Harris, *Nuclear Magnetic Resonance Spectroscopy* (Londres: Nelson, 1970)]

constante de primeira ordem para a troca. Então, a largura do pico de RMN à meia altura é $\Delta\nu = k_1/\pi$. Antes de usar essa relação para calcular k_1, é necessário subtrair a largura natural da linha que seria obtida na ausência da troca, para obter o alargamento devido apenas à troca. No outro limite, a elevadas velocidades de troca, quando os picos individuais se fundiram, a largura da linha é $\Delta\nu = \frac{1}{4}(\nu_A - \nu_B)(\pi k_1)^{-1}$, onde ν_A e ν_B são as freqüências individuais dos picos A e B, como é determinado pelas medidas a baixas temperaturas.

Muitas aplicações têm sido efetuadas deste método. Está começando a ser empregado no estudo de problemas do tipo interação de moléculas do substrato com centros ativos de enzimas. Para realmente ser útil nesta área, contudo, a sensibilidade da espectroscopia de RMN deve ser aumentada de cerca de um fator de 10, de modo que os compostos bioquímicos possam ser estudados a baixas concentrações de interesse fisiológico.

17.36. Ressonância paramagnética eletrônica

A energia de um momento magnético $\mathbf{p}_m$ num campo magnético $\mathbf{B}_0$ é

$$E = -\mathbf{p}_m \cdot \mathbf{B}_0 \tag{17.62}$$

Se o campo foi dirigido ao longo do eixo z de um sistema de coordenadas cartesianas (a orientação sempre tomada por convenção), a Eq. (17.62) se torna

$$E = -g\mu_B M_z B_0, \tag{17.63}$$

onde M_z é a componente do *momentum* angular de *spin* ao longo do eixo z, Para o caso de um único elétron livre, como vimos, a teoria simples dava $g = 2$, porém realmente $g = 2{,}00229$. Para um elétron desemparelhado numa molécula ou cristal, g diferirá um pouco deste número.

O modo como os níveis de energia dos estados do *spin* eletrônico são desdobrados pelo campo magnético é mostrado na Fig. 17.38.

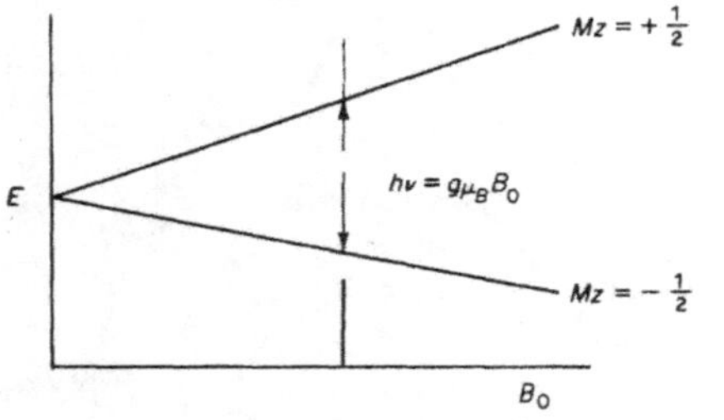

Figura 17.38 Energias dos estados de *spin* eletrônico num campo magnético em função da densidade de fluxo magnético B_0

Se o sistema em estudo for colocado numa célula num campo magnético, podemos determinar $h\nu$ pelas técnicas de espectroscopia de ressonância semelhantes em princípio às usadas no RMN. A freqüência por unidade de campo aplicado é

$$\frac{\nu}{B_0} = \frac{g\mu_B}{h} = \frac{(2{,}00229)(9{,}273 \times 10^{-24})}{6{,}62 \times 10^{-34}} = 2{,}8 \times 10^{10}\ \text{Hz} \cdot \text{T}^{-1}$$

Ímãs comerciais facilmente adquiríveis para trabalho em RPE vão até 5 T. Então, a absorção de freqüência vai até 150×10^9 Hz (=150 GHz). Notamos, portanto, que espectros de RPE estão na região de microondas do espectro, enquanto os de RMN estão na região de ondas curtas da radiofreqüência. Para a espectroscopia de RPE é costumeiro fixar-se a freqüência da fonte e variar o campo magnético até que se atinja uma condição de ressonância. As fontes de radiação são geralmente tubos Klystron, inventados em 1939 por Russell, Varian e Hansen, e desde então intensamente desenvolvidos para uso em instalações de radares. Os tubos possuem uma faixa limitada de freqüência e geralmente operam na banda X (8 a 12 GHz) ou K (27 a 35 GHz). Aparelhos comerciais de RPE têm sido construídos com essas fontes de microondas.

Para gerar um espectro de RPE, uma substância deve possuir um ou mais *spins* desemparelhados. As duas principais aplicações da RPE têm sido no estudo de radicais livres em solução e íons paramagnéticos no estado cristalino. Intermediários fotoquímicos no estado triplete são freqüentemente seguidos pelos espectros de RPE. O método *spin labeling*, pelo qual uma molécula orgânica com um elétron desemparelhado é ligada a uma estrutura de membrana, pode fornecer dados não-comuns sobre as propriedades de membranas a partir da análise da estrutura fina e da largura de banda do espectro de RPE da molécula utilizada como sonda.

PROBLEMAS

1. Uma certa doença neurológica de carneiros parece ser causada por um agente infeccioso menor que um vírus típico. Através de irradiação com luz ultravioleta quase monocromática, o espectro de ação para inativação dessa doença foi medido[31]. O pico neste espectro de ação não coincide com aquele para a inativação de vírus típicos de RNA e DNA. Discutir a interpretação deste espectro de ação e seu significado para nossa compreensão da natureza do agente da doença considerada.

2. Esboçar o espectro de absorção de uma molécula tal como o CH_3Cl na seguinte escala. Na escala superior marcar o tipo de processo que causa a absorção de radiação: (a) vibracional; (b) eletrônica; (c) transições rotacionais; (d) ionização e decomposição molecular; (e) predissociação. Indicar abaixo da escala as posições das várias regiões espectrais: (i) radiofreqüência; (ii) visível; (iii) microondas; (iv) ultravioleta; (v) infravermelho.

σ (cm^{-1}) 10^5 10^4 10^3 10^2 10 1 10^{-1} 10^{-2} 10^{-3}

3. Se o comprimento de uma molécula do tipo do H—Cl fosse multiplicado por um fator de 10 sem haver mudança em sua massa, como seria afetado seu espectro nas regiões do infravermelho e microondas?

4. A freqüência de estiramento do grupo O—H no CH_3OH é encontrada em $\sigma = 3\,300\ \text{cm}^{-1}$. Prever o σ para o estiramento do grupo O—D em CH_3OD.

5. O comprimento da ligação no BO é 0,1205 nm. Calcular a contribuição rotacional à entropia BO(g) a 298 K.

6. Calcular os comprimentos de onda para as primeiras oito linhas no espectro puramente rotacional do ClF. O comprimento da ligação é 0,1630 nm e a constante de distorção centrífuga $C_0 = 10^{-4} B_0$. Desenhar o espectro calculado.

7. Calcular a razão do número N_J de moléculas numa amostra de HI a (a) 300 K e (b) 1 000 K, possuindo números quânticos rotacionais $J = 5$ e $J = 0$ ($I = 4{,}31 \times 10^{-47}\ \text{kg}\cdot\text{m}^2$). (c) Calcular os valores de J no máximo N_J a essas duas temperaturas.

8. O espectro rotacional do HF tem linhas separadas por 41,9 cm^{-1}. Calcular o momento de inércia e o comprimento da ligação dessa molécula.

9. Quando o acetileno é irradiado com a linha do mercúrio a 435,83 nm, uma linha Raman atribuída às vibrações de estiramento simétricas é observada em 476,85 nm. Calcular a freqüência fundamental para essa vibração.

10. As seguintes linhas foram observadas nas bandas vibracionais-rotacionais do espectro infravermelho do HI, em ordem decrescente de σ em cm^{-1}: 2 288,5; 2 277,5; 2 266,1; 2 254,3; 2 242,2; 2 216,7; 2 203,6; 2 190,0; 2 176,0; 2 161,7; 2 147,5; 2 132,7; 2 117,7.

[31]R. Latarjet *et al.*, *Nature* **227**, 1 341 (1970)

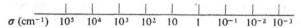

Calcular: (a) as constantes rotacionais nos estados vibracionais de mais baixa energia e no primeiro estado excitado; (b) os momentos de inércia nos dois estados; (c) as distâncias internucleares nos dois estados; (d) a origem da banda fundamental; (e) a constante de força da ligação H—I; (f) em um gráfico colocar o espectro observado e os níveis de energia a partir dos quais surge.

11. Um núcleo de ^{39}K possui *spin* $I = 3/2$ e um fator nuclear $g = 0{,}2606$. (a) Desenhar um diagrama para mostrar todas as orientações possíveis do momento magnético de um núcleo de ^{39}K num campo magnético. (b) Calcular a freqüência de transição de uma dessas orientações para uma adjacente num campo de 0,100 T.

12. Esboçar o espectro de RMN protônica do $CHCl_2$—CH_2Cl: (a) em baixa resolução, dando as intensidades relativas dos picos; (b) em resolução adequada para mostrar o desdobramento *spin-spin*, indicando as intensidades relativas dos picos.

13. Esboçar o espectro RMN protônico à alta resolução do CH_3CHBr_2, indicando a origem dos picos.

14. Um espectrômetro de RMN operando a uma freqüência de 60 MHz gera espectros de prótons num campo de 1,4092 T. A que campo seria observado o espectro de ^{11}B com 60 MHz? o *spin* nuclear do ^{11}B é 3/2 e $g_B = 1{,}7920$.

15. O íon de Ti^{3+} tem um elétron desemparelhado. Calcular a contribuição do *spin* deste elétron (a) ao momento magnético do íon e (b) à suscetibilidade magnética molar do Ti^{3+} a 298 K.

16. Um filme fotográfico é exposto por 10^{-3} s a uma luz incandescente de 100 W, a uma distância de 10 m. Se 5 % da potência for emitida como luz visível, à qual o filme é sensível (digamos, a 600 nm), estimar o número de átomos de prata que seria produzido num grão de AgBr de 10 μm de diâmetro. Mencionar quaisquer hipóteses utilizadas e explicar por que as fez.

17. O rendimento quântico para a inativação do bacteriófago *T*1 a 260 nm é $\Phi = 3 \times 10^{-4}$. Se a massa molar dessa espécie for $M = 10^7$ g, estimar a porção da seção transversal do fago para a qual a absorção do quantum tem um efeito letal.

18. A energia da dissociação D_0 para o H_2 é de 4,46 eV e sua energia do ponto zero $\frac{1}{2}h\nu_0$ é de 0,26 eV. Estimar D_0 e $\frac{1}{2}h\nu_0$ para D_2 e T_2.

19. Pelo conceito de orbitais de ligação híbridos, prever a estrutura do CH_3. Discutir os prováveis espectros nas regiões de microondas e infravermelho desta molécula.

20. No espectro de microondas de $^{12}C^{16}O$, a transição rotacional $J = 0 \longrightarrow 1$ foi medida a 115 271,204 MHz. Calcular o valor do momento de inércia e a separação internuclear r_e no CO. Discutir os fatores que limitam a exatidão de r_e comparada à da medida espectroscópica.

21. Qualitativamente, como o coeficiente de absorção molar ε varia nas regiões visível e infravermelho do espectro? Discutir os fatores físicos que determinam as diferenças.

22. Estão esquematizados alguns modos normais de vibração de várias moléculas. Indicar quais são ativas como freqüências fundamentais no infravermelho.

	Molécula	*Modo*	
(a)	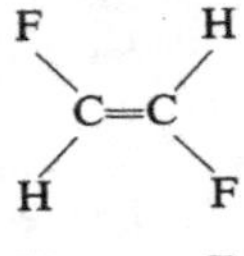	Estiramento de C=C	*Rocking*
(b)	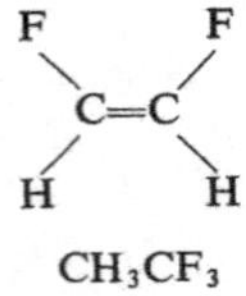	Estiramento de C=C	Torção fora do plano
(c)	CH_3CF_3	Torção da ligação C—C	Estiramento de C—C

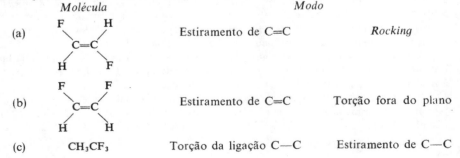

731

23. São dadas a seguir duas estruturas de ressonâncias equivalentes de um ânion monovalente de um tipo comum de molécula orgânica corante:

$$R \quad\quad\quad\quad\quad\quad\quad\quad\quad\quad R$$
$$\overset{R}{\underset{R}{\diagdown}}\overset{+}{N}{=}CH{-}CH{=}CH{-}CH{=}CH{-}N\overset{\diagup R}{\underset{\diagdown R}{}}$$

$$\overset{R}{\underset{R}{\diagdown}}N{-}CH{=}CH{-}CH{=}CH{-}CH{=}\overset{+}{N}\overset{\diagup R}{\underset{\diagdown R}{}}$$

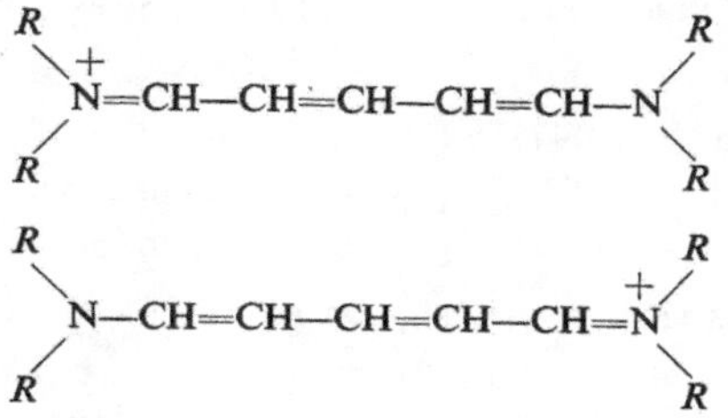

(R pode ser vários grupos orgânicos: por exemplo, CH_3). Notar que as duas estruturas diferem apenas nas posições das duplas ligações, da mesma maneira como as formas de ressonância do benzeno. Quando existem duas estruturas desse tipo, envolvendo uma série duplas ligações conjugadas, é uma boa aproximação admitir que os dois elétrons π associados a cada dupla ligação são livres para se mover pelo comprimento da molécula num campo de energia potencial constante, mas não podem sair da molécula por uma barreira infinita de energia potencial. Este problema   semelhante ao da mecânica quântica da partícula numa caixa, na qual o potencial é nulo dentro da caixa e tende ao infinito nas paredes da mesma. O comprimento da caixa no presente caso é a, a distância entre os dois átomos de nitrogênio. (a) Deduzir a fórmula $E_n = n^2h^2/8ma^2$ para os níveis de energia de um elétron numa tal caixa de comprimento a (unidimensional), começando ou com a equação de Schrödinger ou com a relação de De Broglie. (b) A partir do resultado da parte (a), desenhar um esquema de níveis de energia, mostrando os cinco estados de energia mais baixos com seus respectivos números quânticos n, e esquematizar as funções de onda associadas. (c) Os seis elétrons π ocupam os estados de energia mais baixa, sujeitos ao Princípio de Exclusão de Pauli, que requer que dois elétrons não podem ter os mesmos valores tanto de n como do número quântico de *spin*, $s(s = +1/2$ ou $-1/2)$. Indicar em seu diagrama de níveis de energia onde estariam os elétrons. (d) A absorção de luz promove um elétron do nível de energia mais alto ocupado ao de menor energia vazio. Calcular a diferença de energia entre esses níveis e o comprimento de onda em nanometros da luz absorvida. Para tanto, é necessário conhecer a que é 0,84 nm. (e) De quanto aumentaria o comprimento de onda para um corante contendo um grupo vinileno adicional ($-CH{=}CH-$), para o qual a aumenta de cerca de 0,14 nm?

24. As seguintes linhas de absorção na região de microonda foram observadas para o vapor de NaCl a 800 °C:

Freqüência (MHz)	Intensidade relativa aproximada
26 051,1	1,0
25 847,6	0,6
25 666,5	$0,3_5$
25 493,9	$0,3_0$
25 473,9	$0,2_3$
25 307,5	$0,1_8$
25 120,3	$0,1_0$

O erro provável nessas freqüências é de $\pm 0,75$ MHz (cerca de 10 vezes piores que os comuns em espectroscopia de microondas, devido às dificuldades associadas à alta temperatura). (a) Atribuir os números quânticos rotacional (J) e vibracional (v) para essas transições. (b) Determinar a partir dessas linhas os valores de B_v e r_e para cada estado vibracional, e deduzir B_e e r_e para ambas as moléculas isotópicas. Um fator de conversão apropriado: $B(\text{MHz}) = (h/8\pi^2 I) = (5{,}05531 \times 10^3)/I(\text{amu} \cdot \text{nm}^2)$. As massas atômicas são as seguintes:

Na	22,997139 g · mol^{-1},	abundância 100%
^{35}Cl	34,97993 g · mol^{-1},	abundância 75,4%
^{37}Cl	36,97754 g · mol^{-1},	abundância 24,6%

25. O espectro de RMN do fluor do $F_2BrC—CCl_2Br$ é mostrado a 40 MHz em função da temperatura. Explicar qualitativamente o que está acontecendo e correlacionar as linhas observadas a 193 K com os três isômeros rotacionais da molécula. Calcular um limite superior para a velocidade média de rotação ao redor da ligação C—C a 193 e 213 K.

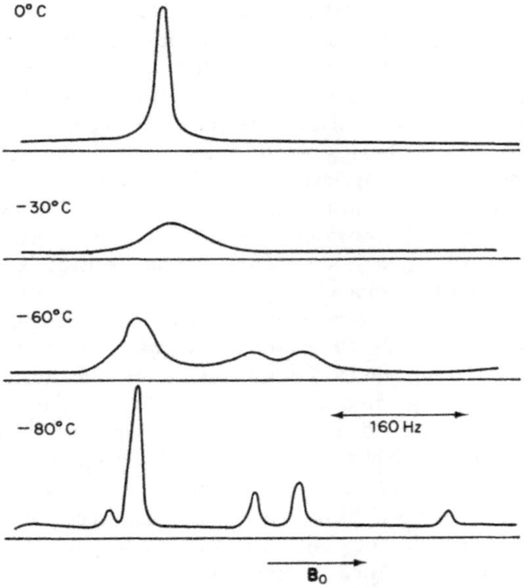

26. O momento de inércia de uma molécula de ciclo-octaenxofre S_8 é 2 314 × × 10^{40} g · cm^2, relativo ao eixo de simetria principal da configuração em coroa da molécula. Supor essas moléculas girando livremente em torno desse eixo numa certa forma cristalina de enxofre. Calcular a contribuição desta rotação livre à entropia a 25 °C. A molécula atinge orientações equivalentes 4 vezes numa rotação.

27. O estado fundamental do NO é um dublete ($g = 2$). Outro dublete fica a 1 490 J · mol^{-1} acima do estado fundamental. (a) Calcular a função de partição eletrônica do NO a 25 °C. (b) Calcular a razão do número de moléculas no estado excitado ao número de moléculas no estado fundamental.

28. O espectro infravermelho do N_2O mostra bandas fundamentais para três modos normais de vibração. Admitindo que a estrutura seja linear, como o espectro distingue entre N—N—O e N—O—N? Esquematizar os modos normais.

29. Esquematizar o espectro de RMN de ^{31}P para HPF_2 para os seguintes tipos de acoplamento *spin-spin*: (a) $J(P-F) > J(P-H)$; (b) $J(P-H) > J(P-F)$, sendo J a constante de acoplamento entre os núcleos designados.

30. Desenhar curvas de energia potencial razoáveis para o estado fundamental e estados excitados que, com base no princípio de Franck-Condon, fornecerão uma expli-

cação razoável para a maioria das seguintes observações: (a) uma molécula possui uma transição $v' = 0$ para $v'' = 0$ como a banda mais intensa em seu espectro de emissão; (b) uma molécula possui uma banda de absorção larga, sem estrutura, mas seu espectro de emissão é muito definido e com estrutura fina.

31. Encontra-se que 1,6 torr de N_2 reduz a intensidade de fluorescência da radiação de ressonância do sódio a 200 °C à metade de seu valor da ausência do gás. Se a vida média natural de um átomo de Na excitado é 10^{-7} s, calcular a seção transversal de extinção (supressão) da molécula de N_2.

32. A cinética de recombinação de átomos de bromo foi medida seguindo uma fotólise relâmpago do Br_2 gasoso[32]. Para os átomos de bromo no argônio, a velocidade seguia a equação $d[Br_2]/dt = k_3[Br]^2[Ar]$. Os valores de k_3 eram: 300 K, 3,7; 333 K, 2,7; 348 K, 2,3. Todos os valores estão em unidades de $10^9 \times dm^6 \cdot mol^{-2} \cdot s^{-1}$. Estimar a energia de ativação para a reação e discutir possíveis interpretações para o valor obtido.

[32] R. L. Strong, J. C. W. Chien, P. E. Graf e J. E. Willard, *J. Chem. Phys.* **26**, 1 287 (1957)

18

O estado sólido

Textbooks & Heaven only are Ideal
Solidity is an imperfect state.
Within the cracked and dislocated Real
Nonstoichiometric crystals *dominate.*
Stray Atoms sully and precipitate;
Strange holes, excitons, *wander loose; because*
of Dangling Bonds, a chemical Substrate
Corrodes and catalyses — surface Flaws
Help Epitaxial Growth to fix adsorptive claws

John Updike
(1968)[1]

Já foi dito que a beleza dos cristais reside na planeza de suas faces. A Cristalografia começou quando as relações entre as faces planas se tornaram objeto de medida científica. Em 1669, Niels Stensen, professor de Anatomia de Copenhague e vigário apostólico do norte, comparou os ângulos interfaciais num conjunto de cristais de quartzo. Um ângulo interfacial é definido como o ângulo entre as retas perpendiculares a um par de faces. Constatou que ângulos correspondentes em diferentes cristais eram sempre iguais. Após a invenção do goniômetro de contato, em 1780, esta conclusão foi verificada e estendida para outras substâncias, e a constância dos ângulos interfaciais recebeu o nome de *primeira lei da cristalografia*[2].

18.1. Crescimento e forma dos cristais

Um cristal cresce a partir de uma solução ou de uma substância fundida pela deposição sobre suas faces de moléculas ou íons provenientes do líquido. Se as moléculas se depositam de preferência numa certa face, essa face não se estenderá tão rapidamente em área quanto outras faces que fazem ângulos com ela e nas quais a deposição é menos freqüente. As faces com as maiores áreas são portanto aquelas sobre as quais as moléculas adicionadas se depositam mais lentamente.

Algumas vezes, uma velocidade de deposição alterada pode mudar completamente a forma, ou o *hábito*, de um cristal. O cloreto de sódio cristalizado a partir de uma solução aquosa cresce na forma de cubos, porém, quando cristalizado a partir de solução

[1]Apenas os livros-textos e o Paraíso são ideais/A solidez é um estado imperfeito./Dentro do Real partido e deslocado/dominam os *cristais não-estequiométricos.*/Átomos errantes mancham e precipitam;/estranhas lacunas, excitons, vagueiam soltos; devido/às ligações pendentes, um Substrato químico/corrói e catalisa – Defeitos superficiais/ajudam o Crescimento Epitaxial a fincar garras adsorvíveis.

"The Dance of Solids", extraído de *Midpoint and Other Poems* (New York: Alfred A. Knoff, 1968), p. 20

[2]Uma interessante história da cristalografia é *Origins of the Science of Crystals* de J. G. Burke (Berkeley: Univ. of California Press, 1966)

aquosa com 15% de uréia, apresenta-se como octaedros. Acredita-se que a uréia seja de preferência adsorvida nas faces octaédricas, impedindo a deposição dos íons de sódio e cloreto, e, portanto, fazendo com que as áreas superficiais dessas faces sejam rapidamente aumentadas.

Alguns dos cristais mais belos são formados por *crescimento dendrítico.* Os cristais de neve na Fig. 18.1 apresentam a simetria do gelo, mas com muitas variações sobre o tema hexagonal. Nesse crescimento dendrítico, um eixo cristalográfico definido coincide com o eixo de cada ramo de crescimento; as pontas são as posições a partir das quais o calor é mais rapidamente removido do cristal[(3)].

Já em 1665, Robert Hooke[(4)] cogitava acerca da causa das formas regulares dos cristais e concluía que elas eram conseqüência de um empacotamento regular de pequenas partículas esféricas.

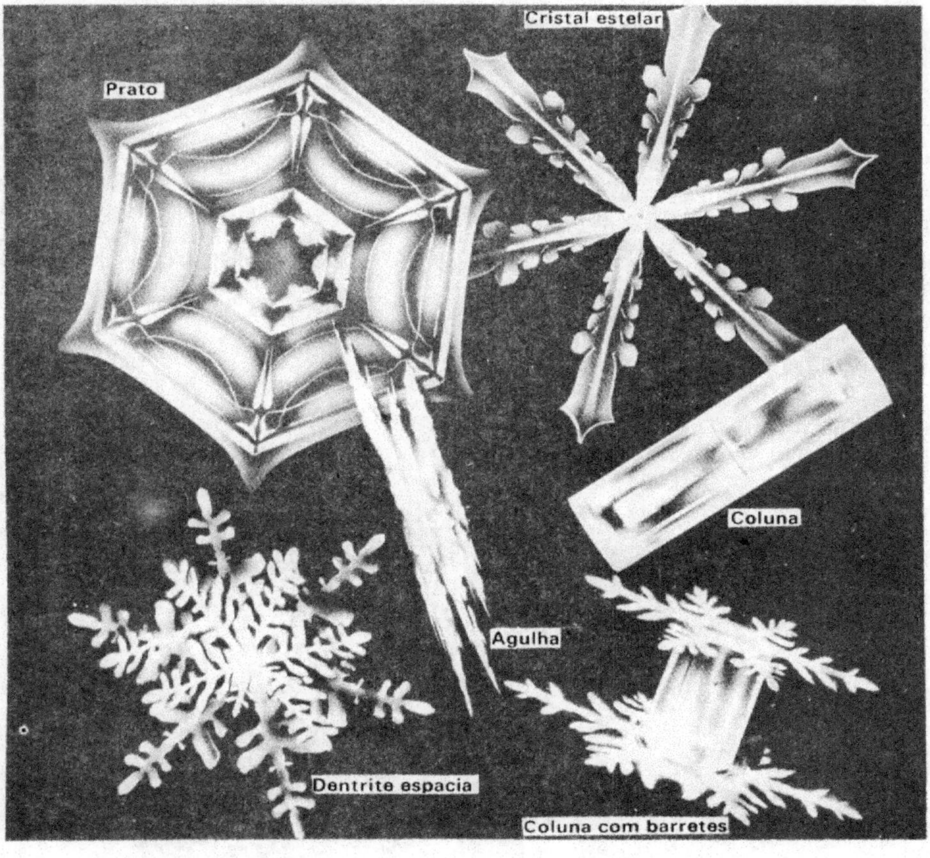

Figura 18.1 Seis hábitos típicos de cristais de neve. As diferentes formas são características do crescimento em diferentes altitudes, sendo a temperatura o maior fator determinante. Este desenho foi feito por H. Wimmer para o artigo "Wintry Art in Snow" de John A. Day, *Natural History* **71**, 24 (1962), American Museum of Natural History, New York

(3)Bruce Chalmers, em *Growth and Perfection of Crystals* (New York: John Wiley & Sons, Inc., 1958), pp. 291-302

(4)*Micrographia, or Some physiological Descriptions of Minute Bodies made by Magnifying glasses with observations and Inquiries thereupon* (Londres: Jo. Martyn e Ja. Allestry, 1665)

(...) Assim, eu creio que, se tivesse tempo e oportunidade, poderia provar que todas essas figuras regulares tão manifestamente *variadas* e *curiosas*, e que adornam e embelezam tal multiplicidade de corpos (...), surgem de apenas três ou quatro posições ou posturas diferentes de partículas *globulares*. (...) E isso eu demonstrei *ad oculum* com um conjunto de bolinhas e alguns outros corpos muito simples, de modo que não houve figura regular alguma que eu porventura houvesse conhecido (...) que não pudesse imitar, compondo as bolinhas ou glóbulos, e um ou dois outros corpos, e mesmo quase por agitação conjunta desses componentes.

Em 1784, René Just Haüy, professor de Humanidades da Universidade de Paris, propôs que a forma regular externa dos cristais era resultado de um arranjo regular interno de pequenos cubos ou poliedros, os quais ele chamou de *moléculas integrantes* da substância. Um modelo de uma estrutura cristalina, desenhado por Haüy, é apresentado na Fig. 18.2(a). A Fig. 18.2(b) é uma micrografia eletrônica do vírus da necrose do tabaco

(a)

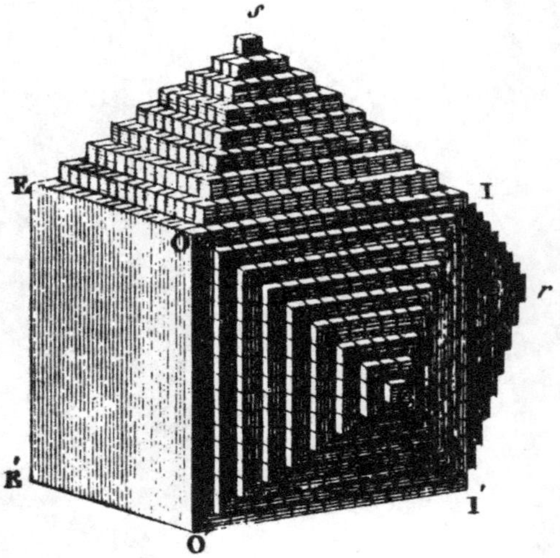

(b)

Figura 18.2 (a) Modelo de uma estrutura cristalina proposto por René Haüy em *Traité élémentaire de Physique*, Vol. 1 (Paris: De L'Imprimerie de Delance et Leseur, 1803); (b) Um cristal do tipo rômbico do vírus de necrose do tabaco no qual a ordem molecular é inusitadamente boa. Aumento 42 000 vezes (Ralph W. G. Wyckoff e L. W. Labaw, National Institute of Health, Bethesda, Md.)

registrada em 1958[5]. Assim, depois de 174 anos, o modelo de Haüy foi confirmado por uma observação direta.

18.2. Direções e planos cristalinos

As faces, bem como os planos internos dos cristais, podem ser caracterizadas por meio de um conjunto de três eixos não coplanares. Consideremos na Fig. 18.3(a) três eixos tendo comprimentos a, b e c, e que são cortados pelo plano ABC, produzindo interseções OA, OB e OC. Se a, b e c são escolhidos como comprimentos unitários, os comprimentos das interseções podem ser expressos como $OA/a, OB/b, OC/c$. Os inversos desses comprimentos serão $a/OA, b/OB, c/OC$. Foi estabelecido que é sempre possível obter um conjunto de eixos para os quais os recíprocos das interseções das faces cristalinas são números inteiros pequenos. Assim, se h, k e l são inteiros pequenos,

$$\frac{a}{OA} = h, \quad \frac{b}{OB} = k, \quad \frac{c}{OC} = l$$

Isto é equivalente à *lei das interseções racionais*, primeiramente enunciada por Haüy. O uso dos recíprocos das interseções (hkl) como índices para definir as faces cristalinas foi proposto por W. H. Miller em 1839. Se uma face é paralela a um eixo, a interseção se dá no ∞ e o índice de Miller se torna $1/\infty$ ou 0. A notação também é aplicável aos planos traçados no interior do cristal. Como ilustração dos índices de Miller, a Fig. 18.3(b) mostra alguns planos em um cristal cúbico.

Nos índices de Miller para uma face cristalina, apenas a razão $h{:}k{:}l$ tem importância. Assim, (420) seria a mesma face que (210). Para planos internos dos cristais, a multiplicação

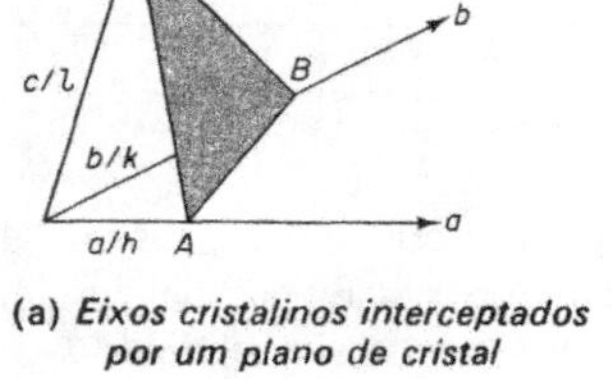

(a) *Eixos cristalinos interceptados por um plano de cristal*

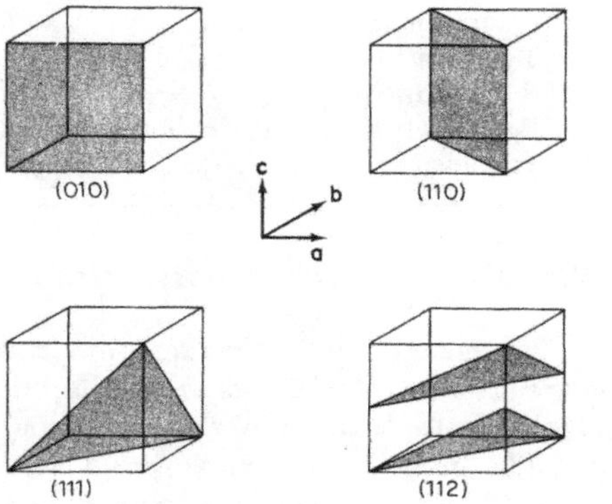

(b) *Índices de Miller de planos no reticulado cúbico*

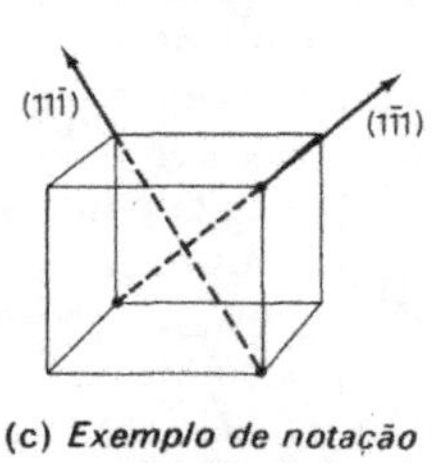

(c) *Exemplo de notação para direções numa estrutura cristalina*

Figura 18.3 Planos em cristais designados pelos recíprocos de suas interseções com eixos cristalinos adequadamente escolhidos. As direções nos cristais são designadas pelas componentes do vetor de direção ao longo dos eixos cristalinos. (a) Eixos cristalinos interceptados por um plano de cristal. (b) Índices de Miller de planos no reticulado cúbico. (c) Exemplo de notação para direções numa estrutura cristalina

[5] *J. Ultrastruct. Res.* **2**, 8 (1958)

dos índices de Miller por um número inteiro alteraria a distância interplanar. Assim, os *planos* 420 incluiriam todos os planos 210 e ainda um conjunto de planos, que se situam na metade da distância entre eles. De acordo com a notação cristalográfica corrente, (*hkl*) se refere a uma face cristalina e *hkl* (sem parênteses), a um conjunto de planos. Usam-se chaves para designar *todas as faces equivalentes* de um cristal, isto é, uma *forma* de um cristal. Por exemplo, diríamos que o cloreto de sódio cúbico tem a forma {100}.

Representa-se a direção de uma linha num cristal por meio de colchetes [*uvw*]. Colocamos a origem das coordenadas em um ponto sobre a linha e então [*uvw*] é a direção da origem até um ponto sobre a linha ($u\mathbf{a} + v\mathbf{b} + w\mathbf{c}$), onde **a**, **b** e **c** são eixos cristalográficos. As direções [$\bar{1}11$] e [$1\bar{1}1$] são mostradas na Fig. 18.3(c) num cristal cúbico.

18.3. Sistemas cristalinos

De acordo com o conjunto de eixos utilizados para representar suas faces, os cristais podem ser divididos em sete sistemas, que são resumidos na Tab. 18.1. Eles abrangem desde um conjunto completamente geral de três eixos diferentes (a, b, c), com três ângulos diferentes (α, β, γ) do sistema triclínico, até um conjunto altamente simétrico de três eixos iguais com ângulos retos de um sistema cúbico.

Tabela 18.1 Os sete sistemas cristalinos

Sistema	*Eixos*	*Ângulos*	*Exemplo*
Cúbico	$a = b = c$	$\alpha = \beta = \gamma = 90°$	Sal-gema
Tetragonal	$a = b, c$	$\alpha = \beta = \gamma = 90°$	Estanho branco
Ortorrômbico	$a; b; c$	$\alpha = \beta = \gamma = 90°$	Enxofre rômbico
Monoclínico	$a; b; c$	$\alpha = \gamma = 90°; \beta$	Enxofre monoclínico
Romboédrico	$a = b = c$	$\alpha = \beta = \gamma$	Calcita
Hexagonal	$a = b; c$	$\alpha = \beta = 90°; \gamma = 120°$	Grafita
Triclínico	$a; b; c$	$\alpha; \beta; \gamma$	Dicromato de potássio

18.4. Reticulados e estruturas cristalinas

Em lugar de se considerar, como fez Haüy, que um cristal é constituído de unidades materiais elementares, é mais útil introduzir uma idealização geométrica, que consiste simplesmente de um alinhamento regular de pontos no espaço chamado *reticulado*. A Fig. 18.4 mostra um exemplo em duas dimensões.

Os pontos do reticulado podem ser ligados de vários modos por uma rede regular de retas. Assim, o reticulado é fragmentado em um número de *células unitárias*. Alguns exemplos são mostrados na figura. Cada célula requer dois vetores, **a** e **b**, para sua descrição. Um *reticulado espacial*, tridimensional, pode ser dividido em células unitárias descritas por três vetores.

Se cada ponto do reticulado espacial for substituído por um átomo ou por um grupo de átomos idênticos, obteremos uma *estrutura cristalina*. O reticulado é um alinhamento de pontos; na estrutura cristalina cada ponto é substituído por uma unidade material. As posições dos átomos nas células unitárias são representadas por coordenadas, que são frações das dimensões da célula unitária. Por exemplo, se uma célula unitária tem lados a, b, c, um átomo em $\left(\frac{1}{2}, \frac{1}{4}, \frac{1}{2}\right)$ estaria em ($a/2, b/4, c/2$) em relação à origem (0, 0, 0) situada no vértice da célula.

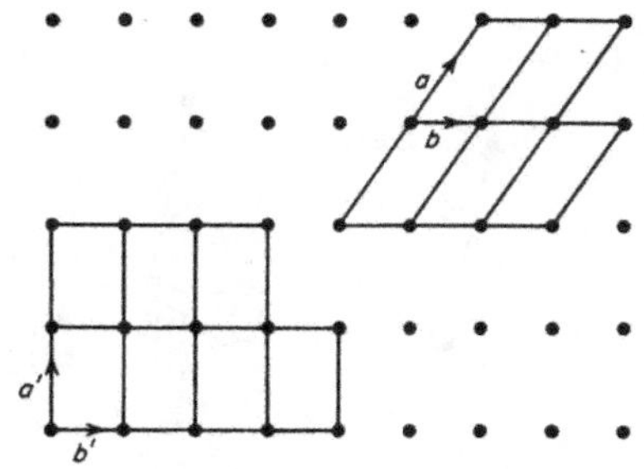

Figura 18.4 Reticulado bidimensional com células unitárias

Em 1848, A. Bravais mostrou que todos os possíveis reticulados espaciais poderiam ser atribuídos a um entre apenas 14 tipos[6]. Os 14 reticulados de Bravais são mostrados na Fig. 18.5. Eles fornecem as diferentes relações translacionais permitidas entre pontos num alinhamento regular tridimensional de extensão infinita. A escolha dos 14 reticulados é de certa forma arbitrária, pois em certos casos são possíveis descrições alternativas.

18.5. Propriedades de simetria

Quando se estuda um cristal real, algumas das faces podem ser tão mal desenvolvidas que se torna difícil, se não impossível, observar a totalidade de sua simetria. Torna-se necessário considerar um cristal ideal, no qual todas as faces do mesmo tipo estão desenvolvidas na mesma proporção. A simetria de um cristal não é evidente apenas no desenvolvimento de suas faces, mas também em todas as suas propriedades físicas, como, por exemplo, as condutividades elétrica e térmica, o efeito piezelétrico e o índice de refração.

Uma análise mais detalhada dos sistemas cristalinos ou dos reticulados de Bravais revela um fato curioso e importante. Os sistemas permitem elementos de simetria diferentes nos cristais, mas os únicos tipos de eixos que ocorrem são C_2, C_3, C_4 ou C_6. Nunca encontramos um cristal com um C_5, C_7 ou C_8, ou de fato qualquer outra simetria axial que não aquelas quatro mencionadas. Como vimos no Cap. 16, eixos quíntuplos, sétuplos e outros eixos podem perfeitamente ocorrer em moléculas isoladas. O ferroceno, por exemplo, é uma molécula bem conhecida com um eixo de simetria C_5. Por que os eixos C_5 ocorrem nas moléculas e não nos cristais? A razão para essa restrição é que é impossível se preencher todo o espaço com figuras de simetria quíntupla. Podemos chegar a essa conclusão mesmo em duas dimensões. É possível cobrir um soalho com paralelogramos [C_2], triângulos equiláteros [C_3], quadrados [C_4] ou hexágonos regulares [C_6]. É impossível revestir o mesmo soalho com pentágonos regulares, heptágonos etc., sem deixar vazios. O fato de cristais reais nunca apresentarem outros elementos de simetria axial, que não sejam C_2, C_3, C_4, C_6, leva à seguinte conclusão: os cristais devem ser construídos de subunidades regulares que preencham todo o espaço num alinhamento geométrico definido. As formas cristalinas regulares observadas na natureza são manifestações externas de regularidades internas da estrutura. O significado dos 14 reticulados de Bravais fica agora mais evidente – eles são as 14 maneiras possíveis de se arranjar pontos em um alinhamento regular a fim de preencher totalmente o espaço.

[6]Um reticulado que contenha pontos centrados no corpo, na face ou na extremidade pode sempre ser reduzido a um outro que não os contenha (*reticulado primitivo*). Assim, o cúbico de face centrada pode ser reduzido a um romboédrico primitivo. Os reticulados centrados são escolhidos, quando possível, devido à sua simetria mais elevada

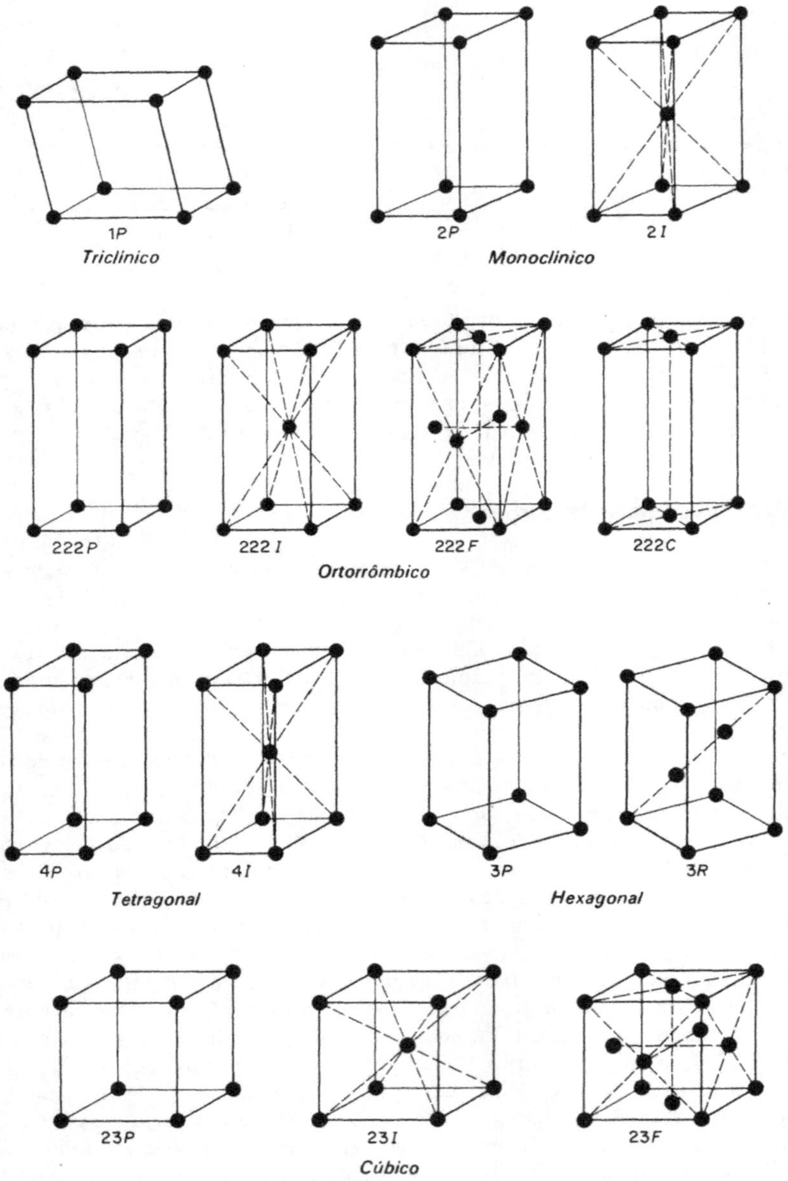

Figura 18.5 Os catorze reticulados de Bravais. Os símbolos que designam um reticulado incluem números denotando eixos de simetria e letras *P* (primitivo), *I* (corpo centrado), *F* (face centrada), *C* (extremos centrados), *R* (romboédrico)

Os elementos de simetria em cristais são portanto restritos aos seguintes: *m*, C_2, C_3, C_4, C_6, *i*, *E*. Os grupos pontuais cristalográficos se restringem a grupos que podem ser formados a partir desses elementos de simetria. Existem exatamente 32 grupos pontuais cristalográficos, os quais especificam as 32 *classes cristalinas*. Elas estão resumidas na Tab. 18.2.

Tabela 18.2 Classes e sistemas cristalinos

Sistema	Classes cristalinas*						
Triclínico	$C_1 = 1$	$C_s = \bar{1}$					
Monoclínico	$C_2 = 2$	$C_s = m = \bar{2}$	$C_{2h} = 2/m$				
Ortorrômbico					$C_{2v} = 2mm$	$D_2 = 222$	$D_{2h} = mmm$
Romboédrico	$C_3 = 3$	$C_{3i} = \bar{3}$			$C_{3v} = 3mm$	$D_3 = 32$	$C_{3d} = \bar{3}m$
Tetragonal	$C_4 = 4$	$S_4 = \bar{4}$	$C_{4h} = 4/m$	$D_{2d} = \bar{4}2m$	$C_{4v} = 4mm$	$D_4 = 42$	$D_{4h} = 4/mmm$
Hexagonal	$C_6 = 6$	$C_{3h} = \bar{6}$	$C_{6h} = 6/m$	$D_{3h} = \bar{6}m$	$C_{6v} = 6mm$	$D_6 = 62$	$D_{6h} = 6/mmm$
Cúbico	$T = 23$		$T_h = m3$	$T_d = \bar{4}3m$		$O = 43$	$O_h = m3m$

*As classes cristalinas são dadas nas notações Schoenflies e Internacional (Hermann-Mauguin). A última notação fornece o conjunto de elementos de simetria que determinam o grupo puntual. O símbolo para uma classe cristalina é obtido escrevendo os elementos de simetria associados com três direções importantes no cristal.

Monoclínico: o eixo normal aos outros dois.

Ortorrômbico: os três eixos, *a*, *b*, *c*.

Tetragonal: o eixo *c*; o eixo *a*; um eixo $\perp c$ e 45° em relação a *a*.

Hexagonal: o eixo *c*, o eixo $a \perp c$ e um eixo $\perp c$ e 30° em relação a *a*.

Romboédrico: a diagonal do corpo do sistema cristalino e um eixo normal a ela (ou os eixos principal e secundário do sistema hexagonal).

Cúbico: as direções [001], [111] e [110].

Quando um plano especular é normal a um eixo de rotação, ele é escrito como o denominador de uma fração. Por exemplo: 4/*mmm* é a classe holoédrica do sistema tetragonal, tendo um 4 ao longo do eixo *c* com um *m* normal a ele e *m* normais a cada uma das duas outras direções padrões

Embora os símbolos de Schoenflies introduzidos no Cap. 16 sejam ainda usados, os cristalográficos preferem os novos símbolos internacionais introduzidos por Hermann e Mauguin[7], os quais estão incluídos na Tab. 18.2.

Todos os cristais, necessariamente, se incluem em um dos *sete sistemas*, mas existem muitas *classes* em cada sistema. Apenas uma dessas, denominada *classe holoédrica*, possui a simetria completa do sistema. Por exemplo, consideremos dois cristais pertencentes ao sistema cúbico, sal-gema (NaCl) e pirita (FeS_2). O sal-gema cristalino, Fig. 18.6, possui toda a simetria do cubo: três eixos quádruplos, quatro eixos triplos, seis eixos duplos, três planos especulares perpendiculares aos eixos quádruplos, seis planos especulares perpendiculares aos eixos duplos e um centro de inversão. O cristal pertence ao grupo pontual $\mathbf{O_h}$. Os cristais cúbicos de pirita, à primeira vista, poderiam parecer possuir também todos esses elementos de simetria. Um exame mais acurado revela, entretanto, que os cristais de pirita apresentam estrias características sobre suas faces, como é mostrado na figura, de modo que nem todas as faces são equivalentes. Esses cristais, por conseguinte, não possuem os seis eixos duplos com os seis planos normais a eles, os eixos quádruplos se reduziram a eixos duplos e os eixos 3 se tornam $\bar{3}$. O grupo pontual é $\mathbf{T_h}$.

Em outros casos, tais afastamentos da simetria completa são somente revelados, quanto à aparência externa, pela orientação das figuras de ataque formadas sobre as su-

[7] W. F. de Jong, *General Crystallography* (San Francisco: W. H. Freeman, Inc., 1959), pp. 8-21. Os símbolos internacionais para os elementos de simetria de cristais são os seguintes:

Elemento identidade (sem simetria)	1	Eixo de rotação quádruplo (rotor)	4
Plano de simetria especular	*m*	Inversor de rotação quádrupla	$\bar{4}$
Eixo de rotação dupla (rotor)	2	Eixo de rotação sêxtupla	6
Eixo de rotação tripla (rotor)	3	Inversor de rotação sêxtupla	$\bar{6}$
Inversor de rotação tripla	$\bar{3}$	Centro de simetria (inversor)	$\bar{1}$

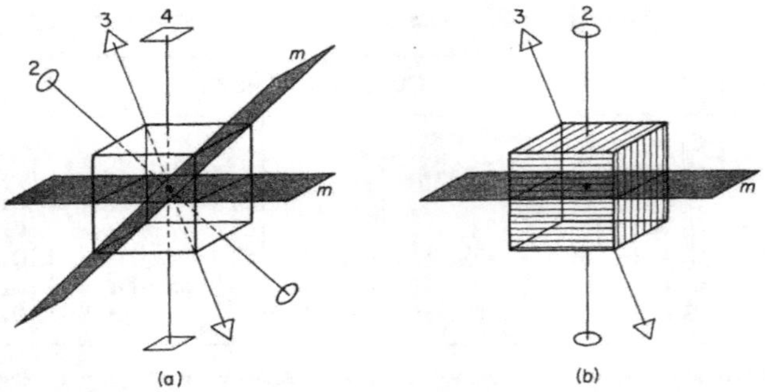

Figura 18.6 Elementos de simetria de dois cristais cúbicos: (a) sal-gema $\mathbf{O}_h$; (b) piritas $\mathbf{T}_h$

perfícies. Algumas vezes o fenômeno da pireletricidade nos fornece um teste de simetria útil. Quando um cristal sem centro de simetria é aquecido, desenvolve-se uma diferença de potencial entre suas faces. Isso pode ser observado pela atração eletrostática resultante entre cristais individuais.

Todas essas diferenças de simetria são causadas pelo fato de que a simetria completa do reticulado pontual foi modificada na estrutura cristalina, como conseqüência da substituição de pontos geométricos por grupos de átomos. Desde que esses grupos não precisem ter uma simetria tão elevada como a do reticulado original, poderão surgir dentro de cada sistema classes com simetria menor que a holoédrica.

18.6. Grupos espaciais

As classes cristalinas são os vários grupos de operações de simetria de figuras finitas, isto é, de cristais reais. São constituídas de operações por elementos de simetria que deixam pelo menos um ponto do cristal invariante. Esta é a razão pela qual são chamadas *grupos pontuais.*

Numa estrutura cristalina, considerada como uma configuração que se estende indefinidamente no espaço, são admissíveis novos tipos de operações de simetria, os quais não deixam qualquer ponto invariante. Essas são chamadas *operações espaciais.* As novas operações de simetria envolvem *translações*, em adição às rotações e às reflexões. Obviamente, apenas um modelo que se repete indefinidamente pode ter uma operação espacial (translação) como uma operação de simetria. Os novos elementos de simetria, que resultam da combinação de translação com as operações de simetria dos grupos pontuais, são *planos de deslizamento* e *eixos de espiral.* Exemplos de suas operações são mostrados na Fig. 18.7. A operação produzida por um plano de deslizamento consiste numa reflexão através de um plano seguida de uma translação específica paralelamente

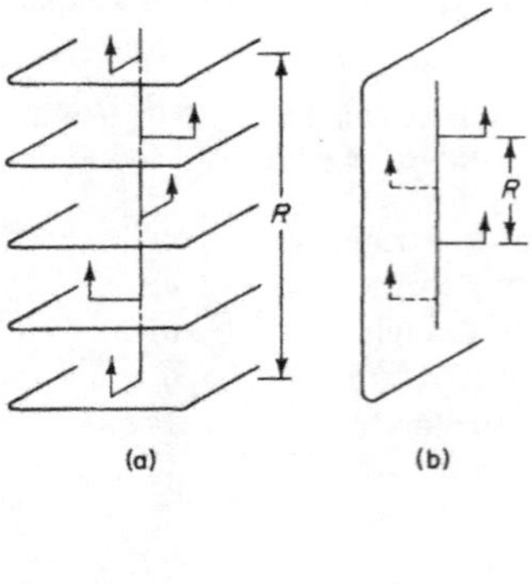

Figura 18.7 (a) Eixo de espiral com componente de translação $R/4$; (b) plano de reflexão de deslizamento com componente de translação $R/2$

ao plano. Em diferentes tipos de planos de deslizamento, a translação pode ser da metade de um comprimento axial, da metade da diagonal de uma face, ou de um quarto de uma diagonal de face. Um eixo de espiral combina à rotação em torno de um eixo com uma translação na direção do eixo através de uma distância igual a uma fração do espaçamento reticular naquela direção.

Os possíveis grupos de operações de simetria de figuras infinitas são chamados *grupos especiais*. Podem ser considerados como provenientes de combinação dos 14 reticulados de Bravais com os 32 grupos pontuais[8]. Um grupo espacial pode ser visualizado como uma espécie de caleidoscópio cristalográfico. Se uma unidade estrutural é introduzida na célula unitária, as operações do grupo espacial geram imediatamente a estrutura cristalina toda, tal como os espelhos de um caleidoscópio produzem uma configuração simétrica a partir de alguns pedaços de papel colorido. O grupo espacial expressa a totalidade das propriedades de simetria de uma estrutura cristalina e a simples forma externa ou as propriedades de conjunto não são suficientes para sua determinação. Deve-se fazer uma determinação da estrutura interna do cristal e isto é possível por meio de métodos de difração de raios X.

18.7. Cristalografia de raios X

Um grupo de físicos da Universidade de Munique, em 1912, estava simultaneamente interessado por cristalografia e pelo comportamento dos raios X. P. P. Ewald e A. Sommerfeld estudavam a passagem de ondas luminosas através de cristais. Discutindo aspectos desse trabalho num colóquio, Max von Laue salientou o fato de que, se o comprimento de onda da radiação se tornasse tão pequeno quanto a distância entre os átomos nos cristais, resultaria uma figura de difração. Havia algumas evidências de que os raios X teriam comprimentos de onda dessa ordem de grandeza, e W. Friedrich concordou em fazer um teste experimental. Um feixe de raios X passado através de um cristal de sulfato de cobre forneceu uma figura definida de difração. A Fig. 18.8 mostra um exemplo moderno de uma figura de difração de raios X, obtida pelo método de Laue. Foram, assim, definitivamente estabelecidas as propriedades ondulatórias dos raios X e a nova ciência da cristalografia de raios X teve início.

A condição para máximos de difração de um arranjo unidimensional de centros de espalhamento foi dada na p. 523. Para um agrupamento tridimensional,

$$\begin{aligned} a(\cos\alpha - \cos\alpha_0) &= h\lambda \\ b(\cos\beta - \cos\beta_0) &= k\lambda \\ c(\cos\gamma - \cos\gamma_0) &= l\lambda \end{aligned} \tag{18.1}$$

Nessas equações, α_0, β_0 e γ_0 são os ângulos incidentes do feixe de raios X com as fileiras de centros de espalhamento paralelas a cada um dos três eixos do cristal, e α, β e γ são os ângulos de difração correspondentes.

Com raios X monocromáticos, haveria apenas uma escassa probabilidade de que a orientação do cristal fosse tal que se produzissem máximos de difração. O método de Laue, entretanto, se utiliza de um espectro contínuo de raios X com uma larga faixa de comprimentos de onda, assim chamada *radiação branca*, convenientemente obtida a partir de um alvo de tungstênio e aplicação de elevadas tensões. Neste caso, pelo menos

[8]Uma boa ilustração da construção dos grupos espaciais é dada por Lawrence Bragg, *The Crystalline State* (Londres: G. Bell & Sons, Ltd., 1933), p. 82. A notação dos grupos espaciais está descrita em *International Tables for the Determination of Crystal Structure*, Vol. 1. Existem exatamente 230 grupos espaciais cristalográficos possíveis

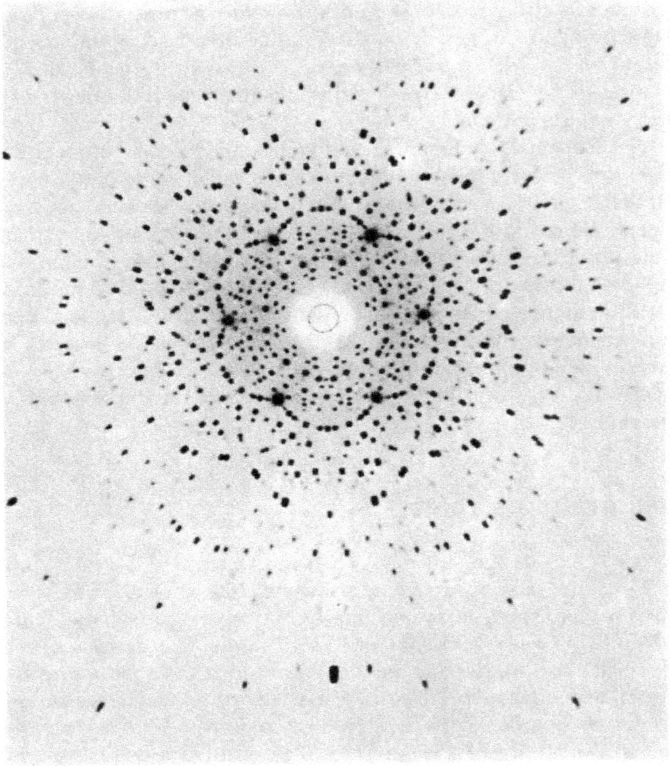

Figura 18.8 Difração de raios X de um cristal de berilo pelo método de Laue (Eastman Kodak Research Laboratories)

uma certa parte da radiação terá o comprimento de onda adequado para que ocorra o fenômeno da interferência, qualquer que seja a orientação do cristal em relação ao feixe.

18.8. A análise de Bragg da difração de raios X

Quando as notícias do trabalho de Munique chegaram à Inglaterra, foram imediatamente objeto de estudos de William Bragg e de seu filho Lawrence, que trabalhavam numa teoria corpuscular de raios X. Lawrence Bragg, usando fotografias do tipo de Laue, analisou as estruturas do NaCl, KCl e ZnS (1912, 1913). Enquanto isso, o Bragg mais velho construiu um espectrômetro, que media a intensidade do feixe de raios X por meio da extensão da ionização produzida e descobriu que o espectro de linhas dos raios X característicos poderia ser desdobrado e utilizado para investigação cristalográfica. Assim, o método de Bragg utiliza um feixe monocromático (um único comprimento de onda) de raios X.

Os Bragg desenvolveram um tratamento de espalhamento de raios X por um cristal, que era muito mais fácil de se aplicar do que a teoria de Laue, embora os dois sejam essencialmente equivalentes. Foi demonstrado que o espalhamento dos raios X poderia ser representado como uma "reflexão" por planos sucessivos de átomos no cristal. Consideremos, na Fig. 18.9, um conjunto de planos paralelos na estrutura cristalina e um

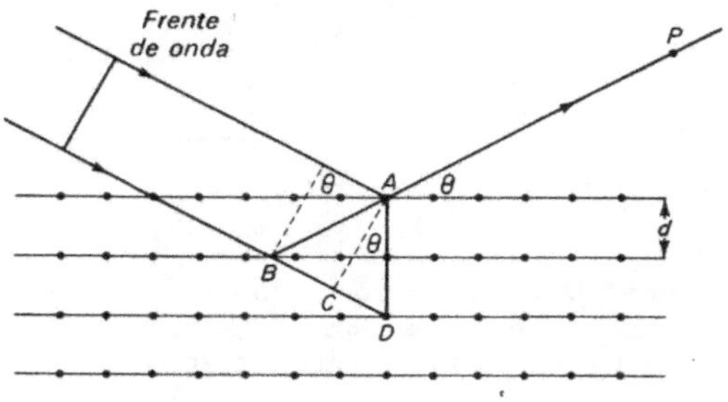

Figura 18.9 Dedução da condição de difração para raios X baseada na equivalência entre o espalhamento de raios X de um conjunto de planos e uma "reflexão" de planos sucessivos

feixe de raios X incidindo sob um ângulo θ. Uma parte dos raios será "refletida" pelas camadas superiores de átomos, sendo o ângulo de reflexão igual ao ângulo de incidência. Parte dos raios será absorvida e parte, "refletida" pela segunda camada, repetindo-se o mesmo com as demais camadas. Todas as ondas "refletidas" por um único plano cristalino estarão em fase. Apenas sob certas condições muito particulares as ondas "refletidas" por diferentes planos sucessivos estarão em fase entre si. A condição é a de que a diferença em comprimento de trajetória entre as ondas espalhadas por planos sucessivos deve ser um número inteiro de comprimentos de onda, $n\lambda$. Se considerarmos as ondas "refletidas" no ponto P, esta diferença de trajetória para os dois primeiros planos é $\delta = \overline{AB} - \overline{BC}$. Como, $\overline{AB} = \overline{BD}$ e $\delta = \overline{CD}$ e $\overline{CD} = \overline{AD} \operatorname{sen} \theta$, segue-se que $\delta = 2d \operatorname{sen} \theta$. A condição de reforço ou de "reflexão" de Bragg é assim

$$n\lambda = 2d \operatorname{sen} \theta \tag{18.2}$$

De acordo com este ponto de vista, existem diferentes *ordens* de "reflexão" especificadas pelos valores $n = 1, 2, 3, \ldots$ Os máximos de difração de segunda ordem de planos 100 podem ser encarados como uma "reflexão" devida a um conjunto de planos 200 com espaçamento igual à metade do espaçamento dos planos 100.

A equação de Bragg indica que, para qualquer comprimento de onda de raios X considerado, existe um limite inferior para os espaçamentos que podem fornecer espectros de difração observáveis. Como o valor máximo de $\operatorname{sen} \theta$ é 1, esse limite é dado por

$$d_{\min} = \frac{n\lambda}{2 \operatorname{sen} \theta_{\max}} = \frac{\lambda}{2}$$

18.9. Demonstração da reflexão de Bragg

A equação de Bragg é tão fundamental que não podemos deixar que sua demonstração seja baseada na hipótese não-confirmada de que o espalhamento por uma estrutura regular se comporta como uma reflexão por um conjunto de planos paralelos. Devemos portanto deduzir as condições de Laue na forma vetorial e mostrar como elas nos levam à fórmula de Bragg.

Consideremos, primeiro, na Fig. 18.10(a) o espalhamento dos raios X por dois pontos quaisquer P_1 e P_2 do reticulado. (Imaginar, se quiser, que em cada ponto do reticulado existe um elétron que espalha os raios X.) Seja $\mathbf{s}_0$ um vetor unitário normal à onda plana incidente e $\mathbf{s}$ um vetor unitário normal à onda plana espalhada. Suponhamos que os raios espalhados sejam detectados num ponto Q, situado numa distância de P_1 e P_2, muito maior em comparação com r, a distância P_1P_2. Então P_1Q e P_2Q podem ser considerados como paralelos. A diferença de trajetória é

$$\delta = P_1N - P_2M$$

$$\delta = \mathbf{r} \cdot \mathbf{s} - \mathbf{r} \cdot \mathbf{s}_0 = \mathbf{r} \cdot (\mathbf{s} - \mathbf{s}_0) = \mathbf{r} \cdot \mathbf{S}$$

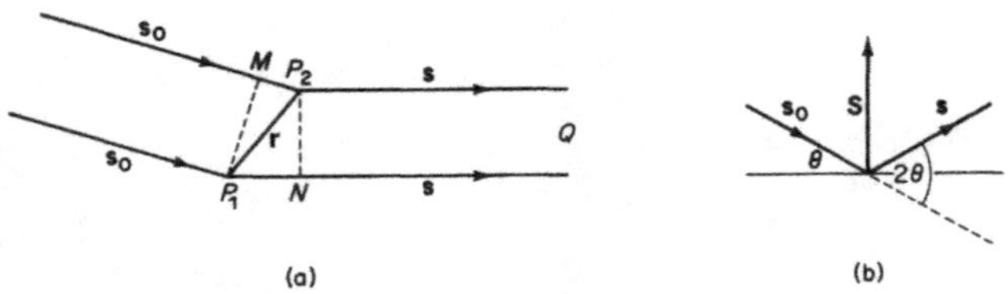

Figura 18.10 Construções para a dedução da relação de Bragg. (a) Para mostrar que a diferença no caminho de raios X espalhados de P_1 e P_2 é $\mathbf{r} \cdot (\mathbf{s} - \mathbf{s}_0)$. (b) Para mostrar que **s** está relacionado a $\mathbf{s}_0$ por uma reflexão num plano que bissecta o ângulo entre os dois vetores

O vetor **r** entre dois pontos do reticulado pode sempre ser expresso como $(m\mathbf{a} + n\mathbf{b} + p\mathbf{c})$, onde m, n e p são inteiros e **a**, **b** e **c** são os eixos cristalinos.

A Fig. 18.10(b) representa a relação entre $\mathbf{s}_0$, **s** e sua diferença $\mathbf{S} = \mathbf{s} - \mathbf{s}_0$. Notamos que **S** está na direção da normal ao plano que resultaria se $\mathbf{s}_0$ fosse refletido sobre **s** através de um ângulo 2θ. Portanto, a relação entre as frentes de onda incidente e espalhada pode ser representada pelo equivalente geométrico de uma reflexão por um plano bissetor dos dois vetores.

A fim de que as ondas espalhadas por P_1 e P_2 estejam em fase, a diferença de trajetória δ deve ser igual a um número inteiro N de comprimentos de onda λ.

$$\delta = \mathbf{r} \cdot \mathbf{S} = (m\mathbf{a} + n\mathbf{b} + p\mathbf{c}) \cdot \mathbf{S} = N\lambda$$

Como esta expressão tem que ser verdadeira, quando m, n ou p variam de valores inteiros, cada um dos produtos deve ser igual a um número inteiro de comprimentos de onda. Assim,

$$\begin{aligned} \mathbf{a} \cdot \mathbf{S} &= h\lambda \\ \mathbf{b} \cdot \mathbf{S} &= k\lambda \\ \mathbf{c} \cdot \mathbf{S} &= l\lambda \end{aligned} \qquad (18.3)$$

Estas são as equações de Laue na forma vetorial.

Bragg identificou os inteiros h, k e l nas equações de Laue com os índices de Miller de um plano do reticulado. Sabemos que **S** é a direção do bissetor dos feixes normal e incidente. Da Eq. (18.3)

$$\left(\frac{\mathbf{a}}{h} - \frac{\mathbf{b}}{k}\right) \cdot \mathbf{S} = 0$$

$$\left(\frac{\mathbf{a}}{h} - \frac{\mathbf{c}}{l}\right) \cdot \mathbf{S} = 0$$

Quando o produto escalar de dois vetores é igual a zero, os vetores são perpendiculares. Portanto, **S** é perpendicular ao plano hkl, pois é perpendicular a dois vetores daquele plano.

Lembrando que **s** e $\mathbf{s}_0$ são vetores *unitários*, temos da Eq. (18.3) que a distância perpendicular entre o plano e a origem, isto é, o espaçamento interplanar, é

$$d = \frac{(\mathbf{a}/h) \cdot \mathbf{S}}{|\mathbf{S}|} = \frac{\lambda}{|\mathbf{S}|} = \frac{\lambda}{2 \operatorname{sen} \theta}$$

o que completa a demonstração da relação de Bragg.

18.10. Transformadas de Fourier e reticulados recíprocos

Qualquer função periódica $f(x)$ de período L pode ser representada por uma série de Fourier,

$$f(x) = \sum_n a_n \, e^{2\pi i n x/L} \qquad (18.4)$$

Os coeficientes a_n são dados por

$$a_n = \frac{1}{L}\int_{-L/2}^{+L/2} f(x)e^{-2\pi i n x/L}\,dx$$

Quando $L \longrightarrow \infty$, a soma na Eq. (18.4) pode ser substituída por uma integral, resultando

$$f(x) = \frac{1}{2\pi}\int_{-\infty}^{+\infty} g(\xi)e^{ix\xi}\,d\xi$$

onde

$$g(\xi) = \int_{-\infty}^{+\infty} f(x)e^{-ix\xi}\,dx$$

As funções $f(x)$ e $g(\xi)$ são um par de transformadas de Fourier. Dizemos, por exemplo, que $g(\xi)$ é a transformada de Fourier de $f(x)$ e vice-versa.

Podemos imediatamente estender as definições para três dimensões e obter

$$f(x, y, z) = \frac{1}{2\pi}\iiint_{-\infty}^{+\infty} g(\xi, \eta, \zeta)e^{i(x\xi+y\eta+z\zeta)}\,d\xi\,d\eta\,d\zeta \qquad (18.5)$$

e

$$g(\xi, \eta, \zeta) = \iiint_{-\infty}^{+\infty} f(x, y, z)e^{-i(x\xi+y\eta+z\zeta)}\,dx\,dy\,dz \qquad (18.6)$$

Podemos agora pensar em x, y, z e ξ, η, ζ como sendo as coordenadas de dois espaços tridimensionais. O espaço de x, y e z é definido por três vetores padrões, **a**, **b** e **c**, de tal modo que qualquer vetor **r** que parta da origem das coordenadas seja igual a

$$\mathbf{r} = x\mathbf{a} + y\mathbf{b} + z\mathbf{c} \qquad (18.7)$$

Igualmente, o espaço de ξ, η, ζ, pode ser definido por três vetores padrões **A**, **B** e **C**, de tal modo que qualquer vetor **R** que parta da origem das coordenadas seja igual a

$$\mathbf{R} = \xi\mathbf{A} + \eta\mathbf{B} + \zeta\mathbf{C} \qquad (18.7a)$$

Um elemento de volume no espaço xyz seria

$$dv = \mathbf{a}\cdot(\mathbf{b}\times\mathbf{c})\,dx\,dy\,dz$$

e no espaço $\xi\eta\zeta$

$$dV = \mathbf{A}\cdot(\mathbf{B}\times\mathbf{C})\,d\xi\,d\eta\,d\zeta$$

Supondo que desejemos representar $f(x, y, z)$ na Eq. (18.5) na forma vetorial como $f(\mathbf{r})$. Tal representação necessitará da seguinte relação entre os vetores padrões do espaço xyz e os do espaço $\xi\eta\zeta$:

$$\mathbf{a}\cdot\mathbf{A} = \mathbf{b}\cdot\mathbf{B} = \mathbf{c}\cdot\mathbf{C} = 1$$

$$\mathbf{a}\cdot\mathbf{B} = \mathbf{a}\cdot\mathbf{C} = \mathbf{b}\cdot\mathbf{A} = \mathbf{b}\cdot\mathbf{C} = \mathbf{c}\cdot\mathbf{A} = \mathbf{c}\cdot\mathbf{B} = 0$$

Se os vetores **a**, **b** e **c** têm dimensões de comprimento, os vetores **A**, **B** e **C** têm as dimensões de inversos de comprimentos. Portanto, chamamos o espaço xyz de *espaço físico* e o espaço $\xi\eta\zeta$ de *espaço recíproco.* Funções no espaço recíproco são transformadas de Fourier de funções do espaço físico, e vice-versa.

Correspondendo a cada um dos 14 reticulados de Bravais no espaço físico, haverá um reticulado recíproco. Os pontos **p** de um reticulado espacial são dados por

$$\mathbf{p} = m\mathbf{a} + n\mathbf{b} + p\mathbf{c},$$

onde m, n, p são inteiros. (Observar que isso é simplesmente um caso especial da Eq. (18.7) aplicado a pontos de um reticulado.) Os pontos **P** do reticulado recíproco são dados por

$$\mathbf{P} = h\mathbf{A} + k\mathbf{B} + l\mathbf{C} \qquad (18.8)$$

O produto escalar $\mathbf{P}\cdot\mathbf{p}$ é

$$\mathbf{P}\cdot\mathbf{p} = (h\mathbf{A} + k\mathbf{B} + l\mathbf{C})\cdot(m\mathbf{a} + n\mathbf{b} + p\mathbf{c}) = (hm + kn + lp) = N,$$

onde N é um inteiro. Portanto,

$$\exp(2\pi i \mathbf{P} \cdot \mathbf{p}) = 1 \tag{18.9}$$

Este resultado mostra que o espaço recíproco poderia muito bem ser chamado *espaço de Fourier*. O significado do espaço de Fourier (espaço recíproco) é o de que, enquanto uma estrutura cristalina existe num espaço real, um *diagrama de difração* de raios X existe num espaço de Fourier (espaço recíproco). Cada ponto num diagrama de difração de raios X corresponde a um conjunto de números inteiros *hkl*, que especifica um vetor no espaço de Fourier. Assim, cada ponto no reticulado recíproco corresponde a um conjunto de planos *hkl* no reticulado real. Se pudéssemos examinar uma estrutura cristalina com um microscópio suficientemente poderoso, veríamos a estrutura real. Aquilo que obtemos de uma figura de raios X difratados é uma transformada de Fourier da estrutura real.

18.11. Estruturas dos cloretos de sódio e de potássio

Entre os primeiros cristais a serem estudados pelo método de Bragg estavam os cloretos de sódio e de potássio. Um cristal único era montado no espectrômetro, como é mostrado na Fig. 18.11(a), de tal forma que o feixe de raios X incidia em uma das faces cristalinas importantes, (100), (110) ou (111). O aparelho era disposto de tal forma que o feixe espalhado penetrava na câmara de ionização, que estava cheia de brometo de metila. A intensidade do feixe era então medida pela carga coletada por um eletrômetro.

Os dados experimentais são colocados em gráfico na Fig. 18.12, com a intensidade do feixe espalhado em função do dobro do ângulo de incidência do feixe no cristal. À medida que o cristal vai sendo girado, aparecem sucessivos máximos de intensidade, quando os ângulos previstos pela condição de Bragg, Eq. (18.2), são atingidos. Nessas primeiras experiências, a radiação monocromática era obtida através de tubos de raios X com um alvo de paládio.

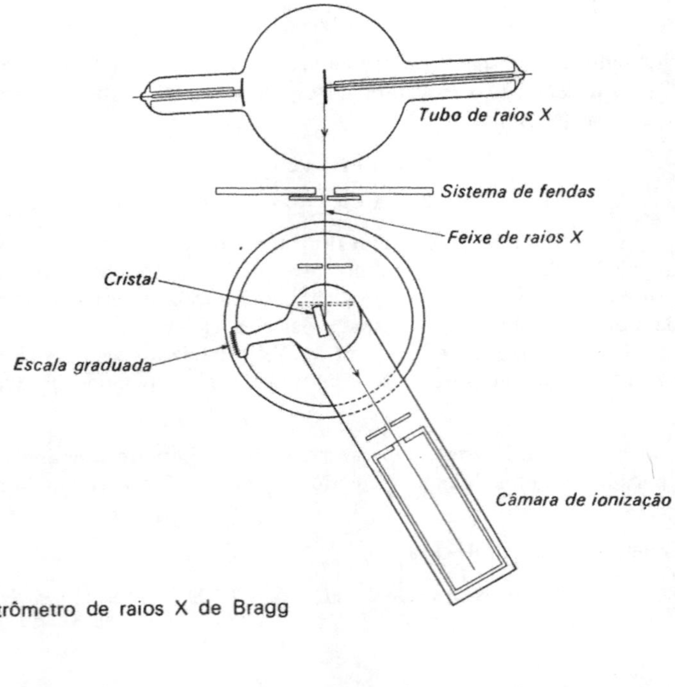

Figura 18.11(a) Espectrômetro de raios X de Bragg

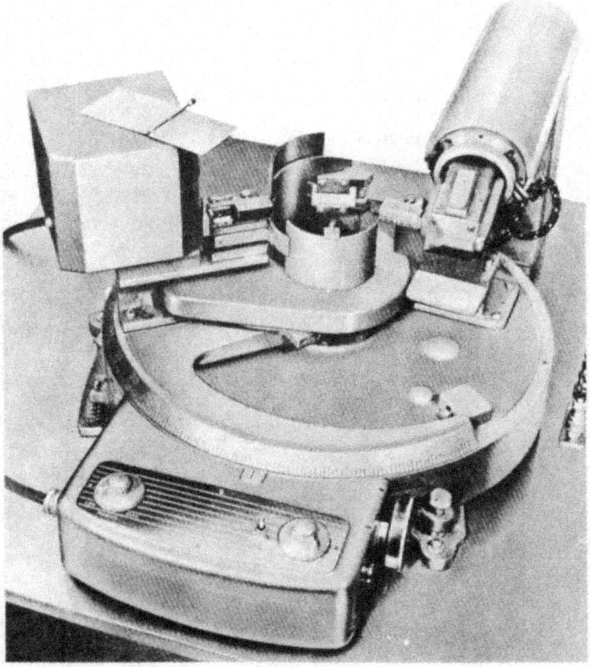

Figura 18.11 (b) Um espectrômetro de raios X moderno. A cabeça do tubo de raios X está à direita. O feixe difratado é medido pelo tubo contador à esquerda (General Electric Company)

No começo dessas experiências, Bragg não conhecia nem o comprimento de onda dos raios X nem as estruturas dos cristais. Ele sabia, a partir da forma externa, que ambos, tanto o NaCl quanto o KCl, podiam ser descritos como reticulados cúbicos – simples, de corpo centrado ou de face centrada. Comparando os espaçamentos calculados através dos dados de raios X com os previstos para esses reticulados, ele pôde estabelecer o reticulado correto para cada cristal.

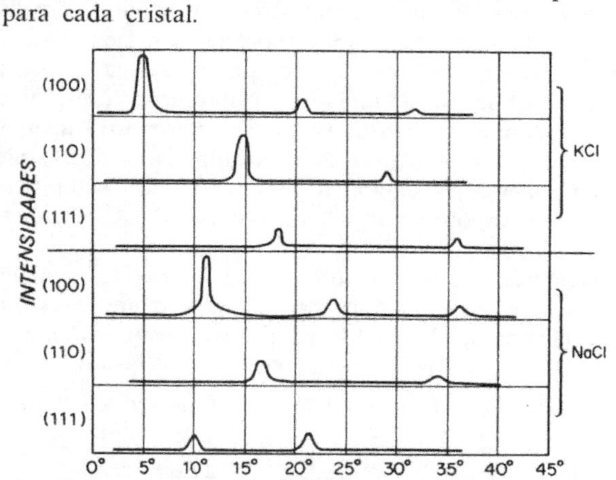

Figura 18.12 Dados espectrométricos de Bragg, I em função do 2θ, obtidos de cristais cúbicos de NaCl e KCl com raios X, Pd-K_α

A distância entre os planos *hkl* num reticulado cúbico é[9]

$$d_{hkl} = \frac{a_0}{(h^2 + k^2 + l^2)^{1/2}} \tag{18.10}$$

Quando esta relação é combinada com a equação de Bragg, obtemos

$$\text{sen}^2\,\theta = \frac{\lambda^2}{4a_0^2}(h^2 + k^2 + l^2)$$

Assim, cada valor de sen θ observado para um máximo de difração pode ser *rotulado*, atribuindo-se-lhe o valor de *hkl* para um conjunto de planos que satisfazem à condição de Bragg. Para um reticulado cúbico simples, valores de $h^2 + k^2 + l^2$ correspondem a conjuntos de planos *hkl* da maneira como se segue:

hkl	100	110	111	200	210	211	220	211	330	etc.
$h^2 + k^2 + l^2$	1	2	3	4	5	6	8	9	9	etc.

Se a figura de raios X observada para um cristal cúbico simples fosse colocada em gráfico com a intensidade em função de $\text{sen}^2\,\theta$, deveríamos obter uma série de seis máximos equidistantes. A seguir, o sétimo seria omitido, pois não existe um conjunto de inteiros *hkl* tal que $h^2 + k^2 + l^2 = 7$. Seguir-se-iam então mais sete máximos equidistantes, com a omissão do 15.°, sete máximos adicionais com a ausência do 23.°, quatro mais com o 28.° omitido etc.

Na Fig. 18.13(a), observamos os planos 100, 110 e 111 para um reticulado cúbico simples. Uma estrutura poderia ser baseada neste reticulado, colocando-se um átomo em cada ponto do reticulado. Se um feixe de raios X entra em tal estrutura, segundo o ângulo de Bragg, $\theta = \text{sen}^{-1}(\lambda/2a)$, os raios espalhados por um plano 100 estariam exatamente em fase com os raios de sucessivos planos 100. Os feixes espalhados intensos seriam chamados de "reflexão de primeira ordem dos planos 100". Um resultado semelhante é obtido para os planos 110 e 111. Com uma estrutura baseada num reticulado cúbico simples, deveríamos obter um máximo de difração para cada conjunto de planos *hkl*, pois, para cada *hkl* dado, todos os átomos estão incluídos nos planos.

A Fig. 18.13(b) mostra uma estrutura baseada num reticulado cúbico de corpo centrado. Os planos 110, como no caso do cubo simples, passam através de todos os pontos do reticulado, e então ocorre uma reflexão forte de primeira ordem 110. No caso dos planos 100, contudo, encontramos uma situação diferente. Exatamente no meio do caminho entre quaisquer dois planos 100, encontra-se uma outra camada de átomos. Enquanto os raios X espalhados pelos planos 100 estão em fase uns com os outros e se reforçam mutuamente, os raios espalhados por planos atômicos intermediários estarão defasados por meio comprimento de onda e, portanto, estarão exatamente em oposição de fase com os outros. A intensidade observada será, portanto, a diferença entre os espalhamentos dos dois conjuntos de planos. Se os átomos são todos os mesmos e, por essa razão, têm o mesmo poder de espalhamento, a intensidade resultante se reduzirá a zero pela interferência destrutiva entre o espalhamento dos dois conjuntos de planos intercalados.

A difração de segunda ordem pelos planos 100, ocorrendo no ângulo de Bragg com $n = 2$ na Eq. (18.2), pode ser igualmente bem expressa como o espalhamento por um conjunto de planos, chamados planos 200, com espaçamento exatamente igual à metade

[9] A equação do plano *hkl* é $hx + ky + lz = a_0$. A distância de qualquer ponto (x_1, y_1, z_1) ao plano é

$$d = \frac{hx_1 + ky_1 + lz_1 - a_0}{\sqrt{h^2 + k^2 + l^2}}$$

Portanto, quando o ponto está na origem, encontramos $d = a_0/\sqrt{h^2 + k^2 + l^2}$

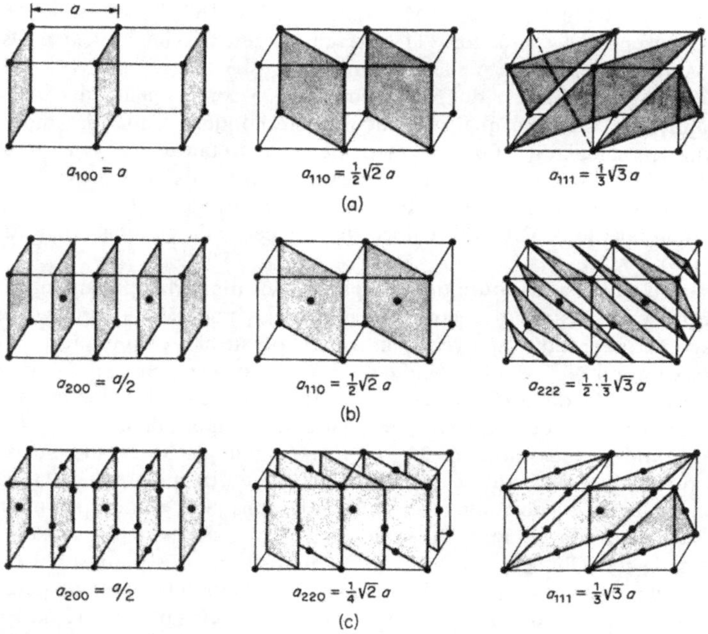

Figura 18.13 Espaçamentos em reticulados cúbicos: (a) cúbico simples; (b) cúbico de corpo centrado; (c) cúbico de face centrada

do espaçamento dos planos 100. Na estrutura cúbica de corpo centrado, todos os átomos estão nesses planos 200, de sorte que todos os espalhamentos estão em fase, e um feixe espalhado de grande intensidade será obtido. A mesma situação é observada para os planos 111: o 111 de primeira ordem será extinto, mas o 111 de segunda ordem, isto é, os planos 222, darão um espalhamento intenso. Se examinarmos dessa maneira planos *hkl* sucessivos, encontraremos para a estrutura cúbica de corpo centrado os resultados apresentados na Tab. 18.3, na qual planos de espalhamento omitidos devido à extinção são indicados por linhas pontilhadas.

Tabela 18.3 Máximos de difração calculados e observados*

hkl	100	110	111	200	210	211	—	220	300 221	310
$h^2 + k^2 + l^2$	1	2	3	4	5	6	(7)	8	9	10
Cúbico simples	│	│	│	│	│	│	—	│	│	│
Cúbico de corpo centrado	⋮	│	⋮	│	⋮	│	—	│	⋮	│
Cúbico de face centrada	⋮	⋮	│	│	⋮	⋮	—	│	⋮	⋮
Cloreto de sódio	⋮	⋮	│	│	⋮	⋮	—	│	⋮	⋮
	200	220	222	400	420	422	—	440	600 422	620
Cloreto de potássio	│	│	│	│	│	│	—	│	│	│

*Uma linha vertical sólida indica que a "reflexão" Bragg é observada a partir do plano indicado; uma linha vertical pontilhada indica que "reflexão" Bragg não ocorre

No caso da estrutura cúbica de face centrada, Fig. 18.13(c), reflexões de planos 100 e 110 estão ausentes, e os planos 111 apresentam um máximo intenso. Os resultados para planos subseqüentes estão incluídos na Tab. 18.3.

Na primeira investigação do NaCl e do KCl, o comprimento de onda de raios X não era conhecido, de sorte que os espaços correspondentes aos máximos de difração não podiam ser calculados. Os valores de sen θ, entretanto, podiam ser usados diretamente. A Tab. 18.3 apresenta uma comparação entre os máximos observados e os calculados para os três reticulados cúbicos diferentes. Bragg chegou à curiosa conclusão de que aparentemente o NaCl era cúbico de face centrada enquanto o KCl era cúbico simples.

A razão pela qual a estrutura do KCl parecia se comportar perante os raios X como uma estrutura cúbica simples decorre do fato de os poderes de espalhamento do K^+ e do Cl^- serem quase indistinguíveis, pois ambos possuem a configuração de 18 elétrons do argônio. Como o Na^+ e o Cl^- diferem em poder de espalhamento, contudo, a estrutura de face centrada do NaCl foi revelada. As "reflexões" observadas da face 111 do NaCl incluíam um pico de pequena intensidade num ângulo de cerca de 10°, em adição ao pico de grande intensidade em 20°, correspondente ao observado no KCl.

Esses resultados são todos explicados pela estrutura mostrada na Fig. 18.14, que consiste em um arranjo cúbico de face centrada de íons Na^+ e um outro interpenetrante, cúbico de face centrada, de íons Cl^-. Cada íon Na^+ é cercado por seis íons Cl^- equidistantes e cada íon Cl^-, por seis íons Na^+ equidistantes. Os planos 100 e 110 contêm igual número de ambas as espécies de íons, mas os planos 111 contêm apenas íons Na^+ ou apenas íons Cl^-. Se agora os raios X são espalhados pelos planos 111 no NaCl, sempre que os raios espalhados por planos sucessivos de Na^+ estão exatamente em fase, os raios espalhados pelos planos de Cl^- intercalados estarão retardados por meio comprimento de onda e portanto em oposição de fase. O máximo de primeira ordem de 111 é por conseguinte de pequena intensidade no NaCl, porque ele representa a diferença entre dois espalhamentos. No caso do KCl, onde os poderes de espalhamento são praticamente os mesmos, os máximos de primeira ordem são quase extintos pela interferência. Assim, NaCl e KCl possuem ambos a mesma estrutura, em completa concordância com a evidência experimental dos raios X.

Uma vez estabelecida a estrutura do NaCl, foi possível calcular o comprimento de onda dos raios X utilizado. Da densidade do NaCl cristalino, $\rho = 2{,}163\ g \cdot cm^{-3}$, o volume molar é $M/\rho = 58{,}45/2{,}163 = 27{,}02\ cm^3 \cdot mol^{-1}$. Então, o volume ocupado por unidade NaCl é $27{,}02/(6{,}02 \times 10^{23}) = 44{,}88 \times 10^{-24}\ cm^3$. Na célula unitária de NaCl, existem oito íons Na^+ nos vértices do cubo, cada um compartilhado por oito cubos, e seis íons Na^+ nos centros das faces, cada um compartilhado por dois cubos. Então, por célula unitária, existem $\frac{8}{8} + \frac{6}{2} = 4$ íons Na^+. Existe um igual número de íons Cl^-

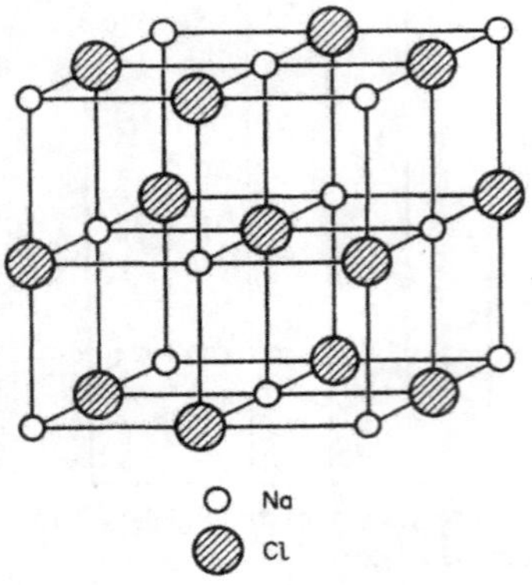

Figura 18.14 Estrutura do cloreto de sódio. Ambos, NaCl e KCl, possuem a mesma estrutura

e, portanto, quatro unidades de NaCl por célula unitária ($Z = 4$). O volume da célula unitária é

$$4 \times 44{,}88 \times 10^{-24} = 179{,}52 \times 10^{-24}\ \text{cm}^3$$

O espaço interplanar para planos 200 é

$$d_{200} = \tfrac{1}{2}a = \tfrac{1}{2}(179{,}52 \times 10^{-24})^{1/3} = 2{,}82 \times 10^{-8}\ \text{cm} = 0{,}282\ \text{nm}$$

Quando este valor e o ângulo de difração observado foram substituídos na equação de Bragg, o comprimento de onda dos raios X Pd $- K_{\alpha_1}$ foi calculado como sendo

$$\lambda = 2(0{,}282)\ \text{sen}\ 5^\circ\ 58' = 0{,}0586\ \text{nm}$$

Uma vez medido dessa forma, o comprimento da onda pode ser utilizado para a determinação dos espaços interplanares em outras estruturas cristalinas. Inversamente, cristais com espaçamentos conhecidos podem ser usados para medir comprimentos de onda de outras linhas de raios X. O alvo geralmente mais útil é o de cobre, com $\lambda = 0{,}1537$ nm (K_{α_1}), um comprimento conveniente em relação às distâncias interiônicas. Quando nos interessamos por espalhamentos pequenos, o molibdênio (0,0708 nm) é adequado, enquanto o cromo (0,2285 nm) geralmente é empregado para o estudo de espaçamentos grandes.

Muitas investigações de estruturas cristalinas têm usado métodos fotográficos para registrar as figuras de difração, mas o método do espectrômetro de Bragg é geralmente aplicável. Espectrômetros mais aperfeiçoados são largamente empregados, incorporando um detector de cintilação cristalino em vez do eletrômetro e câmara de ionização.

18.12. O método do pó

A técnica mais simples para se obter dados de difração de raios X é o método do pó, primeiramente usado por P. Debye e P. Scherrer. Em vez de um único cristal com uma orientação definida em relação ao feixe de raios X, utiliza-se uma massa de cristais finamente divididos e orientados ao acaso. O arranjo experimental é mostrado na Fig. 18.15(a). O pó está contido num capilar de vidro de paredes finas ou depositado sobre uma fibra. Metais policristalinos são estudados na forma de fios finos. A amostra é girada em frente do feixe para que se tenha a melhor média possível das orientações dos cristalitos.

Entre as muitas orientações ao acaso dos pequenos cristais, haverá algumas no ângulo de Bragg para "reflexão" dos raios X por conjunto de planos. A direção do feixe refletido é limitada apenas pelo fato de que o ângulo de reflexão deve ser igual ao ângulo de incidência. Então, se o ângulo de incidência for θ, o ângulo de reflexão fará um ângulo 2θ com a direção do feixe incidente, como é mostrado na Fig. 18.15(b). Este ângulo 2θ pode ser orientado em várias direções em torno da direção do feixe central correspondendo às várias orientações dos cristalitos individuais. Para cada conjunto de planos, portanto, os feixes refletidos formam um cone de radiação espalhada. Este cone, ao interceptar um filme cilíndrico que envolve a amostra, origina as linhas observadas. No filme plano, a figura observada consiste em uma série de círculos concêntricos. A Fig. 18.15(c) mostra os diagramas de Debye-Scherrer (pó) obtidos a partir de alguns exemplos de tipos importantes de estruturas cristalinas cúbicas. As figuras observadas podem ser comparadas com as previsões teóricas da Tab. 18.3.

Depois de obter um diagrama de pó, nosso próximo estágio consiste em rotular as linhas, atribuindo cada uma ao conjunto de planos que a originou. A distância x de cada linha em relação à mancha central é medida cuidadosamente, geralmente dividindo-se por dois a distância entre as duas reflexões de cada lado do centro. Se o raio do filme

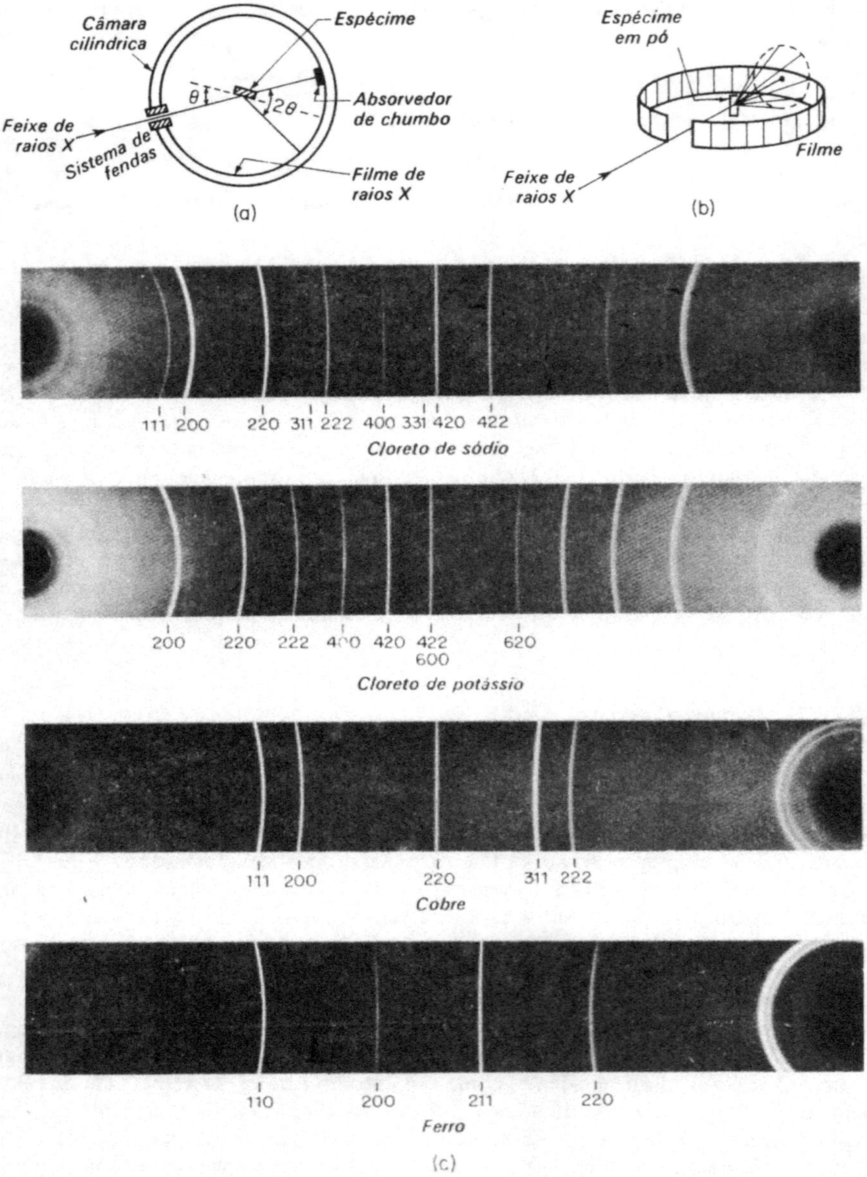

Figura 18.15 Difração de raios X pelo método do pó (A. Lessor, IBM Laboratories)

é r, a circunferência $2\pi r$ corresponde ao ângulo de espalhamento de 360°. Então $x/2\pi r = 2\theta/360°$. Assim, calculamos θ e, por meio da Eq. (18.2), o espaçamento interplanar.

Para rotular as reflexões, precisamos saber a que sistema cristalino pertence nossa amostra. Isso pode, por vezes, ser determinado através de um exame microscópico. Diagramas de pó de cristais monoclínicos, ortorrômbicos e triclínicos podem ser quase impossíveis de ser rotulados. Para outros sistemas, métodos diretos são disponíveis.

Uma vez determinadas as dimensões da célula unitária pelo cálculo a partir de uns poucos espaçamentos grandes (100, 110, 111 etc.), podemos calcular todos os espaçamentos interplanares e compará-los com os observados, completando assim a rotulação. Então, dimensões mais precisas das células unitárias podem ser determinadas a partir de espaçamentos com índices elevados. As fórmulas gerais que dão os espaçamentos interplanares são deduzidas por meio da geometria analítica[10].

18.13. Métodos do cristal girante

O método do cristal único girante, com registro fotográfico da figura de difração, foi desenvolvido por E. Schiebold por volta de 1919. De uma forma ou de outra, tem sido a técnica mais largamente utilizada para investigações precisas de estruturas.

O cristal, que de preferência deve ser pequeno e bem formado, talvez uma agulha de 1 mm de comprimento e 0,5 mm de largura, é disposto com um eixo definido, perpendicular ao feixe de raios X que o irradia. O filme pode ser afixado dentro de uma câmara cilíndrica. À medida que o cristal é lentamente girado durante o tempo de exposição, sucessivos planos passam pela orientação correspondente à condição de Bragg. Algumas vezes apenas parte dos dados é registrada num único filme, oscilando o cristal através de um dado ângulo menor que 360°. Nos métodos Weissenberg e em outros de câmara em movimento, o filme é movido para frente e para trás em um período sincronizado com a rotação do cristal. Assim, a posição de uma mancha no filme imediatamente indica a orientação do cristal na qual a mancha se formou.

Não podemos aqui fornecer uma interpretação detalhada dessas diversas variedades de figuras de rotação[11]. Um exemplo é apresentado na Fig. 18.16, proveniente de um cristal de uma enzima, a lisozima. As manchas são rotuladas e suas intensidades, medidas. Os dados assim obtidos são a matéria-prima para a determinação da estrutura cristalina.

18.14. Determinações de estruturas cristalinas

A reconstrução de uma estrutura cristalina a partir das intensidades dos vários máximos de difração de raios X é análoga à formação de uma imagem por um microscópio. De acordo com a teoria de Abbe do microscópio, a objetiva apanha várias ordens de raios luminosos difratados pelo espécime e torna a sintetizá-los numa imagem. Esta síntese é possível porque duas condições são satisfeitas no caso óptico: as relações de fase entre as várias ordens de ondas luminosas difratadas são preservadas durante todo o tempo e se dispõem de vidro óptico para focalizar e formar uma imagem com radiação possuindo comprimentos de onda da luz visível. Feixes eletrônicos podem ser focalizados com lentes eletrostáticas e magnéticas, mas não se dispõe de tais lentes para formar imagens de raios X. Também, a maneira como os dados de difração são necessariamente

[10]Por exemplo,

Tetragonal $$d_{hkl}^{-2} = \frac{h^2 + k^2}{a^2} + \frac{l^2}{c^2}$$

Ortorrômbico $$d_{hkl}^{-2} = \left(\frac{h}{a}\right)^2 + \left(\frac{k}{b}\right)^2 + \left(\frac{l}{c}\right)^2$$

Hexagonal $$d_{hkl}^{-2} = \frac{4}{3}\,\frac{h^2 + hk + k^2}{a^2} + \left(\frac{l}{c}\right)^2$$

Para as fórmulas restantes, ver as *International Tables for Determination of Crystal Structures* (1952)

[11]Ver Bragg, *op. cit.*, p. 30. Também Bunn, *op. cit.*, p. 137

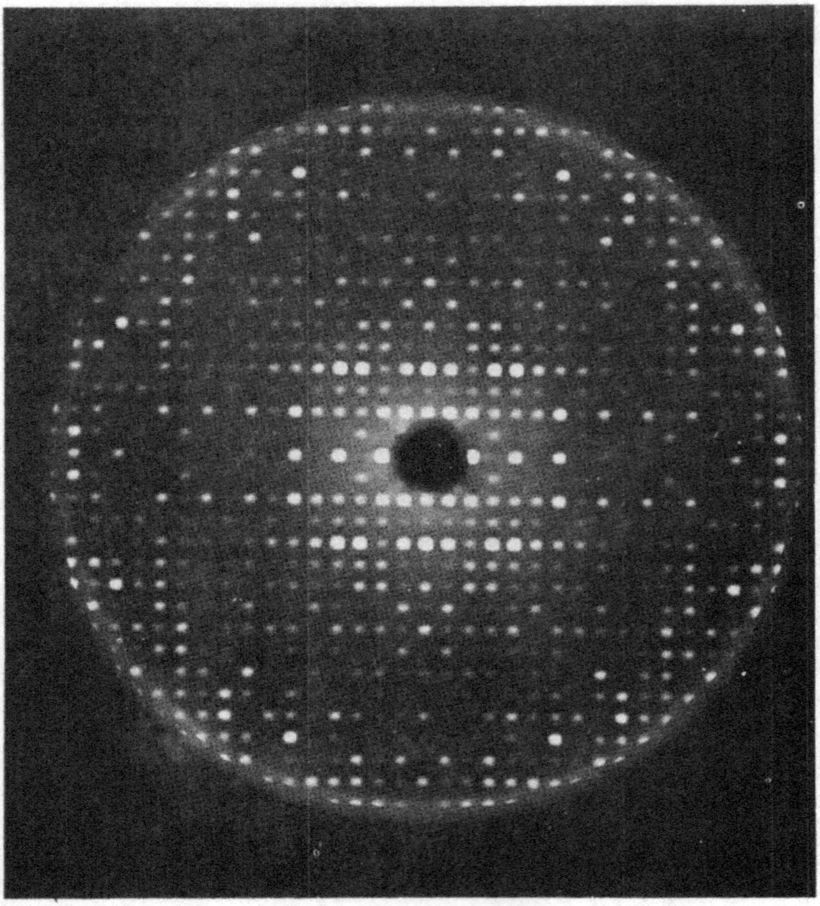

Figura 18.16 Uma figura de raios X, obtida com a câmara de precessão, de um cristal monoclínico de iodeto de lisozima. A partir das posições e das intensidades dos máximos de difração dessas figuras, a estrutura cristalina tridimensional detalhada e, portanto, a estrutura molecular de lisozima foram determinadas em 1965 por D. C. Philips e seus colaboradores na Royal Institution de Londres. Lisozima foi a segunda proteína e a primeira enzima cuja estrutura foi determinada por cristalografia de raios X. A molécula contém 1 950 átomos. Uma descrição desse trabalho foi dada num artigo muito bem ilustrado por Philips (*Scientific American*, novembro de 1966)

obtidos (um por um) significa que todas as relações de fases estão perdidas[12]. O problema essencial na determinação de uma estrutura cristalina é se obter novamente essa informação perdida de uma forma ou de outra, e re-sintetizar a estrutura a partir das amplitudes e das fases das ondas difratadas.

Retornaremos a esse problema, mas primeiramente vamos ver como as intensidades das várias manchas numa fotografia de raios X são governadas pela estrutura cristalina[13]. A relação de Bragg fixa o ângulo de espalhamento em termos dos espaçamentos interplanares, que são determinados pelo arranjo dos pontos no reticulado cristalino. Numa estrutura real, cada ponto do retículo é substituído por um grupo de átomos. O arranjo e a composição deste grupo são os fatores primários que controlam a intensidade dos raios X espalhados, uma vez satisfeita a condição de Bragg.

Como exemplo, consideremos na Fig. 18.17(a) a estrutura que se forma substituindo cada ponto num reticulado ortorrômbico de corpo centrado por dois átomos (por exemplo, uma molécula diatômica). Se um conjunto de planos é desenhado pelos átomos pretos, um outro conjunto paralelo, mas ligeiramente deslocado, pode ser passado através dos átomos brancos. Quando é satisfeita a condição de Bragg, como na Fig. 18.17(b), as reflexões de todos os átomos pretos estão em fase, e as reflexões de todos os átomos brancos também estão em fase. A radiação espalhada pelos átomos pretos está ligei-

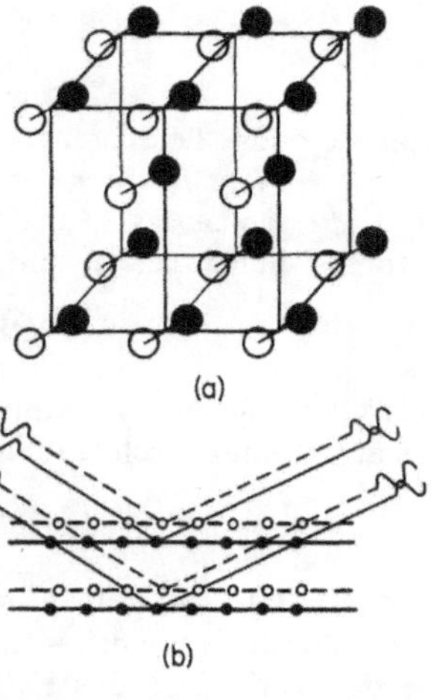

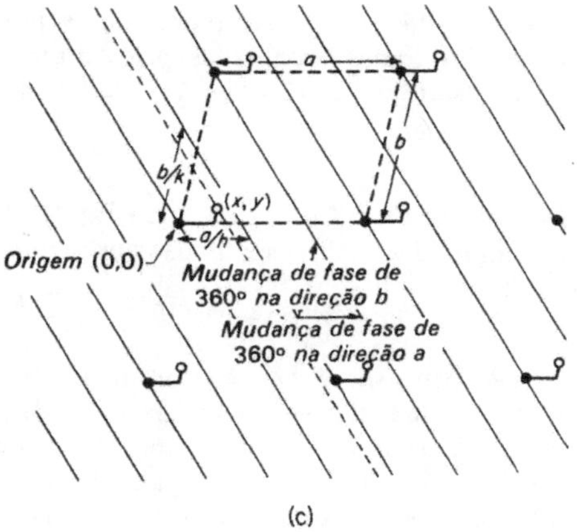

Figura 18.17 Espalhamento de raios X por uma estrutura típica

(12)Um *holograma* é uma construção óptica que pode ser considerada como algo entre uma estrutura cristalina e uma figura de difração. Para elaborar um holograma, uma estrutura tridimensional é iluminada com uma fonte intensa de *luz coerente* (proveniente de um laser). Uma figura de difração, o holograma, é produzida como resultado da interferência entre luz espalhada pelo objeto e luz incidente coerente. A figura pode ser registrada num filme fotográfico a partir do qual é feita uma figura impressa. Se o holograma positivo for iluminado com a luz de fundo coerente original, a luz transmitida poderá ser levada, com uma lente adequada, a ser focalizada na forma de uma imagem do objeto original. No caso do diagrama de difração de raios X, não se dispõe de uma radiação de fundo coerente. Foi sugerido que a imagem mental, que é formada na rede neural do cérebro, é uma espécie de *holograma*. Portanto, o processo de recordar um evento ou um objeto pela memória seria análogo à reconstrução de um objeto por meio de um holograma. Se esse modelo fosse verdadeiro, nossas memórias seriam um espaço de Fourier semelhante ao dos diagramas de difração de raios X das estruturas cristalinas

(13)Este tratamento segue o que foi dado por M. J. Buerger em *X-Ray Structure Analysis*, Cap. 10 (New York: John Wiley & Sons, Inc., 1960)

ramente fora de fase com aquela espalhada pelos brancos, de modo que a amplitude resultante, e portanto, a intensidade, é diminuída pela interferência.

O problema é a obtenção de uma expressão geral para a diferença de fase. Uma visão ampliada de uma seção através da estrutura é apresentada na Fig. 18.17(c), com os átomos pretos nos vértices de uma célula unitária de lados a e b, e os brancos em posições deslocadas. As coordenadas de um átomo preto podem ser tomadas como sendo (0, 0) e as de um branco, como (x, y). Um conjunto de planos hk é mostrado para os quais se verifica a condição de Bragg; estes são realmente os 32 planos na figura. Agora, os espaçamentos a/h ao longo de a e b/k ao longo de b correspondem a posições a partir das quais o espalhamento difere em fase de exatamente 360° ou 2π radianos, isto é, o espalhamento a partir dessas posições está exatamente em fase. A diferença em fase entre esses planos e aqueles passando pelos átomos brancos é proporcional ao deslocamento dos átomos brancos. A diferença em fase ϕ_x para o deslocamento x na direção de a é $x/(a/h) = \phi_x/2\pi$ ou $\phi_x = 2\pi h(x/a)$. A diferença de fase total para o deslocamento em ambas as direções a e b se torna

$$\phi_x + \phi_y = 2\pi\left(h\frac{x}{a} + k\frac{y}{b}\right)$$

Estendendo-se para três dimensões, a variação de fase total com que um átomo em (xyz) o plano (hkl) é

$$\phi = 2\pi\left(\frac{hx}{a} + \frac{ky}{b} + \frac{lz}{c}\right) \tag{18.11}$$

Podemos nos recordar da Sec. 15.22 que a superposição de ondas de diferentes amplitudes e fases pode ser representada por uma soma vetorial. Se f_1 e f_2 são as amplitudes das ondas espalhadas pelos átomos (1) e (2), e ϕ_1 e ϕ_2 são as fases, a amplitude resultante é $F = f_1 e^{i\phi_1} + f_2 e^{i\phi_2}$. Para todos os átomos numa célula unitária,

$$F = \sum_j f_j e^{i\phi_j} \tag{18.12}$$

Quando se introduz a fase ϕ_j da Eq. (18.11), obtém-se uma expressão para a amplitude resultante das ondas espalhadas nos planos hkl por todos os átomos numa célula unitária,

$$F(hkl) = \sum_j f_j e^{2\pi i(hx_j/a + ky_j/b + lz_j/c)} \tag{18.13}$$

A expressão $F(hkl)$ é denominada *fator de estrutura* do cristal. Seu valor é determinado pelos termos exponenciais, que dependem das posições dos átomos e pelos *fatores de espalhamento atômico* f_j, que dependem do número e da distribuição dos elétrons nos átomos e do ângulo de espalhamento θ. Expressões para os fatores de estrutura foram tabeladas para todos os grupos espaciais[14].

A intensidade da radiação espalhada é proporcional ao valor absoluto da amplitude ao quadrado, $|F(hkl)|^2$. Assim, uma vez satisfeita a condição de planos Bragg para um conjunto de planos hkl, o fator de estrutura nos permite calcular a intensidade de espalhamento de raios X a partir de hkl. A relação entre a intensidade e o fator de estrutura inclui uma série de termos físicos para os quais fórmulas explícitas são disponíveis[15].

Como um exemplo do emprego do fator de estrutura, vamos calcular $F(hkl)$ para os planos 100 numa estrutura cúbica de face centrada, por exemplo, a do ouro. Nesta estrutura, existem quatro átomos na célula unitária ($Z = 4$), aos quais podem ser atri-

[14] *International Tables for the Determination of Crystal Structures* (1952). Comumente, é possível diminuir a escolha de grupos espaciais a duas ou três por meio de um estudo das reflexões ausentes (hkl) e comparação com as tabelas

[15] M. J. Buerger, *X-Ray Crystal Structures Analysis* (New York: John Wiley and Sons, 1960), Caps. 7 e 8

buídas coordenadas (x/a, y/b, z/c) como se segue: (000), ($\frac{1}{2}\frac{1}{2}0$), ($\frac{1}{2}0\frac{1}{2}$) e ($0\frac{1}{2}\frac{1}{2}$). Dessa maneira, a partir da Eq. (18.13).

$$F(100) = f_{Au}(e^{2\pi i \cdot 0} + e^{2\pi i \cdot 1/2} + e^{2\pi i \cdot 1/2} + e^{2\pi i \cdot 0})$$
$$= f_{Au}(2 + 2e^{\pi i}) = 0$$

pois

$$e^{\pi i} = \cos \pi + i \operatorname{sen} \pi = -1$$

Portanto, o fator de estrutura se anula e a intensidade de espalhamento por planos 100 é zero. Este é quase um caso trivial, uma vez que a inspeção de uma estrutura cúbica de face centrada revela que existe um conjunto de planos equivalentes intercalados entre os planos 100, que se situam na metade da distância entre esses planos, de tal sorte que a amplitude resultante dos raios X espalhados deve ser reduzida a zero devido à interferência. Em casos mais complicados, contudo, é essencial o emprego do fator de estrutura a fim de se obter uma estimativa quantitativa da intensidade de espalhamento esperada para cada conjunto de planos *hkl* em qualquer estrutura cristalina postulada.

18.15. Síntese de Fourier de uma estrutura cristalina

Os elétrons em um cristal são os responsáveis pelo espalhamento dos raios X. Assim, é um tanto quanto artificial a representação da estrutura cristalina como uma fila de átomos localizados em pontos (x, y, z). Uma distribuição contínua de densidade eletrônica $\rho(x, y, z)$ seria um modelo mais realista. A expressão para o fator de estrutura na Eq. (18.11), dado como uma soma aplicada a átomos discretos, se torna então uma integral aplicada à distribuição contínua de matéria eletrônica responsável pelo espalhamento[16].

$$F(hkl) = \int_0^a \int_0^b \int_0^c \rho(x, y, z)\, e^{2\pi i(hx/a + ky/b + lz/c)}\, dx\, dy\, dz \qquad (18.14)$$

Visto que a densidade eletrônica $\rho(x, y, z)$ é uma função da periodicidade do reticulado, ela pode ser escrita como uma série de Fourier em três dimensões.

$$\rho(x, y, z) = \sum\sum\sum A(pqr)\, e^{+2\pi i(px/a + qy/b + rz/c)} \qquad (18.15)$$

Para se obter o coeficiente de Fourier $A(pqr)$, substituímos a Eq. (18.15) em (18.14), obtendo

$$F(hkl) = \int_0^a \int_0^b \int_0^c \sum\sum\sum A(pqr) \exp\left[2\pi i\left(\frac{hx}{a} + \frac{ky}{b} + \frac{lz}{c}\right)\right]$$
$$\times \exp\left[2\pi i\left(\frac{px}{a} + \frac{qy}{b} + \frac{rz}{c}\right)\right] dx\, dy\, dz \qquad (18.16)$$

As integrais das funções exponenciais sobre um período completo sempre se anulam de modo que o único termo que resta na Eq. (18.16) é aquele para o qual $p = -h$, $g = -k$ e $r = -l$, o que nos leva a

$$F(khl) = \int_0^a \int_0^b \int_0^c A(\bar{h}\bar{k}\bar{l})\, dx\, dy\, dz = VA(\bar{h}\bar{k}\bar{l}),$$

onde V é o volume da célula unitária. Quando esse valor do coeficiente de Fourier é introduzido na Eq. (18.15), obtemos

$$\rho(x, y, z) = \frac{1}{V} \sum\sum\sum F(hkl) \exp\left[-2\pi i\left(\frac{hx}{a} + \frac{ky}{b} + \frac{lz}{c}\right)\right] \qquad (18.17)$$

[16]A Eq. (18.14) vale para células unitárias com eixos perpendiculares. Uma ligeira modificação será necessária para outras, envolvendo uma mudança nas variáveis x, y, z para um novo conjunto de eixos

O somatório se estende a todos os valores de *h*, *k* e *l*, de forma que existe um termo para cada conjunto de planos *hkl* e, portanto, para cada mancha no diagrama de difração de raios X.

Esta importante equação resume todo o problema de uma determinação de estrutura, uma vez que a estrutura cristalina é equivalente à função $\rho(xyz)$ na Eq. (18.17). As posições de átomos individuais são picos na função densidade eletrônica ρ, com alturas proporcionais aos números atômicos (números de elétrons). Se conhecêssemos os $F(hkl)$, poderíamos imediatamente desenhar a estrutura cristalina. Entretanto, tudo o que conhecemos são as intensidades dos máximos de difração, e estes são proporcionais a $|F(hkl)|^2$. Como mencionamos anteriormente, conhecemos as amplitudes, mas perdemos a informação sobre as fases ao tomar a figura de raios X.

Num dos métodos de solução, admitimos uma tentativa de estrutura e calculamos as intensidades. Se a estrutura admitida fosse aproximadamente correta, as reflexões mais intensas observadas deveriam ter intensidades calculadas grandes. A seguir, calculamos a série de Fourier tomando os *F observados* para essas reflexões com as *fases calculadas*. Se estivermos no caminho certo, o gráfico do somatório de Fourier deverá fornecer novas posições dos átomos, a partir das quais novos *F* podem ser calculados, o que permite que novas fases sejam corretamente determinadas. À medida que se incluem mais termos na síntese de Fourier, melhora a resolução da estrutura, da mesma forma que a resolução de um microscópio melhora com objetivas que captam mais ordens de luz difratada. A Fig. 18.18 mostra três sínteses de Fourier para a estrutura da glicilglicina. A primeira, (a), inclui 40 termos no somatório e forneceu uma resolução de cerca de 0,25 nm; a terceira, (c), com 160 termos, apresentou uma resolução de cerca de 0,11 nm.

Algumas vezes as fases podem ser prontamente determinadas se um átomo, que seja muito mais pesado (isto é, tendo muito mais elétrons) que qualquer outro átomo,

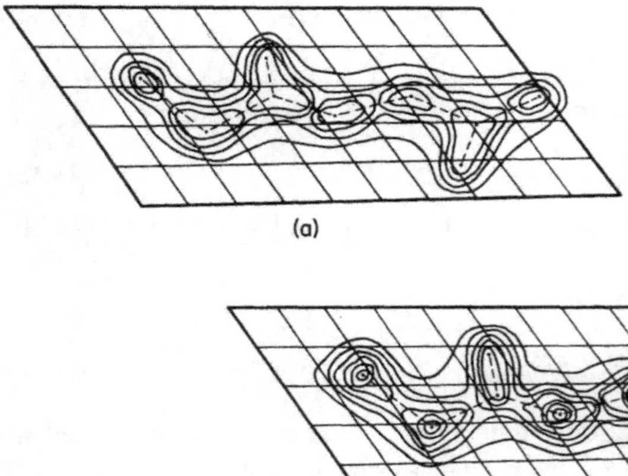

(a)

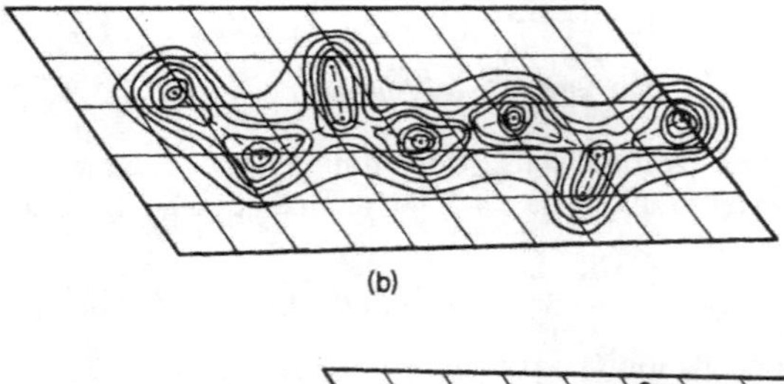

(b)

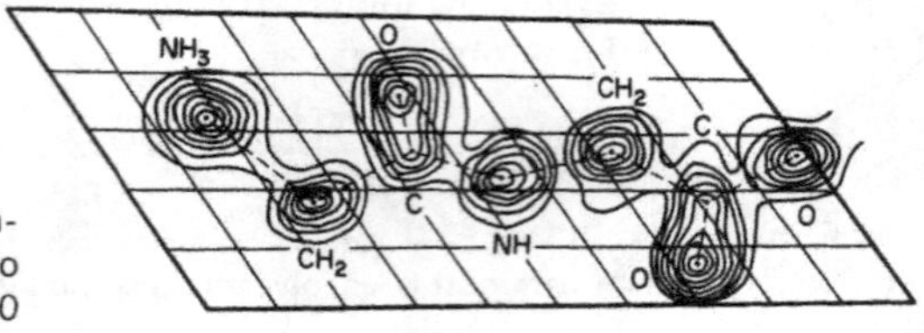

(c)

Figura 18.18 Mapa de Fourier da densidade eletrônica da glicilglicina projetado sobre a base da célula unitária: (a) 40 termos; (b) 100 termos; (c) 160 termos

ocupar uma posição conhecida na estrutura[17]. O diagrama de difração de raios X se torna agora quase que um holograma, pois o espalhamento pelo átomo pesado com suas fases conhecidas desempenha o mesmo papel na reconstrução da estrutura que o da radiação coerente de fundo no holograma. É claro que não temos ainda uma lente de raios X para projetar a imagem da estrutura diretamente, porém podemos empregar outras maneiras de obtenção de uma síntese óptica.

A primeira aplicação direta do método do átomo pesado foi feita na determinação da estrutura da ftalacianina, por Robertson e Woodward (1940). A molécula tem um buraco em seu centro e vários átomos metálicos ali introduzidos podem formar ligações coordenadas entre o nitrogênio e o metal. Uma aplicação importante do método do átomo pesado foi a primeira determinação da estrutura da penicilina por Dorothy Hodgkin e Barbara Low. Figuras de difração de raios X obtidas de sais de Na, K e Rb levaram ao cálculo das fases.

O número de termos que devem ser incluídos no somatório de Fourier para se alcançar uma dada resolução aumenta rapidamente com o número de posições atômicas que

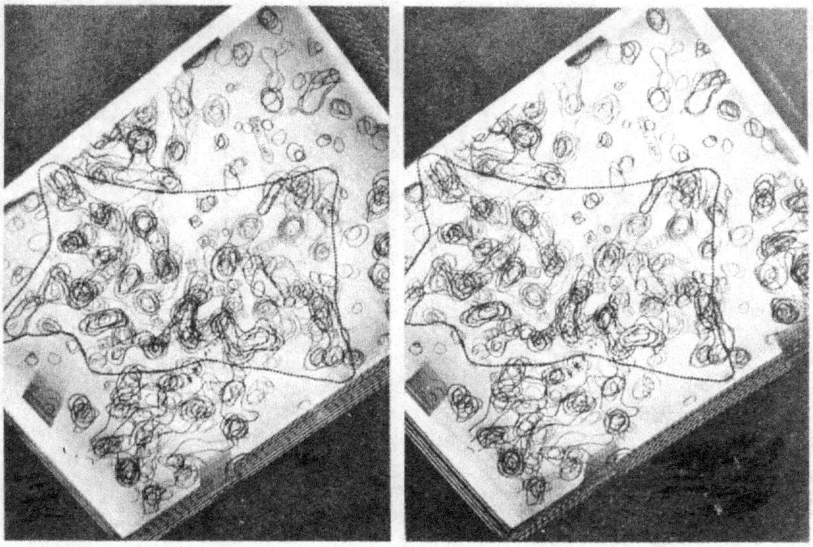

Figura 18.19 Vista estereoscópica do mapa de densidade eletrônica em três dimensões da estrutura da ribonuclease-S, obtida pela síntese de Fourier de dados de difração de raios X. Esta proteína possui um peso molecular de 12 000 e consiste em 124 resíduos de aminoácidos. As amplitudes e as fases de 6 000 máximos de difração de raios X foram estabelecidas. Foram preparados derivados de átomos pesados com o cátion uranila, o ânion tetracianoplatinato II e dicloroetileno diamina de platina II. A resolução de cerca de 0,20 nm foi alcançada. O efeito estéreo pode geralmente ser obtido, dividindo as duas fotografias com um cartão e permitindo que cada olho focalize uma das duas vistas estéreo [H. W. Wyckoff, D. Tsernoglu, A. W. Hanson, J. R. Knox, B. Lee e Frederic M. Richards, Department of Molecular Biophysics and Biochemistry, Yale University, *J. Biol., Chem.* **245**, 305 (1970)]

[17]As coordenadas do átomo pesado podem geralmente ser determinadas a partir de um cálculo da função de Patterson ou do mapa vetorial da estrutura, uma série de Fourier semelhante à da Eq. (18.17), exceto que $F^2(hkl)$ substitui $F(hkl)$

devem ser determinadas na célula unitária. Para uma proteína, tendo um peso molecular igual a 2×10^4, são necessários por volta de 10^4 termos de Fourier para se alcançar a resolução de 0,20 nm. A Fig. 18.19 é uma representação de um mapa tridimensional de Fourier para a densidade eletrônica na enzima ribonuclease-S[18].

Várias maneiras têm sido empregadas para representar as estruturas tridimensionais de proteínas por modelos sólidos. Para uma baixa resolução ($\sim$0,5 nm), podem-se cortar seções de madeira de balsa para representar os limites dos contornos de densidade eletrônica correspondentes ao raios de Van Der Waals dos átomos. A Fig. 18.20(a) é um modelo de espaço cheio da estrutura do ferricitocromo-c a uma resolução de 0,40 nm. À medida que se melhora a resolução, os átomos individuais na cadeia polipeptídica podem ser discernidos e modelos de alta resolução podem ser construídos com uma estrutura de arame. A Fig. 18.20(b) é um desses modelos da estrutura do ferricitocromo-c para uma resolução de 0,28 nm no qual a direção da cadeia polipeptídica principal foi delineada com fio branco.

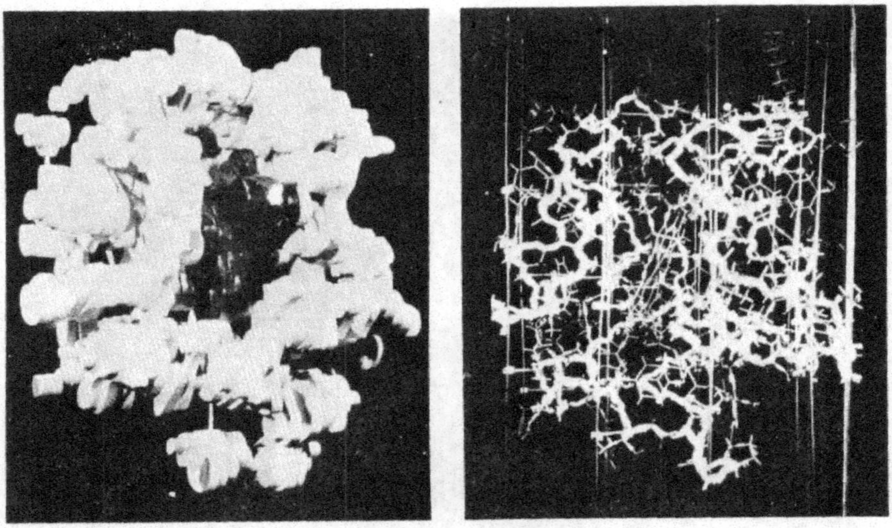

(a) (b)

Figura 18.20 (a) Um modelo espacial com 0,40 nm de resolução da estrutura de ferricitocromo de coração de cavalo. O nicho que mantém a molécula de heme (mostrada em escuro) é uma fenda vertical de cerca de 2,1 nm de comprimento. O heme é paralelo à fenda e perpendicular à superfície de uma molécula de apoproteína. Os anéis porfirina do heme se estendem para o interior da apoproteína, que serve como uma bolsa hidrofóbica para os anéis. O heme está ligado covalentemente a dois átomos de enxofre da apoproteína por ligações tioéteres das cadeias laterais vinílicas do heme com os resíduos cisteinílicos na apoproteína. (b) A estrutura é aqui mostrada numa resolução de 0,28 nm como um modelo no qual as ligações são representadas por bastonetes finos e a cadeia polipeptídica principal está delineada por fio branco. O modelo do heme é mostrado na relação exata ao nicho na apoproteína [R. E. Dickerson, M. L. Kopka, J. Weinzierl, J. Varnum, D. Eisenberg e E. Margoliash, *J. Biol. Chem.* **242**, 3 014 (1967)]

[18] F. M. Richards, *J. Biol. Chem.* **242**, 3 485 (1967)

18.16. Difração de nêutrons

Não apenas feixes eletrônicos e de raios X mas também de partículas pesadas podem exibir figuras de difração quando espalhadas por alinhamentos regulares de átomos num cristal. Feixes de nêutrons algumas vezes são úteis. O comprimento de onda se relaciona com a massa e a velocidade pela equação de De Broglie $\lambda = h/mv$. Portanto, um nêutron com uma velocidade de $3{,}9 \times 10^5$ cm · s^{-1} (energia cinética 0,08 eV) teria um comprimento de onda de 0,1 nm. A difração de raios X é causada pelos elétrons orbitais do átomo do material pelo qual eles passam; os núcleos atômicos praticamente não contribuem em nada para o espalhamento. A difração de nêutrons, por outro lado, é primariamente causada por dois outros efeitos: (a) *espalhamento nuclear*, devido às interações dos nêutrons com os núcleos atômicos e, (b) *espalhamento magnético*, devido às interações dos momentos magnéticos dos nêutrons com os momentos magnéticos permanentes dos átomos ou íons.

Na ausência de um campo magnético externo, os momentos magnéticos de átomos, num cristal paramagnético, se dispõem ao acaso, de forma que o espalhamento magnético de nêutrons por um tal cristal se dá também ao acaso. Ele contribui apenas com um fundo difuso para o máximo bem definido que ocorre quando a condição de Bragg é satisfeita para o espalhamento nuclear. Em *materiais ferromagnéticos*, entretanto, os momentos magnéticos são regularmente alinhados, de modo que os *spins* resultantes de átomos adjacentes são paralelos, mesmo na ausência de um campo externo. Em *materiais antiferromagnéticos*, os momentos magnéticos também são regularmente alinhados, mas de tal forma que os *spins* adjacentes ao longo de certas direções são opostos. As figuras de difração de nêutrons distinguem experimentalmente essas diferentes estruturas magnéticas e indicam a direção do alinhamento de *spins* dentro do cristal.

Por exemplo, óxido de manganês, MnO, tem a estrutura do sal-gema (Fig. 18.14) e é antiferromagnético. A estrutura magnética detalhada revelada por difração de nêutrons é mostrada na Fig. 18.21. O íon manganoso Mn^{2+} tem a estrutura eletrônica $3s^2 3p^6 3d^5$. Os cinco elétrons $3d$ são todos desemparelhados e o momento magnético resultante é $2\sqrt{\frac{5}{2}(\frac{5}{2}+1)} = 5{,}91$ magnétons de Bohr. Se considerarmos os íons Mn^{2+} em planos sucessivos 111 no cristal, os *spins* resultantes serão orientados todos ou positiva ou negativamente ao longo da direção [111].

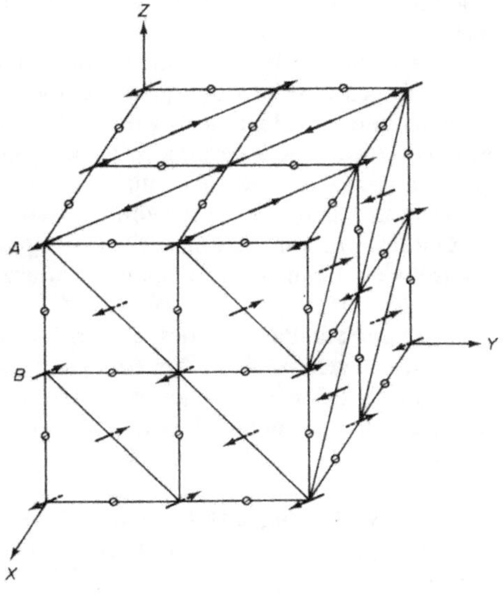

Figura 18.21 As estruturas magnéticas dos óxidos dos elementos de transição, como MnO, indicando a célula unitária duplicada, quando as direções do momento magnético são levadas em consideração. As setas desenhadas nas posições dos íons metálicos indicam as direções e os sentidos de seus momentos magnéticos: os pequenos círculos mostram os átomos de oxigênio. Em cada caso, existem lâminas ferromagnéticas de átomos paralelas ao plano (111). Para MnO e NiO, os momentos estão situados neste plano, como é mostrado na figura, mas, para FeO, eles apontam em direção normal ao plano [G. E. Bacon, *Applications of Neutron Diffraction in Chemistry* (Londres: Pergamon Press, 1963), p. 110]

A difração de nêutrons pode também ser utilizada para localizar átomos de hidrogênio nas estruturas cristalinas. Normalmente, é difícil localizá-los por meio de difração de raios X ou difração eletrônica, porque o pequeno poder de espalhamento do hidrogênio é mascarado pelo dos átomos pesados. O núcleo do hidrogênio, contudo, espalha nêutrons fortemente. Por conseguinte, tem sido possível obter as estruturas de compostos, tais como UH_3 e KHF_2 por meio de análise de difração de nêutrons(19).

18.17. Empacotamento mais denso de esferas

Um pouco antes das primeiras análises de estruturas por meio dos raios X, algumas teorias perspicazes sobre o arranjo de átomos e moléculas nos cristais foram desenvolvidas a partir de considerações puramente geométricas. Por exemplo, de 1883 a 1897, W. Barlow discutiu uma série de estruturas baseadas no empacotamento de esferas.

Existem duas maneiras simples pelas quais esferas do mesmo tamanho podem ser empacotadas juntas, de modo a deixar o menor volume vazio possível, em ambos os casos, 25,9% de vazio. Estes são os arranjos hexagonal mais densamente empacotado (hde) e cúbico mais densamente empacotado (cde), os quais são mostrados na Fig. 18.22. Nessas estruturas de empacotamento mais denso, cada esfera está em contato com outras 12, um hexágono de 6 no mesmo plano e dois triângulos de 3, um acima e outro abaixo. Na estrutura hde, as esferas do triângulo superior estão situadas diretamente sobre as do triângulo inferior; assim, as camadas se repetem na ordem *AB*, *AB*, *AB*, *AB*. Na estrutura cde, a orientação do triângulo superior tem uma rotação de 60° em relação à orientação do triângulo inferior. Assim, a ordem de repetição é *ABC*, *ABC*, *ABC*.

A estrutura cde se baseia numa célula unitária cúbica de face centrada (cfc). As camadas de empacotamento mais denso formam os planos 111 desta estrutura e elas estão empilhadas normalmente às direções [111]. A estrutura hde se baseia numa célula unitária hexagonal. As camadas de empacotamento mais denso formam os planos 001, que são normais ao eixo sêxtuplo *c*.

A estrutura cde é encontrada no estado sólido dos gases inertes, no metano cristalino etc. – átomos ou moléculas simétricos ligados entre si por forças de Van Der Waals. As formas a temperaturas elevadas de H_2, N_2 e O_2 sólidos ocorrem com estruturas hde.

Os metais mais típicos cristalizam uma estrutura cde, hde ou uma estrutura cúbica de corpo centrado (ccc). Alguns exemplos são apresentados na Tab. 18.4. Outras estruturas metálicas incluem as seguintes(20): a cúbica do tipo do diamante, apresentada pelo estanho cinza e pelo germânio; a tetragonal de face centrada, uma estrutura cúbica de face centrada distorcida do γ manganês e índio; as estruturas romboédricas em camadas do bismuto, arsênico e antimônio; a tetragonal de corpo centrado do estanho branco; a cúbica simples do polônio. Deve-se notar que muitos desses metais são polimórficos (alotrópicos), com duas ou mais estruturas dependendo das condições de temperatura e pressão.

A natureza das ligações em cristais metálicos será discutida posteriormente. Por enquanto devemos encará-las como uma rede de íons metálicos positivos empacotados primeiramente de acordo com os requisitos geométricos e permeados pelos elétrons móveis, o assim chamado *gás eletrônico*.

(19)S. W. Peterson e H. A. Levy, *J. Chem. Phys.* **20**, 704 (1952)

(20)Para descrições, ver R. W. G. Wyckoff, *Crystal Structures* (New York: Interscience Publishers, 1963)

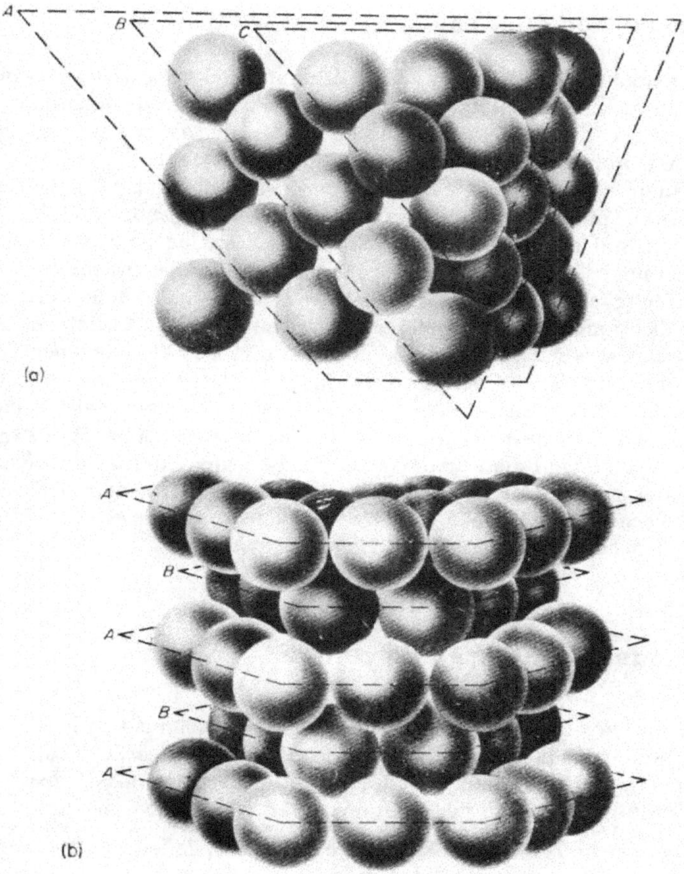

Figura 18.22 Estruturas resultantes do empacotamento mais denso de esferas uniformes. (a) Cúbico mais densamente empacotado. As camadas mais densamente empacotadas são os planos 111 na estrutura cúbica de face centrada. (b) Hexagonal mais densamente empacotado. As camadas mais densamente empacotadas são os planos 001 [L. V. Azaroff, *Introduction to Solids* (New York: McGraw-Hill Book Company, 1960)]

Tabela 18.4 Estruturas dos metais

Cúbico mais densamente empacotado (cfc) — (cde)		Hexagonal mais densamente empacotado (hde)		Cúbico de corpo centrado (ccc)	
Ag	γFe	αBe	Os	Ba	Mo
Al	Ni	γCa	αRu	αCr	Na
Au	Pb	Cd	βSc	Cs	Ta
αCa	Pt	αCe	αTi	αFe	βTi
βCo	Sr	αCo	αTl	γFe	V
Cu	Th	βCr	Zn	K	βW
		Mg	αZr	Li	βZr

18.18. Ligação nos cristais

Duas maneiras teóricas diferentes de se encarar a natureza da ligação química em moléculas foram descritas no Cap. 15. No método da ligação de valência, o ponto de partida é o átomo individual. No método dos orbitais moleculares, os elétrons não são atribuídos como propriedade exclusiva dos átomos individuais.

Para o estudo da natureza das ligações nos cristais, dois métodos, intimamente relacionados aos dois modelos básicos para as moléculas, são disponíveis. Num dos casos, a estrutura do cristal é considerada como sendo um arranjo de átomos regularmente espaçados, cada um deles possuindo elétrons usados para formar ligações com os átomos vizinhos. Essas ligações podem ser iônicas, covalentes ou de um tipo intermediário. Estendendo-se tridimensionalmente, elas mantêm o cristal agregado. O enfoque alternativo é o de se considerar os núcleos em posições fixas no espaço e gradualmente despejar o cimento eletrônico no arranjo periódico de tijolos nucleares. Ambos os métodos propiciam resultados úteis e distintos, mostrando aspectos complementares da natureza do estado cristalino. O primeiro método, que procede da teoria da ligação de valência, é o *modelo de ligação* do estado sólido. Ao segundo método, uma extensão do método dos orbitais moleculares, chamaremos por razões que veremos mais tarde de *modelo de bandas* do estado sólido. O modelo de ligação é por vezes chamado *aproximação da ligação rígida*, e o modelo de bandas, *aproximação do elétron coletivo*.

18.19. O modelo de ligação de sólidos

Se considerarmos que um sólido se mantém unido por meio de ligações químicas, deveremos naturalmente proceder à classificação dos tipos de ligação. Nossa classificação pode não ser desprovida de ambigüidades em todos os casos, mas é apesar disso útil como uma estrutura conceitual para distinguir vários tipos de sólidos.

1. *Ligações de Van Der Waals.* Estas ligações resultam de forças entre átomos inertes ou moléculas essencialmente saturadas. Essas forças são as mesmas que são responsáveis pelo termo a na equação de Van Der Waals. Cristais que se mantêm agregados dessa forma são algumas vezes denominados *cristais moleculares.* Como exemplos, podemos citar: nitrogênio, tetracloreto de carbono, benzeno. As moléculas tendem a um empacotamento tão denso quando suas dimensões e formas o permitam. As ligações entre as moléculas nas estruturas de Van Der Waals representam uma combinação de fatores, tais como, interações dipolo-dipolo e dipolo-polarização, e as *forças de dispersão* quântico-mecânicas, elucidadas primeiramente por F. London, e que freqüentemente são o componente principal. A teoria dessas forças será discutida no próximo capítulo.

2. *Ligações iônicas.* Este tipo de ligação nos é familiar a partir do caso da molécula de NaCl no estado de vapor (Sec. 15.2). No cristal de NaCl, a interação coulombiana entre íons de cargas opostas conduz a uma estrutura tridimensional regular; cada íon Na^+ carregado positivamente é circundado por seis íons Cl^- negativamente carregados, e cada Cl^- é circundado por seis Na^+. Não há moléculas de NaCl distintas. A ligação iônica é esfericamente simétrica e não-direcionada; um íon será circundado por tantos íons de cargas opostas quantos puderem ser espacialmente acomodados, desde que o requisito de neutralidade elétrica global seja satisfeito.

3. *Ligações covalentes.* Estas ligações são o resultado do compartilhamento de elétrons por átomos. Quando tridimensionalmente estendidas, podem conduzir a uma variedade de estruturas cristalinas dependendo do número de elétrons disponíveis para a formação da ligação.

Um bom exemplo é a estrutura do diamante da Fig. 18.23. Esta estrutura pode ser baseada em dois reticulados cúbicos de faces centradas que se interpenetram. Cada átomo em um reticulado é circundado tetraedricamente por quatro átomos equidistantes no outro reticulado. Esse arranjo constitui um polímero tridimensional de átomos de carbono ligados por ligações tetraedricamente orientadas. Portanto, a configuração das ligações do carbono no diamante é similar à dos compostos alifáticos, tais como o etano. Germânio, silício e estanho cinza cristalizam na estrutura do diamante.

Compostos como ZnS (na estrutura da blenda), AgI, AlP e SiC apresentam estrutura semelhante. Em todas essas estruturas, cada átomo é circundado por quatro átomos diferentes, orientados nos vértices de um tetraedro regular. Em cada caso, a ligação é primariamente covalente. A estrutura pode ocorrer sempre que o número de elétrons da camada externa for quatro vezes o número de átomos; não é necessário que cada átomo forneça o mesmo número de elétrons de valência.

Na grafita, a mais estável das formas alotrópicas do carbono, as ligações se assemelham às dos compostos orgânicos aromáticos. A estrutura é apresentada na Fig. 18.24. Ligações fortes operam dentro de cada camada de átomos de carbono enquanto ligações mais fracas aparecem unindo essas camadas – daí a natureza lamelar e escorregadia da grafita. A distância das ligações C—C dentro das camadas da grafita é de 0,134 nm, idêntica à do antraceno. Tal como no caso dos hidrocarbonetos aromáticos (p. 640), podemos distinguir dois tipos de elétrons dentro da estrutura da grafita. Os elétrons σ são emparelhados para formar ligações com pares localizados (sp^2) e os elétrons π são livres para se mover através dos planos dos anéis C_6.

Átomos com uma valência de apenas 2 não podem formar estruturas tridimensionais isotrópicas. Conseqüentemente, encontramos estruturas interessantes, tais como a do

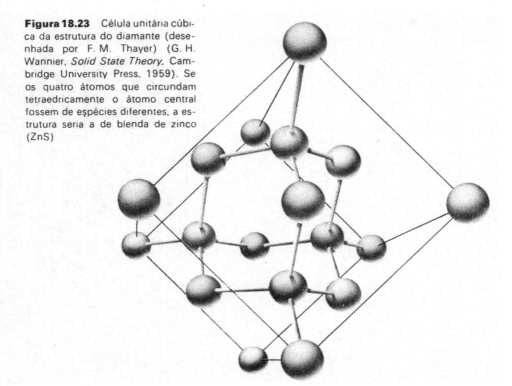

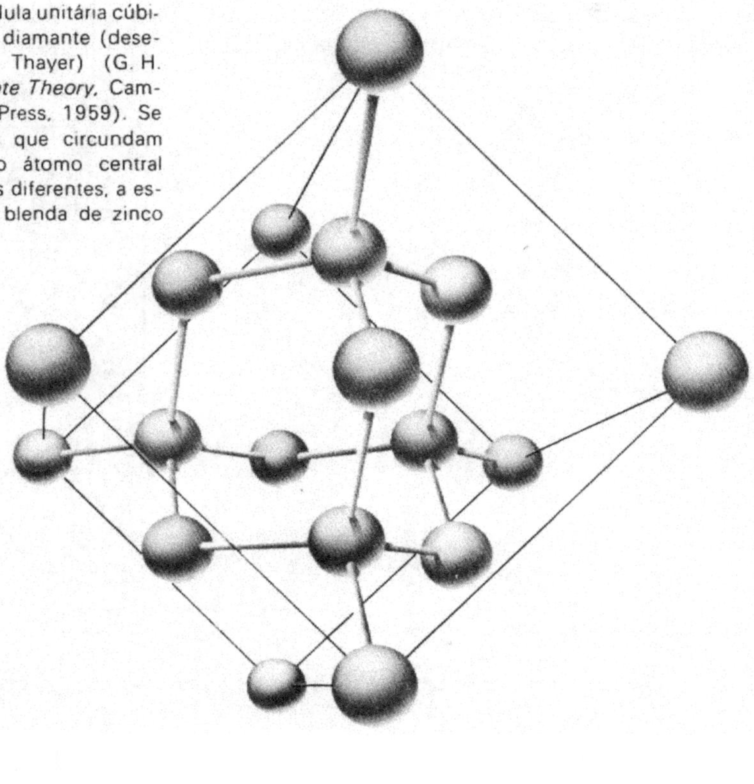

Figura 18.23 Célula unitária cúbica da estrutura do diamante (desenhada por F. M. Thayer) (G. H. Wannier, *Solid State Theory*, Cambridge University Press, 1959). Se os quatro átomos que circundam tetraedricamente o átomo central fossem de espécies diferentes, a estrutura seria a de blenda de zinco (ZnS)

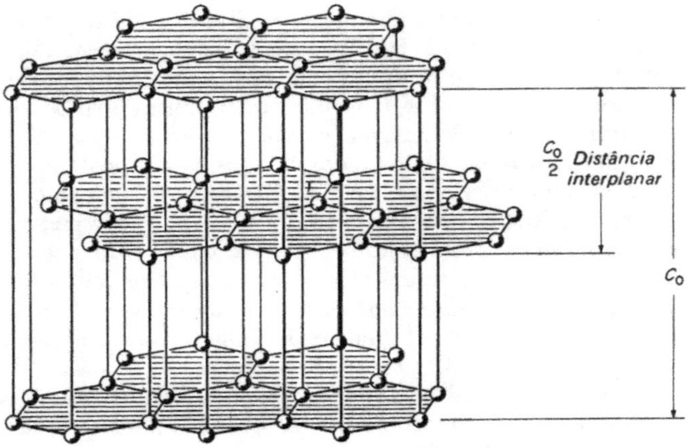

Figura 18.24 A estrutura hexagonal da grafita

selênio (Fig. 18.25) e telúrio, que consistem em cadeias intermináveis de átomos se estendendo pelo cristal, as cadeias individuais sendo mantidas unidas por forças muito mais fracas. Uma outra maneira de se solucionar o problema é ilustrada pela estrutura do enxofre rômbico (Fig. 18.26). Nela existem bem definidos anéis de oito membros, distorcidos, de átomos de enxofre. A bivalência do enxofre é mantida e as moléculas de S_8 são mantidas unidas pelas atrações de Van Der Waals. Elementos, como o arsênico e o antimônio, que em seus compostos apresentam uma covalência 3, tendem a cristalizar em estruturas contendo camadas ou folhas de átomos.

4. *Ligações do tipo intermediário*[21]. Em sólidos, como em moléculas individuais, estas ligações podem ser consideradas como o resultado da ressonância entre as con-

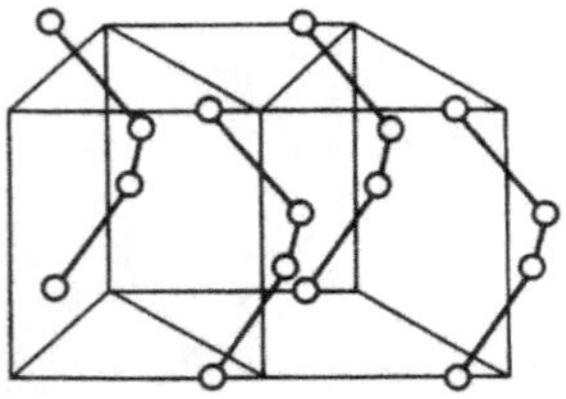

Figura 18.25 Estrutura do selênio

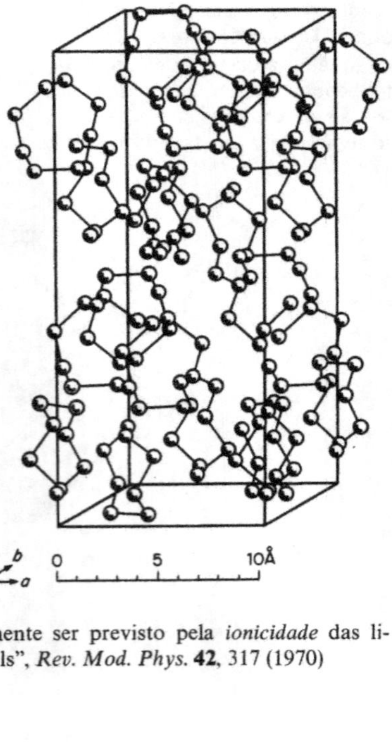

Figura 18.26 Estrutura do enxofre rômbico

[21]Este tipo de estrutura cristalina pode freqüentemente ser previsto pela *ionicidade* das ligações: J. C. Phillips, "Ionicity of Chemical Bonds in Crystals", *Rev. Mod. Phys.* **42**, 317 (1970)

tribuições iônicas e covalentes. Alternadamente, podemos considerar a polarização de um íon por outro de carga oposta. Um íon é polarizado quando sua distribuição eletrônica é distorcida pela presença de um íon com carga oposta. Quanto maior um íon mais facilmente ele se torna polarizado e, quanto menor um íon, mais intenso é seu campo elétrico e maior seu poder de polarização. Geralmente, os ânions maiores tendem a ser fortemente polarizados pelos cátions pequenos. Mesmo sem considerar o efeito do tamanho, os cátions são menos polarizáveis que os ânions porque sua carga positiva tende a segurar seus elétrons no lugar. A estrutura de um íon também é importante: cátions de gases raros, tais como o K^+, têm menor poder de polarização que cátions de transição, tais como Ag^+, porque seus núcleos positivos são mais efetivamente blindados.

O efeito da polarização aparece nas estruturas dos haletos de prata. AgF, AgCl e AgBr apresentam a estrutura do sal-gema, mas, à medida que o ânion se torna maior, ele se torna mais fortemente polarizado pelo pequeno íon Ag^+. Finalmente, no AgI a ligação tem caráter iônico pequeno e o cristal tem a estrutura da blenda. Foi confirmado espectroscopicamente que o iodeto de prata cristalino é composto de átomos e não de íons.

5. *Ligações de hidrogênio.* A ligação de hidrogênio, discutida na Sec. 15.28 é importante em muitas estruturas cristalinas, por exemplo, em ácidos orgânicos e inorgânicos, hidratos salinos, gelo. A estrutura do gelo comum é mostrada na Fig. 18.27. A coordenação é semelhante à da wurtzita, a forma hexagonal do sulfeto de zinco. Cada oxigênio é circundado tetraedricamente por quatro dos vizinhos mais próximos a uma distância de 0,276 nm. As ligações de hidrogênio mantêm os oxigênios unidos, resultando uma estrutura muito aberta. Contrastando com este fato, o sulfeto de hidrogênio tem uma estrutura cúbica densamente empacotada (cde), com cada molécula possuindo 12 vizinhos mais próximos.

6. *Ligações metálicas.* A ligação metálica está intimamente relacionada à ligação de par eletrônico covalente comum. Cada átomo num metal forma ligações covalentes compartilhando elétrons com seus vizinhos mais próximos, mas o número de orbitais disponíveis para a formação da ligação excede o número de pares eletrônicos disponíveis para preenchê-los. Como resultado, as ligações covalentes apresentam ressonância entre as posições interatômicas disponíveis. No caso de um cristal, esta ressonância se estende por toda a estrutura produzindo dessa maneira uma estabilidade grandemente realçada. Os orbitais vazios permitem um escoamento intenso de elétrons sob a influência de um campo elétrico aplicado, conduzindo à condutividade metálica.

18.20. Teoria do gás eletrônico de metais

O modelo do elétron coletivo ou de bandas para sólidos teve sua origem na teoria dos metais. A energia de coesão dos metais e suas elevadas condutividades elétrica e térmica continuaram a ser um mistério até a descoberta do elétron em 1895. Drude, em 1905, sugeriu que um pedaço de metal é semelhante a uma caixa, ou a um poço de potencial tridimensional, contendo um gás de elétrons livremente móveis. Se um campo elétrico externo é aplicado, os elétrons negativos escoam contra o gradiente de potencial elétrico, isto é, ocorre uma corrente elétrica. A condutividade σ é o cociente entre a corrente por unidade de área $\mathbf{j}$ e o campo $\mathbf{E}$, $\sigma = \mathbf{j}/\mathbf{E}$. Como foi visto na discussão da condutividade iônica, $\sigma = C|Q|u$, onde C é a concentração dos portadores de carga, $|Q|$, o valor absoluto de sua carga e u, sua mobilidade. A condutividade dos metais poderia ser explicada pelo modelo de Drude, se fosse admitido que todos os elétrons de valência estivessem incluídos em C e, além disso, que a mobilidade u fosse tão alta que os elétrons pudessem se mover livremente por centenas de distâncias atômicas sem que houvesse deflexão apreciável, devido às colisões com núcleos ou outros elétrons. Em outras pa-

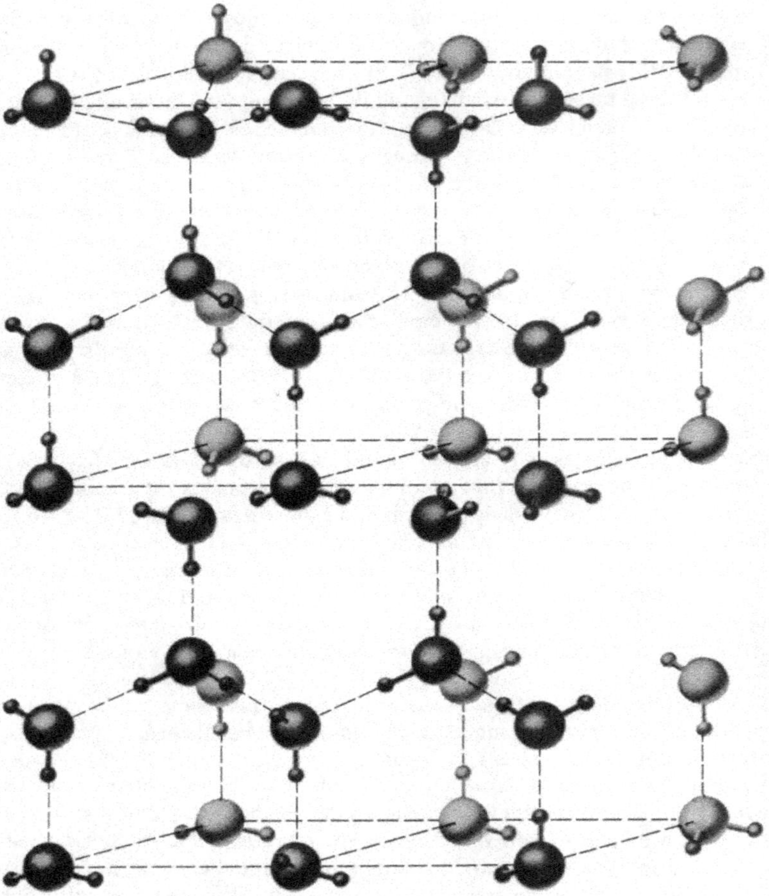

Figura 18.27 O arranjo das moléculas no cristal de gelo. A orientação das moléculas de água, como é representada no desenho, é arbitrária; existe um próton ao longo de cada eixo oxigênio-oxigênio, mais próximo de um ou de outro dos dois átomos de oxigênio. [Linus Pauling, *The Nature of the Chemical Bond* (Ithaca: Cornell University Press, 1960)]

lavras, o termo *gás eletrônico* não seria uma mera figura de retórica; os elétrons nos metais realmente pareciam apresentar propriedades cinéticas semelhantes às de moléculas gasosas.

Uma objeção séria à teoria de Drude se tornou então evidente. Se os elétrons se comportassem de modo semelhante às moléculas gasosas, eles deveriam adquirir energia cinética quando o metal fosse aquecido. De acordo com o princípio da equipartição de energia, Sec. 4.18, a energia translacional de 1 mol de elétrons deveria ser $\frac{3}{2}LkT$, onde L é o número de Avogadro e k, a constante de Boltzmann, fornecendo uma contribuição eletrônica para a capacidade calorífica de $C_v = (\partial U/\partial T)_v = \frac{3}{2}Lk$ por mol. Experimentalmente, entretanto, não havia uma capacidade calorífica eletrônica de tal magnitude. De fato, as capacidades caloríficas dos metais a temperaturas comuns estão muito próximas do valor obtido pela velha lei de Dulong-Petit, $C_v = 3Lk$ por mol, que pode ser completamente atribuído aos $3L$ graus de liberdade por átomo. Em temperaturas muito baixas, uma capacidade calorífica eletrônica poderia ser detectada e, em uns poucos metais (por exemplo, o níquel), parecia haver um aumento detectável na contribuição eletrônica em temperaturas muito elevadas. Mas, praticamente falando, a capacidade calorífica eletrônica, que Drude previra, não foi encontrada em parte alguma.

Esta falha paradoxal da teoria do gás eletrônico era realmente uma falha da mecânica estatística para dar o valor correto de C_v. A resolução do problema, feita pela primeira vez por Sommerfeld em 1928, exigiu uma análise profunda e uma revisão fundamental da lei de Boltzmann da mecânica estatística.

18.21. Estatística quântica

Devemos retomar ao ponto no Cap. 13, em que obtivemos a solução para o movimento de uma partícula numa caixa tridimensional. Naquela ocasião, estávamos considerando partículas sem *spin* e o Princípio de Exclusão de Pauli não fora ainda descrito. Conseqüentemente, se tivéssemos de distribuir N elétrons nos níveis de energia da Fig. 13.15, enquanto fossem desprezadas as interações eletrostáticas entre os elétrons, eles em média ocupariam os níveis de acordo com a lei de distribuição de Boltzmann,

$$N_i = g_i N_0 \exp\left(-\frac{\epsilon_i}{kT}\right)$$

Esta expressão daria o número de elétrons N_i no nível de energia ε_i e de degenerescência g_i. Particularmente, a 0 K, $N_i = 0$ para todos os $i > 0$, e todos os elétrons ocupariam o nível de energia mais baixo, $\varepsilon_0 = 0$. Agora, os elétrons não podem realmente se comportar dessa maneira, porque são partículas elementares de *spin* $s = \frac{1}{2}$ e o Princípio de Exclusão de Pauli permitiria apenas que $2g_i$ elétrons fossem colocados num nível de energia ε_i. Assim, mesmo no zero absoluto, deveria existir uma faixa mais larga de níveis de energia ocupados. Todos os estados mais baixos estão preenchidos com pares de elétrons até que algum nível máximo de energia E_F seja alcançado. Se desenhássemos a função de distribuição, a probabilidade $p(E)$ de preencher um nível em função da energia E do nível, obteríamos o resultado mostrado pela curva tracejada da Fig. 18.28: $p(E) = 1$ até alcançarmos E_F, depois do que $p(E) = 0$.

Esta $p(E)$ é um exemplo da *função de distribuição de Fermi-Dirac*. É a função a ser esperada quando partículas elementares são distribuídas em níveis de energia translacionais com a condição de que obedeçam ao Princípio da Exclusão de Pauli. A qualquer temperatura acima de 0 K, alguns elétrons se deslocam para níveis energéticos mais elevados e, a temperaturas ainda pequenas quando comparadas com E_F/k, a função de distribuição terá o aspecto da curva cheia na Fig. 18.28.

A expressão matemática para a função de distribuição é[22]

$$p(E) = \frac{1}{e^{(E-E_F)/kT} + 1} \tag{18.18}$$

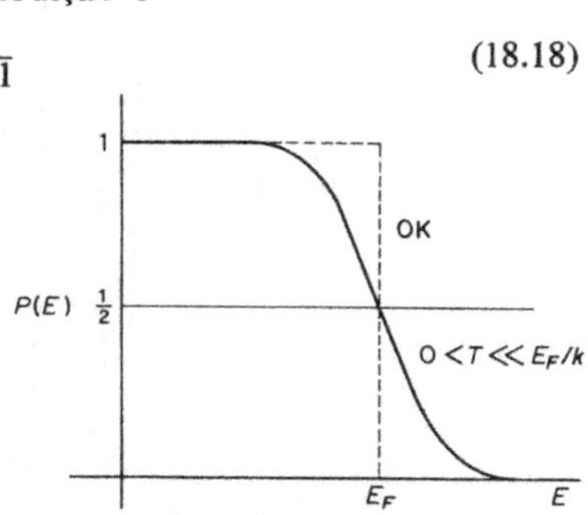

Figura 18.28 A função de distribuição de Fermi-Dirac para as energias de elétrons em um metal

[22]A lei de distribuição de Fermi-Dirac pode ser deduzida imediatamente a partir da *função de partição grande*. [L. D. Landau e E. M. Lifshitz, *Statistical Physics* (Londres: Pergamon Press, 1958), p. 152] A dedução mostra que $E_F = \mu$, o potencial químico do elétron

Observar que, quando $p(E) = \frac{1}{2}$, $E = E_F$, onde E_F é denominado *energia de Fermi*. Nos metais, a energia de Fermi atua como uma barreira efetiva para as energias permitidas dos elétrons.

Desde que $E_F \gg kT$, a função $p(E)$ tem a forma geral apresentada na Fig. 18.28. Quando $E_F \leq kT$, contudo, a distribuição se torna semelhante à distribuição clássica de Boltzmann. Por exemplo, a 1 000 K, $kT = 0{,}086$ eV e para o sódio $E_F = 3{,}12$ eV, um valor típico para um metal. Portanto, o gás eletrônico, nos metais, seguirá a lei de distribuição quântico-mecânica (Fermi-Dirac). Agora é evidente por que o gás eletrônico não contribui de maneira apreciável para a capacidade calorífica de um metal. A única maneira como um elétron poderia ganhar energia, quando um metal é aquecido, seria se mover para um nível energético mais elevado, porém, para a profundidade eletrônica típica no mar de Fermi, não existem níveis vazios disponíveis, uma vez que quase todos os níveis mais altos adjacentes estariam já ocupados com elétrons. Apenas relativamente, poucos elétrons, no topo da distribuição, encontrariam níveis vazios para os quais se movimentariam. (Esses elétrons ocupam o que nós chamamos de *cauda maxwelliana da distribuição de Fermi-Dirac*.) Como resultado, nas temperaturas comuns, a capacidade calorífica eletrônica é quase desprezível.

18.22. Energia de coesão dos metais

A coesão dos metais pode ser compreendida em termos qualitativos como a conseqüência de uma atração eletrostática entre os caroços positivos dos átomos metálicos e o fluido negativo dos elétrons móveis. Um tratamento quantitativo do problema envolve a solução da equação de Schrödinger para a energia de muitos elétrons num campo elétrico periódico especificado pela estrutura cristalina do metal.

Consideremos na Fig. 18.29 um modelo simplificado de uma estrutura unidimensional. Para concretizar, os núcleos são tomados como sendo os de sódio, com uma carga de +11. A posição de cada núcleo representa um poço de energia potencial profundo para os elétrons. Se esses poços estivessem bem afastados, os elétrons estariam todos em posições fixas sobre o núcleo de sódio, originando configurações $1s^2 2s^2 2p^6 3s^1$, típicas de átomos de sódio isolados. Esta é a situação mostrada pela Fig. 18.29(a). No metal, todavia, os poços de potenciais não estão distantes um dos outros e não são infinitamente

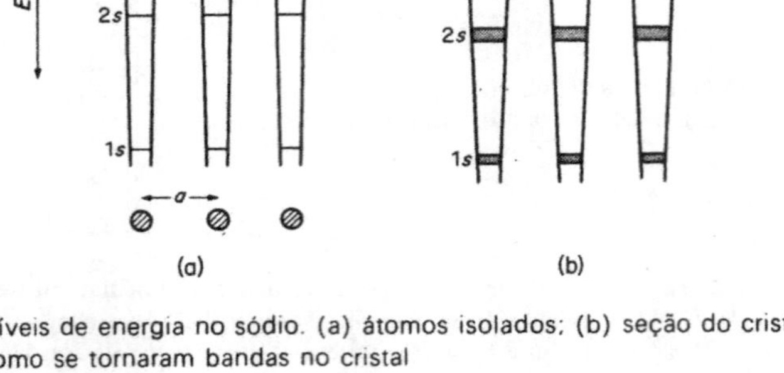

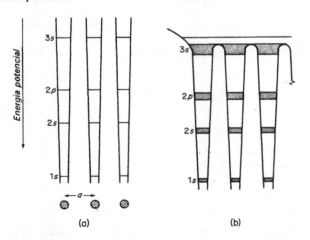

Figura 18.29 Níveis de energia no sódio. (a) átomos isolados; (b) seção do cristal. Os níveis bem nítidos no átomo se tornaram bandas no cristal

profundos, e a situação real se aproxima mais da mostrada na Fig. 18.29(b). Os elétrons podem formar túneis entre as barreiras, um elétron de um núcleo podendo deslizar através das mesmas para ocupar uma posição num núcleo vizinho. Não estamos mais, portanto, tratando de níveis de energia de átomos de sódio isolados e sim de níveis do cristal como um todo. O Princípio de Exclusão de Pauli nos diz que não mais que dois elétrons podem ocupar exatamente o mesmo nível energético. Portanto, uma vez admitida a possibilidade de os elétrons se moverem através da estrutura, não podemos continuar a considerar os níveis de energia como sendo nitidamente definidos. O nível de energia nítido 1*s* de um átomo de sódio isolado é alargado no sódio cristalino para formar uma banda de níveis de energia muito próximos. Uma situação semelhante se apresenta para os outros níveis energéticos, cada um deles se transformando em uma banda de níveis, como é mostrado na Fig. 18.29(b).

Cada orbital atômico contribui com um nível para uma banda. Nas bandas mais baixas (1*s*, 2*s*, 2*p*), existem níveis exatamente suficientes para acomodar o número de elétrons disponíveis, de modo que as bandas estão completamente preenchidas. Se um campo elétrico externo for aplicado, os elétrons das bandas cheias não poderão se mover sob sua influência, pois, para serem acelerados pelo campo, teriam de se mover para níveis energéticos um pouco mais elevados. Isso é impossível para elétrons no interior de uma banda preenchida, porque todos os níveis acima deles já estão ocupados e o Princípio de Exclusão de Pauli os proíbe de aceitar, habitantes adicionais. Nem tampouco podem os elétrons do próprio topo da banda cheia adquirir energia extra, pois não existem níveis mais elevados para eles se moverem. Ocasionalmente, é verdade, um elétron pode receber um punhado de energia e ser atirado completamente para fora de sua banda para uma banda mais elevada, desocupada.

Isso é válido para os elétrons nas bandas inferiores. A situação é diferente para as bandas superiores, a 3*s*, que é apenas cheia pela metade. Um elétron no interior da banda 3*s* não pode ainda ser acelerado, pois os níveis imediatamente acima já estão preenchidos. Os elétrons próximos do topo da zona cheia podem, porém, facilmente se mover para os níveis desocupados dentro da própria banda. A banda mais alta realmente se alargou o suficiente para superpor os picos das barreiras de energia potencial, de tal forma que os elétrons dos níveis mais altos do topo podem se mover de modo bastante livre pela estrutura cristalina. De acordo com esse modelo idealizado, onde os núcleos estão sempre dispostos em pontos de um reticulado perfeitamente periódico, nenhuma resistência seria oposta ao escoamento de uma corrente eletrônica. A resistência real é causada por desvios da periodicidade perfeita. Uma importante perda de periodicidade resulta de vibrações térmicas do núcleo atômico. Essas vibrações destroem a ressonância perfeita entre os níveis eletrônicos de energia e, portanto, causam uma resistência ao escoamento de elétrons. Como era de esperar, a resistência por esse mecanismo aumenta com a temperatura. O aumento da resistência também pode ser obtido pela adição de um elemento de liga ao metal puro, com diminuição da periodicidade regular da estrutura pelos átomos estranhos.

Neste ponto, pode-se bem estar pensando que este é um quadro excelente para metais univalentes como o sódio, mas o que dizer do magnésio com seus dois elétrons 3*s* e portanto com a banda 3*s* completamente cheia? Por que não é ele um isolante em vez de um metal? Cálculos mais detalhados mostram que, em tais casos, a banda 3*p* é suficientemente baixa para que haja superposição com o topo da banda 3*s*, fornecendo com isso um número maior de níveis vazios disponíveis. Realmente, isso ocorre também para os metais alcalinos. A maneira como as bandas 3*s* e 3*p* do sódio se alargam à medida que os átomos se aproximam é mostrada na Fig. 18.30. A distância interatômica no sódio sob 1 atm de pressão e a 298 K é $r_e = 0{,}38$ nm. Nesta distância, não existe qualquer separação entre as bandas 3*s* e 3*p*. No caso do diamante, por outro lado, existe uma grande separação de energia entre a *banda de valência* preenchida e a *banda de condução* vazia em sua distância interatômica $r_e = 0{,}15$ nm.

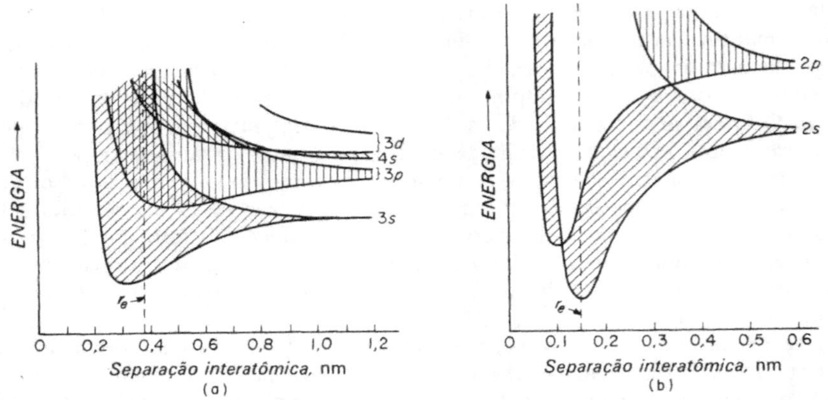

Figura 18.30 Cálculo mecânico-quantico aproximado da formação das bandas de energia, à medida que os átomos são aproximados num cristal: (a) sódio; (b) diamante

Portanto, os condutores são caracterizados quer pelo preenchimento parcial de bandas quer pela superposição das bandas mais elevadas. Os isolantes possuem bandas mais baixas completamente preenchidas, com uma grande separação de energia entre a banda preenchida mais alta e a banda vazia mais baixa. Esses modelos são representados na Fig. 18.31.

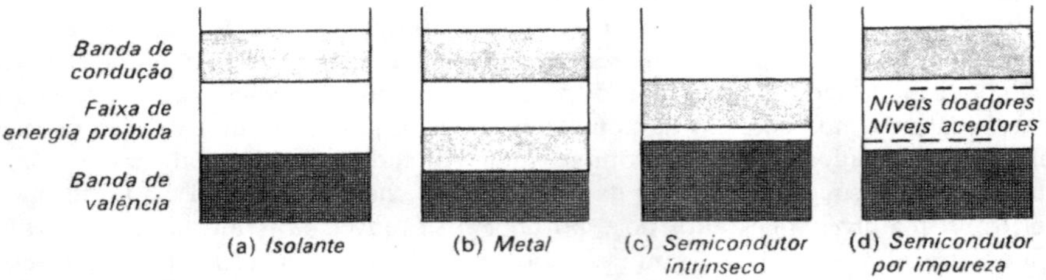

Figura 18.31 Modelos esquemáticos de banda de sólidos classificados de acordo com suas propriedades eletrônicas

18.23. Funções de onda para os elétrons em sólidos

A existência nos cristais de bandas com níveis energéticos permitidos separados por intervalos de energia, onde estados eletrônicos são proibidos, foi deduzida (de uma forma qualitativa) a partir dos estados energéticos discretos e intervalos de energia de certo modo semelhantes para elétrons em átomos isolados. Este enfoque é denominado *aproximação da ligação rígida*, quando é tratado de forma quantitativa. É também possível principiar com o gás eletrônico livre e deduzir a existência de bandas e intervalos de energia a partir dos efeitos do potencial periódico dos caroços atômicos. A partir de um teorema básico das equações diferenciais[23], podemos deduzir o seguinte resultado importante: se $\psi_0(x)$ é uma solução da equação de Schrödinger unidimensional para um elétron livre, uma solução para o movimento do elétron num potencial $U(x)$ que é pe-

[23]Teorema de Floquet. Ver E. T. Whittaker e G. N. Watson, *Modern Analysis* (Londres: Cambridge University Press, 1952), p. 412

riódico com um período a, isto é,

$$U(x) = U(x - a),$$

pode sempre ser obtida na forma

$$\psi(x) = \psi_0(x)\, u(x - a). \tag{18.19}$$

onde o próprio $u(x-a)$ tem o mesmo período a que o potencial U. Na teoria do estado sólido, esse resultado recebe o nome de *teorema de Bloch* e funções da forma (Eq. 18.19) são *funções de Bloch.* Elas formam a base de muitos cálculos quântico-mecânicos das propriedades dos cristais.

Uma solução para o elétron livre como uma onda progressiva foi dada na Eq. (13.55) segundo $\psi_0 = e^{ikx}$, onde $k = 2\pi\sigma = 2\pi/\lambda = 2\pi p/h$, onde λ é o comprimento de onda de De Broglie e p é a quantidade de movimento do elétron. Então a função de Bloch se torna

$$\psi(x) = e^{ikx}\, u(x - a)$$

Como u é periódico com o período a do potencial, pode ser expandida numa série de Fourier,

$$u(x - a) = \sum A_n\, e^{-2\pi i n x/a} \tag{18.20}$$

Se o potencial de perturbação $U(x-a)$ é pequeno, podemos desprezar os termos além de A_0, exceto quando $k = \pi n/a$, de modo que a função de Bloch se torna

$$\psi = A_0\, e^{ikx} + A_n\, e^{ik_n x}.$$

onde $k_n = k - 2n\pi/a$.

Ponhamos em gráfico a energia E do elétron em função de . Para o elétron livre,

$$E = \frac{p^2}{2m} = \frac{h^2 k^2}{8\pi^2 m} \quad \text{pois} \quad p = \frac{hk}{2\pi} \tag{18.21}$$

Esta é a equação de uma parábola. O efeito do potencial periódico é a introdução de intervalos de energia em $k = \pm\pi/a$, $\pm 2\pi/a \pm n\pi/a$. O resultado é mostrado na Fig. 18.32. Para os valores mais baixos de k, a curva de E em função de k coincide com a parábola para os elétrons livres. À medida que k se aproxima de $\pm\pi/a$, contudo, o coeficiente angular de E *versus* k diminui e, em $k = \pm\pi/a$, existe uma descontinuidade em E num intervalo de valores que são *estados energéticos proibidos* para o elétron na estrutura periódica. Assim, uma banda de níveis de energia permitidos é seguida por um intervalo, então ocorre outra banda de energias permitidas, seguida por um outro intervalo e assim por diante.

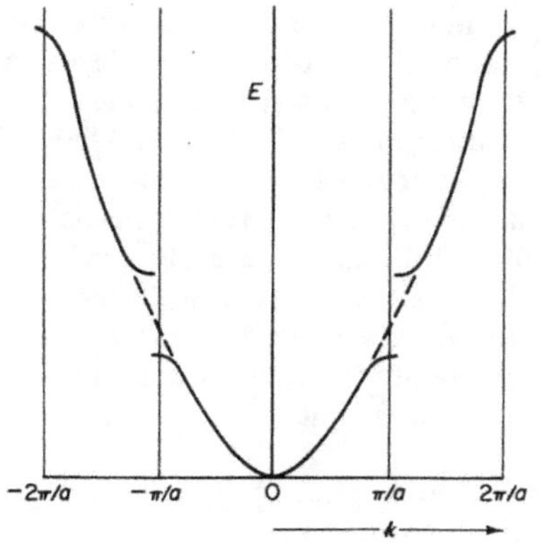

Figura 18.32 Energia em função do número de onda para o movimento de um elétron num potencial periódico unidimensional dado pela Eq. (18.20). O intervalo dos valores de $\mathcal{K}$ de $-\pi/a$ a $+\pi/a$ é a primeira *zona de Brillouin* para este sistema. A parábola não-interrompida representada em seguida à curva tracejada forneceria a energia dos elétrons livres de acordo com a Eq. (18.21)

A condição para uma descontinuidade em energia, $k = \pm n\pi/a$, é simplesmente a condição de Bragg, $n\lambda = 2d \operatorname{sen} \theta$, pois $k = 2\pi/\lambda$ e $a = d \operatorname{sen} \theta$ com $\theta = 90°$ para o caso unidimensional. As descontinuidades ocorrem em comprimentos de onda para os quais elétrons incidentes na linha de átomos satisfariam à condição de Bragg para o espalhamento. Assim, os elétrons nesses comprimentos de onda não podem passar através da estrutura, mas serão "refletidos" (no sentido de Bragg) de volta.

As regiões de energia permitida são chamadas *zonas de Brillouin*. As zonas existem no espaço k, o qual a partir das Eqs. (18.9) e (18.21) é claramente o espaço recíproco ou espaço de Fourier. Portanto, as zonas de Brillouin, no caso unidimensional, são segmentos de um espaço unidimensional de Fourier para os elétrons. A primeira zona se estende de $k = -\pi/a$ até $k = +\pi/a$. A segunda zona é o espaço k de $-2\pi/a$ a $-\pi/a$ mais aquele de $\pi/a + 2\pi/a$.

A extensão desses conceitos para três dimensões é direta. As zonas de Brillouin podem ser desenhadas como volumes no espaço k, os quais são limitados por planos especificados pela condição

$$k_x n_1 + k_y n_2 + k_z n_3 = \frac{\pi}{a}(n_1^2 + n_2^2 + n_3^2)$$

Estes são exatamente os valores de $k(k_x, k_y, k_z)$ para os quais ocorreria a reflexão de Bragg[24].

18.24. Semicondutores

Os sólidos são classificados com base em sua condutividade elétrica em três tipos:

1. Condutores ou metais, que oferecem uma baixa resistência ao escoamento de elétrons quando se aplica uma diferença de potencial. As resistividades dos metais caem numa faixa de 10^{-6} a $10^{-8}\ \Omega \cdot m$ a temperatura ambiente, e aumentam com a temperatura.
2. Isolantes, que apresentam altas resistividades, de 10^8 a $10^{20}\ \Omega \cdot m$ a temperatura ambiente.
3. Semicondutores cujas resistividades são intermediárias entre as dos metais típicos e as dos isolantes típicos, e diminuem com o aumento da temperatura, geralmente de acordo com $e^{\varepsilon/kT}$.

As propriedades elétricas dos cristais dependem da grandeza do *intervalo de banda* entre a banda de valência preenchida e a banda de condução mais elevada não preenchidas. Uma forma de se determinar o intervalo consiste em medir o comprimento de onda no qual se inicia a absorção óptica pelo cristal, o assim chamado *limiar de absorção*. A energia no início da absorção deveria corresponder à energia necessária para se transferir um elétron do topo da banda de valência preenchida ao fundo da banda de condução. Valores para o *intervalo de banda* ε para cristais com a estrutura do silício são os seguintes: C (diamante), 5,2 eV; Si, 1,09 eV; Ge, 0,60 eV; Sn (cinza), 0,08 eV.

A razão entre o número de elétrons termicamente excitados para a banda de condução e o número de elétrons na banda de valência é dada pelo fator de Boltzmann $e^{-\varepsilon/2kT}$. Para o diamante, ε é tão grande que raramente os elétrons alcançam a banda de condução através de excitação térmica, de modo que o cristal é um bom isolante. Nos casos do Si e Ge, contudo, haverá um número apreciável de *elétrons de condução* produzidos por excitação térmica a partir da banda de valência. Esses cristais são *semicondutores intrínsecos* típicos.

[24]Para melhor discussão e exemplos, ver W. J. Moore, *Seven Solid States* (New York: W. A. Benjamin, Inc., 1967)

Quando um elétron em um semicondutor intrínseco salta para a banda de condução, ele deixa atrás de si uma *lacuna* na banda de valência. Os elétrons em uma banda de valência completamente preenchida não poderiam produzir qualquer contribuição para a condutibilidade. Tão logo aparecem as lacunas, contudo, os elétrons restantes encontram alguns estados desocupados disponíveis e assim podem contribuir para a condutividade. Uma lacuna numa banda de elétrons negativos é efetivamente um ponto de carga positiva[25]. O salto de um elétron para uma lacuna é equivalente ao salto de uma carga positiva para a posição que o elétron deixou vaga. Podemos assim tratar o movimento dos elétrons, em uma banda quase cheia, como se as lacunas fossem cargas positivas se movendo numa banda de lacunas quase vazia.

Elétrons e lacunas, além de apresentar cargas opostas, podem ter mobilidades efetivas diferentes, u_e e u_h. Se C_e e C_h são as concentrações de elétrons e lacunas, a condutividade se torna

$$\kappa = e(C_e u_e + C_h u_h), \tag{18.22}$$

onde e é o valor absoluto da carga eletrônica. No silício puro, deveríamos esperar que $C_e = C_h$. Em outras substâncias, contudo, C_e pode diferir apreciavelmente de C_h. Em tais casos, referimo-nos aos *portadores majoritários* e aos *portadores minoritários* da corrente elétrica nos semicondutores.

18.25. Semicondutores dopados

Podemos esboçar uma analogia entre um semicondutor intrínseco, como o silício, e um solvente fracamente ionizável, como a água.

$$H_2O \rightleftharpoons H^+ + OH^-, \qquad K_w = [H^+][OH^-]$$

$$Si \rightleftharpoons h^+ + e^-, \qquad K_i = [h^+][e^-]$$

No silício intrínseco puro,

$$[h^+] = [e^-] = K_i^{1/2} = A(T)\,e^{-\epsilon/2kT}$$

A solução de uma base fraca em água é, então, análoga à solução em silício ou germânio de átomos (As, Sb, O etc.), que têm mais elétrons de valência que os quatro do silício.

$$NH_3 + H_2O \longrightarrow NH_4^+ + OH^-$$

$$As + Ge \longrightarrow As^+ + Ge^-$$

A solução de um ácido fraco em água é análoga à solução em silício ou germânio de átomos (B, In etc.), que têm menos elétrons de valência que o silício

$$CO_2 + H_2O \longrightarrow HCO_3^- + H^+$$

$$In + Si \longrightarrow In^- + Si^+$$

A Fig. 18.33 representa o silício dopado; o correspondente diagrama banda-energia foi mostrado na Fig. 18.31.

Quando, como na Fig. 18.33(a), um átomo de P substitui um átomo de Si, quatro dos elétrons de valência de P podem entrar na banda de valência, mas o quinto elétron deve entrar num nível energético mais elevado. Realmente, esse estado de energia está apenas 0,012 eV abaixo da banda de condução. Por conseguinte, os elétrons confinados nos *níveis de impurezas* podem de imediato ser termicamente excitados para a banda de

[25]A. H. Wilson, em *Semiconductors and Metals* (Londres: Cambridge University Press, 1939), pp. 8-10, fornece uma prova simples

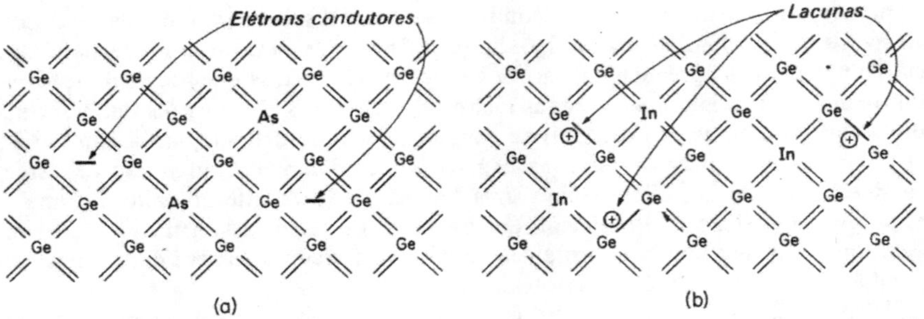

Figura 18.33 (a) Doadores produzidos por impurezas do Grupo V no germânio; (b) aceptores produzidos por impurezas do Grupo III

condução. O semicondutor dopado terá uma condutividade grandemente aumentada quando comparada com a do silício intrínseco puro. Um semicondutor como o silício dopado com P é dito do *tipo n*, porque a maioria dos portadores de corrente é negativamente carregada (elétrons). Uma substância como P ou As, que, ao dopar outra (no caso o silício), pode doar elétrons para a banda de condução, é denominada *doador* e os níveis extras de energia logo abaixo da banda de condução são os *níveis doadores.*

Se o átomo que dopa boro, por exemplo, tem menos elétrons de valência que o silício, a estrutura esquemática se assemelharia à Fig. 18.33(b). Haveria uma lacuna ou uma falta de elétron nas ligações tetraédricas em redor do átomo de B. Conseqüentemente, ocorreria um novo nível dentro do intervalo de banda. No caso do B em Si, esses níveis de impurezas estão apenas 0,01 eV acima do topo da banda de valência. Os elétrons podem, rapidamente, saltar do topo da banda de valência para preencher tais *níveis aceptores.* As lacunas positivas deixadas na banda de valência aumentam fortemente a condutividade elétrica e o silício dopado com boro se torna um semicondutor do *tipo p.*

A Tab. 18.5 apresenta um resumo das energias de ionização de vários solutos em Si e Ge.

Tabela 18.5 Energias de ionização de solutos em silício e germânio (em eV)

	Em silício	Em germânio
Doadores		
Li^+	0,0093	0,033
P^+	0,012	0,045
As^+	0,0127	0,049
Sb^+	0,0096	0,039
Aceptores		
B^-	0,0104	0,045
As^-	0,0102	0,057
In^-	0,0112	0,16
Ca^-	0,04	0,49

18.26. Compostos não-estequiométricos

Um afastamento de um composto da estequiometria química pode aumentar grandemente sua condutividade. O óxido de zinco, ZnO, geralmente contém mais Zn que O, enquanto o óxido de níquel, NiO, geralmente contém mais O que Ni. Este desvio da estequiometria ou não-estequiometria pode ser devido à incorporação de átomos extras nos cristais em espaços intersticiais, ou a vazios causados pela ausência de átomos nos sítios normais. A evidência sugere que o excesso de zinco em ZnO é fortemente determinado pelo Zn intersticial enquanto o excesso de oxigênio em NiO é devido largamente ao Ni^{2+} ausente em determinados sítios. No NiO e no ZnO, os desvios da estequiometria, mesmo em temperaturas superiores a 1 000 °C, são bastante pequenos ao redor de 0,1 at % de excesso de Zn ou O. Em outros óxidos e calcogenetos metálicos, entretanto, os desvios da composição estequiométrica podem ser muito mais amplos.

Podemos notar que o excesso de Zn em ZnO atua como um doador típico e leva a uma semicondutividade do tipo *n*. No NiO, os vazios do Ni^{2+}, cada um associado a dois Ni^{3+} para preservar a neutralidade elétrica, propiciam níveis aceptores típicos, conduzindo a uma supercondutividade do tipo *p*. (Fazemos uma distinção de nomenclatura entre um *vazio*, ausência de um átomo em uma posição normal na estrutura, e uma *lacuna*, a ausência de um elétron em uma banda normal ou orbital de ligação.)

18.27. Defeitos puntuais

Em 1896, o metalurgista inglês Roberts-Austen mostrou que o ouro se difundia mais rapidamente no chumbo a 300 °C que o cloreto de sódio, em água a 15 °C. Este é um exemplo da facilidade surpreendente com que os átomos podem algumas vezes se mover no estado sólido. Processos de velocidade, tais como difusão, sinterização e formação de manchas ou camadas superficiais (*tarnishing*), nos fornecem evidências adicionais. Era difícil se crer que átomos pudessem se movimentar facilmente em sólidos trocando de lugar uns com os outros: a energia de ativação para tais processos deveria ser muito alta.

Mecanismos mais razoáveis foram sugeridos por I. Frenkel, em 1926, e por W. Schottky, em 1930. Eles propuseram os primeiros modelos exatos para aquilo que agora denominamos *defeitos puntuais* em cristais. A Fig. 18.34(a) mostra o defeito de Frenkel tal como foi originalmente proposto para o cloreto de prata. Ele consiste em um íon Ag^+ que deixou seu sítio no reticulado e se moveu para uma posição intersticial. O defeito de Frenkel consiste no vazio mais o intersticial. O defeito de Schottky é mostrado na Fig. 18.34(c), tal como ocorre no cloreto de sódio. Ele consiste em um par de vazios de sinais opostos. Os defeitos de Frenkel e Schottky são chamados *defeitos intrínsecos*. Eles não alteram a estequiometria exata do cristal mas fornecem um mecanismo fácil por meio do qual os átomos podem se movimentar dentro do cristal. É muito mais fácil para um átomo se mover de um lugar ocupado para um vazio que dois átomos trocarem de lugar diretamente em lugares ocupados.

Podemos calcular a concentração dos vários defeitos puntuais a partir de considerações estatísticas simples. Existe um dispêndio de energia U para se produzir um defeito, mas a entropia S é ganha devido à desordem associada à entropia de mistura dos defeitos com os sítios normais do reticulado. Se n imperfeições são distribuídas entre

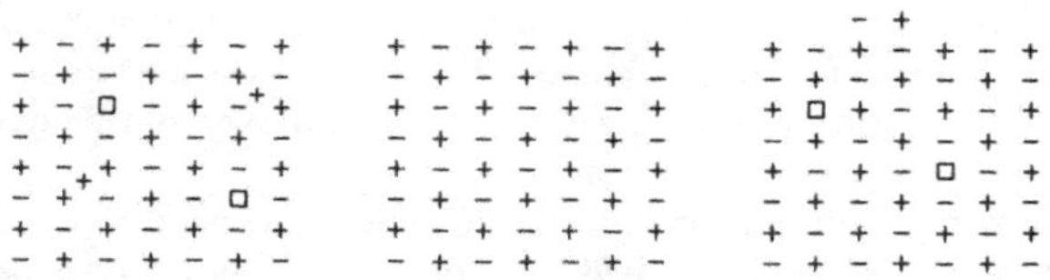

(a) *Cristal com defeitos Frenkel* (b) *Cristal ideal* (c) *Cristal com defeitos Schottky*

Figura 18.34 Defeitos puntuais intrínsecos em cristais

o total de N sítios cristalinos, a entropia de mistura é

$$S = k \ln W = \frac{k \ln N!}{(N-n)!\,n!}$$

Se ε é o aumento em energia por defeito e se desprezarmos as contribuições para a energia causadas por mudanças nas freqüências de vibração nas vizinhanças do defeito, podemos escrever para a variação na energia livre de Helmholtz,

$$\Delta A = \Delta U - T\,\Delta S$$

$$\Delta A = n\epsilon - \frac{kT \ln N!}{(N-n)!\,n!}$$

No equilíbrio,

$$\left(\frac{\partial\,\Delta A}{\partial n}\right)_T = 0$$

Aplicando a fórmula de Stirling ($\ln X! = X \ln X - X$), encontramos

$$\ln \frac{n}{N-n} = -\frac{\epsilon}{kT}$$

e, portanto, se $n \ll N$,

$$n = N\mathrm{e}^{-\epsilon/kT} \tag{18.23}$$

Como exemplo, se ε está em torno de 1 eV e T é 1 000 K,

$$\frac{n}{N} \approx 10^{-5}$$

Para um par de vazios, a expressão para o número de maneiras de se formar o defeito é elevada ao quadrado e obtemos finalmente, para os defeitos de Schottky,

$$n = N\mathrm{e}^{-\epsilon/2kT} \tag{18.24}$$

Para os defeitos de Frenkel,

$$n = (NN')^{1/2}\,\mathrm{e}^{-\epsilon/2kT} \tag{18.25}$$

onde N' é o número de sítios intersticiais disponíveis.

18.28. Defeitos lineares: discordâncias

A curva tensão-deformação para um sólido típico é apresentada na Fig. 18.35. A região linear da curva, onde a deformação é proporcional à tensão, representa uma *deformação elástica*; se a tensão é removida numa tal região, o sólido retorna a seu comprimento original. É verdade que uma pequena tensão mantida durante um tempo longo pode produzir uma deformação permanente no sólido, fenômeno este denominado *deslizamento*. Mas a deformação irreversível rápida de um sólido, que chamamos *deformação plástica*, se inicia somente quando um certo valor crítico de tensão for ultrapassado. A estampagem de chapas para painéis de automóveis é um exemplo de deformação plástica.

O problema de metais sob deformação não é saber porque eles são tão fortes, mas porque são tão fracos. O limite de elasticidade calculado de um cristal perfeito seria de 10^2 a 10^4 vezes maior que o realmente observado. Devem existir algumas imperfeições ou defeitos nos cristais reais, que causam sua deformação plástica sob cargas bastante pequenas.

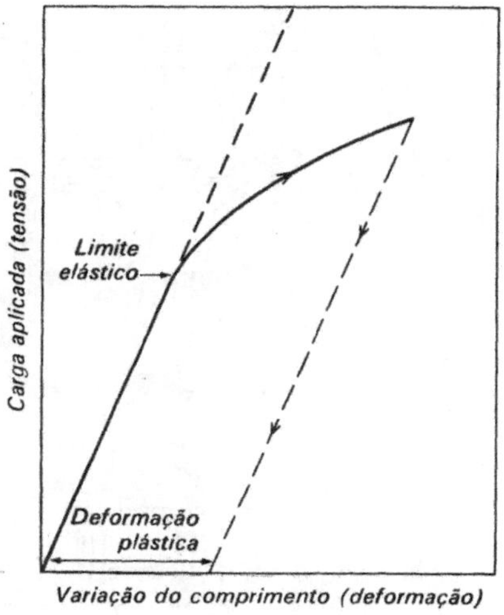

Figura 18.35 Comportamento tensão-deformação de uma barra metálica típica

Uma solução para este problema foi desenvolvida de forma completamente independente em 1934 por Taylor, Orowan e Polanyi[26]. Os cristais contêm defeitos chamados *discordâncias*. Mott[27] comparou esses defeitos a dobras ou rugas em tapetes. Todos nós já experimentamos puxar tapetes sobre soalhos e sabemos que existem duas maneiras de fazê-lo. Pode-se segurar uma das extremidades e puxar, ou então fazer uma dobra numa das extremidades do tapete e suavemente levá-la até a outra extremidade. Para um tapete grande e pesado, a segunda maneira é a que envolve menor esforço. A discordância mais parecida com uma dobra é a *discordância em cunha*, mostrada na Fig. 18.36, a qual representa um modelo de estrutura cristalina vista ao longo de uma linha de discordância. A linha de discordância é perpendicular ao plano representado pelo plano do papel. A presença da discordância permite ao cristal se deformar imediatamente sob a influência de uma tensão de cisalhamento. Os átomos são deslocados no *plano de deslizamento* que inclui a linha de discordância. Assim, a discordância pode se mover através de um cristal de um lado para outro, resultando um deslocamento da metade superior do cristal em relação à metade inferior. A Fig. 18.37 mostra uma fotografia de uma discordância numa estrutura microscópica de bolhas de sabão, em duas dimensões. A Fig. 18.38 é uma micrografia de impacto eletrônico de discordâncias diretamente observadas em películas metálicas finas.

Outro tipo básico de discordância é a *discordância em hélice*. Pode-se visualizar esse defeito cortando uma rolha de borracha paralelamente ao seu eixo e, a seguir, pressionando uma das extremidades de modo a criar uma saliência na outra extremidade. Se supusermos que inicialmente a rolha contivesse átomos em pontos regulares do reticulado, o resultado da deformação seria o de converter os planos paralelos de átomos normais ao eixo em um tipo de rampa em espiral. Tal deslocamento de átomos constitui uma discordância em hélice; a linha de discordância se situa ao longo do eixo da rolha. Um modelo da emergência de uma discordância em hélice na superfície de um cristal é mostrado na Fig. 18.39.

[26]G. I. Taylor, *Proc. Roy. Soc. London, Ser. A* **145**, 362 (1934); E. Orowan, *Z. Physik* **86**, 604, 634 (1934); M. Polanyi, *Z. Physik* **89**, 660 (1934) (A idéia dos defeitos, agora chamados *discordâncias*, foi discutida anteriormente, especialmente no trabalho de Prandtl, Masing e Dehlinger)

[27]N. F. Mott, *Atomic Structure and the Strength of Metals* (Londres: Pergamon Press, 1956)

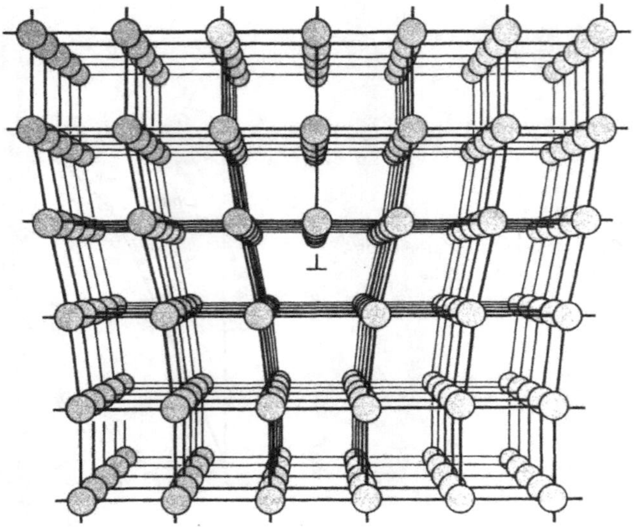

Figura 18.36 Modelo para mostrar a estrutura de uma discordância em cunha. A linha da discordância é normal ao plano do papel no ponto marcado por ⊥. A deformação é o resultado da introdução de um semiplano extra de átomos na metade superior do cristal. Distâncias interatômicas na metade superior do cristal são comprimidas e as na metade inferior do cristal estão distendidas [N. B. Hannay, *Solid State Chemistry* (Englewood Cliffs, N.J.: Prentice-Hall Inc., 1967)]

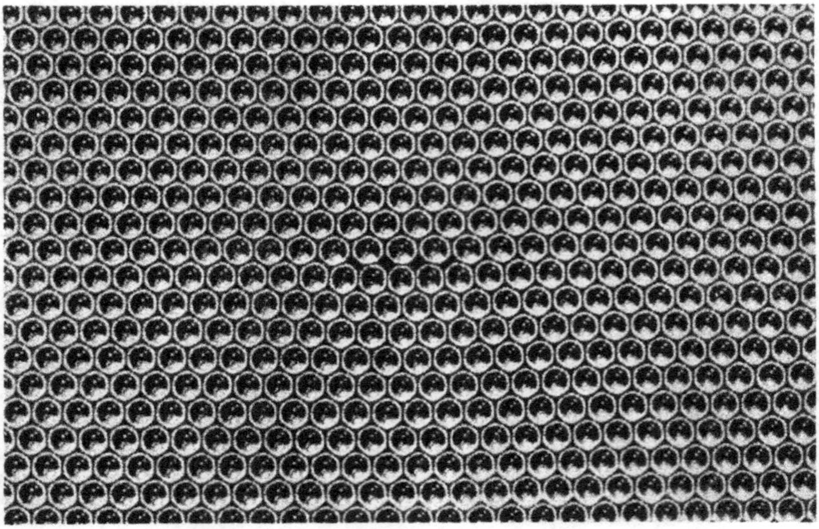

Figura 18.37 W. L. Bragg e J. F. Nye [*Proc. Roy. Soc.* (London) **A190**, 474 (1947)] mostraram como muitas das propriedades dos cristais podem ser visualizadas por meio de um conjunto bidimensional de bolhas flutuando na superfície de uma solução aquosa de detergente. Esta fotografia (tirada por W. M. Lomer) mostra uma discordância num conjunto de bolhas. A discordância é vista facilmente levantando a página a 30° e olhando-a de um pequeno ângulo

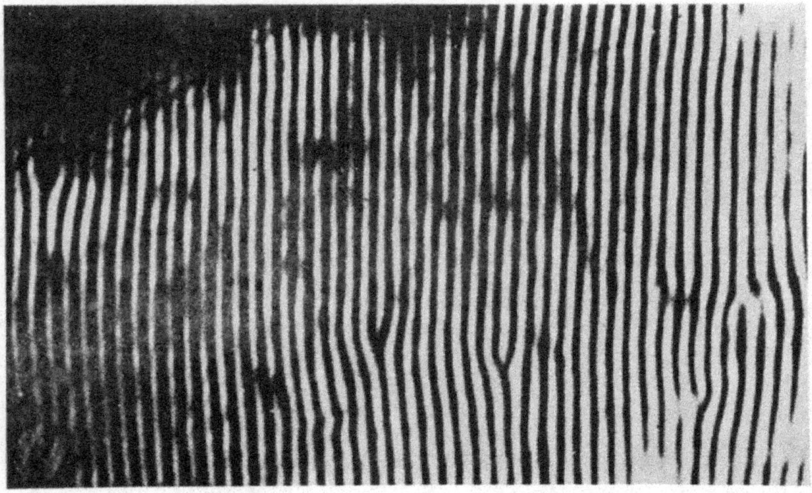

Figura 18.38 Micrografia eletrônica de discordâncias mostrada por uma figura de Moiré da superposição de películas Au e Pb(111). O espaçamento Moiré é de cerca de 3,5 nm e corresponde a um aumento efetivo de cerca de 400 000 (D. W. Pashley, J. W. Menter e G. A. Bassett)

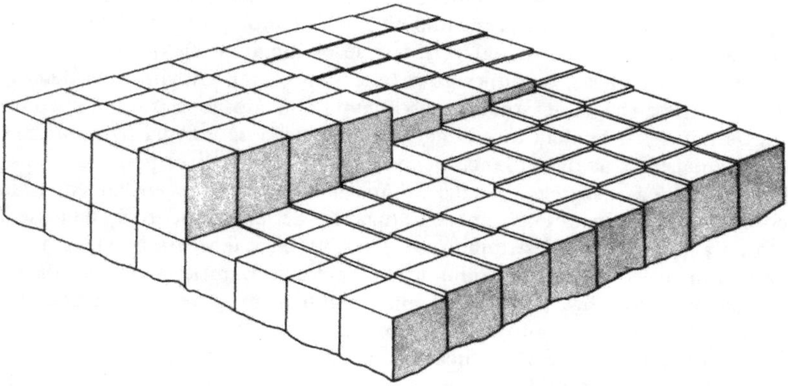

Figura 18.39 Uma discordância em hélice emergente na superfície de um cristal. Os átomos (ou moléculas) são representados por pequenos cubos

18.29. Efeitos devidos a discordâncias

Mesmo um único cristal metálico pode ser curvado de sorte a adquirir formas com contornos curvos. As discordâncias na estrutura cristalina tornam possível tal curvatura. Um pedreiro soluciona o mesmo problema quando constrói um arco com tijolos retangulares. A solução é confrontar $N + 1$ tijolos em uma camada contra N na camada precedente.

As forças coesivas entre os átomos de um cristal oferecem pequena resistência ao movimento de deslizamento de discordâncias e apenas um cristal sem discordâncias poderia atingir sua resistência teórica máxima. Algumas vezes, fios metálicos finos (*whiskers*)

podem crescer de modo a ficar virtualmente livres de discordâncias. Fios de ferro puro têm sido obtidos com resistências à tração até $1{,}4 \times 10^8$ N · cm^{-2} em contraste com o máximo de 3×10^7 para o arame de aço mais resistente. O sonho (impossível?) dos metalurgistas é a produção de metais estruturais tão isentos de discordâncias que possam manter suas resistências teóricas nas aplicações práticas.

A deformação de um metal não consiste simplesmente no escorregamento de discordâncias já presentes – o processo de deformação, que ocorre por meio de discordâncias, produz por si mesmo mais discordâncias. Existem muitos mecanismos diferentes para a multiplicação de discordâncias, a maioria dos quais está baseada na existência dentro do cristal de um obstáculo ao deslizamento de uma discordância.

A fonte de discordância mais simples deste tipo foi descrita por Frank e Read em 1950. As discordâncias normalmente não se encontram num único plano de deslizamento. Em cada extremidade de um segmento de discordâncias dentro de um dado plano de deslizamento haverá um *degrau* (*jog*) onde ele salta para um plano de deslizamento vizinho. Um pequeno segmento de discordância entre degraus é dito *ancorado*, porque, se uma tensão é aplicada, a discordância ancorada não pode deslizar no plano de deslizamento. A discordância ancorada é a *fonte de Frank-Read*. O único movimento possível para um segmento ancorado é o de se expandir em um arco. Se for mantida a tensão, este arco se expande mais e mais até que forma um *anel de discordância* completo. A seguir, um novo arco de discordância começa a crescer a partir da fonte. Sob uma tensão moderada e contínua, uma tal fonte pode emitir discordâncias de modo semelhante a uma antena transmissora de ondas de rádio (figuradamente falando).

Podemos agora começar a ver a resposta a uma das perguntas mais básicas da ciência dos materiais: como pode a adição de uma pequena quantidade de um elemento de liga (carbono em ferro, cobre em alumínio, por exemplo) aumentar tão notavelmente a resistência mecânica de um metal? Desde que os metais se deformem através de movimentos de discordâncias, qualquer coisa que impeça tais movimentos determinará o aumento da resistência à deformação do metal. Um átomo estranho introduzido na estrutura de um metal tenderá a se alojar numa posição de energia livre mínima. Como as posições adjacentes às discordâncias são sítios de energia livre mais baixa, os átomos estranhos tenderão a se segregar nas discordâncias. Desta forma, eles tendem a estabilizar as discordâncias, confinando-as em seus lugares. Se uma discordância fosse deslizar deixando para trás o átomo estranho, um trabalho extra (energia livre) seria necessário para fazer com que o átomo estranho se estabelecesse num sítio normal da estrutura. Assim, os elementos de liga podem aumentar grandemente a resistência dos metais tornando suas discordâncias muito menos móveis.

As discordâncias também se encarregam de fornecer pontos preferenciais dentro do cristal para a ocorrência de reações químicas e mudanças físicas (tais como, transformação de fase, precipitações ou ataque).

O ponto de emergência de uma discordância na superfície de um cristal é também um sítio de reatividade química aumentada, um fato freqüentemente revelado pelo aspecto das figuras de ataque formadas na superfície. Freqüentemente, podemos medir o número de discordâncias por unidade de área contando esses pontos de ataque. As densidades variam de 10^5 m^{-2} nos melhores cristais de prata e germânio (pequenos cristais podem crescer praticamente sem discordâncias) até 10^{16} m^{-2} em metais severamente deformados. A Fig. 18.40 mostra um exemplo de um estudo de discordância por ataque seletivo e decoração.

Quando um cristal é atacado, o lugar mais fácil para se remover um átomo da superfície se situa numa discordância, uma vez que nesse ponto a estrutura cristalina não é perfeita. Porém, quando um cristal cresce a partir do vapor ou do material fundido, o lugar mais fácil para a deposição de um átomo ou de uma molécula novos é também num sítio de discordância. Na Sec. 11.5, vimos que a nucleação espontânea de uma nova

Figura 18.40 Discordâncias em hélice e outros defeitos são revelados em superfícies clivadas de grafita por ataque químico e decoração. O cristal é clivado a uma espessura de cerca de 30 nm, atacado em atmosfera de CO_2 por cerca de 40 min a 1 150 °C. O CO_2 reage mais rapidamente em passos de superfície lineares do que muito curvos e, portanto, "elucida a discordância" por ataque seletivo. Ataques curtos em ozona e numa mistura de O_2 e Cl_2 expandem as vacâncias da superfície. Finalmente, uma quantidade muito pequena de ouro é evaporada sobre a superfície e os átomos de ouro são contados de preferência nos defeitos da superfície. A fatia de cristal é examinada por microscopia eletrônica de transmissão direta. O aumento global da fotografia apresentada é de cerca de 100 000 vezes. As concentrações de discordância em parafuso em cristais de grafita pirolítica sintética estão num intervalo de 10^6 a 5×10^8 cm^{-2}, mas são extremamente raros em cristais naturais (G. R. Henning, Argonne National Laboratory)

fase num sistema homogêneo é extremamente improvável, e esta improbabilidade se estende também à deposição de um átomo sobre uma face cristalina perfeita. Em resumo, tal processo é improvável porque existe uma perda de entropia no processo de condensação, mas não existe um decréscimo compensador de energia para os primeiros poucos átomos em uma nova camada, pois eles não têm vizinhos para lhe dar as boas-vindas. Se existir uma discordância em hélice emergente na superfície, contudo, um novo átomo pode se depositar facilmente na borda desta hélice em desenvolvimento. Desse modo, o cristal cresce mais facilmente na forma de uma hélice em desenvolvimento. Este mecanismo foi sugerido por F. C. Frank, em 1949[28]. Curiosamente, fotografias de crescimento helicoidal de cristais foram publicadas muitos anos antes, mas, até que a teoria da discordância fosse desenvolvida, não foi entendido o significado dessas observações. A Fig. 18.41 mostra um desses crescimentos em espiral a partir de um par de discordâncias num cristal de silício.

Figura 18.41 Uma espiral dupla na superfície de um cristal de carbeto de silício centrada no sítio da emergência de um par de discordâncias em hélice (aumento de 300 vezes). W. F. Knippenberg, *Philips Research Reports* **18**, 161 (1963). Uma discussão posterior é apresentada por A. Rabenou, "Chemical Problems in Semiconductor Research", *Endeavour* **26**, 158 (1966)

18.30. Cristais iônicos[29]

A ligação na maioria dos cristais inorgânicos é predominantemente de caráter iônico. Portanto, como as forças coulombianas não são direcionais, as dimensões dos íons têm um papel importante na determinação da estrutura final. Diversas tentativas têm sido feitas para calcular um conjunto consistente de raios iônicos, a partir dos quais as dis-

[28]F. C. Frank, *Discussions Faraday Soc.* **5**, 48 (1949)

[29]Quem ainda não examinou a variedade de estruturas cristalinas inorgânicas deveria ler com atenção o trabalho-padrão de A. F. Wells, *Structural Inorganic Chemistry*, 3.ª edição (New York: Oxford University Press, 1961)

tâncias internucleares em cristais iônicos poderiam ser estimadas. A primeira tabela apresentada por V. M. Goldschmidt em 1926 foi modificada por Pauling. Esses raios são apresentados na Tab. 18.6.

Tabela 18.6 Raios iônicos cristalinos* (em nm)

Li^+	0,060	Na^+	0,095	K^+	0,133	Rb^+	0,148	Cs^+	0,169
Be^{2+}	0,031	Mg^{2+}	0,065	Ca^{2+}	0,099	Sr^{2+}	0,113	Ba^{2+}	0,135
B^{3+}	0,020	Al^{3+}	0,050	Sc^{3+}	0,081	Y^{3+}	0,093	La^{3+}	0,115
C^{4+}	0,015	Si^{4+}	0,041	Ti^{4+}	0,068	Zr^{4+}	0,080	Ce^{4+}	0,101
O^{2-}	0,140	S^{2-}	0,184	Cr^{6+}	0,052	Mo^{6+}	0,062		
F^-	0,136	Cl^-	0,181	Cu^+	0,096	Ag^+	0,126	Au^+	0,137
				Zn^{2+}	0,074	Cd^{2+}	0,097	Hg^{2+}	0,110
				Se^{2-}	0,198	Te^{2-}	0,221	Tl^{3+}	0,095
				Br^-	0,195	I^-	0,216		

*De L. Pauling, *The Nature of the Chemical Bond*, 3.ª edição (Ithaca: Cornell University Press, 1960), p. 514

Primeiramente, vamos considerar os cristais iônicos como tendo a fórmula geral *CA*. Eles podem ser classificados de acordo com o *número de coordenação* dos íons – isto é, o número de íons de carga oposta circundando um dado íon. A estrutura do CsCl, mostrada na Fig. 18.42(a), tem uma coordenação óctupla. A estrutura do NaCl [Fig. 18.42(b)] tem uma coordenação sêxtupla. Embora a blenda [Fig. 18.42(c)] seja propriamente covalente, existem alguns poucos cristais iônicos, por exemplo, BeO, com sua estrutura, a qual possui coordenação quádrupla. O número de coordenação de uma estrutura é determinado primariamente pelo número de íons maiores, geralmente os ânions, que podem ser empacotados ao redor do íon menor, geralmente o cátion. Ele deveria depender por conseguinte da *razão dos raios* do cátion para o ânion, r_C/r_A. Uma razão de raios crítica é obtida quando os ânions empacotados ao redor do cátion estão em contacto quer com o cátion quer uns com os outros.

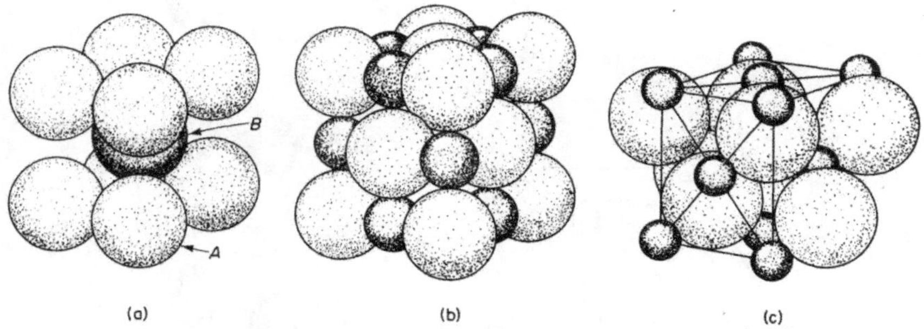

Figura 18.42 Três importantes estruturas cristalinas do tipo *CA* [segundo R. W. G. Wyckoff, *Crystal Structures* (New York: John Wiley & Sons, Inc., 1963)]. (a) Um desenho em perspectiva dos íons associados a um cubo unitário da estrutura de cloreto de césio. Esta estrutura é baseada num reticulado cúbico simples, no qual cada ponto do reticulado está associado a uma unidade do CsCl, por exemplo, Cl^- a (0,0,0) e Cs^+ a (1/2, 1/2, 1/2). (b) Um desenho em perspectiva do cubo unitário da estrutura do cloreto de sódio. As esferas maiores são os íons Cl^- e as menores, os íons Na^+. Este desenho pode ser comparado à Fig. 18.14. (c) Um desenho em perspectiva mostrando como Be^{2+} (esferas menores) e O^{2-} (esferas maiores) estariam empacotadas juntas em sua estrutura cristalina com coordenação quádrupla. Esta é a mesma estrutura da de blenda de zinco (ZnS), onde, todavia, a ligação é primariamente covalente e os átomos apresentariam, portanto, aproximadamente o mesmo tamanho. Esta estrutura ainda é semelhante à do diamante mostrado na Fig. 18.23

As estruturas dos cristais iônicos CA_2 são governadas pelos mesmos princípios de coordenação. Três estruturas comuns são apresentadas na Fig. 18.43. Na fluorita, cada Ca^{2+} é circundado por oito íons F^- nos vértices de um cubo e cada F^- é circundado por quatro Ca^{2+} nos vértices de um tetraedro. Este é um exemplo de uma coordenação 8:4. A estrutura da cassiterita serve de exemplo de uma coordenação 6:3. A estrutura do iodeto de cádmio ilustra o resultado de um afastamento da ligação iônica típica. O íon iodeto é facilmente polarizado e podemos distinguir grupos definidos de CdI_2 formando um arranjo em forma de camadas.

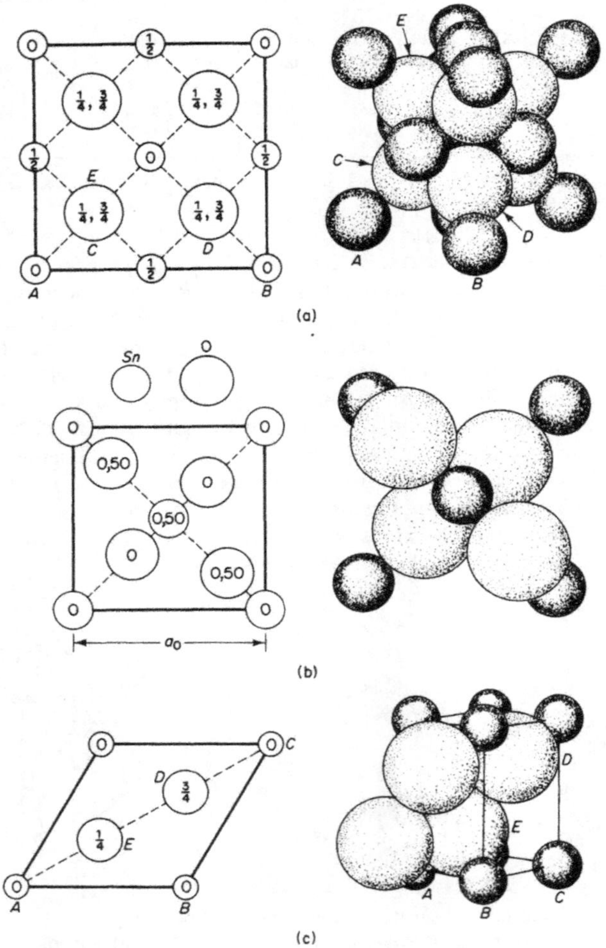

Figura 18.43 Três importantes estruturas cristalinas CA_2 [segundo R. W. G. Wyckoff, *Crystal Structures*, 2.ª edição, Vol. 1 (New York: John Wiley & Sons, Inc., 1963)]. (a) A estrutura da fluorita, CaF_2, é mostrada em desenho de perspectiva e projetada no plano basal 100. As esferas menores escuras são os íons Ca^{2+}. (b) A estrutura da cassiterita, SnO_2, também a do rutilo, TiO_2, e de outros óxidos de metais tetravalentes. As esferas menores escuras são os íons metálicos. A projeção é feita no plano 100 da célula unitária tetragonal. (c) A estrutura do iodeto de cádmio, CdI_2. As esferas maiores representam os íons iodeto, mas, em virtude da natureza parcialmente covalente da ligação, os tamanhos relativos de Cd e I não são realmente tão diferentes como o são nesse modelo puramente iônico. A projeção é feita sobre a base da célula unitária hexagonal

18.31. Energia de coesão em cristais iônicos

A Eq. (15.1) era uma expressão para a energia de interação de um par de íons, dado como a soma de uma atração eletrostática e uma repulsão de curto alcance. A energia de um cristal composto de um arranjo regular de íons positivos e negativos pode ser calculada somando-se a energia de interação para todos os pares de íons do arranjo. Para simplificar a discussão, consideraremos apenas os cristais constituídos de dois tipos de íons, com números de carga z_i e z_j. A energia de formação do cristal proveniente de íons gasosos a uma separação infinita é chamada de energia cristalina, ΔU_c. Pode ser calculada somando-se a Eq. (15.1) para todos os pares de íons no cristal,

$$\Delta U_c = \sum_{\substack{\text{todos os}\\ \text{pares de íons}}} \frac{Q_i Q_j}{4\pi\varepsilon_0 r_{ij}} + b \sum_{\substack{\text{todos os}\\ \text{pares de íons}}} \exp(-cr_{ij}) \tag{18.26}$$

Numa soma dupla estendida a i e a j, cada par seria contado duas vezes: uma, como (i, j) e outra, como (j, i). Portanto, a Eq. (18.26) se torna

$$\Delta U_c = \frac{1}{2} \sum_{i,j}{}' \frac{Q_i Q_j}{4\pi\epsilon_0 r_{ij}} + \frac{1}{2} b \sum_{i,j}{}' \exp(-cr_{ij}), \tag{18.27}$$

onde Σ' significa que os casos $i = j$ são excluídos da soma dupla. O símbolo r_{ij} denota a distância do íon i até o íon j.

O primeiro somatório pode ser visualizado fixando-se sobre um íon i da estrutura e somando-se as energias coulombianas de suas interações com todos os outros íons. Deve-se levar em conta as atrações entre este íon e os íons de carga oposta coordenados ao redor dele, as repulsões entre este íon e íons de igual sinal a distâncias um tanto maiores, a seguir as atrações com íons diferentes uma vez distantes etc. Portanto, para cada íon, a interação eletrostática será a soma de termos alternadamente positivos e negativos, e diminuindo em grandeza de acordo com a lei r_{ij}^{-1}. Para uma dada estrutura, este somatório equivale a relacionar todas as diferentes distâncias interiônicas à distância r_0, a menor distância entre íons de cargas opostas (estritamente falando, medida a 0 K).

Somas deste tipo foram calculadas pela primeira vez por E. Madelung em 1918. Quando o somatório é efetuado, o primeiro termo na Eq. (18.27) pode ser escrito como

$$U_M = \frac{1}{2} e^2 \sum_{i,j}{}' \frac{z_i z_j}{4\pi\epsilon_0 r_{ij}} = -\frac{L\mathscr{M}' z_i z_j e^2}{r_0} \tag{18.28}$$

onde U_M é chamado *energia de Madelung* e $\mathscr{M}'$ é uma quantidade adimensional denominada *constante de Madelung*. A energia potencial eletrostática de um íon univalente isolado, localizado numa estrutura cristalina particular, seria $-\mathscr{M}'e^2/r$ e a energia correspondente, para 1 mol do cristal iônico, é dada pela Eq. (18.28).

As constantes de Madelung na literatura são quase sempre tabeladas em termos de uma equação um tanto diferente para U_M,

$$U_M = -\frac{L\mathscr{M} z^2 e^2}{r_0}, \tag{18.29}$$

onde z é o máximo fator comum das cargas dos dois íons. Por exemplo, $z = 1$ para NaCl, CaF_2, Al_2O_3; $z = 2$ para ZnS, TiO_2; $z = 3$ para AlN etc. A Tab. 18.7 apresenta valores das constantes de Madelung $\mathscr{M}$ para algumas estruturas cristalinas importantes[30] Em termos da Eq. (18.29), a energia cristalina a partir da Eq. (18.27) se torna

$$\Delta U_c = -L\mathscr{M}\frac{e^2}{r} + A \exp\left(-\frac{r}{\rho}\right) \tag{18.30}$$

[30] Uma boa descrição dos métodos de tratar essas somas reticulares é dada por C. Kittel em *Introduction to Solid State Physics* (New York: John Wiley & Sons, Inc., 1966), p. 91

Tabela 18.7 Constantes de Madelung baseadas em r_0, a distância cátion-ânion mais próxima*

Estrutura cristalina tipo	Constante de Madelung $\mathcal{M}$*
Sal-gema (AB)	1,74756
Cloreto de césio (AB)	1,76267
Blenda de zinco (AB)	1,63805
Wurtzita (AB)	1,64132
Fluorita (AB_2)	5,03878
Rutilo (AB_2)	4,7701
Cuprita (A_2B)	4,44248
Coríndon (A_2B_3)	25,0312

*Notar que $\mathcal{M}$ é um número adimensional. Este $\mathcal{M}$ é definido para usar na Eq. (18.29)

onde A e ρ são constantes relacionadas com aquelas da lei de repulsão. Podemos eliminar uma dessas constantes por meio de uma condição de equilíbrio e calcular a outra a partir da compressibilidade do cristal. Esse cálculo é lícito pois a compressibilidade é determinada principalmente pelas forças de repulsão entre os íons.

A energia cristalina deve ser um mínimo à medida que r varia, de forma que $(\partial \Delta U_c/\partial r)_T = 0$. Portanto, da Eq. (18.30),

$$\left(\frac{\partial \Delta U_c}{\partial r}\right)_T = \frac{L\mathcal{M}e^2}{r^2} - \frac{A\exp(-r/\rho)}{\rho} = 0$$

$$A = \frac{\rho L\mathcal{M}e^2}{r^2}\exp\left(\frac{r}{\rho}\right)$$

$$\Delta U_c = -L\mathcal{M}\frac{e^2}{r}\left(1 - \frac{\rho}{r}\right) \tag{18.31}$$

A compressibilidade β do cristal está relacionada com ΔU_c e o volume por mol V_m por

$$\frac{1}{\beta} = V_m\left(\frac{\partial^2 \Delta U_c}{\partial V^2}\right)_T$$

O volume $V_m = L\varphi r^3$, onde φ é um fator que pode ser calculado a partir da estrutura do cristal. Então, a constante ρ na Eq. (18.31) pode ser calculada através de medidas de compressibilidade.

18.32. O ciclo de Born-Haber

As energias de cristal calculadas através da Eq. (18.31) podem ser comparadas aos valores experimentais obtidos de dados termoquímicos por meio do *ciclo de Born-Haber*. Consideraremos o NaCl como um exemplo típico.

$$\begin{array}{ccccc} Na^+(g) & + & Cl^-(g) & \xrightarrow{-\Delta U_c} & NaCl(c) \\ -e\uparrow I & & +e\uparrow -A & & \downarrow -\Delta H_f \\ Na(g) & + & Cl(g) & \xleftarrow{\Delta H_s + \frac{1}{2}D_0} & Na(c) + \frac{1}{2}Cl_2(g) \end{array}$$

As grandezas energéticas deste ciclo são definidas como se segue, todas por mol:

ΔU_c = energia cristalina
ΔH_f = entalpia padrão de formação de NaCl (c)
ΔH_s = entalpia de sublimação do Na (c)
D_0 = energia de dissociação do Cl_2 (g), em átomos
I = potencial de ionização do Na
A = afinidade eletrônica do Cl

Para o ciclo, pela primeira lei da termodinâmica,

$$\oint dU = 0 = -\Delta U_c - \Delta H_f + \Delta H_s + \tfrac{1}{2}D_0 + I - A$$

ou

$$\Delta U_c = -\Delta H_f + \Delta H_s + \tfrac{1}{2}D_0 + I - A \qquad (18.32)$$

Todas as grandezas do segundo membro desta equação podem ser obtidas, pelo menos para os cristais dos haletos alcalinos. Os valores obtidos, da Eq. (18.32), para as energias cristalinas podem, portanto, ser comparados com os calculados a partir da Eq. (18.31). Os potenciais de ionização I são obtidos de espectros atômicos e as energias de dissociação D_0 podem ser determinadas, precisamente, de espectros moleculares. Novos métodos espectroscópicos de medida propiciaram valores precisos para as afinidades eletrônicas[31].

A Tab. 18.8 fornece um resumo de dados para vários cristais. Quando uma energia cristalina calculada se afasta consideravelmente do valor obtido por meio do ciclo de Born-Haber, o fato indica a existência de elevadas contribuições não-iônicas para a energia de coesão do cristal.

Tabela 18.8 Dados para ilustrar o ciclo de Born-Haber*

Cristal	$-\Delta H_f$	I	ΔH_s	D_0	A	ΔU_c [Eq. (18.32)]	ΔU_c [Eq. (18.31)]
NaCl	414	490	109	226	347	779	795
NaBr	377	490	109	192	318	754	757
NaI	322	490	109	142	297	695	715
KCl	435	414	88	226	347	674	724
KBr	406	414	88	192	318	686	695
KI	356	414	88	142	297	632	665
RbCl	439	397	84	226	347	686	695
RbBr	414	397	84	192	318	673	673
RbI	364	397	84	142	297	619	644

*Os vários termos de energia na Eq. (18.32) são dados em quilojoule por mol e a energia do cristal experimental ΔU_c é computada e comparada com o valor teórico dado pela Eq. (18.31)

Embora a teoria da energia de coesão dos cristais iônicos seja satisfatória, não é suficientemente boa para prever corretamente a estrutura cristalina, que uma substância apresentará em seu estado mais estável. As diferenças de energia entre as possíveis estruturas geralmente são pequenas, da ordem de 40 kJ ou menos, e cálculos teóricos baseados em íons, como esferas rígidas, não são suficientemente precisos para indicar com certeza a estrutura mais provável. Por exemplo, a energia de Madelung do NaCl, supondo uma estrutura do tipo da CsCl, seria apenas 10 kJ mais alta que a da estrutura real, supondo que a mesma distância interiônica seja mantida. Portanto, existe a necessidade de cálculos mais refinados das energias cristalinas, incluindo termos devidos à polarização mútua

[31]Ver, por exemplo, R. S. Berry e C. W. Reimann, *J. Chem. Phys.* **38**, 1 540 (1963)

dos íons, termos de dispersão dipolo-quadripolo e quadripolo-quadripolo, e um melhor tratamento das forças repulsivas.

18.33. Termodinâmica estatística dos cristais — Modelo de Einstein

A partir de uma função de partição precisa para um cristal, poderíamos calcular todas as suas propriedades termodinâmicas usando as fórmulas gerais do Cap. 5.

Para 1 mol (L átomos) de um cristal monoatômico, existem $3L$ graus de liberdade. Para finalidades práticas, consideramos $3L$ graus de liberdade vibracionais, pois $3L-6$ é muito próximo de $3L$. A determinação precisa dos $3L$ modos de vibração normais para tal sistema seria uma tarefa impossível e é uma sorte que aproximações bastante simples forneçam bons resultados.

Antes de mais nada, suponhamos que as $3L$ vibrações provenham de osciladores independentes, e que estes sejam osciladores harmônicos, o que é uma aproximação suficientemente boa a baixas temperaturas, quando as amplitudes são pequenas. O modelo proposto por Einstein em 1906 atribuiu a mesma freqüência ν a todos os osciladores.

A função de partição cristalina de acordo com o modelo de Einstein a partir da Eq. (14.28), é

$$Z = e^{-3Lh\nu/2kT}(1 - e^{-h\nu/kT})^{-3L} \tag{18.33}$$

Segue-se imediatamente que

$$U - U_0 = 3Lh\nu(e^{h\nu/kT} - 1)^{-1} \tag{18.34}$$

$$S = 3Lk\left[\frac{h\nu/kT}{e^{h\nu/kT} - 1} - \ln(1 - e^{-h\nu/kT})\right] \tag{18.35}$$

$$G - U_0 = 3LkT\ln(1 - e^{-h\nu/kT}) \tag{18.36}$$

$$C_V = 3Lk\left(\frac{h\nu}{2kT}\operatorname{cosech}\frac{h\nu}{2kT}\right)^2 \tag{18.37}$$

A variação prevista de C_V com a temperatura é particularmente interessante. Lembremos que Dulong e Petit, em 1819, observaram que as capacidades caloríficas molares dos elementos sólidos, especialmente dos metais, estavam geralmente por volta de $3R \simeq 25\ \mathrm{J\cdot K^{-1}}$. Medidas posteriores mostraram que este número era meramente um valor-limite para altas temperaturas, aproximado por diferentes elementos a temperaturas diferentes. Se expandirmos a expressão da Eq. (18.37) e simplificarmos um pouco[32], obteremos

$$C_V = \frac{3R}{1 + \frac{1}{12}(h\nu/kT)^2 + \frac{1}{360}(h\nu/kT)^4 + \cdots}$$

Quando T é grande, esta expressão se reduz a $C_V = 3R$. Na região de baixos valores de T, a curva da Fig. 18.44 é aproximadamente seguida, sendo a capacidade calorífica uma função universal de (ν/T). A freqüência ν pode ser determinada a partir de um ponto experimental a baixas temperaturas, e então a curva da capacidade calorífica inteira pode ser desenhada para a substância. A concordância com os dados experimentais é boa. É claro que, quanto mais alta a freqüência fundamental de vibração ν, maior é o quantum de energia vibracional e mais alta a temperatura no qual C_V atinge o valor clássico de $3R$. Por exemplo, a freqüência para o diamante é $2{,}78 \times 10^{13}\ \mathrm{s^{-1}}$, mas para o chumbo é apenas $0{,}19 \times 10^{13}\ \mathrm{s^{-1}}$, de modo que o C_V para o diamante é apenas de cerca

[32]Recordando que $\operatorname{cosech} x = 2/(e^x - e^{-x})$ e $e^x = 1 + x + (x^2/2!) + (x^3/3!) + \cdots$

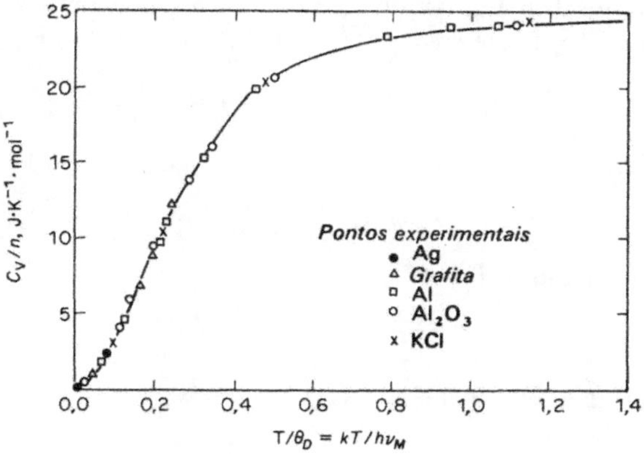

Figura 18.44 A capacidade calorífica de sólidos em função da temperatura. A capacidade calorífica molar está dividida por *n*, o número de átomos por mol, e a temperatura está dividida pela temperatura de Debye para o sólido. Todos os valores de capacidade calorífica então estão situados muito próximos de uma curva comum, ilustrando a validade da análise de Debye relativa ao problema da capacidade calorífica. A curva contínua é a calculada de acordo com a teoria de Debye. O modelo de Einstein não é tão bom quanto ao de Debye, especialmente a temperaturas mais baixas

de 5,4 J · K^{-1} mol^{-1} a temperatura ambiente, mas o C_V para o chumbo é 25,0. Os elementos que seguem a lei de Dulong e Petit, a temperatura ambiente, são os que apresentam freqüências de vibração relativamente baixas.

18.34. O modelo de Debye

Em vez de uma única freqüência fundamental, teríamos um modelo melhor se considerássemos um espectro de freqüências de vibração para o cristal. O problema estatístico, então, se torna um pouco mais complicado. Uma possibilidade é admitir que as freqüências estejam distribuídas de acordo com a mesma lei dada na Sec. 13.5 para a distribuição de freqüências na radiação do corpo negro. Este problema foi resolvido por P. Debye.

Em vez de usar a Eq. (18.34), devemos obter a energia tomando a média para todas as freqüências de vibração possíveis ν do sólido, de 0 a ν_M, a freqüência máxima. Isso fornece

$$U - U_0 = \sum_{i=0}^{M} \frac{h\nu_i}{e^{h\nu_i/kT} - 1} \tag{18.38}$$

Como as freqüências formam um contínuo virtual, o somatório poderá ser substituído por uma integral se usarmos a função de distribuição para freqüências encontrada na Eq. (13.28) (multiplicada por 3, pois temos duas vibrações mecânicas transversais e uma longitudinal, em vez de duas oscilações transversais do caso da radiação). Portanto,

$$dN = f(\nu)\, d\nu = 12\pi \frac{V}{c^3} \nu^2\, d\nu, \tag{18.39}$$

onde c é agora a velocidade das ondas elásticas no cristal. Então, a Eq. (18.38) torna-se

$$U - U_0 = \int_0^{\nu_M} \frac{h\nu}{e^{h\nu/kT} - 1} f(\nu)\, d\nu \tag{18.40}$$

Antes de se substituir a Eq. (18.39) na Eq. (18.40), eliminamos c por meio da Eq. (13.28), pois, quando $N = 3L$, $\nu = \nu_M$ para cada direção de vibração, de forma que

$$3L = \frac{4\pi}{c^3} V \nu_M^3, \qquad c^3 = \frac{4\pi}{3L} V \nu_M^3, \qquad f(\nu) = \frac{9L}{\nu_M^3} \nu^2 \, d\nu \tag{18.41}$$

Portanto, a Eq. (18.40) se torna

$$U - U_0 = \frac{9Lh}{\nu_M^3} \int_0^{\nu_M} \frac{\nu^3 \, d\nu}{e^{h\nu/kT} - 1} \tag{18.42}$$

Diferenciando com relação a T,

$$C_V = \frac{9Lh^2}{kT^2 \nu_M^3} \int_0^{\nu_M} \frac{\nu^4 e^{h\nu/kT} \, d\nu}{(e^{h\nu/kT} - 1)^2} \tag{18.43}$$

Façamos $x = h\nu/kT$, com o que a Eq. (18.43) se torna

$$C_V = 3Lk\left(\frac{kT}{h\nu_M}\right)^3 \int_0^{h\nu_M/kT} \frac{e^x x^4 \, dx}{(e^x - 1)^2} \tag{18.44}$$

A teoria de Debye prevê que a capacidade calorífica de um sólido em função da temperatura deveria depender apenas da freqüência característica ν_M. Se as capacidades caloríficas de diferentes sólidos forem postas em gráfico em função de $kT/h\nu_M$, elas deveriam cair sobre uma única curva. Um tal gráfico é mostrado na Fig. 18.44 e a confirmação da teoria parece ser boa. Debye definiu uma *temperatura característica*, $\Theta_D = h\nu_M/k$, e algumas dessas temperaturas características são apresentadas na Tab. 18.9 para vários sólidos.

Tabela 18.9 Temperaturas características de Debye (em K)

Substância	Θ_D	Substância	Θ_D	Substância	Θ_D
Na	159	Be	1 000	Al	398
K	100	Mg	290	Ti	350
Cu	315	Ca	230	Pb	88
Ag	215	Zn	235	Pt	225
Au	180	Hg	96	Fe	420
KCl	227	AgCl	183	CaF_2	474
NaCl	281	AgBr	144	FeS_2	645

A aplicação da Eq. (18.44) para os casos-limites de temperaturas altas e muito baixas é de considerável interesse. Quando a temperatura se torna elevada, $e^{h\nu/kT}$ se torna pequeno e a equação pode ser imediatamente simplificada a $C_V = 3R$, a expressão de Dulong e Petit. Quando a temperatura se torna baixa, a integral pode ser desenvolvida numa série de potências para mostrar que

$$C_V = aT^3,$$

onde a é uma constante. Esta lei de T^3 é válida para temperaturas abaixo de 30 K e é de grande utilidade na extrapolação de dados de capacidades caloríficas para o zero absoluto em relação aos estudos baseados na terceira lei da termodinâmica (Sec. 3.23).

Uma determinação experimental direta da distribuição das freqüências de vibração num sólido é agora possível por meio de medidas de espalhamento de nêutrons lentos por um cristal único. A Fig. 18.45 mostra um exemplo de tal determinação para o vanádio feito por Zemlyanov e colaboradores. Por esses resultados, parece que a função de distribuição usada na teoria de Debye para capacidades caloríficas é apenas uma aproximação grosseira da realidade. Todo o assunto dos espectros de vibração de sólidos, sua

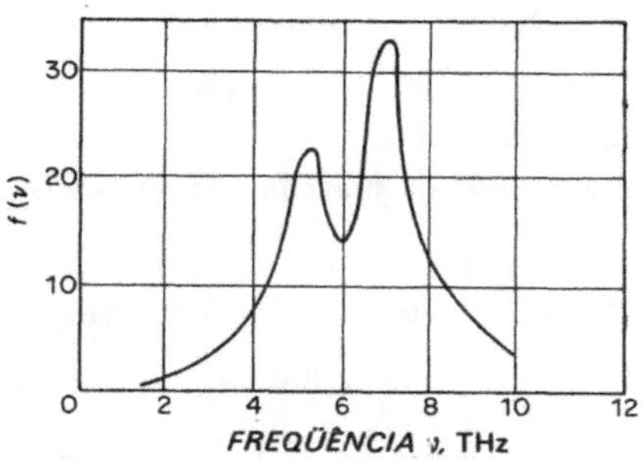

Figura 18.45 A medida de $f(\nu)$ para vanádio por meio de espalhamento de nêutrons não-coerente. A freqüência é dada em terahertz (Hz × 10^{12}) e $f(\nu)$, em unidades arbitrárias [segundo P. A. Egelstaff, *Thermal Neutron Scattering* (New York: Academic Press, 1965)]

interpretação em termos de forças interatômicas e suas conseqüências em várias propriedades termodinâmicas estão tendo um desenvolvimento bastante intenso.

PROBLEMAS

1. Mostrar por meio de desenhos as direções [111], [100], [110] e [122] em uma célula unitária cúbica.

2. Os reticulados de Bravais tetragonais possíveis são *P* primitivo e *I* de corpo centrado. Mostrar claramente que o *C* de extremidade centrada não é um tipo distinto.

3. Qual o plano de empacotamento mais denso nas estruturas (a) cfc (b) ccc? Qual a relação entre o comprimento do cubo, a_0, e a distância internuclear mais próxima nessas estruturas?

4. Mostrar que o reticulado cfc pode também ser representado por um reticulado romboédrico. Calcular o ângulo romboédrico α. Se uma posição geral no reticulado cfc é (uvw), quais seriam suas coordenadas com referência ao retículo romboédrico?

5. O fluoreto de cálcio é cúbico de face centrada com quatro grupos CaF_2 por célula unitária. A reflexão (111) com raios X de comprimento de onda 0,1542 nm tem $\theta = 14{,}18°$, sen $\theta = 0{,}245$, cos $\theta = 0{,}970$. (a) Calcular o comprimento da aresta da célula unitária. (b) Calcular a densidade do cristal.

6. O tetraborano é monoclínico com $a = 0{,}868$, $b = 1{,}014$, $c = 0{,}578$ nm, $\beta = 105{,}9°$, sen $\beta = 0{,}962$, cos $\beta = -0{,}274$. Desenhar um diagrama mostrando os eixos *a* e *c* e a orientação dos planos 101. Calcular o espaçamento interplanar para 101 baseado no diagrama traçado.

7. A estrutura cristalina do $(CH_3)_2SO_2$ ($M = 94{,}13$) é ortorrômbica com $a = 0{,}736$, $b = 0{,}804$ e $c = 0{,}734$ nm. Existem quatro moléculas na célula unitária. Calcular a densidade do cristal.

8. Para cada um dos seguintes símbolos de Schoenflies (a) para grupos puntuais, associar o símbolo correto entre os seguintes símbolos de Hermann-Mauguin (b),

(a) $\mathbf{C_{3v}}$, $\mathbf{D_{2d}}$, **T**, $\mathbf{O_h}$, $\mathbf{D_4}$, $\mathbf{D_{4d}}$, $\mathbf{S_4}$
(b) **23**, $\bar{4}$, *m*3*m*, $\bar{8}2m$, **422**, $\bar{4}2m$, 3*m*

9. O óxido de magnésio ($M = 40{,}30$) é cúbico e tem uma densidade de $3{,}620\ g \cdot cm^{-3}$. Um diagrama de difração de raios X do pó de MgO possui linhas nos valores de sen $\theta = 0{,}399$, 0,461, 0,652, 0,764, 0,798 e 0,922. Rotular a figura e determinar o tipo de estrutura cúbica. Calcular o comprimento de onda dos raios X usados. Admitir que o número de unidades de MgO por célula unitária é o menor consistente com o tipo de estrutura.

10. A tridimita, forma do SiO_2 em elevadas temperaturas, é hexagonal com $a = 0{,}503$ nm e $c = 0{,}822$ nm. O grupo espacial é *P*6/*mmc* e existem 4 unidades de SiO_2

por célula unitária. Os átomos de Si ocupam posições com simetria C_{3v}:

$$\tfrac{1}{3}, \tfrac{2}{3}, z; \quad \tfrac{2}{3}, \tfrac{1}{3}, \bar{z}; \quad \tfrac{2}{3}, \tfrac{1}{3}, \tfrac{1}{2} + z; \quad \tfrac{1}{3}, \tfrac{2}{3}, \tfrac{1}{2} - z$$

com $z = 0{,}44$.
Os átomos de oxigênio ocupam posições com simetria $D_{3h} - \bar{6}m2$:

$$\tfrac{1}{3}, \tfrac{2}{3}, \bar{\tfrac{1}{4}}; \quad \tfrac{2}{3}, \tfrac{1}{3}, \tfrac{3}{4}$$

Os outros seis oxigênios estão em posições de simetria $C_{2h} - 2/m$:

$$\tfrac{1}{2}, 0, 0; \quad 0, \tfrac{1}{2}, 0; \quad \tfrac{1}{2}, \tfrac{1}{2}, 0; \quad \tfrac{1}{2}, 0, \tfrac{1}{2}; \quad 0, \tfrac{1}{2}, \tfrac{1}{2}; \quad \tfrac{1}{2}, \tfrac{1}{2}, \tfrac{1}{2}$$

(a) Calcular a densidade da tridimita.
(b) Desenhar a projeção desta estrutura sobre o plano *ab*, mostrando todos os átomos em pelo menos uma célula unitária.
(c) Calcular a distância de um átomo de silício a cada um dos dois tipos de oxigênio ligados a ele.
(d) Quais as dimensões do reticulado recíproco desta estrutura?

11. A estrutura do tipo da blenda do ZnS é cúbica com Zn em 0, 0, 0; 1/2, 1/2, 0; 1/2, 0, 1/2; 1/2, 1/2, 0; e S em 1/4, 1/4, 1/4; 1/4, 3/4, 3/4; 3/4, 1/4, 3/4; 3/4, 3/4, 1/4. Calcular o fator de estrutura do menor ângulo de "reflexão" de um cristal de ZnS. Os fatores de espalhamento atômico são $f(\text{Zn}) = 24{,}7$ e $f(\text{S}) = 12{,}3$. O menor ângulo de reflexão é observado em $\theta = 14{,}3°$ quando o comprimento de onda dos raios X é 0,1542 nm. Calcular a dimensão a_0 da célula unitária.

12. Na estrutura do CaF_2, os íons de Ca^{2+} estão em 0, 0, 0; 1/2, 1/2, 0; 1/2, 0, 1/2; e 0, 1/2, 1/2; e os íons de F^- estão em 1/4, 1/4, 1/4; 3/4, 3/4, 1/4; 3/4, 1/4, 3/4; 1/4, 3/4, 3/4; 3/4, 3/4, 3/4; 1/4, 1/4, 3/4; 1/4, 3/4, 1/4; e 3/4, 1/4, 1/4. Escrever o fator de estrutura para 311 em termos dos fatores de espalhamento atômico. Reduzir a fórmula aos termos mais simples. Isto é, em $F(311) = Cf(\text{Ca}^{2+}) + Df(\text{F}^-)$, calcular os números C e D (reais ou complexos).

13. A estrutura do diamante é cúbica de face centrada, com átomos em 0, 0, 0; 1/2, 1/2, 0; 1/2, 0, 1/2; 0, 1/2, 1/2; 1/4, 1/4, 1/4; 3/4, 3/4, 1/4; 3/4, 1/4, 3/4; 1/4, 3/4, 3/4. O comprimento da aresta da célula unitária é 0,3570 nm. Calcular o comprimento da ligação carbono-carbono no diamante.

14. Mostrar que o volume vazio para estruturas de esferas com empacotamento mais denso é 25,9% tanto no cde como no hde. Para esferas de raio 0,100 nm, calcular o a_0 para cde, e a_0 e c_0 para hde.

15. Mostrar graficamente que eixos de simetria quíntuplos são inconsistentes com simetria translacional e portanto não podem ser elementos de um grupo espacial.

16. Uma estrutura cúbica de face centrada apresentou a seguinte figura do método do pó com raios X de comprimento de onda 0,1542 nm:

h k l	$\text{sen}^2\,\theta$
1 1 1	0,0526
2 0 0	0,0701
2 2 0	0,1402
3 1 1	0,1928
2 2 2	0,2104

(a) Deduzir uma fórmula geral para $\text{sen}^2\,\theta$ de uma substância cúbica em termos do comprimento de onda, da dimensão da célula unitária e dos índices de Miller.
(b) Calcular o espaçamento interplanar para cada uma das linhas precedentes.
(c) A partir de cada uma dessas linhas, determinar o valor do comprimento da aresta da célula unitária.

17. Supor que um cristal de NaCl tem uma concentração de 10^{-3} fração atômica de (a) defeitos de Schottky, (b) defeitos de Frenkel. Se o $a_0 = 0{,}5629$ nm a 25 °C, como num cristal perfeito, calcular as densidades do cristal em (a) e (b).

18. Qual a concentração aproximada de vazios num cristal de prata no seu ponto de fusão 1 234 K se a energia de formação de um vazio for igual à metade do calor latente de sublimação ΔH_s? Pode-se fazer uma estimativa justificada de ΔH_s.

19. Admitir que exista um elétron de condução por átomo num cristal de ouro e que os níveis de energia disponíveis para os elétrons sejam os de uma caixa cúbica dados na Eq. (13.67). Mostrar que o número de elétrons por unidade de volume numa faixa de energia de E a $E + dE$ é dado pela função densidade de estados.

$$N(E)\,dE = \frac{\pi}{2}\left(\frac{8m}{h^2}\right)^{3/2} E^{1/2}\,dE$$

Daí, calcular o nível máximo de energia ocupado pelo elétron num cristal a 0 K.

20. Calcular as distâncias Ni—Ni mais próximas em NiO e Ni a 25 °C, dado que o NiO cristaliza com uma estrutura do NaCl (uma aproximação) e com $a_0 = 0{,}4180$ nm e o Ni numa estrutura cfc com $a_0 = 0{,}3517$ nm. Comentar o resultado encontrado.

21. O difratograma de pó de Debye-Scherrer de um cristal cúbico com raios X de $\lambda = 0{,}1539$ nm apresentou linhas nos seguintes ângulos de espalhamento:

N.° da linha	1	2	3	4	5	6	7	8	9
θ (graus)	13,70	15,89	22,75	26,91	28,25	33,15	37,00	37,60	41,95
Intensidade	w	vs	s	vw	m	w	w	m	m

onde w é *fraco*, s é *forte*, m é *médio* e v é *muito*. (a) Rotular essas linhas. (b) Calcular a_0 para o cristal. (c) Identificar o cristal. (d) Explicar as intensidades relativas das linhas 4 e 5 por meio do fator de estrutura.

22. O cloreto de césio apresenta um comprimento de célula unitária $a_0 = 0{,}411$ nm e uma energia cristalina de 636,8 J · mol^{-1}. Calcular a energia cristalina de TlCN que tem a estrutura do CsCl com $a_0 = 0{,}382$ nm. Admitir o mesmo valor para ρ, o parâmetro repulsivo na Eq. (18.31).

23. A temperatura característica de Debye para o cobre é $\Theta_D = 315$ K. Calcular a entropia do cobre a 25 °C, admitindo que $\alpha = 4{,}95 \times 10^{-5}$ K^{-1} e $\beta = 7{,}50 \times 10^{-7}$ atm^{-1}, ambos independentes de T.

24. Calcular a afinidade protônica do NH_3, através dos seguintes dados, isto é, ΔU para o $NH_3 + H^+ \rightarrow NH_4^+$. O NH_4F cristaliza na estrutura do tipo ZnO, cuja constante de Madelung é 1,6381 baseada em r_0, a menor distância cátion-ânion, 0,263 nm. A afinidade eletrônica de F é 350 kJ · mol^{-1}. O potencial de ionização do H é 1 305 kJ · · mol^{-1}. Os calores de formação são dados nas Tabs. 2.2 e 2.6. O calor de reação, $\frac{1}{2}N_2 + 2H_2 + \frac{1}{2}F_2 \longrightarrow NH_4F(c)$, é 469 kJ.

19

Forças intermoleculares e o estado líquido

Meu corpo flutuou sem peso através do espaço, a água tomou posse de minha pele, os claros contornos das criaturas marinhas pareciam quase provocativos e a economia de movimentos adquiria um significado moral. Gravidade — eu a vi num relance — foi o pecado original, cometido pelos primeiros seres vivos que deixaram o mar. A redenção viria somente quando tivéssemos retornado ao oceano, como já o fizeram os mamíferos marinhos.

J. Y. Cousteau
(1963)[1]

Os gases, pelo menos na aproximação ideal praticamente atingida em altas temperaturas e baixas densidades, são caracterizados por uma disposição completamente ao acaso na escala molecular. O cristal ideal, por outro lado, é o arranjo mais bem ordenado da natureza. Porque as situações extremas de caos perfeito e de ordem perfeita são ambas relativamente simples de serem tratadas matematicamente, as teorias dos gases e dos cristais avançaram com consideráveis velocidades. Os líquidos, contudo, representando uma situação de peculiar compromisso entre ordem e desordem, têm até aqui desafiado um tratamento teórico amplo.

Num gás ideal, as moléculas se movem independentemente umas das outras e as interações entre elas são desprezadas. A energia de um gás perfeito é simplesmente a soma das energias das moléculas individuais, suas energias internas mais as energias cinéticas de translação; não existe energia potencial intermolecular. É portanto possível escrever uma função de partição tal como a da Eq. (5.44), a partir da qual todas as propriedades de equilíbrio do gás são facilmente deduzidas. Num sólido cristalino, a energia cinética translacional é normalmente desprezível. As moléculas, átomos ou íons vibram em torno de posições de equilíbrio, às quais estão presas por forças intermoleculares, interatômicas ou interiônicas intensas. Neste caso, também, uma função de partição adequada, como a da Eq. (18.33), pode ser obtida. Num líquido, por outro lado, a situação é muito mais difícil de ser definida. As forças de coesão são suficientemente intensas para conduzir ao estado condensado, mas não suficientemente intensas que possam impedir uma considerável energia translacional das moléculas individuais. Os movimentos térmicos introduzem uma desordem no líquido sem destruir completamente a regularidade de sua estrutura. É, portanto, difícil estabelecer a função de partição para um líquido.

Às vezes é conveniente classificar os líquidos à semelhança dos cristais, sob um ponto de vista mais químico, de acordo com os tipos de forças de coesão que os mantêm unidos. Assim, existem os líquidos iônicos, tais como os sais fundidos, líquidos metálicos consistindo em íons e elétrons móveis, líquidos como a água mantidos unidos fundamentalmente por pontes de hidrogênio e finalmente líquidos moleculares nos quais a coesão é devida às forças de Van Der Waals entre moléculas essencialmente saturadas. Muitos

[1]De uma introdução a *Sensitive Chaos*, de T. Schwenk (Londres: Rudolf Steiner Press, 1965)

líquidos se incluem neste último grupo e, mesmo quando forças estão presentes, a contribuição de Van Der Waals pode ser grande. A natureza dessas forças será considerada mais tarde neste capítulo.

19.1. Desordem no estado líquido

Energeticamente, o cristal é uma estrutura mais favorável que o líquido para o qual ele funde. É necessário fornecer energia, o calor latente de fusão, para efetuar a fusão. A situação de equilíbrio, entretanto, é determinada pela diferença de entalpia livre, $\Delta G = \Delta H - T\Delta S$. Com o aumento da temperatura, maior se torna a desordem do líquido, e portanto maior a entropia, tornando finalmente o termo $T\Delta S$ grande o suficiente para superar o termo ΔH, de forma que o cristal funde quando a seguinte situação é atingida:

$$T(S_{\text{liq}} - S_{\text{cri}}) = H_{\text{liq}} - H_{\text{cri}}$$

É notável a precisão do ponto de fusão: não há uma graduação contínua de propriedades entre líquido e cristal. A transição brusca é devida aos rigorosos requisitos geométricos que devem ser preenchidos por uma estrutura cristalina. Não é possível introduzir pequenas regiões de desordem num cristal sem perturbar seriamente a estrutura dentro de uma grande extensão. Modelos bidimensionais dos estados líquido, gasoso e cristalino são ilustrados na Fig. 19.1. O modelo do líquido foi elaborado por J. D. Bernal, introduzindo em torno do átomo A cinco outros átomos, em vez de sua coordenação normal compacta de seis. Todo o esforço foi feito então para representar o restante dos círculos na disposição mais ordenada possível. O único ponto de coordenação anormal entre algumas centenas de átomos é suficiente para produzir uma desordem de longo alcance semelhante à do estado líquido. Quando os movimentos térmicos destroem a estrutura regular em uma região do cristal, a irregularidade se propaga rapidamente por todo o espécime; a desordem num cristal é contagiosa. Não pretendemos subentender que os cristais sejam idealmente perfeitos e admitir que não exista desordem de forma alguma. A extensão de desordem permitida é comumente limitada e, quando os limites são ultrapassados, ocorre a fusão.

19.2. Difração de raios X de estruturas líquidas

O estudo da difração de raios X de líquidos acompanhou o desenvolvimento do método de Debye e Scherrer para pós cristalinos. À medida que diminui o tamanho das partículas do pó, a largura das linhas na figura de raios X aumenta. Com partículas de diâmetro em torno de 10 nm, as linhas se tornam halos difusos, e, para dimensões ainda menores, os máximos de difração se confundem uns com os outros.

Se um líquido fosse completamente amorfo, isto é, sem qualquer regularidade de estrutura, deveria produzir um espalhamento contínuo de raios X sem máximos ou mínimos. Verificou-se não ser esse realmente o caso. Uma figura típica, obtida a partir do mercúrio líquido, é mostrada na Fig. 19.2 na forma de um registro microfotométrico

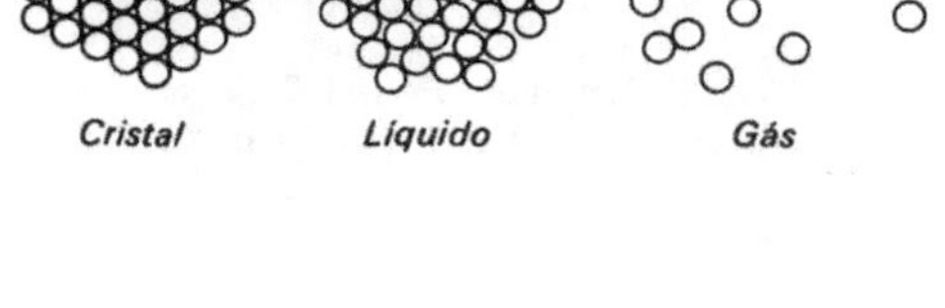

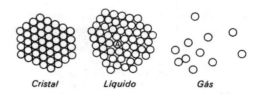

Figura 19.1 Modelos bidimensionais dos estados da matéria

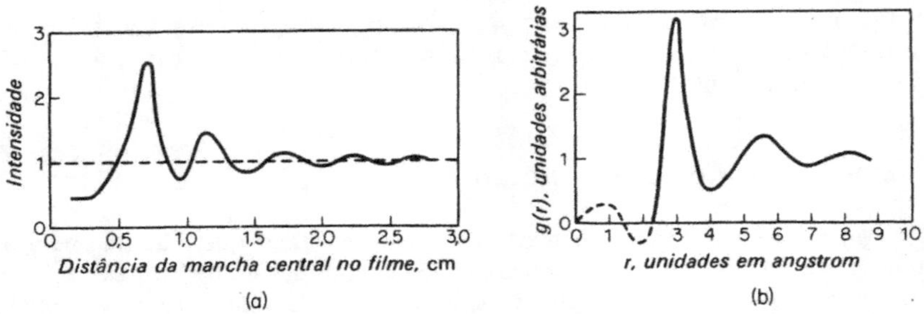

Figura 19.2 Difração de raios X de mercúrio líquido: (a) registro fotométrico do diagrama de difração; (b) função de distribuição radial para mercúrio líquido

da fotografia. Aparecem um, dois ou às vezes maior número de máximos de intensidade em posições que freqüentemente correspondem aproximadamente aos maiores espaçamentos interplanares que ocorrem nas estruturas cristalinas. É interessante constatar que um cristal, como o bismuto, que tem uma estrutura sólida peculiar um tanto frouxa, se transforma por fusão numa estrutura mais densamente empacotada. Convém lembrar que o bismuto e a água estão entre as poucas substâncias que, ao fundir, apresentam contração de volume.

O fato de serem observados apenas poucos máximos nas figuras de difração dos líquidos está de acordo com a idéia de ordenação de curto alcance e crescente desordenação de longo alcance. Para se obterem os máximos correspondentes aos menores espaçamentos interplanares, ou maiores ordens de difração, deve estar presente a ordenação de longo alcance característica do cristal.

O arranjo dos átomos em um tal líquido monoatômico é descrito introduzindo-se a *função da distribuição radial* $g(r)$. Tomando o centro do átomo como origem, $g(r)$ fornece probabilidade de se encontrar o centro de outro átomo na extremidade de um vetor de comprimento r, que parte da origem. A probabilidade de se encontrar outro átomo entre as distâncias r e $r + dr$, sem levar em conta a orientação angular, é, portanto, $4\pi r^2 g(r)\, dr$ (p. 571). É agora possível obter para a intensidade da radiação X espalhada uma expressão similar à da Eq. (15.38), exceto que, em vez de um somatório aplicado aos centros individuais de espalhamento, há uma integração sobre uma distribuição contínua de espalhamento, especificada por $g(r)$. Portanto,

$$I(\theta) \propto \int_0^\infty 4\pi r^2 g(r) \frac{\text{sen}\, sr}{sr}\, dr \tag{19.1}$$

Como anteriormente,

$$s = \frac{4\pi}{\lambda} \text{sen} \frac{\theta}{2} \tag{19.2}$$

Por uma aplicação do teorema integral de Fourier, esta integral pode ser invertida[2], resultando

$$4\pi r^2 g(r) \propto \frac{2}{\lambda} \int_0^\infty I(\theta) \frac{\text{sen}\, sr}{sr}\, d\theta \tag{19.3}$$

Com esta relação, podemos calcular a curva de distribuição radial, tal como aparece na Fig. 19.2(b), a partir de uma curva experimental de espalhamento, como a da Fig. 19.2(a).

[2]Ver H. Bateman, *Partial Differential Equations of Mathematical Physics* (New York: Dover Publications, 1944), p. 207, para a discussão matemática

A coordenação regular da estrutura densamente empacotada do mercúrio líquido está claramente evidente, porém o fato de os máximos da curva serem rapidamente amortecidos para distâncias interatômicas maiores indica que o afastamento de um arranjo ordenado se torna maior à medida que nos afastamos de qualquer átomo centralmente escolhido. Em geral, os metais líquidos apresentam aproximadamente estruturas de empacotamento denso bastante semelhante às dos sólidos, com espaços interatômicos expandidos de aproximadamente 5%. O número dos vizinhos mais próximos numa estrutura de empacotamento denso é 12. No sódio líquido, cada átomo apresenta uma média de 10 vizinhos mais próximos.

Uma das estruturas líquidas mais interessantes é a da água. O primeiro estudo em extensão de difração de raios X da água foi realizado por Morgan e Warren em 1938. Em medidas mais recentes, Narten, Danford e Levy melhoraram consideravelmente a precisão do método e calcularam as funções de distribuição radial num intervalo de temperaturas, como é mostrado na Fig. 19.3[(3)]. Para valores de $r < 0,25$ nm, $g(r)$ se anula, indicando que 0,25 nm é um diâmetro molecular efetivo dentro do qual nenhuma outra molécula pode se aproximar de uma dada molécula central. A 4 °C $g(r)$ é aproximadamente unitário para $r > 0,8$ nm, de tal forma que, para além dessa distância, a densidade das moléculas vizinhas se iguala à densidade do todo. Então a ordem local, imposta por uma molécula central sobre suas vizinhas, não se estende além de 0,8 nm. A temperaturas mais elevadas, a ordenação de curto alcance se torna ainda menos evidente e, a 200 °C, ela desaparece além de 0,6 nm. Existe um pico nitidamente definido em $g(r)$ a 0,29 nm, devido primeiramente aos vizinhos mais próximos da molécula central e, quando $g(r)$ é integrada para o elemento de volume $4\pi r^2 dr$ nesta camada, o número de vizinhos mais próximos é calculado em 4,4 para todas as temperaturas entre 4 °C e 200 °C. Esses resultados indicam que a coordenação da água é aproximadamente tetraédrica, como sabemos ser o caso do gelo I (Fig. 18.27). Os picos na função $g(r)$ para a água em 0,45 a 0,53 nm e em 0,64 a 0,78 nm estão também em bom acordo com o arranjo tetraédrico.

O pequeno, porém caracterizado pico que ocorre em 0,35 nm, não pode ser explicado pela estrutura tetraédrica. A estrutura do gelo I tem seis sítios intersticiais (*cavity centers*) a uma distância de 0,348 nm da molécula central. Foi, por conseguinte, sugerido que, quando o gelo se funde, algumas das moléculas de água se movem de seus sítios tetraédricos para esses sítios intersticiais, explicando com isso o pico de $g(r)$ em 0,35 nm. Há uma contração em volume de aproximadamente 9% quando o gelo se funde. Os dados de raios X indicam que a ocupação de sítios intersticiais aumenta de 45% a 4 °C para 57% a 200 °C.

19.3. Cristais líquidos

Em algumas substâncias, a tendência para um arranjo ordenado é tão grande que a forma cristalina não funde diretamente dando uma fase líquida, mas passa primeiro por um estágio intermediário (estado *mesomórfico* ou *paracristalino*), o qual a uma temperatura mais elevada experimenta uma transição para o estado líquido. Esses estados intermediários têm sido chamados *cristais líquidos*, pois eles apresentam algumas das propriedades de ambos os estados adjacentes. Assim, algumas substâncias paracristalinas escoam segundo um deslizamento gradual e formam *gotículas com degraus*, possuindo superfícies na forma de patamares; outras variedades escoam livremente mas não são isotrópicas, mostrando figuras de interferência quando examinadas com luz polarizada. Um exemplo é mostrado na Fig. 19.4.

(3) Seguimos a discussão desses dados feita por D. Eisenberg e W. Kauzmann em *The Structure and Properties of Water* (New York: Oxford University, 1969)

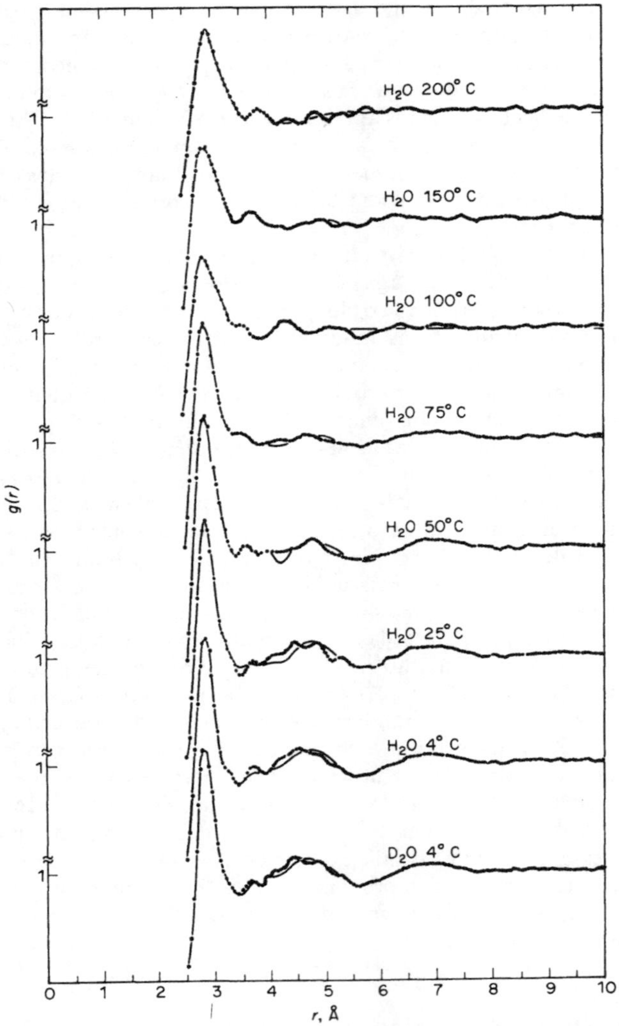

Figura 19.3 Funções de distribuição radial, $g(r)$, para H_2O líquida em várias temperaturas e para o D_2O líquido a 4 °C. Observar que a linha de base de cada curva está uma unidade acima da linha de base da curva abaixo. Os pontos foram determinados a partir de experiências. As experiências a 100 °C e abaixo foram conduzidas a pressão atmosférica; as experiências acima de 100 °C o foram à pressão de vapor da amostra [extraído de A. H. Narten, M. D. Danford e H. A. Levy, *Discussions Faraday Soc.* **43**, 97 (1967)]

Os cristais líquidos tendem a ocorrer em compostos cujas moléculas apresentam forma marcadamente assimétrica. Por exemplo, no estado cristalino, moléculas de cadeia longa podem ser alinhadas como se vê na Fig. 19.5(a). Elevando-se a temperatura, a energia cinética pode se tornar suficientemente grande para romper as ligações entre as extremidades das moléculas, mas é insuficiente para vencer a forte atração lateral entre as cadeias longas. Dois tipos de fundidos anisotrópicos podem ser então obtidos, como é mostrado na Fig. 19.5(b) e (c). No estado esmético (do grego, *σμηγμα*, *sabão*), as moléculas são orientadas em planos bem definidos. Quando se aplica uma tensão, um plano des-

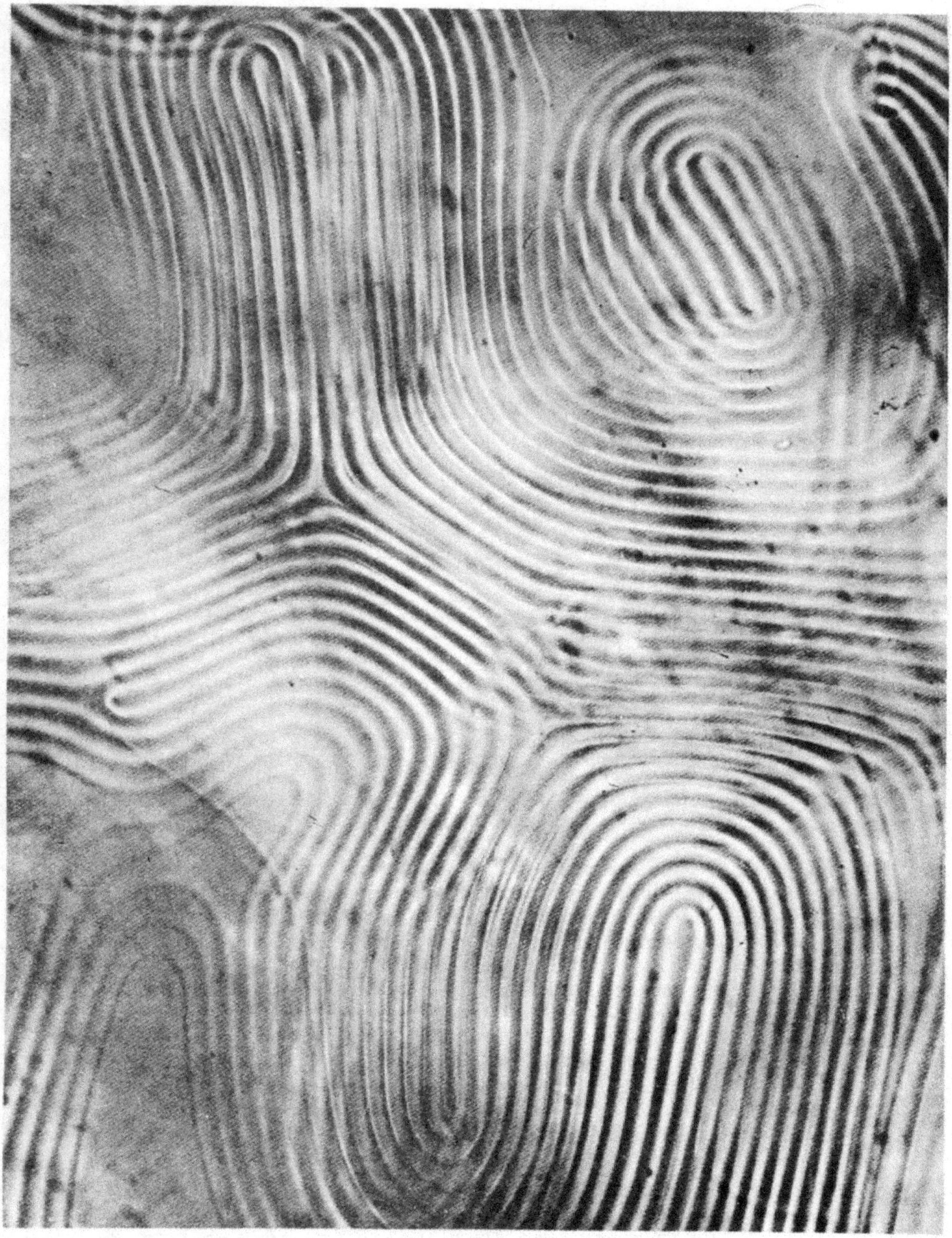

Figura 19.4 Uma solução cristalina líquida de um polipeptídeo dissolvido em ácido dicloroacético vista com luz natural com um microscópio de baixa resolução [C. Robinson, J. C. Ward e R. B. Beevers, Courtaulds Research Laboratory, Maidenhead, *Discussions Faraday Soc.* **25**, 29 (1958)]

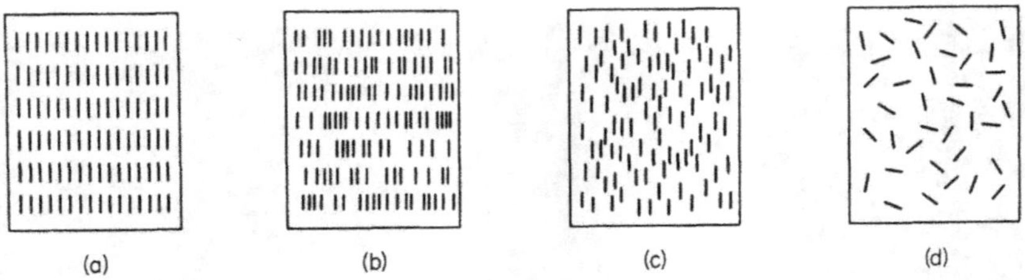

Figura 19.5 Graus de ordenação possíveis em estados condensados de moléculas de cadeia longa: (a) cristalino — orientação e periodicidade; (b) esmético — orientação e arranjo em planos equiespaçados, porém sem periodicidade dentro dos planos; (c) nemático — orientação sem periodicidade; (d) fluido isotrópico — nem orientação nem periodicidade

liza sobre o outro. No estado nemático (do grego, $\nu\eta\mu\alpha$, *fio*), perde-se a estrutura plana, mas a orientação é preservada. Com algumas substâncias, notadamente os sabões, várias fases distintas, diferenciáveis por propriedades ópticas e de escoamento, podem ser distinguidas entre o cristal típico e o líquido típico.

Um composto freqüentemente estudado em seu estado paracristalino é o *p*-azoxianisol,

$$CH_3O-\langle\rangle-N=N-\langle\rangle-OCH_3$$

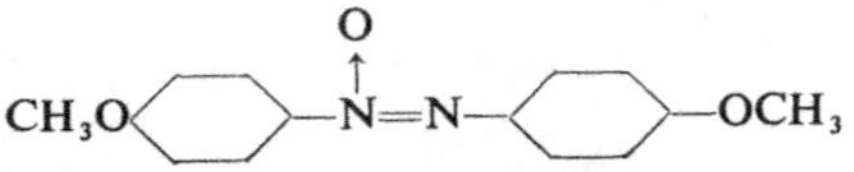

A forma sólida funde a 357 K dando cristal líquido, que é estável até 423 K, quando sofre uma transição para um líquido isotrópico. O composto etil-*p*-anisalaminocinamato,

$$CH_3O-\langle\rangle-CH=N-\langle\rangle-CH=CH-COOC_2H_5$$

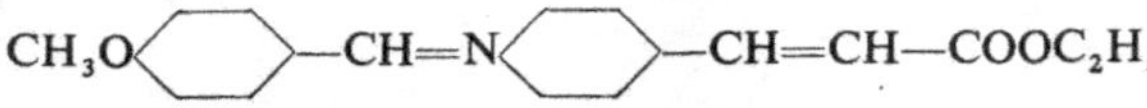

passa por três fases paracristalinas distintas entre 356 e 402 K. O brometo de colesterila se comporta de um modo um tanto diferente[4]. O sólido funde a 367 K dando um líquido isotrópico, mas este líquido pode ser super-resfriado a 340 K, passando então a uma forma líquido-cristalina metaestável.

Os cristais líquidos, deve ser salientado, não são importantes para a Biologia e para a Embriologia pela razão de eles exibirem certas propriedades que podem ser encaradas como análogas às que os sistemas vivos (modelos) manifestam, mas sim porque os sistemas vivos são realmente cristais líquidos ou, como seria mais correto dizer, o estado paracristalino indubitavelmente existe nas células vivas. As porções das fibras musculares estriadas, que apresentam dupla refração, são de fato exemplos clássicos desse tipo de arranjo, porém existem muitos outros casos igualmente surpreendentes, tais como o espermatozóide cefalópode, ou os axônios das células nervosas, ou os cílios, ou as fases birrefringentes dos ovos dos moluscos ou no núcleo e no citoplasma dos ovos dos equinodermos.

O estado paracristalino parece o mais adequado para as funções biológicas, pois combina a fluidez e a difusibilidade dos líquidos enquanto preserva as possibilidades de estrutura interna característica de sólidos cristalinos[5].

[4] J. Fischer, *Z. Physik Chem.* **160 A**, 110 (1932)

[5] Joseph Needham, *Biochemistry and Morphogenesis* (Londres: Cambridge University Press, 1942), p. 661. As previsões de Needham, feitas há uns 35 anos, sobre a importância de estados paracristalinos em sistemas biológicos foram revividas pelo trabalho atual sobre mudanças de fase em membranas celulares [*Liquid Crystals and Ordered Fluids*, editorado por J. F. Johnson e R. S. Porter (New York: Plenum Press, 1970)]. O comportamento de cristais líquidos em campos elétricos pode sugerir modelos para membranas eletricamente excitáveis [G. H. Brown, J. W. Doane e V. D. Neff, *Critical Rev. Solid States Sci.* **1**, 303 (1970)]

19.4. Vidros

O estado vítreo da matéria é um outro exemplo de um compromisso entre as propriedades cristalinas e líquidas. A estrutura de um vidro é essencialmente similar à de um líquido associado, tal como a água, de modo que existe uma grande dose de verdade na antiga descrição dos vidros, como líquidos super-resfriados. Os modelos bidimensionais da Fig. 19.6, apresentados por W. H. Zachariasen, ilustram a diferença entre um vidro e um cristal.

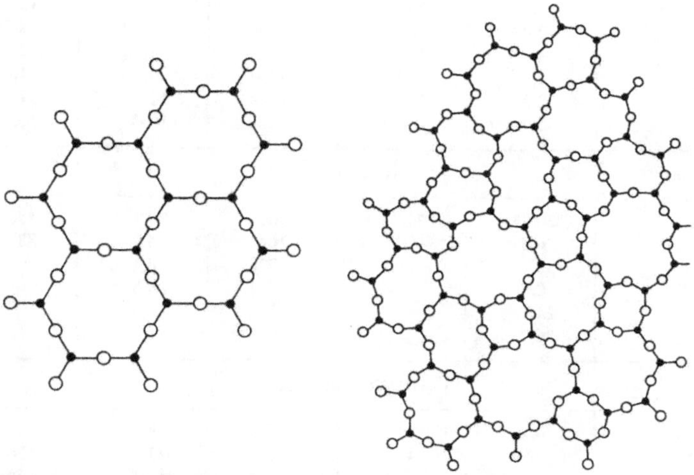

Figura 19.6 Representação esquemática em duas dimensões da diferença entre a estrutura de um cristal (à esquerda) e a de um vidro (à direita). Os círculos cheios representam átomos de silício; os círculos vazados são os átomos de oxigênio [extraído de W. H. Zachariasen, *J. Am. Chem. Soc.* **54**, 3 841 (1932)]

As ligações são as mesmas em ambos os casos, por exemplo, na sílica, as fortes ligações eletrostáticas Si—O. Assim, tanto os cristais de quartzo como a sílica vítrea são duros e mecanicamente resistentes. As ligações no vidro diferem consideravelmente em comprimento e, por conseguinte, em intensidade. Dessa maneira, um vidro ao ser aquecido amolece gradualmente em vez de mostrar uma fusão nítida, uma vez que não existe qualquer temperatura na qual todas as ligações se afrouxem simultaneamente.

O coeficiente de expansão térmica extremamente baixo de alguns vidros, notadamente da sílica vítrea, é explicável em termos de única estrutura, como a da Fig. 19.6. A estrutura é muito aberta e, como no caso da água líquida, o aumento da temperatura pode permitir uma coordenação mais fechada. Num certo grau, portanto, a estrutura pode "se expandir para dentro de si mesma". Este efeito contrabalança a expansão normal nas distâncias interatômicas com a temperatura.

19.5. Fusão

A Tab. 19.1 contém dados sobre pontos de fusão, calores latente de fusão, calores latente de vaporização e entropias de fusão e vaporização de uma série de substâncias. Os calores de fusão são muito menores que os calores de vaporização. É necessário muito menos energia para se converter um cristal em líquido que para vaporizar um líquido. As entropias de fusão são também consideravelmente mais baixas que as entropias de vaporização. Essas últimas são bastante constantes, variando de 90 a $100\,kJ \cdot mol^{-1}$

Tabela 19.1 Dados sobre fusão e vaporização

Substância	Entalpia de fusão ($kJ \cdot mol^{-1}$)	Entalpia de vaporização ($kJ \cdot mol^{-1}$)	Ponto de fusão (K)	Entropia de fusão ($J \cdot K^{-1} \cdot mol^{-1}$)	Entropia de vaporização ($J \cdot K^{-1} \cdot mol^{-1}$)
Metais					
Na	2,64	103	371	7,11	88,3
Al	10,7	283	932	11,4	121
K	2,43	91,6	336	7,20	87,9
Fe	14,9	404	1802	8,24	123
Ag	11,3	290	1234	9,16	116
Pt	22,3	523	2028	11,0	112
Hg	2,43	64,9	234	10,4	103
Cristais iônicos					
NaCl	30,2	766	1073	28,1	456
KCl	26,8	690	1043	25,7	389
AgCl	13,2		728	18,1	
KNO_3	10,8		581	18,5	
$BaCl_2$	24,1		1232	19,5	
$K_2Cr_2O_7$	36,7		671	54,7	
Cristais moleculares					
H_2	0,12	0,92	14	8,4	66,1
H_2O	5,98	47,3	273	22,0	126
Ar	1,17	7,87	83	14,1	90,4
NH_3	7,70	29,9	198	38,9	124
C_2H_5OH	4,60	43,5	156	29,7	124
C_6H_6	9,83	34,7	278	35,4	98,3

(regra de Trouton). A constância de ΔS (fusão) já não é tão marcante. Para algumas classes de substâncias, entretanto, notadamente os metais com empacotamento denso, as entropias de fusão são consideravelmente constantes.

19.6. Coesão de líquidos — Pressão interna

Qualquer que seja o modelo escolhido para o estado líquido, as forças de coesão são de importância primordial. Ignorando, por enquanto, a origem dessas forças, podemos obter uma estimativa de sua intensidade por meio de considerações termodinâmicas. Esta estimativa é fornecida pela *pressão interna.*

Recordemos, da Eq. (3.45):

$$\left(\frac{\partial U}{\partial V}\right)_T = T\left(\frac{\partial P}{\partial T}\right)_V - P$$

No caso de um gás ideal, o termo pressão interna $P_i = (\partial U/\partial V)_T$ é zero porque as forças intermoleculares estão ausentes. No caso de um gás não-perfeito, $(\partial U/\partial V)_T$ se torna apreciável e, no caso de um líquido, pode se tornar muito maior que a pressão externa.

A pressão interna é a resultante das forças de atração e de repulsão entre as moléculas de um líquido. Depende, portanto, acentuadamente do volume de V e, por conseguinte, da pressão externa P. Este efeito é mostrado nos dados abaixo, para o éter dietílico a 298 K:

P (atm):	200	800	2 000	5 300	7 260	9 200	11 100
P_i (atm):	2 790	2 840	2 530	2 020	40	−1 590	−4 380

Para aumentos moderados de P, P_i diminui apenas ligeiramente, mas, quando P excede 5 000 atm, P_i começa a decrescer rapidamente e atinge valores negativos altos quando o líquido é adicionalmente comprimido. Este comportamento reflete em escala macroscópica a lei das forças entre moléculas individuais; sob elevadas compressões, as forças repulsivas se tornam predominantes.

Valores de pressão interna sob 1 atm e 298 K são resumidos na Tab. 19.2 e foram tirados de uma compilação de J. H. Hildebrand. Para os hidrocarbonetos alifáticos normais, há um aumento gradual de P_i com o aumento do comprimento da cadeia. Líquidos dipolares tendem a apresentar valores mais elevados que líquidos não-polares. O efeito da interação dipolar não é, contudo, predominante. Como era de esperar, a água com suas fortes ligações de hidrogênio tem uma pressão interna excepcionalmente alta.

Hildebrand foi o primeiro a salientar a importância das pressões internas dos líquidos na determinação das relações de solubilidade. Se dois líquidos têm aproximadamente a mesma P_i, a solução dos mesmos terá pequena tendência de exibir desvios positivos da lei de Raoult. A solução de dois líquidos com P_i consideravelmente diferentes exibirá geralmente consideráveis desvios positivos da idealidade, isto é, uma tendência para solubilidade mútua reduzida.

Tabela 19.2 Pressões internas de líquidos (298 K e 1 atm)

Composto	P_i(atm)
Éter dietílico	2 370
n-Heptano	2 510
n-Octano	2 970
Tetracloreto de estanho	3 240
Tetracloreto de carbono	3 310
Benzeno	3 640
Clorofórmio	3 660
Dissulfeto de carbono	3 670
Mercúrio	13 200
Água	20 000

19.7. Forças intermoleculares

Deve ter ficado claramente compreendido, de discussões anteriores, que todas as forças entre átomos em moléculas são de origem eletrostática. Em última instância, baseiam-se na lei de Coulomb da atração de cargas de sinal diferente e da repulsão de cargas de mesmo sinal. Fala-se freqüentemente de forças de longo alcance e forças de curto alcance. Assim, uma força que dependa de r^{-2} será efetiva dentro de um intervalo mais amplo do que outra que dependa de r^{-7}. Todas essas forças podem ser representadas como gradientes de energia potencial, $\mathbf{F} = -\text{grad } U$. Para forças com simetria radial, isto é, sem uma direção preferencial no espaço, $F = -\partial U(r)/\partial r$. Freqüentemente, é mais conveniente descrever as energias potenciais do que as próprias forças. Podemos distinguir as seguintes variedades de energias potenciais intermoleculares e interiônicas:

1. A energia coulombiana de interação entre íons portando cargas resultantes, que conduz a uma atração de longo alcance, com $U \propto r^{-1}$.

2. A energia de interação entre dipolos permanentes, com $U \propto r^{-6}$.

3. A energia de interação entre um íon e um dipolo induzido por ele em uma outra molécula, com $U \propto r^{-4}$.

4. A energia de interação entre um dipolo permanente e um dipolo induzido pelo mesmo em outra molécula, com $U \propto r^{-6}$.

5. As forças entre átomos ou moléculas neutras, tais como os gases inertes, com $U \propto r^{-6}$.

6. A energia de superposição que resulta da interação de núcleos positivos com a nuvem eletrônica de uma molécula com os de uma outra. Para distâncias intermoleculares muito pequenas, a superposição conduz à repulsão, com $U \propto r^{-9}$ a r^{-12}.

As atrações de Van Der Waals entre as moléculas devem provir de interações pertencentes às classes 2, 4 e 5.

A primeira tentativa para explicá-las teoricamente foi realizada por W. H. Keesom (1912), baseada na interação entre dipolos permanentes. Dois dipolos em agitação térmica intensa podem algumas vezes ser orientados de modo que se atraiam e, outras vezes, de modo que se repilam. Em média, eles estão um pouco mais próximos nas configurações atrativas e, conseqüentemente, existe uma energia atrativa resultante. Esta energia foi calculada[6] como sendo

$$U_d = -\frac{2\mu_1^2\,\mu_2^2}{3kTr^6}. \tag{19.4}$$

onde μ é o momento dipolar. A dependência observada da energia de interação de r^{-6} está de acordo com deduções feitas a partir de dados experimentais. Esta teoria, obviamente, não é uma explicação geral adequada das forças de Van Der Waals, pois existem forças de atração consideráveis entre moléculas, tais como as dos gases inertes, sem qualquer vestígio de momento dipolar permanente.

Debye, em 1920, estendeu a teoria dipolar no sentido de levar em conta o *efeito de indução*. Um dipolo permanente induz um dipolo em outra molécula, resultando uma mútua atração. Essa interação depende da polarizabilidade α das moléculas e conduz a uma fórmula,

$$U_i = -\frac{\alpha_2\,\mu_1^2 + \alpha_1\,\mu_2^2}{r^6} \tag{19.5}$$

Este efeito é muito pequeno e não nos ajuda a explicar o caso dos gases inertes.

A causa primeira das forças interativas entre moléculas neutras é a *interação de dispersão*. Uma interpretação pode ser dada como se segue. Em uma molécula neutra, como a do argônio, o núcleo positivo é circundado por uma "nuvem" de carga negativa. Embora a média em relação ao tempo desta distribuição de cargas seja esfericamente simétrica, em qualquer instante ela estará um tanto distorcida. Vemos isso claramente no caso do átomo neutro de hidrogênio, onde o elétron está algumas vezes de um lado do próton e, em outras, do lado oposto. Assim, um instantâneo obtido de um átomo de argônio revelaria um pequeno dipolo com determinada orientação. Num instante posterior, a orientação seria diferente e assim por diante, de forma que, em qualquer período macroscópico de tempo, a média dos momentos dipolares instantâneos tenderá a zero. Não devemos pensar que esses dipolos instantâneos interagem com os das outras moléculas para produzir um potencial atrativo. Isso não pode acontecer porque haverá tanta repulsão quanto atração; não há tempo suficiente para que os dipolos instantâneos se alinhem uns com os outros. Existe, contudo, uma interação entre os dipolos instantâneos e a polarização que eles produzem. Cada dipolo instantâneo de argônio induz um momento dipolar apropriadamente orientado nos átomos vizinhos, e esses momentos interagem com o original a fim de produzir uma atração instantânea.

[6] J. E. Lennard-Jones, *Proc. Phys. Soc. London* **43**, 461 (1931)

O tratamento quântico-mecânico dessa interação de dispersão foi apresentado por F. London em 1930 e as forças resultantes são agora freqüentemente denominadas *forças de London*, embora o termo *forças de Van Der Waals* seja mantido para a soma de todas as interações entre moléculas não-carregadas. Se supusermos que um par de osciladores equivalentes tenha uma freqüência característica ν_0, o potencial da interação London será calculado[7] como sendo

$$U_L = -\frac{3h\nu_0\alpha^2}{4r^6} \tag{19.6}$$

Uma fórmula geral mais útil para a interação de duas moléculas diferentes A e B é

$$U_L = -\frac{3I_A I_B}{2(I_A + I_B)} \frac{\alpha_A \alpha_B}{r^6} \tag{19.7}$$

Aqui, I_A e I_B são os primeiros potenciais de ionização das moléculas e α_A e α_B, suas polarizabilidades. A Eq. (19.7) está relacionada à Eq. (19.6) pela substituição de I/h no lugar da freqüência característica ν_0.

As contribuições importantes para a energia potencial de atração intermolecular que relacionamos seguem todas uma dependência com r^{-6}. As diferentes contribuições para as atrações intermoleculares são mostradas na Tab. (19.3) para alguns gases.

Tabela 19.3 Contribuições calculadas para o potencial intermolecular*

Molécula	Momento dipolar μ (D)	Polarizabilidade $\alpha \times 10^{30}$ (m^3)	Energia $h\nu_0$(eV)	Coeficientes de r^{-6}		
				Orientação** $\frac{2}{3}\mu^4/kT$	Indução** $2\mu^2\alpha$	Dispersão** $\frac{3}{4}\alpha^2 h\nu_0$
CO	0,12	1,99	14,3	0,0034	0,057	67,5
HI	0,38	5,4	12	0,35	1,68	382
HBr	0,78	3,58	13,3	6,2	4,05	176
HCl	1,03	2,63	13,7	18,6	5,4	105
NH_3	1,5	2,21	16	84	10	93
H_2O	1,84	1,48	18	190	10	47
He	0	0,20	24,5	0	0	1,2
Ar	0	1,63	15,4	0	0	52
Xe	0	4,00	11,5	0	0	217

*J. A. V. Butler, *Ann. Rep. Chem. Soc. London* **34**, 75 (1937)
**Unidades de $J \cdot m^6 \times 10^{-79}$

A expressão completa da energia intermolecular deve incluir também um termo repulsivo, a energia de superposição, a qual se torna apreciável em distâncias muito próximas. Portanto, a interação total pode ser escrita

$$U = -Ar^{-6} + Br^{-n} \tag{19.8}$$

O valor do expoente n varia de 9 a 12. A Fig. 4.4 mostrou as curvas para uma série de gases, com $n = 12$. As constantes A e B são calculadas a partir das equações de estado.

19.8. Equação de estado e forças intermoleculares

O cálculo da equação de estado de uma substância através do conhecimento das forças intermoleculares é um problema de grande complexidade. O método de abordagem pode ser delineado em princípio, mas as dificuldades matemáticas se mostraram tão imensas que somente em alguns casos simplificados foi obtida uma solução. O cálculo

[7]Para uma dedução quântica-mecânica simples da Eq. (19.6), ver W. Kauzmann, *Quantum Chemistry* (New York: Academic Press, Inc., 1957), p. 507

da equação de estado se reduz ao cálculo da função de partição Z para o sistema. A partir de Z, a energia livre de Helmholtz A é prontamente deduzida e, em seguida a pressão, $P = -(\partial A/\partial V)_T$.

Para determinar a função de partição, $Z = \Sigma e^{-E_i/kT}$, os níveis de energia do sistema devem ser conhecidos. Nos casos dos gases ideais e dos cristais ideais, podemos usar os níveis de energia para os constituintes individuais do sistema, tais como as moléculas ou osciladores, ignorando as interações entre eles. No caso dos líquidos, tal simplificação não é possível porque é precisamente a interação entre moléculas diferentes que é responsável pelas propriedades características de um líquido.

Consideremos, por simplicidade, um gás de pontos materiais interagentes. Qualquer gás monoatômico seria um bom exemplo. Seguiremos uma agradável dedução devida a Landau e Lifshitz[8]. A energia é tomada como sendo a soma das energias cinética e potencial:

$$E(p, q) = \sum_{j=1}^{N} \left(\frac{p_j^2}{2m} + U(q_j)\right)$$

Aqui, p e q são as coordenadas generalizadas; para N átomos existirão $3N$ coordenadas p e outras tantas q. A energia cinética é obtida simplesmente fazendo o somatório das energias cinéticas, independentemente, de todos os átomos, mas a energia potencial, geralmente, é função de todas as coordenadas.

A função de partição é tomada na forma integrada da Eq. (5.54)

$$Z = \int e^{-E(p,q)/kT}\, d\tau, \tag{19.9}$$

onde $d\tau$ inclui todos os diferenciais de quantidades de movimento e coordenadas. A integral da Eq. (19.9) é o produto de um termo de energia cinética e outro de energia potencial, e pode ser escrita como sendo

$$Q = \int \cdots \int e^{-U/kT}\, dV_1\, dV_2 \cdots dV_N, \tag{19.10}$$

onde a integral é agora tomada para os elementos de volume de cada átomo.

Para um gás perfeito, não há energia potencial intermolecular e $U = 0$, de sorte que Q se tornará simplesmente V^N. O termo de energia cinética é o mesmo, tanto para gases perfeitos quanto para os imperfeitos. Então, podemos escrever

$$A = -kT \ln Z = A^p - kT \ln \frac{1}{V^N} \int \cdots \int e^{-U/kT}\, dV_1 \cdots dV_N,$$

onde A^p é a energia livre de Helmholtz para um gás perfeito. Se adicionamos ou subtraímos 1 do integrado,

$$A = A^p - kT \ln \left\{ \frac{1}{V^N} \int \cdots \int (e^{-U/kT} - 1)\, dV_1 \cdots dV_N + 1 \right\} \tag{19.11}$$

Agora, consideramos que o gás tem uma densidade tão baixa que apenas os encontros entre *pares* de moléculas devem ser considerados. Admitimos, também, que a amostra do gás é tão pequena que apenas uma dessas colisões entre pares de moléculas está ocorrendo em qualquer instante. (Não há perda de generalidade nesta consideração porque A é uma grandeza de estado extensiva e, dobrando-se a quantidade do gás, simplesmente dobra o valor de A.) O par interagente pode ser escolhido entre N átomos, de $\frac{1}{2}N(N-1)$ maneiras diferentes. Se a energia de interação do par é U_{12}, a integral na Eq. (19.11) se torna

$$\frac{N(N-1)}{2} \int \cdots \int (e^{-U_{12}/kT} - 1)\, dV_1 \cdots dV_N$$

[8] L. S. Landau e E. M. Lifshitz, *Statistical Physics* (Londres: Pergamon Press, 1959), p. 219

Como U_{12} depende apenas das coordenadas de dois átomos, podemos integrar sobre todos os outros, obtendo V^{N-2}. Como N é muito grande podemos substituir $N(N-1)$ por N^2, para obter

$$\frac{N^2 V^{N-2}}{2} \iint (e^{-U_{12}/kT} - 1)\, dV_1\, dV_2$$

Introduzimos esta expressão dentro da integral na Eq. (19.11) e encontramos

$$A = A^p - kT \ln\left\{\frac{N^2}{2V^2} \iint (e^{-U_{12}/kT} - 1)\, dV_1\, dV_2 + 1\right\} \tag{19.12}$$

Usamos agora o fato de que, para $x \ll 1$,

$$\ln(1 + x) \approx x$$

de forma que a Eq. (19.12) se torna

$$A = A^p - \frac{kTN^2}{2V^2} \iint (e^{-U_{12}/kT} - 1)\, dV_1\, dV_2 \tag{19.13}$$

Em vez das coordenadas dos dois átomos, podemos introduzir as coordenadas de seus centros de massa e suas coordenadas relativas (como na p. 137, Vol. 1). A integração sobre as coordenadas relativas dá V, e então a Eq. (19.13) se simplifica para

$$A = A^p - \frac{kTN^2}{2V} \int (e^{-U_{12}/kT} - 1)\, dV \tag{19.14}$$

Esta expressão é geralmente escrita como

$$A = A^p + \frac{N^2 kT}{V} B(T) \tag{19.15}$$

onde

$$B(T) = \tfrac{1}{2} \int (1 - e^{-U_{12}/kT})\, dV \tag{19.16}$$

A pressão é

$$P = -\left(\frac{\partial A}{\partial V}\right)_T \tag{19.17}$$

de modo que

$$P = \frac{NkT}{V}\left[1 + \frac{NB(T)}{V}\right] \tag{19.18}$$

Como a pressão de um gás perfeito é $P^p = NkT/V$, esta dedução nos forneceu uma expressão para o segundo coeficiente virial $B(T)$, em termos da energia potencial de interação U_{12} entre um par de moléculas. Este é um resultado interessante, mas que se aplica tão-somente para gases com pequenos desvios da idealidade. Para gases densos, e especialmente para líquidos, o desenvolvimento adicional da teoria depende da avaliação da integral de configuração Q para interações mais gerais. Para os gases densos, é possível um desenvolvimento em série de Q, seguindo paralelamente as expressões empíricas para o terceiro, quarto e demais coeficientes viriais. Para os líquidos, contudo, a série não converge, e então esta avenida de progresso teórico está bloqueada.

19.9. Teoria dos líquidos

Confrontados com a dificuldade matemática da integral de configuração geral, os teóricos ficaram com três formas de abordagem da teoria do estado líquido.

1. A construção de modelos simplificados, para os quais a integral de configuração pode ser avaliada, e comparação dos resultados obtidos dos modelos com os dados experimentais.

2. Tentativas de cálculo da função de distribuição radial, a partir da qual, para certos líquidos simples (argônio líquido, por exemplo), as propriedades termodinâmicas podem ser avaliadas.

3. Cálculos numéricos com grandes computadores digitais usando um método de Monte Carlo.

Numa aplicação bidimensional do método de Monte Carlo, começamos com uma configuração ao acaso de moléculas, especificada por suas coordenadas, $x_1 y_1$, $x_2 y_2$, ..., $x_j y_j$. A interação entre qualquer par de moléculas é especificada por uma escolha adequada da função de energia potencial intermolecular, $U(r_{ij})$. O computador seleciona, ao acaso, uma molécula, por exemplo, $x_j y_j$, e a desloca para uma nova posição $x'_j = x_j + \alpha\delta x$, $y'_j = y_j + \beta\delta y$, onde α e β são frações selecionadas ao acaso e δx e δy são os deslocamentos máximos das coordenadas, em uma única movimentação. O computador pode agora calcular a energia potencial intermolecular total somando $U(r_{ij})$ para todos os pares de moléculas,

$$U = \sum_{pares} U(r_{ij})$$

O valor médio da energia potencial do sistema é então calculado da fórmula geral [comparar com a Eq. (5.25)]

$$\langle U \rangle = \frac{\sum U \exp(-U/kT)}{\sum \exp(-U/kT)}$$

Os cálculos continuam até que sejam obtidas configurações suficientes para se ter uma média estatística razoável. Na prática, a computação é modificada a fim de excluir movimentos que poderiam causar uma aproximação tão grande de uma molécula em relação a outra como originar uma grande repulsão.

Longos (e dispendiosos) tempos de computação são requeridos por este método. Por exemplo, para um sistema de 108 moléculas, 65 000 configurações por hora podem ser calculadas e pelo menos 50 000 configurações são necessárias para uma média satisfatória.

Cálculos de computador podem ser também aplicados para configurações de não-equilíbrio de moléculas utilizando o método da *dinâmica molecular*. Nesse método, a equação real de movimento é resolvida numericamente para cada molécula, calculando-se a força **F** sobre cada molécula devida a todas as outras moléculas e integrando a equação $\mathbf{F} = m\mathbf{a}$. Então as trajetórias de todas as moléculas são postas em gráfico a fim de dar um quadro dinâmico de como a coleção de moléculas se transforma com o tempo.

A Fig. 19.7 mostra os resultados dos cálculos de Wainwright e Alder[9]. As linhas brilhantes são as respostas de computador dos movimentos de um par de moléculas, que se projetam na tela de um tubo de raios catódicos. A parte superior da figura representa um sólido, no qual as moléculas são forçadas a vibrar em torno de posições de equilíbrio. À medida que a temperatura é aumentada, há uma súbita transição para o estado líquido, para o qual, as trajetórias são mostradas na parte inferior da figura. Os cálculos foram baseados num modelo de esferas rígidas de interação entre moléculas, e é interessante constatar que, mesmo com esse modelo simples, a dinâmica molecular indica a existência de uma fase de transição brusca, sólido → líquido.

Desde 1933, Eyring e seus colaboradores têm procurado um modelo simples para a estrutura dos líquidos que evitasse as complicações da teoria estatística geral[10]. Eles começaram por considerar o *volume livre* do líquido, ou seja, o espaço vazio não ocupado pelos volumes moleculares rígidos. Num líquido, a pressão e a temperatura ordinárias, cerca de 3% de volume constituem o volume livre. Podemos obter este número, por exemplo, pelos estudos de Bridgman sobre o coeficiente de compressibilidade β. Enquanto a com-

[9]B. J. Alder e T. E. Wainwright, *J. Chem. Phys.* **31**, 459 (1959); *Sci. Amer.*, outubro de 1959, 113

[10]H. Eyring e M. S. Jhon, *Significant Liquid Structures* (New York: John Wiley & Sons. Inc., 1969)

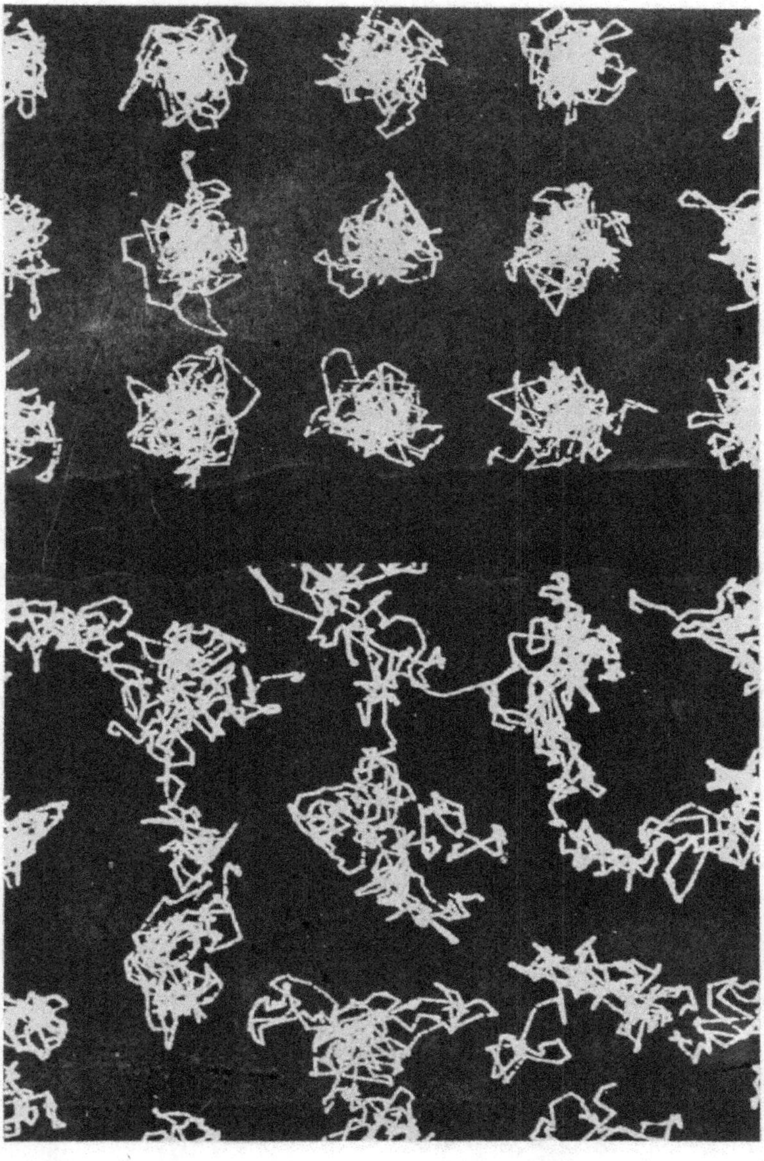

Figura 19.7 Simulação de computador da transição de sólido para líquido baseada em cálculos das trajetórias das moléculas pelo método da dinâmica molecular. A metade superior mostra o comportamento sólido; a inferior, o comportamento líquido

pressão se resumir essencialmente em eliminar do líquido o volume livre, o valor de β se manterá relativamente elevado. Quando o volume livre se extinguir, β cairá vertiginosamente.

O modelo de Eyring para um líquido é mostrado na Fig. 19.8. O vapor é essencialmente espaço vazio com algumas moléculas se movendo ao acaso. O líquido é essen-

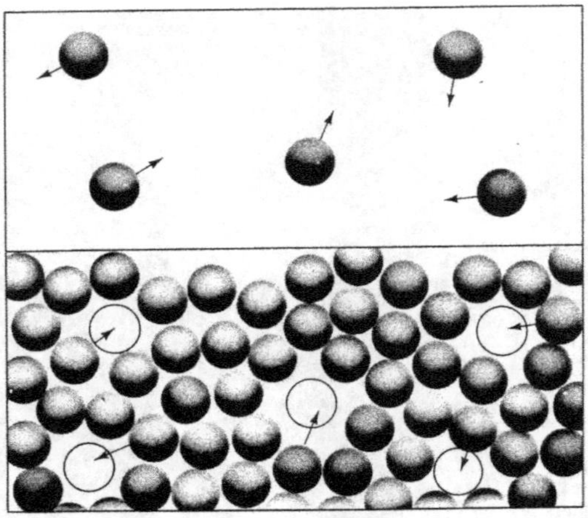

Figura 19.8 Os vazios num líquido se comportam de modo semelhante às moléculas num gás. Num líquido, os vazios se movem entre as moléculas. Num gás, as moléculas se movem entre vazios

cialmente espaço preenchido com alguns vazios se deslocando ao acaso. À medida que a temperatura é elevada, a concentração de moléculas no vapor aumenta e a concentração de vazios no líquido aumenta. Então, enquanto a densidade do vapor aumenta a densidade do líquido diminui até que elas se tornem iguais no ponto crítico.

A densidade média ρ_{av} do líquido e do vapor em equilíbrio deve permanecer aproximadamente constante. Na realidade, existe um ligeiro decréscimo linear, com a temperatura, de modo que

$$\rho_{av} = \rho_0 - aT, \tag{19.19}$$

onde ρ_0 e a são constantes características de cada substância. Esta relação foi descoberta por L. Cailletet e E. Mathias, em 1886, e chamada de *lei dos diâmetros retilíneos*. Alguns exemplos são mostrados na Fig. 19.9, onde os dados para o hélio, o argônio e o éter são postos em gráfico, em termos de variáveis reduzidas a fim de estarem na mesma escala.

Como está distribuído o volume livre através do líquido? Eyring sugeriu que a distribuição mais favorável é aquela onde os vazios têm aproximadamente dimensões moleculares. Uma molécula adjacente a um desses vazios teria propriedades gasosas e, portanto, a introdução de tais vazios causaria o maior aumento em entropia para um dado dispêndio de energia na formação do volume livre. Uma molécula não próxima a um vazio teria propriedades sólidas.

Se desprezarmos qualquer aumento em volume, devido aos vazios que não tenham dimensões moleculares, e considerarmos que os vazios sejam distribuídos ao acaso no líquido, a fração de moléculas próximas a um vazio será $(V_l - V_s)/V_l$, e esta é a fração de moléculas do tipo gasoso, V_l e V_s sendo os volumes molares nos estados líquido e sólido. A fração em volume que resta V_s/V_l é do tipo sólido. Eyring e Ree então sugeriram que a capacidade calorífica de um líquido monoatômico, como o argônio, deveria ser representada pela equação

$$C_{Vm} = \left(\frac{V_s}{V_l}\right)3R + \left(\frac{V_l - V_s}{V_l}\right)\frac{3}{2}R \tag{19.20}$$

A concordância com a experiência é encorajadora. Outras propriedades do líquido podem ser calculadas, tomando-se a função de partição Z como o produto dos termos correspondentes ao tipo sólido e ao tipo gasoso.

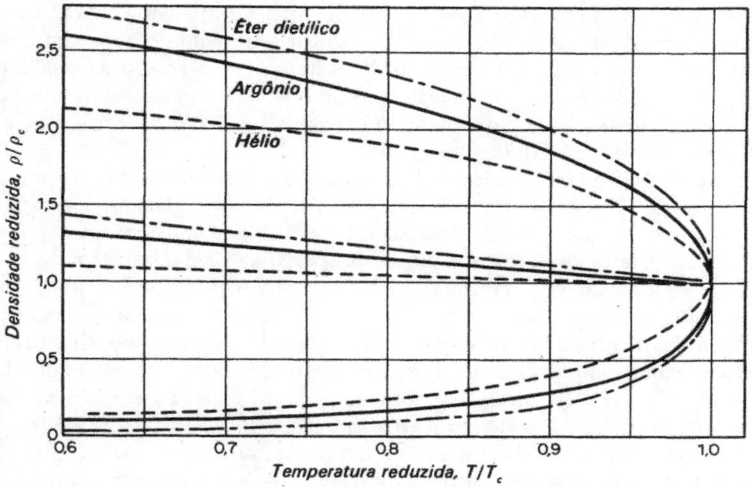

Figura 19.9 Lei dos diâmetros retilíneos. As linhas retas indicam a densidade reduzida média das fases líquida e vapor em equilíbrio

19.10. Propriedades de escoamento dos líquidos

Quando consideramos as propriedades mecânicas de uma substância, seja ela um sólido ou um fluido, é conveniente dividir as tensões aplicadas em duas classes, *tensões de cisalhamento* e *tensões de compressão.* Essas tensões são apresentadas na Fig. 19.10. A tensão corresponde a uma força aplicada à unidade de área de um corpo. Uma mudança nas dimensões do corpo produzida pela ação de uma tensão é chamada *deformação.* A relação entre a tensão e a deformação constitui o *módulo de elasticidade.*

Vamos restringir nossa atenção aos corpos isotrópicos. Uma tensão de compressão aplicada uniformemente sobre a superfície de tal corpo (isto é, uma pressão) produz uma compressão uniforme. O módulo volumétrico K é definido pela relação

$$K = \frac{\text{força de compressão por unidade de área}}{\text{variação de volume por unidade de volume}}$$

$$K = V\left(\frac{\partial P}{\partial V}\right)_T$$

O módulo volumétrico $K = \beta^{-1}$, onde β é o coeficiente de compressibilidade.

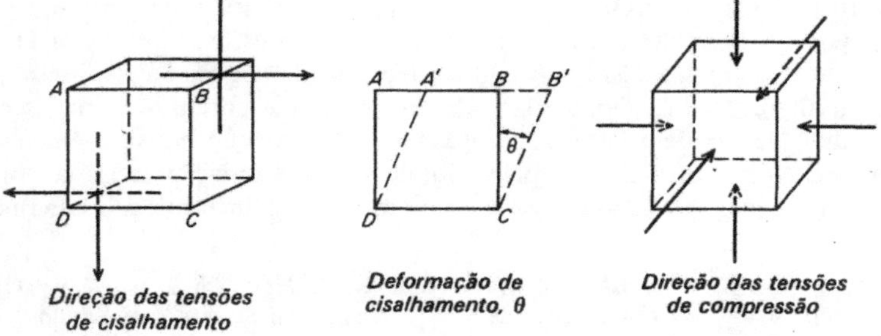

Figura 19.10 Tensões de cisalhamento e tensões de compressão

Uma tensão de ci' alhamento produz uma deformação angular θ, como é mostrada na Fig. 19.10. O resultado do cisalhamento é deslocar um plano do corpo paralelamente a si mesmo em relação a outros planos paralelos do corpo. A tensão de cisalhamento é a força F' por unidade de área do *plano deslocado*. A deformação de cisalhamento é a razão dos deslocamentos entre dois planos quaisquer e a distância entre eles. A deformação de cisalhamento é medida por $\operatorname{tg} \theta = x'$.

Talvez a propriedade mais típica dos líquidos seja o fato de eles começarem a escoar apreciavelmente tão logo seja aplicada uma tensão de cisalhamento. Um sólido, por outro lado, aparentemente suporta uma tensão de cisalhamento considerável, opondo a ela uma força restauradora elástica, que é proporcional à deformação, dada pela lei de Hooke, $F' = -\kappa' x'$. De fato, contudo, inclusive um sólido escoa um pouco, mas geralmente a tensão deve ser mantida por um longo tempo antes que o escoamento seja notado. Este escoamento lento de sólidos é denominado *deslizamento*. Embora o deslizamento seja normalmente pequeno, sua ocorrência sugere que as propriedades de escoamento tanto dos líquidos quanto dos sólidos diferem em grau não em espécie. Sob altas tensões, o deslizamento se converte em *deformação plástica* de sólidos, que pode ser observada em operações, tais como, laminação, trefilação ou forjamento de metais. Essas operações se processam por mecanismos baseados no escorregamento dos planos de deslizamento.

O fato de os líquidos escoarem imediatamente, mesmo sob tensões de cisalhamento pequenas, não significa necessariamente que não existam forças elásticas de restauração no seio da estrutura líquida. Estas forças podem existir sem que tenham a oportunidade de se tornar efetivas, devido à rapidez do processo de escoamento. O ricocheteamento de uma pedra chata sobre a superfície de um tanque demonstra a elasticidade de um líquido. Um interessante polímero de silicone tem sido apresentado com o nome de *massa saltadora*. Este curioso material é um híbrido de sólido e líquido no que concerne às propriedades de escoamento. Trabalhada sob a forma de esfera e jogada de encontro a uma parede, ela retorna como o faz qualquer bola de borracha. Deixando-se a bola sobre uma mesa, ela gradualmente se transforma num lamaçal de massa viscosa. Portanto, sob tensão continuamente aplicada, ela escoa lentamente como um líquido, mas sob ação rápida de um choque ela se comporta como borracha.

É difícil medirem-se as propriedades reversíveis ou elásticas de um líquido sob tensões de cisalhamento, pois elas são normalmente suplantadas pela *viscosidade de cisalhamento* irreversível. Se η é a viscosidade de cisalhamento e κ' é a elasticidade de cisalhamento, Maxwell mostrou que uma distorção de cisalhamento instantânea apresentaria um *tempo de relaxação* $\tau = \eta/\kappa'$. Para líquidos leves comuns com $\kappa' \approx 10^9\ \mathrm{N \cdot m^{-2}}$ (semelhante ao seu valor num cristal fracamente ligado) e $\eta = 10^{-3}\ \mathrm{kg \cdot m^{-1} \cdot s^{-1}}$, $\tau \approx 10^{-12}$ s. Portanto, a freqüência de relaxação ($10^{-12}\ \mathrm{s}^{-1}$) estaria fora dos limites de medida. Com soluções de polímeros, entretanto, η pode ser muito maior e κ' pode ser menor, de forma que a freqüência de relaxação pode cair dentro da faixa de freqüência ultra-sônica[11].

Outro problema interessante[12] ocorre quando questionamos sobre a possibilidade de um líquido submetido a tensões de compressão apresentar quaisquer efeitos irreversíveis devido a uma *viscosidade volumétrica*. No caso de tensões de compressão, a resposta elástica ou alteração de volume é fácil de ser detectada, porém o efeito viscoso é transitório e difícil de ser detectado. A abordagem experimental consiste em um estudo da absorção de ondas ultra-sônicas pelos líquidos. A deformação causada por uma onda sonora é parcialmente uma alteração em volume e parcialmente um cisalhamento, porém

[11] W. P. Mason, W. O. Baker, M. T. McSkimin e J. H. Heiss, *Phys. Rev.* **75**, 936 (1949)

[12] Parafraseado das observações de H. S. Green, "The Structure of Liquids"; *Encyclopedia of Physics* (Berlim: Springer, 1960), p. 92. Ver também as compreensivas discussões em K. H. Herzfeld e T. Litovitz, *Absorption and Dispersion of Ultrasonic Waves* (New York: Academic Press, 1959)

é possível efetuar a separação das contribuições individuais dos diferentes mecanismos devido ao coeficiente de absorção. Para o glicerol, um líquido altamente associado, a absorção das ondas ultra-sônicas é cerca de duas vezes o valor calculado a partir da viscosidade de cisalhamento, de modo que uma grande contribuição é devida à viscosidade compressiva. Na água, também a absorção das ondas ultra-sônicas se deve principalmente à alta viscosidade volumétrica.

19.11. Viscosidade

Alguns aspectos da teoria hidrodinâmica do escoamento dos fluidos foram discutidos na Sec. 4.24. Mostramos como podia ser medido o coeficiente de viscosidade η através da velocidade de escoamento em tubos cilíndricos. Este é um dos métodos mais adequados tanto para líquidos como para gases. A equação para um fluido incompressível se aplica para os líquidos enquanto que aquela para fluidos compressíveis se aplica para os gases. Então, da Eq. (4.60),

$$\eta = \frac{\pi R^4 \,\Delta P}{8l(dV/dt)}$$

No *viscosímetro de Ostwald* é medido o tempo necessário para um bulbo contendo líquido ser esvaziado mediante escoamento através de um capilar sob a ação da gravidade. É comum efetuarem-se determinações relativas em vez das absolutas com esse instrumento, de modo que as dimensões do capilar e o volume do bulbo não precisam ser conhecidos. O tempo t_0 necessário para um líquido de viscosidade conhecida η_0, geralmente a água, escoar do bulbo é anotado. O tempo t para o líquido de viscosidade desconhecida é igualmente medido. A viscosidade desconhecida é, então,

$$\eta = \frac{\rho}{\rho_0}\frac{t}{t_0}\eta_0,$$

onde ρ_0 e ρ são as densidades da água e do outro líquido.

Outro viscosímetro útil é o de Höppler, baseado na fórmula de Stokes para a resistência viscosa ao deslocamento de um corpo esférico que cai através de um fluido, $F = 6\pi\eta rv$.

$$\eta = \frac{F}{6\pi rv} = \frac{(m - m_0)g}{6\pi rv} \qquad (19.21)$$

Medindo-se a velocidade de queda no líquido (velocidade terminal v) de esferas metálicas de raio r e de massa m conhecidos, a viscosidade pode ser calculada desde que a força F seja igual a $(m - m_0)g$, onde m_0 é a massa do líquido deslocado pela esfera.

As teorias hidrodinâmicas para o escoamento de líquidos e gases são muito semelhantes. Os mecanismos cinético-moleculares diferem largamente como poderíamos inferir imediatamente das diferentes dependências em relação à temperatura e à pressão das viscosidades de líquidos e gases. Num gás, a viscosidade aumenta com a temperatura e praticamente independe da pressão. Num líquido, a viscosidade aumenta com a pressão e decresce com o aumento da temperatura.

A variação típica da viscosidade de um líquido com a temperatura foi pela primeira vez apresentada por J. deGuzmann Carrancio em 1913. O coeficiente de viscosidade pode ser dado como

$$\eta = A\exp\left(\frac{\Delta E_{vis}}{RT}\right)$$

A grandeza ΔE_{vis} é a barreira de energia que deve ser vencida antes que o processo elementar de escoamento possa ocorrer. Ela é expressa por mol de líquido. O termo $\exp(-\Delta E_{vis}/RT)$ pode então ser entendido como um fator de Boltzmann, fornecendo a fração de moléculas que têm a energia necessária para ultrapassar a barreira. Então ΔE_{vis} é uma energia de ativação para escoamento viscoso.

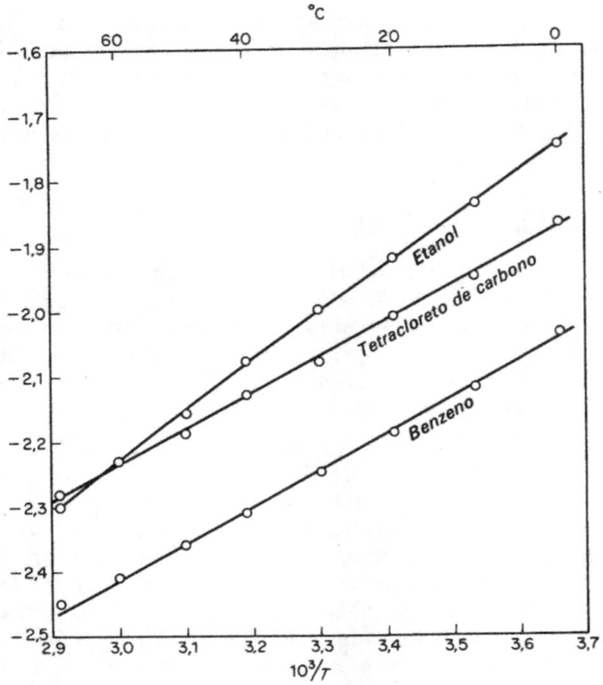

Figura 19.11 Variação da viscosidade com a temperatura colocada em gráfico na forma de log η em função de T^{-1}. Os dados para o tetracloreto de carbono e benzeno se colocam sobre linhas retas; porém os dados para o etanol em temperaturas elevadas se desviam de uma reta na direção de menores viscosidades

As viscosidades de alguns líquidos em função da temperatura são registrados no gráfico da Fig. 19.11, que apresenta log η em função de T^{-1}. Na maioria dos casos, obtém-se uma boa relação linear. As energias de ativação ΔE_{vis} são mais ou menos de 1/3 a 1/4 dos calores latentes de vaporização. Líquidos com estruturas de pontes de hidrogênio geralmente apresentam um desvio da relação linear log η *versus* T^{-1} para valores mais altos de T, no sentido da diminuição de η. Como poderia ser explicado este fato?

PROBLEMAS

1. A pressão de vapor normal, P_0, do ácido acético é 20,6 torr a 303 K. Duas gotas de $CH_3COOH(l)$, cada uma de raio 5,00 nm, estão em equilíbrio com $CH_3COOH(g)$ num recipiente que fora previamente esvaziado. Calcular a pressão do vapor de CH_3OOH. Se as duas gotas se juntam numa única gota, qual será a nova pressão de vapor? Que suposições deve se fazer para obter uma solução?

2. O coeficiente térmico de pressão $(\partial P/\partial T)_V$ para CCl_4 é 117,5 $N \cdot m^{-2} \cdot K^{-1}$ a 315 K e 10 $N \cdot m^{-2}$ de pressão. Calcular a pressão interna.

3. As densidades do etanol líquido e vapor, em equilíbrio, a várias temperaturas são:

θ, °C	100	150	200	220	240
ρ(liq), $g \cdot cm^{-3}$	0,7157	0,6489	0,5568	0,4958	0,3825
ρ(vap), $g \cdot cm^{-3}$	0,00351	0,0193	0,0508	0,0854	0,1716

A temperatura crítica é 243 °C. Qual o volume crítico?

4. A estrutura cristalina do criptônio sólido é cúbica de empacotamento denso com uma distância de 0,405 nm entre os vizinhos mais próximos, a 58 K. A polarizabilidade de um átomo de Kr é $2{,}46 \times 10^{-24}\ cm^3$ e seu primeiro potencial de ionização, que pode ser tomado como $h\nu_0$ na interação com dispersão, é 13,93 eV.

a) Calcular a interação de dispersão para um par de átomos de Kr distanciados de 0,405 nm.

b) Mostrar como a energia total por mol de Kr sólido pode ser calculada, considerando-se que apenas as interações entre os vizinhos mais próximos sejam importantes.

5. O tempo de escoamento da H_2O em um viscosímetro, a 20 °C, é 120 s. A densidade da água é $0{,}997\ g \cdot cm^{-3}$ e sua viscosidade, $1{,}002\ g \cdot m^{-1} \cdot s^{-1}$. O tempo de escoamento de álcool benzílico (densidade $1{,}042\ g \cdot cm^{-3}$) é 663 s. Calcular a viscosidade do álcool benzílico.

6. A 1 050 K, um certo vidro fundido tem uma viscosidade de $1{,}46 \times 10^5\ kg \cdot m^{-1} \cdot s^{-1}$ e uma densidade de $3{,}54 \times 10^3\ kg \cdot m^{-3}$. Quanto tempo levaria uma esfera de platina de 1,00 cm de diâmetro para penetrar 1,00 cm neste vidro fundido?

7. Duas formas da equação de estado virial são utilizadas:

$$\text{(a)}\ \frac{PV_m}{RT} = 1 + \frac{B(T)}{V_m} + \frac{C(T)}{V_m^2} + \cdots$$

$$\text{(b)}\ \frac{PV_m}{RT} = 1 + B'(T)P + C'(T)P^2 + \cdots$$

Mostre que $B' = B/RT$, $C' = (C - B^2)/(RT)^2$.

8. Para um gás de esferas rígidas de diâmetro d, com uma energia atrativa $U(r) = -Ar^{-6}$, mostrar que o segundo coeficiente virial é[13]

$$B = \frac{2}{3}\pi L d^3\left\{1 - \sum_{n=1}^{\infty} \frac{3}{n!\,(6n-3)}\left(\frac{A}{d^6 kT}\right)^n\right\}$$

9. Usando a expressão do Problema 8, calcular B para o argônio, dado que $d = 0{,}293$ nm e $A = 3 \times 10^{-77}\ J \cdot m^6$. Então, calcular PV_m/RT para o argônio a 100 atm e 300 K e compará-lo com os valores experimentais[14].

10. A energia atrativa de London, para dois átomos semelhantes, separados por uma distância r, é

$$E_L = \frac{-\frac{3}{2}\mu^2\alpha}{(4\pi\epsilon_0)^2 r^6}\ .$$

onde α é a polarizabilidade e μ é o valor do momento dipolar instantâneo. Pode-se mostrar que $\mu^2 = \alpha\Delta E/2$, onde ΔE é a energia para a transição que contribui predominantemente para as forças de dispersão. Calcular E_L para dois átomos de argônio para diferentes valores de r, considerando-se $\alpha = 1{,}63 \times 10^{-3} \times 10^{-30}\ m^3$ e ΔE = potencial de ionização I, 15,4 eV.

11. A equação que se segue, para a viscosidade de um líquido, foi derivada por Eyring da teoria do complexo ativado dos processos de velocidade:

$$\eta = \frac{L}{V_m}(2\pi mkT)^{1/2} V_f^{1/3} \exp\left(\frac{\Delta H^{\ddagger}_{vis}}{RT}\right),$$

onde V_m é o volume molar do líquido e V_f, seu volume livre por molécula. A partir dos dados apresentados na Fig. 19.11, calcular $\Delta H^{\ddagger}_{vis}$ para CCl_4. Por meio de considerações razoáveis sobre as dimensões das moléculas no estado líquido, estimar V_f e daí calcular o fator pré-exponencial da equação de Eyring e compará-lo com o valor experimental.

[13] Ver J. O. Hirschfelder, C. F. Curtiss e R. B. Bird, *Molecular Theory of Gases and Liquids* (New York: John Wiley & Sons, Inc., 1954), pp. 131, 158, 166

[14] F. Din, editor, *The Thermodynamic Functions of Gases*, Vol. 2 (Londres: Butterworth & Co., Ltd., 1958)

20

Macromoléculas

Da mesma forma que o homem, do ponto de vista dos paleontologistas, se incorpora anatomicamente ao conjunto de mamíferos que o precederam, também a célula, na mesma série descendente, tanto qualitativa quanto quantitativamente, se incorpora ao mundo da estrutura química e converge visivelmente em direção à molécula.

Pierre Teilhard de Chardin
(1955)[1]

Muito do nosso conhecimento atual das moléculas muito grandes se baseia no trabalho pioneiro de Hermann Staudinger e seus colaboradores, que publicaram mais de 700 artigos neste campo, entre 1920 e 1950. Staudinger introduziu o termo *macromolecular* para caracterizar substâncias com peso molecular $M_r > 10\,000$. Um sistema é denominado macromolecular se apresentar os atributos (viscosidade, espalhamento da luz, ultra-sedimentação, propriedades coligativas etc.) característicos deste estado especial, como será delineado neste capítulo. Staudinger definiu *colóides moleculares* (em contraposição aos *colóides de associação*) como substâncias que se comportam, em solução, como colóides devido ao tamanho grande de suas moléculas.

Originalmente, um *polímero* representava uma substância composta de moléculas, com uma fórmula X_n, produzidas pela repetição de n unidades estruturais idênticas X. A combinação de duas unidades estruturais conduz aos *copolímeros* X_nY_m (em contraste com os *homopolímeros* X_n). Atualmente nos referimos com freqüência a substâncias, tais como proteínas e ácidos nucléicos, como *polímeros*, porque contêm um grande número de unidades estruturais similares unidas pelo mesmo tipo de ligação.

20.1. Tipos de polirreações

Os altos polímeros podem ser sintetizados a partir de moléculas pequenas por diferentes tipos de *polirreações*.

A *polimerização de adição* consiste na adição de uma molécula a outra através de uma utilização de ligações insaturadas. Por exemplo, polietileno é formado pela sucessiva adição de unidades $CH_2{=}CH_2$ à cadeia polimérica em crescimento. O desenvolvimento da cadeia pode ser iniciado pela introdução de um radical livre R, que, adicionado a uma molécula insaturada, produz um radical maior,

$$R\text{–} + CH_2{=}CH_2 \longrightarrow R\text{—}CH_2\text{—}CH_2\text{–},$$

que por sua vez se adiciona a outra molécula de C_2H_4,

$$R\text{—}CH_2\text{—}CH_2\text{–} + CH_2{=}CH_2 \longrightarrow R\text{—}CH_2\text{—}CH_2\text{—}CH_2\text{—}CH_2\text{–}$$

[1] *Le Phénomène Humain* (Paris: Edition du Seuil, 1955)

Tais estágios de adição podem continuar com uma velocidade muito grande durante a fase de crescimento da polimerização. Finalmente, contudo, o radical em crescimento, $R(CH_2)_n$—CH_2— pode encontrar um segundo radical e a cadeia de polimerização é terminada por recombinação ou desproporcionamento.

$$R(CH_2)_n\text{—}CH_2\text{-} + R(CH_2)_m\text{—}CH_2 \longrightarrow R(CH_2)_{m+n+2}R$$
$$\longrightarrow R(CH_2)_n CH_3 + R(CH_2)_{m-1}CH{=}CH_2$$

Se duas espécies diferentes de monômeros, A e B, são utilizadas como materiais de partida, pode ocorrer copolimerização, com possibilidade de formação de uma grande variedade de copolímeros, dependendo das proporções de A e B no produto. Um exemplo industrial importante é o copolímero de estireno e butadieno na proporção de 1:3, que é a borracha sintética SBR.

A *policondensação* é um tipo de reação que ocorre pela eliminação de uma molécula menor e a formação de uma ligação entre dois monômeros, cada um contendo dois grupos funcionais, de tal sorte que a reação pode ocorrer repetidamente produzindo uma macromolécula. Um exemplo, é a síntese da poliamida Nylon 66 por Carothers em 1934:

$$
\begin{array}{ccccccc}
COOH & & NH_2 & & COOH & & \\
| & & | & & | & & \\
(CH_2)_4 & & (CH_2)_6 & & (CH_2)_4 & & \\
| & & | & & | & & \\
COOH & + & NH_2 & \longrightarrow & CO & + & H_2O \\
& & & & | & & \\
& & & & NH & & \\
\text{Ácido} & & \text{Hexametileno} & & (CH_2)_6 & & \\
\text{adípico} & & \text{diamina} & & | & & \\
& & & & NH_2 & &
\end{array}
$$

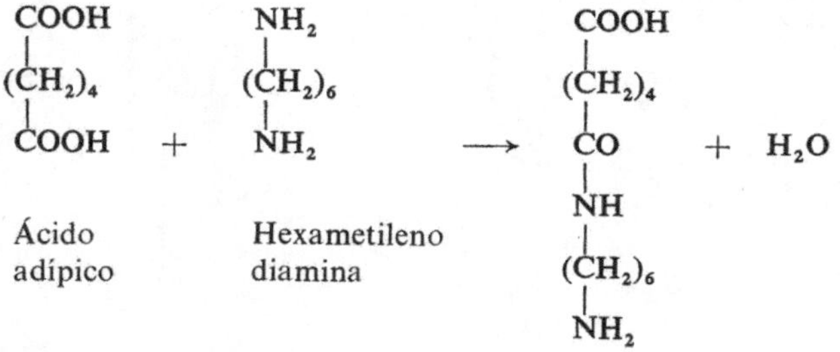

O produto apresenta grupos funcionais terminais e a condensação pode continuar fornecendo produtos com $M_r \sim 15\,000$.

A espécie ativa numa reação de polimerização não é necessariamente um radical, mas pode ser um íon ou um complexo ativo formado por um catalisador adequado. Em 1963, Karl Ziegler e Giulio Natta dividiram Prêmio Nobel por seu trabalho no desenvolvimento de técnicas para a síntese de polímeros com estereoisomeria específica. A chave para essas reações foi a descoberta da catálise heterogênea baseada nas misturas de $Al(C_2H_5)_3$ e $TiCl_4$.

20.2. Distribuição de massas molares[2]

É evidente que as macromoléculas formadas por quaisquer das reações apresentadas não terão a mesma massa molecular final m (por exemplo, ver a Fig. 20.1). Haverá uma distribuição de massas das macromoléculas com a probabilidade $W(m)$ de que a massa esteja entre m e $m + dm$. Esta não-uniformidade das massas moleculares causa inúmeros problemas na interpretação de algumas das propriedades das macromoléculas em solução.

Numa solução de estireno em benzeno, todas as moléculas de estireno são idênticas e todos os métodos de determinação da massa molar M devem levar ao mesmo resultado, dentro das incertezas experimentais. Numa solução de poliestireno em benzeno, con-

---

[2] Estabelecemos distinção entre a massa molar M, a massa dividida pela quantidade de substância, e a massa molecular relativa M_r, uma grandeza adimensional, também denominada *peso molecular*. M_r é a relação entre a massa média por molécula da substância com a composição isotópica natural e 1/12 da massa de um átomo do nuclídeo ^{12}C

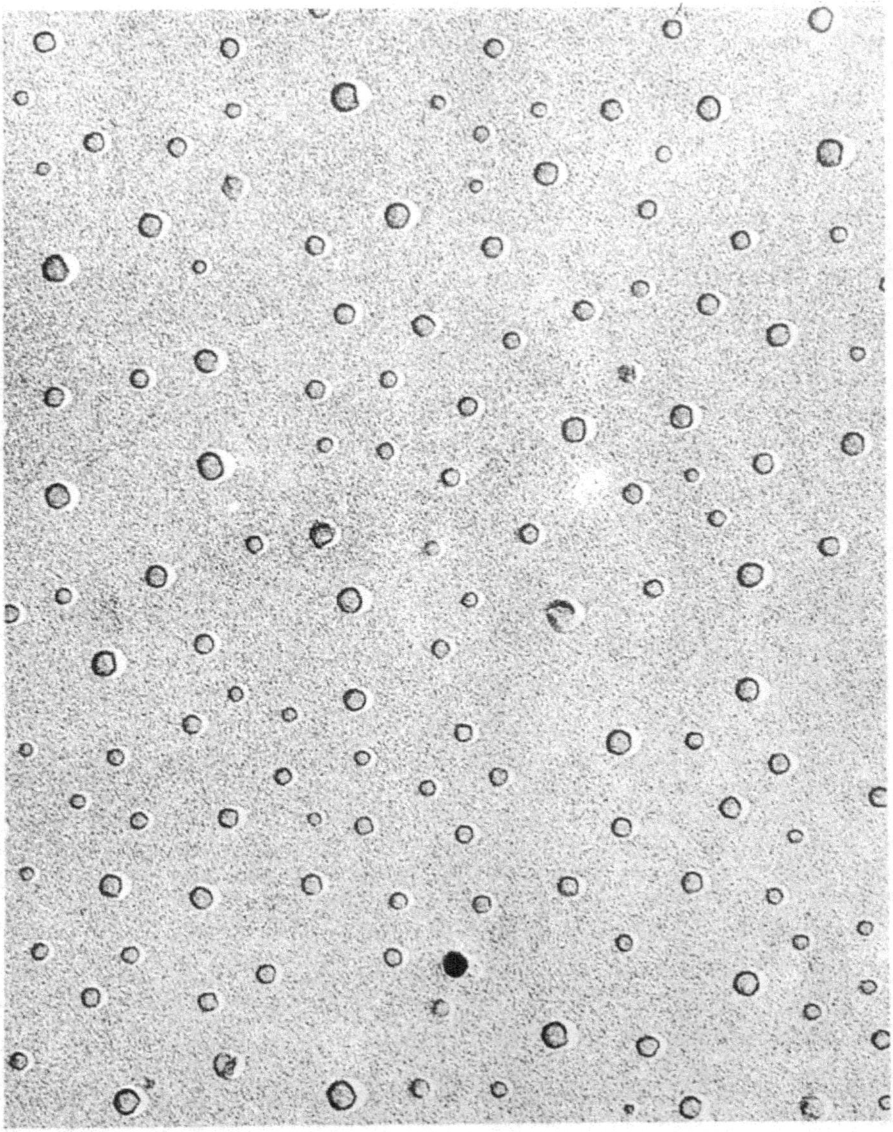

Figura 20.1 Uma micrografia eletrônica de moléculas de borracha natural bromada com aumento 100 000 vezes. Esta fotografia ilustra a distribuição de massas moleculares, que geralmente ocorre em soluções de altos polímeros, e a conseqüente necessidade de tomar uma média adequadamente ponderada das propriedades que dependem da massa molecular (Fotografia fornecida pelo Dr. S. Nair, The Rubber Research Institute of Malaya)

tudo, as massas das moléculas poliméricas individuais estão distribuídas dentro de uma faixa de valores. Conseqüentemente, métodos diferentes de determinação de massa molar a partir de propriedades da solução podem conduzir a diferentes valores.

As *propriedades coligativas*, tais como a pressão osmótica, dependem do número de partículas na solução. Então a massa por mol calculada através de uma propriedade coligativa é uma *média numérica* definida por

$$\bar{M}_N = \frac{L \sum N_i m_i}{\sum N_i} \tag{20.1}$$

Para obter M_N, adicionamos os produtos de cada massa molecular m_i pelo número de moléculas N_i apresentando aquela massa, dividimos a soma pelo número total de moléculas e, finalmente, multiplicamos pelo número de Avogadro L.

No caso de haver uma distribuição de massas moleculares, a média numérica tende a enfatizar as massas menores. Suponhamos que existam apenas dois tipos de moléculas, um com $Lm_1 = 100\ \text{g}\cdot\text{mol}^{-1}$ e outro com $Lm_2 = 10\,000\ \text{g}\cdot\text{mol}^{-1}$. A média numérica seria $M_N = 5\,050\ \text{g}\cdot\text{mol}^{-1}$, a despeito do fato de 99% da massa da substância estarem nas moléculas mais pesadas.

Algumas determinações experimentais de massa molar, por exemplo, as baseadas no espalhamento de luz, dependem das massas do material nas diferentes frações. Esses métodos fornecem uma massa molar *média ponderal* definida por

$$\bar{M}_m = \frac{L \sum N_i m_i m_i}{\sum N_i m_i} = \frac{L \sum N_i m_i^2}{\sum N_i m_i} \tag{20.2}$$

Consideremos uma amostra contendo 10% em massa de polímero com $Lm_1 = 10\,000\ \text{g}\cdot\text{mol}^{-1}$ e 90% em massa de polímero com $Lm_2 = 100\,000\ \text{g}\cdot\text{mol}^{-1}$. Então,

$$\bar{M}_m = \frac{0{,}1(10\,000) + 0{,}9(100\,000)}{1} = 91\,000\ \text{g}\cdot\text{mol}^{-1}$$

enquanto

$$\bar{M}_N = \frac{0{,}1(10\,000) + 0{,}09(100\,000)}{0{,}19} = 52\,500\ \text{g}\cdot\text{mol}^{-1}$$

A Fig. 20.2 mostra três distribuições de massas molares, todas elas apresentando $\bar{M}_N = 10^5\ \text{g}\cdot\text{mol}^{-1}$ e $\bar{M}_m = 2 \times 10^5\ \text{g}\cdot\text{mol}^{-1}$.

Consideraremos agora alguns métodos de determinação de massas moleculares, dimensões e formas de macromoléculas em solução.

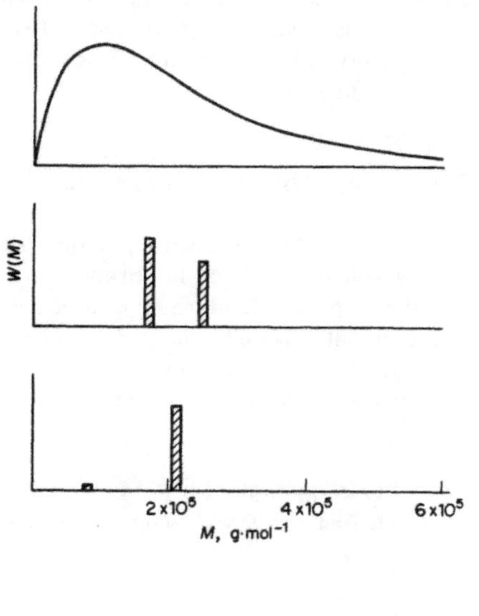

Figura 20.2 Três diferentes distribuições de massas molares, cada uma fornecendo $\bar{M}_N = 10^5$ e $\bar{M}_m = 2 \times 10^5\ \text{g}\cdot\text{mol}^{-1}$

20.3. Pressão osmótica

A teoria da pressão osmótica, discutida na Sec. 7.15, se aplica também às soluções de polímeros. Soluções comuns seguem a equação de Van't Hoff, $\Pi = cRT$, até uma concentração de cerca de 1%, porém desvios muito pronunciados ocorrem em soluções de polímeros em concentrações muito mais baixas. Em 1914, Caspari relatou que a pressão osmótica de uma solução a 1% de borracha em benzeno era cerca de duas vezes maior que o valor calculado pela equação de Van't Hoff. Desvios grandes como esse têm sido freqüentemente relatados.

A obtenção de dados de pressão osmótica de soluções de altos polímeros apresenta três problemas principais: 1) Como podemos determinar a massa molar quando falha a lei de Van't Hoff? 2) Podem os dados de pressão osmótica ser explicados em termos das dimensões e formas das moléculas dos polímeros? 3) Podem os dados das pressões osmóticas fornecer informações acerca das interações das moléculas do polímero entre si e com as do solvente?

Em 1945, McMillan e Mayer[3] mostraram que a pressão osmótica de não-eletrólitos podia ser representada por uma série de potências em termos das concentrações, de forma exatamente análoga à da equação virial para gases não-ideais,

$$\Pi = RT\left(\frac{C}{\overline{M}_N} + BC^2 + DC^3 + \cdots\right) \tag{20.3}$$

Nesta equação, C é a concentração em massa por unidade de volume (por exemplo, $g \cdot cm^{-3}$). Em soluções razoavelmente diluídas, o terceiro termo se torna desprezível e

$$\frac{\Pi}{C} = \frac{RT}{\overline{M}_N} + RTBC \tag{20.4}$$

Portanto, um gráfico de Π/C com C deveria dar uma reta na região de baixas concentrações. A interseção da reta extrapolada para $C = 0$ fornece o valor de $RT/\overline{M}_N$ e, conseqüentemente, o da massa molar média numérica $\overline{M}_N$. A Fig. 20.3 mostra as pressões osmóticas de soluções aquosas de polipirrolidonas[4] dispostas em gráfico de acordo com a Eq. (20.4). Os valores de $\overline{M}_N$ variam de 11 600 a 75 500 para diferentes frações.

Vários tipos de osmômetros têm sido utilizados para esses estudos. As membranas semipermeáveis são geralmente uma película de celulose intumescida, que é disposta entre suportes rígidos, de tal forma a apresentar uma elevada área disponível para as soluções. Nas medidas da pressão osmótica de altos polímeros, devemos tentar tornar mínimos os efeitos Donnan, discutidos na Sec. 12.18, estabelecendo condições nas quais a carga do polímero é minimizada ou então trabalhando com um excesso considerável de sal neutro.

20.4. Espalhamento da luz — Lei de Rayleigh

O espalhamento da luz por uma solução coloidal foi descrito por Tyndall em 1871. Ele passou um feixe de luz branca através de um sol de ouro e observou a luz azulada espalhada perpendicularmente ao feixe incidente. Um arranjo típico para o estudo do espalhamento da luz é mostrado na Fig. 20.4. O detector de luz espalhada é montado de tal forma que a intensidade pode ser medida em função de θ, o ângulo de espalhamento em relação à direção do feixe incidente.

(3) W. G. McMillan e J. E. Mayer, *J. Chem. Phys.* **13**, 276 (1945)
(4) J. Hengstenberg, *Makromol. Chem.* **7**, 572 (1951)

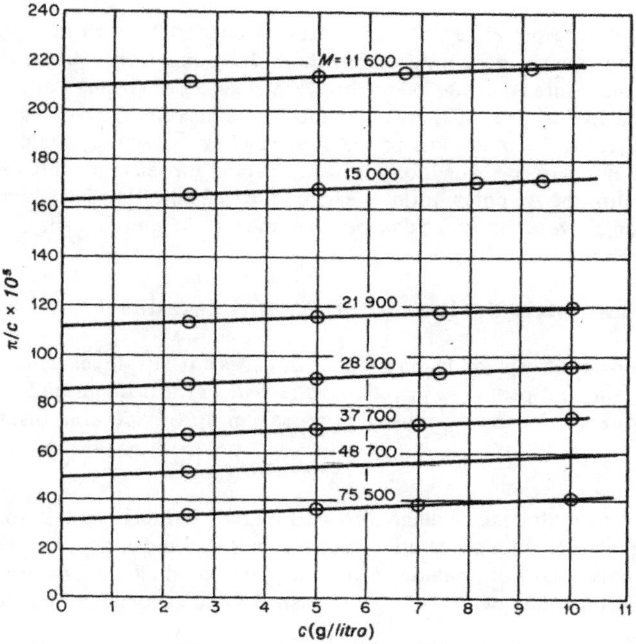

Figura 20.3 Pressões osmóticas de soluções de polipirrolidonas em água a 298 K grafadas de acordo com a Eq. (20.4). As massas molares médias numéricas $\bar{M}_N$ são indicadas nas curvas

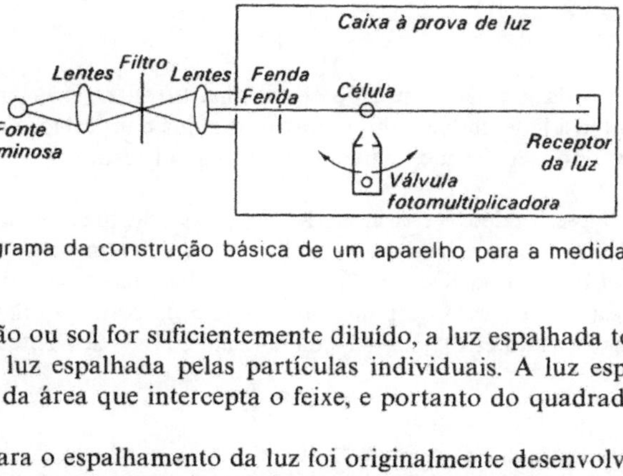

Figura 20.4 Diagrama da construção básica de um aparelho para a medida do espalhamento de luz

Se uma solução ou sol for suficientemente diluído, a luz espalhada total será simplesmente a soma da luz espalhada pelas partículas individuais. A luz espalhada por uma partícula depende da área que intercepta o feixe, e portanto do quadrado do raio efetivo da partícula, a^2.

Uma teoria para o espalhamento da luz foi originalmente desenvolvida por Rayleigh em 1871 para o caso de partículas isotrópicas cujas dimensões são pequenas comparadas com o comprimento de onda λ da luz. A intensidade de luz I_θ espalhada por uma única partícula segundo um ângulo θ depende da intensidade da luz incidente I_0, da distância r_s a partir do volume de espalhamento e da polarizabilidade α da partícula. Para luz não-polarizada, a relação é [5]

$$R_\theta = \frac{I_\theta r_s^2}{I_0} = \frac{8\pi^4 \alpha^2}{\lambda^4}(1 + \cos^2 \theta) \qquad (20.5)$$

A grandeza R_θ é denominada *relação de Rayleigh.*

[5]Uma dedução é apresentada por P. J. Flory, em *Principles of Polymer Chemistry* (Ithaca: Cornell University Press, 1953), p. 287

Devemos notar especialmente a considerável dependência entre a intensidade de luz espalhada e o inverso do comprimento de onda. Como conseqüência, a luz azul se espalha muito mais intensamente que a luz vermelha. Se olharmos para o céu durante o dia, veremos a luz do Sol espalhada por moléculas gasosas e partículas de poeira segundo vários ângulos θ e o céu nos parecerá azul. No crepúsculo, olhamos diretamente para o Sol e ele nos parece vermelho, porque a luz azul foi seletivamente espalhada para fora dos feixes diretos. As cores animais são freqüentemente devidas em parte à luz espalhada[6], algumas vezes modificadas por fenômenos de interferência.

20.5. Espalhamento da luz por macromoléculas

A totalidade da luz espalhada em todas as direções a partir do feixe incidente, quando o mesmo atravessa a suspensão, é medida pela *turbidez* τ. Se a intensidade I_0 de um feixe incidente se reduz até I como resultado da passagem através de uma distância x

$$\frac{I}{I_0} = \exp(-\tau x)$$

Esta expressão é formalmente semelhante à lei Bouguer-Lambert para a absorção de luz.

Se N partículas de dimensões uniformes forem distribuídas ao acaso com uma concentração N/V partículas por unidade de volume, a relação de Rayleigh para a intensidade da luz espalhada por unidade de volume na suspensão, de acordo com a Eq. (20.5), seria

$$R'_\theta = \frac{I_\theta r_s^2}{I_0} = \frac{8\pi^4 \alpha^2 N}{\lambda^4 V}(1 + \cos^2\theta) \tag{20.6}$$

A turbidez está ligada a esta relação de Rayleigh a 90° pela expressão

$$\tau = \left(\frac{16\pi}{3}\right) R'_{90} \tag{20.7}$$

O espalhamento da luz não é medido como uma turbidez, mas sim por uma determinação real da intensidade de luz a 90° e outros ângulos com relação ao feixe incidente. Os resultados, contudo, são freqüentemente expressos em termo de τ calculado a partir da Eq. (20.7).

Em 1947, Debye estendeu a teoria de Rayleigh às soluções de macromoléculas. A polarizabilidade α não é uma grandeza conveniente para ser medida, mas, por meio da teoria de Clausius-Mossotti da Sec. 15.17, podemos relacioná-la com os dados de índice refração $\mathbf{n}$ da solução. O excesso de polarizabilidade α da solução relativamente ao solvente está ligado às constantes dielétricas ε da solução e ε^o do solvente por

$$\epsilon - \epsilon^\circ = 4\pi \frac{N}{V}\alpha$$

Para as freqüências relativamente altas da luz visível, $\varepsilon \approx \mathbf{n}^2$, de modo que

$$\mathbf{n}^2 - \mathbf{n}_0^2 = 4\pi \frac{N}{V}\alpha$$

$$\alpha = \frac{(\mathbf{n} + \mathbf{n}_0)(\mathbf{n} - \mathbf{n}_0)}{4\pi}\frac{V}{N}$$

A grandeza $(\mathbf{n} - \mathbf{n}_0)/C$, onde C é a concentração em massa por unidade de volume, é denominada *incremento de índice de refração* do soluto e, para uma variação linear, ela pode ser escrita como $(d\mathbf{n}/dC)$. Para uma solução diluída $(\mathbf{n} + \mathbf{n}_0) \approx 2\mathbf{n}_0$ de forma que

$$\alpha = \frac{\mathbf{n}_0}{2\pi}\left(\frac{d\mathbf{n}}{dC}\right)\frac{M}{L}.$$

[6] C. H. Greenewalt, *Hummingbirds* (New York: Doubleday & Company, Inc., 1960), p. 169

quando M é a massa molar. Por substituição na Eq. (20.6),

$$R_\theta = \frac{2\pi^2 \mathbf{n}_0^2 (d\mathbf{n}/dC)^2}{L\lambda^4} CM(1 + \cos^2\theta) = KCM(1 + \cos^2\theta), \tag{20.8}$$

onde K é a combinação definida de parâmetros $2\pi^2\mathbf{n}_0^2(d\mathbf{n}/dC)^2/L\lambda^4$. Então uma medida de R_θ pode levar a uma determinação da massa molar M (ou do peso molecular, através de uma escolha adequada de unidades).

Em soluções mais concentradas, a Eq. (20.8) pode ser corrigida resultando

$$K\frac{C}{R_\theta}(1 + \cos^2\theta) = \frac{1}{M} + 2BC \tag{20.9}$$

Esta equação tem a mesma forma daquela válida para a pressão osmótica. Se uma solução de polímeros, de diferentes massas moleculares, for estudada, o espalhamento de luz fornecerá a massa molar média ponderal $\overline{M}_m$[7] enquanto que dados de pressão osmótica permitem obter a média numérica $\overline{M}_N$. Podemos então combinar os dados dos dois métodos para obter informações a respeito da distribuição de massas moleculares na solução de polímeros.

Quando as dimensões da partícula espalhante não são tão pequenas em comparação com o comprimento de onda λ, a teoria do espalhamento se torna mais complicada. Precisamos, então, considerar a interferência entre as ondas luminosas espalhadas por diferentes partes da mesma partícula. A teoria para tal espalhamento foi elaborada por Gustav Mie em 1908 para o caso de partícula esférica[8].

A próxima extensão da teoria consiste em levar em conta as dimensões e as formas das moléculas. Esses fatores estão incluídos no *fator de espalhamento da partícula* $P(\theta)$. Obtém-se a equação[9]

$$K\frac{C}{R_\theta}(1 + \cos^2\theta) = \frac{1}{MP(\theta)} + 2BC \tag{20.10}$$

É possível obter um valor preciso de M, através de dados de espalhamento da luz, pelo exame de soluções dentro de uma faixa de concentrações C e ângulos θ. Os dados são então extrapolados para concentração zero e para ângulo zero. Esta extrapolação gráfica é chamada *diagrama de Zimm* em homenagem a seu inventor. Consideremos os dados obtidos por Doty[10] e colaboradores para uma fração de nitrato de celulose dissolvido em acetona. Na Fig. 20.5(a), os valores de KC/R_θ são postos em gráfico em função de $\text{sen}^2\,\theta + kC$, onde k é uma constante arbitrária (2 000 no caso) usada para dispersar os dados. Cada conjunto de pontos com concentração constante é extrapolado para ângulo zero e cada conjunto de pontos com ângulo constante é extrapolado para concentração zero. Os dois conjuntos-limites de pontos são extrapolados para ordenada zero, onde eles deveriam se intersectar num valor de $1/\overline{M}_m$ livre de efeitos devidos à interação entre as partículas (C) ou à interferência entre diferentes partes da mesma partícula (θ). Neste caso, $\overline{M}_m = 400\,000\ \text{g}\cdot\text{mol}^{-1}$. O valor de $\overline{M}_N$ resultante de medidas de pressão osmótica é de $234\,000\ \text{g}\cdot\text{mol}^{-1}$. A diferença indica uma distribuição bastante ampla de massas moleculares nessa amostra.

[7] A partir da Eq. (20.9) aplicada a uma distribuição de polímeros com concentrações C_i e pesos moleculares M_i, o valor limite de $R_\theta/(1 + \cos^2\theta)$ para $C \to 0$ é $K\Sigma C_i M_i$. Portanto, o valor-limite de KC/R_θ é

$$\frac{\sum C_i}{\sum C_i M_i} = \frac{1}{\bar{M}_m}$$

[8] *Ann. Physik* (4) **25**, 377 (1908). Ver H. C. Van de Hulst, *Light Scattering by Small Particles* (New York: John Wiley & Sons, Inc., 1957)

[9] B. H. Zimm, *J. Chem. Phys.* **16**, 1093 (1948)

[10] A. M. Holtzer, H. Benoit e P. Doty, *J. Phys. Chem.* **58**, 624 (1954)

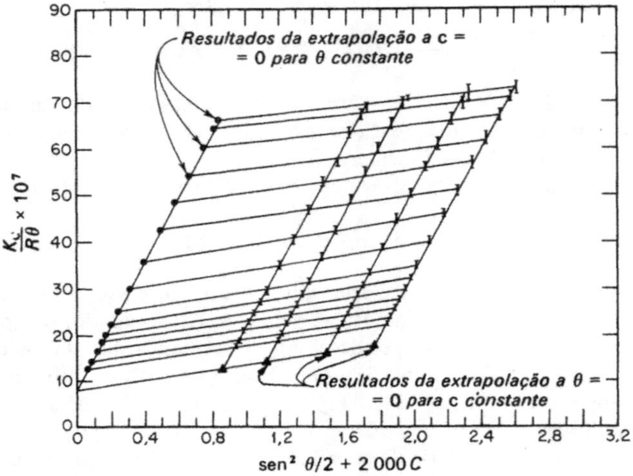

Figura 20.5(a) Espalhamento de luz de nitrato de celulose em acetona a 25 °C apresentado num gráfico de Zimm

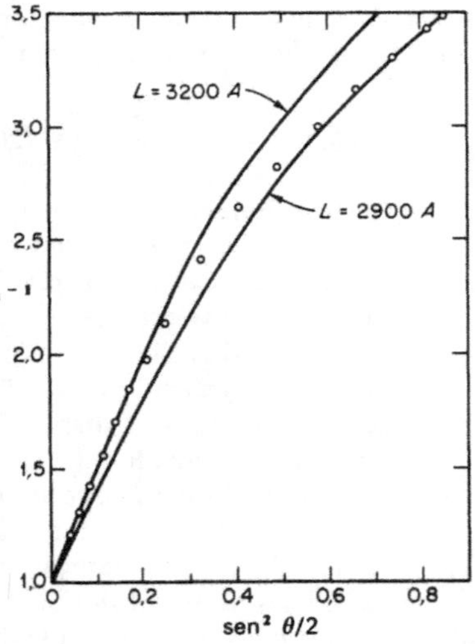

Figura 20.5(b) Dados de espalhamento de luz de uma solução do vírus do mosaico do tabaco. O recíproco do fator de espalhamento da partícula $P(\theta)$ é posto em gráfico em função de sen^2 $(\theta/2)$. Os pontos experimentais e as curvas teóricas de espalhamento são mostrados para bastonetes de dois comprimentos diferentes

Nesse polímero, cada unidade monomérica tem $M_r = 294$ e um comprimento de 0,515 nm. O número de unidades em uma cadeia de $M_r = 400\,000$ seria 1 350. Se estendida completamente, a cadeia teria 695 nm de comprimento. O valor da distância quadrática média extremidade a extremidade, $(\overline{r^2})^{1/2}$, das medidas de espalhamento de luz verificou-se ser 150 nm. Este valor é um tanto alto para uma molécula que tem esse pequeno comprimento de cadeia totalmente estendido e sugere que este polímero é inusitadamente esticado e rígido. A maioria dos polímeros que se enrolam ao acaso tende a ser muito mais fortemente espiralados e compactos.

A Fig. 20.5(b) mostra algumas determinações de $P(\theta)$ a partir do espalhamento da luz por vírus mosaico do tabaco, juntamente com as curvas teóricas para bastonetes de 290 e 320 nm de comprimento. O comprimento do vírus parece se enquadrar no valor de 300 ± 5 nm. Calcula-se $\overline{M}_m$ como sendo 39,5 × 10^3 kg · mol^{-1}. A partir do comprimento, da massa e da densidade, podemos estimar um diâmetro efetivo de 15 nm. Este trabalho é um bom exemplo do uso do espalhamento da luz para caracterizar macromoléculas em solução.

20.6. Métodos de sedimentação: a ultracentrífuga

O movimento de uma partícula em um meio fluido, sob a influência do campo gravitacional, é determinado pelo balanço entre a força gravitacional e a resistência de atrito do meio. Se uma partícula de massa m cai num meio de densidade ρ, a força gravitacional é $(1 - v_1\rho)mg$, onde v_1 é o volume específico parcial de uma partícula (isto é, V_1/M_1, onde V_1 é o volume molar parcial e M_1 é a massa molar) e $v_1\rho mg$ é o peso do fluido deslocado pela partícula. Se dx/dt é a velocidade de sedimentação, $f(dx/dt)$ é a força de atrito, onde f é o coeficiente de atrito. Uma velocidade estacionária terminal é atingida, na qual

$$f\left(\frac{dx}{dt}\right) = (1 - v_1\rho)mg \tag{20.11}$$

Podemos notar que f^{-1} é a velocidade sob a ação de uma força unitária.

Jean Perrin em 1908 estudou com um microscópio a sedimentação de partículas de goma-guta numa suspensão aquosa sob a influência do campo gravitacional da Terra. A pequena intensidade desse campo restringiu seu método a partículas bastante pesadas. O desenvolvimento de técnicas de centrifugação capazes de produzir acelerações gravitacionais de até 3×10^5 g é devido em grande parte a The Svedberg, de Uppsala. Começando por volta de 1923, dedicou-se intensamente ao problema da caracterização de macromoléculas, especialmente proteínas, por meio de sedimentação centrífuga. Num campo de força centrífugo, substituímos g na Eq. (20.11) por $\omega^2 x$, onde ω é a velocidade angular de rotação. Assim,

$$f\left(\frac{dx}{dt}\right) = (1 - v_1\rho)m\omega^2 x \tag{20.12}$$

A grandeza

$$s = \frac{dx/dt}{\omega^2 x} \tag{20.13}$$

é chamada *constante de sedimentação*. É a velocidade de sedimentação para uma aceleração centrífuga unitária. Para uma dada espécie molecular, num dado solvente e a uma dada temperatura, s é uma constante característica. Ela tem sido freqüentemente expressa em unidades Svedberg, iguais a 10^{-13} s.

Para o caso de partículas esféricas de raio a, Stokes calculou[11]

$$f = 6\pi\eta a.$$

onde η é o coeficiente de viscosidade do meio. Este é um caso especial, contudo, e geralmente não temos qualquer fórmula simples para f, mesmo se conhecermos a forma da partícula, o que normalmente não se dá.

Afortunadamente, podemos eliminar f, se conseguirmos medir alguma outra propriedade que dependa dele. Para a difusão livre numa solução diluída, o coeficiente de difusão é dado por

$$D = \frac{RT}{Lf} \tag{20.14}$$

[11] G. G. Stokes, *Trans. Cambridge Phil.* Ser. **9**, N.º 8 (1951). Ver também R. S. Bradley, *The Phenomena of Fluid Motions* (Reading, Mass.: Addison-Wesley Publ. Co., 1967), Cap. 8

Esta relação foi deduzida por Einstein em 1905[12]. Ela decorre diretamente da Eq. (10.19), se substituirmos u_i/Q por f^{-1}.

Admitindo que o f difusivo seja o mesmo que o f centrífugo podemos eliminá-lo das Eqs. (20.12) e (20.14) para obter

$$M = \frac{RTs}{D(1 - v_1\rho)} \tag{20.15}$$

Esta equação, deduzida por Svedberg em 1929, tem sido a base de muitas medidas de pesos moleculares a partir de velocidades de sedimentação. Para determinações precisas, como de hábito, extrapolaríamos s, D e v, para a diluição infinita. A Tab. 20.1 apresenta dados de algumas moléculas de proteínas que foram estudadas desta maneira.

Tabela 20.1 Constantes características de moléculas de proteínas a 20 °C

Proteínas	v_1 ($cm^3 \cdot g^{-1}$)	s (10^{-13}s)	D ($cm^2 \cdot s^{-1}$) × 10^7	M ($kg \cdot mol^{-1}$)
Mioglobina (coração de boi)	0,741	2,04	11,3	16,9
Hemoglobina (cavalo)	0,749	4,41	6,3	68
Hemoglobina (homem)	0,749	4,48	6,9	63
Hemocianina (polvo)	0,740	49,3	1,65	2 800
Albumina de soro (cavalo)	0,748	4,46	6,1	70
Albumina de soro (homem)	0,736	4,67	5,9	72
Globulina de soro (homem)	0,718	7,12	4,0	153
Lisozima (gema de ovo)	(0,75)	1,9	11,2	16,4
Edestina	0,744	12,8	3,18	381
Urease (feijão-espada)	0,73	18,6	3,46	480
Pepsina (porco)	(0,750)	3,3	9,0	35,5
Insulina (boi)	(0,749)	3,58	7,53	46
Toxina A da botulina	0,755	17,3	2,10	810
Vírus do mosaico do tabaco	0,73	185	0,53	31 400

As Figs. 20.6 e 20.7 ilustram as técnicas ópticas usadas para acompanhar a sedimentação de macromoléculas em uma ultracentrífuga analítica.

Um segundo método de utilização da centrifugação é baseado no *equilíbrio de sedimentação*. Quando o equilíbrio é atingido, a velocidade com a qual o soluto é impulsionado para fora pela força centrífuga se iguala exatamente à velocidade com que ele se difunde para o interior sob a influência do gradiente de concentração. A velocidade de sedimentação é

$$\frac{dn}{dt} = \frac{c\,dx}{dt} = c\omega^2 xm(1 - v_1\rho)\left(\frac{1}{f}\right)$$

A velocidade de difusão é

$$\frac{dn}{dt} = -\left(\frac{kT}{f}\right)\frac{dc}{dx}$$

No equilíbrio, a soma dessas velocidades é nula e obtemos

$$\frac{dc}{c} = \frac{M(1 - v_1\rho)\omega^2 x\,dx}{RT}$$

A integração entre x_1 e x_2 conduz a

$$M = \frac{2RT\ln(c_2/c_1)}{(1 - v_1\rho)\omega^2(x_2^2 - x_1^2)} \tag{20.16}$$

A massa molar assim obtida é $\overline{M}_m$, a média ponderal.

[12]A. Einstein, *Ann. Physik* **17**, 549 (1905); **19**, 371 (1906)

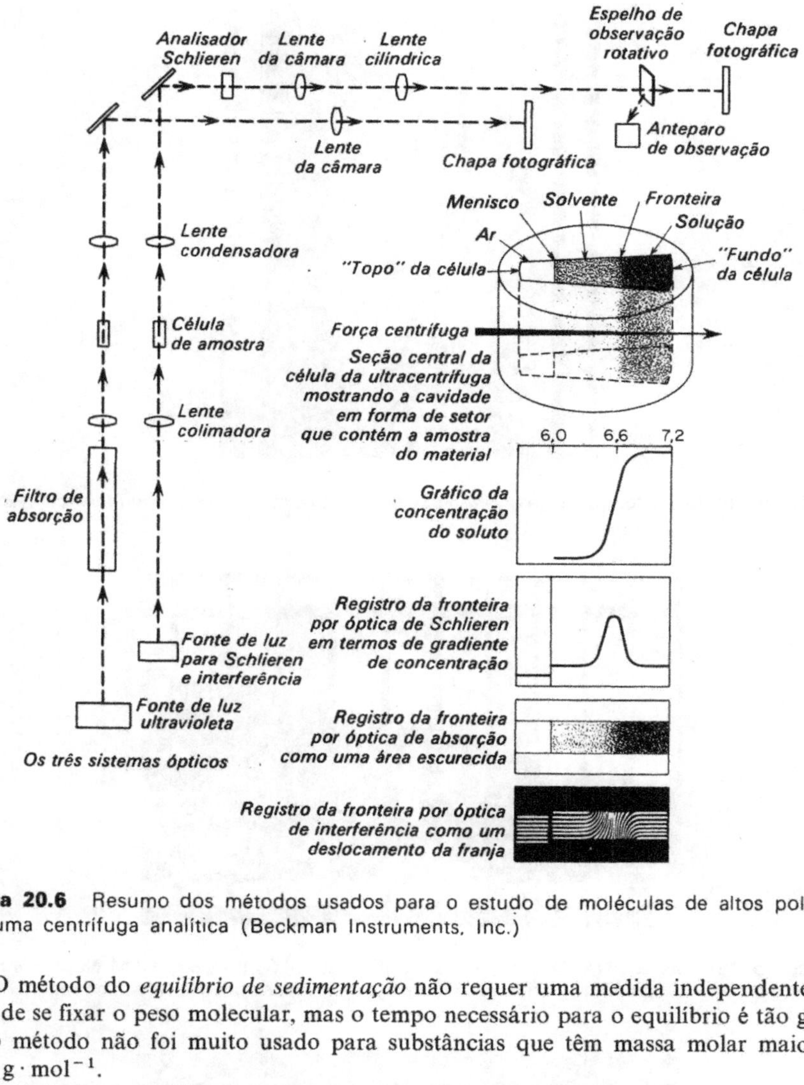

Figura 20.6 Resumo dos métodos usados para o estudo de moléculas de altos polímeros com uma centrífuga analítica (Beckman Instruments, Inc.)

O método do *equilíbrio de sedimentação* não requer uma medida independente de D a fim de se fixar o peso molecular, mas o tempo necessário para o equilíbrio é tão grande que o método não foi muito usado para substâncias que têm massa molar maior que 5 000 $g \cdot mol^{-1}$.

O método do equilíbrio se baseia na condição de fluxo resultante nulo através de qualquer plano na solução, normal ao raio da célula. No menisco superior e no fundo da célula, não pode haver qualquer fluxo resultante, de tal forma que a condição de equilíbrio deve prevalecer nessas seções em qualquer instante[13]. Logo depois que a centrífuga é colocada na velocidade adequada, portanto, uma determinação das concentrações nesses planos especiais pode ser usada para fornecer os valores de equilíbrio. Esta modificação do método de equilíbrio aumenta seu campo de utilização.

Se uma solução de uma substância de peso molecular baixo for centrifugada, haverá no equilíbrio um gradiente de densidade através da célula. Se adicionássemos à célula uma substância de alto peso molecular, ela deveria flutuar nesta solução de densidade

[13] W. J. Archibald, *J. Phys. Chem.* **51**, 1204 (1947)

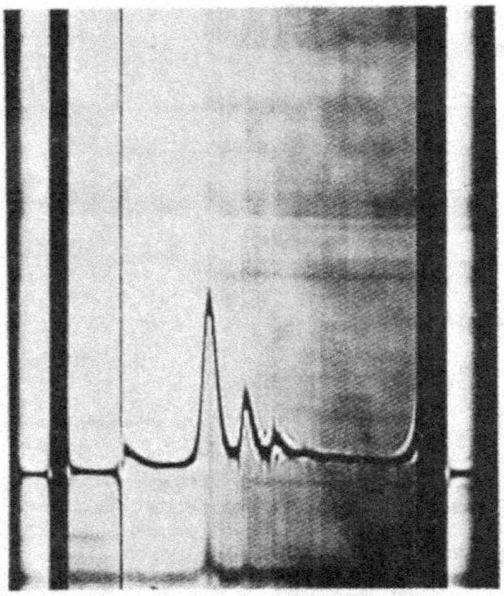

Figura Schlieren (multicomponentes). Preparação de ribossomos de *Escherichia coli*. 29 500 rpm

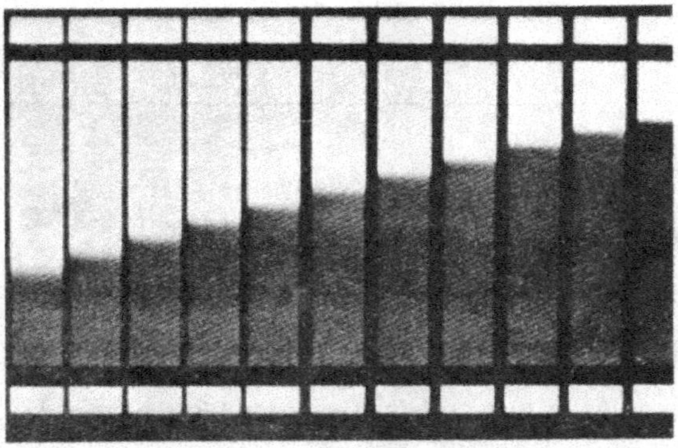

Absorção no ultravioleta. DNA do timo purificado de bezerro, 0,004% em 0,2 M NaCl, pH = 7,0. Velocidade de 59 780 rpm. Fotografias a 2 min de intervalo após atingir a velocidade mencionada

Figura de interferência de Rayleigh. Vírus do capim-anão; 0,5 g/ml em solução tampão a pH 4,1. Velocidade de 14 290 rpm. Tempo: 105 min

Figura 20.7 Exemplos de figuras de centrifugação usando os três sistemas ópticos diferentes mostrados na Fig. 20.6 (Spinco Division, Beckman Instruments, Inc.)

variável na posição particular na qual sua densidade de flutuação se iguala à densidade da solução. Se a substância macromolecular fosse constituída por frações de diferentes pesos moleculares, cada fração deveria formar uma banda num plano particular da célula. Esta técnica é conhecida por *ultracentrifugação com gradiente de densidade*[14].

Este método tem sido útil nos estudos de replicação de ácidos nucléicos, tanto *in vivo* como *in vitro*. Um dos maiores problemas em Bioquímica é o mecanismo do controle genético da hereditariedade. O material genético é o DNA, um altopolímero formado por unidades constituídas por fosfatos de açúcar acoplados com bases nitrogenadas. Um modelo para a reprodução da molécula de DNA é mostrado na Fig. 20.8, como foi proposto por Watson e Crick[15]. O método do gradiente de densidade foi aplicado a este problema como se segue.

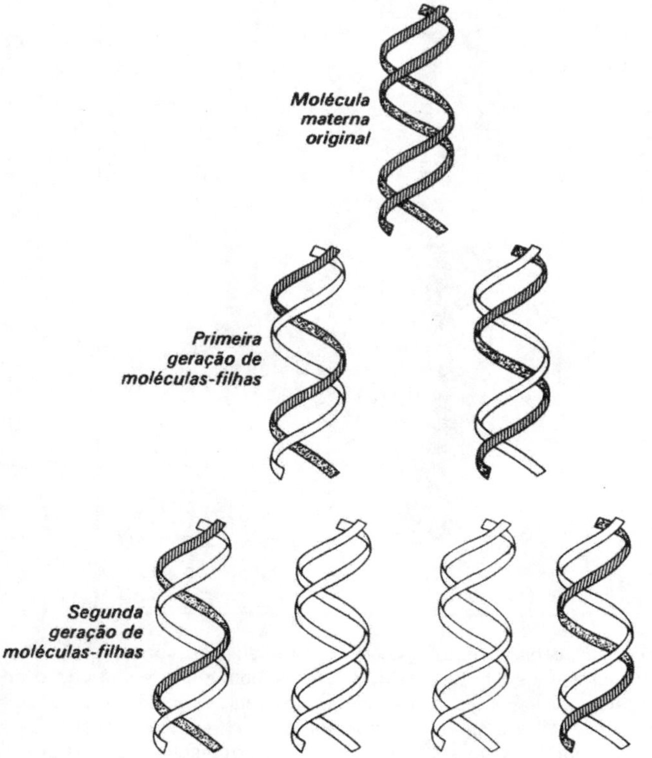

Figura 20.8 Ilustração do mecanismo da duplicação de DNA proposto por Watson e Crick. Cada molécula-filha contém uma das cadeias maternas (escura) emparelhada com uma nova cadeia (branca). Após duplicação continuada, as duas cadeias maternas originais permanecem intatas de modo que existirão sempre duas moléculas, cada uma com uma cadeia materna (M. S. Meselson e F. W. Stahl, California Institute of Technology)

(14)M. S. Meselson, F. W. Stahl e J. Vinograd, *Proc. Natl. Acad. Sci.* **44**, 671 (1958); **43**, 581 (1957)

(15)F. H. C. Crick e J. D. Watson, *Proc. Roy. Soc. London* **Ser. A, 223**, 80 (1954)

Bactérias foram criadas num meio contendo nitrogênio pesado ^{15}N. Foram então abruptamente transferidas para um meio contendo apenas ^{14}N. Se as moléculas de DNA se reproduzem de acordo com o modelo de Watson-Crick no fim da primeira geração, o material marcado com ^{15}N se esgotará e serão formadas moléculas com ^{14}N e ^{15}N misturados. Na segunda geração, moléculas com $^{14}N^{15}N$ e $^{14}N^{14}N$ poderiam ocorrer. A Fig. 20.9 mostra os resultados de uma das experiências. As bandas observadas no gra-

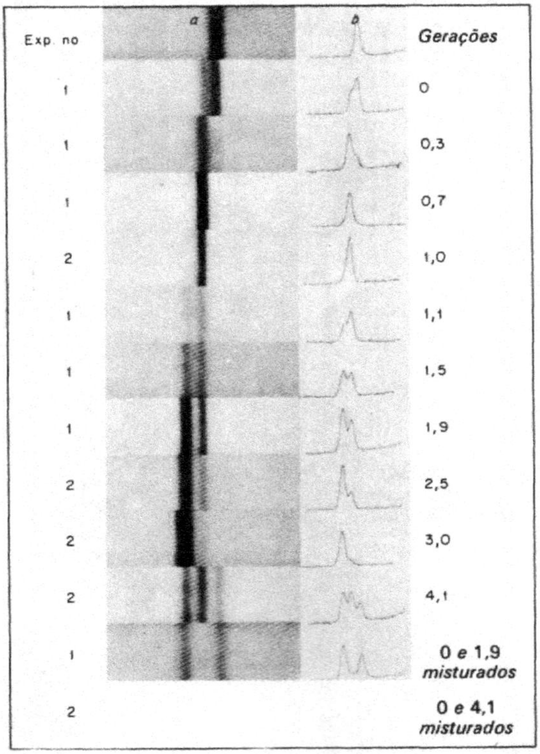

Figura 20.9 Uma aplicação da centrifugação por gradiente de concentração. As fotografias de absorção no ultravioleta mostram bandas do DNA resultantes da centrifugação por gradiente de densidade de lisatos de bactérias amostrados em diversos tempos após a adição de um excesso de substratos de ^{14}N a uma cultura marcada de ^{15}N, em crescimento. Cada fotografia foi tirada após 20 h de centrifugação a 44 770 rpm sob as condições descritas no texto. A densidade da solução de CsCl aumenta para a direita. Regiões de igual densidade ocupam a mesma posição horizontal em cada fotografia. O tempo de amostragem foi medido pelo tempo de adição de ^{14}N em unidades do tempo de geração. Os tempos de geração foram estimados pelas medidas do crescimento bacteriano. *b*) Registros microdensitométricos das bandas de RNA são mostrados nas fotografias adjacentes. O deslocamento da pena do microdensitômetro acima da linha de base é diretamente proporcional à concentração do DNA. O grau de marcação de uma espécie de DNA corresponde à posição relativa de sua banda entre as bandas de DNA completamente marcadas e não marcadas mostradas na fotografia mais baixa, que servem como uma referência para a densidade. Um teste para a conclusão de que o DNA da banda de densidade intermediária está exatamente semimarcado é fornecido pela fotografia mostrando a mistura de gerações 0 e 1,9. Quando se consideram as quantidades relativas de DNA nos três picos, verifica-se que o pico de densidade intermediária está centralizado a 50 $\pm$ 2% da distância entre os picos de ^{14}N e ^{15}N (M. Meselson e F. W. Stahl)

diente de densidade na centrífuga correspondem às previsões do modelo de Watson-Crick para a replicação.

20.7. Viscosidade

Já discutimos a teoria da viscosidade dos gases (Sec. 4.25) e dos líquidos (Sec. 19.11). As viscosidades de soluções de altos polímeros dependem dos tamanhos e das formas das moléculas em solução. Uma primeira investigação teórica foi feita por Einstein em 1906. Para o caso de partículas esféricas rígidas numa solução, ele deduziu a equação

$$\lim_{\phi \to 0} \left[\frac{(\eta/\eta_0) - 1}{\phi} \right] = 2,5 \qquad (20.17)$$

Nesta equação, η é a viscosidade da solução e η_0, a do solvente puro; ϕ é a fração de volume da solução ocupada por partículas de soluto. A fração η/η_0 é chamada *relação de viscosidade* e $(\eta/\eta_0) - 1$ representa a fração de aumento de viscosidade causado pelas partículas dissolvidas.

A Eq. (20.17) foi estendida por Simha para partículas elipsoidais, resultando

$$\lim_{\phi \to 0} \left[\frac{(\eta/\eta_0) - 1}{\phi} \right] = \nu, \qquad (20.18)$$

onde ν está relacionado com a relação axial do elipsóide.

Como é difícil medir diretamente ϕ, usamos freqüentemente a expressão

$$[\eta] = \lim_{C \to 0} \left[\frac{(\eta/\eta_0) - 1}{C} \right], \qquad (20.19)$$

onde C é a concentração em massa por volume. A grandeza $[\eta]/100$ tem sido freqüentemente chamada *viscosidade intrínseca*, mas a IUPAC (1952) recomendou que se use $[\eta]$ como foi definido pela Eq. (20.19) e que seja designado como *número de viscosidade-limite*.

Se v_1^∞ é o volume específico parcial em diluição infinita, $\phi = Cv_1^\infty$ e

$$[\eta] = \nu v_1^\infty$$

Nos casos de proteínas e outras macromoléculas hidratadas, em solução, não podemos tomar v_1^∞ como uma medida verdadeira do volume ocupado pela molécula dissolvida[16].

A Fig. 20.10 mostra alguns exemplos de tamanhos e formas de moléculas de proteínas naturais em solução, obtidas através das várias técnicas que descrevemos.

As massas molares M têm sido geralmente determinadas a partir de viscosidades com base em fórmulas semi-empíricas. Assim, Staudinger em 1932 propôs

$$[\eta] = KM$$

Uma relação mais geral devida a Mark e Houwink é

$$[\eta] = KM^\alpha \qquad (20.20)$$

Esta relação prevê que o logaritmo de $[\eta]$ deve ser uma função linear do logaritmo da massa molar M. Alguns dados, postos em gráfico desta maneira, são mostrados pela Fig. 20.11(a) para o caso do poliisobuteno em dois solventes diferentes. A relação parece se verificar bem para um dado polímero e solvente quando M excede 30 kg · mol^{-1}. Para espirais flexíveis, α é próximo de 2. Uma vez determinada a curva, portanto, uma medida de η pode ser usada para determinar o valor de M desconhecido. Na Fig. 20.11(b), as

[16] J. L. Oncley, *Ann. N.Y. Acad. Sci.* **41**, 121 (1941), forneceu métodos para tratar esse problema

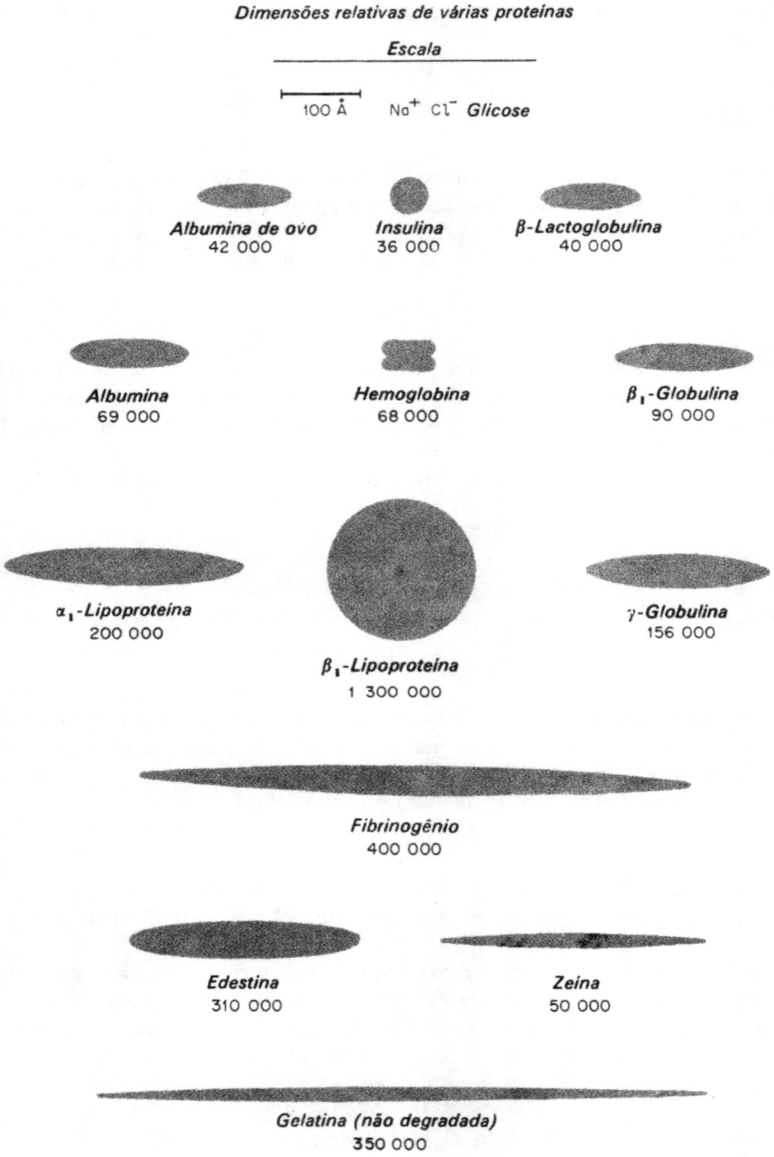

Figura 20.10 Dimensões estimadas de várias moléculas de proteínas quando vistas em projeção. A maioria das proteínas é representada por elipsóides de revolução. A β-lipoproteína é uma esfera (J. L. Oncley, Harvard University). O peso molecular M_n é dado sob cada nome

viscosidades intrínsecas de dezessete proteínas diferentes na forma de espirais ao acaso são postas em gráfico de acordo com a Eq. (20.20). Estas não são as proteínas naturais, mas soluções em cloreto de guanidina 6 M com β-mercaptoetanol 0,5 M.

Se tivermos duas amostras bem fracionadas de polímero de massas molares conhecidas, podemos medir suas viscosidades e obter K e α para o par polímero-solvente em

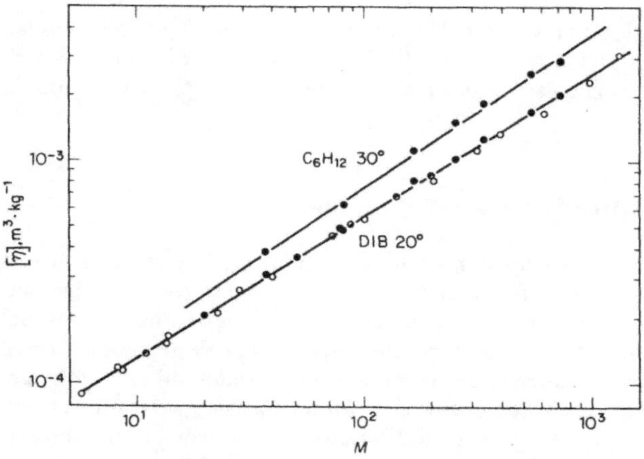

Figura 20.11(a) Gráfico da relação entre a viscosidade intrínseca e a massa molar para poliisobuteno em diisobutano (DIB) a 20 °C e em cicloexano a 30 °C

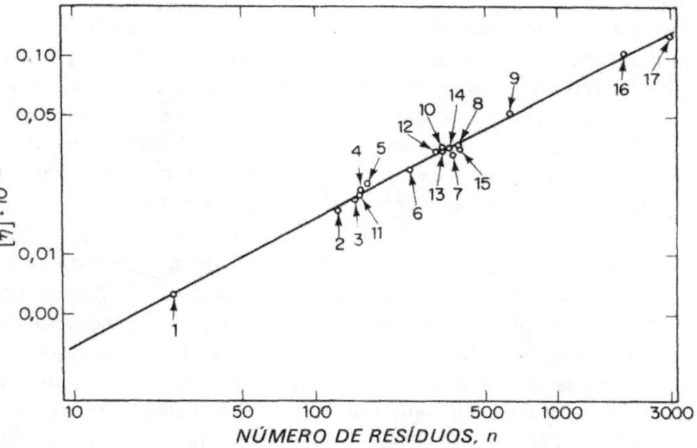

Figura 20.11(b) Viscosidades intrínsecas de dezessete proteínas na forma de espirais ao acaso: (1) insulina; (2) ribonuclease; (3) hemoglobina; (4) mioglobina; (5) β-lactoglobina; (6) quimotripsinogênio; (7) pepsinogênio; (8) aldolase; (9) albumina de soro bovino; (10) fosfato-3-gliceraldeído desiidrogenase; (11) metemoglobina; (12) lactato desidrogenase; (13) enolase; (14) álcool desidrogenase; (15) albumina de ovo; (16) subunidade pesada de miosina; (17) proteína "51A" [A. H. Reisner e J. Rowe, *Nature* **222**, 558 (1969)]

questão. Se tivermos um polímero com uma distribuição de massas molares, a massa molar média viscosimétrica $\overline{M}_v$, obtida da Eq. (20.20), seria uma média bastante complicada, caindo entre $\overline{M}_N$ e $\overline{M}_m$[17].

Para esferas sólidas, o número de viscosidade-limite $[\eta]$ é independente da massa molar, isto é, o coeficiente α na Eq. (20.20) é igual a zero. Experimentalmente, foi verificado que todas as proteínas globulares, independentemente da massa molar, têm essencialmente a mesma viscosidade intrínseca ($\alpha = 0$). Este fato é uma das melhores evidências

[17]C. Tanford, *Physical Chemistry of Macromolecules* (New York: John Wiley & Sons, 1961), p. 111

de que proteínas globulares são moléculas muito compactas, assimiláveis a esferas sólidas. As estruturas de proteínas cristalinas determinadas por difração de raios X mostram que essas particulares moléculas de proteínas são também compactas e globulares no estado sólido.

20.8. Estereoquímica de polímeros

Na discussão da forma de moléculas poliméricas, é necessário fazer uma distinção cuidadosa entre *configurações* e *conformações*. *Configurações* de uma molécula são os arranjos estéricos que estão simetricamente relacionados uns com os outros, mas que não podem ser interconvertidos sem que haja quebra de ligações. Como exemplo, podemos citar isômeros *cis-trans* de compostos insaturados ou derivados do ciclopropano e configurações D e L em moléculas com átomos assimétricos ou outros centros de assimetria. *Conformações* são arranjos estéricos que podem ocorrer através de rotações em torno de ligações simples e são devidas ao fato de certas orientações possuírem energias mais baixas que outras. Como exemplos, temos conformações assimétricas *gauche* e *trans* nas parafinas ω-substituídas (como é mostrado na p. 679 para o cloreto *n*-propila) e as duas formas do cicloexano.

As conformações de macromoléculas, tanto no estado sólido como em solução, podem ser grandemente influenciadas pelas interações específicas de curto e longo alcance entre regiões diferentes dentro das moléculas. Tais efeitos podem levar a simetrias em formas diferentes de espirais ao acaso, tais como hélices, formas em ziguezague e outras. Naturalmente, as possibilidades dessas interações intramoleculares dependem da configuração básica da molécula em questão. Um exemplo, no qual a conformação é determinada pelas ligações de hidrogênio, é a estrutura α-helicoidal dos polipeptídios, descoberta por Pauling e Corey em 1951, e que é mostrada na Fig. 20.12. Alguns polipeptídios de α-aminoácidos individuais formarão α-hélices, mas outros não, devido a repulsões estéricas, interações eletrostáticas ou outras razões. Numa proteína existe uma estrutura primária definida na seqüência composta de vinte aminoácidos diferentes, de modo que, dependendo de uma sutil influência mútua de vários fatores competitivos, algumas partes da cadeia polipeptídica da proteína podem se apresentar na forma helicoidal enquanto outras partes formam uma espiral ao acaso. Quando se eleva a temperatura, a transição, hélice $\rightarrow$ espiral ao acaso, freqüentemente ocorre dentro de uma faixa estreita de temperaturas, de tal sorte que ela parece ser um fenômeno cooperativo, semelhante em alguns aspectos à fusão de um sólido.

O grande avanço nas sínteses macromoleculares, realizado por Ziegler e Natta, consistiu na realização de métodos para a obtenção de polímeros dotados de configurações estereoquímicas predeterminadas. Um exemplo clássico foi a síntese da borracha natural, um produto da árvore *Hevea brasiliensis*. A borracha é um poli-*cis*-isopreno. Um tipo diferente de árvore, por exemplo, *Palaquium oblongifolia*, produz a guta-percha, uma substância plástica, mas não um elastômero, que tem a estrutura de um poli-*trans*-isopreno. Até 1955, entretanto, todos os métodos usados para sintetizar poliisopreno davam uma mistura das configurações *cis* e *trans*. Mecanismos poliméricos envolvendo reações em cadeia de radicais livre geralmente não apresentam estereoespecificidade e somente com a aplicação do catalisador de Ziegler é que se abriu um caminho em direção às sínteses macromoleculares estereoespecíficas.

Um outro tipo de estereoisomeria em polímeros é causado pela presença de átomos de carbono assimétricos ou pseudo-assimétricos. Consideremos, por exemplo, o polibutadieno:

$$(\text{—CH}_2\text{—CH=CH—CH}_2\text{—})_n$$

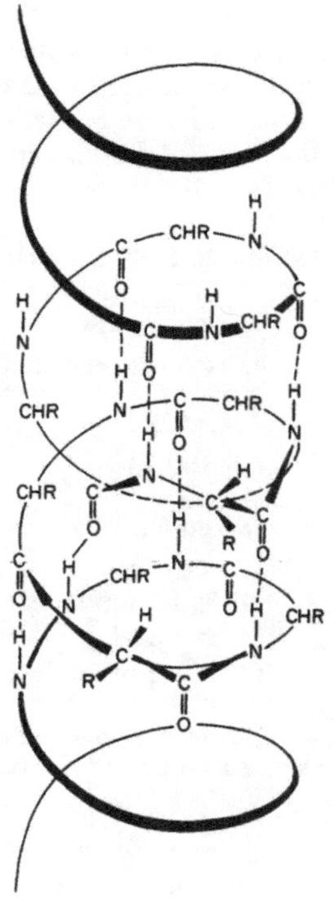

Figura 20.12 Hélice alfa de Pauling e Corey: diâmetro, 0,181 nm; comprimento de cada passo, 0,544 nm; translação por resíduo, 0,147 nm; rotação entre dois resíduos, 97,2°. Existem 3,6 unidades por passo [C. Sandron em *Macromolecular Chemistry* — 2 (Londres: Butterworth, 1966)]

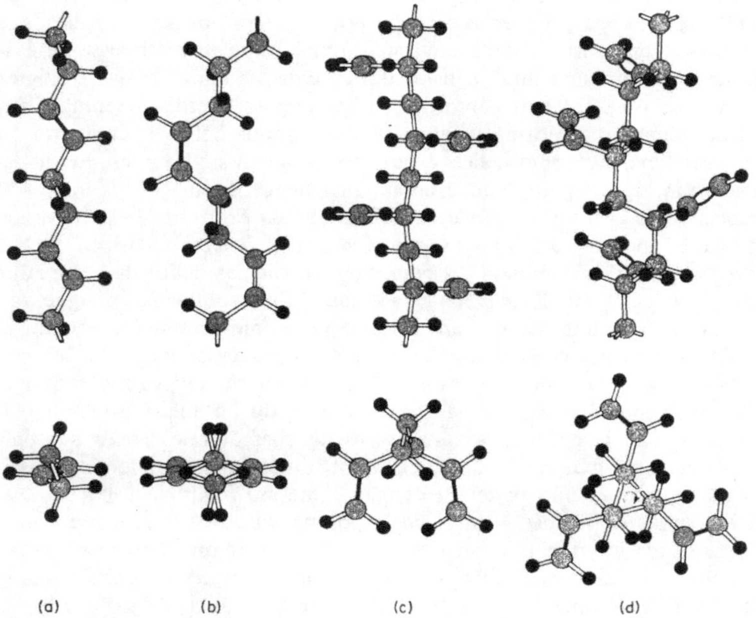

(a) (b) (c) (d)

Figura 20.13 Vistas lateral e vertical das conformações em cadeia de quatro polibutadienos estereoisoméricos: (a) *trans*-1,4; (b) *cis*-1,4; (c) sindiotático-1,2; (d) isotático-1,2 [G. Natta, Discurso do Prêmio Nobel, *Angewandte Chemie* **76**, 553 (1964)]

Duas configurações especularmente iguais são possíveis no átomo de carbono terciário. Se todos os grupos metileno estão na mesma configuração, o polímero é chamado *isotático*; se eles se alternam em configuração, é *sindiotático*; se eles estão distribuídos ao acaso, é *atático*. Modelos de todas essas estruturas são mostrados na Fig. 20.13 e algumas das propriedades físicas de polímeros de butadieno estericamente regulares são resumidas na Tab. 20.2.

Tabela 20.2 Propriedades físicas de quatro polímeros de butadieno estericamente regulares

Polímeros (análise infravermelha)	Ponto de fusão (°C)	Período de identidade (nm)	Densidade ($g \cdot cm^{-3}$)
Trans-1,4 (99-100 %)	146*	0,485 (Forma I) 0,465 (Forma II)	0,97 0,93
Cis-1,4 (98-99 %)	2	0,86	1,01
Isotático-1,2 (99 % 1,2-unidades)	126	0,65	0,96
Sindiotático-1,2 (99 % 1,2-unidades)	156	0,514	0,96

**Trans*-1,4-polibutadieno existe em duas formas cristalinas. A Forma I é estável abaixo de 75 °C e a Forma II é estável entre 75 °C e o ponto de fusão

A estereo-regularidade (isto é, isotaxe e sindiotaxe) geralmente força a cadeia polimérica a uma certa ordem conformacional (por exemplo, hélice ou ziguezague plano), pelo menos no estado sólido, em alguns casos também no estado dissolvido e fundido. Observando uma cadeia polimérica isolada, podemos considerar a regularidade conformacional como uma cristalinidade unidimensional. Altamente interessante é a possibilidade de um polimorfismo unidimensional, que consiste em definidas configurações de cadeia diferentes, ou diferentes conformações de grupos laterais. Exemplos são polibuteno-1, que à temperatura normal se apresenta como uma hélice 3_1 enquanto que a temperaturas mais elevadas, como hélice 4_1; e o polipropeno sindiotático que pode se apresentar como um ziguezague plano e como uma hélice dupla.

Algumas vezes a conformação de cadeia preferida é produzida por grupos polares dentro da cadeia polimérica. Bons exemplos são os poliéteres alifáticos[18]. Neste caso, os membros com seqüências metilênicas curtas têm cadeias helicoidais enquanto os que apresentam seqüências metilênicas longas assumem uma conformação ziguezague plana.

Uma molécula polimérica de cadeia longa pode freqüentemente assumir diferentes conformações em solução. Qualquer teoria das propriedades das soluções poliméricas deve, portanto, começar com um estudo do problema estatístico determinado pelas diferentes orientações dos segmentos do monômero do polímero escolhido. O modelo mais simples da cadeia polimérica substitui as ligações químicas reais por enlaces que permitem rotação perfeitamente livre; ele também despreza o fato de duas unidades monoméricas quaisquer não poderem ocupar o mesmo lugar no espaço.

Consideremos na Fig. 20.14 uma cadeia polimérica unida livremente, com uma das extremidades fixada na origem. Qual a probabilidade W de que a outra extremidade caia num elemento de volume $dx\,dy\,dz$ a uma distância r da origem? O problema é análogo ao da difusão livre de uma única molécula com uma distância de salto a fixada, isto é,

(18)H. Tadokoro, Y. Takahashi, Y. Chotani e H. Kakida, *Makromol. Chem.* **109**, 96 (1967)

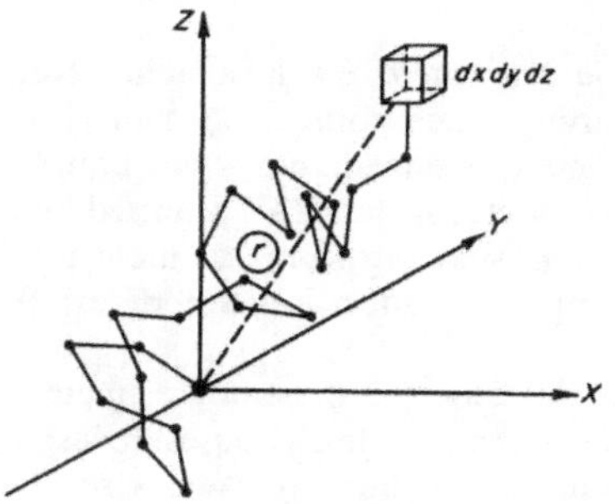

Figura 20.14 Conformação de uma cadeia polimérica, que gira livremente de 23 elos com uma extremidade na origem. É o análogo de um caminho ao acaso em três dimensões

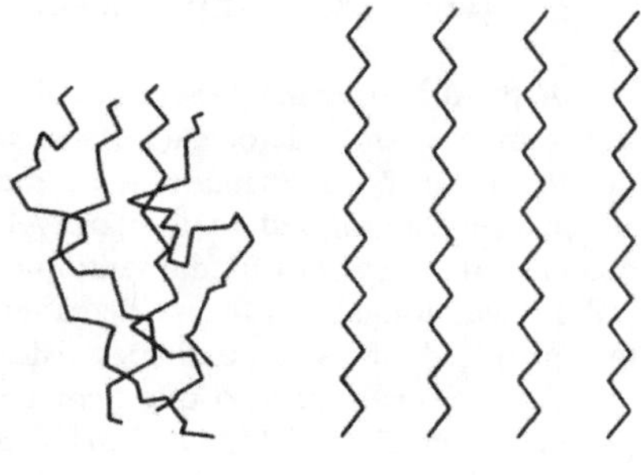

Figura 20.15 Modelos idealizados de cadeias na borracha: (a) contraída; (b) esticada

um caminho ao acaso em 3 dimensões. A solução é a distribuição gaussiana,

$$W(x, y, z)\, dx\, dy\, dz = \left(\frac{\beta}{\pi^{1/2}}\right)^3 e^{-\beta^2 r^2}\, dx\, dy\, dz \tag{20.21}$$

A probabilidade de que uma das extremidades da cadeia esteja a uma distância r da origem, qualquer que seja a direção (ver a distribuição de velocidades moleculares na Sec. 4.13), será

$$W(r)\, dr = \left(\frac{\beta}{\pi^{1/2}}\right)^3 e^{-\beta^2 r^2} \cdot 4\pi r^2\, dr \tag{20.22}$$

A diferenciação da Eq. (20.22) nos mostra que o máximo de $W(r)$ ocorre para o valor

$$r = \beta^{-1}$$

Portanto, β^{-1} é o valor mais provável de r.

Se a for o comprimento de um elo unitário da cadeia e N, o número de elos,

$$\beta^{-1} = a\left(\frac{2N}{3}\right)^{1/2} \tag{20.23}$$

Para uma cadeia em ziguezague de átomos de carbono, com um ângulo de ligação α e um comprimento da ligação C—C igual a l,

$$a = l\left(\frac{1 + \cos\alpha}{1 - \cos\alpha}\right)^{1/2}$$

A cadeia com elos dotados de rotação livre é um modelo um tanto irreal para um polímero verdadeiro. É necessário em posteriores desenvolvimentos considerar o efeito das restrições nos ângulos das ligações e o "efeito do volume livre", sendo que este resulta do fato de dois segmentos quaisquer não poderem estar no mesmo lugar. Dessa maneira, uma teoria razoável para esses polímeros com espirais flexíveis pode ser desenvolvida. Tais modelos não se aplicam, contudo, às proteínas. Como foi mostrado na Fig. 20.16, estas se comportam mais como esferóides rígidos ou algumas vezes, como no caso do colagênio[19], como bastões rígidos.

[19] H. Boedtker e P. Doty, *J. Am. Chem. Soc.* **78**, 4 267 (1956)

20.9. Elasticidade da borracha

A propriedade mais marcante de uma borracha, ou *elastômero*, é sua capacidade de sofrer uma grande deformação sem se romper e retornar à sua conformação original quando a tensão deformadora é removida. Um elastômero é semelhante a um líquido em sua deformabilidade e comparável a um sólido em sua elasticidade. As propriedades dos elastômeros estão fundamentalmente relacionadas com suas estruturas de moléculas poliméricas longas em forma de cadeia. Qualquer polímero de cadeia longa pode exibir tais propriedades sob condições físicas adequadas.

A mudança essencial que ocorre ao se esticar um elastômero é mostrada esquematicamente na Fig. 20.15. Na borracha não-esticada, as cadeias poliméricas estão espiraladas ou torcidas mais ou menos ao acaso. No estado distendido, as cadeias se desenrolam consideravelmente e tendem a se tornar orientadas ao longo da direção da elongação. Portanto, o estiramento faz com que as cadeias, orientadas ao acaso, assumam um alinhamento mais ordenado. A configuração não distendida, desordenada, é um estado de maior entropia. Se a tensão é relaxada, a borracha distendida espontaneamente retorna ao estado não-distendido.

A microscopia eletrônica de películas finas de borracha revela diretamente tais mudanças na orientação de cristalitos, que foram originalmente detectados por difração de raios X. A Fig. 20.16 mostra regiões cristalinas e amorfas numa película não-deformada de borracha natural e uma estrutura cristalina altamente orientada numa película que foi distendida a 200% antes da cristalização.

Robert Boyle e seus contemporâneos costumavam se referir à "elasticidade de um gás". Embora raramente se escute tal expressão hoje em dia, devemos salientar que tanto a elasticidade de um gás como a elasticidade de uma tira de borracha têm a mesma interpretação termodinâmica. Consideremos um volume de gás comprimido por um pistão num cilindro. Se a pressão é aliviada, o pistão sobe à medida que o gás se expande. O

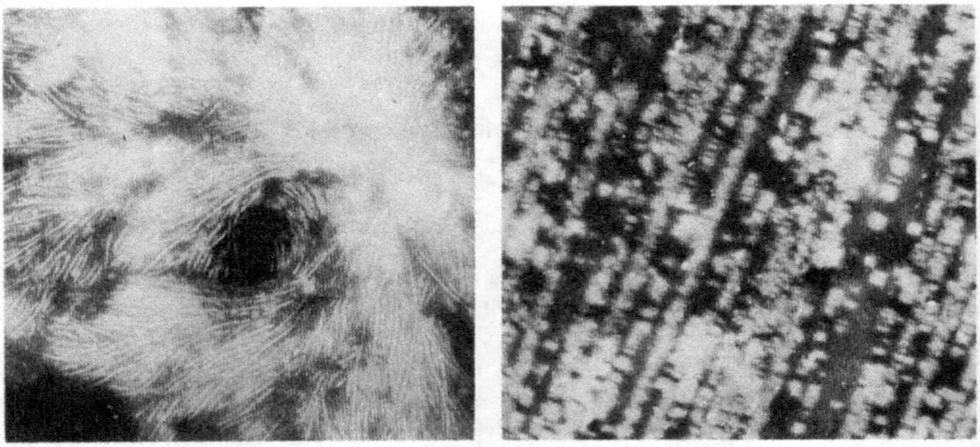

Figura 20.16 À esquerda, esferólito cristalino em uma película delgada não-esticada de borracha natural com ligações cruzadas (*cross linked*). Micrografia eletrônica com 20 000 vezes de aumento, após tintura com tetróxido de ósmio. As regiões escuras são amorfas e as regiões claras, cristalinas. À direita, cristalização de uma película delgada de borracha natural esticada a 200% antes da cristalização. As filas longas estão na direção da deformação e os cristais pequenos em filamentos são perpendiculares a esta direção. Micrografia eletrônica com 10 000 vezes de aumento, após tintura com tetróxido de ósmio (E. H. Andrews, Departamento de Materiais, Queen Mary College, Londres)

gás expandido está num estado de entropia mais alta que o gás comprimido. Está num estado mais desordenado porque cada molécula tem um volume maior para se mover. Uma tira de borracha distendida é como um gás comprimido. Se aliviarmos a tensão da borracha, ela espontaneamente se contrairá. O estado contraído da tira de borracha, tal como o estado expandido do gás, é um estado de maior desordem e portanto de maior entropia.

Da Eq. (3.43) a pressão é

$$P = -\left(\frac{\partial A}{\partial V}\right)_T = T\left(\frac{\partial S}{\partial V}\right)_T - \left(\frac{\partial U}{\partial V}\right)_T \qquad (20.24)$$

Para um gás, o termo $(\partial U/\partial V)_T$ é pequeno e efetivamente $P = T(\partial S/\partial V)_T$. A pressão é proporcional a T e é determinada pela mudança da entropia com o volume. A expressão análoga à Eq. (20.24) para uma fita de elastômero de comprimento l e sujeito a uma tensão K é

$$-K = T\left(\frac{\partial S}{\partial l}\right)_T - \left(\frac{\partial U}{\partial l}\right)_T$$

Experimentalmente, verificou-se que K é proporcional a T, de modo que, tal como no caso do gás, o termo envolvendo energia é relativamente pouco importante.

Podemos agora usar a teoria estatística dos polímeros para calcular as probabilidades W de conformações distendidas e não distendidas, e então obter a variação em entropia a partir da relação de Boltzmann $S = k \ln W$[20].

20.10. Cristalinidade de polímeros

Embora não possam sempre ser obtidos como cristais tridimensionais perfeitos, os altos polímeros freqüentemente apresentam um elevado grau de ordenação no estado sólido, o qual pode ser investigado por difração de raios X. Por exemplo, um trabalho muito importante foi efetuado sobre a difração de raios X por *fibras*, tanto naturais (cabelo, seda, espinhos de porco-espinho), quanto artificiais (náilon, polipeptídios).

Em alguns casos, essas fibras têm uma periodicidade bem definida na direção do eixo da fibra, mas exibem uma organização mais caótica em outras direções. O tipo de figura que resulta pode ser entendido através do caso da difração por uma fileira de centros linear (p. 522). Consideremos um conjunto de centros de espalhamento com uma distância c que se repete ao longo do eixo c. Se a condição de Bragg é satisfeita para o ângulo θ,

$$c \operatorname{sen} \theta = l\lambda,$$

onde l é um número inteiro. A figura sobre a película consistirá em um conjunto de linhas em camadas com um espaçamento a, tal que

$$\operatorname{tg} \theta = \frac{a}{R}\cdot$$

onde R é a distância entre o espécime e a película.

A Fig. 20.17 mostra um exemplo de um tal diagrama para fibras de politetrafluoretileno. Este polímero sofre uma transição no estado cristalino a 292 K, que está associada a uma expansão da distância repetida, ao longo da cadeia polimérica. Tais diagramas de difração de raios X de fibras são importantes na elucidação de estruturas de proteínas e ácidos nucléicos. Como foi visto no Cap. 18, contudo, elucidações completas das estruturas de proteínas podem ser obtidas através da análise da difração de raios X de cristais únicos de complexos de proteínas com átomos de metais pesados.

[20]W. Kuhn e F. Grun, *J. Polymer Sci.* **1**, 183 (1946)

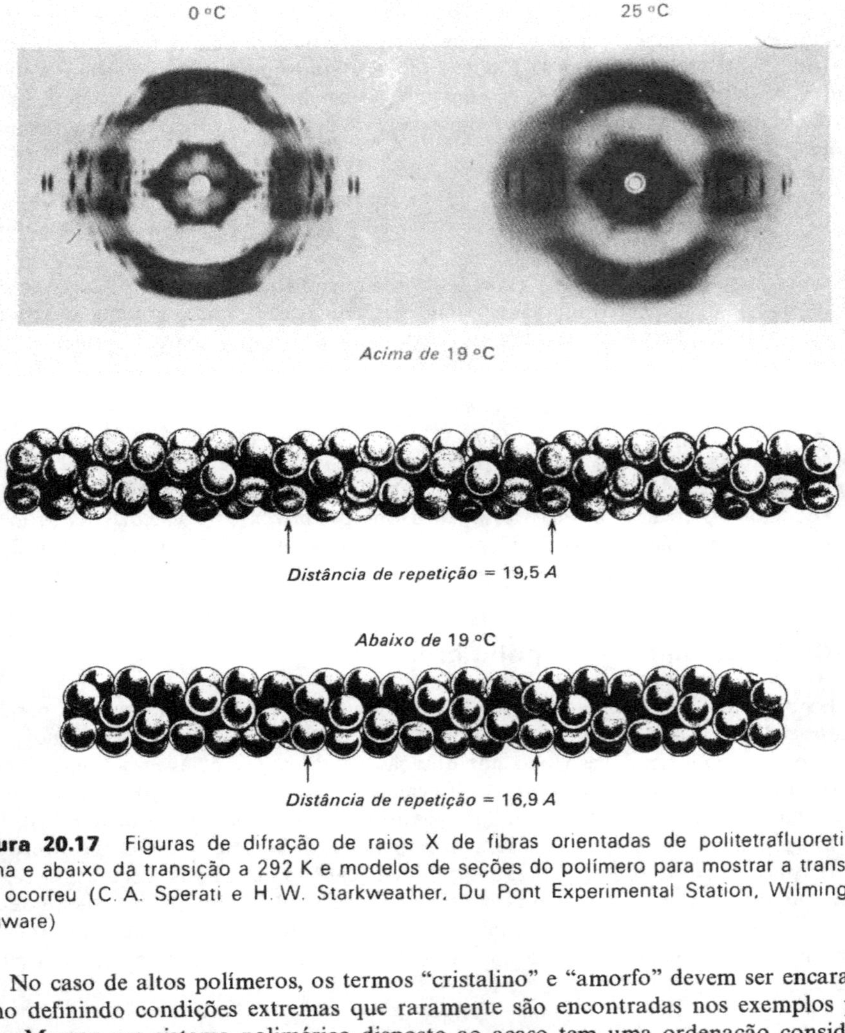

Figura 20.17 Figuras de difração de raios X de fibras orientadas de politetrafluoretileno acima e abaixo da transição a 292 K e modelos de seções do polímero para mostrar a transição que ocorreu (C. A. Sperati e H. W. Starkweather, Du Pont Experimental Station, Wilmington, Delaware)

No caso de altos polímeros, os termos "cristalino" e "amorfo" devem ser encarados como definindo condições extremas que raramente são encontradas nos exemplos práticos. Mesmo um sistema polimérico disposto ao acaso tem uma ordenação consideravelmente maior que a de um líquido e mesmo cristais únicos de polietileno, que se depositam de soluções de xileno, apresentam regiões curvas devidas ao dobramento da cadeia que têm uma regularidade consideravelmente menor que as regiões interiores de um cristal de um composto não-polimérico típico. Sistemas macromoleculares reais freqüentemente podem existir num número considerável de fases distintas mostrando graus de ordenação intermediários entre os dos líquidos ideais e dos cristais ideais.

Apesar disso, cristais isolados de altos polímeros podem crescer a partir de soluções. A micrografia eletrônica na Fig. 20.18 mostra uma porção da superfície de um cristal isolado de polioximetileno que cresceu a partir de uma solução em cicloexanol[21].

[21] P. H. Geil, *Polymer Single Crystals* (New York: John Wiley & Sons, 1963)

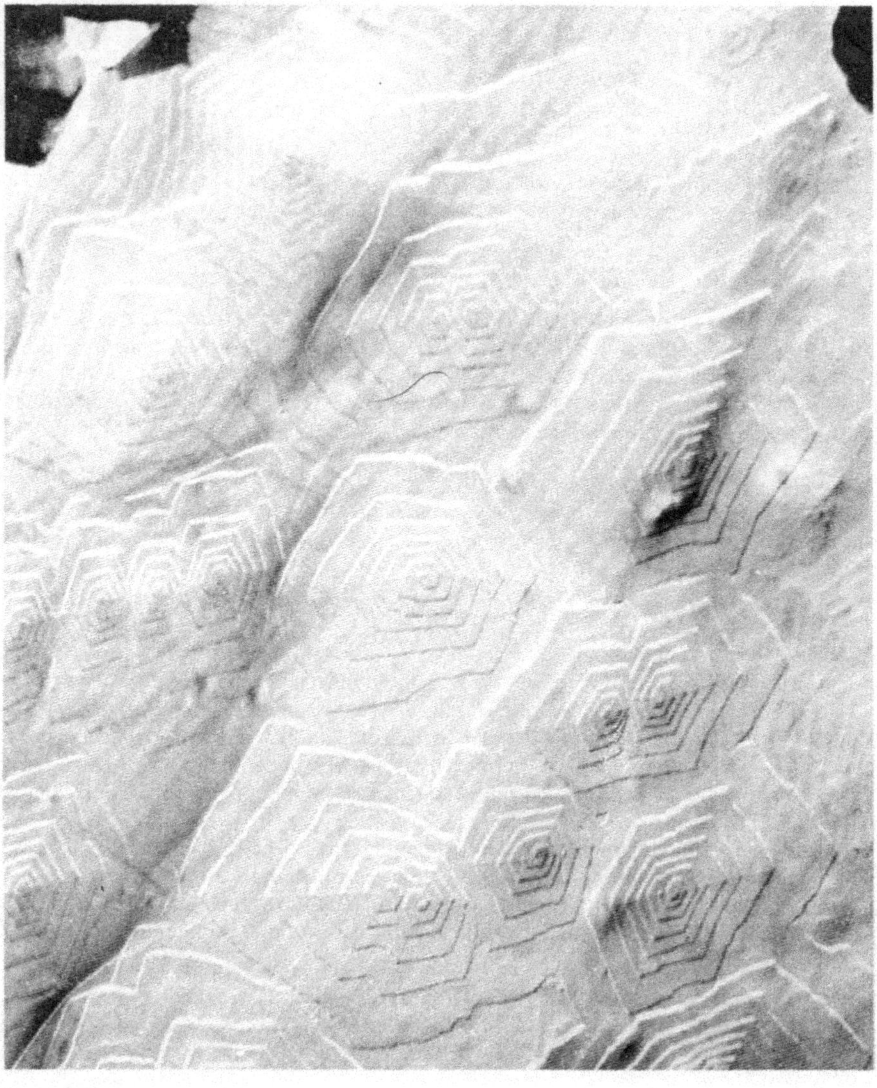

Figura 20.18 Porção de um cristal único de polioximetileno precipitado de uma solução em cicloexanol. A superfície do cristal foi sombreada por evaporação de cromo num ângulo rasante e examinada por microscopia eletrônica com 20 000 vezes de aumento. As figuras das espirais sugerem que o cristal cresce a partir de discordâncias em espiral

PROBLEMAS

1. Uma suspensão contém números iguais de partículas com pesos moleculares 10 000 e 20 000. Calcular $\overline{M}_N$ e $\overline{M}_m$. Uma suspensão contém massas iguais de partículas com pesos moleculares 10 000 e 20 000. Calcular $\overline{M}_N$ e $\overline{M}_m$.

2. Os dados abaixo foram obtidos a partir de pressões osmóticas de nitrocelulose em acetona a 20 °C:

$C(\text{g} \cdot \text{dm}^{-3})$	1,16	3,66	8,38	19,0
$\Pi(\text{cm } H_2O)$	0,62	2,56	8,00	25.4

Calcular o valor-limite de Π/C e a seguir $\bar{M}_N$.

3. M. L. Huggins[22] deduziu a equação que se segue para a pressão osmótica Π de uma solução polimérica em função da concentração C_2 do soluto:

$$\frac{\Pi}{C_2} = \frac{RT}{M_2} + \frac{RT\rho_1}{M_1\rho_2^2}\left(\frac{1}{2} - \xi\right)C_2 + \frac{RT\rho_1}{3M_1\rho_2^3}C_2^2 + \cdots,$$

onde ρ_1 e ρ_2 são as densidades do solvente e do soluto, M_1 é a massa molar do solvente e M_2 é a massa molecular média numérica do polímero. O ξ é uma constante de interação característica da solução. Dados obtidos com poliestireno em tolueno, obtidos por Bawn[23] *et al.*, mostram que, quando os valores das constantes são introduzidos a 25 °C, a equação de Huggins se torna

$$\frac{\Pi}{C_2} = \frac{RT}{M_2} + 2{,}03 \times 10^5\left(\frac{1}{2} - \xi\right)C_2 + 6{,}27 \times 10^4 C_2^2,$$

onde Π é dado em $\text{g} \cdot \text{cm}^{-2}$, C_2, em $\text{g} \cdot \text{cm}^{-3}$ e $\rho_2 = 1{,}080 \text{ g} \cdot \text{cm}^{-3}$. Os dados para uma amostra de poliestireno foram:

$10^3 C_2$	1,55	2,56	2,93	3,80	5,38	7,80	8,68
Π	0,16	0,28	0,32	0,47	0,77	1,36	1,60

Colocar estes dados em gráfico de modo a resultar uma reta e determinar M_2 e ξ.

4. Demonstrar que a média quadrática do comprimento, de extremidade a extremidade de uma cadeia polimérica linear, com rotação livre em torno das ligações da cadeia, é $R^2 = Na^2$, onde N é o número de ligações do comprimento a. A seguir, calcular o comprimento quadrático médio extremidade a extremidade de uma molécula polimérica linear tendo $M = 10^5$.

5. Considerar um segmento de comprimento a numa cadeia polimérica livremente orientada. Sob a influência de uma força F, o segmento adquire uma orientação na direção x. Por analogia com a teoria vista na Sec. 15.18 para o valor médio de um momento dipolar na direção do campo, mostrar que o valor médio da componente x de a é

$$\langle a_x \rangle = a\left[\text{ctgh}\frac{aF}{kT} - \frac{kT}{aF}\right]$$
$$= a\mathscr{L}\left(\frac{aF}{kT}\right),$$

onde $\mathscr{L}$ é a função de Langevin. Que força seria necessária para alongar a cadeia linear de poliestireno, descrita no Problema 4, de 20%?

6. A viscosidade relativa de uma solução polimérica, contendo 1,00 g de polímero em 100 cm^3, é de 2,800. Uma solução, cuja concentração é metade da anterior, tem uma viscosidade relativa de 1,800.

(a) Calcular a viscosidade intrínseca (admitir que o tratamento gráfico forneça uma reta e calcular a interseção analiticamente).
(b) Se os valores adequados de K e a na equação de Mark-Houwink são $5{,}00 \times 10^{-4}$ e 0,600, calcular o peso molecular do polímero.

[22] M. L. Huggins, *J. Phys. Chem.* **46**, 151 (1942)
[23] C. Bawn, R. Freeman e A. Kamaliddin, *Trans. Faraday Soc.* **46**, 862 (1959)

7. Para a hemoglobina de cavalo em solução aquosa a 20 °C, $D = 6{,}3 \times 10^{-7}$ $cm^2 \cdot s^{-1}$, $s = 4{,}41 \times 10^{-13}$ s, $v = 0{,}749$ $cm^3 \cdot g^{-1}$, $\rho = 0{,}9982$ $g \cdot cm^{-3}$. Calcular o peso molecular.

8. As viscosidades em relação ao solvente puro de uma fração de poliestireno com $\overline{M}_N = 280\,000$ dissolvida em tetralina a 20 °C foram

concentração (%)	0,01	0,025	0,05	0,10	0,25
η_r	1,05	1,12	1,25	1,59	2,70

Calcular o valor do expoente α na equação de Staudinger. A seguir, avaliar a viscosidade relativa de uma solução 0,10 de poliestireno com $\overline{M}_N = 500\,000$ no mesmo solvente.

9. O coeficiente de difusão da molécula de insulina em água a 20 °C é $8{,}2 \times 10^{-7}$ $cm^2 \cdot s^{-1}$. Avaliar o tempo médio necessário para uma molécula de insulina difundir através de uma distância igual ao diâmetro de uma célula viva típica, cerca de 10 μm.

10. Calcular o valor mais provável do comprimento da cadeia de $C_{20}H_{42}$ normal, dados o comprimento da ligação C—C, que é de 0,15 nm, e o ângulo de ligação de 109° 28′.

11. Para uma solução de trinitrato de celulose ($M_r = 140\,000$) em acetona, $d\mathbf{n}/dc =$ $= 0{,}105$ $cm^3 \cdot g^{-1}$ e $\mathbf{n}_0 = 1{,}3589$. Calcular a razão entre as intensidades de luz transmitida e incidente para os comprimentos de onda de 400 a 700 nm através de 100 cm de espessura de uma solução do polímero contendo 2,00 g em 100 cm^3.

12. Supor que se tenha um peso suspenso por uma tira de borracha a fim de mantê-la sob tensão constante. Se se aquecer a borracha, o peso irá levantar ou abaixar? Dar uma resposta termodinâmica e depois tentar fazer a experiência.

13. Um estudo eletroforético de uma solução aquosa de proteína revela duas espécies protéicas com $M_r = 60\,000$ e 120 000. Numa solução contendo 1,76% de proteína em peso, a 25 °C, a grandeza (n) da proteína mais comprida é 1,56 vez maior que a da menor.

(a) Calcular $\overline{M}_N$ e $\overline{M}_m$ para as proteínas em solução.

(b) Estimar a viscosidade da solução considerando que as moléculas de proteína se comportem como esferas rígidas de densidade 1,290 $g \cdot cm^{-3}$.

(c) Avaliar a razão entre os coeficientes de sedimentação s para as duas proteínas.

Apêndice A

Conjunto consistente de constantes físicas*

Quantidade	Símbolo	Valor	Unidades SI
Velocidade da luz	c	2,997925	10^{8} m · s^{-1}
Carga do elétron	$-e$	1,602192	10^{-19} C
Constante de Planck	h	6,62620	10^{-34} J · s
Número de Avogadro	L	6,02217	10^{23} mol^{-1}
Massa de repouso do elétron	m_e	9,10956	10^{-31} kg
Massa de repouso do próton	m_p	1,67261	10^{-27} kg
Unidade de massa atômica	u.m.a.	1,66053	10^{-27} kg
Constante de Faraday	F	9,64867	10^{4} C · mol^{-1}
Constante de Rydberg	R_∞	1,0973731	10^{7} m^{-1}
Raio de Bohr	a_0	5,291772	10^{-11} m
Magnéton de Bohr	μ_B	9,27410	10^{-24} J · T^{-1}
Magnéton nuclear	μ_N	5,05095	10^{-27} J · T^{-1}
Constante dos gases	R	8,3143	J · K^{-1} · mol^{-1}
Constante de Boltzmann	k	1,38062	10^{-23} J · K^{-1}

*Estes valores foram extraídos da ampla revisão de constantes fundamentais feita por B. N. Taylor, W. H. Parker e D. N. Langenberg [*Rev. Mod. Phys.* **41**, 375 (1969)]. Diferem um pouco do conjunto de constantes adotado em 1963 pelo National Bureau of Standards (*NBS Technical News Bulletin* de fevereiro de 1963) e o Comitê Internacional de Pesos e Medidas

Apêndice B

Prefixos de unidades recomendados

Múltiplos e submúltiplos	Prefixo	Símbolo
10^{12}	tera	T
10^{9}	giga	G
10^{6}	mega	M
10^{3}	quilo	k
10^{-1}	deci	d
10^{-2}	centi	c
10^{-3}	mili	m
10^{-6}	micro	μ
10^{-9}	nano	n
10^{-12}	pico	p
10^{-15}	femto	f
10^{-18}	atto	a

Índice de autores

Índice alfabético